HERMANN RAAF

Was enthält was?

Erkennen und Bestimmen von Inhaltsstoffen

Für Ingeborg

HERMANN RAAF

Was enthält was?

Erkennen und Bestimmen von Inhaltsstoffen

Weltbild Verlag

66 Zeichnungen und 13 Tabellen von Rolf Digel und Hans-Hermann Kropf nach Vorlagen des Verfassers

Genehmigte Lizenzausgabe für
Weltbild Verlag GmbH, Augsburg 1995

Umschlaggestaltung: Adolf Bachmann, Reischach
Umschlagabbildung: Studio Elmar Kohn, Landshut
Gesamtherstellung: Bercker Graphischer Betrieb GmbH, Kevelaer
Printed in Germany
ISBN 3-89350-683-7

Was enthält was?

Vorwort . . . 8

1. Allgemeiner Teil

Die Ausrüstung für chemische Untersuchungen . . . 10
Unsere Laboratoriumsgeräte . . . 10
Unsere wichtigsten Chemikalien . . . 11

Die einfachsten Handgriffe . . . 14
Chemische Arbeitsverfahren . . . 14
Die Untersuchung beginnt . . . 16
Anwendung chemischer Nachweismittel . . . 20
Einfache halbquantitative Bestimmungen . . . 28
Fortschritte der chemischen Analytik . . . 29
Einfache Gasuntersuchungen . . . 29
Arbeiten mit Gasflaschen . . . 32
Beseitigung von Chemikalien . . . 33

2. Spezieller Teil

Abbeizen . . . 34
Alkohol . . . 35
Alkohol und Verkehr . . . 37
Alkoholbestimmung im Blut . . . 38
Alkoholische Getränke . . . 39
Aluminium . . . 44
Ammoniak-Lösung . . . 45
Anstreicharbeiten . . . 46
Aspirin® . . . 49
Autopflegemittel . . . 49
Backpulver . . . 50
Badezusätze . . . 52
Bakterien . . . 54
Bleichsoda . . . 55
Bleistifte . . . 56
Bohnermassen und Fußbodenpflegemittel . . . 56
Borax . . . 58
Brandbekämpfung . . . 58
Carbid . . . 62
Chemiefasern . . . 63
Chlorkalk . . . 64
Desinfektion . . . 65
Desodorierung . . . 69
Düngemittel . . . 70
1. Stickstoffhaltige Handelsdünger . . . 72
2. Kalihaltige Handelsdünger . . . 77
3. Phosphathaltige Handelsdünger . . . 78
4. Mehrnährstoffdünger . . . 79
5. Spezial-Düngungsverfahren . . . 81
Eier . . . 83
Enthaarungsmittel . . . 84
Essig . . . 85
Essigsäure . . . 87
Essigsaure Tonerde . . . 88
Farben, Farbmittel und Lacke . . . 88
1. Anorganische Pigmente . . . 89
2. Organische Pigmente . . . 95
3. Organische Farbstoffe . . . 95
4. Die Bindemittel . . . 95
5. Spezialfarben . . . 100
Farbstoffe . . . 101
Fingerabdrücke . . . 103
Fleckenreinigung . . . 105

Fleischextrakte 112
Formaldehyd (= Methanal) 113
Fotografie 114
1. Schwarzweiß-Fotografie . . 115
2. Chemie der Schwarzweiß-Fotografie 117
3. Das Polaroid-Verfahren . . . 120
4. Farbfotografie 121
Fotokopie (Xerographie) 123
Fototrope Brillengläser 124
Frostschutzmittel 125
Futterkalke und Kalkpräparate . . 126
Geleeherstellung 127
Gerbsäure 128
Glasätzen 129
Glycerin 130
Haarfärben 131
Haarsprays 132
Haarwaschmittel (Shampoo) . . . 132
Haarwasser 133
Hautcremes 134
Heizöle 140
Honig 141
Kaffee und Coffein 142
Kaliumpermanganat 144
Kaltdauerwellen 144
Kieselgur 146
Kitte 147
Klebstoffe 148
Klebebänder (Klebestreifen) . . . 151
Kochsalz 151
Kölnisch Wasser (Eau de Cologne) 152
Kosmetische Präparate 152
Kugelschreiber-Farbmassen . . . 155
Kunststoffe (Kunstharze) 156
1. Die vier Kunststoff-Gruppen . 157
2. Phenoplaste, Aminoplaste . 160
3. Polyethylen (PE) 162
4. Polystyrol (PS) 163
5. Acrylglas (PMMA) 164
6. Ungesättigte Polyesterharze (KP) 164
Leuchtmassen 166
Limonaden 167
Löten 168
Mandelkleie 170
Marmelade 171
Metallätzung 171
Milch (Kuhmilch) 172
Mineralwasser, Tafelwasser, Heilwasser 173
Mondamin 176
Münzen 177
Nahrungsmittel (Lebensmittel) . . 177
Nahrungsmittelkonservierung . . . 183
Natron 187
Neutralisation 188
Nicotin 189
Nitrit 192
Nur 1 Tropfen (one drop only) . . . 193
Ovulationshemmer (Pille) 193
Oxidation und Reduktion 194
Penicillin 194
Pottasche (Kaliumcarbonat) . . . 194
Propan, Flüssiggas, Erdgas 195
Rasiersteine 196
Recycling siehe Wiederverwertung
Reinigungsmittel 196
Reinigungsverfahren 200
Rost und Rostschutz 203
Saatbeizmittel 207
Saccharin und andere Süßstoffe . 207
Salicylsäure 209
Schädlingsbekämpfung (Pflanzenschutzmittel) 211
1. Was ist zu beachten? 213
2. Insektizide 213
3. Fungizide 216
4. Herbizide 217
5. Anhang 218
6. Neue Wege der Schädlingsbekämpfung . . . 221
Schlankheitsmittel 223
Schuhcreme 224
Schwangerschaftstest 226
Seifen 227
Skiwachse 230
Soda 231
Sodbrennen 231
Spiegel 233
Sprühdosen 233
Süßmost 235
Synthesefasern 236

1. Polyamide 236
2. Polyacrylnitrile 237
3. Polyester 238
Taschenbatterien, Akkumulatoren und Leuchtstäbe 238
Tinten 242
Treibstoffe (Motorkraftstoffe) . . . 244
Trockenrasier-Tonics 250
Umwelt und Chemie 250
1. Untersuchung von Wasser und Abwasser 251
2. Luftverschmutzung und Luftuntersuchung 255
Vitamine 261
Wasch- und Waschhilfsmittel . . . 264
1. Waschmittel-Inhaltsstoffe . . 264
2. Waschmittel für den Haushalt 269
3. Waschvorgang 275
Wasser (Aqua purificata) 276
1. Leitungswasser 277
2. Härtebereiche 277
3. Entkalkungsverfahren 277
4. Was kann man gegen Kalkablagerungen tun? . . . 279
5. Wasser und Waschen 280
6. Desinfektion des Wassers . . 282
Wasserglas 283
Wasserstoffionenkonzentration . . 283
Wasserstoffperoxid 286
Wiederverwertung (Recycling) . . 287
1. Recycling von Metallen . . . 287
2. Recycling von Nichtmetallen 288
Zahnpflegemittel 288
Zitronat 293
Zündhölzer 294

Literaturverzeichnis 296
Sachregister 299

Vorwort zur 27. Auflage

„Der moderne Mensch kommt mit Chemikalien und chemischen Markenartikeln täglich in mannigfache Berührung. Eine unermüdliche Propaganda legt uns den Gebrauch unzähliger chemischer Handelspräparate täglich nahe. Viele erwerben die angepriesenen Markenartikel, ohne ihre chemische Zusammensetzung und Wirkungsweise zu kennen. Viele möchten gewiß gern einen Blick hinter die Kulissen der Alltagschemikalien werfen; sie möchten wissen, aus welchen Stoffen diese oder jene Erzeugnisse bestehen, warum sie diese oder jene Wirkungen haben... Schlagen wir ein Chemie-Lehrbuch auf, um über diese Fragen Rat zu holen, so werden wir zumeist vergeblich suchen, denn die Lehrbücher erwähnen die zahlreichen Markenartikel, die das chemische Gesicht unseres Alltagslebens bestimmen, höchstens am Rande. Hier möchte „Was enthält was?“ (vormals „Chemie des Alltags“) eine Lücke ausfüllen. Sie soll den Leser in die Lage versetzen, aufgrund eigener, einfacher Versuche einen Eindruck von der Zusammensetzung und Wirkungsweise der bekanntesten Markenartikel zu erhalten.“

Diese Sätze schrieb Hermann Römpp zur 19., der letzten von ihm besorgten Auflage der „Chemie des Alltags“. Von diesem Buch sind nun mehr als 158 000 Exemplare verkauft worden – ein sicheres Zeichen, daß es bei jungen und alten Chemiefreunden großen Anklang gefunden hat. Nach dem Tode von Hermann Römpp im Jahre 1964 habe ich die Bearbeitung seiner Chemiebücher übernommen, was in gewisser Weise nahelag, da ich mit Hermann Römpp 15 Jahre lang im Gedankenaustausch stand und mit ihm freundschaftlich verbunden war.
Die von mir besorgte 20. Auflage (1967) wurde wesentlich erweitert und auf den neuesten Stand gebracht. 1971, 1975, 1976, 1979, 1982 und 1985 konnten weitere Auflagen folgen, und die unverändert anhaltende Nachfrage machte nur fünf Jahre später die 27. Auflage nötig. Es wurden wiederum die jüngsten Forschungsergebnisse ausgewertet, der vorhandene Text sorgfältig überprüft, neue Präparate berücksichtigt sowie eine Reihe neuer Stichworte aufgenommen.
Viele Produkte sind in den letzten Jahren entsprechend der gesetzlichen Vorschriften (Chemikaliengesetz) bei optimaler Umweltfreundlichkeit verbessert worden. Neu aufgenommen wurde das Kapitel *Umwelt und Chemie.* Wir bringen in erster Linie einige einfache Untersuchungen auf Schadstoffe in Wasser, Luft und Lebensmitteln. Auch bei anderen Gelegenheiten wurde auf die Probleme des Umweltschutzes hingewiesen. Weitere Rezepte zur Naturkosmetik wurden ergänzt.
Der Leser, der über irgendeinen Gegenstand oder Stoff Auskunft wünscht, schlägt am besten *zuerst im Sachregister* am Schluß des Buches nach, da viele Abschnitte (z. B. Düngemittel, Farben, Kosmetika) über eine große Zahl von Stoffen berichten. Die einzelnen Überschriften geben nur eine ungefähre Vorstellung von der Anzahl der behandelten Stoffe.
Das vorliegende Buch gliedert sich in zwei Teile. Im ersten wird eine praktische Anleitung zu einfachen chemischen Untersuchungen gegeben. Der zweite, weit

größere Teil bringt die einzelnen Stoffe und Stoffgruppen in alphabetisch angeordneten Abschnitten. Die chemischen Formeln und Gleichungen werden den Anfänger weiter nicht stören, dem Fortgeschrittenen jedoch vielleicht erwünscht sein.
Neben Chemikalien des täglichen Lebens wurde wichtigen chemischen Arbeitsverfahren besondere Aufmerksamkeit gewidmet: Abbeizen, Fleckenreinigung, Desinfektion, Metallätzung, Nahrungsmittelkonservierung, Fotografieren, Reinigungsverfahren, Untersuchungen von Wasser und Lebensmitteln.
Dem Vorschlag der deutschen IUPAC-Kommission folgend, schreiben wir in der 26. Auflage Iod statt Jod, Cobalt statt Kobalt und Ethanol statt Äthanol, Ether statt Äther usw. – Nach dem Einheitengesetz sind für die Messung von Volumina cm^3 und ml zulässig. Wir verwenden hauptsächlich cm^3.
Bei den Vorarbeiten zu dieser Auflage haben mir viele Chemiker und Chemiefirmen wertvolle Auskünfte erteilt. Ihnen allen sei herzlich gedankt. Die vielen Zuschriften aus dem Kreis der Chemielehrer lassen die Wertschätzung des Buches auch in der Schule erkennen. Je mehr man das Gewicht in den Schulbüchern auf den theoretischen Bereich verlagert, desto mehr sucht der Lehrer Informationen zur angewandten Chemie, die Leben und Gesellschaft des Menschen bestimmt.
Möge die 27. Auflage dieser „Praktischen Chemie für jedermann“ die gleiche freundliche Aufnahme wie ihre Vorgänger finden und damit in einem bescheidenen Rahmen zur Verbreitung des chemischen Wissens und Könnens beitragen!

Prof. Dr. Hermann Raaf

1. Allgemeiner Teil

Die Ausrüstung für chemische Untersuchungen

Ein Bekannter bringt ein weißes Pulver; er hat es zu Hause in einer Flasche ohne Aufschrift gefunden und möchte nun wissen, was es ist. Ein anderer bringt eine Malerfarbe, ein Putzmittel, einen Blumendünger, ein Waschmittel, eine Münze, ein Schädlingsbekämpfungsmittel, ein Zahnputzmittel, ein Schmuckstück oder ein Arzneimittel und möchte erfahren, aus welchen Stoffen diese Dinge zusammengesetzt sind. Wir nehmen den zu untersuchenden Stoff in unser Laboratorium, beobachten dort sorgfältig alle seine Eigenschaften, so z. B. Farbe, Kristallform, Wasserlöslichkeit, Härte, Dichte, sein Verhalten gegenüber dem Feuer, seine Flammenfärbung und seine Reaktion mit anderen Chemikalien. Je nach der Schwierigkeit des Falls kann die Untersuchung nach einigen Minuten, Stunden oder Tagen beendet sein, und wir können den Bescheid geben: Das weiße Pulver ist Natronsalpeter, die Malerfarbe ist Bleiweiß, das Putzmittel enthält Soda und Sand, das Arzneimittel ist Aspirin usw. Nach der Sprache der Chemiker haben wir in den oben genannten Fällen **qualitative Analysen** ausgeführt; das heißt, wir haben lediglich festgestellt, aus welchen Stoffen der zu untersuchende Körper bestand. Wären wir auch noch aufgefordert worden, herauszubringen, aus wieviel Prozent Sand und Soda beispielsweise ein Putzmittel besteht oder wieviel Hundertteile reines Silber in einem Schmuckgegenstand enthalten sind, so hätten wir eine **quantitative Analyse** vornehmen müssen.

Im folgenden wollen wir uns lediglich auf die qualitative Analyse beschränken. Diese spielt in der Wissenschaft und im praktischen Leben eine sehr wichtige Rolle. Viele Gelehrte haben ihr ganzes Leben diesem Forschungsgebiet gewidmet und ihre Erfahrungen und Beobachtungen in zahlreichen Schriften und dicken Büchern veröffentlicht. An den Universitäten und technischen Hochschulen befassen sich die Chemiestudenten in den ersten Semestern vorwiegend mit qualitativer Analyse. In zahlreichen nahrungsmittelchemischen Laboratorien, staatlichen Untersuchungsämtern, Fabriklaboratorien usw. werden täglich Dutzende von chemischen Analysen ausgeführt. Das ist ein ausreichender Grund, sich wenigstens mit den Elementen dieses interessanten Wissenschaftszweiges zu beschäftigen.

Unsere Laboratoriumsgeräte

Für einfachere qualitative Analysen genügt eine sehr bescheidene, von jedermann leicht zu beschaffende Ausrüstung. Wir brauchen:

1. ein Dutzend gewöhnliche Probiergläser,
2. einen Glastrichter mit Filtrierpapieren,
3. Magnesiastäbchen,
4. ein Stück blaues Glas (Cobaltglas),
5. einige Glasstäbe,

6. zwei Bechergläser,
7. zwei Erlenmeyerkolben,
8. eine Spritzflasche aus Plastik *(Bild 1, S. 13)* mit destilliertem Wasser (im Notfall Regen- oder Schneewasser),
9. ein Porzellanschälchen von etwa 6 cm Durchmesser,
10. ein Drahtdreieck, auf dem das Porzellanschälchen oder der Trichter aufgesetzt wird,
11. einen Dreifuß zum Filtrieren und Erhitzen von Flüssigkeiten in Bechergläsern und Porzellanschalen,
12. ein Drahtnetz oder eine CERAN-Schutzplatte aus Glaskeramik,
13. eine Tiegelzange (im Notfall Flachzange oder Beißzange),
14. einige Porzellanscherben,
15. einige Uhrgläser (notfalls Deckel von Einmachgläsern),
16. einige Glasplatten,
17. einen Glaszylinder (notfalls schlankes Einmachglas von 0,5 bis 1 l Inhalt),
18. rotes und blaues Lackmuspapier oder Universalindikator (Merck).

All diese Geräte sind in einem Chemikaliengeschäft unter den oben genannten Bezeichnungen erhältlich, einige wurden auf S. 13 abgebildet[1].

Wärmequellen. Bei chemischen Experimenten wird zum Erhitzen der Bunsenbrenner bevorzugt. Wenn man eine besonders breite Flamme erzeugen will, so setzt man auf den Brenner einen Schlitzaufsatz. Als Brenngas dienen Stadtgas (giftig), Erdgas (ungiftig) oder Propangas. Man kann auch einen Camping-Labor-Gasbrenner verwenden, der in einem kleinen Behälter Butan enthält (*Bild 2, S. 13*). Für manche Versuche genügt ein Spiritusbrenner oder der Esbitkocher mit dem weißen hexamethylentetraminhaltigen Esbit-Brennstoff $(CH_2)_6N_4$.

Unsere wichtigsten Chemikalien

Die folgenden Chemikalien, die man auch als Nachweismittel oder Reagenzien bezeichnet, können in Drogerien oder Apotheken erstanden werden. Es empfiehlt sich im Interesse einer rascheren Arbeitsweise, gleich Lösungen von den Salzen herzustellen und diese in sauberen Flaschen mit Aufschriften (und – wenn möglich – Glasstöpseln) aufzubewahren. Die Reagenzien sind in destilliertem Wasser aufzulösen und vor Verunreinigung zu schützen. Man darf aus den Reagenzflaschen nur Flüssigkeit ausgießen, niemals irgendwelche Stoffe dazu hineingeben. Wir benötigen:

1. Chemisch reine **Salzsäure**, etwa 250 cm^3 (diese ist etwa 25 %ig).

2. Salpetersäure, chemisch rein, braune Flasche mit Glasstöpsel; 250 g der 25 bis 30 %igen Säure reichen für viele Versuche.

3. Schwefelsäure, chemisch rein, 98 %ig, 100 cm^3 in einer Flasche mit Glasstöpsel, ferner verdünnte Schwefelsäure, diese erhältlich, wenn man zu 160 cm^3 Wasser langsam, portionsweise 40 cm^3 konzentrierte Schwefelsäure gießt. Vorsicht! Erhitzung!

[1] Eine sehr gut geeignete Grundausrüstung enthalten auch die KOSMOS-Experimentierkästen *All-Chemist 2000* und *Chemielabor C 1* (als Ergänzung ist das *Chemielabor C 2* zu empfehlen).

4. Natronlauge, etwa 250 cm^3, 10 bis 20 %ig, Flasche mit Gummistopfen, da Glasstöpsel sich bald am Flaschenhals festsetzen würde.
5. Flasche mit käuflicher 10 %iger **Ammoniak-Lösung** (Salmiakgeist = Ammoniakflüssigkeit = Ammoniumhydroxid).
6. Bariumchloridlösung: 2 g Bariumchlorid werden in 20 cm^3 destilliertem Wasser gelöst.
7. Bleiacetat: 2 g werden in 20 cm^3 destilliertem Wasser gelöst; dazu gibt man einige Tropfen Essigsäure, damit das Bleiacetat nicht unter dem Einfluß der Luftkohlensäure allmählich getrübt wird.
8. Eisensulfat (= Eisenvitriol): Grüne oder weißgewordene Kristalle werden erst im Bedarfsfall in kaltem, destilliertem Wasser gelöst, dem man etwas verdünnte Schwefelsäure zugefügt hat. Im Laufe der Zeit zersetzen sich Eisensulfatlösungen unter Abscheidung trüber Niederschläge.
9. Kaliumhexacyanoferrat (II) (= Kaliumferrocyanid = gelbes Blutlaugensalz): 1 g davon wird in 20 g Wasser gelöst.
10. Kaliumdichromat: 2 g rotgelbes Kaliumdichromat werden in 20 g Wasser aufgelöst.
11. Kaliumthiocyanat (= Kaliumrhodanid): 4 g Kaliumthiocyanat werden in 20 g destilliertem Wasser gelöst.
12. Kaliumpermanganat: Im Bedarfsfall wird aus einem Kaliumpermanganatkristall im Probierglas durch Umschütteln mit Wasser eine Lösung hergestellt und ein wenig verdünnte Schwefelsäure zugegeben.
13. Kalkwasser: Wir geben einige Gramm gebrannten Kalk in einen mit Wasser gefüllten Zylinder, rühren um, lassen die Trübung absetzen und filtrieren. Man erhält auf diese Weise eine Lösung, die auf etwa 700 cm^3 Wasser 1 g Calciumhydroxid $Ca(OH)_2$ enthält.
14. Ammoniummolybdat: 15 g Ammoniummolybdat werden unter Erwärmen in 65 cm^3 Wasser gelöst; sodann fügt man 40 g Ammoniumnitrat hinzu, löst unter Umschwenken und gießt die Lösung sofort in 135 cm^3 25 %ige Salpetersäure (Dichte 1,145 bis 1,148 g/cm^3). Die Mischung bleibt 24 Stunden stehen und wird dann filtriert.
15. Silbernitrat: 1 g festes Silbernitrat (= Höllenstein) wird in 20 cm^3 destilliertem Wasser gelöst und in brauner Flasche mit Glasstöpsel aufbewahrt.
16. Cobaltchlorid: 2 g der roten, käuflichen Cobaltchloridkristalle ($CoCl_2$) werden in 20 cm^3 Wasser gelöst.
17. Eisenchlorid: Löse 1 g braunes Eisen(III)-chlorid $FeCl_3$ in 20 cm^3 Wasser auf. Man kann die Lösung auch selbst herstellen, wenn man reines Eisen (Blumendraht) in Salzsäure unter Zusatz von etwas Wasserstoffperoxid erwärmt.
18. Gipswasser: Man gibt eine Messerspitze des in Apotheken und Drogerien erhältlichen Gipspulvers zu 100 cm^3 Wasser, schüttelt längere Zeit kräftig um und filtriert in eine Chemikalienflasche. Die Gipslösung ist ungefähr 0,25 %ig.
19. Iodlösung: In Apotheken ist Iodtinktur (ziemlich konzentrierte, braune Lösung

Bild 1 Spritzflasche aus Plastik – Bild 2 Laborgasbrenner mit Butanbehälter – Bild 3 Abdampfen in einer Porzellanschale – Bild 4 Filtrieren – Bild 5 Gasentwicklung im Prüfglas und Auffangen des Gases mit Hilfe der pneumatischen Wanne – Bild 6 Destillation mit zwei Prüfgläsern – Bild 7 Destillation mit dem Flörke-Kölbchen

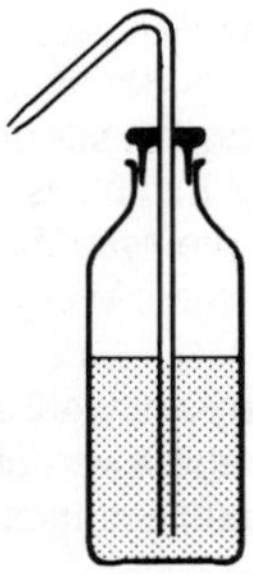
Bild 1

Bild 2

Bild 3

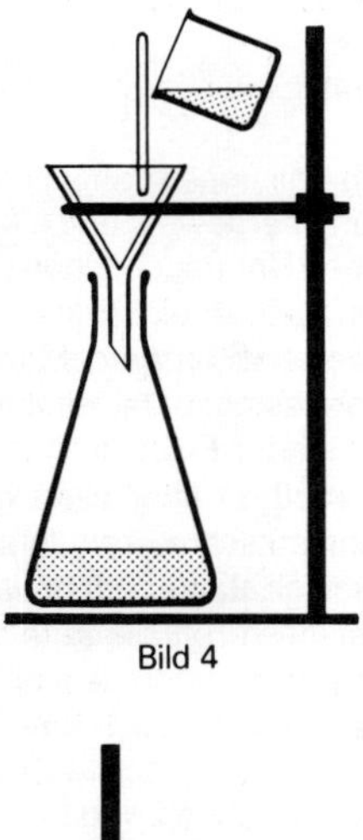
Bild 4

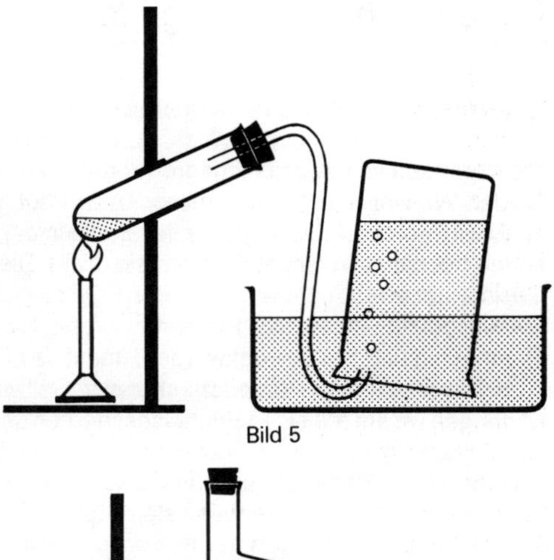
Bild 5

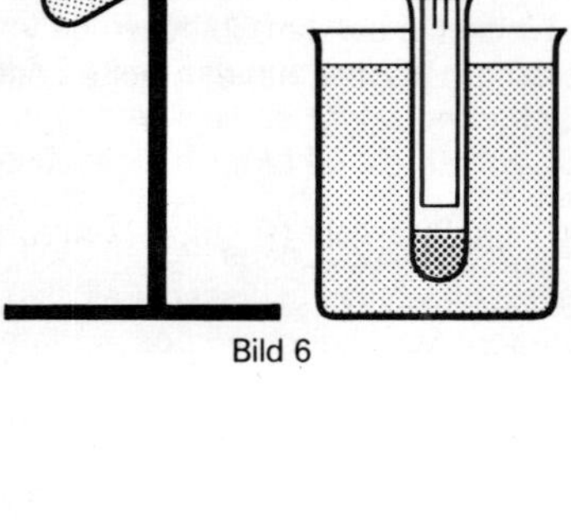
Bild 6

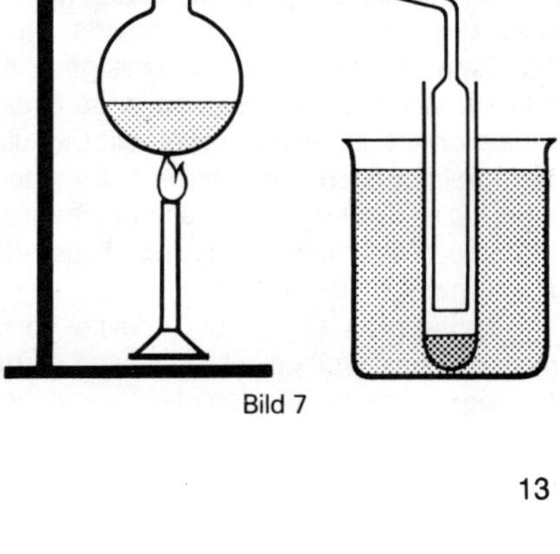
Bild 7

von Iod in Alkohol) erhältlich; wir können diese Lösung mit der fünffachen Brennspiritusmenge verdünnen.
Neben diesen wichtigen chemischen Reagenzien werden wir in unser Laboratorium noch viele mehr oder weniger reine Stoffe aufnehmen, die vom Haushalt her bekannt sind, so z. B. Kochsalz, Soda, Borax, Stärke, Zucker, Kupfersulfat, Marmor, Mennige, Gerbsäure, Zinkblech (aus alten Taschenbatterien), Lötzinn, Eisenfeilspäne, Natron, Gips, Carbid, Schwefel, Fett, Kohle, Wasserstoffperoxid, Weinsäure, Wasserglas, Brennspiritus, Erdöl, Farben usw.

Bezugsquellen für Laborgeräte und Chemikalien in kleinen Mengen: Laborbedarf EBEL, Rothenburger Str. 54, 8500 Nürnberg 70; Dr. Willmes, Saarbrücker Str. 160, 6604 Saarbrücken-Brebach; A. Hedinger, Postfach 246, 7000 Stuttgart 60; Bunge, Chemieversand, Postfach 1136, 2150 Buxtehude.

Die einfachsten Handgriffe

Chemische Arbeitsverfahren

Die folgenden acht Arbeitsverfahren kehren bei chemischen Untersuchungen ständig wieder. Wir wollen uns daher mit ihnen vertraut machen.
1. Erwärmen im Probierglas. Gläser, die in die Flamme gehalten werden, müssen außen trocken sein, sonst springen sie leicht. Die Probierglasmündung ist stets vom Gesicht abzuwenden, da infolge der Erhitzung oft ein Teil der Flüssigkeit plötzlich herausspritzt. Enthält das Probierglas feste Stoffe, so muß es über einer kleinen Flamme hin und her bewegt werden, damit das Glas nicht zu schmelzen anfängt.
2. Erhitzen auf dem Porzellanscherben. Soll ein fester Stoff stärker erhitzt werden, so bringen wir ihn auf einen Porzellanscherben und halten diesen mit der Zange in die obere Hälfte der Flamme. Porzellan eignet sich besonders gut, denn es ist billig, in gewöhnlichen Flammen unschmelzbar, und es verbindet sich auch bei hohen Temperaturen mit den allerwenigsten Stoffen.
3. Feststellung der Flammenfärbung. Streut man etwas Kochsalz in die Flamme, so leuchtet sie in hellem Gelb. Kupfergeräte rufen oft eine grüne oder blaue Flammenfärbung hervor. Man kann mit Hilfe der Flammenfärbung einige Elemente, wie Kalium, Natrium, Calcium, Kupfer u. a., mit mehr oder weniger großer Sicherheit in Stoffgemischen nachweisen. Dies geschieht im Laboratorium folgendermaßen: Man hält ein Magnesiastäbchen so lange in die farblose, heiße Gasflamme, bis es keine Flammenfärbung mehr verursacht (auf diese Weise werden am Stäbchen haftende Verunreinigungen von früheren Versuchen beseitigt), taucht dann das heiße Ende in eine kleine Probe des zu untersuchenden Stoffs und bringt es von neuem in die Flamme. Wird diese deutlich gelb gefärbt, so enthält die Untersuchungssubstanz Natrium (s. S. 18 und 20).
4. Eindampfen. Oft ist der Chemiker vor die Aufgabe gestellt, einen festen Stoff, der in einer Flüssigkeit gelöst ist, in reinem Zustand zu gewinnen. In diesem Fall muß die Flüssigkeit durch „Eindampfen“ vertrieben werden. Man bringt die Lösung in eine

Porzellanschale und erhitzt diese auf einem Dreifuß mit Drahtnetz nach *Bild 3, S. 13* so lange zum Sieden, bis die Flüssigkeit verdampft ist. Es empfiehlt sich, das Erhitzen sofort nach dem Verdampfen einzustellen, da sonst auch der feste Rückstand zersetzt werden könnte.

5. Filtrieren. Wenn ein fester, nicht gelöster Stoff von einer Flüssigkeit getrennt werden soll, muß man filtrieren. Man faltet zu diesem Zweck ein käufliches, kreisrundes Filter zweimal zusammen, so daß ein Viertelkreis entsteht. Dieser wird in einen Glastrichter gesteckt und so geöffnet, daß die eine Hälfte des Trichters mit einer einfachen, die andere mit einer dreifachen Papierschicht bedeckt ist. Das Filtrierpapier soll nicht über den Trichterrand hinausragen. Damit es an der Glaswand gut haftet, spritzen wir etwas destilliertes Wasser hinein. Das Filtrieren wird dann nach *Bild 4, S. 13* ausgeführt. Die zu filtrierende Flüssigkeit soll vom Rand des Filters noch etwa einen Zentimeter entfernt bleiben, da sonst feste Teilchen zwischen Papier und Glaswand gelangen könnten. Man soll möglichst heiß filtrieren, da heiße Flüssigkeit rascher (und oft auch klarer) durchs Filter läuft. Die zum Trichterrohr heraustropfende, gereinigte Flüssigkeit wird als **Filtrat**, der im Filter verbleibende, feste Rest als **Rückstand** bezeichnet. Soll der Rückstand von löslichen Beimengungen vollständig befreit werden, so muß man ihn längere Zeit im Filter mit destilliertem Wasser oder anderen geeigneten Flüssigkeiten (z. B. Alkohol) begießen: man bezeichnet diese Tätigkeit als **Auswaschen**.

6. Gasentwicklung. Man kann im Reagenzglas z. B. Sauerstoff durch langsames Erwärmen von Kaliumpermanganat entwickeln und das Gas in einem Becherglas auffangen (*Bild 5, S. 13*). Beim Abschluß des Versuches ist folgendes zu beachten: Zuerst den Schlauch aus dem Becherglas ziehen, dann erst Brennerflamme abstellen.

7. Destillieren. Wenn der Chemiker aus gewöhnlichem Meer-, Fluß- oder Leitungswasser chemisch reines Wasser gewinnen will, muß er destillieren. Im einfachsten Fall kann man mit einem Prüfglas und einer Glasröhre destillieren (*Bild 6, S. 13*). Sehr paktisch ist auch das Gerät nach Flörke (*Bild 7, S. 13*), Lieferant Robert Kind, Postfach, Lichtenfels; man erhitzt das Salzwasser in Kölbchen, wobei das Wasser verdampft und durch Kühlung auf der rechten Seite kondensiert. Wir können auch durch Destillieren zwei Flüssigkeiten mit verschiedenen Siedepunkten, wie z. B. Wasser und Alkohol, trennen.

8. Vorsicht im Umgang mit unbekannten Stoffen.

- Gesundheitsschädliche, giftige und brennbare Stoffe sind besonders zu kennzeichnen. (1 = Gesundheitsschädlich, 2 = Giftig, 3 = Ätzend, 4 = Brennbar)

1

2

3

4

- Bei unbekannten Stoffen oder Chemikalien darf die Geschmacksprobe nicht durchgeführt werden.
- Chemikalien dürfen nur in Gefäßen aufbewahrt werden, die eindeutig beschriftet sind, keinesfalls in Getränkeflaschen.
- Nach der Chemikalienentnahme werden die Gefäße sofort wieder verschlossen.

Die Untersuchung beginnt!

Freund A hat zu Hause eine Tüte ohne Aufschrift gefunden, die große und kleine Brocken einer weißen Substanz enthält. Niemand weiß sicher, um welchen Stoff es sich hier handelt. Ist es Salz, Soda, Zucker, Borax, Stärke, Glaubersalz, verwittertes Eisensulfat, Weinstein, Backpulver, Natron, Kleesalz, Mehl, Schlämmkreide, Salmiaksalz, Fixiersalz, Chlorkalk, Salpeter, ein Kunstdünger, ein Waschmittel, ein Kraftfutter für Haustiere oder sonst irgend etwas anderes? Wir werden es herausbringen! Aber vorher müssen wir noch einiges Neue lernen.

1. Die Probeentnahme. Gewöhnlich reichen zur Untersuchung eines Stoffes einige Gramm aus. Diese nehmen wir nicht gerade von der Oberfläche der Ware, da an dieser Stelle im Lauf der Zeit Veränderungen, wie Austrocknung, Zersetzung, Verbindung mit dem Sauerstoff oder dem Kohlendioxid der Luft, eintreten können. Wir schaben daher die oberste Schicht beiseite und greifen aus den tieferen Stellen eine Probe von wenigen Gramm zur Untersuchung heraus. Wir wollen diese Probe künftig als **Untersuchungssubstanz** oder kurz als Substanz bezeichnen.

2. Sparsamkeit vor allem! Wir dürfen keinesfalls schon beim ersten Versuch die ganze Substanz verbrauchen, denn es müssen unter Umständen Dutzende von Reaktionen ausprobiert werden. Für eine einzelne Probe ist ein erbsengroßes Stück Substanz mehr als ausreichend, meist genügt weniger. Es ist zu bedenken, daß die Ergebnisse um so genauer werden, je weniger Substanz verbraucht wird.

3. Erkenntnisse ohne chemische Versuche. Erfasse die Eigenart der Stoffe mit allen Sinnesorganen! Diese Regel der modernen Erziehungslehre gilt in erhöhtem Maße auch für unsere chemischen Untersuchungen. Oft geben uns die Farbe, der Geruch, der Geschmack, die Festigkeit und die Dichte der Substanz wertvolle Fingerzeige. Das weiß schon der kleine Junge, der – im Zweifel, ob er den Zucker- oder Salzbehälter vor sich hat – mit der Zunge prüft und dann ohne weitere Analysen zur Tat schreitet. Eine für die Erkennung der Stoffe sehr wichtige Eigenschaft ist die Farbe[1]. Unsere oben erwähnte weiße Substanz ist höchstwahrscheinlich frei von Eisen-, Nickel-, Cobalt-, Chrom- oder Kupfersalzen, da diese fast stets mehr oder weniger stark gefärbt sind – man denke nur an Kupfersulfat oder Chromgelb! Ist die Substanz grün, so kann sie Chromoxid, Nickelverbindungen, Schweinfurter Grün oder Eisensulfat enthalten; rote Färbungen rühren oft von Mennige, Zinnober, Quecksilberoxid, Quecksilberiodid, Kupfer(I)-oxid oder Antimonsulfid her; orange ist

[1] Einschränkungen und Täuschungsmöglichkeiten sind freilich auch hier nicht selten, so geben z. B. Mischungen aus Gelb und Blau Grünfärbungen, viele Stoffe kommen in verschiedenen Farben vor; spurenweise Verunreinigungen können in einzelnen Fällen starke Färbungen hervorrufen (z. B. Farbe mancher Edelsteine, Eisenspuren färben rohe Salzsäure gelblich); scheinbar weiße Salze (kristallwasserfreies Eisensulfat bzw. Kupfersulfat) können dennoch farbige Lösungen ergeben usw.

das Kaliumdichromat; mehr oder weniger gelbe Farben findet man bei Chromaten, einigen Silbersalzen, einigen Phosphaten, dem gelben Blutlaugensalz, Cadmiumsulfid usw., blau sind einige Kupfersalze, Berlinerblau, Indigo, Ultramarin u. a.
Auch der **Geschmackstest** gibt wichtige Anhaltspunkte: Süßen Geschmack haben Zucker, verdünntes Saccharin u. a.; bitter schmecken Magnesium- und Calciumverbindungen; Aluminiumsalze haben einen zusammenziehenden Geschmack. Den Geschmackstest darf man natürlich nur dann machen, wenn man eine ungefähre Vorstellung hat, um welche Stoffe es sich handeln könnte. Man muß völlig sicher sein, daß es keine ätzenden Flüssigkeiten oder Gifte sind. Wenn nur der leiseste Verdacht besteht: Zunge, Hände, Nase weg!
Der **Geruch** mancher Stoffe ist charakteristisch: so lassen sich z. B. aus dem Chlor-, Schwefelwasserstoff-, Schwefeldioxid- oder Ammoniakgeruch einer Substanz wichtige Schlüsse auf deren Zusammensetzung ziehen. Es ist zweckmäßig, zunächst an bekannten Stoffen Geschmacks- und Geruchsproben anzustellen und sich die verschiedenen Empfindungen gut einzuprägen. Leuchtet die Untersuchungssubstanz im Dunkeln, so hat man es wahrscheinlich mit künstlichen Leuchtmassen zu tun. Ist sie außerordentlich schwer, so dürften Schwerspat, Quecksilber- oder Bleiverbindungen vorliegen. Durch auffällige Leichtigkeit sind dagegen Magnesium- und Aluminiumverbindungen gekennzeichnet. Knirschende Härte findet man bei Sand (Quarz) und vielen Silicaten, auffällig weich sind Blei und Graphit, die schon auf Papier einen deutlichen Strich geben. Laugen ätzen die Unebenheiten der Haut weg, sie fühlen sich deshalb schlüpfrig an; Wasserglas ist klebrig, Borsäure und Talk sind an der Oberfläche schwer benetzbar usw. Nicht selten gibt auch die Kristallform wertvolle Fingerzeige; so kristallisieren z. B. Kochsalz, Katzengold, Bleiglanz u. a. meist in Würfeln, beim Alaun und Magneteisenstein trifft man häufig Doppelpyramiden (Oktaeder). Bergkristall, Rauchquarz u. a. bilden sechsseitige Säulen mit sechsteiligen Dächern darauf, der Asbest kristallisiert in langen, biegsamen Nadeln. Freilich ist es nicht so, daß jeder Stoff seine besondere Kristallform hätte. Oft kommt es vor, daß verschiedene Stoffe gleichartige Kristalle bilden und derselbe Stoff in zwei oder mehr verschiedenen Kristallformen auftritt.
4. Organisch oder anorganisch? Feste organische Stoffe (z. B. Fette, Seifen, Zucker, Stärke, Eiweiße, organische Säuren, Zellstoff usw.) verbrennen früher oder später beim Erhitzen auf dem Porzellanscherben unter Verkohlung. Der Anfänger kann hier getäuscht werden, da auch einige anorganische Verbindungen beim Erhitzen auf dem Porzellanscherben dunkel werden; es sei hier nur an Eisen- und Kupfersalze erinnert. Die Unterscheidung solcher Fälle wird erleichtert, wenn man zum Vergleich einige Proben von Eisensalzen neben organischen Stoffen erhitzt und gleichzeitig die Rauch- und Dampfentwicklung vergleicht. Die organischen Stoffe geben beim Erhitzen einen charakteristischen Brandgeruch, der an verbrennende Lebensmittel, wie Zucker, Mehl, Fleisch oder an Teer bzw. verbranntes Holz erinnert, während bei den anorganischen Substanzen diese Gerüche in der Regel fehlen. Verschwindet die feste Substanz beim Erhitzen allmählich vom Porzellanscherben, ohne zu verkohlen oder zu schmelzen, so liegt ein sublimierender Stoff vor: hierzu gehören z. B. Salmiak, Hirschhornsalz (ausprobieren!), Iod, Ammoniumnitrat.
Wir erhitzen 1 g Zucker oder Stärke mit 10 g Kupfer(II)-oxid nach *Bild 32, S. 160* im Prüfglas. Die sich bildenden Gase durchstreichen eine mit Wasser gekühlte U-Röhre und ein mit Kalkwasser gefülltes Prüfglas. Nach einiger Zeit schlagen sich Wasser-

tröpfchen in der U-Röhre nieder, während das Kalkwasser getrübt wird. Beim Glühen mit Kupferoxid wird der Kohlenstoff zu Kohlendioxid, der Wasserstoff zu Wasser oxidiert. Mit diesem Versuch können beide Elemente zugleich als Bestandteile der organischen Verbindungen nachgewiesen werden.
Verkohlt und verbrennt die Untersuchungssubstanz, so ist es uns nur in einigen wenigen Ausnahmefällen (z. B. bei Traubenzucker, Stärke, Gerbsäure, Salicylsäure) möglich, auf Grund einfacher Versuche anzugeben, um welchen Stoff es sich handelt. Da es über eine Million organische Verbindungen gibt, verbietet es sich von selbst, hier einen einfachen „Bestimmungsschlüssel" auszuarbeiten. Wir müssen deshalb die Untersuchung der allermeisten organischen Verbindungen dem spezialisierten organischen Chemiker überlassen.

5. Löslich oder unlöslich? Wir bringen eine Messerspitze Untersuchungssubstanz in ein Probierglas, füllen etwa bis zur Hälfte mit destilliertem Wasser auf und erwärmen unter Umschütteln. Wenn sich die Substanz schließlich vollständig auflöst, ist uns das sehr willkommen; die Untersuchung wird dadurch wesentlich vereinfacht. Oft bleibt die Substanz aber auch ganz oder teilweise ungelöst; dann filtrieren wir die Probe und dampfen einige Tropfen des Filtrats auf einer Glasplatte ein. Bleibt nach dem Verdunsten des Wassers eine Kruste zurück, so enthielt die Substanz auch wasserlösliche Stoffe. Wir untersuchen dann das Filtrat und den Rückstand getrennt weiter. Hinterlassen die auf der Glasplatte verdampften Wassertropfen keine Kruste, so ist nur der Rückstand zu untersuchen. Diese wasserunlöslichen Rückstände lösen sich oft in Säuren oder Laugen auf; doch gibt es Stoffe, die auch hier nicht in Lösung gehen. Die Chemie hat eine Reihe von Verfahren ausgearbeitet, solche unlöslichen Rückstände „aufzuschließen", d. h. in lösliche Verbindungen zu verwandeln. Wir wollen im folgenden auf alle schwierigen und langwierigen Aufschließungsmethoden (z. B. von Silicaten, Fluoriden, Aluminiumoxiden, Zinn-, Arsenverbindungen usw.) verzichten und uns lediglich auf die in Säuren löslichen, in Wasser unlöslichen Rückstände von Metallen, Metalloxiden, Sulfiden und Carbonaten beschränken.

6. Die Reaktion mit Lackmus. Wir halten in die gelöste Substanz ein Stück blaues und rotes Lackmuspapier hinein; tritt in beiden Fällen keine Farbveränderung auf, so reagiert die Flüssigkeit neutral; wird blaues Papier rot, so ist saure Reaktion, bei Blaufärbung des roten Lackmus dagegen alkalische (= basische) Reaktion festzustellen. Leider liegt nun die Sache nicht so, daß damit einwandfrei die Anwesenheit von Säuren bzw. Laugen bewiesen wäre, denn viele Salze verändern den Lackmusfarbstoff ebenfalls. Lösen wir z. B. einige blaue Kupfersulfatkristalle in destilliertem Wasser, so wird Lackmus gerötet; umgekehrt färbt eine Sodalösung roten Lackmus blau, wie wir uns leicht überzeugen können. Noch viele andere Salze reagieren nicht „neutral", sondern sauer oder alkalisch. Anstelle von Lackmuspapier wird heute oft Universalindikatorpapier (Merck, Macherey & Nagel) verwendet (S. 284).

7. Flammenfärbung. Wir bringen eine Spur Kochsalz, Soda oder Natron in die nichtleuchtende Gasflamme. Infolge der Hitze verflüchtigt sich die Substanz, dabei wird die Flamme gelb gefärbt. Da bei allen drei Substanzen die gleiche Gelbfärbung auftritt, muß diese von einem gemeinsamen Bestandteil herrühren. Kochsalz hat die chemische Formel NaCl, Soda Na_2CO_3, Natriumhydrogencarbonat (= Natron) $NaHCO_3$; der gemeinsame Bestandteil ist **Natrium**, also verursacht dieses vermutlich die gelbe Flammenfärbung. Die Vermutung wird durch weitere Versuche bestätigt; so entsteht z. B. auch beim Verbrennen von etwas Natriummetall eine grellgelbe

Flammenfärbung, und alle übrigen Natriumverbindungen, wie z. B. Natronwasserglas, Natronsalpeter, Natronlauge, Natriumphosphat usw., färben ebenfalls die nichtleuchtende Flamme stark gelb. Umgekehrt fehlt bei natriumfreien Verbindungen (z. B. Kupfersulfat) die charakteristische Gelbfärbung. Enthält die Untersuchungssubstanz neben Natriumverbindungen noch organische Stoffe, so können die glühenden Kohlenstoffteilchen ebenfalls eine Gelbfärbung der Flamme bewirken (dies ist z. B. bei verbrennendem Holz, Zucker, Petroleum, Benzol und dergleichen der Fall), doch kann man diese mit einiger Übung leicht auseinanderhalten. Bringe nacheinander Spuren von Zucker bzw. Kochsalz am Magnesiastäbchen in die Flamme und beobachte den Unterschied der Flammenfärbung! Mische etwas Kochsalz mit Zucker und studiere die Flammenfärbung des Gemisches!

Deutliche Flammenfärbungen geben auch Kalium-, Calcium- und Kupferverbindungen. Halte Spuren von Kaliumsalzen (z. B. Pottasche, Kalisalpeter, Kaliumsulfat und dergleichen) am Magnesiastäbchen in die nichtleuchtende Gasflamme! Die Flamme erscheint in gewöhnlichem Licht fahlgelb, bei Betrachtung durch ein Cobaltglas karminrot. Diese Flammenfärbung muß durch **Kalium** verursacht worden sein, da nur dieses in allen geprüften Substanzen vorkam. Reinste Kaliumsalze gebeneine rote Flammenfärbung; da die meisten Kaliumverbindungen jedoch mit Natriumverbindungen verunreinigt sind, entsteht gewöhnlich eine fahlgelbe Flammenfärbung. Bei Betrachtung durch ein blaues Cobaltglas wird die gelbe Natriumfarbe absorbiert (Komplementärfarbe), und das Rot des Kaliums kommt zum Vorschein. Mische Kochsalz und Kalisalpeter und prüfe, ob man Natrium und Kalium nebeneinander nachweisen kann! Cobaltglas!

Bringe etwas Calciumchlorid oder Kalksalpeter (= Calciumnitrat) in die Flamme! Es entsteht für kurze Zeit eine ziegelrote oder rotgelbe Flammenfärbung. Hält man unlösliche Calciumverbindungen, wie Kalk, Gips, Calciumphosphat und dergleichen, in eine Flamme, so bleibt diese Färbung aus. Sie stellt sich erst ein, wenn wir die Substanz mit etwas Salzsäure betupfen und dann in die Flamme halten. Erklärung: Die unlöslichen Calciumverbindungen sind in der Flamme schwer flüchtig, sie geben deshalb auch keine deutliche Flammenfärbung. Nach Zusatz von Salzsäure entsteht aus den unlöslichen, nichtflüchtigen Calciumverbindungen etwas lösliches, flüchtiges Calciumchlorid, $CaCl_2$, das die Flamme für einen Augenblick deutlich färbt. Wir halten deshalb bei der Prüfung auf Calcium eine Spur der Substanz zuerst in etwas Salzsäure und danach in die Flamme.

Kupferverbindungen geben eine grüne bzw. blaue Flammenfärbung. Bringe einen Kupferblechstreifen oder Kupferdraht längere Zeit in die farblose Gasflamme! Tauche ihn nach dem Erkalten in etwas Salzsäure und bringe ihn nochmals ins Feuer! – Beobachtung: Auch beim Kupfer ist das Chlorid in der Hitze flüchtig; es gibt eine grüne bzw. blaue Flammenfärbung. Da es beim Kupfer eine Reihe von sonstigen Nachweisen gibt, brauchen wir uns hier mit der Flammenfärbung nicht lange aufzuhalten, um so weniger, als auch noch andere Elemente (Bor, Barium) grüne Flammenfärbungen geben und dadurch die Bestimmung des Kupfers in einer Substanz auf Grund der Flammenfärbung allein sehr erschwert wird.

Anwendung chemischer Nachweismittel

Bisher haben wir durch Kristallform, Farbe, Gewicht, Geschmack, Verhalten gegen Wasser, Flammen und Lackmus einige Eindrücke von unserer Substanz erhalten. Zur genauen Bestimmung reicht das aber noch nicht aus. Wir müssen nun auf unsere Untersuchungssubstanz bestimmte Stoffe nach erprobten Vorschriften einwirken lassen: aus dem Eintreten oder Ausbleiben bezeichnender chemischer Vorgänge (Reaktionen) können wir dann Rückschlüsse auf die An- oder Abwesenheit bestimmter Stoffe ziehen. Dafür ein Beispiel:
Wir wollen untersuchen, ob der braune Ackerboden Eisen enthält. Man erhitzt zu diesem Zweck eine Messerspitze Boden in einigen Kubikzentimetern Salpetersäure. Nach wenigen Minuten wird filtriert und zum Filtrat etwas Kaliumhexacyanoferrat(II) (= gelbes Blutlaugensalz) gegeben. Sofort erscheint ein tiefblauer Niederschlag, der die Anwesenheit von Eisen beweist. Erklärung: Das Eisen ist in den Böden fast immer in Form wasserunlöslicher Oxide enthalten. Da diese mit Blutlaugensalz überhaupt nicht reagieren würden, muß man den Boden zunächst mit Salpetersäure kochen. Hierbei entsteht aus dem braunen Eisenoxid wasserlösliches Eisennitrat, das nachher im Filtrat mit dem Kaliumhexacyanoferrat(II) einen blauen Niederschlag von *Berlinerblau* (bekannte Malerfarbe) ergibt. Diese Reaktion ist charakteristisch, d. h., Kaliumhexacyanoferrat(II) gibt *nur* mit löslichen **Eisensalzen** den blauen Niederschlag; sie ist auch sehr empfindlich, wie wir durch Verdünnen der Eisensalzlösung zeigen können. Der Chemiker sagt in diesem Fall: Kaliumhexacyanoferratlösung ist ein Reagenz (Nachweismittel) auf Eisen: d. h., immer, wenn Kaliumhexacyanoferrat (II) mit irgendeiner Lösung einen blauen bis blauschwarzen Niederschlag gibt, muß diese Lösung ein Eisensalz enthalten (bzw. Fe^{3+}-Ionen).
Die chemische Wissenschaft hat nun schon seit langer Zeit eine Reihe von chemischen Nachweisverfahren für verschiedene Elemente und Verbindungen ausgearbeitet. Bei der Untersuchung komplizierter Gemische werden zunächst *Gruppenreagenzien*, wie Salzsäure, Schwefelwasserstoff, Ammoniumsulfid, angewendet. Diese verwandeln eine Reihe von Metallsalzen in unlösliche Niederschläge, die dann nach ganz bestimmten Vorschriften voneinander getrennt werden. Wir müssen diese umständlichen, zeitraubenden und oft recht schwierigen Arbeiten den Berufschemikern überlassen und beschränken uns hier auf die unmittelbare Anwendung einfacher Nachweismittel, wie wir es am Beispiel des Eisens oben näher ausgeführt haben. Zu dieser Beschränkung sind wir um so mehr berechtigt, als wir uns hier grundsätzlich nur mit der Untersuchung einfachster Stoffe und Stoffgemische befassen.

1. Nachweis von Natrium, Kalium und Calcium. Mit Flammenfärbungen (s. S. 18, 19). Ca^{2+}-Ionen bilden mit Ammoniumoxalat $(NH_4)_2C_2O_4$, einen weißen Niederschlag von Calciummoxalat. Dadurch lassen sich Calcium-Ionen leicht im harten Wasser nachweisen.

2. Nachweis von Zink. Wir befeuchten ein Stück Filtrierpapier mit wenig Salpetersäure, bringen Zinkpulver (durch Abfeilen von Zinkblech zu erhalten!) auf die befeuchtete Stelle, erwärmen vorsichtig ein wenig, so daß die entstandene Lösung in das Papier eindringt (wobei das Papier nicht verbrennen darf!), geben auf die gleiche Stelle einige Tropfen Cobaltchloridlösung und erhitzen über der nichtleuchtenden Gasflamme längere Zeit so stark, daß vom Papier nur noch ein ausgeglühter Rückstand übrigbleibt. Er besteht aus einer grünen Verbindung von Cobaltoxid und

Zinkoxid. Schon im Jahre 1780 wurde diese grüne Farbe von Rinmann entdeckt; sie findet heute noch als Malerfarbe unter der Bezeichnung *Rinmanns Grün* Verwendung. Nur Zink und Zinkverbindungen geben bei dem beschriebenen Versuch mit dem Cobaltchlorid die grüne Färbung: man kann also nach dieser Methode Zink in vielen Untersuchungssubstanzen nachweisen. Bequemer läßt sich der Zinknachweis durchführen, wenn man zu einigen cm^3 der zu untersuchenden Flüssigkeit einige Tropfen Cobaltchloridlösung gibt und ein hineingetauchtes Filtrierpapierstück in der farblosen Gasflamme verbrennt und längere Zeit glüht. Wenn neben dem Zink noch andere Metallsalze vorhanden sind, gelingt der obige Nachweis nicht gut; in diesen Fällen werden vorherige Trennungen notwendig.

3. Nachweis von Aluminium. Dieser wird genauso ausgeführt wie der Zinknachweis; nur sind an Stelle des Zinks oder der Zinkverbindungen Aluminiumverbindungen zu nehmen. Diesmal ist der Rückstand schön blau gefärbt; er wird ebenfalls als Malerfarbe unter dem Namen *Cobaltblau* oder *Thénardsblau* verwendet. Cobaltblau wurde im Jahre 1777 zum ersten Mal dargestellt; es besteht aus Cobaltoxid und Aluminiumoxid; Formel Al_2CoO_4.

4. Nachweis von Eisen. Metallisches Eisen wird von Magneten angezogen. Will man Metalle oder wasserunlösliche Verbindungen auf Eisen untersuchen, so erhitzt man Proben davon im Probierglas mit reiner, eisenfreier Salzsäure, der man etwas Wasserstoffperoxid oder eine weizenkorngroße Menge Kaliumchlorat beigemischt hat. Wenn Eisen vorhanden ist, wird es hierbei in lösliches, braungelbes Eisenchlorid $FeCl_3$ verwandelt; dieses gibt mit Kaliumhexacyanoferrat(II) Berlinerblau (s. S. 19). Wässerige Lösungen von dreiwertigen Eisensalzen geben übrigens noch eine zweite schöne Farbreaktion: Gießt man zu einer solchen Lösung etwas Kaliumthiocyanat- oder Ammoniumthiocyanatlösung, so entsteht eine blutrote Färbung von Eisenthiocyanat; die Rotfärbung ist oft erst nach weiterem Wasserzusatz erkennbar.

5. Nachweis von Blei. Im Probierglas gießen wir zur Bleiacetatlösung ein wenig gelöstes Kaliumdichromat. Sofort entsteht ein prächtiger, gelber Niederschlag von Chromgelb ($PbCrO_4$ = Bleichromat). Dieser bereits 1809 entdeckte Stoff spielt in der Anstreicherei eine hervorragende Rolle. Das Chromgelb unseres obigen Versuchs ist in Wasser unlöslich, dagegen löst es sich in Laugen (NaOH, KOH) und heißer Salpetersäure. Bei einer chemischen Analyse geben wir zum löslichen Teil der Untersuchungssubstanz etwas Kaliumdichromatlösung. Entsteht dann ein gelber Niederschlag, so liegt vielleicht Blei vor; es könnte aber auch Barium anwesend sein, da Bariumsalze mit Kaliumdichromat ebenfalls einen gelben Niederschlag geben. Löst sich der gelbe Niederschlag nach Zusatz von viel reiner, sodafreier Natronlauge glatt auf, so ist Blei anzunehmen, denn bei Bariumverbindungen würde unter diesen Verhältnissen eine blaßgelbe „Milch" entstehen. Gibt unsere Substanz nach Zusatz von Kaliumdichromat überhaupt keinen gelben Niederschlag, so ist damit die Abwesenheit von Blei noch nicht erwiesen, denn die Substanz könnte ja viel Lauge oder Salpetersäure enthalten, welche die Entstehung des Niederschlags verhindern. Man muß also vor dem Kaliumdichromatzusatz die Reaktion der Untersuchungssubstanz mit Lackmuspapier prüfen und dann gegebenenfalls neutralisieren.

Soll eine unlösliche Substanz (z. B. ein Metall) auf Blei untersucht werden, so muß man diese im Probierglas einige Zeit mit Salpetersäure zum Sieden erhitzen. Dabei entsteht (bei Anwesenheit von Blei) lösliches Bleinitrat; man neutralisiert und gibt wie oben Kaliumdichromat dazu.

6. Nachweis von Kupfer. Viele Kupferverbindungen sind grün oder blau gefärbt, es sei hier nur an Kupfersulfat, Kupferchlorid und Kupfercarbonat erinnert. Die Flammenfärbung ist grün oder blau. Wasserlösliche Kupfersalze (z. B. Lösung von Kupfersulfat) geben auch in sehr starken Verdünnungen mit Kaliumhexacyanoferrat (II) einen braunen bis rotbraunen Niederschlag von Kupferferrocyanid. Ausprobieren! Sollte bei etwaiger Anwesenheit von Laugen kein Niederschlag entstehen, so geben wir etwas Salzsäure dazu. Der Niederschlag wird nämlich durch Laugen zerstört; dagegen vermögen ihm geringe Säuremengen nichts anzuhaben. Anstelle des Kaliumhexacyanoferrats(II) kann man Ammoniak-Lösung (= Salmiakgeist) zum Nachweis von Kupfer verwenden. Man gibt zu dem gelösten Kupfersalz (z. B. Kupfersulfat, Kupferchlorid und dergleichen) langsam Ammoniak-Lösung; es entsteht dann zuerst ein blaugrüner Niederschlag, der sich bei weiterem Zusatz von Ammoniak-Lösung mit prächtig tiefblauer Farbe wieder löst. Oder man taucht einen eisernen Nagel etwa fünf Minuten lang in eine Kupfersulfatlösung; er wird allmählich verkupfert. (Gleichung: $CuSO_4 + Fe \rightarrow FeSO_4 + Cu$.)
Mit unbekannten Untersuchungssubstanzen führt man am besten alle oben beschriebenen Kupfernachweise durch. Fallen sie positiv aus, so ist die Anwesenheit von Kupfer mit Sicherheit bewiesen.
Wollen wir Kupfer in Erzen, Legierungen oder sonstigen unlöslichen Stoffen nachweisen, so müssen wir diese zuerst längere Zeit in Salpetersäure kochen. Falls überhaupt Kupfer vorhanden ist, entsteht bei diesem Vorgang wasserlösliches, blaues Kupfernitrat. Dieses wird wie die Kupferlösungen mit Kaliumhexacyanoferrat (II) bzw. Ammoniak auf Kupfer untersucht.
7. Nachweis von Zinn. Für Zinnverbindungen gibt es leider keinen kurzen und einigermaßen zuverlässigen Nachweis; dagegen ist metallisches Zinn oder Zinn in Legierungen daran zu erkennen, daß es beim Kochen mit Salpetersäure am Boden des Probierglases eine graue bis weiße, pulvrige Masse von unlöslichem Zinndioxidhydrat gibt, Formel $SnO_2 \cdot xH_2O$. Bei Anwesenheit von Antimon entsteht nach Behandlung mit Salpetersäure eine ähnliche Masse, doch wird sich Antimon in unseren Untersuchungssubstanzen selten finden.
8. Nachweis von Silber. Wir geben zu einer Silbernitratlösung einige Tropfen Salzsäure. Sofort entsteht ein dicker, weißer Niederschlag von wasserunlöslichem Silberchlorid (Gleichung: $AgNO_3 + HCl \rightarrow AgCl + HNO_3$). Statt Salzsäure könnte man auch eine verdünnte Kochsalzlösung nehmen. Wie wäre die Gleichung in diesem Falle zu schreiben? Da Bleisalzlösungen (z. B. Bleiacetat oder Bleinitrat) mit Salzsäure ebenfalls einen weißen Niederschlag geben (ausprobieren!), sind wir bei einer Analyse nicht sicher, ob der weiße Niederschlag nach Zusatz von Salzsäure auf die Anwesenheit von Blei oder von Silber zurückzuführen ist. Die Frage wird geklärt, wenn wir zum Niederschlag langsam Ammoniak-Lösung geben. Besteht er aus Silber, so löst er sich in Ammoniak-Lösung schließlich vollständig, während der von Blei hervorgerufene Niederschlag nahezu unverändert bleibt. Außerdem löst sich der Bleiniederschlag beim Verdünnen und Erwärmen allmählich auf, während Silberniederschläge sich kaum verändern.
Enthält die auf Silber zu untersuchende Substanz das Silber nicht in wasserlöslichem Zustand (wie es wohl in der Regel der Fall sein wird), so muß sie einige Minuten mit Salpetersäure gekocht werden. Dabei verwandelt sich das metallische oder in unlöslichen Verbindungen und Legierungen befindliche Silber in lösliches Silbernitrat.

Zu diesem gibt man Salzsäure und untersucht wie oben. Handelt es sich darum, wertvolle Schmuckgeräte möglichst schonend auf Silber zu untersuchen, so kann man an einer unauffälligen Stelle ein wenig Metall abfeilen und dieses in Salpetersäure lösen.

9. Nachweis von Magnesium. Wir wollen Magnesium in der Pflanzenasche nachweisen und lösen sie dazu in 2 cm^3 verdünnter Salzsäure, dann wird filtriert. Das Filtrat versetzen wir mit 3 cm^3 5 %iger Natronlauge und geben 1 cm^3 Chinalizarinlösung (0,01 %ige alkoholische Lösung) zu. Bei Anwesenheit von Magnesium entsteht eine kornblumenblaue Färbung. Alkalische Magnesium-Lösungen ergeben auch mit dem Farbstoff Titangelb eine intensive rote Färbung.

10. Nachweis von Ammoniak in Ammoniumverbindungen. Wir bringen eine Messerspitze Ammoniumchlorid (= Salmiak) in ein Schälchen und prüfen den Geruch. Ammoniumchlorid ist geruchlos. Ein über das Pulver gehaltenes rotes Lackmuspapier verändert sich nicht in der Farbe. Nun gießen wir etwas konzentrierte Natronlauge auf das Ammoniumchlorid. Bald spürt man einen stechenden Ammoniakgeruch (wie beim Riechen an einer Flasche mit Ammoniak-Lösung), und über das Schälchen gehaltenes feuchtes, rotes Lackmuspapier wird von dem aufsteigenden Ammoniakgas blau gefärbt. Erklärung: Beim Zusammentreffen von Ammoniumchlorid und Natronlauge entstand Ammoniakgas nach folgender Gleichung: $NH_4Cl + NaOH \rightarrow NaCl + NH_3 + H_2O$. Das flüchtige, gasförmige NH_3 verband sich mit dem Wasser des Lackmuspapiers zu NH_4OH; dieses bewirkte die alkalische Reaktion.
Ammoniakgas wird nicht nur von Ammoniumchlorid allein (nach Zugabe von Natronlauge) erzeugt, sondern von allen Ammoniumverbindungen, wie z. B. von Ammoniumsulfat $(NH_4)_2SO_4$, Hirschhornsalz, Ammoniumnitrat NH_4NO_3, Ammoniumphosphat usw. Wenn wir also feststellen wollen, ob eine Ammoniumverbindung vorliegt, geben wir im Porzellanschälchen etwas konzentrierte Natronlauge zur Substanz und prüfen Geruch und Lackmusreaktion des eventuell aufsteigenden Gases. Die Lauge muß möglichst konzentriert sein, da sich im Wasser einer verdünnten Lauge unter Umständen das ganze Ammoniak lösen könnte (1 l Wasser löst über 1000 l Ammoniakgas), so daß der Nachweis erschwert würde.
Die Erkennung von gasförmigem Ammoniak erfolgt durch den Geruch, durch die Blaufärbung von rotem, feuchtem Lackmuspapier und durch den weißen Salmiakrauch, der bei Annäherung eines Salzsäuretropfens (Glasstab) nach folgender Gleichung entsteht: $NH_3 + HCl \rightarrow NH_4Cl$.

11. Nachweis von chemisch gebundenem Schwefel. Viele Erze, z. B. Katzengold, Bleiglanz, Kupferkies, Zinkblende usw., sind Verbindungen aus Metall und Schwefel. Geben wir zu einem solchen Sulfid Salzsäure, so entsteht Schwefelwasserstoff (Hydrogensulfid, s. a. S. 31). Wenn sich also bei irgendeiner Substanz mit Salzsäure Schwefelwasserstoff bildet, muß diese chemisch gebundenen Schwefel enthalten. Freilich gilt dieser Nachweis nur für Sulfide, bei Sulfaten und anderen Schwefelverbindungen müssen andere Verfahren angewendet werden.

12. Nachweis von chemisch gebundenem Chlor. (Chlorid-Ionen). Das nicht gebundene, freie, gasförmige Chlor ist an dem eigenartig stechenden, unangenehmen Geruch und an der grüngelben Farbe leicht zu erkennen. Das Chlor in chemischen Verbindungen (z. B. in Kochsalz NaCl, Magnesiumchlorid $MgCl_2$, Calciumchlorid $CaCl_2$ usw.) ist dagegen farb- und geruchlos; es muß also auf andere Art nachgewiesen werden. Ein alteingeführtes Reagenz auf chemisch gebundenes Chlor

(genauer ausgedrückt: auf Chlorid-Ionen) ist Silbernitratlösung. Um die Wirkung dieser Lösung zu studieren, geben wir eine Probe davon im Probierglas zu einer verdünnten Kochsalzlösung. Sofort entsteht ein dicker, weißer Niederschlag von Silberchlorid, den wir vom obigen Silbernachweis her schon kennen. Gleichung: $AgNO_3 + NaCl \rightarrow AgCl + NaNO_3$. Silberchlorid ist in Wasser fast völlig unlöslich; 100 cm³ destilliertes Wasser lösen bei 20 °C nur 0,15 mg AgCl. Prüfe, ob der weiße Silberchloridniederschlag auch entsteht, wenn man statt Kochsalz andere gelöste Chloride (Zinkchlorid, Calciumchlorid, Eisenchlorid, Magnesiumchlorid) oder Salzsäure (HCl) verwendet! Gleichungen? Gib im Probierglas etwas Silbernitratlösung zu Leitungswasser und beobachte nach einigen Minuten! Warum soll die Untersuchungssubstanz stets in destilliertem Wasser gelöst werden?
Leider gibt Silbernitrat nicht nur mit Chlorid-Ionen, sondern beispielsweise auch mit Soda weiße Niederschläge (ausprobieren!); die Reaktion ist also nicht eindeutig. Aber auch hier gibt es eine Unterscheidungsmöglichkeit. Fügen wir nämlich zu dem Niederschlag aus Silbernitrat und Soda etwas Salpetersäure, so löst er sich auf, während Silberchlorid im gleichen Fall unverändert bleibt. Wenn wir also unsere Substanz auf Chlorverbindungen untersuchen, müssen wir im Probierglas zunächst etwa gleiche Raumteile Silbernitrat und Salpetersäure vermischen. Entsteht dann nach Zugabe von gelöster Substanz trotzdem ein weißer Niederschlag, so rührt dieser wahrscheinlich von Silberchlorid her, das heißt, er wurde durch gelöste Chlorid-Ionen verursacht. Dies ist mit Sicherheit anzunehmen, wenn sich der Niederschlag nach Zugabe von Ammoniak-Lösung wieder vollständig auflöst. Erklärung: Trotz der Salpetersäure könnten Bromverbindungen mit Silbernitrat einen weißen Niederschlag von Silberbromid (AgBr) geben; dieser wäre aber, im Gegensatz zu Silberchlorid, in Ammoniak-Lösung nur sehr schwer löslich.
Nun gibt es eine große Zahl von wichtigen organischen Chlorverbindungen, die sich in Wasser gar nicht lösen und auch keine Chlorid-Ionen abspalten. Hierher gehören z. B. Trichlorethan, Trichlorethylen, Chloroform, p-Dichlorbenzol (Globol), DDT, Hexachlorcyclohexan, Hexachlorethan und viele andere Verbindungen. In diesen Fällen läßt uns das Silbernitrat im Stich, und wir müssen andere Wege einschlagen. Falls wir einen guten Bunsenbrennen haben, können wir uns der *Beilsteinschen Probe* (nach Fr. Beilstein, 1872) bedienen: Wir glühen einen Kupferdraht in der farblosen, heißen Bunsenflamme (Pinzette!) so lange, bis er keine Flammenfärbung mehr gibt; dann tauchen wir ihn in die Substanz, so daß etwas davon an ihm hängenbleibt, und halten ihn von neuem in die Flamme. Zunächst verbrennt dann der Kohlenstoff mit gelber Flamme; hat die Substanz Chlorverbindungen enthalten, so entsteht nach einigem Erhitzen vorübergehend eine grüne Flammenfärbung, weil sich etwas von dem Kupfer mit dem Chlor zu Kupferchlorid (in der Hitze flüchtig, gibt grüne Flammenfärbung) verbunden hat. Freilich verläuft der Versuch mit anderen Halogenen (Brom, Iod) in ähnlicher Weise.
13. Nachweis von Chloraten. Die bekanntesten Chlorate sind Kaliumchlorat $KClO_3$ und Natriumchlorat $NaClO_3$. Fast alle Chlorate sind wasserlöslich. Sie enthalten die einwertige ClO_3^--Gruppe (Chlorat-Gruppe). Um Chlorate nachzuweisen, bringen wir eine etwa erbsengroße Menge der Untersuchungssubstanz in ein Uhrglas, gießen vorsichtig 1 bis 2 cm³ konzentrierte Salzsäure (25 bis 30 %ig) darüber, ohne den Rand des Uhrglases zu befeuchten. Nebenher klebt man ein etwa zentimeterlanges Stückchen blaues oder rotes Lackmuspapier mit einem Tropfen destilliertem Wasser

auf der Innenseite eines zweiten, gleich großen oder größeren Uhrglases fest und deckt dieses behutsam auf das erste, so daß das Ganze wie eine Linse aussieht und das Lackmuspapier den aus der Substanz entweichenden Gasen ausgesetzt ist. Wenn die Substanz Chlorat enthält, nimmt man sofort oder nach einiger Zeit einen widerwärtigen, stechenden, chlorartigen Geruch wahr (Chlordioxid, ClO_2). (Vorsicht!) Das Lackmuspapier wird schnell gebleicht. Reaktion: $KClO_3 + 2HCl \rightarrow Cl + ClO_2 + KCl + H_2O$.

14. Nachweis der Sulfat-Gruppe. Wir geben im Probierglas zu etwas verdünnter Schwefelsäure einige Tropfen Bariumchloridlösung. Sofort bildet sich ein dicker, weißer Niederschlag von wasserunlöslichem Bariumsulfat $BaSO_4$ nach der Gleichung: $H_2SO_4 + BaCl_2 \rightarrow BaSO_4 + 2HCl$. Der gleiche Niederschlag entsteht, wenn wir an Stelle der Schwefelsäure irgendein gelöstes Sulfat (z. B. Glaubersalz Na_2SO_4, Bittersalz $MgSO_4$, Zinksulfat $ZnSO_4$, Eisensulfat $FeSO_4$, Kupfersulfat $CuSO_4$) mit Bariumchloridlösung zusammenbringen. Stelle die Gleichungen zusammen! Wir erkennen beim Vergleich, daß hier jedesmal das Barium des Bariumchlorids mit der SO_4^{2-}-Gruppe des entsprechenden Sulfats eine unlösliche Verbindung eingegangen ist. Bariumsulfat ist außerordentlich schwer löslich; je 100 g destilliertes Wasser lösen nur 0,22 mg $BaSO_4$. Wir können also mit Bariumchloridlösung in unbekannten Lösungen die SO_4^{2-}-Gruppe (Sulfatrest) nachweisen. Allerdings ist die Reaktion in dieser einfachen Form nicht eindeutig, denn gelöste Carbonate (z. B. Soda, Pottasche), Phosphate u. a. geben mit Bariumchloridlösung ebenfalls weiße Niederschläge (ausprobieren!). Gibt also eine gelöste Substanz mit Bariumchloridlösung einen weißen Niederschlag, so wissen wir nicht, ob dieser von einem Sulfat, einem Carbonat oder einem Phosphat herrührt. Diese Frage kann durch Zusatz von verdünnter Salzsäure geklärt werden. So löst sich z. B. ein Niederschlag, der aus Bariumchlorid und Soda entstand, in heißer, verdünnter Salzsäure vollständig auf (vorausgesetzt, daß die Salzsäure nicht selbst durch Schwefelsäure oder Sulfat verunreinigt war – prüfen!), während der Bariumsulfatniederschlag auch in heißer Salzsäure nicht gelöst wird.

Nach dem Vorhergegangenen müssen wir also den Nachweis der SO_4^{2-}-Gruppe folgendermaßen durchführen: Wir mischen im Probierglas etwa 2 cm^3 Bariumchloridlösung mit der dreifachen Menge verdünnter Salzsäure (Verdünnung etwa 1 : 3), erhitzen und geben die heiße Lösung zur gelösten Untersuchungssubstanz. Entsteht dann trotz der heißen Salzsäure ein weißer Niederschlag, so kann dieser nur von Schwefelsäure oder einem Sulfat herrühren; bleibt die Lösung klar, so enthält die Substanz keine Sulfatverbindungen. Was beobachtet man, wenn Bariumchloridlösung zu Leitungswasser gegeben wird? Warum müssen die Untersuchungssubstanzen in destilliertem Wasser gelöst werden?

15. Nachweis der Nitrat-Gruppe. Salpetersäure hat die chemische Formel HNO_3. Wird der Wasserstoff H durch ein Metall ersetzt, so entstehen die Salze der Salpetersäure, die Nitrate. Es gibt z. B. Natriumnitrat (= Chilesalpeter = Natronsalpeter $NaNO_3$), Kaliumnitrat (= Kalisalpeter = indischer Salpeter KNO_3), Calciumnitrat (= Kalksalpeter $Ca(NO_3)_2$), Bleinitrat $Pb(NO_3)_2$, Silbernitrat $AgNO_3$ usw. Jedes Nitrat enthält 1 bis xNO_3-Gruppen. Da alle Nitrate wasserlöslich sind, kann man durch Zugabe eines Reagenzes überhaupt keinen Niederschlag erhalten. Dagegen läßt sich die NO_3^--Gruppe durch folgende Farbreaktionen nachweisen: Wir geben ins Probierglas zu einer kleinen Messerspitze Natriumnitrat (= Salpeter) 1 bis 2 cm^3

konzentrierte Schwefelsäure (Achtung! Keine Schwefelsäuretropfen auf Haut und Kleider bringen!), schütteln um und schichten darauf vorsichtig (Probierglas neigen!) eine kalt angesetzte Eisensulfatlösung. An der Berührungsstelle zwischen Schwefelsäure und Eisensulfatlösung – es handelt sich um Eisen(II)-sulfat $FeSO_4$ – entsteht ein charakteristischer brauner Ring. Erklärung: Schwefelsäure und Natriumnitrat bilden Salpetersäure; diese zerfällt in Stickstoffoxid, Wasser und Sauerstoff. Der Sauerstoff oxidiert einen Teil des Eisen(II)-sulfats zu Eisen(III)-sulfat. Das Stickstoffoxid, auch Stickoxid genannt, verbindet sich mit Eisensulfat zu einem dunkelbraunen Komplexsalz, Formel: $[Fe(NO)]SO_4$. Da diese beiden Stoffe nur an der Grenze zwischen der Schwefelsäure und der Sulfatlösung zusammentreffen, kann sich zunächst nur dort ein brauner Ring bilden. Beim Erwärmen oder Umschütteln zersetzt sich die sehr unbeständige Komplexverbindung. Bei der Untersuchung eines unbekannten Stoffes wird die Prüfung auf die NO_3^--Gruppe genau wie im oben genannten Beispiel vorgenommen; nur ist anstelle des Natriumnitrats eine Messerspitze der Untersuchungssubstanz ins Probierglas zu bringen. Entsteht nach Ausführung der Probe ein brauner bis schwarzer Ring, so enthält die Substanz ein Nitrat (oder Nitrit, doch ist dieses in der Praxis viel seltener); fehlt der Ring, so handelt es sich um andere Verbindungen.

Ein zweiter Nachweis der NO_3^--Gruppe ist mit einem organischen Farbstoff möglich. Wir lösen einige Körnchen Diphenylamin in konzentrierter Schwefelsäure und geben einige Tropfen verdünnte Salpetersäure dazu. Es tritt eine Blaufärbung auf.

16. Nachweis der Carbonat-Gruppe. Zu den Carbonaten gehören: Soda Na_2CO_3, Pottasche K_2CO_3, Kalk $CaCO_3$, Magnesiumcarbonat $MgCO_3$, Zinkcarbonat $ZnCO_3$ u. a. Allen diesen Stoffen ist die CO_3^{2-}-Gruppe gemeinsam. Gibt man in einem Becherglas zu festen Carbonaten (z. B. Sodabrocken, Kalkstücken) etwas verdünnte Schwefelsäure, so beobachtet man lebhaftes Aufschäumen; das entweichende Gas ist farbloses, geruchloses, unbrennbares Kohlendioxid CO_2, oft auch Kohlensäure genannt; Gleichung: $Na_2CO_3 + H_2SO_4 \rightarrow Na_2SO_4 + H_2O + CO_2$. Das Kohlendioxid gibt folgende Reaktionen: 1. Es bringt eine ins Becherglas gehaltene Flamme zum Erlöschen; 2. „Gießt" man das über der Becherglasflüssigkeit befindliche Kohlendioxid langsam in ein Probierglas, das zu etwa ⅓ mit klarem Kalkwasser gefüllt ist, so entsteht nach dem Umschütteln eine weiße Trübung von Kalk nach der Gleichung: $Ca(OH)_2 + CO_2 \rightarrow CaCO_3 + H_2O$. Die weiße Trübung verschwindet nach Zusatz einiger Salzsäuretropfen wieder. Am einfachsten läßt sich der Nachweis der Carbonat-Gruppe mit 2 Probiergläsern nach *Bild 8* durchführen: Man bringt in das Glas a die Untersuchungssubstanz und dann verdünnte Schwefelsäure. Glas b enthält klares Kalkwasser, in das man das entstehende Kohlendioxid leitet. Magnesiumcarbonat, Eisencarbonat u. a. werden nur von warmer Schwefelsäure unter A bscheidung von Kohlendioxid angegriffen.

17. Nachweis der Phosphat-Gruppe. Phosphorsäure (genauer Orthophosphorsäure) hat die chemische Formel H_3PO_4. Ersetzt man die Wasserstoff-Atome dieser Säure ganz oder teilweise durch Metall, so entstehen Salze der Phosphorsäure, Orthophosphate (im folgenden kurz Phosphate genannt). Wichtige Phosphate sind z. B. Ammoniumphosphat, Natriumphosphat, Calciumphosphat usw. Die in Phosphorsäure und Phosphaten enthaltene PO_4^{3-}-Gruppe wird folgendermaßen nachgewiesen: Wir kochen im Probierglas ein wenig Calciumphosphat mit einigen Kubikzentimetern Salpetersäure, filtrieren, wenn Trübung vorhanden, geben zum Filtrat viel

Bild 8 Nachweis der Carbonat-Gruppe

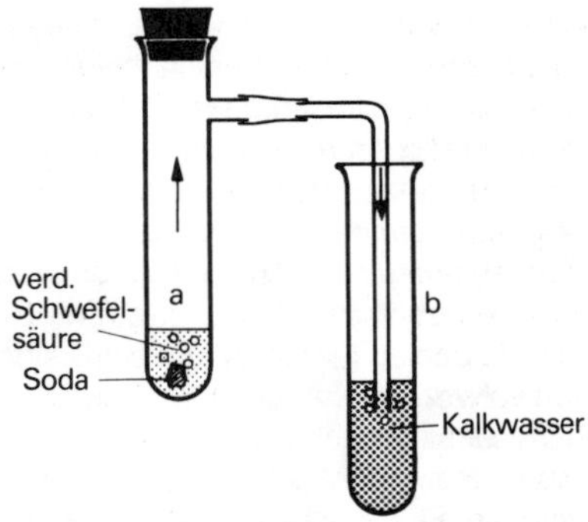

von unserer nach S. 12 zubereiteten Ammoniummolybdatlösung und erwärmen nochmals. Es entsteht sofort oder allmählich ein gelber, pulveriger Niederschlag von kompliziert gebautem Ammoniummolybdatophosphat, dem die Formel $(NH_4)_3[P(Mo_3O_{10})_4]$ zukommt; er ist in Salpetersäure unlöslich, in Natronlauge oder Kalilauge leicht löslich. Bei einer chemischen Analyse bringen wir anstelle des oben erwähnten Calciumphosphats etwa die gleiche Menge Untersuchungssubstanz ins Probierglas und verfahren im übrigen genau wie oben. Entsteht beim Erwärmen der gelbe Niederschlag, so enthält die Substanz Phosphate. Ist die Substanz von vornherein eine Flüssigkeit, so genügt es, wenn wir zu einer Probe davon Ammoniummolybdat geben und erwärmen. Leider fällt ein ähnlich gelber Niederschlag auch beim Erhitzen von Arsenaten mit Ammoniummolybdat aus; da die Arsene aber in den von uns untersuchten Präparaten kaum vorkommen, können wir von dieser Komplikation absehen. In modernen Waschmitteln, Reinigungsmitteln, Wasserenthärtungsmitteln usw. sind oft nicht Orthophosphate, sondern Metaphosphate, phosphathaltige Komplexsalze und dergleichen enthalten, die mit Ammoniummolybdat nicht in der üblichen Weise reagieren. Diese Phosphate gehen bei längerem Kochen vielfach in Orthophosphate über. Wenn unsere Untersuchungssubstanz bei Ammoniummolybdatzusatz und Erwärmung auf 40 bis 60 °C keinen gelben Niederschlag gibt, sind keine Orthophosphate anwesend, wohl aber können Metaphosphate, Diphosphate usw. vorliegen. Um diese festzustellen, kochen wir eine etwa erbsengroße Menge der Untersuchungssubstanz mindestens 2 Minuten lang mit einem Gemisch aus etwa 5 cm^3 konzentrierter Salpetersäure und etwa 5 cm^3 Wasser (hierbei gehen die Metaphosphate usw. in Orthophosphate über) und prüfen dann wie gewöhnlich auf Orthophosphate.

18. Nachweis von Silicaten. An dieser Stelle wollen wir uns auf die einfachsten Fälle beschränken. Nehmen wir an, wir sollten eine nicht näher bekannte Flüssigkeit auf Wasserglas untersuchen. Zu diesem Zweck bringt man einige cm^3 der Flüssigkeit in ein Probierglas und gibt etwas Salzsäure dazu. Bei Anwesenheit von Wasserglas entsteht dann sofort oder nach einiger Zeit eine glas- oder eisartige, zunächst gallertige, allmählich erstarrende Masse von Kieselsäure; ausprobieren! An dieser Reaktion erkennt man die in Drogerien erhältlichen Wasserglaslösungen; man kann nach der gleichen Methode auch Wasserglas in einigen Feuerschutzanstrichfarben nachweisen. Die Unterscheidung der unzähligen festen Silicate ist so schwierig, daß wir sie mit unseren bescheidenen Mitteln nicht in Angriff nehmen können.

Mit dem Nachweis des Wasserglases wollen wir unsere chemischen Einzelnachweise abschließen. Natürlich fehlen noch sehr viele Stoffe, aber wir müssen uns auf die wichtigsten beschränken. Die chemischen Untersuchungen in der oben angedeuteten, einfachen Art sind am unterhaltsamsten, wenn zwei zusammenarbeiten. Der eine, den wir A nennen wollen, gibt dem anderen (B) irgendeinen einfachen Stoff, dessen Zusammensetzung nur A bekannt ist. B untersucht nun die Substanz in der oben angedeuteten Art auf Natrium, Kalium, Eisen, Sulfate usw. und teilt am Schluß seine Ergebnisse mit. Es empfiehlt sich, über die einzelnen Versuchsergebnisse genau Buch zu führen. Nachdem B eine Rolle von einheitlichen festen oder gelösten Substanzen wie Kochsalz, Gips, Soda, Schlämmkreide (= Kalk), Kupfersulfat, Eisensulfat, Zinkchlorid, Bleinitrat, Wasserglas, Eisen, Zink, Zinn, Aluminium, Blei, Silber, Kupfer, Messing usw. chemisch untersucht hat, kann er sich auch an einfachere Gemische wagen. A mengt z. B. Glaubersalz und Pottasche gut durcheinander und läßt B die chemische Zusammensetzung des Gemisches ermitteln. Wollte B am Schluß seiner Untersuchung die Salze selber angeben, so käme er in Verlegenheit: denn es gibt beispielsweise ein gelöstes Gemenge von Glaubersalz Na_2SO_4 und Pottasche K_2CO_3 die gleichen Reaktionen wie ein Gemenge von Kaliumsulfat K_2SO_4 und Soda Na_2CO_3. Man darf deshalb am Schluß der Mischungen nur die *Ionen* angeben. B würde also als Ergebnis seiner Untersuchungen aufschreiben: Es wurden nachgewiesen: Na^+, K^+, CO_3^{2-}, SO_4^{2-}. Bei der Herstellung von Salzmischungen muß A auch sorgfältig darauf achten, daß keine Stoffe zusammenkommen, die bei der Auflösung unlösliche Niederschläge geben, wie es z. B. beim Vermischen von Bariumchlorid und Kupfersulfat der Fall wäre.
Ohne weiteres können z. B. folgende Stoffe gemischt werden: Kochsalz und Soda, Kupfersulfat und Kalisalpeter, Pottasche und Salmiak, Zinksulfat und Kochsalz, Bleiacetat und Ammoniumnitrat, Ammoniumsulfat und Kochsalz, Natriumphosphat und Glaubersalz und dergleichen. Im äußersten Fall kann A auch noch schwerere Aufgaben stellen und drei verschiedene Stoffe zusammenmischen. Dabei dürfen zur Abwechslung auch einmal Metallpulver oder Mischungen derselben vorgelegt werden. Oder man nimmt Metallpulver, organische Substanzen und feste Salze. Auch an einfache Mineralien, wie Kalkspat, Gips, Katzengold, Bleiglanz, Malachit usw., kann man sich wagen. Interessant sind auch Analysen von Pflanzenasche, Knochenasche, Futterkalken, Kunstdünger, Malerfarben, Farbstiften, alten Münzen, Böden, Mineralwässern, Reinigungsmitteln, Zahnpulvern und verschiedenem anderem. Der Einfachheit halber wollen wir uns meist auf anorganische Stoffe beschränken; einige einfachere organische Nachweise sind in späteren Abschnitten beschrieben; z. B. Traubenzucker S. 182, Fette S. 182, Eiweiße S. 179, Salicylsäure S. 209. Mit den bisherigen Nachweisen haben wir nur die einfachsten Grundzüge der chemischen Analyse kennengelernt.

Einfache halbquantitative Bestimmungen

Seit kurzem gibt es Teststreifen, die mit ausreichender Genauigkeit innerhalb kürzester Zeit die halbquantitative Bestimmung der Menge von Ionen in einer gegebenen Lösung erlauben (Merckoquant, E. Merck, Darmstadt).
Es sind schmale Kunststoffstreifen, an einem Ende mit einem Papierstückchen

beklebt, welches das jeweils für eine Ionenart spezifische Reagenz enthält. Die Streifen werden in die zu untersuchende Lösung getaucht, und dann vergleicht man die Verfärbung des Reagenzpapieres mit einer Farbskala auf der Vorratsschachtel. Dabei kann sofort die Konzentration der Ionen abgelesen werden.
Fe^{2+}-Teststreifen. Bei Anwesenheit von Fe^{2+}-Ionen in der Testlösung färbt sich der Streifen rosa bis rot. Dadurch können 5, 20, 50, 125, 250, 500 und 1000 mg/l (oder ppm) Fe^{2+} sicher bestimmt werden. Will man Fe^{3+} nachweisen, dann reduziert man vorher mit Ascorbinsäure. Zur Zeit sind verschiedene Teststreifen im Handel, beispielsweise: Co^{2+}-Test, Mn^{2+}-Test, Ni^{2+}-Test, Cu^{+}/Cu^{2+}-Test und Ag^{+}-Test zur Überprüfung von Fixierbädern.

Fortschritte der chemischen Analytik

In vielen Anfragen an den Autor möchten Chemiefreunde wissen, wie man Rückstände von DDT und anderen Pflanzenschutzmitteln, Cadmium im Abwasser, Nitrit in der Wurst, Nitrosamine im Bier usw. nachweist. Zu diesen Nachweisen von Bruchteilen eines Milligramms benötigt man größere Apparate und Geräte: Spektralphotometer, Analysenwaagen, Gaschromatographen, Einsatz von Mikroprozessoren. Die Erklärung dieser Geräte würde den Rahmen des Buches sprengen. Ich muß den Leser auf die entsprechende Literatur hinweisen. In den auf S. 16 bis S. 28 beschriebenen Nachweisen haben wir nur die einfachsten Grundzüge der chemischen Analytik kennengelernt.
Die Fortschritte der chemischen Analytik liegen einmal im Vordringen in bisher schwer zugängliche Spurenbereiche, in die *Präzisionsanalyse*, zum anderen in die *Sofortanalyse*. Dies sind praxisorientierte Schnellbestimmungsverfahren, die in Industrie, Technik und Umweltschutz an Bedeutung gewinnen. Hat man früher z. B. bei der Bestimmung des giftigen Cyanids in einer Wasserprobe eine umfangreiche Laborausrüstung und eine fachlich geschulte Kraft benötigt, so kann dies heute mit den neu entwickelten Testsätzen auch durch einen interessierten Laien durchgeführt werden. Die arbeitsaufwendigen Vorbereitungen der eigentlichen Analyse, das peinlich genaue Ansetzen der Reagenzlösungen, die Wägungen, sie sind alle schon vom Hersteller vorher erledigt worden. Im Kapitel Umwelt und Chemie (s. S. 254 f.) haben wir solche Verfahren bei der Wasseranalyse beschrieben: Aquamerck (Merck, Darmstadt), Visocolor und Nanocolor (Macherey & Nagel, Düren).

Einfache Gasuntersuchungen

Freund A kann seinem Genossen B auch einmal zur Abwechslung ein Gas zu untersuchen geben. Die Herstellung der Gase erfolgt am besten nach folgendem Verfahren: Man gibt die Stoffe, aus denen sich das gewünschte Gas entwickelt, in ein kleines Becherglas und stellt dieses in einen Glaszylinder, der etwa ½ Liter faßt (*Bild 9*). Während der Gasentwicklung wird der Zylinder so mit einer Gasplatte bedeckt, daß nur noch ein kleiner Spalt übrigbleibt, durch den die Luft entweichen kann, die das entwickelte Gas verdrängt. Sobald sich genügend Gas im Zylinder befindet, nimmt man das Becherglas vorsichtig heraus und gibt den Zylinder, der sofort wieder

Bild 9 Gasentwicklung im Becherglas

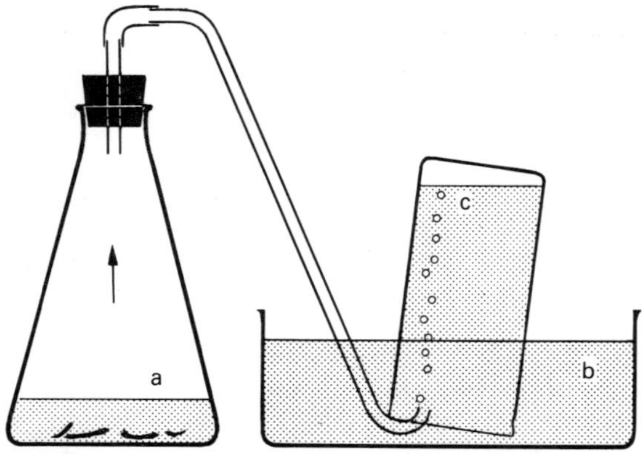

Bild 10 Darstellung von Wasserstoff aus Zink und Salzsäure

bedeckt wird, zur Untersuchung. Im folgenden sollen nur einige bekannte Gase berücksichtigt werden:

1. Kohlendioxid. (= Kohlenstoffdioxid = Kohlensäuregas). Darstellung: In das oben erwähnte Becherglas kommt Soda und etwas verdünnte Schwefelsäure. Es entsteht Kohlendioxid nach der Gleichung: $Na_2CO_3 + H_2SO_4 \rightarrow Na_2SO_4 + H_2O + CO_2$. Nachweis: Kohlendioxid ist farblos, geruchlos, löscht die Flamme aus, in den Zylinder gebrachtes Kalkwasser wird beim Umschütteln getrübt.

2. Sauerstoff. Darstellung: Wir geben in das Becherglas Kaliumpermanganat, etwas Braunstein und Wasserstoffsuperoxid oder Natriumperoxid, verdünnte Schwefelsäure und Kaliumpermanganat. Nachweis: Ein glimmender Span flammt in Sauerstoff hell auf.

3. Schwefeldioxid. Darstellung: Ins Becherglas gibt man das in Apotheken erhältliche Natriumdisulfit $Na_2S_2O_5$, etwas Wasser und verdünnte Schwefelsäure. Es entsteht zuerst Natriumhydrogensulfit $NaHSO_3$ und dann Schwefeldioxid nach der Gleichung: $NaHSO_3 + H_2SO_4 \rightarrow NaHSO_4 + H_2O + SO_2$. Nachweis: Schwefeldioxid ist ein farbloses Gas, das nach verbranntem Schwefel riecht.

4. Chlor. Darstellung: Im Becherglas läßt man Kaliumpermanganatkristalle und Salzsäure einige Minuten aufeinander einwirken. Dabei füllt sich der Zylinder allmählich mit grünlichem Chlorgas. Erkennung: Chlor ist ein gelbgrünes Gas von durchdringendem, sehr unangenehmem Geruch. Feuchtes Lackmuspapier, blaue Blumen, Blaukrautblätter usw. werden im Chlorgas nach einiger Zeit entfärbt. Vorsicht! Nicht viel Chlor einatmen! Giftig!

5. Salzsäuregas. (Hydrogenchlorid = Chlorwasserstoff HCl). Darstellung: Wir gießen in den leeren Zylinder einige cm^3 konzentrierte Salzsäure, bedecken mit Glasplatte, schütteln etwa eine Minute lang kräftig um und lassen dann die Flüssigkeit rasch ausfließen. Im Zylinder befindet sich Chlorwasserstoff, der aus der Salzsäure stammt. Nachweis: Chlorwasserstoff ist ein farbloses, stechend riechendes Gas (man rieche an einer Salzsäureflasche); bringt man an einem Glasstab einen Tropfen Ammoniak-Lösung (= Salmiakgeist) dazu, so bildet sich ein weißer Rauch von Ammoniumchlorid (Gleichung: $NH_3 + HCl \rightarrow NH_4Cl$). Feuchtes, blaues Lackmuspapier wird in Chlorwasserstoff gerötet; schüttelt man mit Wasser um, so entsteht Salzsäure, die mit Silbernitrat einen weißen Niederschlag gibt.

6. Ammoniakgas. Darstellung: Man verfährt wie beim vorigen Beispiel; nur ist anstelle der Salzsäure Ammoniak-Lösung zu nehmen. Nachweis: Ammoniak ist ein farbloses, stechend riechendes Gas (eine Salmiakgeistflasche riecht nach Ammoniak!), das feuchtes, rotes Lackmuspapier blau färbt und mit Salzsäuretropfen (Glasstab!) einen weißen Rauch von Ammoniumchlorid bildet. Gleichung siehe oben.

7. Wasserstoffgas. Darstellung: Man gibt in den Erlenmeyerkolben (*Bild 10*) Zinkblech von alten Taschenbatterien (oder Eisenspäne) und verdünnte Salzsäure. Es entsteht Wasserstoff nach der Gleichung: $Zn + 2HCl \rightarrow ZnCl_2 + H_2$. Das Gas leitet man in einer Glasröhre zur Pneumatischen Wanne *b* und füllt durch Wasserverdrängung den Zylinder *c*. Nachweis: Man hält den mit einem Tuch umwickelten Zylinder mit der Mündung nach unten gegen eine Flamme. Enthält der Zylinder neben dem Wasserstoff noch Luft, so explodiert der Inhalt: dabei verbinden sich Wasserstoff und Sauerstoff zu Wasser, das als Dampfbeschlag an der Glaswand sichtbar ist. Reiner Wasserstoff verbrennt geräuschlos mit bläulicher Flamme; es entsteht dabei ebenfalls ein Wasserdampfbeschlag.

8. Schwefelwasserstoffgas. (Hydrogensulfid). Darstellung: Ins Becherglas gibt man einige Stückchen Eisensulfid (= Schwefeleisen FeS, kann durch starkes Erhitzen eines Gemisches von 4 Teilen Schwefelpulver und 7 Teilen Eisenpulver erhalten werden) und etwas Salzsäure. Es entsteht dabei Schwefelwasserstoff nach der Gleichung $FeS + 2HCl \rightarrow FeCl_2 + H_2S$. Vorsicht! Den Versuch nur bei geöffnetem Fenster ausführen! Schwefelwasserstoff ist in größeren Mengen giftig! Nachweis: Schwefelwasserstoff hat einen unangenehmen, an faulende Eier erinnernden Geruch. Filtrierpapier, das mit Bleiacetatlösung getränkt wurde, färbt sich in Schwefelwasserstoff dunkel. Der Schwefel des Schwefelwasserstoffs verbindet sich dabei mit dem Blei zu dunklem Bleisulfid nach der Gleichung: $H_2S + (CH_3COO)_2Pb \rightarrow PbS + 2\ CH_3COOH$.

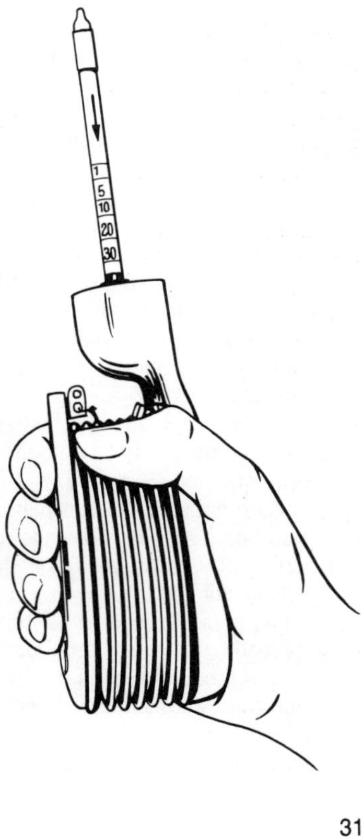

Bild 11 Gasspürgerät Multi-Gas-Detektor (Modell 21/31) für quantitative Gasuntersuchungen

9. Kohlenwasserstoffe. Darstellung: Wir gießen einige Tropfen Benzin oder Benzol in den leeren, trockenen Zylinder und schütteln längere Zeit um. Zudecken! Nachweis: Die Dämpfe verbrennen mit Luft gemischt explosionsartig; ist Benzingeruch im Zylinder wahrzunehmen, so muß man diesen mit einem Tuch umwickeln, bevor er an die Flamme kommt. Größere Benzinmengen geben eine helle Flamme. Vorsicht! Feuergefahr! Bei der Verbrennung der Kohlenwasserstoffe entsteht ein Wasserdampfbeschlag; außerdem kann mit Kalkwasser Kohlendioxid nachgewiesen werden.

Einfache quantitative Gasanalyse. Mit dem Gasspürgerät (Dräger, Lübeck) kann man ohne große Vorkenntnisse quantitative Untersuchungen über die Konzentration von Gasen anstellen. Der wichtigste Teil des kleinen Gerätes ist die Gasspürpumpe (Mod. 31), die ein einziges Ventil enthält. Auf diese Balgpumpe setzt man ein Prüfröhrchen (*Bild 11*); dann wird die Pumpe mit einer Hand betätigt und die zu prüfende Luft angesaugt. Man muß lediglich die Saughübe zählen und das Farbbild des Prüfröhrchens beobachten. Beides zusammen ergibt ein direktes Maß für die Konzentration des in Betracht kommenden Gases. Es gibt verschiedenartige Prüfröhrchen, mit denen 150 Gase und Dämpfe wie Kohlendioxid, Kohlenmonoxid, Chlor, nitrose Gase u. a. gemessen werden können. Anwendung: Kohlendioxidmessung in Gärkellern und Getreidesilos, Messung von Schwefeldioxid, Kohlenoxid (= Kohlenstoffmonoxid) u. a. im Rahmen des Umweltschutzes, Kohlenoxid in Rauch- oder Auspuffgasen, MAK-Kontrolle (max. Arbeitsplatzkonzentration), Einstellung der Einspritzpumpe bei Dieselmotoren.

Arbeiten mit Gasflaschen

Bei manchen chemischen Experimenten und vielen technischen Arbeiten benützt man Gasflaschen mit Sauerstoff, Wasserstoff, Stickstoff, Acetylen usw. Für den Umgang mit Stahlgasflaschen (Bomben) ist folgendes zu beachten:

1. Die Gasflasche muß gegen Umfallen gesichert sein.
2. Die Flaschen dürfen nicht in der Nähe der Heizung oder in der Sonne stehen.
3. Anschlußstutzen, Gewinde und Verbindungsmuttern von Sauerstoff-Flaschen dürfen unter keinen Umständen mit Öl, Fett oder ölhaltigen Putzlappen in Berührung kommen.
4. Kennfarben: O_2 blau, H_2 rot und Linksgewinde, N_2 grün, CO_2 grau, Propan rot mit Linksgewinde, Acetylen gelb mit Bügelverschluß.
5. Inbetriebnahme (*Bild 12*):
   a Aufschrauben des Druckmindererventils, das den Druck auf weniger als 1 bar herabmindert. Das Gewinde und die Dichtung müssen einwandfrei sein.
   b Prüfe, ob das Absperrventil gut geschlossen ist. Die Stellschraube muß ganz gelöst sein.
   c Öffne das Flaschenventil langsam. Das Manometer, das der Flasche am nächsten sitzt, zeigt den Flaschendruck an. Wird die Stellschraube nach rechts gedreht, strömt Gas in die Druckminderkammer. Das zweite Manometer zeigt nun den Arbeitsdruck an. Erst wenn der richtige Arbeitsdruck (Betriebsdruck) erreicht ist, kann das Absperrventil langsam geöffnet werden. Wird die Stellschraube nach links gedreht, wird der Betriebsdruck niedriger.

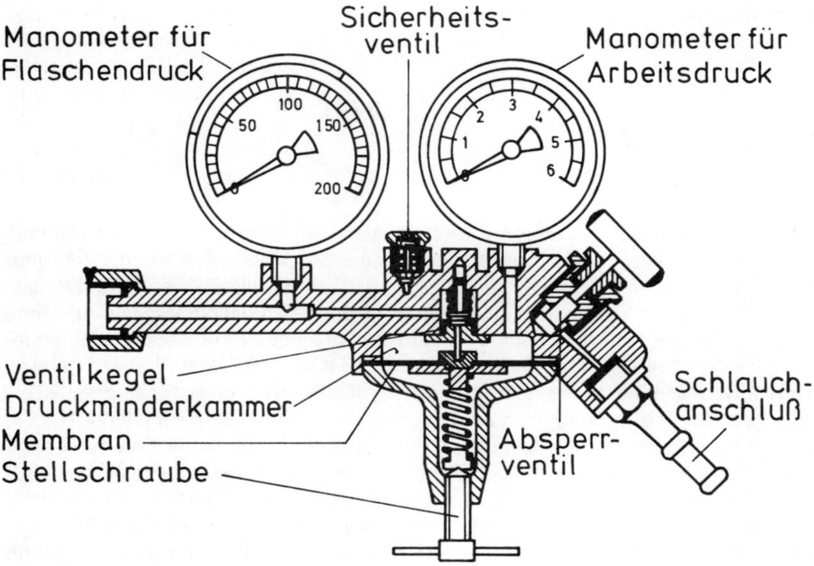

Bild 12 Das Reduzierventil für Gasflaschen setzt den Innendruck auf einen einstellbaren kleinen Wert herab

6. Außerbetriebsetzung: Umgekehrte Reihenfolge der Handgriffe wie unter 5 c.

Als handliche Kleinverpackung für Reingase werden Druckdosen verwendet. Während die Druckdose nach Entleerung weggeworfen wird, ist das Entnahmeventil auswechselbar. Weitere Angaben: Messer Griesheim, Gase-Handbuch.

Beseitigung von Chemikalien

Die meisten von uns verwendeten Chemikalien dürfen nach Verdünnung mit Wasser ins Abwasser gegeben werden. Lösungsmittelreste (von Aceton usw.) und Reste organischer Chemikalien füllen wir in eine gut verschließbare größere Flasche (z. B. Brennspiritusflasche). Wir versehen die Flasche mit dem Etikett „Vorsicht Lösungsmittelreste". In eine zweite Flasche mit der Aufschrift „Metallabfälle" kommen Rückstände von umweltbelastenden Metallen (Quecksilber, Blei). Die gefüllten Flaschen geben wir an einer Sammelstelle für Chemikalien ab. Die Adresse ist bei den kommunalen Behörden zu erfahren.

2. Spezieller Teil

Abbeizen

Unter **Abbeizen** oder **Ablaugen** versteht man die Beseitigung alter, schadhaft gewordener Ölfarben- oder Lackanstriche auf Holz, Metall, Stein und Gips unter Anwendung chemischer Hilfsmittel. Neue Anstriche auf Fußböden, Möbeln usw. haften am besten, wenn die alten, rissig gewordenen, abblätternden Anstriche sorgfältig beseitigt werden. Falls ein alter Ölfarbanstrich oder Öllackanstrich abgebeizt werden soll, löst man Natriumhydroxid (NaOH in Perlform, Laugenstein) in heißem Wasser auf und bepinselt mit der so hergestellten Lösung oder mit einer 20 bis 25 %igen Natronlauge den alten Anstrich. Man darf die Lauge nicht mit der Haut in Berührung bringen, da sie stark ätzt. Schutzbrille! Zum Aufstreichen der Lauge verwende man nur alte, verbrauchte Pinsel. Die konzentrierte, heiße Natronlauge „verseift" das festgetrocknete Öl des alten Anstrichs; es findet hier ein ähnlicher chemischer Vorgang wie beim Seifensieden statt. Unter dem Einfluß der ein- oder mehrmals nacheinander aufgestrichenen Lauge wird die Farbdecke weich und kann mit einem Spachtelmesser oder Scheuerbesen beseitigt werden. Vorsicht! Lauge nicht berühren!

Nachdem die Lauge ihren Dienst getan hat, muß sie sofort wieder mit viel heißem Wasser sorgfältig weggewaschen werden, sonst trocknet der nächste Anstrich nie richtig aus. Um die Lauge mit Sicherheit zu beseitigen, gibt man zu dem letzten Spülwasser Essig, verdünnte Salzsäure, Oxalsäurelösung oder verdünnte Schwefelsäure. Dadurch werden die im Holz sitzenden Laugenreste neutralisiert. Mit einer 20 bis 25 %igen Natronlauge kann man Ölfarben- und Öllackanstriche auf einem Untergrund aus Holz, Metall (außer Zink und Aluminium, diese werden von Natronlauge angegriffen) und vielen Legierungen entfernen. Eine häufig verwendete Abbeizmischung bestand aus 1 Teil Ammoniak-Lösung, 1 Teil 50 %iger Natronlauge und 6 Teilen Wasserglas. Im allgemeinen wirkt Natronlauge, Soda usw. nur auf die Ölfarben- und Öllackanstriche erweichend; die zahlreichen neuen, synthetischen Lacke werden vielfach überhaupt nicht angegriffen. Ein Lösungsmittel für harzreiche Lacke ist Terpentinöl.

Bei vielen modernen, nicht verseifbaren Lacken werden als Abbeizmittel Lösungsmittel (wie Toluol, Methanol, Dichlormethan, Tetralin, Trichlorethylen, Trichlorethan, Spiritus, Ether oder Aceton) bzw. Lösungsmittelgemische verwendet. Alle diese Stoffe verdunsten schnell, sie sind (mit Ausnahme des Dichlormethans, Trichlorethans und Trichlorethylens) feuergefährlich. Man trägt diese Flüssigkeiten mit dem Pinsel rasch ein- oder mehrmals auf den alten Anstrich auf und zieht die erweichte, quellende Schicht mit dem Spachtelmesser ab, bevor die schnell verdunstende Lösung wieder eingetrocknet ist. Im Handel sind verschiedene Lösungsmittelgemische erhältlich, die infolge eines Zusatzes von Paraffin, Wachsen und anderen Stoffen langsamer verdunsten als die obengenannten reinen Flüssigkeiten und aus diesem Grunde mit Vorteil angewendet werden. Moderne Abbeizmittel können z. B

65 bis 70 % Dichlormethan techn. (CH_2Cl_2, löst viele Anstrichfilme, unbrennbar), 10 bis 16 % Methanol (löst viele Filme auf), einige % Aceton, Toluol, Xylol (steigert Auflösungsvermögen), ca. 5 % Benzylalkohol (hält aufgeweichten Film länger feucht), 0,5 bis 3 % Paraffin u. Methylcellulose (verdickt das Abbeizmittel, so daß es nicht zu rasch an senkrechten Wänden herabrinnt), Emulgatoren, Netzmittel (erleichtert das Eindringen der Lösungsmittel in den Film und die spätere Beseitigung von Abbeizmittelresten) enthalten. Auf rein mechanischem Weg lassen sich Anstriche mit Bimsstein, Glaspapier oder Schmirgel beseitigen.

Versuch: Bestreiche glatte Holz- und Blechstücke mit Öl- bzw. Lackfarben und entferne diese Anstriche nach völligem Trocknen mit Hilfe der obenerwähnten Abbeizmittel! Prüfe die in Farbgeschäften erhältlichen Abbeizmittel auf Brennbarkeit, Flammenfärbung, Löslichkeit, Reaktion mit Lackmus, Ätzwirkung auf Anstriche! Untersuche Abbeizsalben auf Stärke (S. 182); diese wird hier und da als Verdickungsmittel beigemischt; sie gibt mit Natronlauge einen gut streichbaren Leim. Vermische 13 Gewichtsteile festes, gepulvertes Ätznatron mit 7 Teilen Kartoffelmehl und verdünne dieses Abbeizmittel vor dem Gebrauch mit der zwei- bis sechsfachen Wassermenge!

Alkohol

Alle Bier-, Wein- und Schnapssorten enthalten als wesentlichen Bestandteil den Ethylalkohol = Ethanol (C_2H_5OH), der in der Regel kurz als Alkohol bezeichnet wird. Weingeist ist eine klare, farblose, flüchtige Flüssigkeit mit 90,09 bis 91,29 Volumen % Ethylalkohol vom spezifischen Gewicht 0,824 bis 0,828; der Rest ist Wasser. Der Alkoholgehalt des Bieres beträgt 3 bis 5 %. Moselwein enthält 6 bis 8, Rheinwein 5 bis 11, Tokaier 8 bis 17, Sherry 12 bis 19, Wodka (russischer Schnaps) 40 bis 60, Kognak mindestens 38, Rum und Arrak 50 bis 60 Volumen % Alkohol. Die alkoholärmeren Getränke (Bier und leichtere Weine) sind – mäßig genossen – für Erwachsene ziemlich unschädlich; dagegen ist Alkohol in jeder Form für Kinder und Jugendliche sehr nachteilig. Bei einmaligen, mäßigen Alkoholmengen beobachtet man anfänglich eine Steigerung der Muskelleistung (bis zu 30 %), später ein Absinken unter die Norm. Die Stimmung hebt sich, die Fehlerzahlen bei Präzisionsleistungen (Rechnen, Schreibmaschinenschreiben usw.) erhöhen sich. Dauernder Alkoholmißbrauch führt zu schweren Schädigungen des Verdauungs-, Kreislauf- und Nervensystems. Etwa 30 bis 40 % aller Insassen von Nervenheilanstalten sind unter dem Einfluß chronischer Alkoholvergiftung geistig erkrankt. Übermäßiger Schnapsgenuß führt nach 4 bis 10 Jahren zum Säuferwahnsinn (Delirium tremens).
Gegen den Alkoholismus und gegen Beschwerden nach Alkoholexzessen (Katzenjammer) wurden schon vielerlei Mittel empfohlen. So wirkt z. B. das *Migränin* (Tabletten aus zitronensaurem Coffein-Antipyrin) der Hoechster Farbwerke vielfach gegen Katzenjammer. Die *Spalt-Tabletten* der Much A. G., Bad Soden (Taunus) kürzen den Katzenjammer ab. Alkohol im Blut kann schneller abgebaut werden, wenn man zusammen mit Whisky oder Cognac ein Gemisch aus Fruchtzucker und Vitamin C trinkt. Nach H. Dietl und G. Ohlenschläger soll man mit dieser Methode überhaupt nicht so viele Promille erreichen, als ob man die gleiche Menge Alkohol ohne dieses

Gemisch zu sich nimmt (Umschau, 77. Jg., Nr. 5). Intravenöse Einspritzung von 50 bis 100 Milligramm Vitamin B_6 können rasche Ernüchterung bewirken. Gegen viele Ernüchterungsmittel des Handels wurden von wissenschaftlicher Seite vielfach Bedenken erhoben. Schwarzer Kaffee und Weckamine (z. B. *Pervitin*) beleben den Schwerberauschten, aber sie beschleunigen die im Körper stattfindende Alkoholoxidation nicht.

Ein Mittel gegen die Trunksucht ist das 1948 von Jacobsen in Kopenhagen erstmals erprobte *Antabus* (in anderen Präparaten *Abstinyl* genannt), das aus Tetraethyldithiuramdisulfid, $(C_2H_5)_2 \cdot NC(S) \cdot S \cdot S \cdot C(S) \cdot N(C_2H_5)_2$, besteht. Nach Einnahme von 0,2 bis 1,5 g dieses Mittels wird Alkoholüberempfindlichkeit ausgelöst. Die Behandlung entsprechender Patienten mit diesem Heilmittel sollte ausschließlich in der Hand des Arztes liegen. Das Tetraethyldithiuramdisulfid stört die normale Oxidation des Alkoholes, so daß sich im Körper größere Mengen von Acetaldehyd ansammeln, die Unbehagen hervorrufen.

In der Schweiz wurden in den letzten Jahren 270 Fälle von Trunksucht mit Apomorphin (Alkaloid, starkes Brechmittel) behandelt; man registrierte dabei 50 % Dauererfolge, die 2½ Jahre lang keine Rückfälle zeigten. Gegen Alkoholkater wird *Alka-Seltzer* (Miles, Frankfurt) und auch *Aspirin* (Bayer) empfohlen.

Wird reiner Alkohol in die Blutbahn gespritzt, so wirkt er als tödliches Gift. Ein Pferd geht z. B. schon nach 1 bis 3 Minuten zugrunde, wenn ihm 30 g Reinalkohol in die Venen gespritzt werden. Ein vierjähriges Kind, dem man nachts einen mit Alkohol getränkten Brustwickel umlegte, starb an den eingeatmeten Spiritusdämpfen. In Trier starb ein Mann, der auf Grund einer Wette in 30 Minuten 3 Flaschen Moselwein trank. Die „Stuttgarter Zeitung" vom 29. Dezember 1950 berichtet: Ein Bauer aus Baienfurt, Kr. Ravensburg, der ½ l Schnaps getrunken hatte, ist wenige Stunden später an Alkoholvergiftung gestorben. Gibt man zu einer Kolonie umherschwimmender Kleinlebewesen (z. B. Pantoffeltierchen) während der mikroskopischen Beobachtung einen Tropfen Schnaps, so erlischt nach wenigen Augenblicken alles Leben. Alkohol ist für alle Kleinlebewesen, auch für die fäulnis- und krankheitserregenden Bakterien, ein tödliches Gift; deshalb bewahrt man z. B. zoologische Präparate in 70 %igem Spiritus auf.

Der chemisch reine Alkohol wird durch mehrfache Destillation und Behandlung mit wasserentziehenden Stoffen (gebranntem Kalk) dargestellt. In neuerer Zeit gewinnt man reinen Alkohol auch durch Vermischung des 4,5 % Wasser enthaltenden Alkohols mit Benzol und nachfolgende Destillation. (Bei 64,85 °C destilliert ein Gemisch aus Wasser, Alkohol und Benzol, bei 68,25 °C eine Mischung aus Alkohol und Benzol und bei 78,3 °C geht reiner Alkohol über.) Um Alkohol auf Wasser zu untersuchen, wirft man etwas weißes, ausgeglühtes Kupfersulfat (in Pulverform) hinein; bei Anwesenheit von Wasser färbt sich die Flüssigkeit nach einigem Warten und Umschütteln bläulich. Der reine Alkohol ist eine angenehm riechende, leicht bewegliche, farblose Flüssigkeit, die bei 78,3 °C siedet (Gefrierpunkt −112 °C) und sich mit Wasser in jedem Verhältnis mischen läßt.

Entzündet man in einem Becherglas (*Bild 9, S. 30*) etwas Brennspiritus, so entsteht ein bläuliches Flämmchen; gleichzeitig beschlägt der Zylinder mit Wasserdampf, und beim Umschütteln mit Kalkwasser bildet sich eine weiße Trübung (s. S. 26). Alkohol verbrennt zu Wasserdampf und Kohlendioxid. Ein Gramm Reinalkohol gibt bei der Verbrennung etwa $29{,}3 \cdot 10^3$ Joule = 29,3 kJ = 7 Kalorien (1 kcal = 4,19 kJ). Alkohol wird in großem Umfang zu Genußzwecken, als Heizstoff (Brennspiritus), Desinfektionsmittel, Lösungsmittel für Lacke, Firnisse, Kunstseiden, Parfüme usw. verwendet.

Alkohol und Verkehr

Autofahrer, die Alkohol genossen haben, erkennen Gefahrensituationen nicht rasch genug, da der Alkoholgenuß die Reaktionszeit verlängert. Etwa 25 % aller Verkehrsunfälle werden durch Trunkenheit am Steuer verursacht (*Tab. 1*). Die Bundesregierung hat die untere Grenze der Fahrunfähigkeit auf 0,8 Promille herabgesetzt. In England soll die absolute Grenze auch bei einem Alkoholspiegel von 0,8 Promille festgesetzt werden (1 Promille bedeutet 1 g Alkohol in 1 l Blut).

Tab. 1: Blutalkohol und Verkehrstüchtigkeit

Blutalkoholgehalt	Auswirkung
0,6 bis 0,9 ‰	Erhöhung der Reaktionszeit
0,5 bis 0,8 ‰	Geringere Fahrtüchtigkeit
ab 0,9 ‰	Fahrunfähigkeit
2,5 ‰ bis 3,5 ‰	Erschöpfungszustände, Bewußtlosigkeit

Eine einfache quantitative Bestimmung des Blutalkohols ist über den Atemalkohol mit dem *Alcotest*-Gerät der Drägerwerke Lübeck möglich (*Bild 13*). Nach dem Henryschen Gesetz ist die Konzentration des Alkohols im Blut bei konstanter Temperatur direkt proportional der Alkoholkonzentration in der darüber befindlichen Luft (Alveolarluft). Bei 34 °C gilt die Beziehung: Blutalkohol in ‰ = 200 x Alkoholmenge in Atemluft (mg/l). Da die normal ausgeatmete Luft eine Mischung von Alveolarluft und Pendelluft ist, muß der Faktor 200 durch 330 ersetzt werden, also: Blutalkohol in ‰ = 330 x Alkoholmenge in Atemluft (mg/l). Der *Alcotest* der Polizei wird folgendermaßen ausgeführt: Der Betroffene bläst einen Meßbeutel von einem Liter Inhalt voll auf. Seine Atemluft passiert dabei eine Prüfröhre mit einer Indikatorschicht aus Kieselsäuregel, das mit Chromatschwefelsäure imprägniert ist. Falls die Atemluft Alkoholdampf

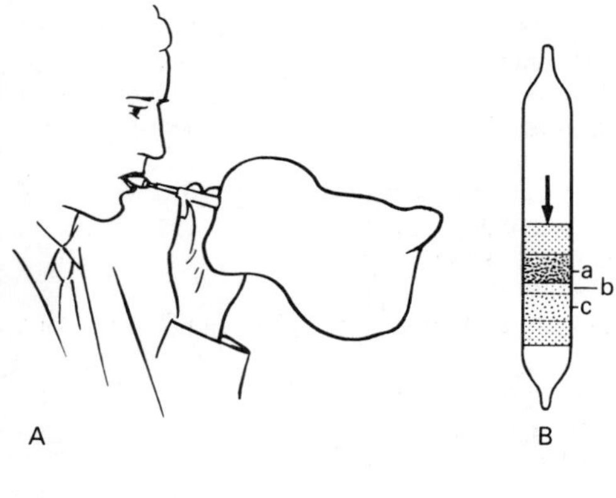

Bild 13 Alcotest. A: Die Testperson bläst durch das Alco-Test-Röhrchen in den Meßbeutel, B: Prüfröhrchen nach dem Test: a grün verfärbte Schicht, b Markierungsring, c unverändertes Reagens

enthält, reduziert dieser in saurer Lösung das gelbe Dichromat des Indikators zu grünen Chromverbindungen. Es entsteht dann im Röhrchen eine grüne Farbzone. Je länger die grüne Zone ist, um so mehr Alkohol hat der Betreffende getrunken. Bei diesem Verfahren kann man noch einen Blutalkohol von 0,5 ‰ bestimmen. Zeigt sich bei der Atemluftprüfung im Röhrchen eine Grünfärbung, so ist eine Blutentnahme und eine Blutalkoholbestimmung im Laboratorium angebracht.

Versuch: Man gibt im Becherglas zu 25 cm^3 Natriumdichromatlösung (15 %ig) langsam 15 cm^3 20 %ige Schwefelsäure. Bringt man dann 8 bis 10 Tropfen Brennspiritus oder reinen Alkohol dazu, so färbt sich die Lösung grün. Hier wird wie im Prüfröhrchen der Alkohol über Acetaldehyd (CH_3–CHO) zu Essigsäure (CH_3–COOH) oxidiert, das Natriumchromat hingegen zu einer grünen Chromverbindung reduziert. Gleichung der Redoxreaktion:

$$3\ CH_3-CH_2-OH + Cr_2O_7^{2-} + 8\ H^+ \rightarrow 3\ CH_3-CHO + 2\ Cr^{3+} + 7\ H_2O.$$

Das neue Alcotest-Gerät, das elektronisch arbeitet, zeigt den Alkoholwert in Leuchtziffern genauer an.

Alkoholbestimmung im Blut. Nach der Methode von Widmark läßt man bei einer Temperatur von 50 bis 60 °C den im Blut gelösten Alkohol verdampfen und oxidiert den Alkoholdampf durch eine Kaliumdichromat-Schwefelsäure-Lösung zu Essigsäure. Die nicht verbrauchte Dichromatmenge wird iodometrisch bestimmt und aus der bei der Oxidation verbrauchten Dichromatmenge der Blutalkohol berechnet. Die enzymatische Blutalkoholbestimmung mit Alkoholdehydrogenase liefert auch genaue Werte.

Brennspiritus und Franzbranntwein. Da der technisch verwendete Spiritus unbesteuert ist, wird er durch Zusatz von übelriechenden und/oder widerwärtig schmeckenden Vergällungsmitteln wie z. B. Pyridinbasen, Methanol, Aceton oder 1 % Terpentinöl (für Lacke) oder Diethylphthalat (für Parfümeriezwecke) und heute meist mit Ethylmethylketon ungenießbar gemacht. Der zum Heizen und dergleichen verwendete Brennspiritus wird von der Monopolverwaltung für Branntwein in Literflaschen mit Verschlußsicherung ausgegeben und in Drogerien usw. verkauft. Er ist eine übelriechende, vergällte Flüssigkeit mit 92,4 Gewichts % (95 Volumen %) Alkohol. Das Trinken von Brennspiritus ist gesundheitsschädlich und strafbar. Trotzdem wird dieses Getränk von unverbesserlichen Alkoholikern hin und wieder konsumiert. Franzbranntwein (Spiritus vini gallici) ist eine alkoholreiche Flüssigkeit, die ursprünglich durch Destillation von billigen Weinen gewonnen wurde. Heute stellt man Franzbranntwein her, indem man verdünnten Alkohol mit aromatischen Tinkturen vermischt. Er wird als Körperpflegemittel, zu Einreibungen u. ä. verwendet.

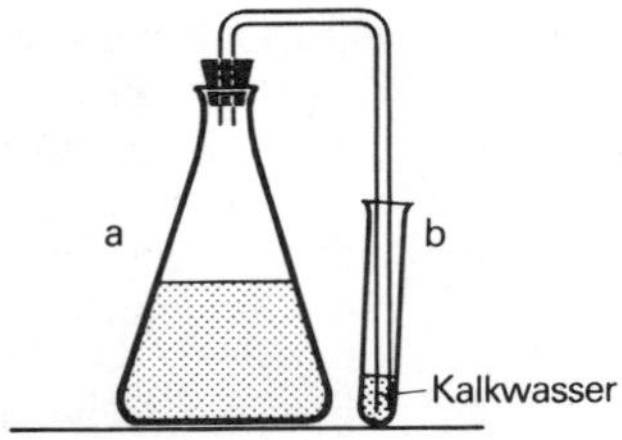

Bild 14 Erlenmeyerkolben mit gärenden Fruchtsäften

Alkoholische Getränke

Weinbereitung

Versuch: Presse ½ kg Trauben (oder die gleiche Menge Kirschen, Erdbeeren, Stachelbeeren, Johannisbeeren und dgl.) in einem beutelförmig zusammengefalteten Tuch aus! Gib zum abfließenden Saft die 1½fache Menge Leitungswasser und so viel Zucker, wie ein Drittel des unverdünnten Traubensaftes wiegt! Einen Teil dieser süßen, nahrhaften Mischung gießen wir in einen Erlenmeyerkolben (*Bild 14*), fügen etwas Reinhefe dazu (in Drogerien erhältlich unter den Bezeichnungen *Oma-Reinhefe, Kitzinger Reinzuchthefe, Vierka-Reinzuchthefe* usw.), verkorken gut und tauchen das Gasableitungsrohr in das mit frischem Kalkwasser gefüllte Probierglas b. Nach mehrtägigem Aufenthalt in einem 16 bis 25 °C warmen Raum sieht der Inhalt des Erlenmeyerkolbens undurchsichtig, trüb aus; gleichzeitig strömt ein Gas in das Probierglas und ruft dort eine weiße Trübung hervor – Kohlendioxid. Bringen wir einen Tropfen aus dem Erlenmeyerkolben unter das Mikroskop, so sehen wir viele kleine, elliptische, eiförmige oder längliche Körperchen im Wasser herumschwimmen. Nach einigen Wochen klärt sich der Inhalt unseres Erlenmeyerkolbens, die Gasentwicklung hört auf; die Flüssigkeit schmeckt dann nicht mehr süß, aus dem Zuckersaft ist ein alkoholisches Getränk geworden.

Die beschriebenen Beobachtungen sind folgendermaßen zu erklären: Mit der Reinzuchthefe kamen viele mikroskopisch kleine Lebewesen, die **Hefezellen**, zu dem süßen Traubensaft. Diese Zwerge, von denen 200 auf 1 mm gehen, vermehren sich in dem warmen Saft außerordentlich rasch, wobei sie die verschiedenen Zucker nach den Gleichungen $C_{12}H_{22}O_{11} + H_2O \rightarrow 4\ C_2H_5OH + 4\ CO_2$ und $C_6H_{12}O_6 \rightarrow 2\ C_2H_5OH + 2\ CO_2$ in Alkohol und Kohlendioxid zersetzen. 1 kg Zucker ergibt etwa ½ kg Alkohol; enthält also ein süßer Most 14 % Zucker, so entsteht durch die Gärung ein Getränk mit 7 % Alkohol. Unter den Hefezellen gibt es viele verschiedene Rassen und Arten, die sich im Aussehen und in der Lebensweise voneinander unterscheiden. So gedeihen z. B. die wenig Alkohol erzeugenden Bierhefen schon bei 2 bis 3 °C, während die Weinhefen 15 bis 25 °C benötigen. Es gibt „wilde" Heferassen, die dem Wein einen unangenehmen Geschmack verleihen, und daneben edle Formen, die hochwertige Weine liefern.

Ein *Rüdesheimer* Wein unterscheidet sich z. B. von einem *Dürkheimer* zu einem wesentlichen Teil durch die verschiedenen Geschmacksstoffe, die von den in Rüdesheim und Dürkheim lebenden, verschiedenen Weinheferassen erzeugt wurden. Es ist gelungen, die an berühmten Weinorten gedeihenden, hochwertigen Heferassen rein zu züchten; solche Kulturen sind in Form kleiner, mit Most gefüllter Fläschchen billig aus Drogerien zu beziehen. Da ein Teil der Geschmacksstoffe schon von vornherein im Wein enthalten ist und nicht erst durch die Tätigkeit der Hefezellen gebildet wird, ist es nicht möglich, einen an und für sich minderwertigen Wein oder gar einen Apfelmost durch Zusatz der entsprechenden Heferasse in einen *Tokaier* oder *Rüdesheimer* zu verwandeln. Wohl aber werden durch den Zusatz hochwertiger Reinzuchthefen die schädlichen Hefe- und Bakterienrassen rasch verdrängt, und damit kann eine tadellose Gärung mit reichlicher Bildung hochwertiger Geschmacksstoffe eintreten.

Um schädliche Bakterien zu vernichten, wird der Wein oft *geschwefelt*. In leere

Weinfässer hängt man an einen Draht brennende Schwefelschnitten durch das lose bedeckte Spundloch; es entsteht so stechend riechendes Schwefeldioxidgas, das die unerwünschten Kleinlebewesen abtötet. Es empfiehlt sich auch, bei normal-gesunden Weinen in je 100 Liter ½ bis 1 Tablette, bei säurearmen oder fehlerhaften Weinen 1 bis 1½ Tabletten und bei stark braunen oder bakterienkranken Weinen 1½ bis 2 Tabletten Kaliumdisulfit $K_2S_2O_5$ oder Natriumdisulfit $Na_2S_2O_5$ aufzulösen. Man löst zweckmäßigerweise die Tabletten zunächst etwa in 1 Liter Wein und verrührt diese Lösung dann in etwa 100 Liter Wein. Die Säure des Weins bildet mit diesem Stoff schweflige Säure, die die schädlichen Kleinlebewesen im Wachstum stärker hemmt als die hochwertigen Heferassen. Übergießt man in einem Schälchen eine Kaliumdisulfit-Tablette mit verdünnter Salzsäure, erkennt man am stechenden Geruch das entstandene Schwefeldioxid. Ein darübergehaltener feuchter Lackmuspapierstreifen wird gebleicht. Gleichung: $K_2S_2O_5 + 2\,HCl \rightarrow 2\,KCl + 2\,SO_2 + H_2O$.
Bei der Rotweinbereitung läßt man den Most mit Hülsen und Körnern vergären, damit sich der in den Häuten befindliche rote Farbstoff allmählich herauslöst und den Wein färbt. Während der etwa 5 bis 8 Tage dauernden Hauptgärung entstehen im Mittel 60 bis 120 g Alkohol auf 1 Liter Wein. Dies entspricht etwa 7,5 bis 15 Volumen%. Damit im Wein beim Lagern keine schädlichen Zersetzungen stattfinden, ist ein Alkoholgehalt von mindestens 50 g im Liter nötig. Nach der Gärung fallen die abgestorbenen Hefezellen nach unten. Damit der Wein durch ihre Fäulnis keinen Schaden leidet, wird er nach 2 bis 6 Monaten *abgelassen*, d. h. in andere Fässer gefüllt.
Tab. 2 zeigt die Weinklassifizierung nach dem Weingesetz von 1971. Die Dichte des Traubensaftes (Mostgewicht) ist wichtig. Ein Most mit 73° Oechsle hat eine Dichte von 1,073 g/cm³. Der Zuckergehalt beträgt 165g/l. Bei völliger Vergärung ergibt dies einen Alkoholgehalt von 9,5 Volumen %, entsprechend 75 g Alkohol/l.

Tab. 2: Weinklassifizierung nach dem Weingesetz von 1971

Qualitätsstufe	Dichte des Traubensaftes (Mindestwerte) °Oechsle	g/cm³
Qualitätswein bestimmter Anbaugebiete	60	1,060
Qualitätsweine mit Prädikat		
– Kabinett	73	1,073
– Spätlese	85	1,083
– Auslese	95	1,095
– Beerenauslese	125	1,125
– Trockenbeerenauslese	150	1,150

Obst- und Beerenweine. Die Obstweine werden von dem ausgepreßten Saft der Äpfel und Birnen hergestellt. Es empfiehlt sich, dem frischen Preßsaft eine käufliche Reinzuchthefe zuzusetzen (z. B. *Rheingau, Mosel, Franken, Pfälzer*; solche Reinzuchthefen stellt z. B. die Paul Arauner KG., Kitzingen/Main, her), dadurch wird der Geschmack weinartiger. Die Gärung ist bei Zusatz von Reinhefe nach 1 bis 2 Monaten beendet. Beerenweine stellt man hauptsächlich aus Heidelbeeren, Johannisbeeren und Stachelbeeren her. Will man z. B. aus Heidelbeeren einen süßen Dessertwein gewinnen, so preßt man 10 kg Beeren aus. Daraus entstehen rund 7 l Saft. Zu diesem gibt man 3 l Wasser, 3 g Ammoniumchlorid, 3,5 kg Zucker und käufliche *Portwein-* oder *Laureiro*-Reinhefe und läßt vergären. Um einen roten Tischwein zu erhalten, preßt man 4,5 kg Johannisbeeren, gibt zu den 3 l Saft 6 l Wasser, 1,8 kg Zucker und die Reinzuchthefe *Aßmannshausen*. Bei der Herstellung eines Tischweins aus Stachelbeeren preßt man 10 kg Beeren und gibt zu den ausgepreßten 7,5 l Saft 3 l Wasser, 1,5 kg Zucker und die Reinzuchthefe *Rheingau, Pfälzer* oder *Franken*. Die Gärung soll sich in vollkommen sauberen, ausgeschwefelten, luftdichten Fässern vollziehen. Um die äußere Luft abzuschließen, das entstehende Kohlendioxid aber trotzdem entweichen zu lassen, empfiehlt es sich, einen käuflichen Gärspund gut aufzusetzen. In ungeheizten Kellern ist die Gärung der Beerentischweine nach 2 bis 3 Monaten im wesentlichen beendet. Während des Gärens soll die Temperatur nicht unter 15 °C sinken. Nach Beendigung der Gärung werden die Obst- und Beerenweine von der Hefe getrennt.

Bier. Bei der Bierbereitung läßt man gut gereinigte Gerste unter Wasserzufuhr bei 15 bis 18 °C 7 bis 8 Tage lang keimen, bis der hervorbrechende Blattkeim etwa ½ bis ¾ der Kornlänge erreicht hat. Dieses *Grünmalz* wird an der Luft getrocknet und auf der *Darre* schließlich auf 60 bis 80 °C, bei dunklen Bieren auf 90 bis 100 °C (Münchener Bier) erhitzt. Dabei verdunstet ein großer Teil des von den Gerstenkörnern aufgenommenen Wassers. Gleichzeitig bilden sich aus Zucker und Eiweiß wertvolle färbende und aromatische Stoffe, 100 kg trockene Gerste geben etwa 140 kg Grünmalz und 76 kg Darrmalz. In der Brauerei wird das Darrmalz zerschrotet und mit Wasser gemischt. Hierbei wird die Stärke der Gerste mit Hilfe eines in keimender Gerste vorhandenen Enzymgemisches, der **Diastase**, in wasserlösliche Zucker (und Dextrin) gespalten, die nachher von der Bierhefe vergärt werden können. Vor der Gärung kommt die zuckerreiche Flüssigkeit (*Würze*) in den *Hopfenkessel*, wo sie mit Hopfen zum Sieden erhitzt wird. Dabei gehen wertvolle Geschmacksstoffe in das Bier über; gleichzeitig werden schädliche Kleinlebewesen vernichtet. Die gehopfte Würze wird nach dem Sieden auf 2 bis 7 °C abgekühlt und nach Zusatz von Reinhefe zum Gären gebracht, wobei der Zucker von den Hefezellen in Alkohol und Kohlensäure gespalten wird. Nach längerer Lagerzeit (Nachgärung bei 0 bis 2 °C) kommt das Bier in den Handel. Die Hauptbestandteile des Bieres sind: Wasser, Kohlensäure (0,3 bis 0,6 %), Alkohol und nichtflüchtige nahrhafte *Extraktstoffe*, die zu 80 % aus Zucker, Dextrin u. a. bestehen. Die Extraktstoffe und der Alkohol werden im Körper unter Wärmeentwicklung verbrannt; 1 l Bier hat einen Nährwert von ca. 1927 kJ = 470 kcal. (Vergleiche das Bier nach Preis und Kaloriengehalt mit den Nahrungsmitteln auf S. 181 f.!) Der Durchschnittsgehalt an Alkohol (bzw. Extraktstoffen) beträgt bei *Pschorr* (München) 3,6 (6,5), *Hofbräu* (München) 3,8 (6,8), *Spaten* (München) 3,35 (6,9), *Kulmbacher Sandlerbräu* 4,8 (7 bis 8,5), *Dortmunder Union*, 4,4 (5). *Ex-Bier Geva* (Münster) mit 0,5 % gilt als alkoholfrei.

Branntwein. Der meiste Branntwein wird aus Kartoffeln hergestellt. Da die Hefezellen Kartoffelstärke nicht vergären können, muß man die gedämpften Kartoffeln mit diastasereichem Grünmalz (Herstellung siehe oben!) zusammenbringen. Bei 55 bis 60 °C zerlegt die Diastase die unlösliche Kartoffelstärke schon nach 30 Minuten in löslichen, gärfähigen Zucker, der von den Hefezellen zu Alkohol und Kohlensäure vergärt wird. Da die Gärungstätigkeit der Hefezellen bei 14 bis 18 Volumen % aufhört, muß man zur Erzielung höherer Alkoholkonzentrationen destillieren. Dabei erhitzt man das Wasser-Alkohol-Gemisch und fängt den schon bei 80 °C siedenden Alkohol für sich auf. Da man zu dieser Arbeit ein Feuer braucht, spricht man auch von *Branntwein, Schnapsbrennerei, Weinbrand* usw. Bei der Herstellung vieler einfacher Trinkbranntweine wird der Kartoffelsprit nach der Reinigung auf kaltem Wege mit Wasser und gewissen als Würze bezeichneten Geschmackstoffen (z. B. Kümmel, Anis, Fenchel, Wacholder) vermischt. Die gewöhnlichen Branntweine sollen mindestens 32, wenn das Wort „Doppel" (z. B. Doppelkümmel) darin vorkommt, mindestens 38 Volumen % Alkohol enthalten.

Versuche: Halten wir ein Streichholz in eine kleine Probe Schnaps, so erlischt es. Um die Brennbarkeit des Alkohols zu zeigen, bringen wir ca. 20 cm^3 Schnaps oder Likör in einen kleinen Erlenmeyerkolben, setzen einen durchbohrten Stopfen mit einer 60 bis 80 cm hohen, geraden Glasröhre in den Hals des Kolbens, erhitzen dessen Inhalt zum Sieden und halten hin und wieder ein brenndendes Streichholz ans obere Röhrenende. Schließlich brennt der Alkohol mit einer bläulichen Flamme. Bei diesem Vorgang findet in der Röhre eine Trennung von Wasserdampf und Alkoholdampf statt. Das höher siedende Wasser verflüssigt sich in der Röhre zum größeren Teil und tropft nach unten, während die leichter flüchtigen Alkoholdämpfe in größerem Ausmaß das obere Röhrenende erreichen und dort entzündet werden können. Mit dem Flörke-Kölbchen (*Bild 7, S. 13*) oder mit Probiergläsern (*Bild 6, S. 13*) können wir aus alkoholischen Flüssigkeiten wie Wein oder Apfelmost einen ca. 70 %igen Alkohol abdestillieren.

Aquavit: Vorwiegend mit Kümmel aromatisierter Trinkbranntwein mit 32 Volumen % Alkohol. Tafelaquavit ist ein unter Verwendung von Destillat aus Kümmel hergestellter, mindestens 38 Volumen % Alkohol enthaltender Aquavit.

Arrak: Feiner, farbloser Branntwein mit mindestens 38 % Alkohol, der durch Vergärung von Reis oder zuckerhaltigen Pflanzensäften in Übersee gewonnen wird.

Boonekamp: Bitterbranntwein mit ca. 42 % Alkohol. Wurde zuerst in Holland hergestellt; enthält u. a. Anis-, Curaçaoschalen-, Enzian-, Nelken-, Fenchel-Auszüge.

Cocktail ist die Sammelbezeichnung für unzählige kalte Mischgetränke, die unter Zuhilfenahme von Fruchtsäften, Likören, Branntweinen, Wein, Essenzen, Honig, Kakao, Milch und dergleichen besonders in angelsächsischen Ländern hergestellt werden. Der Name Cocktail (deutsch Hahnenschwanz) wird folgendermaßen erklärt: Ursprünglich bemühten sich die Cocktail-Mixer, verschiedenfarbige Flüssigkeiten in den Gläsern so zusammenzugießen, daß sie sich nicht vemischten, sondern farbige Bänder, ähnlich wie der bunte Schwanz eines Hahnes, bildeten.

Curaçao: Feiner, süßer Likör, zu dessen Herstellung die bitteren, würzigen Schalen einer auf der holländischen Insel Curaçao (liegt bei Venezuela in Südamerika) angebauten Pomeranzenabart verwendet werden. In 100 g Curaçao sind 42 g Alkohol, 28 g Zucker und Extraktstoffe enthalten.

Danziger Goldwasser: Feiner, farbloser Likör mit Kümmelgeschmack, in dem Blattgoldflitterchen herumschwimmen; Alkoholgehalt mindestens 38 Volumen %.

Glühwein wird aus Rotwein mit Zucker und Zusätzen von Nelken, Zimt und Rum hergestellt.

Grog: Getränk aus heißem Wasser, Weinbrand, Rum, Arrak und Zucker. Man erhitzt

z. B. eine Mischung aus 1 l Wasser, 0,25 l Rum, 250 g Zucker und ein wenig Zitronenschale bis zum Sieden.

Kognak: Ein aus Wein destillierter, teurer Schnaps, der in 100 Raumteilen mindestens 38 Raumteile Alkohol enthält.

Kornbranntwein (*Kornbrand, Korn*): Branntwein, der ausschließlich durch Destillation von vergorenem Getreide (Roggen, Weizen, Buchweizen, Hafer oder Gerste) und nicht im Würzverfahren gewonnen wird. Alkoholgehalt mindestens 32 Volumen % bei *Doppelkorn* oder *Kornbrand* mindestens 38 Volumen %.

Liköre: Spirituosen mit Zusatz von Zucker und aromatischen Stoffen, Pflanzen- und Fruchtauszügen und (oder) -Destillaten, Fruchtsäften und (oder) ätherischen Ölen. Ein Teil des Zuckers kann durch Stärkesirup ersetzt werden. Alkoholgehalt (oft von Extraktgehalt abhängig) zumeist mindestens 20 %.

Punsch ist ein Getränk, das ursprünglich von den Engländern aus Indien mitgebracht wurde. Es ist eine Mischung aus Arrak oder Rum mit Fruchtsaft und Zucker. Unter *Punsch-Extrakten* und *Punsch-Sirupen* (beide auch kurz als Punsch bezeichnet) versteht man Spirituosen, die mit Wasser verdünnt getrunken werden.

Rum ist ein Branntwein, der besonders auf den westindischen Inseln (Jamaika, Kuba usw.) durch Destillation vergorener Zuckerrohrabfälle gewonnen wird. Das farblose Destillat enthält 70 bis 80 % Alkohol. Es wird gewöhnlich in Europa auf ein genießbares Getränk von etwa 50 Volumen % Alkohol verdünnt.

Schaumwein (Sekt, Champagner) sind meist Burgunderweine, die in starken Flaschen eine zweite Gärung durchmachen. Nach beendeter Gärung werden die Flaschen 1 bis 3 Jahre später mit der Mündung nach unten geöffnet, wobei die Hefereste durch den Kohlensäuredruck herausspritzen. Dann setzt man jeder Flasche 10 bis 50 cm^3 *Likör* (eine Lösung von Zucker in Wein) zu, verkorkt gut und läßt die Flaschen noch einige Monate lagern. Bei billigen Sektsorten wird die Kohlensäure maschinell in die Flaschen gepreßt.

Sherry: Feiner, feuriger Südwein, der nach der spanischen Stadt Jerez in der Nähe von Cadiz benannt ist.

Steinhäger ist ein in Steinhagen/Westfalen aus vergorenen Wacholderbeeren durch zweimalige Destillation gewonnener Trinkbranntwein mit 38 Volumen % Alkohol.

Wermutwein: Diesen in Italien (*Vermouth di Torino*) und Frankreich hergestellten Wein erhält man, wenn Weine mit Zuckercouleur (= Zucker, der durch Erhitzung auf 200 °C gebräunt wurde) und einem alkoholischen Auszug von blühendem Wermutkraut (Artemisia absinthium) versetzt wird. Im Wermutwein lösen sich die Bitterstoffe des Wermutkrauts, nicht aber dessen giftiges ätherisches Öl.

Weinbrand ist ein Trinkbranntwein, dessen Alkoholgehalt ausschließlich durch Destillation von Wein gewonnen wurde. Als Weinbrand-Verschnitt darf ein Trinkbranntwein bezeichnet werden, wenn mindestens $\frac{1}{10}$ seines Alkohols aus Weinbrand stammt. Weinbrand und Verschnitt müssen mindestens 38 Volumen % Alkohol enthalten. Bekannte Marken: *Asbach Uralt, Chantré*.

Whisky: Ein besonders in Irland und Schottland aus Gerstenmalz, Roggen und Weizen hergestellter Branntwein, mit dem für Whisky charakteristischen Geschmack und Geruch, der mindestens 43 % Alkohol enthält.

Wodka: Branntwein, der aus rein filtriertem Alkohol oder nach besonderem Verfahren behandeltem Primasprit bzw. Kornfeinsprit hergestellt wird. Alkoholgehalt mindestens 40 Volumen %. Wird in der UdSSR meist aus vergorenem Mais gewonnen.

Aluminium

Diesem Leichtmetall begegnen wir im Alltag immer mehr. In großem Umfang wird Aluminium zur Herstellung von Milchkannen, Fischkonservendosen, Tuben für Zahncreme sowie anstelle von (Zinn-) Stanniol als Umhüllungsmaterial für Butter, Käse, Schokolade, Zigaretten usw. verwendet. Alufolie wird zum Frischhalten, Kochen, Backen, Braten und Grillen im Haushalt gebraucht, da sie keimfrei, kälte- und hitzebeständig ist. Mit der Alufolie kann man in der Diätküche im „eigenen Saft" garen. Aus Aluminium oder Aluminiumlegierungen werden Auto- und Flugzeugteile, Armaturen, Motoren, Türgriffe, Bierkessel, Getränkeleitungen für Mineralwässer u. a. hergestellt.
Aluminium wird technisch aus Bauxit gewonnen. In einem ersten Arbeitsgang werden nach einem Patent von K.J. Bayer mit Hilfe von Natronlauge Eisen- und Titanoxid abgeschieden. Das entstehende Tonerdehydrat ($Al_2O_3 \cdot 3\,H_2O$) wird dann entwässert und im Elektrolyseofen durch einen Gleichstrom von 30 000 A und 5 bis 7 V auf 950 °C zum Schmelzen erhitzt. Das metallische Aluminium sammelt sich am Boden der Wanne (Minuspol).

Aluminium läßt sich mit folgendem **Versuch** nachweisen: Schneide vom Silberpapier einer Nahrungsmittelverpackung kleine Streifen von 3 mm Breite. Übergieße im Prüfglas diese Streifen mit 2 cm^3 reiner Salzsäure (noch einige Tropfen Salpetersäure zusetzen). Vorsicht! Dabei entsteht Chlor! Nach dem Erwärmen geht das Aluminium in eine lösliche Verbindung über. Gib dann einige Tropfen Cobaltchloridlösung dazu. Tauche ein Stück Filtrierpapier ins Prüfglas und verbrenne es in der farblosen, heißen Gasflamme. Der blaue hitzebeständige Aschenbestandteil ist Thénardsblau. Seine Formel ist $Al_2O_3 \cdot CoO$. Feile von einem Aluminiumbecher ein klein wenig Pulver ab, löse es in Salzsäure auf und prüfe auf Aluminium nach den obigen Angaben. In ähnlicher Weise lassen sich essigsaure Tonerde, Aluminiumfarben und geleimtes Kunstdruckpapier auf Aluminium prüfen.

Obwohl Aluminium ein sehr unedles Metall ist (es steht in der Spannungsreihe zwischen Magnesium und Zink), ist es gegen den Sauerstoff und die Feuchtigkeit der Luft viel widerstandsfähiger als Eisen. Deshalb brauchen Kochgeschirre aus Aluminium keine Schutzüberzüge. Die Korrosionsbeständigkeit des Aluminiums beruht auf einer sehr dünnen, harten Oxidschicht, die sich auf frisch angefeiltem Aluminium an der Luft sofort bildet. Diese Schutzschicht ist anfangs nur 0,2 Nanometer (nm) (2/10 000 000 mm) dick und wächst im Lauf von 4 Wochen auf das 30fache. Man kann diese Schutzschicht durch das *Eloxal-*, *Alodine-* und *MBV-*Verfahren noch verstärken.
Eloxalverfahren (d. h. elektrisch oxidiertes Aluminium): Fülle in ein Becherglas 200 cm^3 destilliertes Wasser und löse darin 14 g Oxalsäure (*Bild 15*). Hänge ein Stück Aluminium zur Hälfte und einen Kohlestab in die Lösung und verbinde mit einer Gleichstromquelle (Taschenlampenbatterien oder Gleichstromnetzgerät; ca. 15 V, 0,1 A). Das Aluminium muß als Anode geschaltet sein. Nach 10 Minuten wird das Blech abgespült und getrocknet. Dann wird mit Hilfe einer Taschenlampenbatterie und eines passenden Birnchens die elektrische Leitfähigkeit des Aluminiumblechs geprüft. Der obere unbehandelte Teil des Blechs leitet den elektrischen Strom, der untere, mit einer dicken Oxidschicht versehene jedoch nicht.
MBV-Verfahren (d. h. Modifiziertes Bauer-Vogel-Verfahren): Tauche Aluminium-

Bild 15 Eloxalverfahren

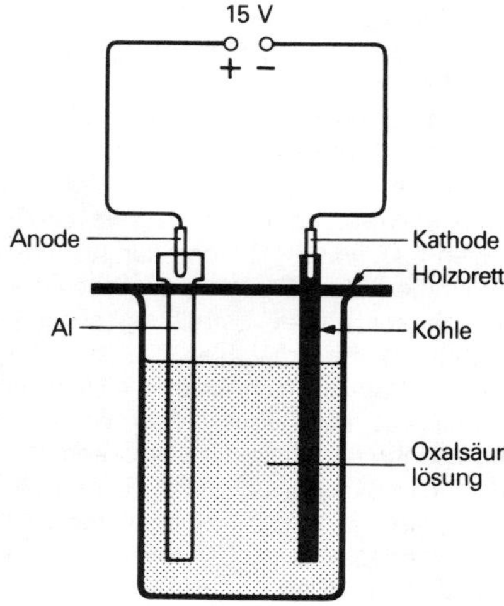

blech 10 Minuten lang in eine 90 °C heiße Lösung, die in 100 cm^3 Wasser 5 g wasserfreie Soda und 1,5 g Natriumchromat enthält. Nach gutem Abspülen mit klarem Wasser und anschließendem Trocknen zeigt das Blech eine hell- bis dunkelgraue Oberfläche. Erklärung: Es entstand eine etwa 0,002 mm dicke Schutzschicht aus 73 % Aluminiumhydroxid $Al(OH)_3$, und 25 % Chromhydroxid $Cr(OH)_3$, die das Aluminium z. B. beständig macht gegen Salzwasser, Fruchtsäfte, Sauerkraut und Wasserstoffperoxid.
Aluminium wird von Salzsäure, Essigsäure u. a. verdünnten organischen Säuren, aber auch von Laugen um so schneller angegriffen, je unreiner das Metall ist. Deshalb sollen Aluminiumgeschirre weder mit starken Säuren noch mit Laugen oder Sodalösungen gereinigt werden. Kocht man eisenreiche Speisen in Aluminiumgeschirren, so enstehen auf diesen unschöne, dunkle, ungiftige Eisenniederschläge, die beim nachherigen Kochen säurereicher Speisen (Sauerkraut, Rhabarber) wieder verschwinden.

Ammoniak-Lösung

(= Salmiakgeist = Ammoniumhydroxid = Ammoniakflüssigkeit) ist eine farblose, klare, stechend riechende Flüssigkeit, die aus Wasser und darin aufgelöstem Ammoniakgas besteht. 1 l Wasser kann bis zu 1000 l Ammoniakgas NH_3 aufnehmen. Das Gas ist im Wasser großenteils gelöst, zu einem kleinen Teil mit demselben zu NH_4OH verbunden (Gleichung: $NH_3 + H_2O \rightarrow NH_4OH$). Infolge der OH^--Gruppe reagiert Ammoniak-Lösung alkalisch. Im Gegensatz zu Natronlauge und Kalilauge bläut Ammoniak-Lösung einen feuchten, roten Lackmusstreifen, wenn man ihn über die Kolbenmündung hält. Ammoniak ist eine *flüchtige Base*, es entweicht als stark riechendes Gas aus dem Gefäß. Ein Tropfen Ammoniak-Lösung, den wir auf eine Glasplatte bringen, verdunstet nach einiger Zeit vollständig, während die *nichtflüchtigen Basen* (Natronlauge, Kalilauge) beim Verdunsten oder Erwärmen eine weiße Kruste zurücklassen.
In gewöhnlicher Ammoniak-Lösung ist 10 % Ammoniakgas aufgelöst. Je konzentrierter die Lösung ist, um so mehr sinkt die Dichte. So hat z. B. 10 %ige Ammoniak-Lösung die Dichte 0,96 g/cm^3, 20 %ige 0,925 g/cm^3 und 25 %ige 0,91 g/cm^3.
Erkennung: 1. am Geruch, 2. ein über den Kolben gehaltener Glasstab mit

Salzsäuretropfen gibt weißen Ammoniumchloridrauch ($NH_3 + HCl \rightarrow NH_4Cl$), 3. Ammoniak-Lösung gibt mit Kupfersulfatlösung eine tiefblaue Färbung, 4. feuchtes, rotes Lackmuspapier wird bereits durch Ammoniakgas gebläut.

Wirkung und Anwendung: Ammoniak-Lösung ist eine Lauge, daher kann man mit ihr frische Säureflecke neutralisieren. Auf der Haut wirkt sie reizend, Schleimhäute entzünden sich. Einatmen von Ammoniakgas bewirkt bei Menschen und Tieren Atembeschwerden und Hustenreiz. Größere Gasmengen können tödlich wirken, so gingen z. B. von 54 Pferden durch Ammoniakgas 27 zugrunde. Als Gegengift muß verdünnte Säure (Essig) verordnet werden.

Im Sommer werden Einreibungen mit 10 %iger Ammoniak-Lösung häufig gegen **Insektenstiche** empfohlen. Der günstige Einfluß ist unbestritten, obwohl es sich hierbei sicherlich nicht in erster Linie um eine Neutralisierung der Ameisensäure handelt, wie man früher vielfach vermutete. Bei **Ohnmachtsanfällen** kann man die verminderte Atemtätigkeit wieder anregen, wenn dem Betreffenden eine Flasche mit Ammoniak-Lösung unter die Nase gehalten wird. Zu solchen Zwecken werden *Riechampullen* in den Handel gebracht, die ein Gemisch von gleichen Teilen pulverisiertem, gelöschtem Kalk und Ammoniumchlorid mit Zusätzen von Bergamottöl und dergleichen enthalten. Gelöschter Kalk und Ammoniumchlorid entwickeln Ammoniakgas nach der Gleichung: $Ca(OH)_2 + 2\ NH_4Cl \rightarrow CaCl_2 + 2\ NH_3 + 2\ H_2O$. Sonst wird Ammoniak noch zu Reinigungszwecken sowie bei der Fabrikation von Soda und Eis verwendet. Große Mengen von Ammoniak benötigt man zur Herstellung fester, stickstoffhaltiger Handelsdünger (schwefelsaures Ammoniak, Ammonsalpeter usw.) und zur *Nitrierhärtung* in der Stahlindustrie. Bei diesem Verfahren erhitzt man Werkstücke aus Stahl 5 bis 90 Stunden lang in einem Ammoniakstrom auf etwa 500 °C, wobei sich in der Stahloberfläche äußerst harte Nitride bilden. Verschiedene Putz- und Reinigungsmittel enthalten u. a. auch Ammoniak; dieses löst z. B. Kupferoxid unter Bildung von wasserlöslichen Kupfertetramminverbindungen $[Cu(NH_3)_4]$ leicht auf.

Anstreicharbeiten

Eine große Zahl praktischer Anstreicharbeiten kann auch vom Nichtfachmann ohne besondere Schwierigkeiten ausgeführt werden. Die in Fachgeschäften erhältlichen Farbpulver (s. „Farben und Lacke"!) verrührt man vor dem Anstrich mit einem Bindemittel, das aus Kalkmilch, Wasserglas, Leim, Leinöl oder synthetischen Produkten bestehen kann. Sehr häufig werden die Farben schon in streichfertigem Zustand gekauft. Man ist dann der oft mühsamen und schwierigen Anrührarbeit enthoben. Lacke und Lackfarben bezieht man streichfertig, da sich deren Herstellung allein schon aus Gründen der Feuergefährlichkeit verbietet. Bei allen streichfertigen Farben und Lacken sind Farbpulver und Bindemittel gerade im richtigen Verhältnis gemischt.

1. Kalkanstriche. Man verrührt etwa 5 Teile festen, gelöschten Kalk mit 6 Teilen Wasser zu einer dicken Kalkmilch und streicht diese auf die vorher gereinigten und befeuchteten Wände. Wünscht man einen farbigen Anstrich, so mischt man etwa 10 % einer Kalkfarbe (s. S. 96) in die Kalkmilch. Auf Stein, Gips, Holz und Leimfarben hält der gewöhnliche Kalkanstrich [bestehend aus dicker Kalkmilch $Ca(OH)_2$] nur schwer, doch kann man ihn durch Zusätze haltbar machen. Verwendet man z. B. beim

Kalklöschen heißes Wasser und gibt auf 40 l Kalkmilch etwa 0,5 kg Zinksulfat $ZnSO_4$ und 0,25 kg Kochsalz, so hält ein Anstrich von diesem Gemisch auch auf Holz und Stein. Kalkanstriche empfehlen sich besonders bei Fassaden, Hauseingängen, Bädern, Küchen, Decken, Wänden usw. Man benötigt 2 bis 3 Anstriche. Beim ersten wird ganz dünne Kalkmilch verwendet. Wünscht man bunte Wände, so sind nur beim letzten Anstrich Farben beizumischen. Beim Endanstrich sind die Wände von oben nach unten, die Decken senkrecht zu den Fenstern zu streichen. Auf diese Weise wird eine störende Schattenwirkung durch Rillenbildung und dergleichen vermieden. Ein Kalkverputz bildet eine gute Unterlage für Öl-, Leim- und Caseinfarbanstriche.
Beim *Weißen* der Wände mit Kalkmilch finden folgende chemischen Vorgänge statt. Die Kalkmilch nimmt aus der Luft allmählich Kohlendioxid auf und bildet mit dem Wasser des Mörtels zunächst etwas H_2CO_3. Nur diese (nicht das CO_2 an sich) gibt mit dem $Ca(OH)_2$ der Kalkmilch Calciumcarbonat $CaCO_3$ nach der Gleichung $Ca(OH)_2 + H_2CO_3 \rightarrow CaCO_3 + 2\ H_2O$. Damit die Bildung von hartem, beständigem Kalk ungestört vonstatten gehen kann, soll man die Räume nicht zu rasch austrocknen lassen, da sonst keine H_2CO_3-Bildung mehr möglich ist. Derselbe chemische Prozeß spielt sich bei der Erhärtung des Mörtels ab, den die Maurer zwischen die Fugen der Bausteine streichen. Der gewöhnliche Maurermörtel besteht aus etwa einem Teil Sand- und zwei Teilen Kalkbrei von der Formel $Ca(OH)_2$.

Versuche: Prüfe die verschiedenen Wände auf Kalk durch vorsichtiges Betupfen mit einigen Tropfen verdünnter Salzsäure! Bei Anwesenheit von Kalk treten kleine Gasbläschen auf. (s. S. 26). Stelle durch Vermischen von 5 Teilen gelöschtem Kalk, 6 Teilen Wasser und 1 Teil Ocker oder Ultramarin eine Kalkfarbe her, bestreiche damit Brett-, Metall-, Glasstücke und dergleichen und beobachte nach einigen Tagen die eingetretenen Veränderungen!

2. Wasserglasanstriche. Herstellung der Wasserglasfarben vergleiche S. 96! Anstriche mit Wasserglas haften auf Zement, Stein, Kalk- und Sandverputz, Zinkblech, Holz, Glas. Dauerhafte Pigmentfarben mit wasserglasartigen Bindemitteln sind z. B. die *Keimfarben* der Industriewerke Lohwald bei Augsburg, die *Silinfarben* vom Silinwerk Gernsheim/Rh.

3. Silicon-Präparate. Die Silicone bilden eine Gruppe von polymeren Verbindungen, in denen Siliciumatome teilweise über Sauerstoffatome verknüpft und die restlichen Valenzen des Si durch Kohlenwasserstoffreste (meist CH_3-Gruppen, seltener C_2H_5-, C_3H_7-, C_6H_5-Gruppen) abgesättigt sind. Ein Siliconöl kann z. B. untenstehende

$$\begin{array}{ccccccccccc} & CH_3 & & & & CH_3 & & & & CH_3 & \\ & | & & & & | & & & & | & \\ - & Si & - & O & - & Si & - & O & - & Si & - \\ & | & & & & | & & & & | & \\ & CH_3 & & & & CH_3 & & & & CH_3 & \end{array}$$

Struktur haben. Die Silicone nehmen chemisch und technologisch eine interessante Mittelstellung zwischen rein anorganischen Silicaten und organischen Kohlenwasserstoffen ein. Heute werden farblose Anstriche auf Siliconbasis (z. B. *Wacker-Silicon-Imprägnier-Emulsionen BS* und *BSR*, *Silicon-Imprägniermittel* Bayer, *Silikonat* Goldschmidt u. dgl.) bei Wetterseiten von Mauerwerken verwendet; sie wirken wasserabstoßend, ohne die „Atmung“ der Mauern zu beeinträchtigen.

Versuch: Löse 0,5 cm^3 Siliconöl in 10 cm^3 Toluol und tränke damit einige dicke Papierstreifen. Nach dem Verdunsten des Lösungsmittels ist das Papier mit dem Siliconöl *imprägniert*. Tauche jetzt den imprägnierten Streifen und einen gewöhnlichen Papierstreifen für 10 Sekunden in Wasser. Der Papierstreifen mit Siliconöl wird kaum naß, das Wasser rinnt in kleinen Tropfen ab. Der gewöhnliche Papierkontrollstreifen dagegen saugt das Wasser auf.

4. Leimfarbenanstriche. Die Zusammensetzung und Herstellung der Leimfarben ist auf S. 96 beschrieben. Leimfarben im weiteren Sinne entstehen, wenn tierische Leime (Tischlerleim), Pflanzenleime, Celluloseleime oder Casein zum Anrühren der Farbpulver verwendet werden. Sie spielen bei Innenanstrichen eine hervorragende Rolle. Eine weiße Leimfarbe erhält man z. B. durch Auflösung von 125 g trockenem Leim in 3 l Wasser. Anschließend werden 5 kg Kreide in 2,5 l Wasser verrührt. Beide Lösungen kräftig miteinander verrühren. Leimfarben halten am besten auf einer körnigen, rauhen, mit Kalkmilch bestrichenen Fläche.

5. Ölfarben- und Lackanstriche. Diese haben für Fachleute und Nichtfachleute noch einige Bedeutung. Sie sind in zahlreichen Farbtönungen und Qualitäten in Drogerien, Farbgeschäften usw. streichfertig zu beziehen. Man verwendet sie in erster Linie zum Anstreichen von Holz- und Metallgegenständen, wie Fenster, Türen, Küchen-, Zimmer-, Garten- und Balkonmöbel, Veranden und Balkons, Zäune, Blumenkästen, Schränken, Truhen, Maschinen, Wagen, Fahrrädern, Booten usw. Alte, brüchige, abblätternde Farben sind vor dem Anstrich mit Schmirgel oder einem chemischen Mittel zu entfernen (s. „Abbeizmittel“). Während des Streichens und Trocknens ist jede Staubbildung durch Auskehren usw. sorgfältig zu vermeiden, da sonst der Anstrich leiden würde. Im Freien darf man nicht im Sonnenlicht, Wind und Regen anstreichen, weil die Ölfarbe in der warmen Sonne verläuft, im Wind verstaubt und im Regen nicht trocknet. Streicht man bei Frostwetter, so werden Ölfarben und Lacke leicht dickflüssig; es empfiehlt sich in diesem Fall, das Farbgefäß vor und während der Arbeit in heißes Wasser zu stellen.

2 bis 3 möglichst dünne Ölfarbenanstriche sind besser als ein einziger dicker Anstrich; denn das Leinöl erhärtet an der Oberfläche unter Aufnahme von Luftsauerstoff und wird damit selbst bis zu einem gewissen Grad luftundurchlässig, so daß bei zu dickem Anstrich die tieferen Schichten nur schwer erstarren und auf dem Holz nicht genügend haften. Zu Beginn des Streichens rührt man die Farbe gut um und setzt mit dem Pinsel Farbtupfen mit wenigen Zentimetern Abstand auf die ganze Fläche. Dann verreibt man die Farbtupfen durch Streichbewegungen, die quer zur Faserungsrichtung des Holzes verlaufen, zuletzt wird in der Faserungsrichtung gestrichen. Der 1. und 2. Anstrich kann mit Bleiweiß ausgeführt werden. Beim obersten Anstrich empfiehlt sich zur Verhinderung des Nachdunkelns (s. S. 90) ein Anstrich von Zinkweiß oder von zinkweißhaltigem Lack. Nach dem 1. Anstrich, der mit dünnflüssiger Farbe ausgeführt wird, muß man etwa 2 Tage warten, bis alles trocken ist und ein fest angedrückter Finger nach etwa 20 Sekunden ohne Haften wieder abgehoben werden kann. Vor dem nächsten Anstrich soll man mit Glaspapier abschleifen und hernach eine dickere Ölfarbe oder einen Lack verwenden. Zur Erzielung eines schönen Glanzes genügt es vollkommen, wenn der oberste Anstrich aus Lack besteht. Soll der Gegenstand farbig

werden, so ist lediglich beim letzten Anstrich Farbe aufzutragen; der Voranstrich kann weiß sein. Gegenwärtig beherrschen die ölarmen und ölfreien Kunstharz-, Chlorkautschuk-, Cyclokautschuk-, Nitro- und Acetylcelluloselacke in 1. Linie den Markt.

Aspirin®

Aspirin ist die geschützte Bezeichnung für ein weitverbreitetes Arzneimittel, das in allen Apotheken ohne Rezept erhältlich ist (Herstellerfirma Bayer, Leverkusen). Aspirin ist im Wasser schwer löslich; 1 g löst sich erst in der 300fachen Menge Wasser auf. Gibt man eine Tablette in zu wenig Wasser, so entsteht eine weiße Brühe, die blaues Lackmus rötet. Der Geschmack dieser Aufschwemmung ist säuerlich.
Chemischer Aufbau. Aspirin entsteht, wenn sich Salicylsäure und Essigsäure unter Wasseraustritt vereinigen. Formel: $C_6H_4(COOH)OCOCH_3$. Es handelt sich um Acetylsalicylsäure. Kocht man Aspirin in verdünnter Natronlauge, so spaltet es sich zum Teil unter Wassereinlagerung in freie Salicylsäure und Essigsäure. Es entsteht dann bei Zugabe von etwas brauner Eisenchloridlösung eine blauviolette Färbung (damit ist freie Salicylsäure nachgewiesen, s. a. „Salicylsäure"). Aspirin, das nur in kaltem Wasser gelöst wird, darf diese Reaktion nicht geben.
Verwendung: Aspirin wird seit 1899 als Mittel gegen Fieber, Kopfschmerzen und Rheumatismus in steigendem Umfang verwendet. Man läßt 1 bis 2 Tabletten in etwas Wasser zerfallen und trinkt sofort nach dem Einnehmen viel Wasser. Bei schwerem Rheumatismus können 7 bis 10 g täglich verordnet werden. Bei Kopfschmerzen und Fieber genügen etwa 3 Tabletten täglich. Das Aspirin durchwandert den Magen unverändert und wird erst im Darm in seine Bestandteile (Salicylsäure und Essigsäure) zerlegt. Um eine Spaltung des Aspirins im Magen zu verhindern, darf es nicht mit alkalischen Mineralwässern oder alkalischen Arzneien eingenommen werden. Eine *Aspirinplus C-Tablette* enthält noch 0,240 g Vitamin C und wird als Brausetablette geliefert.
Togal-Tabletten enthalten als wesentlichen Bestandteil ca. 75 % Aspirin, daneben noch 12,6 % Lithiumcitrat und 0,46 % Chinin. Togal wird ähnlich wie Aspirin verwendet. Das Schmerzlinderungsmittel *Coffetylin* besteht aus 90 % Aspirin und 10 % reinem Coffein; *Cafaspin* besteht aus 0,5 g Aspirin und 0,05 g Coffein. Acetylsalicylsäure ist auch einer der Bestandteile folgender Schmerzlinderungsmittel: *Alka-Seltzer* (Anasco), *Apragon, Apyron, Arcanol, Chinaspin, Contradol, Dolviran, Gelonida, Thomapyrin* (Thomae) u. v. a.

Autopflegemittel

Bezeichnung für meist wachshaltige Mittel, die die Lacke von Autokarosserien vor Witterungseinflüssen schützen und ihnen einen glänzenden, Wasser und Staub abweisenden Überzug verleihen sollen. Die Pflegemittel enthalten als Wachskomponenten Paraffin, Carnaubawachs, Montanwachs, als Schleifmittel Betonit, Kaolin, Diatomeenerde usw., Emulgatoren, Tenside, Mineralöle oder Siliconöle, die einen besonders guten wasserabweisenden Film liefern. Angeboten werden *4 Grundtypen*, deren Anwendung von Alter und Beschaffenheit des Lacks abhängt.

1. Waschkonservierer bringen Schutz und Glanz für relativ neue Autolacke. Sie werden dem Waschwasser zugesetzt und haben eine schnelle, aber nur kurz anhaltende Wirkung. Nach neuen Erfahrungen setzen sich auf dem Lackpflegemarkt immer stärker die Waschkonservierer durch. Sie sind billig und die Reinigungsarbeit wird verkürzt. Leider ist der Schutzfilm nur begrenzt haltbar. Spätestens bei der vierten Regendusche hat er seine Wirkung verloren. Gute Präparate sind: *Esso-Waschkonservierer, Sauber Glanz* (Johnson Wax, Solingen), *Glanzschützer Rex* (Erdal-Rex, Mainz), *Aral Wasch-Glanz* (Aral AG, Bochum).
2. Flüssige Hartwachse überziehen den Lack mit einer dauerhafteren Schutz- und Glanzschicht. Die Behandlung macht dafür auch mehr Arbeit. Die Mittel eignen sich ebenfalls für nicht zu betagte Lacke.
3. Mit Polituren kann man auch älteren Lacken zu Leibe rücken, wenn auch nicht ganz ohne Mühe: In zwei Arbeitsgängen wird die Politur aufgetragen und auspoliert. Dabei wird die rauhe Lackoberfläche abgeschliffen. Zusätzlich zum Schleifmittel enthalten Polituren auch Silicon- und Wachsanteile, die den Glanz und die konservierende Wirkung bringen.
4. Lackreiniger sind großteils noch aggressiver als Polituren. Zu empfehlen sind sie nur gelegentlich, wenn alle anderen Mittel versagen – und nur bei stark verwitterten Lacken.
Die *Stifung Warentest* hat im Jahrbuch 1980 u. a. folgende Autolack-Polituren als gut bezeichnet: *Shell Wachs-Politur, Aral-Fahrzeugpolitur, Esso Wachspolitur, Johnson Auto-Pudding, Sonax Autocreme.*
Die *Waschmittel* für Autos (Autoshampoo) enthalten Tenside, Lösungsmittle, manchmal Phosphate. Ein Autowaschmittel mit reinigenden und lackpflegenden Eigenschaften läßt sich nach folgendem Rezept herstellen: 15 % Alkylarylsulfonat, 6 % Fettalkoholethersulfat, 6 % Wachs und 73 % Wasser (s. SÖFW 1963, S. 373).

Backpulver

Dies sind fabrikmäßig hergestellte Stoffe, die unter Gasentwicklung den Teig auftreiben und dadurch Brot und Kuchen locker und leichter verdaulich machen.
1. Hirschhornsalz. Weißes, nach Ammoniak riechendes Pulver, das sich beim längeren Lagern an offener Luft zum Teil verflüchtigt, zum Teil in trübe Masse verwandelt. Man destillierte diese Verbindung früher aus trockenen, zerkleinerten Hirschgeweihen, daher der Name. Es besteht u. a. aus Ammoniumcarbonat, das schon von 60 °C an in die Gase Ammoniak, Wasserdampf und Kohlendioxid zerfällt. Der *ABC-Trieb* (Backpulver der Badischen Anilin- und Soda-Fabrik) besteht aus dem farblosen Ammoniumhydrogencarbonat NH_4HCO_3, das ähnlich wie Hirschhornsalz beim Erwärmen oberhalb 100 °C in Wasser, Ammoniak und Kohlendioxid übergeht. Für 500 g Mehl benötigt man 5 bis 10 g *ABC-Trieb*.

Versuche: Erhitze im Probierglas eine Messerspitze Hirschhornsalz oder ABC-Trieb. Nach wenigen Minuten ist die Substanz verschwunden, d. h. in unsichtbare Gase zerfallen nach der Gleichung $(NH_4)_2CO_3 \rightarrow 2\ NH_3 + H_2O + CO_2$. Der Wasserdampf schlägt sich an der Probierglasmündung nieder, das Kohlendioxid bringt ein brennendes Streichholz zum Erlöschen und trübt Kalkwasser; das Ammoniak ist an dem unangenehmen Geruch erkennbar.

Wir füllen ein Probierglas etwa bis zur Hälfte mit Leitungswasser und lösen darin eine Messerspitze Hirschhornsalz. Beim Erwärmen auf etwa 60 °C (Thermometer!) tritt lebhafte Gasentwicklung auf. Das entweichende Gas ist vorwiegend Kohlendioxid; das ebenfalls entstehende Ammonikgas ist in Wasser außerordentlich leicht löslich (1 l Wasser nimmt rund 1000 l Ammoniakgas auf); es bleibt deshalb zumeist im Wasser zurück. Ein Teelöffel Hirschhornsalz reicht für 500 g Mehl.
Beim Backen treibt vor allem das im Wasser schwerlösliche Kohlendioxid den Teig auf. Das Ammoniak spielt eine wesentlich geringere Rolle. Da letzteres dem Brot einen unangenehmen Geschmack bzw. Geruch verleiht, verwendet man Hirschhornsalz nur noch zum Backen von flachen, dünnen Keksen, Plätzchen, Honigkuchen usw. Diese werden bei hoher Hitze gebacken, so daß fast alles Ammoniak in die Luft entweicht.

2. Natron. Dieses im Haushalt vielbenutzte, weiße Pulver zerfällt in der Hitze in Soda, Wasser und Kohlendioxid nach der Gleichung: $2\ NaHCO_3 \rightarrow Na_2CO_3 + H_2O + CO_2$.

Versuch: Erhitze eine Messerspitze Natron im trockenen Probierglas! Nach kurzer Zeit sammeln sich oben Wassertropfen an. Das gleichzeitig entstehende Kohlendioxid kann man in ein Probierglas mit Kalkwasser leiten.
Da Natron beim Backen in Soda übergeht und damit dem Brot einen unangenehmen Geschmack verleiht, wird es verhältnismäßig selten (z. B. bei Pfefferkuchen und dergleichen) in reinem Zustand verwendet. Viel günstiger wirkt Natron in Verbindung mit Säuren, welche die Sodabildung verhindern, wie wir in den folgenden Beispielen sehen werden.

Dr. Oetkers Backpulver „Backin“. Dieses weitverbreitete Backpulver enthält Natron, Natriumdihydrogendiphosphat und Stärkepuder. Das Natron liefert das zum Lockern des Teiges nötige Kohlendioxid. Das saure Phosphat setzt es zum Teil während der Teigbereitung bei der Zugabe der Flüssigkeit, zum andern Teil erst in der Hitze des Ofens in Freiheit. Der Stärkepuder dient als *Trennmittel*. Er wirkt der vorzeitigen Zersetzung entgegen, indem er eine allzu innige Berührung der Bestandteile in Gegenwart der immer etwas Feuchtigkeit enthaltenden Luft verhindert. Die beste Wirkung hat feine Reis- oder Maisstärke.

Versuch: Wir schütten etwa ein Drittel eines Päckchens *Backin* in ein Becherglas und gießen etwas Wasser darüber. Umschütteln! Die Mischung schäumt auf. Wenn die Gasentwicklung nachgelassen hat, erwärmt man die Mischung gelinde. Es findet eine neuerliche Gasentwicklung statt. Das entstehende Gas bringt ein hineingehaltenes Streichholz zum Erlöschen: Kohlendioxid. Weise in *Backin* Phosphat (s. S. 26), Natrium (s. S. 18 f.) und Stärke nach! Bei der Umsetzung von Backpulvern aus Natron und Natriumdihydrogendiphosphat spielt sich folgende Reaktion ab:

$$Na_2H_2P_2O_7 + 2\ NaHCO_3 \xrightarrow[\text{Hitze}]{H_2O} 2\ CO_2 + 2\ Na_2HPO_4 + H_2O.$$

Die bei Zimmertemperatur einsetzende CO_2-Entwicklung heißt auch *Vortrieb*; beim späteren Erhitzen wird weiteres CO_2 frei (*Nachtrieb*). Als saurer Bestandteil des Backpulvers wird oft auch Weinstein verwendet; Gleichung:

$$C_4H_5O_6K + NaHCO_3 \xrightarrow[H_2O]{Hitze} C_4H_4O_6KNa + H_2O + CO_2.$$

Der Weinstein kann z. T. auch durch Weinsäure ersetzt werden. Bei ausschließlicher Verwendung von Weinsäure erfolgt jedoch eine zu stürmische Gasentwicklung. Zur vollständigen Umsetzung von 5 g Natron werden 6,6 g Diphosphat oder 11,2 g Weinstein benötigt.

Versuch: Wir zerkleinern ca. 10 g Weinstein und vermischen ihn gut mit 5 g Natron. Bei Wasserzusatz erfolgt schon bei Zimmertemperatur ein stärkeres Aufschäumen als beim Diphosphat-Backpulver. Erklärung: Weinstein hat – bei gleicher Gesamttriebkraft – eine stärkere *Vortrieb*-Wirkung als das Natriumdihydrogendiphosphat.

Versuch: Man kann ein Phosphatbackpulver bereiten, wenn man 25 g Calciumhydrogenphosphat, 22 g Natriumhydrogencarbonat und 20 g Mehl miteinander mischt. Nach dem Anfeuchten bildet sich Kohlendioxid nach folgender Gleichung: $3\,Ca(H_2PO_4)_2 + 8\,NaHCO_3 \rightarrow Ca_3(PO_4)_2 + 4\,Na_2HPO_4 + 8\,CO_2 + 8\,H_2O$.
Bei der Verwendung von Backpulvern ist folgendes zu beachten: Das Pulver ist möglichst bei Bedarf zu kaufen, trocken aufzubewahren und erst bei der Benützung aus dem Täschchen herauszunehmen. Läßt man das Backpulver tagelang offen in feuchter Umgebung liegen, so schlägt sich der Wasserdampf auf der Oberfläche der wirksamen Bestandteile nieder und bringt kleine Teile davon in Lösung. Dies führt zur Umsetzungsreaktion, bei der CO_2 ungenützt entweicht. Beim Backen ist das Backpulver in der Regel mit dem trockenen Mehl gut zu vermischen; erst hernach wird unter Flüssigkeitszugabe der Teig angerührt. Es soll immer möglichst wenig Flüssigkeit mit dem Mehl-Backpulver-Gemisch in Berührung kommen, da sonst viel CO_2 entweicht, ohne den Teig aufzutreiben. Alle Zutaten müssen bei der Teigzubereitung kalt zur Verwendung kommen, da in der Wärme das CO_2 zu schnell entwickelt wird und nutzlos entweicht.

Anwendungsbereich der Backpulver: Backpulver ist das vielseitigste Teiglockerungsmittel, denn es kann zur Bereitung aller Teigarten und aller nur erdenklichen Backwaren verwendet werden. Zucker- und fettreiche Teige sowie besonders Honig- und Lebkuchenteige werden von Hefe nur unzureichend oder überhaupt nicht gelockert. Für diese Gebäcke sowie für Biskuitteig und zuckerhaltige Gebäcksorten ist Backpulver unentbehrlich.

Badezusätze

Badezusätze werden dem Badewasser beigegeben. Sie machen das Wasser weich und wohlriechend. Die Sauerstoff- und Kohlensäurebadesalze entwickeln außerdem noch Sauerstoff und Kohlensäure, denen günstige Wirkungen zugeschrieben werden. Die einfacheren Badesalze enthalten Kochsalz, Soda, Natron, Borax, Parfüme und dergleichen. Die *Quellbadesalze* sind Rückstände von Heilquellen. Sie werden vielfach auch künstlich durch Zusammenmischen der betreffenden Salze hergestellt. Ein einfaches Badesalz erhält man z. B. durch Mischen von gleichen Gewichtsteilen

Borax und Natron oder durch Vermischen von 25 Teilen Natriumdiphosphat (wirkt wasserenthärtend), 50 Teilen Soda und 25 Teilen Borax (Parfümzusatz). Ein Sauerstoffbadesalz könnte aus 60 Teilen Soda, 30 Teilen Natron, 9 Teilen Natriumperborat und 1 Teil Parfüm hergestellt werden.
Eine einfache Sprudeltablette nach Janistyn enthält 48 % Natriumhydrogencarbonat, 37 %gepulverte Weinsäure, 14 % verkleisternde Stärke als Bindemittel, 1 % Saponin. Alle Bestandteile werden gemischt, eventuell leicht parfümiert und schließlich zu Tabletten gepreßt, die zum Schutz vor Feuchtigkeit in Cellophan verpackt werden.
Das Vitaminbadepräparat *badedas* (Lingner u. Fischer, Bühl/Baden) enthält neben waschaktiven Substanzen noch die Vitamine A, E, F, Biotin, Panthenol und Roßkastanienextrakt. Die Vitamine A, E, F mit Lecithin und ätherischen Ölen finden sich auch im *Pinopon-Schaumbad* (Pino-A. G., Freudenstadt/Schwarzwald).

Versuche: *Saltrat*, das schmerzlindernde Fußbad (Hersteller: Wick Pharma, Groß-Gerau) ist ein feines, weißes, in Wasser nur teilweise lösliches Pulver. Gelbe Flammenfärbung (Na-Verbindungen). Reaktionen alkalisch. Bringe eine etwa erbsengroße Menge *Saltrat* in ein Probierglas, gieße einige cm^3 verdünnte Schwefelsäure darüber (starkes Aufbrausen) und „gieße" das entwickelte Gas vorsichtig in ein Probierglas mit einigen cm^3 Kalkwasser. Letzteres gibt nach dem Umschütteln eine milchige, in Salzsäure leicht lösliche Trübung von Calciumcarbonat; *Saltrat* enthält somit u. a. Carbonate. Gibt man zum ersten Probierglas (das *Saltrat* und verdünnte Schwefelsäure enthielt) etwas Kaliumpermanganatlösung, so wird diese entfärbt; *Saltrat* enthält sauerstoffabgebende Per-Verbindungen. Schüttelt man etwas *Saltrat* im Probierglas mit destilliertem Wasser, so entsteht kein Schaum; *Saltrat* ist frei von Seife und waschaktiven Substanzen. Prüfe *Saltrat* mit Ammoniummolybdat auf Phosphat nach S. 26.
Prüfe die wasserenthärtende Wirkung von Badesalzen nach dem unter Wasser beschriebenen Verfahren. Untersuche andere Bade- und Fußbadesalze, so z. B. *Silvapin*-Sauerstoffbad (Pino-A. G., Freudenstadt), *Efasit*-Fußbad (Togal-Werk, München). *Efasit*-Fußbad (8 Täschchen in gelben Packungen) bildet ein weißgrünliches Pulver, reagiert alkalisch; braust bei Säurezusatz stark auf (Carbonate), entfärbt (nach Säurezusatz) violette, schwefelsäurehaltige Kaliumpermanganatlösung (sauerstoffabgebende Per-Verbindungen). Prüfe die folgenden Präparate auf Phosphor mit Ammoniummolybdat nach S. 26: *Dulgon*-Schaumbad, *Dulgon*-Duschbad, *Dulgon*-Wasserkosmetikum (Joh. A. Benckiser, Ludwigshafen). Diese Badepräparate enthalten dermatologisch geprüfte Wirkstoffe in einer Kombination mit Polyphosphaten. Schütte eine etwa walnußgroße Menge von dem *Silvapin*-Sauerstoffbad (I) in einen Zylinder und gieße gewöhnliches Wasser darüber, umrühren. Es entwickelt sich so viel Sauerstoffgas, daß ein Streichholz im Gasraum heller weiterbrennt. Mischt man den *Sauerstoffentwickler* II (blaßgelbes, schäumendes Pulver in besonderem Täschchen) dazu, so entstehen längere Zeit viele feine Sauerstoffblasen. Eine beschleunigte Sauerstoffentwicklung beobachtet man auch, wenn man zu einer wässerigen Aufschwemmung von I etwas Braunsteinpulver gibt (Katalysator!). Mit Schwefelsäure angesäuerte Kaliumpermanganatlösung wird durch I entfärbt. Bei Säurezusatz entwickelt I viel Kohlendioxid. Prüfe in ähnlicher Weise das Sauerstoff-Bad *Bastian* (Bastian-Werk, München-Passing), Sauerstoff-Bad *Marke Driesch* (Pharm. Lab. Driesch, Düsseldorf), Sauerstoff-Bad *Helag* (H. Leitholf, Chem. Fabrik,

Krefeld). Das Sauerstoff-Bad enthält Dinatriumperoxidcarbonat (175 g) und entwickelt 13 l Sauerstoffgas.
Die in Aluminium-Folie eingewickelten, etwa 40 g schweren Fichtennadel-Badetabletten (sprudelnd) *Dr. Schupp* (Freudenstadt im Schwarzwald) entwickeln sofort viel Kohlendioxid, wenn wir z. B. eine bohnengroße Menge der bröckeligen Masse im Probierglas mit Wasser übergießen. Präparate, die mit Wasser Kohlendioxid entwickeln, bestehen aus einem Carbonat (Kohlensäurelieferant) und aus einem festen, sauren Stoff (feste organische Säuren oder saure Salze), der bei Wasserzusatz die Säure frei macht. Auf diese Weise wird die Auflösung der Tablette erheblich beschleunigt. Bei Wasserzusatz wird übrigens nur ein Teil des Carbonats zersetzt. Fügt man nach Schluß der Kohlendioxidentwicklung noch etwas Säure hinzu, so setzt erneut heftige Kohlendioxidentwicklung ein. Die leuchtende grüngelbe Färbung ist auf kleine Mengen des Farbstoffs Fluorescein zurückzuführen. Füllt man ein Probierglas zur Hälfte mit Wasser, so erscheint die Flüssigkeit nach Zugabe von etwas *Silvapin*-Tabletten in durchfallendem Licht hellgelb und in auffallendem Licht grüngelb (Fluoreszenz von Fluorescein).

Medizinische Badezusätze. Das *Kohlensäurebadesalz Silvapin* (Pino, Freudenstadt) besteht aus 465 g Kohlensäure-Träger mit 98 % Natriumhydrogencarbonat $NaHCO_3$, mit 2 % Abies nephrolepis und 595 g Kohlensäure-Träger mit 100 % Aluminiumsulfat. Die beiden Stoffe entwickeln im Badewasser 120 l Kohlendioxid. Anwendungsgebiete: Zur unterstützenden Behandlung der arteriellen Hypertonie, leichten Formen von peripheren Durchblutungsstörungen.

Versuche: Prüfe Aluminiumsulfat mit Lackmuspapier. Löse 2 Teelöffel dieses Salzes in 100 cm^3 Wasser, gebe 2 Teelöffel Natriumhydrogencarbonat dazu. Es ensteht CO_2, das wir nach S. 26 nachweisen können.

Woloderma (Wolo, Schorndorf und Zürich), flüssiger Badezusatz mit Pflanzenöl zur unterstützenden Behandlung trockener, juckender und schuppender Haut. 15 cm^3 auf 200 l Wasser. 100 g *Woloderma* enthalten 89,5 g Sojabohnenöl, 0,425 g α-Bisabolol, 0,075 g Farnesol, 0,035 g Isopropylcresol-Isomere als Antioxidans. Die in der Kamillenpflanze enthaltene Substanz α-Bisabolol zeigt im Tierversuch eine entzündungshemmende Wirkung. *Rheumagutt-Bad* (Pino, Freudenstadt), 1 Beutel für ein Vollbad, enthält 2,4 g huminsaures Natrium, 20 g Salicylsäure, 1,0 g Olabietes nephrolepis zur unterstützenden Behandlung bei rheumatischen Erkrankungen.

Bakterien

Die Bakterien sind kugel-, stäbchen-, korkenzieher-, hantel- oder kommaartige, mit bloßem Auge unsichtbare Kleinlebewesen, die in über tausend teils gestaltlich, teils chemisch voneinander abweichenden Arten über die ganze Welt verbreitet sind. Die meisten Bakterien sind etwa 1/1000 mm groß; doch gibt es auch Arten, die infolge ihrer Kleinheit sogar in den über 100 000fach vergrößernden Mikroskopen nur schwer zu erkennen sind. Das Gewicht einer einzelnen Bakterie ist unvorstellbar klein. So würden z. B. von dem überall vorkommenden Kolibazillus 6 400 000 000 erst 1/1000 g wiegen. Trotz ihrer Kleinheit vermögen die Bakterien beim Menschen eine Reihe

lebensgefährlicher ansteckender Krankheiten, wie Cholera, Pest, Diphtherie usw., hervorzurufen. Auch viele höhere Tiere und Pflanzen werden von Bakterien heimgesucht. Daneben machen sich viele Bakterien aber auch außerordentlich nützlich. Sie bringen die abgestorbenen Organismen zur Verwesung und geben damit viele wertvolle Stoffe in den Kreislauf der Natur zurück. Ohne Fäulnis und Verwesung wäre die Erde ein riesiges Leichenfeld, und alles Leben hätte längst ein Ende nehmen müssen. Die gewaltigen, teils nützlichen, teils schädlichen Wirkungen der Bakterien sind deshalb möglich, weil eine lebende Bakterie in 24 Stunden ein Mehrfaches ihres Eigengewichtes zersetzen kann (der Mensch braucht in der gleichen Zeit nur 1 bis 2 % seines Gewichtes an Nahrung) und weil sich unter günstigen Bedingungen manche Bakterien schon alle 20 Minuten zu teilen vermögen. Bei ausreichender Ernährung könnte eine Bakterie von 0,001 mm Länge, Breite und Dicke in einer Woche 504 Generationen hervorbringen. Man begreift bei diesen Zahlen, daß auch der verhältnismäßig riesige menschliche Körper diesen gefährlichen Zwergen zum Opfer fallen kann, wenn sie sich einmal irgendwo eingenistet haben.
Die Lebensgewohnheiten, Empfindlichkeiten und Widerstandsfähigkeiten der Bakterien zeigen viel größere Unterschiede als bei den höheren Organismen. Manche Bakterien können bis zu 75 °C Hitze ertragen; andere überstehen sogar die Kälte des flüssigen Wasserstoffs (−250 °C). Salzgehalt und Wasserstoffionenkonzentrationen spielen bei der Lebensfähigkeit eine große Rolle. Während Milchsäurebakterien (gedeihen gut bei pH 4) und Essigbakterien an saure Umgebung angepaßt sind, bevorzugen viele Krankheits- und Fäulniserreger neutrale oder schwach alkalische Reaktion des Nährsubstrats. Bei ungünstigen Lebensbedingungen umgibt sich die Bakterie mit einer dicken Haut, gleichzeitig kommen die Lebensvorgänge beinahe zum Stillstand. Solche Bakteriensporen sind gegen Hitze und Kälte besonders unempfindlich. Sie können über 100 Jahre alt werden und beim Eintritt günstiger Bedingungen wieder zu neuem Leben erwachen.

Bleichsoda

Die älteste Bleichsodasorte ist *Henkels Bleichsoda*, die bereits 1878 auf den Markt kam. Heute enthält die verbesserte *Henko*-Bleichsoda mit Faserschutz neben Soda und Wasserglas auch 2 bis 3 % aktive, stark schäumende Waschrohstoffe, 3 bis 5 % Tylose HBR und komplizierte Phosphate, welche die nachteilige Verkrustung der Gewebe durch faserzerstörende Kalkkristalle herabsetzen. Man verwendet *Henko* und andere Bleichsodasorten zum Einweichen der Wäsche und zur Wasserenthärtung (man verrührt z. B. 30 Minuten vor Bereitung der Waschlauge eine Handvoll *Henko* in dem mit kaltem Wasser gefüllten Kessel); nachher schäumen die zugesetzten seifenhaltigen Waschmittel viel stärker (s. „Wasser").

Versuche: Löse eine kleine Messerspitze *Henko* mit Faserschutz in einem zur Hälfte mit destilliertem Wasser gefüllten Reagenzglas. Prüfe die Reaktion mit Lackmus (stark alkalisch). Schüttle um! Starke Schaumentwicklung, die sich bei Säurezusatz (infolge Kohlendioxidentwicklung aus Soda) noch verstärkt (waschaktive, synthetische, säureunempfindliche Stoffe). Übergieße im Becherglas eine etwa haselnußgroße Menge *Henko* mit einigen cm^3 Salzsäure. Starke Gasentwicklung (Kohlendioxid aus Soda), die ein über die Flüssigkeit gehaltenes brennendes Streichholz zum Erlöschen bringt. Übergieße im Reagenzglas eine bohnengroße Menge *Henko* mit einigen cm^3 Salpetersäure (konzentriert), erhitze etwa eine Minute zum Sieden, gieße dann einige cm^3 der Ammoniummolybdatlösung hinzu und erhitze von neuem 1 bis 2 Minuten. Es ensteht dann ein dicker gelber Niederschlag, der auf Phosphat hinweist. Bringe eine Probe *Henko* am Magnesiastäbchen in die Flamme. Man beobachtet leichte Verkohlung und Brandgeruch, die auf etwa 3 % waschaktive schäumende Stoffe zurückzuführen sind. Die Probe auf Per-Verbindungen mit Kaliumpermanganat bzw. Kaliumdichromat (s. „Wasch- und Bleichmittel") verläuft negativ.

Bleistifte

Heute werden die Bleistifte aus Graphit (Ceylon-Graphit oder gereinigter Mexikographit, evtl. Zusatz von 1 bis 2 % Ruß) und eisenoxidfreiem, geschlämmtem, fettem Ton hergestellt. Beide Stoffe zerkleinert man zunächst getrennt, dann werden die pulverisierten Stoffe vermischt und unter Wasserzusatz fein gemahlen. Das wieder entwässerte Gemisch preßt man durch Düsen. Die so entstehenden ca. 0,3 bis 3 mm dicken Fäden werden an der Luft getrocknet und in verschlossenen Tongefäßen auf etwa 1000 °C erhitzt. Bei noch höheren Temperaturen werden die Fäden härter, bei tieferen weicher. Die gewöhnlichen Bleistifte enthalten etwa 2 Teile Graphit und 1 Teil Ton, bei höherem Tongehalt entstehen härtere, bei niederem weiche Bleistifte. Für die billigen Zimmermanns- und Steinhauerstifte verwendet man Abfälle aus der Bleistiftminenfabrikation, Madagaskar-Graphit, Elektrographit u. dgl. Die fertiggebrannten Fäden werden präpariert, d. h. mit mineralischen, pflanzlichen oder tierischen Ölen, Fetten oder Wachsen durchtränkt (diese brennen mit leuchtenden Flämmchen ab, wenn man eine herausgebrochene Bleistiftfüllung ins Feuer hält) und zwischen Holzbrettchen geleimt. Nachdem diese zu Stiften gehobelt und mit Zaponlösungen poliert sind, wird zum Schluß noch die Stift- und Firmenbezeichnung aufgestempelt. Die wichtigsten deutschen Bleistiftfabriken sind in Nürnberg.
Bei den Tintenstiften (Kopierstiften) besteht die Füllung aus reinem Ton, Talk oder Graphit und wasserlöslichen Teerfarbstoffen, wie z. B. Kristallviolett, Eosin, Methylenblau, Tartrazin, Lichtgrün und dergleichen. Als Bindemittel wird Methylcellulose oder Tragant verwendet. Damit die Stifte gut über das Papier gleiten, muß man der Füllmasse noch Calciumstearat zusetzen. Eine Tintenstiftmine kann z. B. 50 % Talk (oder Talk und Kaolin), 15,1 % Methylviolett, 17,5 % Calciumstearat und 17,2 % Tragant enthalten. Schabt man von der Füllmasse eines roten Tintenstifts ein wenig in ein Probierglas, so entsteht nach Zugabe von einigen cm^3 Wasser (umschütteln, erwärmen!) rote Tinte.

Bohnermassen und Fußbodenpflegemittel

Die Pflegemittel sollen einen Schutz vor Feuchtigkeit und Verschleiß sein, einen Oberflächenglanz erzeugen, die Schmutzaufnahme vermindern, in der Regel die Rutschfestigkeit der Fußböden verbessern. Moderne Fußbodenpflegemittel kommen als Ölware in flüssiger oder Pastenform oder als Emulsion in den Handel. Früher, als

Fußböden noch hauptsächlich aus Holz, Linoleum und Steinfliesen bestanden, genügten zur Pflege die Bodenwachse. In Warenhäusern sah man breite, niedere Blechbüchsen mit verschiedenartigen Aufschriften, z. B. *Dracholin, Regina-Hartglanzwachs, Widder-Hartwachs, Sigella* u. a. Der meist weiße oder braune, butterweiche oder härtere Inhalt dieser Büchsen wird als Bohnerwachs (oder Bohnermasse) bezeichnet. Man verreibt ihn auf gereinigtem Holz (Böden, Möbel), Linoleum oder Leder mit Hilfe eines Tuchstücks, läßt ihn eintrocknen und streicht nachher längere Zeit rasch mit einem Lappen darüber, wobei der Gegenstand allmählich einen schönen Glanz annimmt. Es gibt wasserfreie, halbfeste und wasserhaltige, flüssige Bohnermassen. Die ersteren erhält man durch Zusammenschmelzen von Bienenwachs, Paraffin, Synthesewachsen, Erdwachs, Carnaubawachsrückständen, Japanwachs, raffiniertem Montanwachs, Stearin usw. mit Terpentinöl oder Terpentinölersatzgemischen, (Tetralin, $C_{10}H_{12}$, Dekalin, $C_{10}H_{18}$, oder hochsiedende Benzine).
Ein erstklassiges, **weißes Bohnerwachs** entsteht z. B., wenn man in einem Gemisch aus 60 kg Terpentinöl und 14 kg Schwerbenzin 12 kg Schuppenparaffin (Schmelzpunkt 50 bis 52 °C), 8 kg gebleichtes Carnaubawachs und 6 kg gebleichtes Montanwachs unter Erwärmung (Vorsicht, Feuergefahr!) auflöst und nachher erstarren läßt. Wir bringen die Rezepte, weil bei der „neuen Baurichtung" die natürlichen Holzfußböden wieder größere Bedeutung haben.
Um **wasserfreies Bohnerwachs** im Kleinen herzustellen, geben wir in einen Erlenmeyerkolben 25 g gelbes Bienenwachs, tauchen diesen so lange in heißes Wasser, bis das Wachs geschmolzen ist (Wachs soll nicht unmittelbar über einer Flamme erhitzt werden – Feuergefahr!) und gießen letzteres unter Umrühren in ein Glas, das 50 g Terpentinöl enthält. Es entsteht eine gelbliche, durchsichtige Flüssigkeit, die nach einigen Stunden zu einer undurchsichtigen, schmalzähnlichen Masse erstarrt. Beim Verreiben auf Holz gibt dieses Bohnerwachs Hochglanz.
Wässeriges, verseiftes Bohnerwachs entsteht, wenn man z. B. 20 g Bienenwachs in 80 g Wasser zum Schmelzen erwärmt und während des Siedens unter fortgesetztem Umrühren 10 cm^3 Wasser hinzufügt, in dem vorher 3 g Pottasche aufgelöst wurden. Man muß so lange kochen, bis eine gleichmäßige, weiße, seifenartige Flüssigkeit entsteht, nötigenfalls kann man auch noch mit etwas Natronlauge nachhelfen. Wasserfreie Bohnerwachse (auch Öl-Bohnermasse genannt) und wasserhaltige, verseifte Bohnerwachse sind an ihrer verschiedenen Feuergefährlichkeit zu unterscheiden.
Selbstglanzemulsionen. Mit der Verwendung von Kunststoffen, die für Lösungsmittel empfindlich sind, kamen neue Pflegemittel, die Selbstglanzemulsionen, auf den Markt. Sie sind flüssig, lösungsmittelfrei und glänzen nach dem Auftragen ohne Polieren. Die Mittel werden als Konzentrat oder in wässeriger Verdünnung angewandt. Hauptbestandteile sind polymere Filmbildner, z. B. Acrylate und Polyethylen (s. S. 162), sowie Wachse (Naturwachse, Paraffine, Montanwachse). Diese Bestandteile werden durch Emulgatoren in die flüssige Phase gebracht. Zu dem *Glänzer*, einem Produkt der Erdal-Rex, Mainz, wird folgende Beschreibung gegeben: Man bringt die Emulsion auf den gereinigten Fußboden und verteilt sie gleichmäßig mit einem Tuch. Der Glanz entsteht beim Trocknen von selbst. Der Boden ist unempfindlich gegen Kratzer. Glänzer enthält Wachse, die für Trittelastizität sorgen.
Ein neues Pflegesystem verbindet Glanz und Reinigung. Es gibt auch *Selbstglanzemulsionen mit Reinigungswirkung*. Diese Produkte, z. B. *Emsal* (Erdal, Mainz),

enthalten noch Tenside (s. S. 264); man spricht auch von *Wischwachsemulsionen*. *Dual* (Lever-Sunlicht, Hamburg) ist ein milchig-flüssiges Fußboden-Polier- und Reinigungsmittel. *Dual* poliert und reinigt in einem Arbeitsgang. Diese doppelte Wirkung wird dadurch erzielt, daß es sowohl waschaktive Substanzen zur Reinigung als auch eine Kombination von Wachsen, Harzen und Kunststoff-Polymerisaten enthält, die für den Glanzeffekt sorgen.
Das **Skiwachs** ist eine zähflüssige oder wachsweiche Mischung aus Wachs, Harz, Talg, Polyethylen, Kolloidgraphit und dergleichen, mit dem man die Laufflächen der Skier einreibt. Ein *flüssiges Skiwachs* entsteht, wenn man z. B. eine heiße Schmelze aus 4 Teilen Carnaubawachs und 12 Teilen Montanwachs mit 84 Teilen heißem Leinölfirnis unter Umrühren verdünnt. Vorsicht: Feuergefahr!

Versuche: Verreibe ein wenig Bohnerwachs mit einem Lappen so lange auf Holz, Linoleum oder Leder, bis Hochglanz auftritt! Bringe einige Stückchen einer gewöhnlichen, butterweichen Bohnermasse in ein Probierglas, tauche dieses und ein Thermometer in ein mit Wasser zur Hälfte gefülltes Becherglas und erwärme! Das Bohnerwachs fängt an zu schmelzen, wenn das Wasser 50 bis 60 °C warm ist. Gib zu dieser geschmolzenen Masse etwas warmes Wasser und schüttle kräftig um! Das Wachs löst sich nicht, es schwimmt infolge seiner geringen Dichte an der Oberfläche. In Schwefelkohlenstoff und Benzin (Vorsicht, feuergefährlich, Flammen löschen!) löst sich Bohnerwachs auf. Halte eine Messerspitze Bohnerwachs auf dem Porzellanscherben ins Feuer! Das Wachs brennt leicht mit einer hellen, rußenden Flamme.

Borax

Reiner Borax bildet farblose, an der Luft zerfallende Kristalle von der Formel $Na_2B_4O_7 \cdot 10\ H_2O$. Die wässerige Lösung bläut rotes Lackmuspapier, Leitungswasser wird durch Borax nur wenig „enthärtet". Borax färbt die Flamme gelb (Natrium!); er bläht sich unter Wasserabgabe zuerst stark auf und schmilzt dann zu einer durchsichtigen *Perle* zusammen, die viele Metalloxide auflöst. Verwendung: zur Körperpflege (*Kaiserborax* ist ein besonders reiner Borax mit Zusätzen, *Dr. Scholls Badesalz* enthält Borax, Natron und Seife), zum Löten von Metallen (Borax löst in der Hitze Metalloxide auf), zur Herstellung von Emaille, zu Glasuren für Steingut und Prozellanwaren, zum Steifen von Geweben, als Zusatz zu Glassorten, als Waschmittel, als Bestandteil von Putzmitteln (hell lackierte Küchenmöbel sollen mit Boraxlösung und Schlämmkreide gereinigt werden), als Spurenelementzusatz (gegen Herz- und Trockenfäule der Rüben u. dgl.), in vielen Düngemitteln usw.

Brandbekämpfung

Brennende, feste Stoffe, wie Holz, Papier, Stroh, Heu, Tuch u. a., werden in der Regel mit Wasser gelöscht. Dieses entzieht so viel Wärme, daß sich die brennenden Gegenstände unter ihren Entflammungspunkt abkühlen und infolgedessen erlöschen. Kleinere Brände werden bekämpft, indem man die Flamme mit einer Decke

(oder Sand, Boden, Brettstücken und dergleichen) rasch erstickt. Sind die Kleider in Brand geraten, so wälzt man sich auf dem Boden; hierbei werden die brennenden Stellen der Reihe nach infolge Luftmangel gelöscht. Wirksamer ist es, die Flammen mit einer Decke zu ersticken.
Brennende, mit Wasser nicht mischbare, leichte Flüssigkeiten, wie Öle, Benzin, Erdöl und dergleichen, können mit Wasser nicht gelöscht werden:

Versuch: Entzünde in einem Blechgefäß einige cm^3 Benzin (Vorsicht! Flasche gut verkorkt beiseite stellen!) und gieße Wasser darüber! Die Flamme brennt weiter, das leichte Benzin schwimmt auf dem Wasser. Deckt man jedoch eine Schale darüber, so erlischt das Feuer infolge Luftmangels. Das gleiche ist der Fall, wenn man in einem Zylinder Kohlendioxid (s. S. 30) entwickelt und eine Blechbüchse mit einigen cm^3 brennendem Benzin hineinhält. Blechbüchse mit der Zange halten!

Brandklassen: In der DIN EN 2 (herausgegeben im Februar 1973) werden Brände von Stoffen verschiedener Natur in vereinfachender Weise den Brandklassen A, B, C und D zugeordnet.
Klasse A: Brände fester Stoffe, hauptsächlich organischer Natur, die normalerweise unter Glutbildung verbrennen (Holz, Kohlen, Kunststoffe).
Klasse B: Brände von flüssigen oder flüssig werdenden Stoffen (Benzin, Heizöl, Fette, Lacke).
Klasse C: Brände von Gasen (Acetylen, Wasserstoff, Erdgas, Propan, Butan)
Klasse D: Brände von Metallen (Aluminium, Magnesium, Uran).
Zur Bekämpfung kleinerer Brände hat die Industrie 4 Grundtypen von Handfeuerlöschgeräten auf den Markt gebracht, die sich vor allem in der chemischen Zusammensetzung des Löschmittels unterscheiden.
1. Der Wasserlöscher (*Minimax*, Bad Urach) enthält etwa 10 l Wasser, das oben herausgepreßt wird. Als Treibmittel dient Kohlendioxid mit 11 bar Betriebsdruck. Wenn die Sicherung herausgezogen wird, ist das Gerät löschbereit. Beim Niederdrükken des Auslösehebels bricht der Verschluß der CO_2-Hochdruckgasflasche auf. CO_2-Gas strömt in den Löschmittelbehälter. Wasser steigt durch das Rohr in den Schlauch. Der Wasserstrahl kann beliebig oft unterbrochen werden. Die Löschwirkung des Wassers beruht auf dem Kühleffekt und der damit verbundenen Wärmevernichtung. Das Brandgut wird beim Auftreffen der Wassertropfen unter seine Zündtemperatur abgekühlt, so daß das Feuer erlischt (*Bild 16*).
2. CO_2-Löscher. Der Eigendampfdruck treibt das flüssige CO_2 in das Steigrohr und in die Düse. Beim Austritt aus der Düse wird es in *Schnee* und Gas umgewandelt. Es erstickt den Brand durch Verdrängung des Luftsauerstoffs. In geschlossenen Räumen besteht Erstickungsgefahr. Schon bei 6 Volumen % CO_2 in der Luft kann Bewußtlosigkeit eintreten.
3. Halonlöscher. Die Nachteile des CO_2-Einsatzes umgeht man bei Verwendung der gasförmigen Halon-Typen. Hier werden folgende Halogenkohlenwasserstoffe eingesetzt: Halon 1211 ($CBrClF_2$) und Halon 1301 ($CBrF_3$). Die Löschwirkung beruht auf dem chemischen Eingriff in den Verbrennungsvorgang. Die Flammenreaktion wird unterbrochen, so daß der Brand schlagartig erlischt (*Inhibitionseffekt*). Ihre Löschkonzentration ist mit 3 bis 4 % sechsmal niedriger als die gesundheitsschädliche Konzentration. (Zudem benötigt man aufgrund der chemischen Löschwirkung der Halone eine im Vergleich mit CO_2-Gas zehnmal kleinere Löschmittelmenge.)

a

b

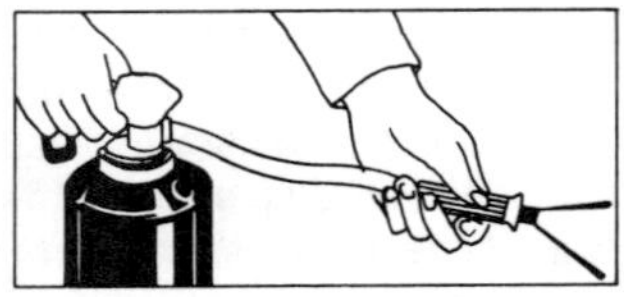

c

Bild 16 Feuerlöscher. a Minimax-Wasserlöscher WD 10. Handhabung: b Sicherheitsvorrichtung ziehen, c Schlauch auf den Brandherd richten. Roten Auslösehebel niederdrücken! Viele Wasser- und Pulverlöscher haben ähnliche Behälter. Auch die Auslöse- und Bedienungsgriffe sind praktisch vereinheitlicht (auf DIN 14 406)

4. Pulverlöscher. Diese sind am weitesten verbreitet und werden heute in mehreren Brandklassen eingesetzt.

Versuch: Erhitze im Reagenzglas etwas Natriumhydrogencarbonat (Natronpulver) und weise das entstehende Wasser und Kohlendioxid nach: Der Rückstand besteht aus Natriumcarbonat. Streue mit einem Teesieb fein pulverisiertes Natron über ein brennendes Holzstück, das auf dem Dreifuß liegt. Die Soda bildet bei Anwendung eines Pulverlöschers eine feste Kruste um die Brandstellen.

Ein Löschpulver auf Basis $NaHCO_3$ (z. B. *Novo-Troxin*) löscht zufriedenstellend nur Treibstoff- und andere Flüssigkeitsbrände sowie Gase (Erd-, Leucht-, Acetylen-, Propan-Gas). Eine Zersetzung des Bicarbonat-Pulvers in der zu löschenden Flamme ist nur minimal (etwa 3 %) und unbedeutend für den Löschprozeß. Hier liegt der Inhibitionseffekt (früher: antikatalytischer Löscheffekt) vor. Dabei werden die in der Flamme vorkommenden Zwischenstufen (*Radikale*) durch den Wandeffekt der Pulverteilchen blockiert. Die hierfür erforderliche große Oberfläche läßt sich technisch verwirklichen: 1 cm^3 Löschpulver *Novo-Troxin* enthält mehr als 15 Millionen Teilchen mit ca 4000 cm^2 Fläche!
Zum Ablöschen von Glut- und Metallbränden wird nicht Natriumbicarbonat, sondern ein Salzgemisch aus Phosphaten und Sulfaten eingesetzt (ABCD-Löschpulver *Multi-Troxin*). Hierbei bildet sich eine erforderlich dichte, die Luft absperrende Salzkruste (Sperrschicht-Effekt).
Die Vorteile des Pulverlöschers sind seine schlagartige Wirkung bei Flüssigkeits- und Gasbränden, die Wirksamkeit bei Fließ- und Tropfbränden und seine Frostbeständigkeit.
Bei Metallbränden (Klasse D) verwendet man auch ein Chlorid-Gemisch, das eine Decke über das brennende Metall zieht und es so vom Luftsauerstoff abschließt.
In den Brandklassen A und B finden außerdem Schaumlöschmittel Verwendung. Als Schaumbildner verwendet man hydrolisierte Proteine und Tenside. Flüssigkeits-

brände können auch allein mit Fluortensiden (AFFF) als Schaumbildner bekämpft werden. Die Schaumbildner werden in Mengen von 2 bis 6 % dem Löschwasser zugesetzt, das durch Vermischung mit Luft den Schaum auf mechanischem Weg bildet. 1 l Wasser kann 10 l Schwer-, 100 l Mittel-, 1000 l Leichtschaum bilden. Dessen feuerlöschende Wirkung beruht auf Absperr- und Kühleffekten.
Bis 1965 waren auch Handschaumlöscher im Einsatz, die Schaum aus der chemischen Reaktion von Natriumhydrogencarbonat mit Aluminiumsulfat erzeugten.

Versuch: Prinzip des Schaumlöschers. Wir lösen 170 cm^3 Leitungswasser, 5 g Natron und 0,5 g Saponin in einem Standzylinder (*Bild 17*). In den mit Gummischlauch, Quetschhahn und Verlängerungsrohr versehenen Trichter füllen wir 20 cm^3 Aluminiumsulfatlösung (10 %ig) und tauchen das Verlängerungsrohr in die Natronlösung gerade hinein. Nach Öffnen des Hahns bemerken wir eine starke Schaumbildung.
Beim Löschen von Bränden der Klassen A und B ist stets zu beachten, daß der Wasser- oder Schaumstrahl nicht gegen die Flamme, sondern auf den verbrennenden Gegenstand gerichtet werden muß. Begründung: Flammen sind brennende Gase, die aus dem erhitzten Brennstoff strömen. Wird der Brennstoff abgekühlt, so hört die Flamme von selbst auf. Daß die brennenden, festen und flüssigen Stoffe tatsächlich kleine „Gasfabriken" sind, läßt sich beweisen, wenn man in einem Probierglas einige cm^3 Benzin oder einige Holzspäne erhitzt (Vorsicht!) und die aufsteigenden Dämpfe an der Probierglasmündung entzündet.

Flammschutzmittel. Damit bezeichnet man anorganische oder organische Stoffe, die Holz, Kunststoffe und Textilien flammfest machen. Sie erreichen dies, indem sie die Entflammung der zu schützenden Stoffe verhindern, die Entzündung behindern und die Verbrennung erschweren. Unter den Flammschutzmitteln, die in der Feuerhitze vorwiegend flammenerstickende Gase abgeben, hat sich – ebenso wie in Feuerlöschmitteln – das Ammoniumphosphat $(NH_4)_2HPO_4$ am besten bewährt.
Wenn man diesen Stoff erhitzt, entsteht nicht nur Ammoniak, sondern auch Phosphorsäure. Diese schirmt gegen Hitze und Feuer ab, indem sie die Abspaltung brennbarer Gase bremst. Gleichung: $(NH_4)_2HPO_4 \rightarrow 2\ NH_3 + H_3PO_4$.
Mit Wasserglas bestrichenes Holz ist auch bis zu einem gewissen Grad gegen Feuer geschützt. Dies zeigt der folgende Versuch.

Versuch: Wir tauchen Holzwolle für kurze Zeit in ein Glasgefäß mit einem Wasserglas-Wasser-Gemisch (1:3). Nach dem Trocknen können wir die Holzwolle nicht mehr mit einem Streichholz anzünden. Eine Sperrholzplatte, die wir mit Feuerschutzmitteln behandelt haben, versuchen wir mit einer Lötlampe und einer Propanflamme zu entzünden.

Bild 17 Modell zum Schaumlöschen

Es bildet sich eine dicke Schaumschicht, die die darunter liegende Platte vor dem Verbrennen und vor der starken Hitze schützt. Wenn wir die Schaumschicht abkratzen, kommt das unversehrte Material zum Vorschein.
Flammenschutzmittel stellen folgende Firmen her: Preussag AG Minimax, Desowag-Bayer, Düsseldorf, und Chem. Werke Albert, Wiesbaden.

Carbid

Unter den zahlreichen Carbiden spielt im praktischen Leben das Calciumcarbid, auch kurz Carbid genannt, bei weitem die wichtigste Rolle. Es handelt sich um graue oder braune Brocken von der chemischen Formel CaC_2, die in elektrischen Öfen durch Vereinigung von Kohle und Kalk hergestellt werden. Carbid muß trocken und verschlossen aufbewahrt werden.

Versuch: Wir bohren in den Deckel einer kleinen Blechbüchse eine Öffnung, geben in die Büchse einige erbsengroße Carbidbrocken, gießen ein wenig Wasser dazu, setzen möglichst rasch den Deckel gut auf und entzünden nach einigen Sekunden das aus der Öffnung strömende, übelriechende Gas. Die Entzündung erfolgt meist unter leichtem Knall. Die Flamme brennt mit einem sehr hellen, stark rußenden Licht; ein darübergehaltener Prozellanscherben wird fast augenblicklich schwarz. Nach dem Erlöschen finden wir in der Büchse eine weiße Brühe, die rotes Lackmuspapier blau färbt, also eine Base oder Lauge darstellt.

Erklärung: Calciumcarbid zersetzt sich mit Wasser unter Bildung von Acetylen und Kalkmilch nach der Gleichung: $CaC_2 + 2\,H_2O \rightarrow Ca(OH)_2 + C_2H_2$. 1 kg Carbid liefert 250 bis 300 l Acetylengas (Ethin). Das chemisch reine Acetylen ist geruchfrei. Bei der Zersetzung des unreinen Handelscarbids entstehen aber neben diesem noch andere giftige und übelriechende Gase, wie Phosphorwasserstoff und Schwefelwasserstoff. Das Handelscarbid enthält nämlich kleine Mengen von Calciumphosphid Ca_3P_2 (beim Erhitzen aus Calciumphosphat entstanden), die mit Wasser übelriechenden, giftigen Phosphorwasserstoff PH_3 entwickeln, Gleichung: $Ca_3P_2 + 6\,H_2O \rightarrow 3\,Ca(OH)_2 + 2\,PH_3$. Da Acetylen ein verhältnismäßig kohlenstoffreiches Gas ist, verbrennt es mit heller Flamme. Der Ruß besteht aus zahlreichen Kohlenstoffteilchen, die infolge Sauerstoffmangels nicht zu Kohlendioxid verbrennen konnten und bei ihrem Weg durch die Flamme in helles Glühen gerieten. Acetylen verbrennt an der Luft zu Kohlendioxid und Wasser nach der Gleichung: $C_2H_2 + 2\frac{1}{2}\,O_2 \rightarrow 2\,CO_2 + H_2O$. Der Rückstand im Inneren der Blechbüchse war Kalkmilch. Wir vermischen sie mit viel Leitungswasser und filtrieren. Das Filtrat (Kalkwasser) bewahren wir für andere Versuche auf.
Carbid ist ein Erzeugnis der chemischen Großindustrie (Jahreserzeugung in der Bundesrepublik ca. 1 Mill. t). Etwa 55 % des Carbids werden in Deutschland auf Kalkstickstoff (Düngemittel) weiterverarbeitet, 15 % dienen als Ausgangsmaterial für organische Synthesen (über Acetylen erhält man z. B. Alkohol, viele Kunststoffe usw.) und etwa 30 % gehen über Flaschen-Acetylen zum Schweißen. Das Gas ist nicht wie andere Flaschengase komprimiert, sondern in Aceton gelöst.

Chemiefasern

Neben den Naturfasern Wolle, Baumwolle und Seide haben die Chemiefasern (*Tab. 3*) immer mehr den Textilmarkt und den Alltag erobert. Schon 1963 stellte die Chemiefaser-Industrie 1,8 Mill. t Zellwolle her, 300 000 t mehr, als alle Schafe der Welt Wolle liefern. Der Anteil der Chemiefasern im Welttextilverbrauch betrug 1966 22 %; er wird nach einer Hochrechnung 1992 54 % betragen. Mit der zunehmenden Weltbevölkerung werden die Chemiefasern noch größere Bedeutung erlangen. Chemiefaser ist der Sammelbegriff für alle Textilendlosgarne und Textilspinnfasern, die mit chemischen Hilfsmitteln erzeugt werden. Ausgangsstoffe der Chemiefaser-Herstellung sind Naturprodukte wie Cellulose und Protein oder synthetische Stoffe wie Polyamide, Polyacrylnitrile, Polyester u. a., s. „Synthesefasern", S. 236.

Tab. 3: Übersicht der Chemiefasern

Chemiefasern							
aus natürlichen Rohstoffen				aus synthetischen Rohstoffen			
Cellulose			Protein	Polyamide	Polyester	Polyacryle	Polyvinyle
Viskosefaser Reyon Zellwolle	Chemie-Kupferseide Cu-Spinnfaser	Acetat Acetatfaser	Lanitalfaser	Nylon Perlon Dederon	Diolen Trevira Terylene	Dralon Orlon Dolan Redon	PeCe Rhovyl

Versuche: Erkennung von Chemiefasern. Wir bringen die Fasern in Probiergläser und prüfen die Löslichkeit mit den verschiedenen Lösungsmitteln bei entsprechenden Temperaturen.

Lösungsmittel	gelöst werden
Eisessig, Temp. 20 °C	Acetat, Triacetat
Eau de Javelle, KOCl, Temp. 20 °C (NaOCl)	Wolle und Seide
Kupferoxidammoniak, Temp. 20 °C	natürliche u. künstliche Cellulose
Ameisensäure 80 %ig, Temp. 20 °C	Polyamide (Nylon, Perlon)
Zinkchloridlösung 2 Teile Salz, 1 Teil Wasser, Temp. 45 °C	Polyacryle (Dralon, Orlon)
Sesolvan NK bei Kochtemp. (Produkt der BASF)	Polyester (Diolen, Trevira)
1 Teil Tetrahydrofuran, 1 Teil Aceton, Temp. 20 °C	Polyvinylchloride (Rhovyl)

Als Wolle, Seide und Baumwolle die einzigen bekannten Fasern waren, konnte jedermann sie noch unterscheiden. Auch die entsprechenden Waschbedingungen waren bekannt. Heute hat sich das *Gütezeichen* eingebürgert, das für jedes Textilprodukt Zusammensetzung und Waschvorschrift angibt (s. S. 276).

Chlorkalk

Chlorkalk kann in Drogerien in kleineren, luftdicht verschlossenen Plastikbehältern erworben werden. Er ist ein weißes Pulver, das 30 bis 40 % Chlor enthält. Dieses wird langsam an die Luft abgegeben. Es verursacht den starken Chlorgeruch des Chlorkalks. Damit das Chlor nicht zu rasch verlorengeht, ist Chlorkalk beim Lagern möglichst luftdicht abzuschließen.
Chlorkalk hat die Formel $CaCl(OCl)$. Er entsteht, wenn man Chlorgas in gelöschten Kalk leitet. Gleichung: $Ca(OH))_2 + Cl_2 \rightarrow Ca(ClO)Cl + H_2O$.
Chlorkalk ist ein wichtiges Desinfektionsmittel; eine 1 %ige wässerige Chlorkalklösung tötet schon nach 5 Minuten Typhus-, Cholera- und Milzbrandbazillen. Mit einer Aufschwemmung von 1 Teil Chlorkalk in 20 Teilen Wasser werden die Wände und Decken von verseuchten Viehställen bestrichen. In Kleinställen kann man durch Anstriche mit derselben Flüssigkeit Ungeziefer aller Art beseitigen. Trink- und Kochwasser, das nicht allzu stark mit organischen Stoffen verunreinigt ist, kann man desinfizieren, wenn man auf 1 m^3 Wasser 1 bis 3 g Chlorkalk 4 bis 6 Stunden lang einwirken läßt.

Versuche: Schwemme einige Körner Chlorkalk in Wasser auf und prüfe die Reaktion auf Lackmus! Chlorkalk reagiert laugenhaft (alkalisch), da er Beimengungen von $Ca(OH)_2$ enthält. Ist Chlorkalk in Wasser leicht oder schwer löslich? Halte etwas Chlorkalk am Magnesiastäbchen in die Flamme! Eine vorübergehende, ziegelrote Flammenfärbung läßt auf Calcium schließen. Bringe etwas Chlorkalk in einen Zylinder und füge einige cm^3 Salzsäure dazu! Es entsteht unter Aufschäumen übelriechendes, giftiges Chlorgas nach der Gleichung: $CaOCl_2 + 2\ HCl \rightarrow CaCl_2 + H_2O + Cl_2$. Vorsicht! Eine darübergehaltene blaue Blume oder Tintenstift wird rasch entfärbt.
Chlor zerstört Farbstoffe. Erhitzt man stark verdünnte, schwarze Tinte mit einer Messerspitze Chlorkalk im Probierglas, so tritt ebenfalls Entfärbung ein. Diese erfolgt wesentlich rascher, wenn vorher noch etwas Salzsäure beigegeben wird. Gibt man im Probierglas zu einer Messerspitze Chlorkalk einige cm^3 rote Tinte und füllt etwa bis zur Mitte mit gewöhnlichem Speiseessig auf, so entfärbt sich die Flüssigkeit beim Erwärmen. In beiden Fällen zerstört das freiwerdende Chlor die Tintenfarbstoffe. Eine praktische Anwendung erfährt diese Tatsache in den *Radierwässern* (*Tintentod*). Verreibt man über Tintenschrift mit einem stumpfen Holzstückchen (Streichholz) etwas Chlorkalk in wenigen Tropfen gewöhnlichem Speiseessig, so verschwindet die Schrift allmählich vollkommen, weil die Tinte von dem freiwerdenden Chlor zersetzt wird. Das Verfahren gelingt – wenn auch merklich schwerer – selbst bei jahrealten schwarzen und roten Tintenschriften. Neben den Tintenfarbstoffen zerstört Chlorkalk auch noch viele andere organische Farben. Man kann sich davon überzeugen, wenn man auf farbige Papiere (Drucksachen, Fließblätter, gefärbte Tuchlappen usw.) zu etwas Chlorkalk einige Tropfen Essig bringt und nach 10 bis 20 Minuten abspült.

Tintenentferner in Stiftform (Tintenkiller). Fast alle Tintentod-Stifte enthalten Chlorkalk. Herstellung nach dem franz. Patent 1 123 390: Es werden 50 Teile Sandarak (Harz aus Algier), 15 Teile Alaun, 8 Teile Traganth und 35 Teile Paraffin gründlich gemischt. Dazu kommen 50 bis 70 Teile $CaOCl_2$ (oder ein Gemisch aus gleichen Teilen Zitronensäure und Oxalsäure), 7 Teile Sandarak und 20 Teile Gummiarabikum.

Desinfektion

Bei der Desinfektion werden krankheitserregende Bakterien auf physikalischem und chemischem Wege abgetötet oder in ihrem Wachstum gehemmt. Sie erstreckt sich auf die Hautoberfläche, auf Kleider und Geräte, ferner auf Zimmer, die von Kranken bewohnt werden, welche an Tuberkulose, Cholera, Pest, Pocken, Diphtherie, Scharlach, Genickstarre, epidemischer Kinderlähmung, Masern, Influenza, Typhus, Ruhr und anderen durch Kleinlebewesen verursachten, ansteckenden Krankheiten leiden. Man unterscheidet zwischen laufender Desinfektion und Schlußdesinfektion. Bei der ersteren, ungleich wichtigeren, werden die Bakterien während der Krankheit bekämpft, um die Pflegepersonen, Hausgenossen, Besucher usw. vor Ansteckung zu schützen. Bei der Schlußdesinfektion macht man die infolge Umzugs, Genesung oder Tod geräumten Krankenzimmer bakterienfrei, so daß sie nachher wieder von Gesunden bewohnt werden können.
Die Notwendigkeit einer gründlichen Desinfektion wird am ehesten klar, wenn man bedenkt, daß in einem Krankenzimmer unter Umständen Millionen Bakterien am Kranken, am Krankenbett, an den Wänden, Böden, Eßgeräten, Büchern, Spielzeugen, Kleidern usw. sitzen, daß unzählige weitere Bakterien in der Luft herumfliegen, die alle sozusagen nur darauf lauern, in dem warmen, nährstoffreichen menschlichen Körper ein willkommenes Futter zu finden. Glücklicherweise sind diese kleinen, tückischen Feinde des Menschengeschlechts nicht unsterblich. Zahlreiche Versuche haben vielmehr einwandfrei gezeigt, daß man sie durch Hitze, Kälte, Sonnenlicht, Trockenheit, Chemikalien usw. vernichten oder mindestens unschädlich machen kann. Die Anwendung von Kälte führt nur zu einer Wachstumshemmung, nicht zu einer Abtötung der Bakterien. Es gibt Bakterien, die stundenlangen Aufenthalt in flüssiger Luft (−180 °C) überstehen. Läßt man Bakterienkulturen an der Luft eintrocknen, so gehen sie – mit Ausnahme von Tuberkelbakterien und Bakteriensporen – meist in wenigen Tagen zugrunde.
Desinfektion durch UV-Licht. Genügend starke Belichtung, besonders mit blauem und violettem Licht, hemmt das Bakterienwachstum. Bei Bestrahlung mit ultraviolettem Licht, besonders bei Wellenlängen von 270 nm (Nanometer) gehen z. B. die Bakterien im Trinkwasser zugrunde. Auch werden die Bakterien auf der Haut von Schwindsüchtigen durch UV-Strahlung von 200 bis 295 nm reduziert. Eine Luftdesinfektion ist auch mit *Ozonlampen* möglich. Dies sind Niederdruck-Quecksilberdampflampen, die UV-Licht von etwa 185 nm ausstrahlen. Letzteres lagert den Sauerstoff der Luft zum Teil in desinfizierendes Ozon um.
Desinfektion durch Hitze. Dies ist das sicherste und meistverwendete physikalische Desinfektionsverfahren. Waschbare Kleidungsstücke, Wäsche, Eß- und Trinkgeräte, Instrumente usw. werden keimfrei, wenn man sie ¼ Stunde in kochendes Wasser

legt, dem 2 % Soda beigemischt wurden. Geräte aus Glas, Porzellan und Steingut legt man ins kalte Wasser und erwärmt dann langsam zum Sieden. Bei plötzlichem Temperaturwechsel könnten sie zerspringen. Falls diese Geräte trocken bleiben sollen, setzt man sie in Sterilisatoren 3 bis 4 Stunden lang einer trockenen Hitze von 160 bis 180 °C aus. Bücher, Pelze, Möbel, wertvolle Kleider, Lederwaren nehmen in feuchter Hitze Schaden. Es wird empfohlen, sie zur Desinfektion 48 Stunden lang in 75 bis 85 °C heiße Luft zu bringen. Wertlose, leicht brennbare Gegenstände, wie Papiertaschentücher, billiges Spielzeug, Kehricht, Bettstroh, Speisereste, Verbandsmaterial, werden am besten verbrannt.

Desinfektion durch Chemikalien. Die verbreitetsten Desinfektionsmittel für Räume, Möbel, Geräte u. dgl. sind Aldehyde, Phenolabkömmlinge und Chlorpräparate.

Formaldehyd (HCHO) ist ein aus dem Methanol gewonnenes stechend riechendes Gas, das in Wasser gelöst als 29 bis 35 %ige Formaldehydlösung (= Formalin oder Formol) verkauft wird. Die zum Desinfizieren häufig verwendete 1 %ige Formaldehydlösung entsteht, wenn man 30 cm^3 Formalin mit Wasser auf 1 l auffüllt und umschüttelt. Formalin ist lichtempfindlich. Es setzt am Boden allmählich flockige, weiße Ausscheidungen von *Paraformaldehyd* ab und ist dann zur Desinfektion nicht mehr verwendbar. Zur Raumdesinfektion wird Formaldehyd auch noch in Gasform verwendet (s. „Formaldehyd").

Bei der Tuberkulose verwendet man eine 5 %ige Alkalysollösung (seifenartiges Kresolpräparat) oder eine 6 %ige Chloraminlösung (enthält etwa 25 % wirksames Chlor), die letztere wird auch bei Thyphus und Ruhr benützt. Mit der Formaldehydlösung kann man Messer, Gabeln, Pelzwerk, Samt, Plüsch usw. desinfizieren. Bücher aus Krankenhäusern werden desinfiziert, wenn man sie aufgeblättert neben eine mit Formalin gefüllte Schale in einen luftdichtschließenden Kasten stellt. Nach 2 Tagen nimmt man die Bücher heraus.

Zur Desinfektion von kleinen Räumen wird auch das bequem anzuwendende *Sagromed-Spray* (Schülke u. Mayr) benützt. Es vernichtet Bakterien. Wirkstoffe: 2-Phenylphenol, 2-Benzyl-4-chlorphenol.

Weitere Desinfektionsmittel: *Panflavin* (Farbwerke Hoechst): Pastillen zur Desinfektion des Mund- und Rachenraumes mit Acriflavinhydrochlorid. Als *Panflavit* zusätzlich mit Vitamin C.

Baktol (Bacillofabrik Dr. Bode und Co., Hamburg-Stellingen) ist ein Feindesinfiziens, Lösung einer Kombination von Methyl- und Arylphenolen, teilweise chloriert, in Seife. Das *Baktoplan* der gleichen Firma ist *p*-Chlor-*m*-Kresol, in Alkali gelöst; geruchloses Tuberkulose-Desinfiziens. Das *Bacillol* derselben Firma ist eine Kresolseifenlösung.

Baktonium: Lösung von Dialkyl-dimethyl-ammoniumsalz und Alkyldimethylarylammoniumchlorid.

Bradosol (Ciba, Basel): Hände- und Instrumentendesinfektionsmittel aus *ß*-Phenoxyethyl-dimethyldodecylammoniumbromid.

Chloramin 80 (Heyden) ist *p*-Toluolsulfonchloramidnatrium $C_6H_4(CH_3) \cdot (SO_2N \cdot Na \cdot Cl)$, ein weißes, bleichendes und desinfizierendes, wasserlösliches Pulver mit 25 % aktivem Chlor; es wird u. a. zur Wunddesinfektion (0,25 bis 0,5 %ige wässerige Lösung), zur Desinfektion von Krankenzimmern, Geräten, Kleidern usw. (1 bis 2 %ige Lösung) verwendet. Chloramin ist in Pulverform und konzentrierter Lösung gut haltbar. Es verursacht in den üblichen Verdünnungen keine Wundreizungen; wirkt bleichend und zerstört Gerüche. In seinem Verhalten hat es viel Ähnlichkeit mit

Chlorkalk, doch wirkt es viel milder. Hersteller: Farbwerke Hoechst; Merck, Darmstadt.

Chlorina (Heyden, München) ist Chloramin in Pulver- und Tablettenform.

Incidin M Spray (Henkel) enthält Tributylzinn(IV)-benzoat und Formaldehydlösung zur Desinfektion von Strümpfen, Schuhen, Füßen und (als Flüssigkeit) zur Flächendesinfektion.

Iodtinktur (= Iod in Alkohol gelöst) oder besser Iod-Iodkali (= Lösung von Iod und Kaliumiodid in Wasser) mit etwa 3 % freiem Iod sind zur Desinfektion von Wunden geeignet. Sie werden in Apotheken und Drogerien verkauft (z. B. *Iodo-Muc*). Der Iodo-Muc (Merz u. Co., Frankfurt) enthält Iodtinktur in einem stiftförmigen Glasfläschchen, das von einer Galalithhülse umgeben ist. Beim Gebrauch schraubt man den Verschluß ab und streicht leicht über die Wunde hin, wobei etwas bräunliche, desinfizierende Iodtinktur ausfließt.

Die Firma Merz u. Co. stellt auch einen *Iodo-Muc, iodfrei*, her. Dies ist eine Kombination aus 4-Hexylresorcin und Chlorcarvacrol mit hoher Desinfektionskraft. Weitere desinfizierend wirkende Iodersatzpräparate sind: *Kodantinktur, Cutasept, Bradosol, Merfen* u. a.

Chinosol (Chinosol-Fabrik, Seelze) ist 8-Hydroxychinolinkaliumsulfat von der Formel $[C_9H_6(OH)N]_2 \cdot H_2SO_4 + K_2SO_4$, eine kristalline, wasserlösliche Verbindung, die schon in einer Verdünnung von 1 : 2000 fast alle Bakterien in ihrer Entwicklung hemmt. Die in Apotheken erhältlichen kleinen gelben Tabletten (0,5 und 1 g) und Chinosol-Gurgeltabletten (0,04 g) geben mit Wasser eine zur Desinfektion des Körpers und zum Anfeuchten der Wundverbände geeignete Lösung. Chinosollösungen werden auch zum Gurgeln (gegen Erkältungskrankheiten), für Mund- und Zahnpflege, zur Konservierung und Bodendesinfektion, gegen Hautschäden usw. verwendet.

Dibromol (Trommsdorff, Chem. Fabr., Aachen): 5 %ige Alkohol-Lösung eines Salzes der Dibromhydroxybenzolsulfonsäure (ähnlich wie auch *Dijozol* der gleichen Firma), dient statt Iodtinktur zur Wunddesinfektion.

Gevisol, Havisol und **Ivisol** (Schülke u. Mayr, Hamburg) sind Phenolderivate (teilweise chloriert), in Verbindung mit Puffersystemen und Seife oder waschaktiver Substanz gegen Viren und Bakterien wirksam.

Hospisept (Lysoform): 100 g enthalten 55 g *n*-Propanol, 15 g Ethanol mit Hautschutzstoffen zur Händedesinfektion.

Killavon (Hersteller des Lysoform): Feindesinfektionsmittel aus Alkyldimethylbenzylammoniumchlorid.

Laudamonium (Henkel, Düsseldorf): Benzalkoniumchlorid zur Hände- und Wunddesinfektion.

Lysoform (Dr. Rosemann, Berlin-Schöneberg) ist eine hellgelbe, aromatisch riechende, beim Umschütteln schäumende, in Wasser klar lösliche, unbeschränkt haltbare, desinfizierende Flüssigkeit (Lösung von Formaldehyd und ätherischen Ölen in Seifenlösung). Zur Anwendung verdünnt man Lysoform mit der 50- bis 100fachen Wassermenge. Diese Lösung vernichtet Bakterien innerhalb von 10 Minuten. Man verwendet sie zu Waschungen, Spülungen, Umschlägen (bei Geschwüren, Ausschlägen, Furunkeln), bei übermäßiger Schweißabsonderung (Formaldehydwirkung), bei Halskatarrhen (1 %ige Lösung zum Gurgeln), zur Desinfektion von Geräten, ärztlichen Instrumenten usw. Nach Winter wird Lysoform aus 44 g Formol,

26 g 15 %iger Kalilauge, 20 g Ölsäure und 10 g Alkohol hergestellt. Eine desinfizierende Formaldehydseifenlösung ist auch das **Korsoform** (Br. Bode, Hamburg).
Lysolin (Schülke u. Mayr, Hamburg) ist ein ungiftiges, geruchsfreies, schäumendes, gut reinigendes Haushaltsdesinfektionsmittel, das in 1 %iger Lösung (2 Teelöffel auf 1 l Wasser) zur Raum-, Inventar- und Wäschedesinfektion verwendet wird. Chemisch ist es ein Gemisch alkylierter und arylierter, teilweise chlorierter Phenolderivate, gelöst in synthetischer, waschaktiver Substanz.
Manusept (Bacillol-Fabrik Dr. Bode, Hamburg): Hände-Schnelldesinfiziens, Kombination chlorierter Phenol-Derivate in Gelform (Tuben) und als Emulsion.
Mercurochrom (Krewel-Werke, Eitorf bei Köln): Wundantisepticum, es enthält Hydroxymercuridibromfluoresceinnatrium $C_{20}H_8O_6Na_2Br_2Hg$. In England und den USA hat Mercurochrom die Iodtinktur fast völlig verdrängt.
Merfen (Zyma-Blaes AG, München): Lösung, Tinktur usw. mit Phenylquecksilberborat.
Neosept (Hersteller des Lysoform): Chlorierte und alkylierte Phenole, gelöst in waschaktiven Substanzen.
Quartamon (Schülke u. Mayr, Hamburg): Chirurgisches Feindesinfektionsmittel. Es enthält Benzalkoniumchlorid und ist praktisch ungiftig.
Rapidosept (Bayer, Leverkusen): Händedesinfektionsmittel. Es enthält Dichlorbenzylalkohol, Isopropanol usw., schont den Säuremantel der Haut.
Riseptin (Bayer, Leverkusen): Chirurgisches Händedesinfektionsmittel auf der Basis Dodecyldimethyl-3,4-dichlor-benzylammoniumchlorid.
Sagrotan (Schülke u. Mayr, Hamburg) ist eine hellbraune, in Wasser und Alkohol lösliche Flüssigkeit, die als Wirksubstanzen 2-Biphenylol, 3-Methyl-4-chlorphenol, 2-Benzyl-4-chlorphenol enthält. Sagrotan wirkt desinfizierend und infolge seines Seifengehalts gleichzeitig reinigend. Die angenehm riechende Flüssigkeit ist beständig. Sie wirkt verdünnt auf die Haut nicht nachteilig ein. Man verwendet Sagrotan zur Desinfektion des Körpers (0,5 %ig), der Hände (1 bis 2 %ig), von Instrumenten (2 %ig), der Wäsche (0,5 bis 1,5 %ig), des Inventars (2,5 %ig) usw.
Sepso-Tinktur (Taescher, Düsseldorf) entspricht in ihrer Wirkung einer 10 %igen Iodtinktur. Sie enthält komplexe Brom- und Rhodanverbindungen, ein- und dreiwertiger Metalle, Salicylsäure u. a.
Sterillium (Bode) enthält Ethyl-hexadecyl-dimethylammonium-ethylsulfat in Propanol. Anwendung für chirurgische und hygienische Händedesinfektion.
Surfen (Farbwerke Hoechst): Bis-(2-methyl-4-amino-chinolyl-6)-carbamid-Hydrochlorid.
Tego 103 G. S (Goldschmidt, Essen): Höhermolekulare Alkyl-di-(Aminoethyl)-glycin-HCl, zur Flächendesinfektion 1 %ige Lösung.
Valvanol (Asid-Inst. GmbH., München): 6 % *p*-Chlor-*m*-Kresol, 1 % Phenylphenol, Netzmittel usw.
Vioform (Ciba): Wundpuder mit Iodchloroxychinolin.
Zephirol (Bayer. Leverkusen) ist eine wässerige, angenehm parfümierte, nahezu farblose, alkalisch reagierende Flüssigkeit, die als Desinfektionsmittel Benzalkoniumchloride enthält. Man verwendet Zephirol zur Desinfektion chirurgischer Instrumente; zur Händedesinfektion wird eine 1 %ige Lösung benützt.
Weitere Desinfektionswirkungen wurden bei Chlorkalk, Kaliumpermanganat, Wasserstoffperoxid usw. festgestellt (s. a. entsprechende Stichwörter).

Desodorierung

(von lat. odor = Geruch). Zerstörung oder Überdeckung von Gerüchen. Bestimmte Gerüche werden durch Oxidationsmittel wie Chlorkalk, Natriumperoxid, Natriumperborat, Natriumhypochlorit u. a. beseitigt. Aktivkohle, Silicagel und Aluminiumhydroxid können durch Adsorption Gerüche an sich binden. Geruchsabwandler ändern zwar nichts am Charakter der störenden Geruchskomponenten, doch überdecken sie diese mit ihrem angenehmen Eigengeruch. Dies gilt insbesondere für die Desodorierung von Räumen (Toiletten). In den festen, langsam verdunstenden Luftverbesserungsmitteln bilden Naphthalin, Hexachlorethan oder Campher die Basis; dazu kommen meist ätherische Öle, die den angenehmen Geruch bedingen und Paraformaldehyd zur Desinfektionswirkung.

Versuch: Untersuchung von Luftreinigern. Wir legen einen festen *Luftreiniger*, wie er in Toiletten benutzt wird, in ein Becherglas und schließen dieses mit einem Rundkolben, in dem sich Eisbrocken befinden, ab (*Bild 18*). Dann bringen wir die 2 Gefäße in ein Wasserbad von etwa 45 °C. Nach kurzer Zeit bilden sich schöne Kristalle außen an dem Rundkolben. Einige Bestandteile der *Luftreiniger* gehen in Dampfform über und werden fest, sie sublimieren.

Rezept für Luftverbesserer. Man schmilzt 220 Teile Naphthalin, 80 Teile Campher, 25 Teile Hexachlorethan und 130 Teile Paraffin zusammen, rührt zusätzlich 35 Teile Citronenöl und 5 Teile Eucalyptusöl in die Schmelze, preßt in Formen und läßt erstarren.

Die bekannteste Anwendung der Desodorierung ist die in der Körperpflegemittelbranche zur Beseitigung störenden *Mund-* und *Körpergeruchs* (Schweiß). Die von den Schweißdrüsen abgesonderte Flüssigkeit ist an sich geruchlos, wird aber von Bakterien zersetzt, wobei nicht geruchfreie Produkte entstehen. Man kann also

Bild 18 Untersuchung von Luftreinigern. Sublimation der flüchtigen Bestandteile

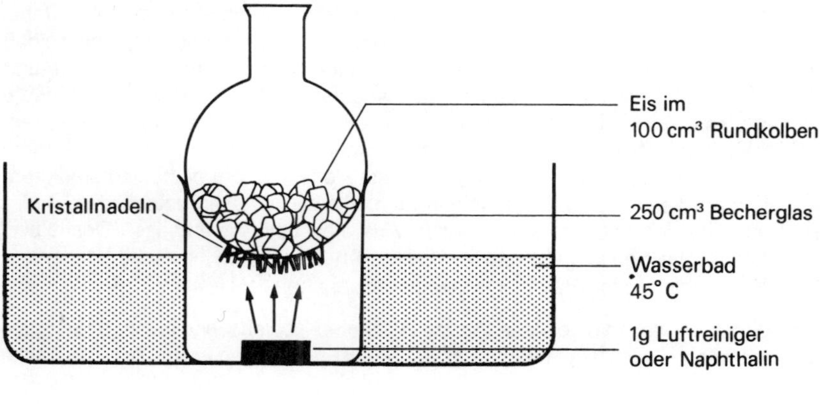

versuchen, die Schweißabsonderung einzuschränken (*Antitranspirantien*) oder die bakterielle Zersetzung zu vermeiden. Als Wirkstoffe der in Form von Seifen, Puder, Stiften, Sprays vertriebenen Präparate kommen die in Desinfektionsmitteln gebräuchlichen Stoffe (Salicylsäurederivate u. a.) in Frage. Neue Entwicklungen auf dem Gebiet der Desodorantien gelten den Präparaten mit schweißverhindernder *und* desodorierender Wirkung sowie der Ausrüstung der Textilien mit einem dauerhaften, kochfesten Desodorantienschutz.
Ein Desodorierungs-Stift kann z. B. aus 8 % Natriumstearat, 5 % Sorbitol, 0,25 % Hexachlorophen, 75 % Alkohol, 10 % Wasser und 1,75 % Parfüm hergestellt werden (nach Klarmann). *BAC*-Stifte (Oliven, Hamburg) bestehen aus Natriumstearat, Alkohol, dem Wirkstoff BAC 43 (chloriertes Bis-Phenol, das schweißzersetzende Bakterien hemmt), Parfüm und einer Aluminiumverbindung (Aluminiumdiisopropylchlorid), die die Transpiration reguliert. Der *8x4*-Stift (Beiersdorf, Hamburg) enthält Irgasan DP (2,4,4′-Trichlor-2′-hydroxydiphenylether), das den Bakterienbefall durch Entwicklungshemmung bekämpft und dadurch desodorierend wirkt. *8x4* ist auch als Spray im Handel. Der *8x4*-Roller wirkt desodorierend und gleichzeitig schweißhemmend durch eine komplexe Aluminiumverbindung in einer Fett-Wasser-Emulsion. *Dane* (H. Schwarzkopf) und *Dulgon* (J. Benckiser) kommen als Spray, Duftschaumbad und Seife in den Handel.

Düngemittel

Im Urwald, in den Steppen und allen sonstigen vom Menschen nicht planmäßig bebauten Gebieten wächst schon seit Jahrtausenden an den gleichen Stellen eine mehr oder weniger üppige Pflanzenwelt – auch wenn der Boden vom Menschen niemals gedüngt wird. Dagegen müßte in unseren Kulturlandschaften die Pflanzendecke nach wenigen Jahrhunderten vollständig verkümmern, wenn der Mensch die Böden nicht immer wieder mit natürlichem Dünger (Mist, Jauche) oder Handelsdünger versorgen würde. Dieser Unterschied erklärt sich folgendermaßen: Jede Pflanze entzieht dem Boden mit Hilfe der Wurzeln eine bestimmte Menge **Mineralstoffe** (z. B. Verbindungen bzw. Ionen von Stickstoff, Kalium, Phosphor, Calcium, Schwefel, Eisen, Magnesium usw.), die zum Aufbau der Pflanzen und zum normalen Wachstum unentbehrlich sind. In der Wildnis verwesen die Pflanzen an Ort und Stelle. Dabei werden die früher aufgenommenen Mineralstoffe dem Boden zurückgegeben, so daß die nächsten Pflanzengenerationen keinen Mangel leiden. Auf unseren Äckern und Wiesen wird die Ernte dagegen Jahr für Jahr weggeführt und oft genug in ferne Städte verkauft, so daß im Laufe der Zeit der Boden an den für Pflanzen unentbehrlichen, lebenswichtigen Mineralsubstanzen verarmen muß.
Die von den Pflanzen aufgenommenen Mineralstoffe sind am besten zu studieren, wenn wir die Asche von vollständig verbrannten Pflanzenteilen untersuchen. In ihr sind fast alle aus dem Boden stammenden Mineralbestandteile enthalten. Deshalb ist z. B. Ofenasche als Düngemittel verwendbar. An Stelle von Holzasche können wir auch Steinkohlen- oder Braunkohlenasche untersuchen.

Versuche: Wir geben eine Messerspitze Holz- oder Kohlenasche in ein Probierglas, füllen etwa bis zur Hälfte mit reiner Salzsäure auf und erhitzen einige Zeit. Die Asche

braust unter Kohlendioxidentwicklung auf (Kalk, Pottasche!), gleichzeitig verwandelt sich das unlösliche Eisenoxid der Asche in lösliches Eisenchlorid. Wir filtrieren und geben zum Filtrat eine Lösung von gelbem Blutlaugensalz. Sofort entsteht ein schöner Niederschlag von Berlinerblau, womit Eisen in der Asche nachgewiesen ist (s. S. 21). Derselbe Nachweis kann mit beliebiger Ackererde angestellt werden. Überall, wo Pflanzen wachsen, enthält der Boden Eisen.
Zu einer Messerspitze Asche fügen wir im Probierglas etwa 2 cm^3 Salpetersäure und ebensoviel Ammoniummolybdatlösung. Nach dem Erwärmen entsteht ein gelber Niederschlag; dieser beweist, daß in der Asche Phosphate enthalten sind (s. S. 26 f.).
Schütteln wir etwas Asche im Probierglas längere Zeit mit destilliertem Wasser, so entsteht nach dem Filtrieren bei Zusatz von Bariumchloridlösung und heißer Salzsäure eine weiße Trübung, welche die Anwesenheit von Sulfaten, also Schwefelverbindungen, in der Asche beweist (s. S. 25).
Wird etwas Asche am Magnesiastäbchen in die nichtleuchtende Gasflamme gehalten, so entsteht eine gelbe Flammenfärbung, die auf Natrium hinweist. Betrachtet man die Flamme durch ein Cobaltglas, so sieht man karminrote Farbtöne, die Asche enthält also auch Kaliumverbindungen (s. S. 19).
Hält man Blätter, Stengel oder Früchte von Kartoffeln, Tomaten, Tabakpflanzen, Hopfen, Wermut, Rüben usw. in die nichtleuchtende Flamme, so erscheint diese durch das Cobaltglas ebenfalls karminrot. Das gleiche ist bei Zigarrenasche, Weizenhalmen, Bohnen, Heu, Kohl usw. der Fall, woraus folgt, daß auch hier überall Kalium enthalten ist. Im Boden weisen wir einige Pflanzennährstoffe folgendermaßen nach: Man verreibt in einer größeren Porzellanschale 100 g trockenen Boden gründlich mit 100 cm^3 destilliertem Wasser und gibt unter Umrühren 25 cm^3 reine Salpetersäure dazu, die einige Nährstoffe des Bodens löst. Nach 5 Minuten wird filtriert. Vom Filtrat verteilen wir Proben auf 5 Probiergläser. Zu Probierglas 1 geben wir je 1 cm^3 Ammoniak-Lösung (zur Neutralisation der überschüssigen Salpetersäure) und 1 cm^3 Ammoniumoxalatlösung. Es entsteht eine weiße Trübung von Calciumoxalat $(COO)_2Ca$, die im Boden Calcium-Ionen anzeigt. Gleichung: $(COONH_4)_2 + Ca(NO_3)_2 \rightarrow (COO)_2Ca + 2NH_4NO_3$. Zu Probierglas 2 gießen wir etwas Kaliumhexacyanoferrat(II)- bzw. Kaliumthiocyanatlösung. Ein blauer Niederschlag bzw. eine blutrote Färbung zeigt Eisen an (s. S. 21). Im Probierglas 3 weisen wir nach S. 23 mit einer salpetersauren Silbernitratlösung Chlorid-Ionen nach. Im Probierglas 4 wird nach S. 25 f. mit salzsaurer Bariumchloridlösung Sulfat festgestellt. Im Probierglas 5 weisen wir mit Ammoniummolybdatlösung Phosphate nach (s. S. 26 f.).

Die bisherigen Versuche zeigten, daß die Pflanze aus dem Boden Verbindungen von Eisen, Phosphor, Schwefel, Natrium und Kalium herausgeholt hat. Zahlreiche weitere Versuche haben nun ergeben, daß jede höhere Pflanze außer den oben genannten Stoffen noch Verbindungen von Calcium, Magnesium und Stickstoff dem Boden entnimmt. Im allgemeinen ist z. B. Eisen in genügendem Umfang in unseren Böden enthalten; dagegen fehlt es in der Regel an Stickstoff, Kalium und Phosphorverbindungen (oft auch an Kalk und an Magnesium, Bor und dgl.), so daß diese Stoffe in erster Linie dem Boden zugeführt werden müssen. Dies geschieht durch natürliche und künstliche Düngung. Fast alle künstlichen Düngemittel (auch Handelsdünger genannt) enthalten Stickstoff-, Phosphor- oder Kaliumverbindungen (oft auch noch Magnesium und Spurenelemente) entweder getrennt oder in Mischungen; die

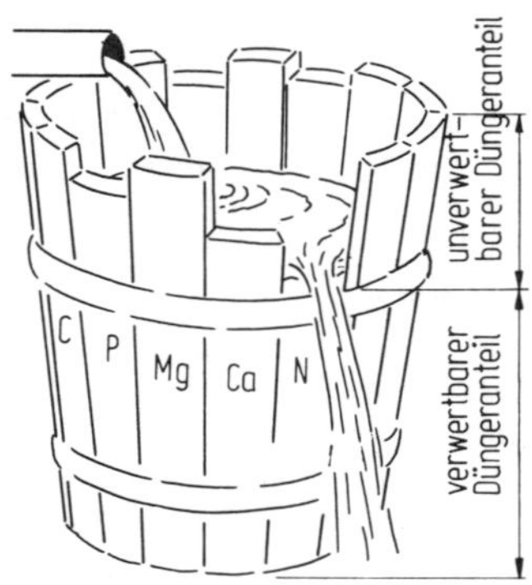

Bild 19 Das Gesetz des Minimums, demonstriert am Faßvergleich. Das Wasser im Faß kann nur so hoch steigen, wie es die kürzeste Daube gestattet. Ebenso hängt das Pflanzenwachstum und damit der Ertrag von dem im Minimum vorhandenen Nährstoff, z. B. Stickstoff, ab. Erhöhte Zufuhr eines anderen Nährstoffes steigert den Ertrag nicht

letzteren bezeichnet man als **Volldünger** oder *Mehrnährstoffdünger*; die ersteren (z. B. Natronsalpeter oder Superphosphat oder Kalidüngesalz) als **Einzeldünger**. Die wasserlöslichen Düngemittel werden häufig auf den bereits mit Nutzpflanzen bewachsenen Boden gestreut. Man spricht in diesen Fällen von *Kopfdüngung* und *Kopfdüngern*. Die langsam wirkenden, meist schwerlöslichen Düngemittel werden dagegen häufig mehr oder weniger zeitig *vor* der Aussaat in den Boden geeggt. Diese Art der Düngung wird als *Grunddüngung* bezeichnet; die hierbei verwendeten Düngemittel heißen *Grunddünger*. Wir wenden uns nun den einzelnen Handelsdüngern zu.

1. Stickstoffhaltige Handelsdünger

Der Stickstoff ist der Motor des Pflanzenwachstums. Er ist unentbehrlich für die Synthese der Eiweißstoffe, des Chlorophylls und anderer Verbindungen (*Bild 19*). Der Bedarf der Kulturpflanzen an Stickstoff ist entsprechend hoch. Die Stickstoffdünger werden hauptsächlich in riesigen Werken in Oppau, Knapsack, Trostberg im Ruhrgebiet und in Leuna (bei Merseburg, DDR) hergestellt. Die BASF Ludwigshafen hat von 1973 bis 1983 insgesamt 7,3 Millionen t Reinstickstoff aus der Luft chemisch gebunden.

Die Stickstoffdünger werden zumeist nach dem Haber-Bosch-Verfahren aus Luftstickstoff und Wasserstoff synthetisiert. Das hierbei entstehende Ammoniak kann man mit Säuren und Salzen in *Ammoniumverbindungen* überführen oder zu Salpetersäure bzw. Nitraten oxidieren.

Versuche mit Düngemitteln. Versuch 1: Wir geben in ein Becherglas eine 3 cm hohe Schicht Gartenerde und das Eiweiß von einem Ei. Mit Wasser wird umgerührt und das Gefäß mit einer Glasplatte abgedeckt (*Bild 20b*). Das an die Glasplatte geklebte Bleipapier wird braun: Nachweis von Schwefel aus dem Eiweiß (s. S. 24).

Versuch 2: In das gleiche Gefäß bringen wir frische Gartenerde und etwas Harnstoff. An die Glasplatte wird ein feuchtes Lackmuspapier geklebt. Stellt man das Becherglas in einen Brutschrank oder Wasserbad (35 °C), so kann man nach 20 Minuten eine Blaufärbung des Lackmuspapiers beobachten. Erklärung: Harnstoff wurde durch die Tätigkeit der Bodenbakterien hydrolytisch in Ammoniak gespalten.

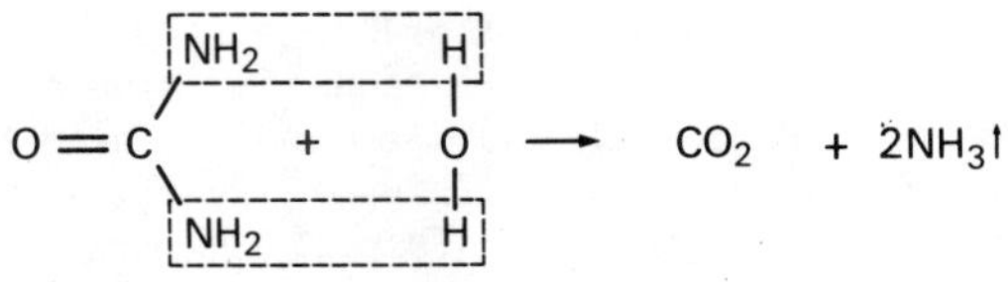

Harnstoff + Wasser → Kohlendioxid + Ammoniak

Gelangt Stallmist in den Ackerboden, so erfolgt eine rasche Zersetzung des darin enthaltenen Harnstoffes durch Bodenbakterien.

Versuch 3: Chemische Umwandlung des Ammoniak-Stickstoffs in Nitrit- und Nitrat-Stickstoff. Was der Chemiker in den Fabriken produziert, führen auch bestimmte Bakterien im Boden aus. Ein weites, ca. 40 cm langes Glasrohr ist unten mit einem Wattestopfen und darüber mit lockerer Gartenerde gefüllt. Wir lassen durch die Füllung so lange destilliertes Wasser sickern, bis die ablaufende Flüssigkeit kein Nitrat mehr enthält, d. h. mit Diphenyl-Schwefelsäure (0,1 %ige Lösung) keine Blaufärbung mehr auftritt (*Bild 20a*). Jetzt übergießt man die Erde mit einer 0,1 %igen

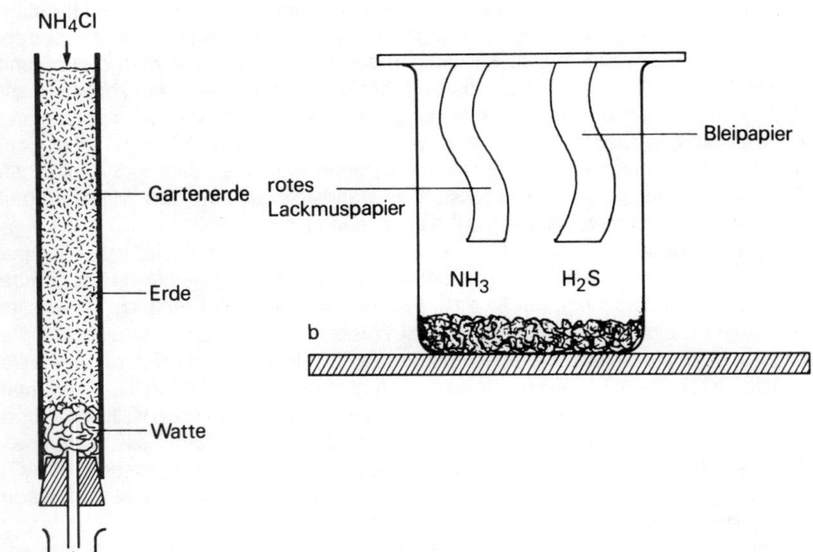

Bild 20 Versuche mit Stickstoffverbindungen. a Bakterien in der Erde oxidieren Ammoniumverbindungen zu Nitraten, b Zersetzung von Harnstoff und Eiweiß im Boden

Ammoniumchloridlösung. Das Ganze lassen wir 3 Tage stehen. Spült man erneut durch, so läßt sich der Nitratnachweis führen. Ergebnis: Durch das Auswaschen des Bodens werden die Nitrate entfernt. Der Nachweis von NO_3^- nach einigen Tagen deutet darauf hin, daß Bakterien aus der NH_4Cl-Lösung Nitrat hergestellt haben. Bestimmte Bakterien führen die Umwandlung (Oxidation) von NH_4^+-Ionen und deren Umwandlung zu NO_3^--Ionen durch.
$2\,NH_3 + 3\,O_2 \rightarrow 2\,HNO_2 + 2\,H_2O$; Energieabgabe 663 kJ,
$2\,HNO_2 + O_2 \rightarrow 2\,HNO_3$; Energieabgabe 151 kJ.
Andere Bakterien können den Stickstoff der Luft assimilieren.

1.1 Natronsalpeter (= Natriumnitrat) $NaNO_3$ ist ein feines, weißes, leicht wasserlösliches Salz, das 16 % Nitratstickstoff enthält. Er färbt die nichtleuchtende Flamme gelb (Natrium) und gibt mit Schwefelsäure und Eisensulfatlösung einen rotbraunen Ring (NO_3^--Gruppe, s. S. 25 ff.). Wirft man Kohlestückchen in heißen, schmelzenden Natronsalpeter, so verbrennen diese infolge des hohen Sauerstoffgehaltes sehr lebhaft.

Anwendung: Natronsalpeter enthält etwa 16 % Reinstickstoff, er ist ein vorzüglicher Kopfdünger und für alle Böden geeignet. Man streut im Frühjahr etwa 3 Doppelzentner je Hektar aus. Er wird infolge seiner Wasserlöslichkeit von den Pflanzen rasch aufgenommen, kann aber aus demselben Grund in regenreichen Zeiten auf leichten, wenig bepflanzten Böden fortgespült werden. Natronsalpeter wirkt rasch; besonders günstige Erfolge werden bei Zuckerrüben und Runkelrüben beobachtet. Zucker- und Futterrüben erhalten 5 bis 6,5 Doppelzentner Natronsalpeter je Hektar, davon ⅓ zur Saat, ⅓ mit der ersten Hacke und ⅓ mit der zweiten Hacke. Man soll ihn nicht auf feuchte Blätter streuen, da diese sonst beschädigt werden können. Auch darf er nicht mit Mist zusammenkommen, da auf Mist oft Bakterien gedeihen, die den Stickstoff des Salpeters in gasförmigen Luftstickstoff verwandeln, der von den Pflanzen (mit Ausnahme der Schmetterlingsblütler) nicht ausgenutzt werden kann.

1.2 Kalksalpeter $Ca(NO_3)_2 \cdot 2\,H_2O$, weißes, wasserlösliches Salz, färbt die Flamme ziegelrot bis rotgelb (Calcium!), gibt mit Ammoniumoxalat einen weißen, in Essigsäure unlöslichen Niederschlag (s. S. 71). Erhitzen wir eine Messerspitze davon im trockenen Probierglas, so entweicht zuerst Wasser, dann steigen rotbraune Dämpfe auf (NO_2). Die Masse schmilzt dabei längere Zeit, schließlich bleibt eine weiße Kruste zurück (CaO), die mit Wasser umgeschüttelt alkalisch reagiert [$Ca(OH)_2$], während gewöhnlicher Kalksalpeter Lackmus nicht verändert. Dem käuflichen Kalksalpeter ist noch 1 % Ammoniumnitrat NH_4NO_3 beigemischt. Der gewöhnliche Kalksalpeter des Handels (Hersteller: BASF-Ludwigshafen, Farbwerke Hoechst, Ruhrstickstoff-AG) enthält 15,5 % Nitratstickstoff. Im Laboratorium und in der Großindustrie wird er aus Salpetersäure und gewöhnlichem Kalk $CaCO_3$ hergestellt.

Anwendung: Guter, rasch wirkender Kopfdünger, nicht auf nasse Blätter zu streuen. Vor Feuchtigkeit schützen; für alle Böden geeignet, enthält ca. 15,5 % Stickstoff und 28 % Kalk (als CaO berechnet). Man streut zeitig im Frühjahr etwa 3 Doppelzentner je Hektar aus. Es ist im allgemeinen nachteilig, leichtlösliche Stickstoffverbindungen schon im Herbst auf die Felder zu streuen, da in trockenen Wintern 5 kg, in nassen ca. 40 kg Stickstoff je Hektar durch Auswaschung des Bodens verlorengehen können.

1.3 Schwefelsaures Ammoniak (= Ammoniumsulfat) $(NH_4)_2SO_4$ (21 % N), feines, weißes, trockenes, gut wasserlösliches Salz. Die Lösung gibt mit Bariumchloridlösung, der man etwas reine Salzsäure zugefügt hat, einen dicken, weißen Niederschlag von Bariumsulfat. Gleichung: $(NH_4)_2SO_4 + BaCl_2 \rightarrow BaSO_4 + 2\,NH_4Cl$. Diese Reaktion beweist, daß im schwefelsauren Ammoniak die Sulfat-Gruppe enthalten ist. Bringen wir eine Messerspitze festes Salz in ein Schälchen, so riecht es nach Zugabe von etwas Natronlauge stark nach Ammoniak; ein darübergehaltenes rotes Lackmuspapier wird blau. Die Natronlauge hat aus dem Salz Ammoniak ausgetrieben. Gleichung: $(NH_4)_2SO_4 + 2\,NaOH \rightarrow Na_2SO_4 + 2\,NH_3 + 2\,H_2O$. Erhitzt man etwas schwefelsaures Ammoniak im Probierglas, so tritt Ammoniakgeruch auf.

Anwendung: Schwefelsaures Ammoniak wird fast nur von Kartoffeln und Hafer als solches verwertet. Bei den anderen Pflanzen ist eine vorherige Überführung des Ammoniakstickstoffs in salpeterartige Verbindungen nötig, was hauptsächlich durch Bakterien bewirkt wird (*Bild 20b*). Weil bei diesen Umwandlungen Stickstoff verlorengehen kann, ist schwefelsaures Ammoniak um 10 bis 20 % weniger wirksam als Salpeter. Infolge der chemischen Verwandlungen ist die Wirkung des Salzes meist nicht sofort zu beobachten. Es muß deshalb einige Wochen vor dem Zeitpunkt ausgestreut werden, in dem es wirken soll. Schlecht durchlüftete, nasse und kalkarme Böden sollte man nicht mit schwefelsaurem Ammoniak düngen, da hier die nötigen Bakterien fehlen.

1.4 Kalkammonsalpeter enthält rund 20 % Reinstickstoff in Form von Ammoniumnitrat NH_4NO_3, der Kalkanteil ($CaCO_3$) erreicht 35 %. Kalkammonsalpeter *BASF Rieselkorn* enthält 22 % Stickstoff, 32 % Kalk und 5 % Magnesiumcarbonat $MgCO_3$. *Ruhr-Korn Grün* hat etwa die gleiche Zusammensetzung. Kalkammonsalpeter gehört zu den beliebtesten Stickstoffdüngern; seine Anwendung sichert bei den meisten Pflanzen hohe Erträge. Man benötigt bei Getreidearten 1 bis 4, bei Raps 4 bis 6 Doppelzentner je Hektar. Weise in Kalkammonsalpeter Carbonat (s. S. 26 f.) die Ammonium-Gruppe und die Nitrat-Gruppe nach! Die Stickstoffdüngung ist im *Bild 21* anschaulich dargestellt.

1.5 Ammonsulfatsalpeter (Leunasalpeter, Montansalpeter) ist ein gelbbraunes mittel- bis grobkörniges, wasserlösliches Salz, das aus Ammoniumnitrat NH_4NO_3 und schwefelsaurem Ammoniak besteht. Weise wie in den vorigen Beispielen Ammoniak-Gas, Sulfat und Nitrat nach!

Anwendung: Montansalpeter ist ein hochwertiger Stickstoffdünger, der oft und viel mit besten Erfolgen verwendet wird. Bei Kopfdüngung sollte er durch Hacken oder Eggen mit dem Boden vermischt werden, damit bei der Umwandlung des Ammoniakstickstoffs durch Bakterien keine größeren Stickstoffverluste auftreten. Ammonsulfatsalpeter ist für alle Böden geeignet; er enthält 26 % Stickstoff, man streut im Frühjahr etwa 2 Doppelzentner je Hektar aus.

1.6 Stickstoffmagnesia (BASF): grauweißer, grobkristallinischer Stickstoffdünger mit 20 % N und 8 % leichtlöslichem MgO, dazu 0,4 % Cu. Dieser Dünger wird vor allem für die Weiden in Nordwestdeutschland empfohlen, um den Magnesium- und Kupfergehalt im Futter anzuheben.

1.7 Ammoniakgas NH_3 enthält 82 % N, also weit mehr als alle anderen N-Dünger. Es wird in den USA seit Jahren, neuerdings auch bei uns (Hersteller: Ruhr-Stickstoff-AG), in konzentrierter wässeriger Lösung als Düngemittel verwendet.

1.8 Harnstoff $CO(NH_2)_2$: weiße, salzartige Masse, enthält 46 % N; wird neuerdings auch in Form von schwerlöslichen Typen hergestellt, um die Auswaschungsverluste zu senken.

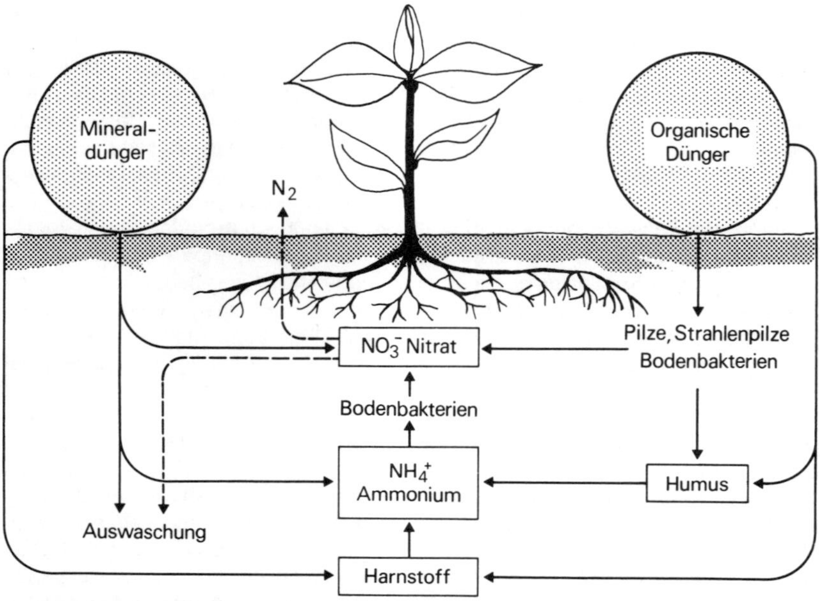

Bild 21 Stickstoffdüngung und Umsetzung der Stickstoffdünger im Boden. Ob Kompost oder Mineraldünger, die Pflanze kann Stickstoff nur in Form von Nitrat aufnehmen (in begrenztem Umfang auch als Ammonium)

1.9 Kalkstickstoff ist dunkelgraues Calciumcyanamid $CaCN_2$. Er kommt in 4 Formen in den Handel: 1. als staubfreies Pulver (hauptsächlich zur Unkrautbekämpfung, *Hederichmittel*), 2. geölt (blauschwarz, feinmehlig, nicht stäubend), 3. als Perlkalkstickstoff (blauschwarz, perlartig wie Schrotkörner), 4. Kornkalkstickstoff (blauschwarz, mittelkörnig). Der Perlkalkstickstoff enthält neben 1,5 % Salpeterstickstoff ebenso wie der andere Kalkstickstoff 18 bis 21 % Amidstickstoff und 60 bis 65 % Kalk (als CaO berechnet). Im Boden wird der Stickstoff dieser Verbindung unter Mitwirkung von Bakterien langsam in Ammoniak und Salpeter verwandelt. Bei diesen Umwandlungen gehen einige Prozent des Stickstoffs ungenützt in die Luft; dafür ist der Kalkstickstoff aber auch wesentlich billiger. Zur Düngung benützt man vorwiegend den gemahlenen, geölten Kalkstickstoff und den besonders gut streubaren Perlkalkstickstoff.

Anwendung: Da frischer Kalkstickstoff giftig ist und sich nur langsam zersetzt, soll er schon 2 bis 3 Wochen vor der Aussaat auf die Felder gebracht werden. Auf Wiesen und Weiden wird er mit gutem Erfolg im Frühjahr und Herbst ausgestreut. Dagegen ist er bei blattreichen Pflanzen als Kopfdünger weniger geeignet. Kalkstickstoff ist auch ein wirksames Mittel zur Hederichbekämpfung. Streut man auf ein Hektar Ackerland zur Regenzeit 150 kg Kalkstickstoff, so gehen die jungen, 2- bis 6blättrigen Hederichpflanzen infolge der Ätzwirkung zugrunde, während sich das Getreide wieder erholt. Bei trockener Aussaat werden manche anderen Unkräuter (Windhalm, Wicke,

Klappertopf), ferner krankheitserregende Kleinpilze, Ackerschnecken, Erdflöhe, Drahtwürmer durch Kalkstickstoff vernichtet. Kalkstickstoff versorgt die Pflanzen mit Stickstoff und Kalk, er wirkt gegen Unkräuter und einige tierische Schädlinge und vermehrt den Humus

Kalkstickstoff ist giftig. Man soll deshalb darauf achten, daß er nicht in Wunden gelangen kann. Vorsicht beim Aussäen! Vor der Aussaat Gesicht, Hals und Hände mit Fett einreiben, Schutzbrille! Alkoholgenuß kann die Giftwirkung des Kalkstickstoffs verdreißigfachen. Wiesen, die man mit Kalkstickstoff gedüngt hat, dürfen nicht unmittelbar darauf vom Vieh abgegrast werden, da dieses unter Umständen Schaden leiden kann.

1.10 Floranid (BASF) mit 28 % N ist ein neuartiger, nachhaltig wirkender Dünger für Zierrasen und Treibgemüse. Der Stickstoff liegt darin zu $\frac{1}{10}$ als schnell wirkender Nitratstickstoff und zu $\frac{9}{10}$ als Crotonylidendiurea (= *Crotodur*) vor; aus dieser organischen Verbindung wird der Stickstoff nur sehr langsam für die Pflanzen verfügbar.

2. Kalihaltige Handelsdünger

2.1 Der Kainit. Der im Handel befindliche Kainit ist ein hauptsächlich in Mitteldeutschland gewonnenes Kalirohsalz, das 12 bis 15 % Kali in Form von Kaliumchlorid, ferner Kochsalz (29 bis 77 %), Magnesiumchlorid und Magnesiumsulfat enthält. Kainit färbt die nichtleuchtende Flamme gelb (Natrium), durchs Cobaltglas gesehen schön karminrot (Kalium!). Er gibt mit Silbernitrat und Bariumchlorid weiße Niederschläge, womit die Anwesenheit von gebundenem Chlor und Sulfat bewiesen ist (s. a. S. 23ff.). Kainit soll trocken aufbewahrt werden, da er wasseranziehendes Magnesiumchlorid $MgCl_2$ enthält, das bei Feuchtigkeit Klumpenbildung hervorruft.

Anwendung: Günstig bei kaliarmen Sand- und Moorböden für Zuckerrüben, Runkelrüben, Gräser, Schmetterlingsblüter und Getreide, dagegen werden Kartoffeln und Tabak durch Chlorgehalt des Kainits beeinflußt. Man streut Kainit am besten einige Wochen vor der Saat aus, die für die Pflanzen weniger günstigen Ballaststoffe (Kochsalz, Magnesiumchlorid) werden dann vom Regen fortgeschwemmt, während das Kalium (im Austausch gegen andere Ionen) in die Zeolithe des Bodens eintritt. Gewöhnlich benötigt man für das Hektar Fläche 6 bis 8 Doppelzentner Kainit. In feingemahlenem Zustand wird Kainit (*Hederichkainit*) mit gutem Erfolg gegen Hederich, Ackersenf und Ackerschnecken verwendet (s. a. S. 220).

2.2 Das 40 %ige (bzw. 50 %ige oder 60 %ige) **Kalidüngesalz** ist der meistbenutzte Kalidünger; hier liegt das Kali hauptsächlich in Form von Kaliumchlorid vor. Man gewinnt dieses Salz durch fabrikmäßiges Umkristallisieren, Mischen und Konzentrieren der Kalirohsalze. Man benötigt zur gleichen Düngewirkung etwa dreimal weniger 40 %iges Kalidüngesalz als Kainit (Frachtersparnis), dafür ist der Preis auch höher. Man verwendet das Kalidüngesalz z. B. zur Düngung der kalibedürftigen Kartoffeln, Gerste usw. Weise in 40 %igem Kaliumdüngesalz Kalium, Natrium und Chlor nach!

2.3 Kalimagnesia (Patentkali) wird häufig zur Düngung von Tabak, Wein, Beerenobst, verschiedenen Gemüsearten usw. verwendet, die gegen hohe Chlorid-Ionenkonzentrationen empfindlich sind. Kalimagnesia ist ein konzentriertes Salzgemisch aus Kaliumsulfat und Magnesiumsulfat mit 26 bis 30 % Kali und 9 % MgO. Öfters werden auch Düngungen mit annähernd reinem Kaliumsalz vorgenommen, das 48 bis 52 % Kali enthält.

3. Phosphathaltige Handelsdünger

3.1 Superphosphat ist ein Gemisch von Calciumhydrogenphosphat und Gips, das aus den unlöslichen Rohphosphaten (Apatit, Phosphorit usw.) durch Schwefelsäurewirkung gewonnen wird, Gleichung: $Ca_3(PO_4)_2 + 2\,H_2SO_4 \rightarrow Ca(H_2PO_4)_2 + 2\,CaSO_4$. Wir geben eine Messerspitze davon in ein Probierglas, fügen 1 bis 2 cm^3 Salpetersäure dazu und erwärmen. Gießt man nun einige cm^3 Ammoniummolybdatlösung darüber, so entsteht (in der Wärme) ein schöner gelber Niederschlag, der Phosphate anzeigt (s. S. 26 f.). In gleicher Weise läßt sich Phosphat auch in Knochenasche, Ofenasche, Rhenaniaphosphat, Hyperphos, Thomasmehl usw. nachweisen. Superphosphat ist in Wasser löslich. Die Lösung rötet manchmal blaues Lackmuspapier. Diese saure Reaktion ist aber für die Pflanzen kaum nachteilig.

Anwendung: Auf schweren, kalkreichen, guten Bodenarten als schnell wirkender Kopf- und Grunddünger bei Getreide, Raps, Kohl, Schmetterlingsblütlern und Zuckerrüben geeignet. Es wird in der Regel vor der Saat flach untergepflügt oder durch Eggen mit dem Boden vermischt. Superphosphat enthält 16 bis 18 % Phosphorsäure (als P_2O_5 berechnet). Man verwendet davon etwa 3 Doppelzentner je Hektar. Superphosphat ist in der gesamten Weltwirtschaft das weitaus wichtigste Phosphatdüngemittel.

3.2 Rhenaniaphosphat. Hellgraues, mehlartiges, geruchloses Pulver, das 40 % Kalk (als CaO berechnet), 0,5 % MgO und 28 % citratlösliche Phosphorsäure enthält. Der bei phosphathaltigen Düngemitteln oft gebrauchte Ausdruck *citratlöslich* ist folgendermaßen zu erklären: Die meisten Phosphate sind in Wasser schwer löslich. Sie werden aber von den Pflanzenwurzeln doch zu einem großen Teil aufgenommen, da diese organische Säuren ausscheiden, welche die Phosphate wenigstens teilweise in lösliche, aufsaugbare Verbindungen verwandeln. Viele Versuche haben nun gezeigt, daß diese Wurzelsäuren etwa der Auflösungsfähigkeit einer 2 %igen Citronensäure entsprechen. Wenn also von einem Phosphatdünger behauptet wird, er enthalte 30 % citratlösliche Phosphorsäure, so besagt dies, daß die Pflanze aus 100 kg Dünger etwa 30 kg Phosphate durch ihre Wurzeln aufnehmen kann.

3.3 Thomasmehl. Graues, schweres, stark stäubendes Pulver; es enthält etwa 40 bis 50 % Kalk, 2 bis 10 % Branntkalk und 14 bis 16 % citronensäurelösliche Phosphate. Weise in etwas Thomasmehl nach Erhitzung mit Salpetersäure durch Ammoniummolybdatzusatz Phosphat nach. Bringt man etwas Thomasmehl auf ein Papier und bewegt einen Magneten darunter, so macht das Pulver die Bewegungen zum Teil mit; Thomasmehl enthält also Eisen. *Grund*: Es wird als Nebenprodukt bei der Verarbeitung phosphorhaltiger Eisensorten gewonnen. In Wasser ist es fast ganz unlöslich; die Aufschwemmung reagiert alkalisch, da sie etwas gelöschten Kalk $Ca(OH)_2$ enthält. Daneben findet sich auch noch ein wenig Calciumsulfid. Gibt man Salzsäure zu Thomasmehl, so entsteht Schwefelwasserstoff nach folgender Gleichung: $CaS + 2\,HCl \rightarrow CaCl_2 + H_2S$. Das übelriechende Gas ist am Geruch und an der Bräunung von feuchtem Bleipapier zu erkennen (s. S. 31).

Anwendung: Für alle Nutzpflanzen auf leichteren Böden geeignet. Da es sich nur langsam im Boden verteilt und durch den Regen infolge seiner Unlöslichkeit nicht fortgewaschen wird, kann man es sehr frühzeitig, am besten schon im Herbst, auf die Felder bringen. Für Schmetterlingsblütler besonders günstig. Wiesen und Weiden düngt man heute mit einem Gemisch aus Thomasmehl und Kalisalzen. Man verwendet gewöhnlich 3 bis 4 Doppelzentner Thomasmehl auf 1 Hektar, auch für Vorratsdüngung zu empfehlen. Thomasmehl wird meist flach bis mitteltief eingepflügt oder eingeeggt.

3.4 Hyperphos ist weicherdiges, feinstvermahlenes, billiges, graues Rohphosphat mit 28 bis 30 % P_2O_5 (Gesamtphosphat) und 12 bis 15 % $CaCO_3$, besonders geeignet für Grünland und humusarme Böden.

Anhangsweise sollen noch die Knochenabfälle erwähnt werden, die nach ihrer Vermahlung ein langsam wirkendes, aber wertvolles Phosphatdüngemittel mit 20 bis 25 % ausnützbarer Phosphorsäure (auf P_2O_5 berechnet) und ca. 3,5 % Stickstoff bilden. In Notzeiten war Knochenmehl vielfach der einzige zur Verfügung stehende Phosphatdünger.

4. Mehrnährstoffdünger

Wenn es einem Acker an Stickstoffsalzen fehlt, so wird die Ernte durch Phosphatdünger nicht wesentlich verbessert, da sich der Ertrag stets nach dem am wenigsten vorhandenen Nährstoff richtet. In unserem Beispiel müßte also mit Stickstoff gedüngt werden (*Bild 19*, S. 72). Da es aber oft ziemlich schwierig ist festzustellen, welcher Nährstoff dem Boden fehlt, benützt man in steigendem Maße die **Volldünger**, die alle wichtigen, unseren Böden oft mangelnden Mineralsalze (meist Stickstoff-, Kali- und Phosphatverbindungen) in günstiger Mischung enthalten (*Bild 22*). Bei der Mischung von Düngern (die der Landwirt auch zu Hause vornehmen kann) ist zu beachten, daß sich Superphosphat und Kalksalpeter, Harnstoff und Kalkstickstoff gegenseitig zersetzen; ähnliches ist beim Mischen von Thomasmehl mit Kalkammonsalpeter, Ammonsulfatsalpeter und schwefelsaurem Ammoniak zu befürchten. Daher sollen solche Mischungen unterbleiben. Zur Abkürzung werden bei den N-, K- und P-haltigen Mehrnährstoffdüngern die Nährstoffprozentgehalte (auf N, P_2O_5 und K_2O berechnet) in der Reihenfolge N P K angegeben; es bedeutet also z. B. Nitrophoska 13 × 13 × 21 einen Mehrnährstoffdünger mit 13 % N, 13 % P_2O_5 (natürlich nicht als eigentliches freies Phosphorpentoxid im Dünger anwesend, sondern auf diese Formel berechnet) mit 21 % Kali (als K_2O berechnet). Anschließend einige Beispiele von Markenvolldüngern für die Landwirtschaft.

Nitrophoska. NPK-Volldünger (BASF, Ludwigshafen). Handelssorten: Nitrophoska, rot: 13 x 13 x 21, rot gefärbt und grob- bis mittelkörnig, enthält Ammoniak- und Salpeter-Stickstoff; die Phosphorsäure ist citratlöslich, davon 35 % wasserlöslich. Nitrophoska, grau: 10 x 8 x 18 (grau, grob bis mittelkörnig). Nitrophoska, gelb: 15 % N, 15 % P_2O_5,

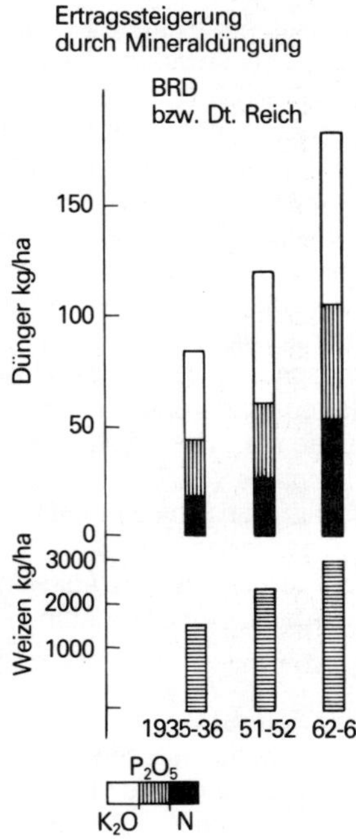

Bild 22 Weizenerträge steigen bei guter Düngung mit Stickstoff, Phosphor und Kalium

15 % K_2O; das Kali liegt bei allen 3 Typen als Kaliumchlorid vor, der Phosphatanteil ist citratlöslich (35 % sogar wasserlöslich). Magnesium-Nitrophoska, grau: 10 x 8 x 16 mit 3 % MgO. Bor-Nitrophoska, rot: 13 x 13 x 21 mit 2 % Borax. Nitrophoska, blau, extra: 12 x 12 x 17 mit 2 % MgO; enthält in je 100 kg 100 g Bor, 100 g Mangan, 40 g Kupfer, 20 g Zink und 0,5 g Cobalt. Weise in einer Probe diese Stoffe chemisch nach! Nitrophoska ist chloridfrei und eignet sich besonders zur rationellen Volldüngung chloridempfindlicher Kulturen wie Tabak, Reben, Obst, Baumschulen. – Nitrophoska wird von der Landwirtschaft im großen verbraucht. Der Dünger ist gut streubar und auch als Kopfdünger geeignet. Der Name weist auf Nitrogenium (= Stickstoff), Phosphor und Kali hin. *Floranid-Nitrophoska* ist der neueste Volldünger der BASF: 20 x 5 x 10 mit 1 % MgO.

Complesal Hoechst Rotkorn: grob bist mittelkörnig, rot gefärbter NPK-Dünger 13 x 13 x 21.

Spezialvolldünger Hoechst, Blaukorn: 12 x 12 x 17 mit 2 % MgO und Spurenelemente (B, Mn, Cu, Zn, Co).

Enpeka (Guano-Werke AG, Hamburg): 6 x 12 x 18 oder 10 x 15 x 20 oder 15 x 15 x 15. *Bor-Enpeka*: 10 x 15 x 20 mit 2 % Borax.

Kampka (Chem. Fabrik Kalk GmbH, Köln): *grün*: 6 x 12 x 18; *weiß*: 10 x 10 x 15; *rot*: 13 x 13 x 21; *gelb*: 15 x 15 x 15. *Bor-Kampka*: 13 x 13 x 21 mit 2 % Borax.

Rustica (Gewerkschaft Victor, Ruhrstickstoff-AG, Chem. Werke Castrop-Rauxel): 10 x 18 x 8 oder 10 x 10 x 15 oder 12 x 12 x 21 oder 13 x 13 x 21 oder 15 x 15 x 15. *Rustica, blau*: 12 x 12 x 20, enthält Kali aus Kaliumsulfat. *Bor-Rustica*, 13 x 13 x 21, hat Zusatz von 2 % Borax.

Am-Sup-Ka (Name aus Ammoniak, Superphosphat und Kali zusammengezogen) kommt gegenwärtig in verschiedenen Typen in den Handel; es gibt folgende Typen: 9 x 9 x 15; 3 x 10 x 15; 9 x 9 x 9; 8 x 8 x 14 (hier Kali als Kaliumsulfat) (Superphosphatindustrie Hamburg).

Nachfolgend einige Beispiele für käufliche Garten- und Blumendünger.

Hakaphos (Badische Anilin- und Sodafabrik, Ludwigshafen), ein weißes, schwach riechendes, weitgehend wasserlösliches Salz, das in landwirtschaftlichen Geschäften usw. in Blechdosen von verschiedener Größe erhältlich ist. Es enthält ca. 15 % Stickstoff, etwa 11 % Phosphorsäure (an Kalk gebunden) und 15 % Kali. Der Stickstoff liegt in Form von synthetischem Harnstoff $CO(NH_2)_2$ und Salpeter vor. Das Phosphat ist ammoncitratlöslich. Hakaphos wird hauptsächlich zur Düngung von Garten- und Topfpflanzen verwendet. Im Garten streut man es über die ganze zu düngende Fläche und hackt leicht unter. In Hakaphos können Kalium (s. S. 19), Phosphate (s. S. 26) und Nitrate (s. S. 25) nachgewiesen werden. Der Name Hakaphos ist aus den Anfangsbuchstaben von Harnstoff, Kali und Phosphor zusammengezogen.

Fertisal und **Crescal** (Aglukon GmbH, Düsseldorf) enthalten NPK und Mikronährstoffe (= Spurenelemente). Man unterscheidet Marke *Crescal*: 14 x 10 x 14 + 1 % MgO, 0,7 % Mn, 0,05 % B, 0,04 % Cu. *Fertisal*: 8 x 14 x 18 (Mikronährstoffe wie bei Crescal). *Poly-Crescal*: 14 x 10 x 14 + 0,7 % Mg, 0,1 % Mn, 0,04 % Cu, 0,09 % B, 0,02 % Zn. *Poly-Fertisal*: 8 x 14 x 18 + Mikronährstoffe wie bei Poly-Crescal. Die Phosphate liegen hier als wasserlösliche Polyphosphate vor, die mit den Härtebildnern des Wassers und den Mikronährstoffen keine (nachteiligen) Niederschläge geben.

Mairol Blumen- und Gartendünger (Gebrüder Maier, Mairol-Fabrik, Heidenheim-

Brenz) ist ein grauweißes, wasserlösliches Pulver, das 14 % Stickstoff, 12 % Phosphorsäure (als P_2O_5 berechnet) und 14 % Kali (als K_2O berechnet) enthält. *Mairol-Pflanzennährsalz* 14 x 12 x 14 enthält zusätzlich noch 0,1 % Mn, 0,06 % B, 0,02 % Cu, 0,01 % Zn und 0,001 % Co. Man löst 1 g Mairol im Liter Wasser und begießt damit die Erde der Topfpflanzen und Gartengewächse wöchentlich einmal. Weise in *Mairol* Ammoniumverbindungen, Phosphat und Nitrat nach. Das *Hortal* der gleichen Firma hat die gleichen Mikronährstoffe sowie 6 x 20 x 30. Durch den hohen Gehalt an Phosphor und Kalium regt Hortal vor allem die Blüten- und Fruchtbildung an. Neu: *Mairol flüssig*.

Pfizers Pflanzen- und Blumendünger (Wilh. Pfizer, Stuttgart): 6 x 6 x 8.

Phoskamon (Franken-Chemie Dr. K. Bauer KG, Forchheim, Ofr.): 8 x 9 x 12 mit 0,1 % Mn, 0,06 % B und 0,07 % Cu.

Silbermann Gartendünger (F. B. Silbermann, Chem. Fabr., Augsburg): 7 x 8 x 10 mit 2 % MgO und 1 % Borax.

Trissol (J. A. Benckiser, Ludwigshafen): 10 x 10 x 20 mit 0,1 % Mn, 0,07 % B, 0,01 % Cu, 0,01 % Zn.

Daneben gibt es noch eine lange Reihe von Garten- und Blumendüngern mit hohem Gehalt an organischen Substanzen (Torf, Mist, Humus, Horn, tierischen Abfällen usw.) und kleineren Mengen von NPK (evtl. Spurenelementzusatz), so z. B. *Engelharts Gartendünger, Fellmann-Dünger, Fimus, Garten-Spezialdünger Asperg, Huminal, Nettolin, Organat, Hornoska, Kama-Orka, Manna-Spezial, Mannamin, Vitahum, Humatdünger, Wichtel, Manutal, Haygira, Delta-Wormser organischer Stickstoffdünger, Federndünger Leguma, Troma-Dünger, Bona-beta-Humusdünger* usw.

Bor-Dünger. Ein besonders wichtiges Spurenelement ist das Bor, das z. B. die Herz- und Trockenfäule der Rüben verhindert, im Obstbau usw. die Erträge steigert und manche andere günstigen Wirkungen hat. Bor wird den Düngemitteln meist in Form von 2 % Borax beigemischt. Schon 1983 waren in der Bundesrepublik Deutschland 32 verschiedene borhaltige Handelsdünger auf dem Markt, so z. B. *Bor-Nitrophoska, Bor-Superphosphat, Bor-Rhenaniaphosphat, Bor-Kampka, Bor-Am-Sup-Ka, Bor-Ruhr-Montan, Bor-Röchling-Phosphat, Bor-Rhe-Ka-Phos, Bor-Phosphatkali* usw.

5. Spezial-Düngungsverfahren

Düngung von Topfblumen. Man löst 7 g *Hakaphos* in 1 l Wasser, gründlich umschütteln! Mit der trüben Flüssigkeit wird der Boden der Topfplanzen wöchentlich einmal begossen; die etwa benetzten Blüten oder Blätter überbraust man nachher mit klarem Wasser. Man darf die Flüssigkeit nicht konzentrierter nehmen, da sonst die zarten Pflanzenwurzeln allmählich Schaden leiden könnten. Es ist bei dieser Düngung zu bedenken, daß eine grüne Pflanze durchschnittlich nur zu 1 bis 2 % ihres Gewichtes aus Mineralsalzen besteht und daß die ungedüngten Böden auch schon viele aufnehmbare Mineralbestandteile enthalten. Einen Blumendünger kann man sich auch durch Mischen von 25 % Ammoniumsulfat, 30 % Superphosphat und 45 % Kalisalz selbst herstellen. Weitere Blumendünger sind auf S. 80 f. angeführt.

Düngung von Baumlöchern. Wer einen Baum setzen will, gibt in das Baumloch 1 kg Thomasmehl, 0,5 kg 40 %iges Kalidüngesalz und (bei kalkarmen Böden) 2 bis 3 kg Kalk. Alle diese Stoffe werden mit dem Boden gründlich vermischt in die Grube gebracht, so daß die Wurzeln des jungen Baumes zunächst noch nicht unmittelbar mit

der Düngermischung in Berührung kommen. Zur Baumdüngung eignet sich besonders das weiße, pulverartige *Trissol* von Benckiser (10 x 10 x 20 mit Mikronährstoffen).
Düngung von Schmetterlingsblütlern. Hier genügt Düngung mit Phosphaten und Kalisalzen, Handelsdünger mit P und K sind z. B. *Phosphatkali* (10 x 20, 12 x 18 oder 10 x 14), *Rhe-Ka-Phos* 11 x 22 oder 15 x 18, *Thomaskali 10 x 20, Hyperphoskali* 19 x 19 und dgl. Zufuhr von Stickstoffsalzen ist weniger dringlich, da diese Pflanzen mit Hilfe gewisser Wurzelbakterien den Stickstoffgehalt des Bodens sogar erhöhen.
Teichdüngung. Die in einem Teich lebenden Fische entziehen dem Teichwasser oder Teichboden direkt oder indirekt erhebliche Phosphatmengen, die zum Aufbau der Knochen dienen. Wenn die Fische längere Zeit dem Teich entnommen werden, nimmt allmählich der Phosphatanteil ab. Um dies zu verhindern, kann man den Teichboden im Frühjahr mit Kalk und Superphosphat düngen; 1,5 bis 2 Doppelzentner Superphosphat je Hektar Teichfläche dürften ausreichen; *Vitahum* ist ebenfalls geeignet. In den USA konnte man durch Teichdüngung den Fangertrag vervielfachen; Spurenelementdüngung mit Molybdän hat sich ebenfalls bewährt.
Düngung von Wäldern. Die Wälder braucht man im allgemeinen nicht besonders zu düngen, weil das Holz, die „Ernte des Waldes", viel weniger Mineralsubstanzen enthält als die Getreidearten, Kartoffeln, Rüben usw. und weil von den tiefgreifenden Baumwurzeln ein viel größerer Bodenraum ausgenützt werden kann als von den kleinen Getreidewurzeln. Neuere Düngungsversuche haben indessen gezeigt, daß man durch Forstdüngung eine Zuwachssteigerung von 20 bis 40 %, eine erhöhte Widerstandskraft der Bäume (gegen Krankheiten und Schädlingsbefall) und eine bessere Holzqualität erzielt. Bei Neuanpflanzungen und Schonungen wird eine jährliche Düngung (während der ersten 3 bis 4 Jahre) mit ca. 4 Doppelzentnern eines 15 %igen Phosphatdüngers, 4 Doppelzentnern Kalimagnesia und 2,5 Doppelzentnern eines 20 %igen Stickstoffdüngers je Hektar empfohlen.
Im Zusammenhang mit dem *Waldsterben* haben die Forstwissenschaftler ausgedehnte Düngungsversuche angelegt. In Eurach (Oberbayern) wurde z. B. ein Kalimagnesia-Düngungsversuch mit Fichten seit 1955 durchgeführt. „Die Schadensaufnahme zeigte im Januar 1984, daß in den ungedüngten Flächen kaum noch gesunde Bäume zu finden sind; auf den gedüngten Flächen hingegen stehen kaum nennenswert kranke Bäume" (nach T. Preuhsler, Allg. Forstzeitschr. Nr. 30/31, 1984).
Neues Ziel: extensive Landwirtschaft, Brache, Flächenstillegung. Um die landwirtschaftlichen Überschüsse in der EG zu vermindern, wurde 1988 ein Programm zur Stillegung von Ackerflächen eingeführt, für das das Land Baden-Württemberg 21 Millionen DM zur Verfügung stellte. Es zählt nur Land, auf dem sog. Marktordnungsprodukte angebaut werden; dazu gehören Getreide, Körner- und Futtermais, Zuckerrüben und Ölsaaten. Fünf Arten der Stillegung sind vorgesehen: Rotationsbrache, Dauerbrache, Aufforstung, extensive Grünlandnutzung, Nutzung zu nicht landwirtschaftlichen Zwecken (Naturschutz und Landschaftspflege).
Hydrokultur (gr. = Wasserkultur). Zimmerpflanzen wie Philodendron wachsen ohne Erde in Tongefäßen mit Nährlösungen. Das tägliche Gießen entfällt, die Nährstoffe reichen für fünf Wochen.
Zum Schluß weisen wir darauf hin, daß zuviel des Guten schädlich sein kann. Bei Überdüngung mit Stickstoff zeigt sich besonders in trockenen Jahren, wie 1983, ein hoher Gehalt an Nitrat in Flüssen und im Trinkwasser.

Eier

Ein Hühnerei wiegt durchschnittlich 50 g. Davon entfallen auf die Kalkschale 12 %, auf das *Weiße* 58 % und auf den Dotter 30 %. Der Dotter enthält etwa 3 g Eiweiß und 5 g Fett, in dem Rest sind nur ungefähr 4 g Eiweiß enthalten. Der Nährwert der Eier ist nicht so hoch, wie oft angenommen wird. Wenn der Mensch nur von Eiern leben wollte, müßte er täglich 30 bis 40 Stück essen. Die Legetätigkeit der Hühner kann durch zusätzliche Fütterung mit Kalk, Gips oder Calciumphosphat erheblich gesteigert werden. Die käuflichen Eierlegepulver (Hühnerkalk, Hühnerlegepulver, Hühnerlegefutter) sollen mindestens 20 % Dicalciumphosphat enthalten. Hauptbestandteil ist Calciumcarbonat $CaCO_3$, aus dem auch die Eierschale zu 90 % besteht. Daneben kommen in manchen Eierlegepulvern noch Eisensulfat, Ferrolactat, Ferroascorbinat (Eisen wirkt blutbildend), Pflanzenteile (z. B. steigert die Küchenschelle – Pulsatilla vulgaris – die Legetätigkeit), Viehsalz (3 bis 5 %), Vitamin E (Fruchtbarkeitsvitamin, mindestens 0,5 %), Geschlechtshormone (Stilben-Verbindungen, Follikel-Hormon), Eiweißstoffe (Tiermehl, Fischmehl, Futterhefe), Gewürze (Pfeffer, Ingwer, Enzian, Senfmehl, Kalmus usw.), Wurmmittel (Gentianaviolett, Rainfarn, Phenothiazinpräp.) u. dgl. vor.

Konservierung. Frische Eier sind im Innern in 95 % aller Fälle frei von Bakterien und Schimmelpilzsporen. Läßt man Eier längere Zeit an trockener Luft liegen, so verdunstet Wasser durch die poröse Schale, und an dessen Stelle tritt Luft von außen ein. Die Luft bringt Bakterien mit und verursacht damit eine allmähliche Fäulnis. Wird der Außenluft der Zutritt verwehrt, so bleiben die Eier lange Zeit frisch. In Großbetrieben erreicht man dies durch Kühlräume mit einer Luftfeuchtigkeit von 80 % und einer Temperatur von 0 °C.
Noch besser ist die Wirkung, wenn man die Eier vorher kurze Zeit in ein geruch- und geschmackfreies, porenverstopfendes Öl taucht und den Kohlendioxidgehalt der Kühlhausluft auf 20 bis 40 % erhöht. Oder man bringt die Eier etwa 2 Minuten lang in 64 bis 67 °C heißes Paraffinöl, wobei die Eischale desinfiziert wird und die schalennächsten Eiweißanteile gerinnen. In den Haushalten wird durch Wasserglasbehandlung die Außenluft abgehalten.
Zuerst werden 1 kg käufliches Wasserglas und 9 kg Wasser verrührt. Man legt die Eier zu je 100 Stück in Tonkrüge und übergießt sie mit dem verdünnten Wasserglas, so daß die Flüssigkeit noch 5 cm hoch über den obersten Eiern steht. Zum Schluß müssen die Töpfe mit Pergamentpapier zugebunden und mit Brettstücken bedeckt werden. Von 75 000 in dieser Weise behandelten Wasserglaseiern waren nach neun Monaten nur 3 % verdorben. Auch wenn man die Bakterien- und Schimmelpilzwirkung vollständig ausschaltet, treten nach längerer Aufbewahrung bei den Eiern nachteilige Geschmacksveränderungen auf, da die Eifermente aus Eiweiß allmählich Ammoniak und aus Lecithinen fischartig riechende Methylamine entwickeln. Das ungefähre Alter der *frischen*, nicht konservierten Eier läßt sich annäherungsweise bestimmen, wenn man sie in eine Lösung von 100 g Kochsalz in 1 l Wasser legt. Sind die Eier älter als 5 Tage, so steigen sie empor, da sich im Innern im Lauf der Zeit Gase ansammeln. Die Kochsalzlösung wird nach Gebrauch in einer gut schließenden Flasche aufbewahrt. Man kann sie jahrelang immer wieder zur Altersbestimmung von Eiern verwenden.

Versuche: Das meist in Drogerien erhältliche Eikonservierungsmittel *Garantol* (Garantol-GmbH., Karlsruhe) ist ein feines, weißgraues Pulver, das in Faltschachtel-Packung mit Innenbeutel in den Handel kommt. Prüfe die Reaktion des Pulvers mit Lackmus (alkalisch!). Schüttle eine etwa bohnengroße Menge *Garantol* im Probierglas mit destilliertem Wasser um! Es entsteht eine milchige Brühe mit Bodensatz. Filtriere die Brühe in ein Probierglas und blase mit einer Glasröhre so lange Atemluft durch das klare Filtrat, bis eine weiße Trübung erscheint, die sich in einem Tropfen Salzsäure leicht auflöst (diese Reaktionen weisen auf Kalkwasser!). Übergieße eine etwa erbsengroße Menge *Garantol* mit Salzsäure! Das *Garantol* löst sich unter Gelbfärbung fast vollkommen auf; die Lösung gibt eine ziegelrote Flammenfärbung, wenn man einen Tropfen davon am Magnesiastäbchen in die Flamme hält. Gieße Proben dieser gelblichen, salzsauren Lösung in Reagenzgläser mit gelbem Blutlaugensalz (tiefblauer Niederschlag) oder Kaliumrhodanidlösung (blutrote Färbung – Eisennachweis s. S. 21)
Garantol ist eine nach einem besonderen Verfahren hergestellte Mischung von Calciumhydroxid, anderen Ca-Verbindungen und Eisen-, Aluminium- und Magnesiumsalzen. Die besondere Konservierungskraft des *Garantols* beruht auf einem abgestimmten Zusammenwirken der Beimengungen zum Ätzkalk, zum Unterschied gegenüber dem gewöhnlichen *Kalkverfahren*, das nur mit Kalk arbeitet. Da der Ätzkalk in der Luft allmählich unter Kohlendioxidaufnahme in das unwirksame Calciumcarbonat übergeht [$Ca(OH)_2 + CO_2 \rightarrow CaCO_3 + H_2O$], muß *Garantol* unter Luftabschluß aufbewahrt werden. Aus dem gleichen Grund legt man auf die mit *Garantol* konservierten Eier das luftundurchlässige Anticarbonatpapier und bindet den Topf mit der luftundurchlässigen Zellhaut für Konservierungszwecke gut zu. Eine Normalpackung *Garantol* reicht für 100 bis 200 Eier. Beim Sieden platzen die mit Kalk, Wasserglas oder *Garantol* konservierten Eier leicht, da die Poren von den Konservierungsmitteln verschlossen werden und die im Ei enthaltene Luft durch die Hitze ausgedehnt wird. Um das Platzen zu verhindern, sticht man in die Breitseite des Eies (wo die Luftblase sitzt) mit einer Nadel ein kleines Loch. Seit längerer Zeit stellt man aus den Eiern auch trockene Eipulver her (1000 Eier geben 3 kg trockenes Eiweiß und 8 kg trockenes Eigelb), die mehrere Jahre aufbewahrt werden können.

Enthaarungsmittel

Die in illustrierten Zeitungen usw. mit großer Reklame angepriesenen Enthaarungsmittel (*Depilatorien*) enthalten als wirksamen Bestandteil gelegentlich Calciumsulfhydrat $Ca(SH)_2$ oder häufiger Strontiumsulfid oder Thioglykolsäure. Diese Chemikalien haben die Eigenschaft, die Hornstoffe der Haut etwas aufzuweichen. Zugleich werden die Haare an ihren Anwachsstellen so weit zersetzt, daß man sie nachher mühelos abschaben oder abwaschen kann. Die Haarwurzeln werden von den Sulfhydraten nicht abgetötet, daher wachsen sie im Lauf einiger Wochen wieder nach. Es wurden auch Enthaarungscremes auf der Basis von Thioglykolsäure $HS \cdot CH_2{-}COOH$ patentiert. Eine solche Creme kann z. B. 8 bis 12 % Lanette N, 4 bis 8 % Cetiol, 5 % Thioglykolsäure (80 %ig), 8 bis 15 % Glycerin, 7 bis 10 % Calciumhydroxid, 5 bis 20 % Calciumcarbonat (Rest bis 100 %: Wasser) und Parfümöl enthalten.
Die Präparate *Veet* (Parfüm Royale, Berlin), *Pilca* (Olivin, Wiesbaden), *Vichy* und

Depilan enthalten Thioglycolsäure und können empfohlen werden. Allerdings reagieren überempfindliche Personen oft allergisch auf die oben erwähnte Säure. Wer zu Allergien neigt, sollte Entferner auf Sulfid-Basis verwenden. Die Depilatorien dürfen nicht zu häufig angewandt werden. Feine Flaumhaare kann man auch mit Bimsstein oder käuflichen, schmirgelpapierähnlichen Erzeugnissen beseitigen.
Bei der elektrischen Depilation werden die Haarwurzeln einzelner Haare nacheinander abgetötet, doch ist dieses Verfahren ziemlich zeitraubend und erfordert eine gute Technik. In der Gerberei werden die eingeweichten Rindshäute mit Calciumsulfhydrat behandelt, damit sich nachher die Haare leichter entfernen lassen. Man kann die Haare auch durch Wasserstoffperoxid (H_2O_2) folgendermaßen beseitigen: Man vermischt 85 cm^3 destilliertes Wasser mit 15 cm^3 30 %igem H_2O_2, gibt 5 Tropfen Ammoniak (25 %ig) dazu und mischt mit so viel Magnesiumcarbonat, bis ein weicher, streichfähiger Brei entsteht. Diesen trägt man dick auf die betreffenden Hautstellen auf und wäscht ihn 15 bis 20 Minuten später mit Wasser ab, dem Essig beigemischt wurde. Das Verfahren ist wöchentlich zu wiederholen.

Versuch 1: Koche einige Haare im Probierglas mit konzentrierter Natronlauge (Vorsicht! Probierglasmündung abwenden!). Die Haare lösen sich langsam auf.

Versuch 2: Bringe in einen Erlenmeyerkolben einige g Eisensulfid FeS und ca. 100 cm^3 Salzsäure.

Versuch 3: Leite das nach der Gleichung $FeS + 2HCl \rightarrow FeCl_2 + H_2S$ entstehende Schwefelwasserstoffgas (Hydrogensulfid) in ein Probierglas, in dem sich ein dicker Brei von frisch gelöschtem Kalk $Ca(OH)_2$ befindet. Da Schwefelwasserstoff ein sehr übelriechendes, giftiges Gas ist, wird der Versuch im Freien oder im Abzug ausgeführt. Nach etwa einer halben Stunde färbt sich der Kalkbrei grünlich. Er hat sich dann in Calciumsulfhydrat umgesetzt nach der Gleichung $Ca(OH)_2 + 2H_2S \rightarrow Ca(SH)_2 + 2H_2O$. Man stellt die Schwefelwasserstoffzufuhr ab, streicht das Calciumsulfhydrat millimeterdick auf eine behaarte Hautstelle und schabt es nach 5 Minuten wieder weg. Die Haare lösen sich an der behandelten Stelle leicht ab. Man könnte nach diesem Verfahren auch das Barthaar entfernen, doch belästigt der Schwefelwasserstoffgeruch zu sehr. Auch sind Reizungen der Haut nicht ausgeschlossen. In den käuflichen Enthaarungsmitteln auf Sulfidbasis wurde der Schwefelwasserstoffgeruch vielfach durch Parfüme überdeckt. Daß aber auch in diesen Hydrosulfide oder Sulfide wirksam sind, erkennt man, wenn zu einer Probe dieser Stoffe etwas verdünnte Säure gegeben wird. Es entsteht dann viel Schwefelwasserstoff (Hydrogensulfid), der am Geruch und mit Bleipapier erkannt wird (s. S. 33). In diesen Präparaten wirken sowohl die OH-Ionen als auch der freiwerdende Schwefelwasserstoff haarzerstörend.
Anstelle von Versuch 2 kann man Schwefelwasserstoff ungefährlicher durch Erhitzen von Schwefelparaffin (*Sulfidogen*, Merck) im Reagenzglas darstellen.

Essig

Dies ist ein farbloses oder weißweinartig gefärbtes, saures Gewürz und Genußmittel, das im wesentlichen aus einer verdünnten Lösung von Essigsäure in Wasser besteht. Essig ist sowohl das auf dem Weg der Essiggärung aus alkoholischen Flüssigkeiten als auch das durch Verdünnung von Essigessenz mit Wasser hergestellte Erzeugnis, das unter der Bezeichnung *Essig, Speiseessig, Tafelessig, Einmachessig* nur mit einem Mindestgehalt von 5 g Essigsäure in 100 cm^3 in den Verkehr gebracht werden darf. Essigsäurehaltige Flüssigkeiten mit mehr als 15,5 g Essigsäure in 100 cm^3 sind als Essigsäure zu bezeichnen. Weinessig ist zumeist ein Verschnitt aus 1 Teil echtem Weinessig und 4 Teilen Spritessig. Die Essigessenz enthält 60 bis 80 % Essigsäure, sie riecht sehr stechend und ist erst nach Verdünnung mit der etwa 20fachen Wassermenge genießbar.

Um *Vergiftungen* zu vermeiden, darf Essigessenz nur in Flaschen mit Sicherheitsausguß (z. B. verengtem Flaschenhals, der nur die Entnahme kleiner Mengen gestattet) in den Handel gebracht werden. Die Handelsessige sind sauer riechende und schmekkende, klare, meist leicht gefärbte Flüssigkeiten, die bei der Bereitung von Salaten, Gurken, Gemüsen, Konserven, Tunken usw. vielfache Verwendung finden. Man kann mit Essig auch den Fischgeruch mildern (Fisch mit Essig begießen), Kesselstein, Kalk und Rostflecken entfernen, verblaßte Farben wieder beleben (bei bunten Kleidern dem Spülwasser etwas Essig zusetzen) usw. Weitere Verwendung siehe Essigsäure!

Zur Verbesserung des Aromas fügt man Essig hie und da auch Auszüge von Pflanzenteilen (Wacholder, Dill, Estragon, Borretsch, Basilikum und dergleichen) bei. Auf diese Weise erhält man die *Gewürzessige*. Im Haushalt kann man Essig nach folgender Vorschrift selbst herstellen:

Man sammelt Fallobst, angestochene oder faulige Früchte, entfernt die fauligen oder verunreinigten Stellen, übergießt das Ganze in einem irdenen Topf mit warmem Wasser, gibt 2 Eßlöffel Zucker dazu, deckt ein Sieb darüber und stellt das Gefäß in die offene Sonne oder neben den Herd, bis sich der Inhalt in Essig verwandelt hat. Dann wird die Flüssigkeit abgegossen und in Flaschen gefüllt.

Die hier stattfindende Essigbildung ist folgendermaßen zu erklären: Der Traubenzukker des Obstes wird unter Mitwirkung von Hefezellen zunächst in Alkohol und Kohlendioxid verwandelt. Bleibt das volle Gefäß nach der alkoholischen Gärung gut verschlossen, so hat man einen trinkbaren Apfelmost. Da es aber im obigen Fall (zur Abhaltung von Insekten) lediglich mit einem Sieb bedeckt wurde, konnte Luft zu dem Most treten, und es vollzog sich an ihm die gleiche Veränderung, die wir an Wein beobachten, der einige Tage in einem offenen Glas stehen bleibt: er wurde sauer. Wenn irgendwo alkoholische Getränke an der Luft stehen bleiben, vermehren sich in ihnen die *Essigsäurebakterien*, die die Eigenschaft haben, sich vorwiegend von Alkohol zu ernähren und ihn mit Hilfe des Luftsauerstoffs zu oxidieren (Gleichung: $C_2H_5OH + O_2 \rightarrow CH_3{-}COOH + H_2O$). Diese Verwandlung von Alkohol in Essigsäure geht nur bei Luftzutritt vonstatten; deshalb wurde das Gefäß offengelassen. Sie verläuft am raschesten bei einer Temperatur von 24 bis 25 °C. Deshalb stellen wir das Gefäß in die Sonne oder neben den warmen Herd. Reiner Spiritus kann nicht zu Essigsäure vergären, da die Essigsäurebakterien trotz ihrer seltenen *Trinkfestigkeit* solche Alkoholkonzentrationen nicht ertragen. Am besten geht die Essiggärung bei Flüssigkeiten vonstatten, die 6 bis 14 % Alkohol enthalten. Der Rohstoff der Gärungsessigindustrie ist zu rund 95 % der von der Branntweinmonopolverwaltung zum Zweck der Speiseessigbereitung gelieferte Sprit.

Die Herstellung von Gärungsessig erfolgt heute im In- und Ausland fast ausschließlich in *Rundpumpbildnern*, bei denen die alkoholhaltige Maische so lange über mit Essigsäurebakterien besiedelte Buchenholzspäne gepumpt wird, bis fast der gesamte Alkohol durch den der herabrieselnden Maische entgegenströmenden Luftsauerstoff zu Essigsäure oxidiert ist. Gleichung: $CH_3-CH_2OH + O_2 \rightarrow CH_3-COOH + H_2O$. Wertvollere Essige erhält man durch Essigsäuregärung von Wein, vergorener Malzwürze, Bier und dgl. Vielfach werden auch Spritessig und Weinessig miteinander gemischt. Im Gegensatz zu diesen Gärungsessigen wird die Essigessenz und die konzentrierte Essigsäure aus Holzessig oder aus Acetylen (über Carbid) gewonnen. Zur Herstellung und Aufbewahrung des Essigs verwendet man Holz-, Ton- oder Glasgefäße. Metallbehälter sind verboten, da sie von der Essigsäure unter Bildung schädlicher oder giftiger Salze angefressen werden, wie aus folgenden Versuchen hervorgeht.

Versuche: Gießt man etwas Essig über Eisenfeilspäne, so ist in der Flüssigkeit schon nach einigen Stunden mit Hilfe der Berlinerblau-Reaktion gelöstes Eisen nachweisbar (s. S. 21). In kochendem Essig lösen sich Eisenfeilspäne unter lebhafter Gasentwicklung auf.

Auch Zink wird von Essig langsam angegriffen. Erhitzt man etwas Zinkblech (kann aus den walzenförmigen Körpern in alten Taschenbatterien gewonnen werden) mit Essig, so löst sich das Zink allmählich unter Wasserstoffentwicklung auf nach der Gleichung: $Zn + 2\,CH_3-COOH \rightarrow Zn\,(CH_3-COO)_2 + H_2$. Bei reinem Zink verläuft die Reaktion sehr langsam. Sie läßt sich durch Zusatz von einigen Tropfen Kupfersulfatlösung erheblich beschleunigen – *Katalysator*. Das gelöste Zink kann Vergiftungserscheinungen auslösen. So erkrankten vor einigen Jahren mehrere Personen an einem Salat, der in Zinkgefäßen mit Essig zubereitet worden war.

Ein alter Pfennig wird so in Essig gelegt, daß die eine Hälfte aus der Flüssigeit herausschaut. Nach einigen Stunden ist die eingetauchte Hälfte vollständig blank geworden, da die Essigsäure das Kupferoxid auflöste. Gleichung: $CuO + 2\,CH_3-COOH \rightarrow (CH_3-COO)_2Cu + H_2O$. In der Flüssigkeit kann nach einem Tag gelöstes Kupfer nachgewiesen werden (s. S. 19). Die trockene Hälfte des Pfennigs überzieht sich besonders in der Nähe des Essigs mit einer grünlichen, giftigen Schicht, dem *Grünspan*. Auch die Flüssigkeit färbt sich von gelöstem Kupfer grün. Ähnliche Erscheinungen beobachtet man, wenn wir Silbergeschirre, die ja alle mehr oder weniger Kupfer enthalten, längere Zeit in Essig eintauchen. Da Essig Kupferrost (= Kupferoxid CuO) auflöst, wird er auch zum Reinigen von Kupfergeräten verwendet. Nach der Reinigung muß der Essig abgewaschen werden, sonst entsteht Grünspan.

Einige Stückchen Blei werden von siedendem Essig gleichfalls ziemlich rasch angegriffen. In der Kälte verläuft die Auflösung langsam. Gelöstes Blei kann ebenfalls schwere Vergiftungen hervorrufen. So vermutet man z. B., daß viele Vergiftungen der römischen Kaiserzeit auf den Genuß säurehaltiger Weine zurückzuführen sind,die in Bleigefäßen längere Zeit aufbewahrt wurden.

Essigsäure

Chemisch reine Essigsäure (= Eisessig) ist eine wasserklare Flüssigkeit von sehr stechendem Geruch und der Formel CH_3-COOH. Bei 17 °C erstarrt sie in Blättchen, ihr Siedepunkt liegt bei 118 °C. Kocht man Essigsäure oder Essigessenz in einer Schale, so lassen sich die Dämpfe entzünden.

Verwendung. In verdünntem Zustand wird Essig seit Jahrtausenden zur Säuerung von Speisen in großem Umfang verwendet (s. „Essig"). Erhebliche Essigmengen benötigt man auch zur Konservierung einzelner Lebensmittel (z. B. Essiggurken). In Essigkonserven mit 2 bis 3 % Essigsäure sind krankheitserregende Bakterien nicht mehr lebensfähig. Die Essigsäure ist – in entsprechender Verdünnung genossen – unschädlich. Sie ist sogar als körpereigener Stoff anzusprechen, da sie als Zwischenprodukt beim Kohlenhydrat-, Fett- und Eiweißstoffwechsel entsteht. Essigsäure wird in Form von Speiseessig auch gegen Laugenvergiftungen eingenommen. Hat jemand viel Ammoniakgas eingeatmet, so kann er als Gegenmittel Essigsäuredämpfe (von verdünnter Essigessenz) durch die Nase einziehen. In der Industrie spielt Essigsäure bei der Herstellung von Kunstseide (Acetatseide), Kunststoffen, Riechstoffen, Farbstoffen usw. eine wichtige Rolle.

Essigsaure Tonerde

Diese ist in Drogerien und Apotheken als klare, farblose, schwach nach Essigsäure riechende, sauer reagierende Flüssigkeit erhältlich. Sie ist ein *basisches Aluminiumacetat* $Al(OOCCH_3)_2OH$. Die käufliche Lösung enthält etwa 8 % von dieser Substanz, der Rest ist Wasser. Essigsaure Tonerde ist ein gutes Mittel, um Wunden bakterienfrei zu machen und die Wundheilung zu beschleunigen. Sie wird deshalb bei Menschen und Tieren sehr häufig angewendet. Umschläge mit essigsaurer Tonerde stellt man folgendermaßen her: 0,25 l Wasser abkochen und nach dem Erkalten mit einem Eßlöffel essigsaurer Tonerde vermischen. Mit dieser Lösung tränkt man ein Stück reines Tuch, legt es feucht auf die Wunde und wickelt Verbandstoff darüber. Die günstigen Wirkungen dieses Umschlags sind in erster Linie auf das Aluminium zurückzuführen. Trockene essigsaure Tonerde beeinflußt Wunden ebenfalls günstig, sie ist z. B. unter dem Namen *Lenicet* in Puder- und Salbenform im Handel. Andere Aluminiumpräparate von ähnlicher Wirkung sind *Alsol, Essitol* usw. Die gewöhnliche, überall käufliche essigsaure Tonerde wollen wir in den folgenden Versuchen etwas genauer studieren.

Versuche: Prüfe die Reaktion der Lösung mit Lackmuspapier! Bringe einige Tropfen der Lösung auf die Zunge und stelle den Geschmack fest! Dampfe einige cm^3 essigsaure Tonerde in einer Porzellanschale ein und untersuche die zurückbleibende weiße Kruste mit Cobaltchloridlösung auf Aluminium (s. S. 21). Gibt man zu der gelösten essigsauren Tonerde im Probierglas etwas braune Eisenchloridlösung, so entsteht eine blutrote Färbung, die auf Essigsäure hinweist.

Farben, Farbmittel und Lacke

Im täglichen Leben kann der Ausdruck Farbe drei verschiedene Bedeutungen haben: 1. Bezeichnung eines farbigen Stoffes (z. B. Mennige, Indigo usw.), 2. Ausdruck für eine Sinnesempfindung, 3. Charakterisierung einer Spektralfarbe, d. h. einer bestimmten Lichtart. Man kann daher entsprechend den verschiedenen Einstellungen die Farben unter chemischen, physiologischen oder physikalischen Gesichtspunkten behandeln. An dieser Stelle werden die Farben nur unter *chemischem Aspekt* betrachtet. Wenn ein Laie einen Farbstoff mit Chromgelb und ein Gefäß mit roter Tinte vor sich sieht, wird er beides unbedenklich als „Farbe" bezeichnen. Der Fachmann macht jedoch hier einen grundsätzlichen Unterschied. Für ihn ist Chromgelb eine Farbe (= Pigment, Körperfarbe), rote Tinte (genauer: das rote Eosin der Tinte) dagegen ein Farbstoff. Zu den Farben rechnet der Maler z. B. auch Bleiweiß, Gips, Schwerspat usw.

Farbmittel ist nach DIN 55 945 der Sammelname für alle farbgebenden Stoffe. Man teilt nach nebenstehender Übersicht die Farbmittel in 3 große Gruppen ein: **1. Anorganische Pigmente, 2. Organische Pigmente, 3. Organische Farbstoffe.**

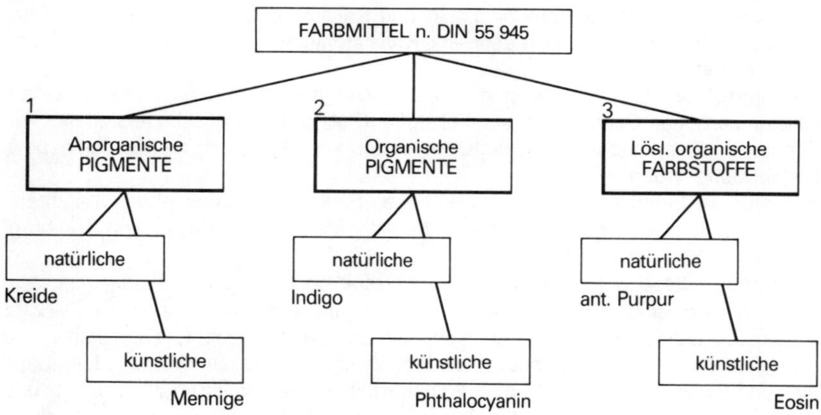

In den Farbengeschäften werden meist die streichfertigen Materialien verkauft, die Pigmente und Bindemittel enthalten (Dispersionsfarben). Da aber viele Bastler, Hobbymaler und Hobbychemiker ihre Anstrichmittel selber mischen wollen, gehen wir auf die verschiedenen anorganischen und organischen Pigmente ein. Wir besprechen hier noch unter **4.** und **5. Bindemittel** und **Spezialfarben**.

1. Anorganische Pigmente

Diese spielen für den Praktiker die wichtigste Rolle, weil man mit ihnen allerlei Anstriche, Lackierungen, Dekorationen, Malereien usw. selbst ausführen kann. Früher waren in den Geschäften in Schubladen und Blechbüchsen die farbigen Pulver, die man auch als Mineralfarben bezeichnete. In der freien Natur finden sich Ocker, Kreide und Schwerspat; dies sind *natürliche, anorganische* Pigmente. Sie werden industriell lediglich auf mechanischem Wege durch Zerkleinern oder Waschen in den gewünschten Zustand übergeführt. Die meisten Malerfarben sind *künstliche anorganische* Pigmente. Sie werden durch allerlei chemische Vorgänge in besondere Farben verwandelt. Beispiele: Mennige, Ultramarin.

1.1 Weiße Farben

Bariumsulfat (= Blanc fixe, Barytweiß $BaSO_4$) wird entweder durch Vermahlen von

Schwerspat oder aus Bariumchloridlösung $BaCl_2$ und verdünnter Schwefelsäure H_2SO_4 erhalten. Stelle Bariumsulfat aus den obigen Stoffen im Probierglas her! Filtriere! Bariumsulfat ist unempfindlich gegen Laugen und Säuren (beobachte im Probierglas, ob Säuren- oder Laugenzusätze den Bariumsulfatniederschlag verändern!). Es ist lichtbeständig. Bariumsulfat kommt gewöhnlich in Teigform in den Handel; es enthält dann 15 bis 30 % Wasser. Große Mengen werden in der Papierfabrikation (Glanzpapiere, Visitenkarten) verwendet.

Zinkweiß. ZnO, feines, weißes, wasserunlösliches Pulver, durch Oxidation von verdampftem Zink erhalten; dunkelt nicht nach, da das durch Umsetzen mit Schwefelwasserstoff entstehende Zinksulfid ebenfalls weiß ist. Die meisten Zinkweißsorten des Handels haben einen garantierten Reinheitsgrad von mindestens 99 % ZnO. Man verwendet Zinkweiß zur Farben-, Lack- und Kautschukwarenherstellung, im Phosphatrostschutz, in der Chemiefaser- und Kunststoffindustrie, in der Glas-, Email- und keramischen Industrie usw.

Kalkspatpulver und **Kreide** sind weiße Pulver aus mehr oder weniger feinem Calciumcarbonat $CaCO_3$, die als Füllstoffe (Substrate) bei der Herstellung von Titanweiß, Eisenoxidfarben, Leimfarbenanstrichen, Glaserkitten, Spachteln usw. Verwendung finden.

Kieselsäure-Füllstoffe. Als solche gelangen heute feinstgemahlenes Quarzmehl, Talk, Kaolin, Neuburger Kieselkreide (feinstgeschlämmtes Kaolin von Neuburg/Donau) zur Verwendung.

Lithopone. Diese weiße Farbe wird durch eine chemische Umsetzung zwischen Zinksulfat und Bariumsulfid nach folgender Gleichung erhalten: $ZnSO_4 + BaS \rightarrow ZnS + BaSO_4$. Lithopone ist also im wesentlichen ein Gemisch von Zinksulfid und Bariumsulfat, daneben sind noch 1 bis 2 % Zinkoxid enthalten. Weise in Lithopone Zink und Schwefel nach S. 20 f. bzw. 23 nach! Lithopone ist völlig ungiftig, leichter und billiger als Bleiweiß. Sie wird durch Schwefelwasserstoff nicht verändert und zeichnet sich durch gute Streichfähigkeit und Deckkraft aus.

Bleiweiß $2\ PbCO_3 \cdot Pb(OH)_2$ ist wegen seiner Giftigkeit für Innenräume nicht erlaubt.

Titanweiß. Diese seit 1916 bekannte Farbe wird aus dem in Nordamerika, Norwegen, Indien usw. verbreiteten *Ilmenit* (wichtigstes Titanerz, Eisentitanat) gewonnen. Eine für Malerzwecke geeignete Sorte ist das *Kronos-Titanweiß*, das aus etwa 25 % Zinkweiß ZnO, Bariumsulfat und 25 % Titandioxid TiO_2 besteht. Titan ist dem Silicium verwandt. Titandioxid ist ein wasserunlösliches, weißes Pulver von hoher Deckkraft. Seine Vorzüge sind: Ungiftigkeit, Billigkeit, Lichtechtheit und Beständigkeit gegen Säure- und Schwefelwasserstoffdämpfe, hohe Deckkraft, niedere Dichte, vielseitige Verwendungsmöglichkeit für Innen- und Außenanstriche. Nachteilig ist, daß reines Titandioxid, mit Öl angerührt, langsam trocknet; aus diesem und anderen Gründen werden noch Trockenstoffe (Siccative) bzw. Zinkweiß und Permanentweiß zugesetzt. *Kronos-Titanweiß R* (für Innen- und Außenanstriche) besteht z. B. aus 25 % Titandioxid, 5 % Zinkoxid, 30 % Bariumsulfat und 40 % Kalkspatpulver; *Kronos-Titanweiß E1* (für Innenanstriche) enthält 25 % Titandioxid und 75 % Kalkspatpulver. Man benötigt Titanweiß in der Lack- und Farbenindustrie, ferner bei der Herstellung von Kunstseide, Zellwolle, Wachstuch, Linoleum, Spezialpapieren, Kunstleder, Gummiwaren, Email usw.

Ergänzend sollen hier noch die beim Anstrich von Eisenwaren viel verwendeten Aluminiumfarben erwähnt werden. Die in Farbengeschäften erhältliche Standard-

Lackbronze besteht aus einem sehr feinen Aluminiumpulver (entwickelt im Probierglas mit Natronlauge Wasserstoff; Knallgasreaktion!). Man verrührt mit dem Pinsel das Aluminium und den Lack zu einem feinen, knotenfreien Brei und verstreicht diesen auf gereinigte Eisenwaren.

1.2 Rote Farben

Mennige. Diese schöne rote Farbe ist ein Bleioxid Pb_3O_4. Hauptverwendung: Eisenschutzfarbe, verhindert Rosten. Eigenschaften: Sehr schweres Pulver (Blei), laugenbeständig, aber empfindlich gegen Säuren und Schwefelwasserstoff, hat hohe Deckkraft, wird meist in Öl angerührt und trocknet dann leicht, da es sich ähnlich wie Bleiweiß und andere Bleifarben mit dem Öl zum Teil unter Bildung fester Bleioleate verbindet. Weise in Mennige Blei nach.

Zinnober. Dieser wird z. B. als Künstlerfarbe verwendet und dann mit Wasser (Aquarell), Eiweiß (Tempera) oder Öl angerührt. Zinnober ist Quecksilbersulfid HgS. Im Licht und bei höherer Temperatur geht er allmählich in eine dunklere Verbindung über. Zinnober ist infolge seiner Wasserunlöslichkeit ungiftig; deshalb kann er auch im Schülermalkasten Verwendung finden. Als Wasserfarbe wird er in Tuben leicht hart, als Ölfarbe trocknet er langsam. Zinnober wird hauptsächlich in der Kunstmalerei verwendet.

Eisenverbindungen. Die zahlreichen Eisenoxidfarben kann man nach H. Wagner folgendermaßen einteilen:

1. Natürlich vorkommende Eisenoxidfarben
- Reine Eisenerze: Hämatit, Eisenglimmer, span. Roteisenstein (Spanischrot)
- Tonhaltige Eisenerze bzw. eisenoxidhaltige Tone: Rotocker, roter Bolus, Rötel

2. Künstliche Eisenoxidfarben
- Durch trockenes Erhitzen gewonnene Farben
  - Aus natürlichen Eisenerzen und Kiesabbränden (Eisenmennige, Oxidrot)
  - Aus sulfathaltigem Material (Alaun, Vitriolschlamm) bzw. Abfallprodukten (Bauxit), z. B. Englischrot, Venezianischrot, Pompejanischrot
  - Aus natürlichen, gelben Ockerfarben (gebrannter Ocker, gebrannte Siena)
- Auf nassem Wege oder elektrolytisch gewonnene Farben
  - Rot: Marsrot, Eisenoxidrot, künstlich
  - Schwarz: Eisenoxidschwarz mit zweiwertigem Eisen.

Eisenmennige enthält zwischen 50 bis 88 % Eisen (als Fe_2O_3), daneben Ton, Quarz und dergleichen, Farbton bläulichrot bis braunrot, gute Deckkraft, Wetterbeständigkeit und Rostschutzwirkung, dunkelt etwas nach. Englischrot wird in hellen und dunklen Sorten gehandelt, die hellen Typen sind vielfach mit Gips gestreckt, die dunklen Typen werden oft aus Sulfaten gewonnen (Oxidrote). *Marsrot G* besteht aus nahezu 80 % Fe_2O_3, es hat die Dichte von 3,33 g/cm^3 (alkalische Reaktion), der Ölanstrich trocknet nach 45 Stunden. *Eisenoxidrot MR* enthält 99,2 % Fe_2O_3; es hat die Dichte von 4,24 g/cm^3 (neutrale Reaktion), sein Leinölanstrich trocknet nach 70 Stunden. Durch starkes Erhitzen der natürlichen gelben *Terra di Siena* (in der Toskana, aber auch in Deutschland vorkommend) erhält man die rote gebrannte Siena. Schon kurz nach dem Ersten Weltkrieg wurden in Deutschland eisenhaltige Rückstände zu hochwertigen, künstlichen, roten, gelben und schwarzen Eisenoxidfarben verarbeitet, die z. B. auch in der Linoleum- und Zementwarenindustrie Verwendung finden. Weise in den roten Eisenfarben nach S. 21 f. Eisen nach.

Molybdatrot. Durch Einbau von Bleimolybdat in Bleisulfat-Bleichromat-Kristalle erhält man orangefarbenes bis dunkelrotes Molybdatrot, das Cadmiumrot in Farben, Druckerfarben, Kunststoffen u. dgl. ersetzen kann.

1.3 Braune Farben

Auch hier werden fast ausschließlich Eisenoxide von wechselnder Zusammensetzung verwendet.
Kasseler Braun (Kölnische Erde), eine feinerdige amorphe Braunkohle, die hauptsächlich aus Huminsäuren besteht, wenig licht- und luftbeständig, von Kalk und Säuren angegriffen. Eine ganz fein geschlämmte Sorte ist das in der Malerei verwendete Van-Dyck-Braun. Kasseler Braun braucht zum Anrühren viel Öl und läßt deshalb den Untergrund leicht durchscheinen, wie es bei allen Lasurfarben der Fall ist.
Umbra. Die verschiedenen Arten von Umbra bestehen aus eisen- und manganhaltigen Erden, die in Italien, Cypern, Kleinasien usw. verbreitet sind. Umbra gebrannt ist eine braunrote, farbsatte, lasierende Farbe, die durch Brennen von natürlicher Umbra erhalten wird.

1.4 Gelbe Farben

Ocker. Durch Eisenoxidhydrate gelb gefärbte Erden, die mit allen Farben und Bindemitteln gemischt werden können. Sie enthalten neben den färbenden Eisenhydroxiden noch Ton, Kalk, Quarz, Gips, Feldspat, Dolomit und dgl. Ocker sind sehr lichtbeständig, sie werden von Säuren zersetzt, dagegen halten sie sich in Alkalien unverändert. *Chromocker* sind Gemische aus Ocker und Chromgelb, die amorphen, leicht orangegelben Farben *Marsgelb* und *Eisenoxidgelb* entstehen durch Fällungen und eventuellen Gipszusatz.
Terra di Siena. Dies ist ein feuriggelber Ocker, der in der Toskana, im Harz, in Bayern, in Nordamerika usw. gefunden wird. Toskanische Siena enthält 60 bis 70 % Fe_2O_3, die Dichte beträgt 3,2 bis 3,3 g/cm^3, der Ölbedarf 30 bis 70 %. In einer deutschen Siena fand man 50 bis 60 % Fe_2O_3 und 2 bis 10 % Kalk, die Dichte war 3,1 bis 3,3 g/cm^3, der Ölbedarf betrug 30 bis 90 %. Weise in Ocker und Terra di Siena, die sich beide in vielen Malerkästen finden, nach S. 21 f. Eisen nach.
Chromgelb. Herstellung: Bringe im Probierglas Lösungen von Kaliumdichromat und Bleiacetat zusammen! Der schöne gelbe Niederschlag ist Chromgelb $PbCrO_4$, der in der Technik nach ähnlichen Verfahren gewonnen wird. Durch Zugabe verdünnter Säuren erhält man hellere, bei Anwesenheit von Basen dunklere Farbtöne (Chromorange). Chromrot ist ein grobkristallines basisches Bleichromat von der Formel $PbO \cdot PbCrO_4$. Chromrot hat die gleiche Zusammensetzung wie Chromorange, jedoch liegt eine grobkristalline Form (tetragonale Tafeln) vor. Beim Zerdrücken geht Chromrot in Chromorange über. Frisch bereitetes Chromgelb hellt sich auf, wenn man etwas verdünnte Schwefelsäure zugibt (ausprobieren!), weil dabei ein wenig weißes Bleisulfat $PbSO_4$ entsteht. Stelle durch Probierglasversuche fest, wie sich Spuren von käuflichem Chromgelbpulver in heißer Natronlauge und Salpetersäure verhalten! Mit Leim, Öl, Öllack oder Spritlacken angerührt, ist Chromgelb eine gut deckende, vielgebrauchte Malerfarbe trotz ihrer Empfindlichkeit gegen Licht, Schwefelwasserstoff, Laugen und Säuren. Auch in der Aquarellmalerei, für Wachstuche und Linoleum, für Buchdruck, Steindruck usw. findet Chromgelb eine mannigfache Verwendung. Mit

schwefelhaltigen Farben soll Chromgelb nicht gemischt werden, da sich dunkles Bleisulfid bilden könnte. Chromgelb wird öfters mit Schwerspat, Kreide, Kaolin und dergleichen gestreckt. Untersuche käufliches Chromgelb und Chromrot nach S. 21 f. auf Blei (in Salpetersäure auflösen!). Chromgelb ist gesundheitsschädlich!

Barytgelb $BaCrO_4$ (= Bariumchromat) kann man im Probierglas durch Vermischen von Bariumchlorid und Kaliumdichromat-Lösung herstellen. Wie verhält sich diese hellgelbe Farbe gegen Salzsäure, Salpetersäure und Natronlauge? Barytgelb wird mit Leim und Öl angerührt; es läßt sich mit allen quecksilberfreien Farben mischen. Das meiste Barytgelb wird zu Streichholzzündmassen und als Tubenfarbe in der Malerei verwendet.

Zinkgelb $ZnCrO_4$ (= Zinkchromat) ist ein hellgelbes, lichtechtes, wetterbeständiges Kalium-Zink-Chromsäure-Komplexsalz, das man durch unvollständige Auflösung von Zinkweiß in Schwefelsäure und anschließende Kaliumdichromatfällung erhält.

1.5 Blaue Farben

Preußischblau (= Berlinerblau, Pariserblau) erhält man beim Zusammengießen von Kaliumhexacyanoferrat(II) und gelösten dreiwertigen Eisensalzen (z. B. Eisenchlorid $FeCl_3$). Stelle fest, ob ein im Probierglas erhaltener Berlinerblauniederschlag von Säuren oder Laugen angegriffen wird! Käufliches Berlinerblau ist in verdünnten Säuren unlöslich, wird aber von starken Säuren unter Grünfärbung zersetzt. In Oxalsäure bildet es eine kolloidale Lösung, die als blaue Tinte Verwendung findet – ausprobieren! Von Alkalien wird Berlinerblau leicht zersetzt, daher ist es zu Kalkanstrichen ungeeignet. Berlinerblau bildet außerordentlich kleine, in Flüssigkeiten schwebenbleibende Körnchen, daher eignet es sich vorzüglich als Tubenfarbe und wird aus dem gleichen Grund vom Maler häufig schon mit Öl angerieben in Blechbüchsen, Tuben und dgl. gekauft. *Preußischblau* ist eine sehr häufig verwendete Anstrichfarbe für Maschinen, Wagen, Geräte usw. Sie kann mit Wasser (Aquarellmalerei), Leim, Öl und Öllack angerührt werden; Mischungen mit Schwerspat, Gips und Ton sind möglich. *Miloriblau* ist eine hellere Sorte von Berlinerblau, die bei heißer Fällung und langem Kochen von Eisensulfat und Kaliumhexacyanoferrat(II) bei Kaliumchloratzusatz entsteht.

Cobaltblau Al_2CoO_4 kann im Laboratorium nach S. 21 (Nachweis von Aluminium) erhalten werden. Es ist eine leuchtendblaue, licht- und luftechte, basen- und säurebeständige teure Farbe, mit der die Kunstmaler häufig das Blau des Himmels wiedergeben. Infolge seiner hohen Temperaturbeständigkeit ist es auch als Porzellanfarbe verwendbar. Cobaltviolett ist ein Cobaltphosphat, Chromblaugrün besteht im wesentlichen aus $CoO \cdot Cr_2O_3 \cdot Al_2O_3$.

Ultramarin: Mikrokristallines, schwefelhaltiges Na-Al-Silicat von wechselnder Zusammensetzung. Ultramarin enthält 37 bis 48 % SiO_2, 23 bis 29 % Al_2O_3, 19 bis 23 % Na_2O, 8 bis 14 % S; dies entspricht annäherungsweise der Formel $Na_8Al_6Si_6O_{24}S_2$. Darstellung: Man mischt 39 Teile calc. Kaolin mit Kieselsäurezusatz, 30 Teile Soda, entwässert, 28 Teile Schwefel und 3 Teile Harz oder Pech (alles feinstgemahlen) innig miteinander, erhitzt es in etwa 30 bis 40 cm hohen Schamottetiegeln im Kammerofen 20 bis 50 Stunden lang auf helle Rotglut (700 bis 800 °C) und läßt dann 10 bis 14 Tage unter Luftabschluß abkühlen. Aus diesem Rohbrand, der 15 bis 20 % Na_2SO_4 enthält, wird durch anschließende Wasch-, Mahl-, Trenn- und Reinigungsprozesse die verkaufsfertige Farbe gewonnen. Wird der Natriumgehalt

vermindert, so entstehen violette und rote Ultramarinsorten, die ebenfalls praktische Bedeutung besitzen. Bringe eine Messerspitze käufliches Ultramarinblau ins Probierglas und erwärme mit einigen cm^3 Salzsäure! Beobachte Farbänderung und Schwefelwasserstoffentwicklung! Nachweis des Schwefelwasserstoffs nach S. 31! Ultramarinblau ist lichtecht, luft- und hitzebeständig; dagegen wird es von Säuren leicht zersetzt. Auch freie Ölsäuren greifen diese Mineralfarbe an; daher wird das Blau mancher Gemälde im Laufe der Zeit blind (Ultramarinkrankheit). In neuerer Zeit ist es der Industrie gelungen, auch säurebeständige Ultramarinsorten herzustellen.
Ultramarinblau hat eine äußerst vielseitige und umfangreiche Verwendung gefunden. Es kommt in der Regel als Pulver in den Handel und wird mit Wasser, Öl, Kalk, Leim, Kunstharzemulsionen oder Wasserglas angerührt und zum Färben von Wänden (Tüncherei), Zement, Kunststein, Linoleum, Zeug, Siegellack usw. verwendet. Des weiteren dient es zum Färben von Kunststoffmassen, Papier, Wachstuch, als Künstlerfarbe, Druckfarbe usw. Gelbliche Tönungen von Geweben, Papier, Seife, Stärke u. dgl. werden durch Spuren von Ultramarin (Waschblau) beseitigt; unter diesen Verhältnissen ergänzt sich Gelb und Blau zu Weiß (s. „Komplementärfarben").

1.6 Grüne Farben

Zinkgrün ist eine Mischfarbe aus Zinkgelb (Zinkchromat $ZnCrO_4$) und Berlinerblau, die mit Leim, Öl und Öllack angerührt als Mal- und Anstrichfarbe verwendet wird (giftig!). Alkalische Bindemittel sind nicht geeignet, da sich darin das Berlinerblau zersetzen würde. Die Lichtechtheit des Zinkgrüns ist gut, die Deckkraft ist etwas geringer als bei Chromgrün. Als Streckungsmittel kann Schwerspat verwendet werden. Fülle eine gelbe und eine blaue Flüssigkeit in zwei Gläser und halte beide hintereinander gegen das Licht, sie erscheinen dann grün. Fülle ein Becherglas mit Wasser und breite darauf eine Messerspitze Zinkgrün aus! Nach einigen Stunden sieht man oben blaue Stellen (Berlinerblau), während das Zinkchromat allmählich nach unten sinkt.
Chromgrün (Moosgrün, Seidengrün usw.) ist ebenfalls eine Mischfarbe, bestehend aus Chromgelb und Preußischblau. Sie wird von Alkalien zerstört (Preußischblau) und kann, mit Leim, Öl und Öllack angerührt, allen anderen Farben beigemischt werden. Zur Streckung eignet ich Schwerspat, Gips, Kaolin usw.
Chromoxidgrün besteht aus Chromoxid Cr_2O_3. Wir erhalten es durch längeres, scharfes Erhitzen von einer Messerspitze feingepulvertem Kaliumdichromat, dem etwa die doppelte Menge Schwefel beigemischt wurde (Tiegel!). Es entsteht eine olivgrüne Masse (Chromoxidgrün), die gegen Säuren, Laugen, Licht, Luft, Hitze, Schwefelwasserstoff und Schwefeldioxid vollkommen unempfindlich ist und deshalb zum Druck von Banknoten, zum Anstreichen von Heizungen, Lokomotiven, Öfen, Dampfkesseln, ferner als Porzellan-, Glas- und Emaillefarbe, im Zeugdruck sowie in der Kunst- und Fassadenmalerei verwendet wird. Das *Chromoxidhydratgrün (Guignetgrün)* ist smaragdgrün (wird daher auch als Smaragdgrün bezeichnet), Formel $2Cr_2O_3 \cdot 3\,H_2O$. Es zeichnet sich durch hohe Lichtechtheit und Wetterbeständigkeit aus. Seine Deckkraft ist etwas geringer. Gemische aus Chromoxidhydratgrün und Schwerspat heißen *Permanentgrün*. Man erhält das Chromoxidhydratgrün durch Glühen von Kaliumdichromat mit Borsäure.
Grünerde ist ein grobkörniges, eisenreiches Verwitterungsprodukt von Silicaten (besonders Augit und Hornblende) von folgender Zusammensetzung: 20 bis 30 %

FeO, 40 bis 55 % SiO_2, 10 bis 18 % CaO, 1 bis 10 % MgO, 6 bis 8 % Al_2O_3, 6 bis 8 % K_2O + Na_2O, 6 bis 8 % Wasser. Sie bräunt sich beim Brennen und dient als Streckungsmittel bzw. Anstrichfarbe. Die gewöhnlichen Grünerden sind Calcium-Magnesium-Eisen(II)-Silicate mit wenig Alkalien, Aluminium und Wasser; die Grünfärbung wird durch zweiwertige Eisenverbindungen verursacht. Die eisenreichen, kieselsäureärmeren Sorten (*Veronesergrün*) werden für Wasser-, Kalk- und Künstlerölfarben verwendet. Die Grünerden sind licht- und alkalibeständig, aber teilweise säurelöslich.

Viktoriagrün ist eine Mischfarbe aus Chromoxidhydratgrün, Schwerspat und Zinkgelb, die mit Öl angerührt häufig zum Anstrich von Fensterläden, als Kunstmalerfarbe und dergleichen verwendet wird; alkaliempfindlich infolge des Zinkgehalts.

1.7 Schwarze Farben

Diese bestehen aus Knochenkohle, Graphit, schwarzem Eisenoxid, Braunkohlen- und Kokserzeugnissen, Kienruß, Lampenruß, Ölruß, Flammenruß, Gasruß usw. Unter den Rußsorten ist Kienruß der billigste; am häufigsten wird der bessere und teurere Ölruß verwendet.

Als graue Farbe dient u. a. *Schiefermehl* (gemahlener Tonschiefer) und der korrosionsschützende *Zinkstaub* (feinpulveriges Zink).

2. Organische Pigmente

In den letzten Jahren hat diese Farbstoff-Gruppe größere Bedeutung gewonnen, vor allem als buntes Kleid des Autos (Phthalocyanine). Bei der Herstellung von Pigmenten für Buntpapier, Tapeten, Linoleum, Lacke, Zeugdruck, Anstreicherei und Kunstmalerei verwendet man nicht selten auch wasserlösliche organische Pigmente, zumeist lichtechte Azo-, Alizarin-, und Indanthrenfarbstoffe, meist wasserecht, kalkecht, oft auch spritecht, die mit großen Mengen von Tonerdehydrat, Bariumsulfat, Kalkspat, Lithopone, Mennige u. dgl. trocken oder in Teigform zermahlen oder vermischt werden. Saure Azofarbstoffe, saure Alizarine und andere saure Teerfarbstoffe fällt man mit Bariumchlorid u. dgl. und steigert die Wasserunlöslichkeit noch durch Zusatz von Tonerdehydrat, gleichzeitige Ausfällung von Bariumsulfat usw. Die leicht wasserlöslichen Salze vieler Farbbasen können durch saure Stoffe (z. B. Tannin, Tamol, Katanol, Albumin, Casein, Phosphorwolframsäure u. dgl. und durch Zusatz stark adsorbierender Stoffe (Tonerdehydrat, Silicate) haltbar gemacht werden.

3. Organische Farbstoffe

Die bisher beschriebenen anorganischen und organischen Pigmente sind in Wasser unlöslich. Jedes, auch das kleinste Körnchen eines solchen Pigments, ist durch und durch farbig. Im Gegensatz zu diesen Pigmenten stehen die Farbstoffe; sie sind synthetisch aufgebaute organische Verbindungen, die sich direkt oder auf Umwegen in Wasser auflösen und mit denen man Textilien und anderes färbt. Die Gruppe der Farbstoffe wird unter einem eigenen Stichwort behandelt (s. S. 101).

4. Die Bindemittel

Damit die pulverförmigen Mineralfarben beim Anstreichen auf der Unterlage gut haften, müssen sie mit einem flüssigen, nach dem Anstrich erstarrenden Bindemittel angerührt werden. Im folgenden sollen nur die wichtigsten Bindemittel Erwähnung finden. Viele Lacke werden auch ohne Zusatz von Pigmenten verwendet.

4.1 Wasserlösliche Bindemittel

Flüssige Pflanzenleime können z. B. aus Methylcellulose (*Glutolin*) oder Stärkeprodukten bestehen. Sie finden bei der Anstreicherei in steigendem Maße Verwendung.
Dextrin erhält man durch Säurebehandlung und Rösten der Stärke. Bei Tubenwasserfarben, Aquarellstück- und Näpfchenfarben wird die Farbe in Dextrin verrieben, dem man Glycerin, Zuckersirup, Honig, Monopolöl oder auch hygroskopische Salze beimengt, um ein Rissigwerden zu verhindern.
Wasserglas bildet eine gallertartige Flüssigkeit, die sich an der Luft langsam trübt und allmählich glasartig erstarrt. Die Trübung ist auf Kieselsäure zurückzuführen, welche durch die Einwirkung der Luftkohlensäure entstand. Die pulverisierten Farben werden mit destilliertem Wasser dick angerührt; dann gibt man so viel unverdünntes Wasserglas dazu, bis das Gemisch gut gestrichen werden kann. Da Wasserglas bald erstarrt, empfiehlt es sich, nur so viel Farbe anzumachen, wie man an einem Tag verarbeiten kann. Mit Wasserglas können folgende Farben angerührt werden: Kreide, Lithopone, Barytweiß, Zinkweiß, Ruß, Knochenkohle, Ultramarin, Bremerblau, Grünerde, Ocker u. a. Leider bekommt der Anstrich auf Holz im Laufe der Zeit Risse und blättert schließlich ab. Die beim Wasserglasanstrich benutzten Pinsel sind sofort nach Gebrauch mit Wasser auszuwaschen, da sonst das Wasserglas erhärtet und dann nicht mehr zu entfernen ist. Auch auf Fensterscheiben kann Wasserglas festhaftende, nur schwer zu beseitigende Flecke hervorrufen. Wenn man Glasscheiben undurchsichtig machen will, bestreicht man sie am besten mit Wasserglas oder einer Wasserglasfarbe.
Gelöschter Kalk, der aus ungefähr 5 Teilen Calciumhydroxid $Ca(OH)_2$ und 6 Teilen Wasser besteht, wird mit etwa einem Gewichtsteil pulverisierter Farbe (Ocker, Marsgelb und Marsrot, Ultramarin, Chromoxidgrün oder Elfenbeinschwarz) vermischt und vielfach zum Bestreichen der Wände benützt. Man bezeichnet solche Gemenge als Kalkfarben. Im Laufe der Zeit verwandelt sich der weiche, gelöschte Kalk unter Aufnahme von Luftkohlensäure in hartes Calciumcarbonat $Ca(OH)_2 + H_2CO_3 \rightarrow CaCO_3 + 2\ H_2O$. Dabei werden die Farbstoffkörnchen mit der Unterlage fest verbunden. Einige Farben, wie Bleiweiß, Chromgelb, Berlinerblau und Zinkgelb, darf man nicht mit Kalk mischen, da hier Zersetzungsreaktionen stattfinden.
Casein, ein wichtiges Farbenbindemittel, ist die weiße Masse in der entrahmten, sauren Milch, die getrocknet, gemahlen und mit alkalischen Stoffen (Calciumhydroxid, Kalilauge, Ammoniak, Trinatriumphosphat und dergleichen) kaltwasserlöslich gemacht wird. Casein-Kaltleim muß trocken, feinpulverig oder grießförmig sein. Er darf nicht käseartig riechen und soll mindestens 50 % handelsübliches Casein mit höchstens 12 % Wasser enthalten. Um Fäulnis zu verhindern, setzt man ihm Borax, Nipagin T, Parachlormetakresol, Preventol, Natriumfluorid oder 0,5 % Phenol zu. Ultramarinblau, Ruß, Ocker, Zinkweiß und andere Farbpulver rührt man zuerst mit wenig Wasser teigartig an, gibt dann eine starke Caseinlösung hinzu, bis das Gemisch streichfertig ist, und bestreicht damit Wände aus frischem, lufttrockenem Kalkmörtel. Der Kalk verbindet sich mit dem Casein zu unlöslichem, haltbarem Käsekalk (s. a. „Temperafarben").

4.2 Ölige Bindemittel

Leinöl ist ein wichtiges Bindemittel. Es wird hauptsächlich in Indien, Argentinien und der Sowjetunion in großem Umfang aus Flachssamen gewonnen. Das rohe Leinöl hat eine gelbliche Farbe. Durch längeres Lagern, Belichtung oder Zusatz von Chemikalien wird es aufgehellt. Dieses *gebleichte* Leinöl dient zur Herstellung feiner, weißer Anstriche und weißer Lackfarben. Wird Leinöl durch Kochen eingedickt und gebleicht, so erhält man *Stand-* oder *Dicköle*, die schönen Glanz zeigen, hart austrocknen und auch bei der Lackherstellung Verwendung finden. Wird Leinöl oder Standöl mit einem Farbpulver verrührt und auf Wände, Bretter usw. gestrichen, so trocknet das Öl unter Aufnahme von Luftsauerstoff (Gewichtszunahme!) langsam zu einer festen Masse ein. Bleibt Leinöl oder Ölfarbe längere Zeit an der offenen Luft stehen, so bildet sich aus dem gleichen Grund an der Oberfläche eine zähe Haut. Setzt man dem Leinöl während des mehrstündigen Kochens kleine Mengen von organischen Pb-, Co-, Mn-Verbindungen u. dgl. zu, so entstehen die schnell trocknenden Leinölfirnisse. Mischt man das Leinöl mit Metallverbindungen der Leinölsäuren in der Kälte, so bilden sich die helleren, ebenfalls schnell und hart trocknenden, häufig verwendeten Kalt- oder Linoleatfirnisse. Wird Leinöl auf eine Glasplatte gestrichen, so vergehen bis zum Trocknen einige Tage, während Leinölfirnis schon innerhalb 12 Stunden trocknet.
Leinöl und Holzöl verwendet man meist in modifizierter, chemisch umgewandelter Form.
Mohnöl und Mohnölfirnis werden wegen ihrer Helligkeit vom Kunstmaler zum Anreiben heller Farben verwendet.

4.3 Harzbindemittel

Harze sind feste oder dickflüssige Ausscheidungen von vorweltlichen (*Bernstein*) oder heute lebenden Nadelhölzern. Zu den festen Harzen gehören die Bernsteine der Ostseeküste und die *Kopale*, welche in den tropischen Gebieten Afrikas, Australiens und Südamerikas als weiche Harzmasse in die Erde geflossen sind und heute als nuß- bis faustgroße, spröde, braune, rötliche oder gelbe Stücke gesammelt werden. Man unterscheidet nach den Fundorten Angola-, Benguela-, Kongo-, Sansibar-, Brasil- und Kamerunkopal.
Zu den weichen Harzen gehören *Fichtenharz, Dammarharz* (aus einer ostindischen Pinie) und die *Balsame*; dies sind Mischungen aus Harzen und ätherischen Ölen. Harzähnliche Stoffe sind: Asphalt, Kautschuk, Schellack und die Kunstharze.
Die Harze werden in großem Umfang zur Herstellung von Lacken verwendet. Bei diesen unterscheidet man zwischen Öl-(Kopal-)lacken und flüchtigen (ätherischen) Lacken. Lacke sind nach DIN/DVM 3201 streichfertige Anstrichstoffe, die Lackstoffe enthalten. Lackstoffe sind natürlich vorkommende oder künstlich hergestellte Stoffe, die im Binde- oder Lösungsmittel oder in beiden gelöst werden können und den Zweck haben, dem Anstrich ganz bestimmte Eigenschaften zu verleihen (Erhöhung der Widerstandsfähigkeit gegen äußere Einflüsse, Erhöhung des Glanzes oder Herbeiführung einer glatten Oberfläche).
Bei den **Öllacken** unterscheidet man nach Verwendungsweise und Zusammensetzung u. a. Dekorationslacke, Fußbodenlacke, Heizkörperlacke, Kutschenlacke, Maschinenlacke, Lokomotivlacke, Möbellacke, Schleiflacke (harte, schnelltrocknende, fettarme, mit Farben mischbare Kopallacke), Emaillacke (glasurähnlich verlaufend, hochglänzend, hart, waschecht, aus gebleichtem Leinöl, Standöl und

Kopalen), Weißlacke (aus eingedickten, sauerstoffreichen Ölen und Zinkweiß oder Lithopone, harzfrei) und Japanlacke (echter Japanlack aus dem Saft des japanischen Lackbaumes mit Zutaten). Bei Öllackanstrichen verdunstet zunächst das Terpentinöl); dann erhärtet das Leinöl unter Sauerstoffaufnahme.

4.4 Ölfreie und ölarme Lacke

Bei den flüchtigen oder **ätherischen Lacken** verflüchtigt sich das Lösungsmittel der Harze während des Trocknens; hierher gehören die Spritlacke, Terpentinlacke, Zaponlacke und Celluloselacke. Bei den **Sprit-** oder **Weingeistlacken** werden die Harze (Alkydharze, Harnstoffharze, Schellack, Kolophonium, Kopale) in Spiritus gelöst. Oft gibt man zu diesen Lösungen noch organische Teerfarben oder anorganische Körperfarben, ferner Benzoeharz, Dickterpentin, Weichmacher, Ricinusöl, Glycerin u. dgl. Hauptlösungsmittel ist Spiritus; diesem können noch wechselnde Mengen von Methanol, Butanol, Toluol, Butylacetat u. dgl. beigemischt werden. Da Spiritus leicht verdunstet, trocknen die Spirituslacke sehr schnell. Man verwendet sie deshalb mit Vorliebe bei eiligen Arbeiten, zum Voranstreichen, zu Ausbesserungen usw. Zum Anstrich von Eisenteilen, Herden, Ofenrohren und dergleichen werden vielfach *Terpentinlacke* benützt. Bei diesen sind die Harze in dem flüchtigen Terpentinöl gelöst und mit etwas Standöl gemischt.

Die **Zaponlacke** werden als Isolierlack und als Rostschutzmittel für bessere Metallwaren verwendet. Sie enthalten etwa 5 % niedrig nitrierte Cellulosenitrate (meist mit geringem Weichmacherzusatz), die in Butylacetat, Aceton, Ether und anderen leichtflüchtigen, feuergefährlichen Flüssigkeiten aufgelöst sind. Beim Verdunsten des Lösungsmittels bleibt eine sehr dünne, festhaftende und haltbare Cellulosenitratschicht zurück. Eine interessante Anwendung von Collodiumlösung in Ether liegt im *Heftalin* (Flüssige Haut, Chem. Pharm. Lab. R. Schneider, Wiesbaden) vor. Man streicht bei kleinen Wunden, Frostbeulen, Insektenstichen u. dgl. ein wenig von dem flüssigen, leicht brennbaren, ätherisch riechenden Tubeninhalt auf die abgetupfte Stelle, bei größeren Wunden wird Watte mit etwas Heftalin befeuchtet, dann streicht man die Wattenränder gut fest. Nach Verdunstung des Lösungsmittels bleibt ein dünnes, auch beim Waschen zäh haftendes, nässeunempfindliches, elastisches Collodiumhäutchen zurück, das die Wunde verschließt und Bakterien abhält.

Die **Nitrocelluloselacke** bestehen aus Nitrocellulose (Cellulosenitrat), Harz, Lösungsmitteln und Weichmachern. Mit diesen Lacken wurden viele Autokarosserien und Möbel lackiert. Sie trocknen außerordentlich rasch (Trockenzeit ca. 5 bis 30 Minuten) durch Verdunstung der Lösungsmittel und eignen sich deshalb in erster Linie für das Spritzverfahren; Vorsicht! Feuergefahr! Die Nitro-Emaillen werden durch Vermischen von Nitrocelluloselack mit Farbkörpern und anschließender Vermahlung hergestellt. An Stelle der billigeren Nitrocellulosen kann man auch die feuersicheren Acetylcellulosen (*Cellit, Cellon*) in Aceton und dergleichen auflösen. Es entstehen dann die bei Flugzeugen, Geweben, Tapeten und Papierstoffen verwendeten *Acetylcelluloselacke*.

In neuerer Zeit stehen die **synthetischen Lacke** oder **Kunstharzlacke** ganz stark im Vordergrund. Sie enthalten oft Alkydharze; das sind Verbindungen von Phthalsäure und Glycerin mit Fettsäurezusatz. Diese Lackanstriche sind sehr hart, elastisch, wetterbeständig, stoß- und schlagfest. Sie eignen sich für Autokarosserien, Türen, Gartenmöbel, Eisenkonstruktionen usw. Andere Kunstharzlacke enthalten Phenol-

Formaldehyd-Kondensationsprodukte oder Maleinatharze, Polystyrole, Polyvinylverbindungen, Polyester und dergleichen; oft kommen auch Kunststoffdispersionen zur Anwendung.
Die **Chlorkautschuklacke** bestehen aus Naturkautschuk oder Buna, welche mit Chlorgas behandelt und in flüchtigen Lösungsmitteln unter Zusatz von Harzen, Farbkörpern und Weichmachern gelöst werden. Diese Lacke widerstehen Säuren, Laugen, Salzlösungen und Wasser; sie werden daher in Laboratorien, Fabriken, Bergwerken, als Unterwasseranstrich bei Schwimmbecken, als Rotschutzmittel bei Wasserflugzeugen usw. verwendet. Da Chlorkautschuk schon bei etwa 65 °C erweicht, ist er z. B. bei Heizkörpern nicht verwendbar. Ein weiterer Lackrohstoff ist der **Cyclokautschuk**, ein Isomeres des Polyisoprens mit teilweise ringförmiger Struktur.
Siliconlacke (s. a. S. 48) sind wärmebeständig, wasserabstoßend und witterungsfest. Man verwendet sie in der Möbel-, Auto- und Bauindustrie. Heute werden mehrere Millionen Quadratmeter Außenwände mit Silicon-Bautenimprägniermitteln behandelt.
Epoxidharz-Lacke. Der Rohstoff zu dieser modernen Lacksorte wird meist durch Kondensation von Epichlorhydrin und Diphenylolpropan erhalten und je nach Molekulargewicht in festem, halbflüssigem oder flüssigem Zustand geliefert. Sie geben mit Aminen und Polyamidharzen kalthärtende Anstrichmittel (Grund- und Decklacke für Industrieanstriche, Außenlacke, Rostschutzanstriche, Innenanstriche für Tanks und Behälter, Schiffsanstriche usw.), mit Phenol-, Harnstoff-, Melamin- und Alkydharzen Einbrennlacke (z. B. für Drahtlacke, Konservendosen-Innenlackierung), mit Fettsäuren lufttrocknende Lacke (z. B. für Gartenmöbel, Fenster, Türen usw.).
Die **Bitumenlacke** sind Auflösungen von Asphalt, Teerpechen, Säureharzen in Lackbenzin; auch kombinierbar mit fetten, trocknenden Ölen, Chlorkautschuk, Natur- und Kunstharzen. Hauptverwendung: Metallanstrich, Isolierung im Bautenschutz.
Mit den Spritlacken sind manche **Politurflüssigkeiten** verwandt, nur werden sie nicht mit dem Pinsel aufgetragen, sondern mit einem Tuchballen (Mop) verrieben. Eine gute Möbelpolitur entsteht, wenn man in einem bedeckten Glasgefäß 1 Gewichtsteil Schellack (ein braunes, ostindisches Baumharz, durch Stiche der Schellackschildlaus hervorgerufen) und 4 Gewichtsteile Spiritus einige Tage stehen läßt, bis sich die Lösung geklärt hat und anschließend durch ein weitmaschiges Nesseltuch abfiltriert. Eine moderne Möbelpolitur kann z. B. auch aus 7 kg Spezialwachs Z 150, 40 kg Wasser, 37 kg Testbenzin, 10 kg Spezialbenzin, 4 kg Balsam-Terpentinöl, 1 kg Trichlorethylen, 0,5 kg Siliconöl 350 c ST und 0,3 kg Parfümöl „Waldduft" (und Konservierungsmittel) hergestellt werden. Ein **Fixativ** für Kreide-, Kohle- und Bleistiftzeichnungen erhält man durch Auflösen von 1 Teil gebleichtem Schellack in 5 Teilen Spiritus.

4.5 Verdünnungs- und Lösungsmittel

Zur Verdünnung von Ölfarben oder Lacken eignen sich die folgenden flüchtigen, das heißt vollständig verdunstenden Flüssigkeiten: Terpentinöl, Terpentinölersatzprodukte (aus der Destillation von Erdöl oder Steinkohle gewonnen), Erdöl, Benzin, Amylalkohol, Spiritus, Ether, Methylethylketon, Diethylamin, Furfurol, Cyclohexanol, Cyclopentan, Glykolether, Butylacetat, Amylacetat, Toluol, Isopropanol, Propanol, Wasser, Aldehyde und Aceton. Mit diesen Stoffen kann man auch alte Öl- oder Lackanstriche entfernen und Malergeräte (z. B. Pinsel) reinigen.

5. Spezialfarben

5.1 Warm- und Kaltwasserfarben. Gewöhnlich werden die eingangs erwähnten Farbpulver in einem wasserlöslichen, öligen oder harzigen Bindemittel verrieben und mit dem Pinsel aufgestrichen. Neben diesen gibt es aber noch eine Anzahl anderer Verwendungsformen, welche im folgenden besprochen werden sollen. Bei den Warm- und Kaltwasserfarben ist das meist weiße Farbpulver (Kreide, Permanentweiß usw.) mit pulverisiertem Casein, Leim- oder Stärkeprodukten vermischt. Zur leichteren Auflösung und Fäulnisverhütung wird noch Borax, Soda oder Alaun zugegeben. Im Bedarfsfall rührt man dieses Gemisch mit warmem oder kaltem Wasser an und erhält so eine streichfertige Farbe für Zimmerwände, Decken usw.

5.2 Aquarellfarben. Dies sind meist ungiftige, anorganische Farben wie Zinkweiß, Cadmiumgelb, Chromgelb, Ocker, Zinnober, Berlinerblau, Ultramarin usw., welche mit einem Bindemittel (Gummiarabikum, Leim, Gelatine, Dextrin, Tragant, synthetische Produkte usw.) gemischt und in Tafeln oder „Knöpfe" gepreßt werden. Die einfachen Malkästen der Schüler enthalten in der Regel Aquarellfarben der obengenannten Art. Verreibe etwas Farbe in wenig Wasser und filtriere! Der Farbstoff läuft trüb durch den Filter, er muß also äußerst fein gekörnt sein. Die durchschnittliche Größe von Aquarellfarbstoffkörnern liegt bei 0,00025 mm, die meisten Bakterien sind wesentlich größer.

5.3 Temperafarben (ital. temperare = mischen) sind Malfarben, die man durch Verrühren eines Farbpulvers (Ruß, Ocker, Umbra, Bleiweiß, Eisenrot, Cadmiumgelb, Grünerde u. dgl.) mit Tempera erhält. Unter Tempera versteht man in der Malerei Bindemittel, die durch Vermischen von wässerigen Emulgatorlösungen (z. B. von Eiweiß, Dextrin, Gummi-arabicum, Leim, Casein u. dgl.) mit einem Öl (z. B. Leinöl, Leinölfirnis, Nußöl, Mohnöl, Öllack) entstehen. Eine Ei-Tempera erhält man z. B., wenn man den Inhalt eines ganzen rohen Eies (einschließlich Dotter) gründlich durchschüttelt, dann eine gleich große Raummenge Leinölfirnis dazugibt, wiederholt bis zur Bildung einer Emulsion umschüttelt und schließlich das Farbpulver dazumischt.

5.4 Pastellfarben. Dies sind trockene, walzenförmige, 5 bis 10 mm dicke Farbstifte ohne Holzhülle, die in der Kunstmalerei Verwendung finden. Die Farbe wird mit Schlämmkreide (braust bei Salzsäurezusatz auf!), Gips oder Tonerde und Wasser nach Zusatz von wenig Tragantschleim zu einem steifen Brei angerührt. Durch Pressen erhält man Stifte, die langsam getrocknet werden.

5.5 Ölkreiden werden wie Pastellfarben hergestellt, doch fügt man hier noch eine besondere organische Mischung hinzu, die z. B. Talg, Stearin, Vaseline oder Wachs enthält.

5.6 Farbstifte haben ähnlich wie Bleistifte eine Holzhülle. Die Farbmine besteht hier aus Kaolin, einer Mineralfarbe oder einem Teerfarbstoff und einem Bindemittel aus Tragantschleim oder Methylcellulose. Beispiel: Blaustifte können 80 Teile Kaolin, 20 Teile Miloriblau (Berlinerblausorte) und 32 Teile Tragantschein 1 : 15 enthalten.

5.7 Farbige Wandtafelkreiden[1] bestehen in der Regel aus Gips (kein Aufbrausen bei Salzsäurezusatz!), dem Mineralfarben (Eisenrot, Chromgelb usw.) beigemischt sind. Untersuche eine rote Kreide nach S. 21 f. auf Eisen!

[1] Die gewöhnlichen weißen Schulkreiden werden aus feinstgeschlämmten Materialien (Gips, Kreide, Kaolin, weißer Ton, Magnesiumcarbonat oder Magnesia) und etwas Bindemittel (z. B. verdünnte Leimlösung) hergestellt.

Farbstoffe

Pigmente sind farbige Körnchen, Farbstoffe dagegen zumeist färbende Lösungen. Unter den Hunderttausenden von organischen Verbindungen ist nur ein kleiner Teil farbig. Von diesen finden etwa 2000 als Farbstoffe Verwendung, die in den 500 bis 1000 vom menschlichen Auge unterscheidbaren Farbtönungen geliefert werden. Der Ausgangspunkt für die allermeisten *organischen* Farbstoffe war der Teer. Man bezeichnet sie deshalb auch kurz als *Teerfarben*. Diese werden in der Textilindustrie in riesigen Mengen zur Färbung baumwollener, leinener, seidener und kunstseidener Stoffe verwendet. Des weiteren bedient man sich ihrer beim Eierfärben (Eierfarben enthalten z. B. einen organischen Farbstoff, Dextrin und Glaubersalz; sie werden in Täschchen oder Briefchen zu 1 bis 1,2 g verkauft), bei der Herstellung farbiger Schuhcreme, Kernseifen, Lackfarbstoffen und Weihnachtskerzen, in der Nahrungsmittelindustrie zum Färben von Zuckerwaren (Osterhasen), Limonaden und bei der Neu- bzw. Umfärbung von Kleidungsstücken im Haushalt. Die Industrie hat kleine, billige, in Farbgeschäften und Drogerien erhältliche Farbstoffpackungen von etwa 15 bis 40 g Gewicht in zahlreichen Farbtönen (z. B. Brauns *Citocolfarben*, Heitmanns *Simplicolfarben*) hergestellt, welche auf Grund der beiliegenden Gebrauchsanweisungen jedermann instand setzen, Kleidungsstücke aller Art ohne viel Schwierigkeiten zu färben.
In farbigen Tinten und Tintenstiften sind organische Farbstoffe enthalten, ebenso in manchen „Schönheitsmitteln" zur Färbung der Haare und Lippen. Lippenstifte werden beispielsweise aus wenig Eosinstearat (= Farbstoff) und viel Bienenwachs, Lanolin, Ceresin, hydrierten Ölen und Fetten (= fester Träger der Farbe) hergestellt. Das Eosinstearat erhält man durch Zusammenschmelzen von 1 Teil Eosin (= roter Tintenfarbstoff) und 9 Teilen Stearin. Die synthetischen organischen Farbstoffe, die heute in den Textilfärbereien der ganzen Welt vorherrschen, wurden vor rund 120 Jahren erstmals hergestellt.
Vorher färbte man mit Pflanzenfarbstoffen wie z. B. natürlichem Indigo, Krapp, Gelbholz, Blauholz, Rotholz und einigen weniger wichtigen tierischen Farbstoffen wie z. B. Cochenille, Kermes und Purpur. Etwa von 1860 bis 1914 wurden viele organische Farbstoffe in den chemischen Laboratorien der Universitäten und Technischen Hochschulen synthetisiert; später übernahmen die Forschungslaboratorien der Farbstoffabriken diese Aufgabe. Die wichtigsten Farbstoffwerke der Bundesrepublik heißen: BASF AG, Ludwigshafen; Bayer AG, Leverkusen; HOECHST AG, Frankfurt; Cassella Farbwerke Mainkur, Frankfurt-Fechenheim; die DDR wird von der Farbenfabrik Wolfen mit Farbstoffen versorgt.

Man unterscheidet im Bereich der organischen Farbstoffe in färbetechnischer Hinsicht zwischen folgenden Farbstoffen:

1. Küpenfarbstoffe. Färberisch wertvollste, formenreichste Farbstoffgruppe. Diese Farbstoffe werden durch einen Reduktionsvorgang (mit Natriumdithionit u. dgl.) in eine alkalilösliche Verbindung (*Küpe*) überführt, die sich auf der Faser durch Luftoxidation in den ursprünglichen, unlöslichen, lichtechten Farbstoff zurückverwandelt. Hierher gehören über 100 *Indanthrenfarbstoffe* (die aus mehreren tausend in früheren IG-Laboratorien synthetisierten Küpenfarbstoffen ausgewählt wurden), ferner die *Helindonfarbstoffe, Algolfarbstoffe*, der künstliche *Indigo* usw. Die Indanthrenfarbstoffe (zumeist Anthrachinonabkömmlinge) sind in Gelb, Orange, Rot, Blau, Schwarz usw. erhältlich. Sie erreichen ein Höchstmaß an Wasch-, Licht-, Wetter- und Chlorechtheit. Man verwendet sie zum Färben von Pflanzenfasern einschließlich Kunstseide und Zellwolle.

Versuch: Wir füllen ein Probierglas zu ¾ mit Wasser, geben eine erbsengroße Menge pulverisierten Indigo, eine bohnengroße Menge Natriumdithionit $Na_2S_2O_4$ und 1 cm^3 Natronlauge dazu. Dann erwärmen wir etwa 5 Minuten lang, bis sich der Indigo aufgelöst hat. In die nun schwach gelbliche Lösung (*Küpe*) werden Woll- und Baumwollfäden hineingetaucht. Beim Aufhängen an der Luft färben sich die Fäden blau durch Oxidation.

2. Schwefelfarbstoffe. Von dieser wichtigen Farbstoffgruppe gibt es schwarze, blaue, grüne, gelbe und orangefarbene Vertreter. Besonders bekannt sind das *Schwefelschwarz*, das *Hydronblau* (wird häufig zum Färben von blauen Arbeitskleidern verwendet), die *Immedialfarbstoffe* usw.

3. Säurefarbstoffe. Hier handelt es sich meistens um wasserlösliche Natriumsalze von sulfonierten Azo-, Triphenylmethan- und Anthrachinonfarbstoffen, die zumeist in saurer Lösung zum Färben von Wolle, Seide, Caseinfasern, Nylon, Perlon u. dgl. verwendet werden.

4. Basische Farbstoffe. Dies ist die älteste künstliche Farbstoffgruppe. Hierher gehört auch der erste synthetische organische Farbstoff, nämlich das 1856 von Perkin entdeckte *Mauvein*. Man verwendet diese Farbstoffe auch heute noch in erheblichem Umfang zum Färben und Bedrucken von tierischen und pflanzlichen Fasern, Papier, Lacken usw. Beim Färben von Baumwolle ist die *Tannin-Beize* oder *Katanol-Beize* erforderlich. Die basischen Farbstoffe enthalten alle freie oder substituierte Aminogruppen und liegen als deren Salze (meist salzsaure Salze) vor. Hierher gehören chemisch sehr verschiedene Gruppen, wie z. B. *Di- und Triarylmethanfarbstoffe, Xanthen-, Thiazin-, Azin-* und *Polymethinfarbstoffe*.

5. Substantivfarbstoffe (Direktfarbstoffe), meist höhermolekulare, oft kolloidale organische Farbstoffe, die zumeist zur Gruppe der *Azofarbstoffe* ($-N=N-$ Gruppen im Molekül) gehören und nach Salzzusatz direkt zur Färbung von Pflanzenfasern verwendbar sind.

6. Entwicklungsfarbstoffe. Bei dieser sehr verschiedenartigen Farbstoffgruppe wird der Farbstoff durch chemische Reaktionen auf der Faser erzeugt und befestigt. Hierher gehören verschiedene *Substantivfarbstoffe*, das *Anilinschwarz* und *Naphtholfarbstoffe*.

Versuch: Wir lösen 1 g pulverisierte gelbrote Kristalle von Kaliumdichromat im Becherglas in 100 cm^3 Wasser auf, dem vorher 1 cm^3 konzentrierte Schwefelsäure zugesetzt wurde. In diese Flüssigkeit tauchen wir ein Stück Baumwollgewebe, rühren dann 1 cm^3 einer Mischung aus gleichen Teilen Anilin und konzentrierter Salzsäure hinein und erhitzen 5 Minuten lang zum Sieden. Die gelbrote Lösung wird allmählich schwarz. Das Gewebe nimmt diese Farbe auch nach 5 Minuten an. Wir spülen das Baumwollgewebe in Leitungswasser ab. – Anilinschwarz ist ein Entwicklungsfarbstoff, der aus einfachen Bestandteilen während des Färbens erzeugt wird. Er wird in großen Mengen zum Färben der Baumwolle gebraucht.

7. Chromier- und Beizenfarbstoffe. Diese enthalten *beizenziehende Gruppen*, welche mit Metallsalzen (z. B. Al-, Cr-, Fe- u. a. Salzen) mehr oder weniger schwerlösliche Verbindungen (*Farblacke*) eingehen. Hierher gehören viele *Azo-, Triarylmethan-* und *Anthrachinonfarbstoffe (Alizarin)*.

8. Dispersionsfarbstoffe. Gruppe von chemisch sehr verschiedenartigen, wasserunlöslichen organischen Farbstoffen, die sehr fein zermahlen unter Mitwirkung von Dispersionsmitteln zum Färben von Synthesefasern (Acetatseide, Perlon, Nylon, Dralon, Trevira u. dgl.) verwendet werden. Die Dispersionsfarbstoffe (z. B. *Polyestren-, Celliton-, Palanil-, Cibacet-, Setacylfarbstoffe*) bilden mit den Fasern sozusagen feste, wasserunlösliche Lösungen und geben dadurch dauerhafte Färbungen.

9. Reaktivfarbstoffe (Reaktionsfarbstoffe). Gruppe von neueren Farbstoffen, die beim Färben mit den OH-Gruppen der Cellulose (z. B. von Baumwolle), in Spezialfällen (z. B. *Cibacron-* und *Cibacrolanfarbstoffe*) auch mit den Aminogruppen von Wolle chemisch reagiert. Hierher gehören z. B. die *Cibacron-, Drimaren-, Levafix-, Procion-, Reacton- und Remazolfarbstoffe*.

Versuch: In einem Osterhasen läßt sich der organische Farbstoff folgendermaßen nachweisen: Man löst ein farbiges Bruchstück in Wasser, gibt zu der Lösung einige Weinsäurekristalle und einen weißen Wollfaden. Die Flüssigkeit wird etwa eine Viertelstunde gekocht. Der Faden hat sich nach dieser Zeit gefärbt; die Farbe ist auch durch gründliches Abwaschen nicht zu entfernen. Der Versuch gelingt auch mit roter Limonade.

Weitere interessante Experimente mit Farbstoffen finden sich in dem Band Römpp/Raaf, Organische Chemie im Probierglas, Franckh'sche Verlagshandlung, Stuttgart, 1982.

Fingerabdrücke

Die Unterseite unseres Daumens und der übrigen Fingerspitzen zeigt bei näherer Betrachtung Dutzende von feinen 0,1 bis 0,4 mm hohen Linien. Die Muster dieser Handlinien sind bei allen Fingern derselben Hand, ja sogar bei allen Fingern einer ganzen Stadt, eines Landes, und selbst der ganzen Menschheit so verschieden, daß sie den einzelnen Menschen besser kennzeichnen als der beste Steckbrief. Das Linienmuster bleibt von der Wiege bis zum Grabe unverändert; selbst unter angeätzter oder verbrannter Haut wachsen die „angeborenen" Fingerlinien wieder nach. Kein Wunder, daß man die Fingerabdrücke schon seit alter Zeit als Ausweismittel und Erkennungszeichen benützt. So fand man z. B. in China einen Kaufvertrag aus dem Jahre 782 n. Chr. der ausdrücklich durch Fingerabdruck und Unterschrift bestätigt wurde. Auch heute noch werden im Fernen Osten in Büchern an Stelle der Namen die Fingerabdrücke der Besitzer angebracht. In die nach Kriegsende in Deutschland eingeführten Kennkarten kam der Fingerabdruck des Inhabers. Im polizeilichen Erkennungsdienst werden von den Verbrechern bei der Einlieferung Fingerabdrücke hergestellt und in Zentralstellen gesammelt.

Deutliche Fingerabdrücke erhält man nach folgenden Verfahren:

1. Wir bewegen eine brennende Kerze dicht unter einer Glasplatte hin und her, so daß sich eine dünne Rußschicht bildet. Drückt man nach dem Erkalten einen Finger auf den Ruß, so entsteht ein schöner Abdruck. Das gleiche ist der Fall, wenn der

Finger nachher auf glattes, weißes Papier gepreßt wird. In ähnlicher Weise nimmt die Polizei Fingerabdrücke auf; statt der rußigen Glasscheibe wird dort eine mit Druckerschwärze überzogene Metallplatte verwendet.
2. Man löst 1 g gelbes Blutlaugensalz in 100 cm^3 Wasser auf, tränkt einen Wattebausch mit der Lösung und bestreicht ein Stück Papier. Während des Trocknens wird 1 g braunes Eisenchlorid in 1 l Wasser aufgelöst. Sobald das Papier trocken ist, tauchen wir den Finger in die Eisenchloridlösung und drücken ihn mehrmals nebeneinander auf das Papier. Es entstehen auf diese Weise schöne Fingerabdrücke von Berlinerblau, einer bekannten Malerfarbe.

Natürlich findet der Detektiv am Tatort höchst selten deutliche Fingerabdrücke. In vielen Fällen wird er die Fingerabdrücke überhaupt nicht sehen, sondern höchstens vermuten können. Die Sichtbarmachung unsichtbarer Fingerabdrücke kann nach folgenden Verfahren durchgeführt werden:

1. Drücke die mit Seife gereinigte Fingerspitze kräftig auf ein glattes, weißes Papier! Von einem Abdruck ist fast nichts zu sehen. Wir umranden die Abdruckstelle mit dem Bleistift und streuen feinstes Aluminiumpulver (z. B. die in Drogerien erhältliche Aluminium-Standart-Lackbronze) darüber, breiten es durch leichtes Klopfen vorsichtig aus und blasen es anschließend wieder weg. Die auf dem Blatt haftenden Aluminiumspuren lassen dann den Fingerabdruck deutlich erkennen. Erklärung: Die Fingerlinien haben auf dem Papier geringe Mengen von Wasser und Fett zurückgelassen; diese halten ein wenig von dem leichten Aluminiumpulver fest. Da Wasser leicht verdunstet, führt das Verfahren nur zum Ziel, wenn der Abdruck noch keine 24 Stunden alt ist. Im Ernstfall streut der Detektiv das Aluminiumpulver überallhin, wo Abdrücke zu vermuten sind. Nach dem Wegblasen des Pulvers werden dann oft schöne Fingerspuren sichtbar.
2. Wir drücken den gereinigten Finger kräftig auf ein glattes Papier und umrahmen die unsichtbare Druckstelle mit dem Bleistift. Dann streicht man mit einem Papierstreifen gewöhnliche Tinte über die Druckstelle. Spült man nach einigen Sekunden die Tinte mit Leitungswasser ab, so erscheint der Abdruck in schön blaßblauer Farbe. Stelle fest, ob ein unsichtbarer Abdruck auch noch einige Tage später nach diesem Verfahren „entwickelt" werden kann!
3. Wir schreiben unseren Namen mit dem Fingernagel auf eine gewöhnliche, nicht mit Wasserdampf beschlagene Fensterscheibe. Die Schrift bleibt unsichtbar. Hauchen wir aber darüber, so erscheint sie deutlich, da sich der Wasserdampf an den beschriebenen Stellen in anderer Weise niederschlägt. Schreibt man mit einem Holzstückchen auf gewöhnliches, glattes Papier, so ist die Schrift unsichtbar. Sie kann sichtbar gemacht werden, wenn man zu dem Papier ein Körnchen Iod legt und eine Schale darüberstülpt. Das Iod verdampft und läßt je nach der Wärme des Zimmers die Schrift schon nach einer Viertelstunde oder erst nach einigen Stunden deutlich braun erscheinen.
Auch hier schlagen sich die Ioddämpfe (wie der Wasserdampf) auf den beschriebenen Stellen infolge „veränderter Kondensationsbedingungen" anders nieder als auf den unbeschriebenen. Mit der *Iodmethode* kann man auch andere unsichtbare Schriften leserlich machen, die mit irgendeiner unbekannten Geheimtinte hergestellt wurden. Bei den Fingerabdrücken verfährt man ähnlich. Selbst völlig unsichtbare Abdrücke auf glattem Papier erscheinen oft in allen Einzelheiten, wenn man ein

Körnchen Iod zum Papier gibt, eine Schale darüberdeckt und einige Stunden wartet. Nach diesem Verfahren konnte man Fingerabdrücke sichtbar machen, die über zehn Jahre alt waren.

Fleckenreinigung

Allgemeine Richtlinien. Wir wollen im folgenden die Chemie der Fleckenreinigung kennenlernen. Zu diesem Zweck werden wir in einigen Übungsstunden auf Papierstücken, Kleiderabfällen, Glas- oder Porzellanscherben, ausgebrauchten Metallgeräten und anderen wertlosen Dingen Flecke von Fett, Farben, Tinten, Milch, Gras, Rost und verschiedenen Chemikalien anbringen und sie nach den später angegebenen Verfahren wieder entfernen. Mit diesen praktischen Erfahrungen ausgestattet, dürfte man dann auch im „Ernstfall" Erfolg haben.

Was ist bei der Fleckenreinigung zu beachten?

- Es gibt kein Universalfleckenreinigungsmittel, das imstande wäre, Flecke jeglicher Art zu entfernen. Rostflecke verlangen eine andere Behandlungsweise als Fettflecke, und diese müssen wieder anders behandelt werden als Säuren oder Laugen. Um das richtige Mittel anzuwenden, ist es sehr wichtig, die chemische Beschaffenheit des Flecks zu kennen.
- Der gleiche Fleck kann unter Umständen auf verschiedenen Unterlagen verschiedene Reinigungsverfahren erfordern. So werden z. B. Fettflecke auf Leinwand anders behandelt als auf farbigen Wollstoffen oder auf Glasscheiben.
- Je jünger der Fleck, desto leichter seine Beseitigung! Bei sofortigem Einschreiten genügt in vielen Fällen reines, heißes Wasser.
- Im „Ernstfall" bringe man an einer nicht weiter sichtbaren Stelle einen Fleck der gleichen Art an und probiere daran das Fleckenentfernungsmittel vorher aus. Bei manchen farbigen Stoffen kann nämlich das Reinigungsmittel Spuren hinterlassen.
- Wenn auf Stoffen Flecke mit flüssigen Reinigungsmitteln entfernt werden, ist es notwendig, einige übereinandergelegte, weiße Fließpapiere oder Filter unter die fleckige Tuchstelle zu legen, damit das „schmutzbeladene" Reinigungsmittel nachher vom Papier aufgenommen wird und sich nicht etwa in den gereinigten Stellen einsaugt, wo es von neuem Flecke hervorrufen könnte.

Fett- und Ölflecke. Fett ist im Wasser unlöslich, es kann also nicht gut mit Wasser herausgewaschen werden. Dagegen lösen sich Fette und Öle leicht in Benzin, Trichlorethylen $ClHC{=}CCl_2$, Trichlorethan $H_3C{-}CCl_3$ u. a., wie folgender Versuch zeigt: Wir geben eine Messerspitze Fett in ein Probierglas und füllen bis zur Hälfte mit einer dieser Flüssigkeiten auf. Nach einigem Umschütteln ist das Fett „verschwunden"; es hat sich aufgelöst. Gießen wir die Flüssigkeit auf eine Glasplatte (Vorsicht! Flamme beiseite stellen, Benzin ist sehr feuergefährlich! Auch soll man die Dämpfe dieser Stoffe nicht längere Zeit einatmen, sie sind ungesund!), so verdunstet das Lösungsmittel, und das Fett scheidet sich wieder aus. Daraus folgt, daß man die fetthaltige Lösung immer wieder (mit ungefärbtem Fließpapier) aus dem Fleck herausziehen muß, da sich sonst nach dem Verdunsten des Lösungsmittels das Fett wieder festsetzt. Fette und Öle sind chemisch ähnlich, sie werden deshalb nach dem gleichen Verfahren beseitigt.

Fleckenreinigung

Entfernen von Fett- oder Ölflecken auf Papier oder Steinplatten:
Man streicht mit einem benzingetränkten Tuch oder Wattestück unter öfterem Umwenden so lange über den Fleck, bis alles Fett weggelöst ist. Tintenschrift und Druckbuchstaben werden bei dieser Behandlung nicht verwischt. Vorsicht! Feuergefahr!
Wir rühren Magnesiumoxid (= Magnesia usta = gebrannte Magnesia) in einem Schälchen so lange mit etwas Benzin an, bis eine krümelige Masse entsteht. Da Benzin sehr schnell verdunstet, ist es nötig, rasch zu arbeiten und die Schale in den Pausen sofort mit einem größeren Gefäß zu überdecken. Die krümelige Masse verreibt man rasch auf dem Fleck, legt ein Papier darüber, bedeckt mit einer Glasplatte und legt auf diese einige schwere Bücher oder einen Gewichtsstein. Nach etwa 3 bis 10 Minuten werden die Magnesiakrümel wieder abgeklopft. Das Fett ist dann großenteils vom Papier verschwunden. *Erklärung*: Das Benzin löste das Fett aus dem Papier heraus, danach wurde es von der Magnesia aufgesogen.
Bild 23 zeigt die Herstellung und Wirkungsweise einer Fleckenpaste. Wir rühren Magnesiumoxid mit Trichlorethan an. Dann tragen wir die Paste auf den Fleck eines Baumwollstoffes auf. Nach einigen Minuten ist die Masse eingetrocknet und kann abgebürstet werden. *Ergebnis*: Trichlorethan löst das Fett. Magnesia saugt das gelöste Fett auf. Während der flüssige Anteil der Fettlösung verdunstet, bleibt das Fett im MgO zurück. MgO ist ein Adsorptionsmittel. Auf dem gleichen Prinzip ist die *K2r*-Fleckenpaste aufgebaut.
Fett- und Ölflecke auf Glasscheiben, Spiegel werden durch Abwaschen mit Natronlauge oder Seifenwasser entfernt. *Erklärung*: Diese Stoffe emulgieren das Fett, das heißt, sie zerteilen es in viele kleine Tröpfchen, die leicht abgespült werden können.

Bild 23 Herstellung und Wirkungsweise der Fleckenpaste (verändert nach M. Ledig)

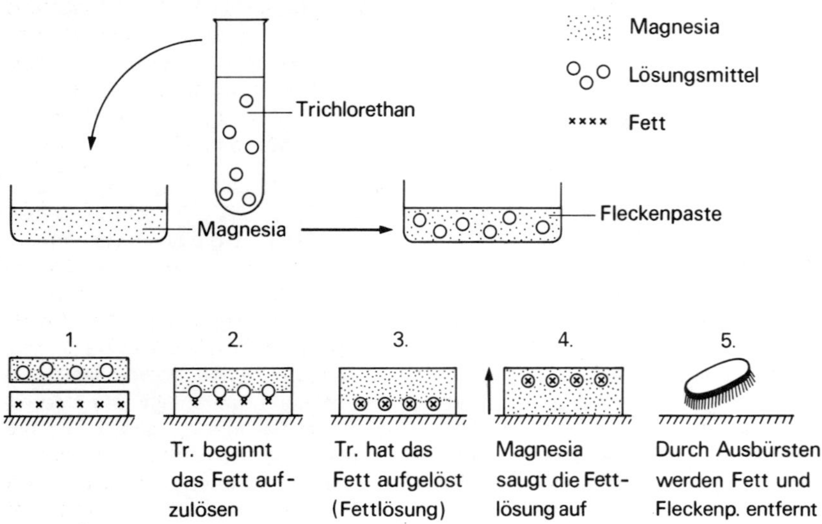

Fett- und Ölflecke auf farbigen Wollstoffen oder Baumwollstoffen: Auswaschen mit lauem Seifenwasser oder mit Trichlorethylen.
Fett- und Ölflecke auf Seide: Tränke den Fleck mehrmals mit Benzin und sauge dieses mit Fließpapier, Magnesia oder gepulverter Kreide auf!
Für die sehr zahlreichen Fett- und Ölflecke hat die Industrie verschiedene Fleckenreinigungsmittel hergestellt, die zumeist aus Fettlösungsmitteln bestehen. Das wirksame benzin- und benzolfreie Fleckenwasser der *K2r*-Produkte (Köngen) besteht aus Chlorkohlenwasserstoffen. Das bekannte *Fleck-Fips*-Fleckenreinigungsmittel (Ariko-GmbH., München) besteht im wesentlichen aus Trichlorethylen (*Tri*, C_2HCl_3); dies ist ein unbrennbares Lösungsmittel für alle Fette, Öle, Harze, Peche usw. Das Fleckenwasser *Spektrol* (Pfeilring-Werke AG, Freiburg i. Br.) ist ein Gemisch aus Tetrachlorethylen, Leichtbenzin und Amylacetat. Der *Fett-Flecken-Teufel* (Delta-Chemie, Neu-Isenburg) enthält u. a. Dichlormethan und *n*-Butylacetat. Er ist leicht entzündlich und soll nur bei offenem Fenster verarbeitet werden.
Die vielverwendete Fleckenpaste *K2r* (Ka-zwei-r Chemie GmbH, Köngen) enthält ein Adsorptionsmittel (40 % pulverisierte Cellulose) und ein Lösungsmittelgemisch aus ca. 15 Volumen % Alkohol, ca. 25 Volumen % 1,1,1-Trichlorethan und ca. 60 Volumen % Leichtbenzin (Siedegrenze 60 bis 100 °C). *K2r* gibt es auch als Spray, mit dem größere Flecken entfernt werden können.

Versuche: Gieße in ein Probierglas 2 bis 3 cm³ *Fleck-Fips* und die dreifache Wassermenge. *Fleck-Fips* bleibt unten, es mischt sich nicht mit Wasser. Beim Umschütteln entsteht vorübergehend eine grobe Emulsion, die sich rasch wieder entmischt. *Fleck-Fips* sinkt nach unten – reines Trichlorethylen hat die Dichte von 1,466 g/cm³. Bringe 1 bis 2 cm³ *Fleck-Fips* in ein Porzellanschälchen und erhitze von unten und oben; es entstehen nur ganz kurze, rasch wieder verlöschende Flammen; *Fleck-Fips* ist nicht feuergefährlich. Glühe einen Kupferdraht aus, bis er keine Färbung mehr gibt, tauche ihn nach der Abkühlung in *Fleck-Fips* und halte ihn dann wieder in die Flamme. Man beobachtet nach einiger Zeit eine grüne Flammenfärbung (verursacht durch flüchtiges Kupferchlorid); diese Reaktion beweist, daß *Fleck-Fips* chemisch gebundenes Chlor enthält (s. „Beilsteinsche Probe"). Lege ein Stückchen Stoff mit einem Ölflecken in eine mit *Fleck-Fips* gefüllte Schale und schwenke etwas um. Der Ölfleck verschwindet bald, da sich alle Öle, Fette, Harze usw. in *Fleck-Fips* rasch auflösen. Prüfe in ähnlicher Weise *Spektrol-*, *K2r-* und *Centralin-Fleckenwasser*. Bringe einen ca. 1 cm langen Strang des in Tuben verkauften, pastenartigen *K2r* in eine Porzellanschale und nähere ein Streichholz! Es entsteht eine rußende Stichflamme, die rasch erlischt.

Anwendung: Man bringt ein wenig von der Paste auf Flecke von Fett, Firnis, Harz, Öl, Ruß, Schweiß, Teer u. dgl. auf Wolle, Baumwolle, Seide, Nylon, Perlon, Polsterstoffe, Teppiche oder Papier, bestreicht den Fleck bis über den Rand hinaus mit der Paste, verschließt die Tube sofort wieder und wartet einige Minuten. In dieser Zeit löst das Lösungsmittel der Paste die fettigen Verunreinigungen auf; das Fett, Öl u. dgl. wandert ins Adsorptionspulver hinein, das man nach einigen Minuten (wenn das Lösungsmittel verdunstet ist) bequem abbürsten kann. Auf dem gleichen Prinzip beruht auch das auf S. 106 beschriebene Reinigungsverfahren für Fett- und Ölflecke.
Harzflecke. Bei weißen, baumwollenen oder leinenen Stoffen wird der Fleck zunächst mit etwas Glycerin aufgeweicht, dann mit Oxalsäure behandelt und zum Schluß mit

wenig Ammoniak-Lösung betupft. Harzflecke auf farbigen Stoffen weicht man zunächst in etwas warmem Glycerin auf und wäscht sie dann mit denaturiertem Alkohol (Brennspiritus) aus. *Erklärung:* Alkohol ist ein Lösungsmittel für Harz.

Ölfarbenflecke auf weißen und farbigen Stoffen: Man behandelt den Fleck zuerst mit Terpentinöl, dann mit Spiritus, schließlich mit Benzin und zuletzt mit Seife. *Erklärung:* Die Ölfarben sind zumeist mit Leinöl oder anderen Ölen angerührt, die sich in Terpentinöl und Terpentinölersatz auflösen. Terpentinöl ist wiederum in Alkohol leicht löslich (Versuch!). Auch die Farbkörnchen selbst heben sich ab und werden von Terpentinöl bzw. Alkohol aufgenommen. Terpentinöl und Terpentinölersatz werden auch zum Reinigen von Ölfarbenpinseln sowie zur Entfernung von Ölfarbenflecken auf der Haut, auf Holz, Glas, Papier usw. verwendet.

Rußflecke an den Händen: Abwaschen mit Seife und Wasser oder Spülmittel und Wasser. Auch bei vielen berußten Stoffen führt Seifenwasser zum Ziel. Rußflecken auf Papier und Glas werden leicht durch Abreiben mit weichem Brot beseitigt, da dieses die Rußteilchen an sich zieht.

Flecke von Pflanzenfarben, Obst, Beeren, Kirschen, Rotwein: In weißer Wäsche werden diese Flecke mit Schwefeliger Säure oder heißem Chlorwasser behandelt. *Erklärung:* Die Schweflige Säure wirkt als Reduktionsmittel, das Chlorwasser als Oxidationsmittel. In beiden Fällen entstehen durch diese chemischen Vorgänge farblose Verbindungen. Die bleichende Wirkung läßt sich auch mit Natriumthiosulfatlösung (Fixiersalzlösung) erreichen; man betupft, gibt dann etwas Weinsäure dazu und wäscht nachher aus.

Finden sich die oben genannten Flecke auf farbigen Stoffen, so verzichtet man lieber auf das Chlorwasser, da dieses auch die Farben des Tuchs angreifen könnte. In diesen Fällen führt oft längeres Auswaschen mit lauem Seifenwasser zum Ziel. Die Natriumdithionitpräparate (z. B. *Blankit, Burmol, Ferrum-Ex*) sind in diesen Fällen ebenfalls geeignet.

Kalk, Laugenflecke: Auf weißer Wäsche wird der Fleck längere Zeit mit Wasser ausgewaschen; bei bunten Stoffen verteilt man stark verdünnte Citronensäure Tropfen für Tropfen mit der Fingerspitze auf dem Fleck. Man kann auch sofort mit Wasser betupfen, dann mit 1 %iger Salzsäure behandeln und zuletzt mit klarem Wasser gründlich auswaschen. Laugenflecke auf Marmor dürfen nicht mit Säure behandelt werden. *Erklärung*: Laugen werden am besten durch eine schwache Säure neutralisiert und dann herausgewaschen. Die benützte Säure muß stark verdünnt sein, da sie sonst den Stoff selbst angreifen und brüchig machen würde. Gewöhnlicher Kalk ist in Salzsäure löslich (Gleichung: $CaCO_3 + 2\,HCl \rightarrow CaCl_2 + H_2O + CO_2$); er verwandelt sich in Calciumchlorid und kann als solches leicht mit Wasser herausgewaschen werden. Ist eine Marmorplatte mit Lauge oder Kalk verunreinigt, so darf keine Säure dagegen verwendet werden, da Marmor aus reinem Kalk besteht und somit von der Säure ebenfalls angegriffen würde.

Flecke von Säuren, Essig, saurem Most, saurem Wein, Obst: Vielfach genügt einfaches Auswaschen; bei farbigen Flüssigkeiten kann dazu verdünntes Chlorwasser verwendet werden. Frische Flecke von stärkeren Säuren (z. B. Schwefelsäure, Salzsäure u. dgl.) müssen so schnell als möglich mit Ammoniak-Lösung gewaschen werden. Man kann auf den nassen Fleck auch so lange Soda- oder Natronpulver streuen, bis keine Gasbläschen mehr auftreten und dann mit Wasser auswaschen. *Erklärung:* Die Farbstoffe werden durch das Chlorwasser zu farblosen Verbindungen oxidiert. Starke Säuren müssen sofort neutralisiert werden, da sonst das Gewebe nach einiger Zeit brüchig wird. Diese Neutralisation geschieht am besten mit 10 %iger Ammoniak-Lösung (Gleichung: $HCl + NH_3 \rightarrow NH_4Cl$), da hier ein oft nicht vermeidbarer Überschuß bald verdunstet und nicht (wie bei Anwendung von Kalilauge oder Natronlauge) selbst wieder Schädigungen hervorrufen kann. Bestreut man einen frischen Säurefleck mit Soda, so wird die Säure ebenfalls unschädlich gemacht. Zwischen Schwefelsäure und Soda spielt sich dabei folgende Reaktion ab: $H_2SO_4 + Na_2CO_3 \rightarrow Na_2SO_4 + H_2O + CO_2$. Das Aufschäumen rührt von Kohlendioxid her; sobald die Säure neutralisiert ist, hört die Gasentwicklung auf. Natürlich ist diese Neutralisierung nur bei Anwesenheit von Wasser möglich. Man wird deshalb in vielen Fällen am besten sofort eine Sodalösung verwenden. Nach der Neutralisierung der Säuren müssen die entstandenen Salze mit Wasser herausgewaschen werden.

Blutflecke. Sofort in kaltem Wasser einweichen (60 Minuten), spülen, anschließend mit Waschmittellösungen behandeln bei 45 °C. Bei älteren Flecken Lösungen von *Burnus, Enzymolin* u. dgl. (ca. 40 °C warm).

Farbstoff-Flecken von Farbbändern, Stempelkissen, Kopierstiften, Kugelschreibern u. dgl.: mit spiritusgetränktem Wattebausch auswaschen oder *Burmol, Brauns Entfärber, Heitmanns Entfärber*, Radiergummi bei Rußfarben verwenden.

Mineralöl (auf Beton). Motorenölflecke in Garagenböden entfernt man mit einem Brei aus Sägemehl und waschaktiver Substanz. Der Brei wird dick aufgetragen und nach längerer Zeit entfernt.

Rostflecke und Eisengallustinten: Man taucht weiße oder bunte Stoffe sofort in kaltes Seifen- oder Essigwasser und betupft mit 10 %iger Citronensäure, 3 %iger Salzsäure, heißer, 10 %iger Oxalsäure oder einer Kleesalzlösung – Vorsicht, giftig! Nach längerem Betupfen müssen die betreffenden Stellen mit viel Wasser oder einer verdünnten Sodalösung abgespült werden. *Erklärung*: Siehe folgende Versuche!

Versuche: Wir geben etwas braunen Eisenrost in ein Probierglas und kochen ihn längere Zeit mit verdünnter Salzsäure. Der Eisenrost wird angegriffen, und die Flüssigkeit färbt sich allmählich von gelöstem Eisenchlorid gelb. Der Vorgang kann durch folgende Gleichung annäherungsweise ausgedrückt werden: $Fe_2O_3 + 6\,HCl \rightarrow 2\,FeCl_3 + 3\,H_2O$. Daß sich hierbei festes Eisen in der Salzsäure tatsächlich aufgelöst hat, läßt sich durch Eingießen einer Lösung von Kaliumhexacyanoferrat(II) (gelbes Blutlaugensalz) beweisen. Es entsteht nämlich in diesem Fall sofort ein dicker, blauer Niederschlag von Berlinerblau, eine Reaktion, die nur bei Anwesenheit von gelöstem Eisen stattfindet. Nimmt man statt der Salzsäure Essigsäure, Citronensäure oder Oxalsäure, so entstehen bei längerem Erwärmen komplizierte Eisensalzlösungen. Bei Zusatz von Blutlaugensalzlösung ist zunächst nur eine schwache Blau- und Grünfärbung zu beobachten. Gibt man aber etwas Salzsäure dazu, so wird das *Komplexsalz* zerstört, und es tritt sofort ein deutlicher Niederschlag von Berlinerblau auf, der beweist, daß auch Essig-, Citronen- und Oxalsäure den Eisenrost auflösen. Die Säuren müssen nachher aus den Geweben gründlich ausgewaschen werden, da sie z. B. Cellulosegewebe brüchig machen.

Ferrum-Ex (Heitmanns Rost- und Fleckenentferner, Brauns/Heitmann, Warburg) ist ein feines, weißes, in Wasser klar lösliches Pulver, das laut Angabe weder Chlor noch Kleesalz enthält und zur Entfernung von Rost-, Gemüse-, Waldbeer-, Kaffee-, Obst-, Iod-, Rotwein- und Tintenflecken verwendet werden kann. Löse eine etwa bohnen-

große Menge *Ferrum-Ex* in einem halben Probierglas voll Wasser auf. Gieße etwa 1 cm^3 davon zu verdünnter brauner Iodlösung (augenblickliche Entfärbung). Verdünne etwas Füllfederhaltertinte im Probierglas mit der 20fachen Wassermenge und lasse auf kleine Proben davon ein wenig von der *Ferrum-Ex*-Lösung einwirken (Entfärbung). Tauche Lackmuspapier in die *Ferrum-Ex*-Lösung (rasche Bleichung des Papiers). Lasse *Ferrum-Ex* auf Rotwein, Heidelbeersaft oder auf gefärbten Himbeersirup einwirken (Entfärbung). Füge zu *Ferrum-Ex*-Lösung etwas Salzsäure! Nach kurzer Zeit entsteht unter Schwefeldioxidentwicklung (stechender Geruch wie bei verbrennendem Schwefel) eine milchige, weiße bis gelbliche Trübung von feinzerteiltem Schwefel, die durchs Filter fließt. Bringe eine bohnengroße Menge *Ferrum-Ex* ins Probierglas, gieße ca. 5 cm^3 Natronlauge dazu, verschließe mit einem Stopfen und schüttle etwa 20mal kräftig um! Der Stopfen sitzt fest auf dem Probierglas, und wenn man das Glas unter Wasser öffnet, steigt die Flüssigkeit einige cm ins Probierglas hinein. Erklärung: In *Ferrum-Ex* und in vielen ähnlichen Präparaten ist Natriumdithionit $Na_2S_2O_4$ enthalten. Eine alkalische Natriumdithionitlösung absorbiert Luftsauerstoff, so daß im Probierglas ein luftverdünnter Raum entstand.
Gieße im Probierglas Lösungen von *Ferrum-Ex* und Silbernitrat (bzw. Kupfersulfat) zusammen! Es entstehen dunkle Niederschläge von Silber (bzw. Kupfer). Natriumdithionit ist ein starkes Reduktionsmittel, das Silbernitrat zu Silber und Kupfersulfat zu Kupfer reduziert. Untersuche in gleicher Weise die Rost- und Tintenreinigungsmittel *Rost-Teufel* (Delta-Chemie, Neu Isenburg), *Hascherpur* (Tubencreme mit Schaumstoffen u. dgl., hergestellt von Brauns-Heitmann, Warburg).
Natriumdithionit ist nur bei völlig trockener und kühler Aufbewahrung lagerbeständig. Die Lösung geht leicht in Natriumthiosulfat über. Ältere, unzweckmäßig aufbewahrte Präparate sind oft zersetzt und geben die obigen Reaktionen nicht mehr.
In der Färberei werden Natriumdithionitpräparate in großem Umfang als Reduktionsmittel bei der Herstellung von Küpenfarbstoffen, zum Abziehen von Färbungen, zu Reinigungszwecken usw. verwendet. Weitverbreitete Präparate dieser Art sind z. B. *Blankit, Burmol* (Badische Anilin- und Sodafabrik). *Brauns Rostentferner, Brauns Entfärber* (Brauns Anilinfabrik, München) u. dgl.
Zur Entfernung von Tintenflecken kann man auch eine selbsthergestellte Lösung von 10 g Natriumdithionit $Na_2S_2O_4$ in 90 g Wasser verwenden. Man betupft den Fleck mit dieser Lösung (Zerstörung organischer Farbstoffe), benetzt mit 10 %iger Citronensäure (löst Eisengallustinte) und fließt mehrmals ab.

Flecke unbekannter Herkunft: Ausbürsten (eingetrocknete Bodenteilchen), behandeln mit Terpentinölersatz (Malerfarben, Öllacke, Firnisse), Geschirrspül-Vollwaschmittellösung, Benzin, (Fette, Öle), Alkohol (Harze).
Bei *chemischen Versuchen* aller Art entstehen oft *Flecke*, die sich mit den üblichen Fleckenreinigungsmitteln nicht entfernen lassen und deshalb eine Sonderbehandlung erfordern. Wir wollen im folgenden nur einige wichtigere Fälle aufführen.

Braunsteinflecke auf der Hand oder auf Tuch sind zunächst mit Seife zu behandeln. Versagt dieses Mittel, so streut man etwas Natriumhydrogensulfit $NaHSO_3$ (in Drogerien und Apotheken erhältlich) auf den Fleck und benetzte ihn gleichzeitig mit einer kleinen Menge verdünnter Salzsäure – umreiben! Sobald man Wasser darüberspült, ist der Fleck nahezu beseitigt. Gegebenenfalls ist das Verfahren zu wiederholen. Am Schluß sind die Säurespuren gründlich auszuwaschen. *Erklärung*: Natriumhydrogensulfit bildet mit Salzsäure aufschäumendes Schwefeldioxid. Gleichung: $NaHSO_3 + HCl \rightarrow NaCl + H_2O + SO_2$. Dieses verbindet sich mit dem dunklen, unlöslichen Braunstein und verwandelt ihn in das wasserlösliche, nahezu farblose Mangandithionat nach der Gleichung: $MnO_2 + 2\ SO_2 \rightarrow MnS_2O_6$.

Kaliumpermanganatflecke. Wenn die dunkelviolette Kaliumpermanganatlösung mit der menschlichen Haut oder mit Holz, Papier, Kleiderstoffen usw. in Berührung kommt, so wird sie durch die organischen Stoffe zum Teil unter Ausscheidung von braunen bis gelben Braunsteinflecken zersetzt (reduziert). Die Braunsteinflecke können durch eine Natriumbisulfitlösung, der man etwas Salzsäure beimischt, spielend entfernt werden. *Erklärung*: Siehe vorhergehendes Beispiel (Braunstein)! Sollte kein Natriumbisulfit zur Verfügung stehen, so kann man auch das in Fotogeschäften erhältliche, gewöhnliche Fixiersalz (Natriumthiosulfat) benützen. Um dessen Wirkung zu erproben, reiben wir etwas Kaliumpermanganatlösung auf die Innenfläche der Hand ein. Die dunkelviolette Lösung wird dabei zunächst rot, schließlich nimmt die Haut eine gelbbraune Farbe an. Nun geben wir eine Messerspitze Fixiersalz in ein Probierglas, füllen zur Hälfte mit Wasser auf, schütteln um und fügen etwa ½ cm^3 verdünnte Salzsäure dazu. Überstreicht man die braune Hautfläche mit dieser Lösung, so wird sie sofort wieder weiß. Auch Papier, Holz oder Tuch, das einige Zeit in Kaliumpermanganatlösung lag und nach dem Abspülen mit Leitungswasser braungelb aussieht, wird nach dem Eintauchen in die oben angegebene Fixiersalzlösung sofort wieder entfärbt. Störend wirkt beim Fixiersalz die nach einiger Zeit eintretende Schwefelabscheidung, die von neuem Fleckenbildung verursachen kann. Natriumthiosulfat zerfällt bei Salzsäurezusatz u. a. in Schwefeldioxid und Schwefel nach der Gleichung: $Na_2S_2O_3 + 2\ HCl \rightarrow 2\ NaCl + S + SO_2 + H_2O$. Das Schwefeldioxid verwandelt den Braunstein nach der oben angegebenen Gleichung in farbloses, lösliches Mangandithionat. Die Entfärbung der Kaliumpermanganatlösung mit Natriumhydrogensulfit läßt sich auch in Probierglasversuchen zeigen.

Iodflecke auf Haut und Geweben. Hier hilft auswaschen mit einer Lösung von Natriumthiosulfat (= Fixiersalz) und anschließendes Abspülen mit viel Wasser. Auch im Probierglas werden braune Iodlösungen nach Zugabe von Fixiersalz sofort farblos. Erklärung: Das Natriumthiosulfat verwandelt das wasserunlösliche, braune Iod in das lösliche, farblose Natriumiodid nach der Gleichung: $2\ Na_2S_2O_3 + I_2 \rightarrow 2\ NaI + Na_2S_2O_6$. Iodflecke auf der Haut oder auf Gewebe können durch Auswaschen mit Ammoniak-Lösung rasch entfernt werden.

Silberflecke. Angefeuchtetes Silbernitrat $AgNO_3$ (= Höllenstein) gibt allmählich dunkle Flecke von ausgeschiedenem Silber, die sich mit Seifen nur schwer entfernen lassen. Am besten verreibt man über dem Fleck eine konzentrierte Lösung von Kaliumiodid KI (= Iodkalium) solange, bis er gelb geworden ist. Der gelbe Fleck wird dann mit einer konzentrierten Natriumthiosulfatlösung herausgelöst, zuletzt ist mit viel Wasser auszuwaschen. Erklärung: Das Silber geht bei der Behandlung mit Kaliumiodid in gelbes Silberiodid AgI über. Dieses löst sich in Natriumthiosulfat leicht auf nach der Gleichung: $AgI + 2\ Na_2S_2O_3 \rightarrow [Ag\ (S_2O_3)_2]\ Na_3 + NaI$.

Ein ganz ähnlicher Vorgang spielt sich übrigens auch beim Fixieren von Fotoplatten und Filmen ab, nur wird dort in der Regel nicht Silberiodid, sondern Silberbromid aufgelöst (s. S. 119 f.).

Flecke von fotografischen Entwicklern. Methol-Hydrochinon gibt dunkle Flecke, die von einer 2 %igen Kaliumpermanganatlösung gründlich zersetzt werden. Nach etwa 10 Minuten betupft man den Fleck mit Natriumhydrogensulfitlösung. Erklärung: Das Kaliumpermanganat ist ein starkes Oxidationsmittel. Es gibt Sauerstoff ab, der im Augenblick seines Freiwerdens den Fleck angreift (oxidiert) und ihn in meist farblose Bestandteile zersetzt. Da sich bei diesem Vorgang gleichzeitig aus dem Kaliumpermanganat Braunstein abscheidet, ist eine Nachbehandlung mit Natriumhydrogensulfit notwendig.

Fleischextrakte

Fleischextrakt ist der eingedickte, albumin-, leim- und fettfreie Wasserauszug von frischem, zerkleinertem Rindfleisch. Der deutsche Chemiker Justus Liebig schlug 1850 vor, frische, zerkleinerte Wirbeltiermuskeln mit Wasser aufzukochen und so einen appetitanregenden Fleischextrakt zu gewinnen. Der Fleischextrakt enthält u. a. Fleischbasen (Kreatin, Kreatinin, Carnitin usw.), Purinbasen (Xanthin, Guanin u. dgl.), stickstofffreie Extraktstoffe (Glykogen, Inosit, Traubenzucker) und organische Säuren (Fleischmilchsäure, Ameisensäure, Essigsäure usw.). Aus 30 kg magerem, zerkleinertem Rindfleisch erhält man durch Extraktion mit Wasser unter 90 °C etwa 1 kg Fleischextrakt. Dieser wird im Vakuum konzentriert und in festem oder flüssigem Zustand in den Handel gebracht. Je 100 g fester Fleischextrakt Liebig enthalten etwa 60 g organische Substanz, 20 g Mineralstoffe (besonders Kaliumcarbonat und Phosphate und weniger als 4 % Kochsalz) und 20 g Wasser. Dieses Präparat erhält keinen besonderen Zusatz an Kochsalz oder Würzstoffen; es ist ähnlich wie die anderen Erzeugnisse aus Fleischextrakt in erster Linie ein appetitanregendes, verdauungsförderndes Genußmittel. Fleischextrakt flüssig enthält etwa 17,7 % organische Substanz, 0,5 % Fett, 66 % Wasser, ca. 16 % Mineralstoffe, darunter 10,5 % Kochsalz. Die sog. *Würzen* (z. B. *Maggi's Würze*) bestehen aus etwa 50 bis 60 % Wasser, 30 % organischen Substanzen und 13 bis 20 % Salz; z. T. werden Suppenkräuterextrakte zur Würzung zugesetzt; der Geschmack ist fleischbrüheartig. Die bekannten Fleischbrühwürfel von *Maggi, Knorr* usw. wiegen normalerweise 4 g. Sie müssen nach einer Verordnung vom 27. Oktober 1940 einen Mindestgehalt von 0,45 % an Gesamtkreatinin und von 3 % löslichem Stickstoff als Bestandteil der den Genußwert bedingenden Stoffe haben. Der Kochsalzgehalt darf 65 % nicht übersteigen. Ein hoher Kochsalzgehalt verhindert Fäulnis und Zersetzung. Diese Würfel geben beim Auflösen in Wasser ein fleischbrüheähnliches Getränk (der Würfel wird in 250 cm^3 gelöst).
Ein besonders interessanter Würzstoff ist das *Natriumglutamat* Formel: $HOOC-CH(NH_2)-CH_2-CH_2-COONa$ (Natriumsalz der Glutaminsäure). Diese Verbindung ist in reinem Zustand ein weißes, wasserlösliches Kristallpulver, das keinen eigenen Geschmack besitzt, aber infolge einer Sensibilisierung der Mundpapillen den Geschmack von Fleischwaren und Gemüsen verbessert und verdeutlicht. Die Glutaminsäure, von der sich das Natriumglutamat herleitet, ist eine Aminosäure, die in den meisten Eiweißstoffen vorkommt. Sie spielt offenbar im Stoffwechsel des Gehirns eine wichtige Rolle, denn man beobachtet bei Ratten und Menschen nach Glutaminsäureverabreichung eine deutliche Erhöhung der geistigen Leistungsfähigkeit. Die Chinesen benützten ungereinigtes, in Seegras enthaltenes Natriumglutamat schon seit Jahrhunderten als Speisewürze. Die Japaner stellten vor dem Zweiten Weltkrieg

Millionen von kg Natriumglutamat aus Sojabohneneiweiß und dergleichen her. Auch in Deutschland hat Natriumglutamat seit einiger Zeit Eingang gefunden. So verkauft z. B. Knorr/Heilbronn seit 1951 in Papiertaschen Rindfleischsuppe mit Eiernudeln mit dem Sondervermerk: „Besonders fein und delikat durch Fleischextrakt und Glutamat." Auch in verschiedenen Maggi-Erzeugnissen wird Glutamat verwendet. Im Jahre 1978 wurde in der Bundesrepublik 4000 Tonnen Natriumglutamat verbraucht.

Formaldehyd (= Methanal)

Die Schließung von Kindergärten wegen angeblich überhöhter Belastung der Raumluft mit Formaldehyd hat im Sommer 1984 eine heftige Diskussion über die Gefährlichkeit dieses Stoffes ausgelöst.

Formaldehyd in der Natur. Formaldehyd ist ein Naturstoff, ein *Bioprodukt*, das überall in der Natur vorhanden ist. Seit die Erde besteht, wird Formaldehyd ständig in der Luft durch photochemische Vorgänge gebildet. Er ist in normaler Umgebungsluft allgegenwärtig. Das heißt, der Mensch atmet seit jeher formaldehydhaltige Luft. Formaldehyd ist auch in Pflanzen, Obst, Gemüse und Holz enthalten. Ein Apfel enthält beispielsweise bis zu 22 mg/kg.

Formaldehyd bildet sich ferner bei unvollständigen Verbrennungen. Er ist deshalb Bestandteil der Verbrennungsgase, zum Beispiel von Kraftfahrzeugen, Heizungen, Gasherden und Zigaretten. Die weitaus größten Mengen Formaldehyd gelangen durch Autos in die Umwelt. Folgende Formaldehydgehalte wurden in der Luft verschiedener Gebiete gemessen:

- über den Meeren bis 0,005 ppm,
- in ländlichen Gebieten bis 0,012 ppm,
- in deutschen Städten mit normalem Verkehr bis 0,016 ppm,
- in deutschen Städten bei starkem Verkehr bis 0,056 ppm.

(1 ppm bedeutet „parts per million", 1 ppm entspricht einem Teil Formaldehyd in einer Million Teile Luft).

Wozu wird Formaldehyd verwendet? In reinem Zustand ist Formaldehyd (HCHO) ein stechend riechendes Gas; zur bequemeren Handhabung wird er als 29 %ige bzw. 40 %ige Lösung in Apotheken verkauft. Diese wasserklare, unangenehm riechende Flüssigkeit geht nach einigen Monaten in weiße, flockige Massen über und wird dann allmählich unwirksam. Formaldehyd ist für Kleinlebewesen aller Art ein starkes Gift. Es spielt bei der Desinfektion, Schädlingsbekämpfung, Konservierung zoologischer Präparate usw. eine Rolle. In der Handhabung ist Vorsicht nötig. Bringt man im Reagenzglas etwas Formaldehyd mit dem Weißen eines ungekochten Hühnereis zusammen, so gerinnt es zu einer festen Masse. Formaldehyd härtet Eiweißstoffe, deshalb verwendet man ihn in der Gerberei zum Härten des Sohlleders und in der Zoologie zum Härten weicher Kleintiere, wie Schnecken, Muscheln usw.

In erster Linie wird Formaldehyd zu Produkten weiterverarbeitet, die als Leim- und Tränkharze bei der Herstellung von Spanplatten, Sperrholz und Möbeln Verwendung finden. Andere Formaldehydabkömmlinge werden als Aminoschaumstoff für die Wärmedämmung eingesetzt.

Höchstwerte für Formaldehyd. Beim Einatmen reizt Formaldehyd Augen und Nase. Die untere Grenze, ab der Reizungen bemerkt werden, liegt bei etwa 0,3 ppm. Die

Bundesrepublik Deutschland hat seit Jahren die weltweit strengsten Vorschriften für den Umgang mit Formaldehyd. 1971 wurde die maximal zulässige Arbeitsplatzkonzentration (MAK-Wert) für Formaldehyd auf 1 ppm festgesetzt. Das entspricht 1 cm^3 Formaldehyd auf 1000 l Luft.
Für Wohn- und Aufenthaltsräume empfiehlt das Bundesgesundheitsamt seit 1977 einen oberen Grenzwert von 0,1 ppm Formaldehyd. Dieser Grenzwert stellt – so das Bundesgesundheitsamt – sicher, „daß selbst minimale Schadstoffmengen trotz langer Einwirkung nicht zu gesundheitlichen Risiken führen".
Formaldehyd gehört zu den toxikologisch am besten untersuchten Chemikalien. Wenn in einem 30 cm^3 Raum mit geringer Lüftung beispielsweise fünf Zigaretten geraucht werden, erreicht die Formaldehydkonzentration bereits 0,23 ppm. Dies ist mehr als das Doppelte des oben genannten Grenzwertes von 0,1 ppm.
Aktueller Bericht des Bundesgesundheitsamtes. Im Oktober 1984 stellte ein gemeinsamer Bericht des Bundesgesundheitsamtes und des Umweltbundesamtes fest:
- Die vorliegenden epidemiologischen Studien geben keinen Hinweis auf eine erhöhte Gesamttumorrate oder auf eine Erhöhung der Rate einzelner Tumorarten bei formaldehydexponierten Menschen.
- Nach dem gegenwärtigen Stand des Wissens bestehen auch keine sonstigen hinreichenden Anhaltspunkte, daß Formaldehyd beim Menschen Krebs erzeugt.

Zur Sicherheit empfiehlt der Bericht, die Formaldehydbelastung des Menschen durch strikte Einhaltung der Grenzwerte so niedrig wie möglich zu halten. Als Vorsorgemaßnahme soll die Kennzeichnung von formaldehydhaltigen Erzeugnissen ausgeweitet werden.

Fotografie

Laut Statistik wurden 1983 1,965 Milliarden Fotos gemacht, davon 62 % Farbfotos, 22 % Farbdias und 16 % Schwarzweiß-Fotos, etwa 18,6 Millionen Schmalfilme (fast nur Farbfotos) gedreht. Die immer stärkere Verbreitung der Kleinbildkamera (Formate 24 x 36, 24 x 24, 14 x 24 mm) schaltet die Kontaktkopie mehr und mehr aus. An deren Stelle tritt der Vergrößerungsapparat.
Der zunehmende Gebrauch elektrischer Belichtungsmesser und der Ausgleichs- und Feinkornentwickler ermöglicht die Tank- und Dosenentwicklung. Die Empfindlichkeit des Aufnahmematerials wurde so weit gesteigert, daß Aufnahmen rasch bewegter Objekte mit $\frac{1}{100}$ bis $\frac{1}{5000}$ Sekunde Belichtungszeit leicht erhältlich sind. Durch den Elektronenblitz wird man von Blitzlichtpulver oder -bändern unabhängig. Der Schnappschuß hat die Anwendung des Stativs in vielen Bereichen entbehrlich gemacht. An Stelle von orthochromatischem Aufnahmematerial benützt man heute Pan- und Superpanfilme, die in grünem Licht oder im Dunkeln entwickelt werden und auch rote Farben in den natürlichen Helligkeitstönungen wiedergeben.
Trotz dieser zahlreichen Fortschritte in der Technik des Aufnahmeverfahrens usw. sind die **chemischen Vorgänge** und die Arbeitsweisen beim Entwickeln, Fixieren, Entwässern und Kopieren im wesentlichen die gleichen geblieben – wenn wir von der Farbfotografie einmal absehen. In diesem chemisch orientierten Buch interessieren uns in erster Linie die chemischen Vorgänge bei der Bildaufnahme, beim Entwickeln und Fixieren. Es sei von vornherein betont, daß die hierzu nötigen Handgriffe von

jedermann in kurzer Zeit erlernt werden können. – Wie man Fotopapiere selbst machen kann, ist in dem Band Römpp/Raaf, Chemische Experimente die gelingen, Franckh'sche Verlagshandlung, 1983, S. 146, beschrieben.

1. Schwarzweiß-Fotografie

1.1 Technik der Schwarzweiß-Fotografie. Auf einem Schichtträger aus schwer entflammbarer Acetylcellulose oder Celluloidfolie liegt die lichtempfindliche Schicht, eine Einbettung von Silberbromidkristallen in Gelatine, versehen mit Farbstoffen zur Sensibilisierung für die Farben des sichtbaren Spektrums, ferner mit Substanzen, die die Schicht stabil halten und einem oder mehreren Mitteln gegen Lichthofbildung. Der Schichtträger des Kleinbildfilms ist etwa 0,12 mm dick. Bringt man die Silberbromid-Gelatineschicht auf Papier, so entstehen die käuflichen Fotopapiere, auf denen nachher das fertige Lichtbild zu sehen ist. Die Empfindlichkeit der Filme wird in DIN-Zahlen exakt angegeben (12, 15, 18, 21, 24, 27, 30, 33). Eine Zunahme um 3 DIN bedeutet das Ansteigen der Empfindlichkeit auf das Doppelte.

Das Silberbromid wird durch viel Licht in Brom und dunkles Silber gespalten. Das sieht man, wenn ein unbenützter Film oder ein Fotopapier einige Stunden im Licht liegenbleibt. Die ursprünglich weiße Schicht ist dann ganz dunkel und damit unbrauchbar geworden. Beim richtigen Fotografieren wird diese Zersetzung des Bromsilbers sozusagen nur angedeutet. Man kann deshalb auch auf einem normal belichteten Film kein Bild sehen. Dieses Bild tritt erst in Erscheinung, wenn wir den Film nach der fotografischen Aufnahme in den Entwickler bringen. Damit ein gutes Bild entsteht, muß von dem abzubildenden Gegenstand eine vorschriftsmäßige Menge Licht durch die Linse des Fotoapparates auf den Film fallen, der bekanntlich auf der Rückseite des Apparates in einer Kassette oder Rolle liegt. Trifft zu viel Licht auf den Film (Überbelichtung), so wird die Aufnahme beim Entwickeln schwarz, bei zu schwacher Belichtung (Unterbelichtung) entstehen dagegen nur flaue, undeutliche Bilder. Die Dauer der Belichtung (Belichtungszeit, das ist die Zeit in der Licht von dem zu fotografierenden Gegenstand auf den Film fallen kann) schwankt zwischen kleinen Sekundenbruchteilen und vielen Sekunden (bei Sternaufnahmen kann sogar stundenlang belichtet werden). Man ermittelt sie mit Hilfe von Belichtungsmessern, die in allen Fotogeschäften erhältlich sind. Die Belichtungszeit muß bei kleiner Blende länger sein als bei großer, im Zimmer länger als im Freien, im Winter länger als im Sommer.

Durch Anwendung des Elektronenblitzes ist das „Belichtungszeitproblem" wesentlich vereinfacht worden. Bei vielen Fotoapparaten wird der vom eingebauten Belichtungsmesser ermittelte Wert direkt auf den Verschluß übertragen.

Nach der Aufnahme folgt die **Entwicklung** des Films. Die für den Amateur erhältlichen Entwicklungsdosen ermöglichen einen einfachen Negativprozeß. Sie enthalten eine Trommel mit spiraligen Nuten, in der der Film im Dunkeln eingeschoben wird. Dann wird die Trommel in die Dose gelegt und der Deckel aufgesetzt. Dadurch ist die Dose lichtdicht verschlossen. Alle weiteren Manipulationen können jetzt bei Tageslicht vor sich gehen. In *Bild 24* ist der ganze Negativprozeß dargestellt, der aus Entwickeln, Fixieren und Wässern besteht. Als Entwickler verwenden wir *Metol-Hydrochinon* (Agfa), *Ultrafin* (Tetenal), *Rodinal-Feinkorn-Entwickler* (Agfa) u. a. und verdünnen vor Gebrauch mit der angegebenen Menge Wasser.

Das **Fixierbad** wird ebenfalls gleich zu Beginn durch Auflösen des käuflichen, sauren

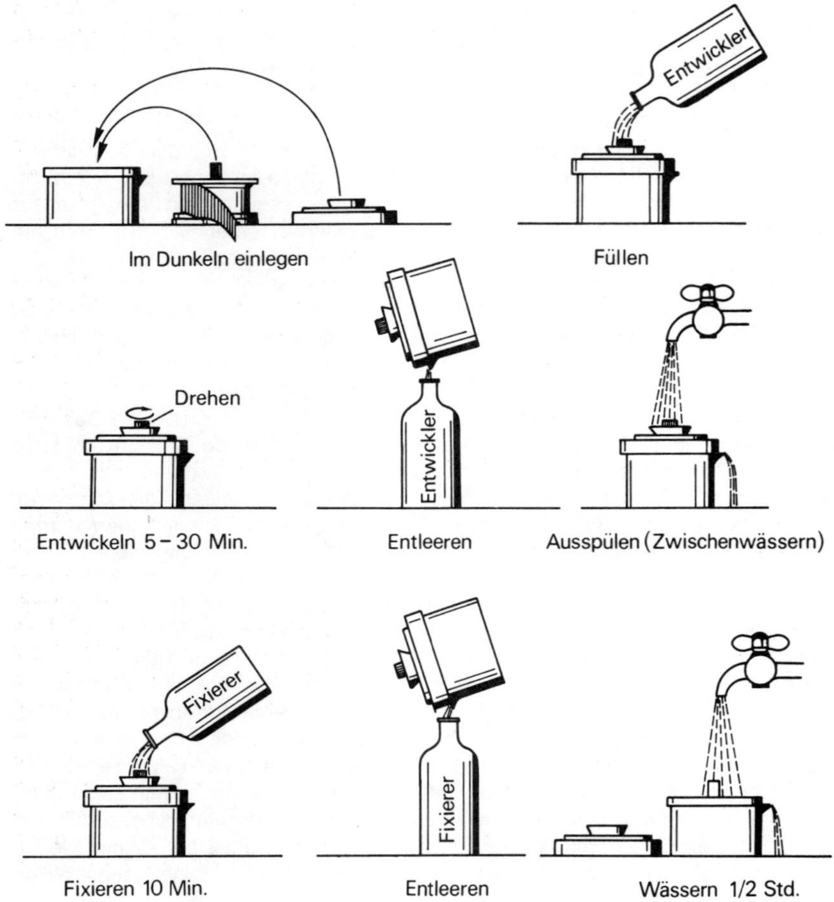

Bild 24 Negativprozeß mit einer Tageslicht-Entwicklungsdose (nach R. Wollmann, Das Fotowerkbuch)

Fixiersalzes in der entsprechenden Menge Wasser hergestellt. Die Temperatur des Entwicklers und Fixierbades soll 18 °C betragen. Nun füllen wir die Dose mit dem eingelegten Film mit Wasser, drehen die Trommel einige Male und gießen das Wasser nach zwei Minuten wieder aus. Dadurch wird verhindert, daß sich beim Entwickeln Luftblasen bilden. Dann wird der Entwickler eingefüllt. (Entwicklungszeit nach Gebrauchsanweisung, bei *Rodinal-Entwickler* 14 Minuten!) Nach kurzem Wässern wird die Fixierlösung eingefüllt. Fixierdauer 10 bis 15 Minuten. Dann kann die Dose geöffnet werden. Der Film muß noch eine halbe Stunde lang in fließendem Wasser gewässert werden. Zum Trocknen wird der Film mit einer Klammer an einer

Schnur aufgehängt und das freie Ende mit einer zweiten Klammer beschwert, damit er sich nicht einrollen kann. Da auf den entwickelten Filmen alles Helle dunkel und alles Dunkle hell aussieht, bezeichnet man sie als Negative.
Bei der Filmentwicklung in Dosen werden alle Bilder eines Films gleich lang entwickelt, so daß man einzelne vermutlich unterbelichtete Aufnahmen nicht durch entsprechend längere Entwicklung korrigieren kann. Einzelne Planfilme werden in Schalen aus Kunststoff entwickelt, wobei die einzelnen Phasen, das Entwickeln, Fixieren und Wässern, genauso verlaufen wie bei der Dosenentwicklung. Nur ist für jeden dieser Prozesse eine eigene Schale mit entsprechenden Chemikalien bereitzustellen.
Mit den trockenen Filmen lassen sich nun leicht die eigentlichen Fotografien oder **Positive** herstellen. Wir arbeiten in wesentlich hellerem, gelbem Licht (elektrische Birnen dieser Art sind ebenfalls in Fotogeschäften zu haben); denn die Fotopapiere sind lange nicht so lichtempfindlich wie die Filme. Im Kopierrahmen wird der Film und ein Kopierpapier (Kopierpapiere sind käufliche, mit einer Bromsilber-Gelatineschicht bedeckte Papiere, aus denen nachher die Fotos hergestellt werden) so aufeinandergelegt, daß Schicht auf Schicht fällt. Die Schichtseite der Kopierpapiere ist leicht zu erkennen, weil auf der Rückseite meist die Firmenbezeichnungen eingedruckt sind. Dann wird der Kopierrahmen im Abstand von 30 bis 40 cm einige Sekunden lang ans elektrische Licht gehalten (die den Papierpackungen beigegebenen Vorschriften beachten!), das Papier in gelbem Licht herausgenommen, in den Entwickler gelegt (das ganze Papier muß im Entwickler untertauchen), bis das nunmehr naturgetreue „positive“ Bild am besten gefällt, dann sofort herausgenommen, rasch mit Wasser abgespült und 10 bis 15 Minuten ins Fixierbad gelegt. Nach dieser Zeit dürfte die *Fixierung* beendet sein. Wir nehmen das Bild (auch Abzug, Positiv oder Kopie genannt) heraus, wässern eine halbe Stunde in fließendem Wasser und trocknen es auf Papier. Von einer einzigen Platte oder Film lassen sich nach diesem Verfahren Hunderte von Bildern herstellen.
Vergrößern. Aufnahmen auf Kleinbildfilmen (24 x 24, 24 x 36 mm) erfordern eine Vergrößerung auf wenigstens das Dreifache. Man benötigt neben einem Vergrößerungsgerät noch drei Schalen für Entwickler, Fixierbad und Wässerung und das empfindlichere Bromsilberpapier. Beim Selbstvergrößern kann man den günstigsten Bildausschnitt prüfen, Unwichtiges zurückhalten und so das Beste aus einer Aufnahme herausholen.
Diapositive. In Lichtbildervorträgen werden oft durchsichtige Bilder gezeigt, bei denen sich nicht, wie im obigen Fall das Negativ, sondern das positive, richtige Bild auf einem Film befindet. Wir können uns solche *Diapositive* leicht selber herstellen. Man braucht dabei nur in den Kopierrahmen an Stelle des Kopierpapiers einen Diafilm auf das Negativ zu legen und sie genauso wie Kopierpapier zu behandeln. In der Amateur-Fotografie hat die Anwendung von Dias besonders durch die Einführung der Farbdias einen starken Aufschwung erlebt.

2. Chemie der Schwarzweiß-Fotografie

2.1 Das Entwickeln. Von vornherein sei bemerkt, daß die chemischen Vorgänge beim Entwickeln von Platten, Filmen, Kopierpapieren und Diapositivplatten grundsätzlich die gleichen sind. Unser Entwickler vom obigen Beispiel wird z. B. von der Tetenal, der Agfa u. a. unter dem Namen Metol-Hydrochinon als farblose Lösung in braunen Flaschen verkauft. Er enthält Metol, Hydrochinon (beides reduzierende, komplizierte Benzolabkömmlinge), viel Natriumsulfit Na_2SO_3, Pottasche K_2CO_3 und wenig Kaliumbromid KBr.

Versuch: Wir erwärmen einige Tropfen Entwicklerflüssigkeit auf einer Glasplatte; es bleibt eine weiße Kruste zurück. Diese färbt die Flamme gelb (Na!), durch das Cobaltglas karminrot (K!); nach Zusatz von verdünnter Salzsäure entwickelt sich aus dem Natriumsulfit unter Aufschäumen stechend riechendes Schwefeldioxid (Gleichung: $Na_2SO_3 + 2\,HCl \rightarrow 2\,NaCl + H_2O + SO_2$). Gieße im Probierglas zu 2 bis 3 cm^3 Metol-Hydrochinonentwickler etwas Salzsäure (Aufbrausen, stechender Schwefeldioxidgeruch) und weise nach S. 26 in den entweichenden Gasen Kohlendioxid nach.

Versuch: Wir lassen etwas Metol-Hydrochinonlösung an der offenen Luft in einer flachen Schale stehen. Nach einigen Stunden ist der Entwickler braun geworden. Ähnliche Färbungen beobachten wir auch an älteren Entwicklern oder an Flecken, die von frischen oder älteren Entwicklern herrühren. Erklärung: Metol-Hydrochinon wirkt reduzierend, d. h., es zieht Sauerstoff an sich und färbt sich dabei braun. Ähnliche Oxidationen und Braunfärbungen zeigen auch die dem Hydrochinon $C_6H_4(OH)_2$ verwandten Stoffe, so z. B. Resorcin und besonders das Pyrogallol $C_6H_3(OH)_3$. Da der Entwickler durch die Oxidation und Bräunung allmählich unwirksam wird, ist es nötig, ihn nach Gebrauch wieder in eine Flasche zu füllen und gut zu verschließen. Um die Oxidation des Entwicklers durch Luftsauerstoff zu verzögern, wird ihm viel Natriumsulfit Na_2SO_3 beigemischt. Dieses reißt den meisten Luftsauerstoff an sich und wird dabei zu Natriumsulfat Na_2SO_4. Wie der Entwickler auf den Film wirkt, zeigt der folgende Versuch.

Versuch: Wir lösen im Probierglas einige Körnchen Kaliumbromid KBr in destilliertem Wasser auf und gießen etwas Silbernitratlösung dazu. Sofort entsteht ein dicker, weißer Niederschlag von Silberbromid (Gleichung: $AgNO_3 + KBr \rightarrow AgBr + KNO_3$), das sich ja auch auf den Fotoplatten und -papieren findet. Wir teilen den Probierglasinhalt in zwei Hälften. Zur ersten geben wir etwas Entwicklerflüssigkeit: der Inhalt wird langsam grau, schließlich nach einigen Minuten schwarz. Die zweite Hälfte stellen wir in die Sonne, wo sie nach wesentlich längerer Zeit ebenfalls nachdunkelt. Hier hat das Übermaß von Licht die Spaltung des Silberbromids in dunkles Silber und Brom von selbst bewirkt: im ersten Fall ist die Spaltung durch das kurz einwirkende, spärliche Zimmerlicht sozusagen nur angedeutet worden, dagegen vervollständigte und beschleunigte der Entwickler diesen Vorgang in starkem Maße. Es ist zu bemerken, daß es sich hier in Wirklichkeit um recht verwickelte Vorgänge handelt, daß wir uns aber vorläufig mit diesen vereinfachenden Vorstellungen begnügen können. Auf den Filmen, Papieren und im oben beschriebenen Probierglasversuch wirkt der Entwickler etwa nach folgender Gleichung: $2\,AgBr + Entw. + 2\,KOH \rightarrow 2\,Ag + 2\,KBr + (Entw. + O) + H_2O$. D. h., das vom Licht getroffene Silberbromid wird mit Hilfe des Entwicklers in dunkles, feinverteiltes Silber verwandelt. Wie wirkt die konzentrierte Lösung eines Vitamin-C-Präparates (*Cebion, Redoxon* u. dgl.) auf eine Silberbromidaufschwemmung? Vitamin C wirkt in frischem Zustand ebenfalls stark reduzierend. Wir tauchen einen Glasstab in den unverdünnten Entwickler und zeichnen auf ein neues Fotopapier, das wir eben der Verpackung entnommen haben, irgendeine Figur. Nach kurzer

Zeit werden die vom Entwickler bestrichenen Stellen hellgrau, dann dunkelgrau und schließlich schwarz; diese Dunkelfärbung rührt von ausgeschiedenem Silber her. Gießen wir einige Tropfen Salpetersäure auf das Papier, so beobachtet man an den betreffenden Stellen nach etwa einer Stunde eine deutliche Gelbfärbung (Xanthoprotein-Reaktion des Gelatine-Eiweißes mit Salpetersäure, s. S. 25).

Bei der Betrachtung einer Fotografie sehen wir lediglich Silber in verschieden starker Anhäufung. Wir können dieses Silber aus einem wertlosen Negativ oder aus einer Fotografie mit einem Tropfen Salpetersäure bequem herauslösen. Die betreffende Stelle wird dann durchsichtig bzw. weiß. Je mehr Licht eine bestimmte Stelle der Platte oder des Kopierpapiers erhält, um so dunkler färbt sie sich nachher unter dem Einfluß des Entwicklers. Stellen, die vom Licht überhaupt nicht getroffen wurden, bleiben auch im Entwickler weiß. Wollte man ein Negativ oder ein Lichtbild nach dem Entwickeln gleich im Sonnenlicht betrachten, so würde es langsam schwarz, da beim Entwickeln nur etwa ein Viertel des Silberbromids zersetzt wurde und dieses in viel Licht nachdunkelt, wie wir schon beim vorher beschriebenen Probierglasversuch sahen. Aus diesem Grunde ist es notwendig, das vom Entwickler nicht angegriffene, weiße, unbelichtete Silberbromid nach dem Entwickeln sowohl bei den Platten als auch bei den Filmen, Abzügen und Diapositiven zu entfernen. Diese Tätigkeit nennt man **Fixieren**, weil erst danach das Bild fertig und unveränderlich ist.

2.2 Das Fixieren. Bevor die Filme oder Papiere ins Fixierbad kommen, müssen sie gut abgespült werden, da Entwickler und Fixiersalz sich wechselseitig zerstören bzw. beim Zusammenkommen schwere Schädigungen auf den Filmen hervorrufen können. Das Fixierbad ist fast immer eine Lösung von Natriumthiosulfat, dem Natriumhydrogensulfit $NaHSO_3$ beigemischt wurde. Seine Reaktionen und seine Wirkung auf Silberbromid zeigt der folgende Versuch.

Versuch: Wir lösen eine etwa bohnengroße Menge von dem weißen, sauren Fixiersalz (z. B. von Agfa) in einem halben Probierglas voll Wasser. Zu einem Teil dieser klaren, farblosen Lösung geben wir etwas konzentrierte Salzsäure. Nach kurzem Warten entsteht eine starke, milchige Trübung von feinem ausgeschiedenem Schwefel; gleichzeitig nimmt man starken Schwefeldioxidgeruch wahr. Erklärung: Der Hauptbestandteil des Fixiersalzes ist Natriumthiosulfat $Na_2S_2O_3$, das mit Salzsäure nach folgender Gleichung reagiert: $Na_2S_2O_3 + 2\ HCl \rightarrow 2\ NaCl + H_2O + S + SO_2$. Man kann sich ein saures Fixierbad durch Auflösen von 200 g Natriumthiosulfat und 15 g Natriumhydrogensulfit (bewirkt saure Reaktion) leicht selbst ansetzen.
Wir stellen, wie im vorher beschriebenen Versuch, einen Niederschlag von Silberbromid her und geben im Probierglas etwas gelöstes, käufliches Fixiersalz dazu. Der Niederschlag verschwindet fast augenblicklich. Bei den Filmen geht die Auflösung des Silberbromids natürlich wesentlich langsamer vonstatten, da hier die Gelatineschicht hemmend wirkt. Sowohl im obigen Probierglasversuch, als auch beim Fixieren von Filmen, spielen sich folgende Reaktionen ab: $2\ AgBr + Na_2S_2O_3 \rightarrow Ag_2S_2O_2 + 2\ NaBr$. Das weiße Silberthiosulfat verbindet sich mit weiterem Natriumthiosulfat zu einem Komplexsalz von der Formel $Na_3[Ag(S_2O_3)_2]$. Sobald man auf der Rückseite des Films keine weißen Schleier mehr sieht, ist dieser Vorgang abgeschlossen. Läßt man den Film noch länger im Fixierbad, so bildet sich das Komplexsalz $Na_5[Ag(S_2O_3)_3]$ (nach Schmitz-Dumont). Dieses ist wesentlich besser löslich als das

vorige, es wandert deshalb leichter aus der Gelatine heraus. Es empfiehlt sich aus diesem Grund, die Filme nochmals so viele Minuten im Fixierbad zu lassen, wie zur Entfernung der weißen Flecke auf der Rückseite nötig waren. Wird dies unterlassen, so kann die Schicht selbst nach ausgiebigem Wässern von zersetzlichem Natriumthiosulfat und von nicht herausgelösten Silbersalzen im Lauf der Jahre gebräunt werden und verderben. Es ist zweckmäßig, das Fixiersalz nicht zu weit auszunützen. Das Fixierbad ist erschöpft, wenn ein Tropfen auf einem Fließpapier in der Sonne braun wird. Aus alten Fixierbädern kann man durch Einlegen von Zinkblech etwas **Silber** gewinnen. Taucht man eine blanke Kupfermünze oder eine Stahlfeder in ausgebrauchtes Fixierbad, so überzieht sie sich mit einer Silberhaut.

2.3 Das Wässern. Das Wässern hat den Zweck, das oben erwähnte Doppelsalz und das einfache Fixiersalz aus der Gelatineschicht herauszulösen, da sonst im Laufe der Zeit eine Vergilbung auftreten könnte. Diese ist auf Schwefelabscheidung des Natriumthiosulfats zurückzuführen (Gleichung $Na_2S_2O_3 \rightarrow Na_2SO_3 + S$). Auf den Filmen und Kopierpapieren werden nun Natriumthiosulfat und Doppelsalz durch die Gelatineschicht zäh und energisch festgehalten, so daß ein längerer Aufenthalt in fließendem Wasser nötig wird.

3. Das Polaroid-Verfahren

Die aus den USA stammende Polaroid-Land-Kamera liefert im Gegensatz zu den üblichen Kameras *gleich* nach der Aufnahme ein bereits fertiges Papierbild. In die Kamera wird eine Doppelrolle, die Negativ- und Positivpapier enthält, eingesetzt. Das Negativ-Material besitzt eine Schicht mit Silberbromid wie die üblichen Filme. Durch die Belichtung entsteht darauf ein latentes Bild. Nach der Aufnahme zieht man an einem Papierstreifen und bringt dadurch den belichteten Film in die *Entwicklungskammer*. Gleichzeitig wird von der Positiv-Rolle ein Stück Papier abgespult (*Bild 25*). Durch den zwischen zwei Walzen wirkenden Druck öffnet sich eine Kapsel mit Entwicklerpaste, die gleichmäßig verteilt wird. In der üblichen Weise entsteht ein Negativ: stark belichtete Stellen zeigen viel metallisches Silber, an den anderen bleibt viel Silberbromid. Dann löst Natriumthiosulfat das Silberbromid heraus. Neu ist nun der Werdegang des positiven Bildes. Das entstandene Silberthiosulfat reagiert mit dem Positivpapier, das mit Metallsulfid dünn überzogen ist, unter Bildung von Silbersulfid. Dieses ausgeschiedene Silbersulfid wird durch die restliche Entwicklerpaste sofort in elementares Silber umgewandelt, und so bekommen wir ein positives Bild.

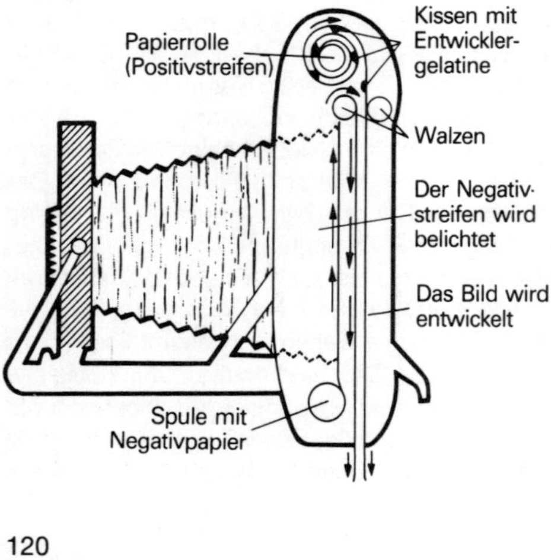

Bild 25 Arbeitsweise der Polaroid-Land-Kamera (nach Soest, Handbuch der Schulfotografie)

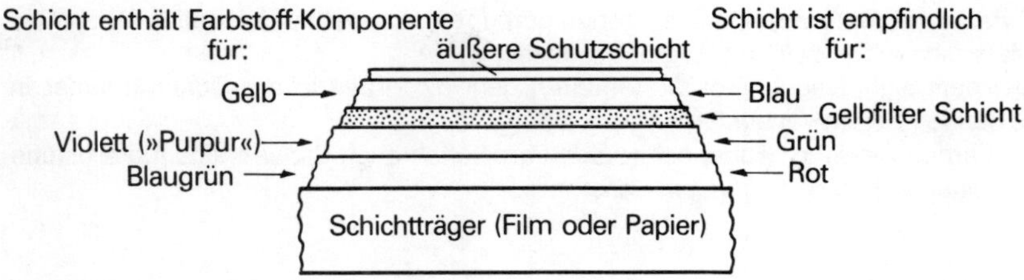

Bild 26 Querschnitt durch Agfa-Color-Papier und -Negativfilm

Durch Katalysatoren wird die Reduktion des Silbersulfids an allen Stellen hervorgerufen, die den unbelichteten Körnern des Negativ-Papiers gegenüberliegen. Mit der Polaroid-Kamera erhält man Kontaktabzüge in den Größen 6 cm x 8 cm, 8,5 cm x 10,5 cm. Das Polaroid-System ist noch weitgehend durch Filmpackkassetten 9 x 12 cm mit Negativfilm Type 55 PN, Infrarotfilm Typ 413 und den Polacolorfilm ausgebaut worden.

3.1 Polaroid Sofort-Diafilme. Seit Oktober 1984 kann man aus jeder Kleinbildkamera eine Sofortdia-Kamera machen. Filme: Es stehen ein Farb-Diafilm (*Polachrom CS*), ein Schwarzweiß-Halbton-Diafilm (*Polapan CT*) und ein Schwarzweiß-Hochkontrast-Diafilm (*Holagraph HC*) zur Verfügung. Der Film wird genauso belichtet wie ein herkömmlicher Kleinbildfilm. Der belichtete Film wird mit der Entwicklereinheit, die jeder Filmpackung beiliegt, in das Entwicklergerät (10 x 10 x 22 cm) eingelegt. Durch Betätigung des entsprechenden Hebels wird die Entwicklung eingeleitet. Das Entwicklergerät wird in eine Miniaturdunkelkammer verwandelt. Nach 60 Sekunden ist der Film entwickelt. Der Film wird aus dem Gerät herausgenommen. Die Dias sind entwickelt, trocken und fertig zum Betrachten.

4. Farbfotografie

4.1 Agfacolor-Verfahren. Zunächst haben wir zwei ganz verschiedene Verfahren zu unterscheiden: das Farbumkehrverfahren und das Farbnegativverfahren. **Farbumkehrfilme** liefern für jede Aufnahme mit einer Umkehrentwicklung *ein* Farbdia. Beim **Farbnegativfilm** entsteht zunächst ein Negativ in komplementären Farben und umgekehrten Tonwerten, von dem man Papierbilder jeder Größe und Zahl, Farbdias und auch Schwarzweißbilder herstellen oder herstellen lassen kann. Das Farbnegativ erlaubt eine individuelle Abstimmung des farbigen Bildes, ein Umkehrfilm jedoch nur in ganz geringem Maße. Dem Amateur, der mit Farbaufnahmen nicht viel Arbeit haben möchte, ist der Umkehrfilm zu empfehlen, während der gestaltende Farbfotoamateur, der seine Farbfotos selbst ausarbeitet, zum Negativfilm greift. Der Aufbau beider Farbfilmtypen und des Colorpapiers ist ziemlich ähnlich (*Bild 26*). Um aus dem Farbmotiv zunächst die Anteile der drei Grundfarben zu gewinnen, aus denen das farbige Bild sich zusammensetzt – es handelt sich um Gelb, Purpurrot und Blaugrün –, besitzt der Farbfilm drei übereinanderliegende Schichten von je $^3/_{1000}$ bis $^4/_{1000}$ mm Dicke mit verschiedenen Farbempfindlichkeiten. In den einzelnen Schichten finden sich neben den Sensibilisatoren und Silberbromid vor allem die Farbkuppler, z. B. Derivate der Acetessigsäure (geben mit Entwickler durch Kupplung gelbe Farbstoffe),

Pyrazolone, Benzylcyanid u. a. (geben purpurrote Azomethanfarbstoffe), Naphthole (liefern beim Entwickeln blaugrüne Indoaniline).
Bei dem Agfa-Negativ-Positiv-Verfahren geht die Arbeit in der Dunkelkammer in folgenden Stufen vonstatten:

1. Farbentwicklung, wobei neben den Farbstoffen auch Silber entsteht. Farbstoffe bilden sich nach folgendem Schema:

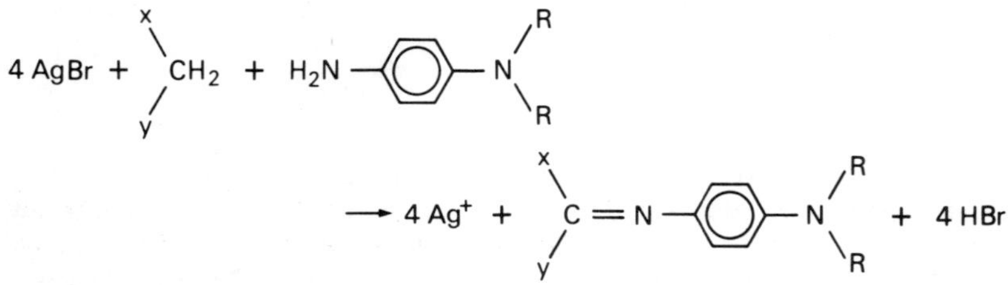

Silberbromid + Farbkuppler + Entwickler → Farbstoff

2. Ausbleichen des Silbers mit Kaliumhexacyanoferrat(III) $K_3[Fe(CN)_6]$.
3. Herauslösen der gesamten Silberbromidverbindung mit Thiosulfat (Fixieren). Stufe 2 und 3 können in einem Arbeitsgang (Bleichfixierbad) zusammengefaßt werden.

Nach dieser Verarbeitung haben wir ein negatives, komplementäres Farbbild, in dem die Oberschicht gelb, die Mittelschicht purpurn und die Unterschicht blaugrün gefärbt ist.
Von diesen Negativen können dann farbige Originalkopien oder Vergrößerungen auf Colorpapier angefertigt werden.
Die Empfindlichkeit der Farbnegativfilme liegt bei 19 bis 24 DIN, die der Farbumkehrfilme zwischen 15 und 31 DIN.
Seit 1. März 1958 ist das Agfacolor-Negativ-Positiv-Verfahren für Amateure freigegeben. Die benötigten Chemikalien werden vom Photohandel geliefert; eine Anleitung zum erfolgreichen Arbeiten bringt die Agfacolor-Fibel.
Um Colorpapierbilder direkt vom Dia zu bekommen, bietet Kodak das *Ektachrom 14 RC Umkehrpapier* mit entsprechenden Chemikalien an. Kodak hat seit 1982 ein neues Fotosystem mit der *Kodak-Disc-Kamera* eingeführt. Der Name *Disc* (wie Diskus) rührt von der Form des Farbfilms her: Eine dünne Scheibe von nur 65 mm Durchmesser. Darauf sind kreisförmig 15 Negativfilme des winzigen Formats 8 x 10 mm angeordnet.
4.2 Agfachrome-Speed-Verfahren. Auf der Photokina 1982 wurde ein neues Verfahren vorgestellt, von dem nun einige Erfahrungen vorliegen. Die Werbung sagt: Farbvergrößerungen sind einfacher als Schwarzweiß-Abzüge! Tatsächlich bedeutet dieses Verfahren mit *einem Bad* eine große Vereinfachung für die Herstellung von Farbvergrößerungen von Colordias. Dazu kommt bei der Verarbeitung von Agfachrome-Speed-Material der Vorteil, daß im weiten Temperaturbereich von 18 bis 24 °C gearbeitet werden kann. Und schnell geht es auch noch: Nach der Belichtung folgt ein 90 Sekunden-Bad im Aktivator. Dann kann schon bei normalem Licht weitergear-

beitet werden. Nach weiteren 90 Sekunden Wässerung kann die Vergrößerung bereits beurteilt werden. Der Belichtungsspielraum ist größer als bei Schwarz-weiß-Vergrößerungen. Auflösungsvermögen, Farbbrillanz und Schattenzeichnung lassen nichts zu wünschen übrig.
Nur einem Umstand muß mit Respekt begegnet werden: Der leicht ätzenden Wirkung des Aktivators. Agfa weist auch ausdrücklich auf das Tragen von Gummihandschuhen und Schutzbrille hin. Auch die Kodak-Forscher haben ein neues Einbadverfahren entwickelt, durch das im Hobbylabor vieles sehr vereinfacht wird. Es trägt den Namen *Ektaflex PCT (Photo Color Transfer*, d. h. Farbbildübertragung).

Fotokopie (Xerografie)

Von den zahlreichen Verfahren der Vervielfältigungstechnik sind heute solche von Bedeutung, die auf fotoelektrischen Effekten beruhen. Bei der üblichen Fotografie wird das Bild in flüssiger Phase entwickelt. Die Bildentwicklung bei der Elektrofotografie geschieht auf trockenem Wege (Xerografie; xeros, griech: trocken). Wir unterscheiden bei dem Verfahren nach Ch. F. Carlson 7 Abschnitte: Aufladung der Schicht (1,2), Belichtung der Vorlage (3), Auftragen des Farbpulvers (4), Papierauflage und Übertragung (5,6), Fixieren (7). *Bild 27* erläutert die 7 Abschnitte.

Prinzip der Fotokopie:
1. Eine lichtelektrische Schicht (Selenplatte) wird in dem Fotokopiergerät elektrisch aufgeladen.
2. Die auf der Platte verbliebene Aufladung ist positiv und wird im Bild durch kleine Plus-Zeichen symbolisiert.

Bild 27 Prinzip der Fotokopie (Xerographie) (nach Rank)

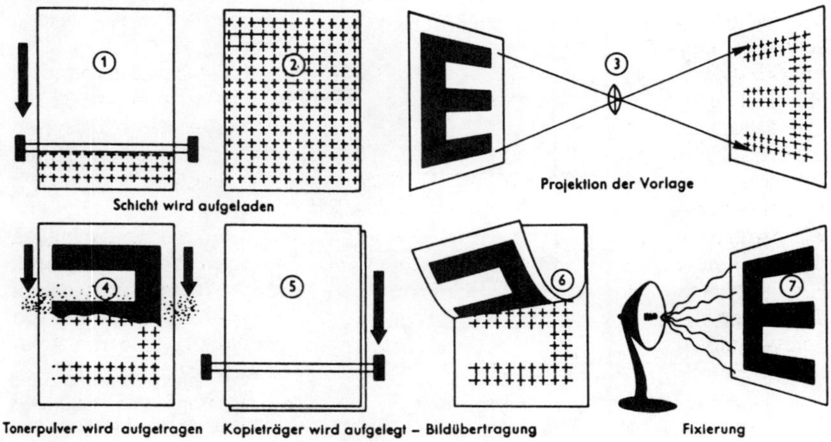

3. Durch optische Belichtung einer beliebigen Vorlage wird die Aufladung der lichtelektrischen Schicht bildmäßig abgebaut. Am Ende der Belichtung behalten nur die nicht belichteten Stellen ihre ursprüngliche Ladung. Es befindet sich nun auf der Selenschicht ein Bild, auf dem der schwarze Buchstabe der Vorlage (E) durch kleine Plus-Ladungen ⊕ charakterisiert wird.
4. Ein schwarzes, feines Farbpulver, das selbst negativ ⊖ geladen ist, wird über die belichtete und daher nur stellenweise positiv geladene Schicht gestreut. Es bleibt an den unbelichteten Flächenstücken hängen.
5. Auf die mit dem Farbpulver bestreute Schicht (nicht hängengebliebene Teile fallen beim Wenden von selbst herunter) wird ein Blatt Papier gelegt und positiv aufgeladen. Dadurch wird das farbgebende Pulver angezogen.
6. Das Bild wird vorsichtig abgehoben. Das von der Vorlage abgenommene Bild ist seitenrichtig. Die Bildspur haftet (allerdings) nur durch ungleichnamige Aufladung auf dem Papier, d. h. es ist noch nicht wischfest.
7. Zum Schluß wird die Kopie kurz erwärmt. Dabei verschmilzt das Bildpulver mit der Papierunterlage und geht mit ihr eine feste und dauerhafte Verbindung ein (Fixieren).

Fototrope Brillengläser

Fotochemische Reaktionen finden eine Anwendung in den neuen Brillengläsern, deren Tönung sich nach den jeweiligen Lichtverhältnissen richtet. Bei mäßigem Tageslicht ist das Glas nahezu farblos. Im Sonnenlicht verdunkelt sich das Glas selbsttätig. Diese automatische Reaktion der *Colormatic* und *Umbramatic-Gläser* (Rodenstock und Carl Zeiss) unterstützt die natürliche Helligkeitsanpassung der Augen.
Die Gläser bestehen aus Silicatglas mit hohem Kieselsäuregehalt (35 bis 76 %) und

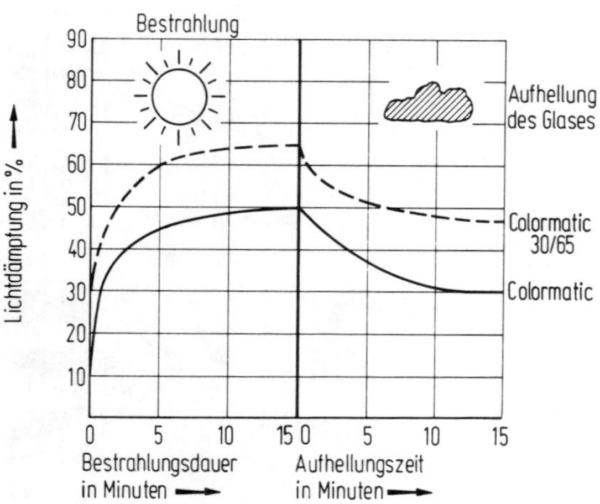

Bild 28 Verdunklung und Aufhellung von fototropen Brillengläsern

eingearbeiteten, winzigen, lichtempfindlichen Silberhalogenidsalzen in Form von Mischkristallen des Systems AgCl/AgBr/0,5 AgI und AgI/AgBr/0,5 AgI. Die Schwärzung des Glases beruht wie bei Filmen auf der Ausscheidung von Silber unter der Einwirkung der Photonen: $Br^- + h \cdot \nu \rightarrow Br + e^-$; $Ag^+ + e^- \rightarrow Ag$.
Der Schwärzungszustand des Glases ist labil, weil im Glas – im Gegensatz zum Film – die entstandenen Halogene nicht wegdiffundieren können. Geht die fotochemische Anregung zurück, dann kehrt das Silber in den ursprünglichen Bindungszustand des Halogenids zurück. Aus *Bild 28* geht hervor, wie lange es dauert, bis die volle Schwärzung des Glases erreicht wird und wieder abklingt. Die Aufhellung dauert nach *Bild 28* einige Minuten. Der Autofahrer, der aus der Sonne kommt und in einen schwach beleuchteten Tunnel fährt, muß also die fototrope Brille abnehmen. Das *Colormatic-Glas* gibt es auch mit erhöhter Lichtdämpfung unter Bezeichnung *Colormatic 30/65*, die durch eine zusätzliche lichtabsorbierende Schicht erreicht wird.

Frostschutzmittel

Im Winter und in kalten Ländern kann das Kühlwasser von Automotoren während der Ruhepausen leicht gefrieren und infolge der Volumenausdehnung den Kühler beschädigen. Zur Vermeidung solcher Nachteile setzt man dem Autokühlwasser gefrierpunkterniedrigende Stoffe bei, die als Frostschutzmittel bezeichnet werden.
Von einem guten Frostschutzmittel verlangt ein Fachausschuß von Auto-Ingenieuren folgende Eigenschaften: möglichst starke Gefrierpunktserniedrigung, keine Herabsetzung der Kühlwirkung des Wassers, chemische Beständigkeit, Rostschutz, keine Schädigung von Metall und Gummi, niederer Siedepunkt, Geruchlosigkeit, geringer Ausdehnungskoeffizient.
Am wirksamsten und verbreitetsten sind heute wohl Ethylenglykol CH_2OH-CH_2OH, oft kurz Glykol genannt, und Methylalkohol (= Methanol) CH_3OH. Eine 10-, 20-, 30-, 40- bzw. 50 %ige Glykol-Wasser-Mischung gefriert bei −4, −9, −15, −24 bzw. −36 °C. Die häufig verwendeten Frostschutzmittel *Glysantin* (Badische Anilin- und Sodafabrik) und *Genantin* (Anorgana-Gendorf) sind Glykolpräparate. Glykol siedet erst bei 197 °C. Wenn die Kühlerflüssigkeit des laufenden Motors auf 90 °C erhitzt wird, verdunstet vorwiegend Wasser, und das wertvollere Glykol bleibt zurück. Kühlwasser enthält Luft, und durch die Eingußöffnung oder undichte Stellen kann ebenfalls Luft eintreten, die u. U. Korrosion am Kühlermetall hervorruft. Um die Rostbildung zu verhüten, setzt man den Frostschutzmitteln z. B. Alkaliborate, Wolframate, Phosphate, Mineralöle, organische Amine und andere Verbindungen zu. Da diese Rostverhüter langsam aufgezehrt werden, ist das Kühlwasser nach jedem Winter vollständig zu erneuern.

Versuch: Gefrierpunktserniedrigung des Wassers durch Glykol (giftig!). Bringe in ein 500 cm^3 Becherglas eine Kältemischung aus 100 Teilen zerkleinertem Eis und 33 Teilen Kochsalz. Stelle 4 Reagenzgläser mit folgendem Inhalt in das Becherglas: Glas 1 Wasser, Glas 2 Glykol/Wasser im Verhältnis 1 : 1, Glas 3 Glykol, Glas 4 Glycerin. Untersuche mit dem Thermometer die Gefrierpunkte der Flüssigkeiten.

Gefrierschutzmittel werden auch in Feuerlöschgeräten benötigt. Im Baugewerbe versteht man unter Frostschutzmitteln Substanzen (wie z. B. Calciumchlorid), die dem

Beton-Anmachwasser zugesetzt werden, um den Betongefrierpunkt herabzusetzen, so daß man auch bei Frost bauen kann.
Frostschutzmittel für Autofenster enthalten wasserlösliche Substanzen mit erhöhter Viskosität, geringer Oberflächenspannung und sehr hoher Verdunstungszahl, wie z. B. das oben erwähnte Ethylenglykol, Glycerin, niedere Polydiole, Alkylolamine. Damit werden beispielsweise Tücher durchtränkt, mit denen man die Scheiben abreibt. Die flüssigen Präparate enthalten noch zusätzlich niedere Alkohole und Ketone (z. B. Aceton, Isopropanol), die auch Eis auftauen. Nach dem Verdunsten bleibt ein dünner Film, dessen Gefrierpunkt weit unter 0 °C liegt, auf der Scheibe zurück. Fast alle Sprühdosen werden heute mit dem umweltfreundlichen Treibmittel Kohlendioxid beschickt.

Futterkalke und Kalkpräparate

Versuch: Erhitze einen tierischen Knochen (z. B. Rippenstück) in einer heißen Gasflamme so lange, bis nur noch grauweiße Asche übrigbleibt! Nach dem Erkalten betupfen wir eine Probe mit Salzsäure; starkes Aufschäumen (Kohlendioxid) deutet auf Kalk hin. In einem Probierglas wird in einer Messerspitze Knochenasche mit Ammoniummolybdat nach S. 26 f. Phosphat nachgewiesen.
Die tierischen und menschlichen Knochen enthalten in ihrer Asche rund 90 % Calciumphosphat $Ca_3(PO_4)_2$, der Rest ist hauptsächlich Calciumcarbonat $CaCO_3$. Diese beiden Kalke werden dem Futter entnommen. In manchen Fällen vermag dieses aber den hohen Kalkbedarf nicht zu decken; die Tiere suchen dann instinktiv kalkreichere Nahrung. So fressen die eierlegenden Hennen (nicht aber die Hähne) ab und zu Kalkmörtel, und die jungen, im Wachstum befindlichen Rinder beißen an herumliegenden, alten Knochen herum. Besonders hoch ist der Mineralsalzbedarf von Milchkühen; diese sollten täglich 100 g (einer selbstherstellbaren) Mineralsalzmischung aus 30 % Calciumcarbonat, 30 % Calciumphosphat und 40 % Viehsalz erhalten. Um die Kalkversorgung der Haustiere bequem sicherzustellen, bringen verschiedene Fabriken schon seit langer Zeit Mineralsalzmischungen (Futterkalke) auf den Markt, die den Haustieren ins Futter gegeben werden.
Der Futterkalk *Mineralfutter Extra* besteht aus rund 58 % gewöhnlichem Kalk, 18 % Tricalciumphosphat, 15 % Dicalciumphosphat.
Mineralstoffe für Kleintiere: Zwergmarke (Brockman, Wildeshausen) enthält 23 % Calcium, 6 % Phosphor, 6 % Natrium, 1 % Magnesium als Zusatzstoffe finden sich mehrere Vitamine, Zink, Kupfer, Mangan, Iod. Weise in Brockmans *Zwergmarke* Carbonate (s. S. 26), Phosphate (s. S. 26), Chloride (s. S. 23) und Eisen (s. S. 21) nach.
Prüfe in gleicher Weise *Gelita Jobi Mineralfutter* (Gelita, Wildeshausen) für Kleintiere.
Die mineralische Basis von *Gelita Extra für Rinder* bilden hochwertige Phosphorträger – Monocalciumphosphat, Hostaphos, Dicalciumphosphat – und andere ausgesuchte Komponenten und Zusatzstoffe. *Gelita Extra* ist die ideale Ergänzung für Grundfutterrationen der Milchkühe in Betrieben mit Ackerfutterbau, ganzjähriger Stallhaltung, bei nahezu ausgeglichenem Calcium/Phosphat Verhältnis der Grundration – im Alpenvorland, den Mittelgebirgs- und Grünlandgebieten. Gehalte an Inhaltsstoffen: 6,0 % Phosphor, 12,0 % Calcium, 10,0 % Natrium, 3,0 % Magnesium.

Fütterungsempfehlung: Milchkühe 100 bis 200 g pro Tier und Tag, Jungtiere 80 bis 120 g pro Tier und Tag.
Auch für den **Menschen** hat die Industrie viele **Kalkpräparate** hergestellt. Bei Kalkarmut der aufgenommenen Nahrung oder gestörtem Kalkstoffwechsel wird *Kalzan* (Taeschner) empfohlen; dies sind weiße Tabletten (oder Pulver) aus 150 mg $CaHPO_4$ und 300 mg Calciumcitrat. *Calcipot* ist ein Präparat mit 36 % Kalksalzen (28 % Calciumcitrat, 8 % Calciumphosphat und 1 % Ascorbinsäure). *Calciduran* (Degussa, Asta) enthält Calciumphosphat, Calciumcitrat, Natriumphosphat, Vitamin C und D. *Calcium Kneipp Dragees* (Kneipp). 1 Dragee enthält 70 mg Calciumphosphat, 150 mg Calciumcitrat, 0,02 mg Calciumfluorid, 1 mg Eisen(II)-Glucomat, Vitamin A, Vitamin C. Die Brausetabletten *Vitamin C-Calcium* Orangentrunk (Hermes, Zürich) enthalten neben 650 mg Calciumcarbonat (entspricht 260 mg Calcium-Ionen) noch 1000 mg Ascorbinsäure. Die Brausetablette wird in einem halben Glas Wasser aufgelöst. Anwendung bei erhöhter Infektionsgefahr, zu erhöhter Stärkung bei Erkältungen und bei Vitamin C- und Calcium-Mangelerscheinungen.

Geleeherstellung

Von gereinigten Äpfeln (auch unreife sind verwendbar) werden die Stiele und fauligen Teile beseitigt, dann schneidet man sie – ohne Haut und Kerngehäuse zu entfernen – in kleine Schnitze, bedeckt diese mit Wasser, kocht, seiht nachher durch ein Tuch, kocht den ablaufenden Saft sofort 1 bis 2 Stunden lang, wobei unter fortgesetztem Umrühren auf jedes kg Saft portionenweise 1 bis 1,5 kg Zucker gegeben werden. Der hohe Zuckerzusatz soll Gärungen und andere Zersetzungen verhindern (s. S. 186). Während des Kochens wird der Saft allmählich dicker. Die Geleebildung ist beendet, wenn die Flüssigkeit dick vom Löffel fließt und ein Tropfen davon auf dem Prozellanteller nicht mehr verläuft. Das noch heiße Gelee wird in Einmachgläser von etwa 1 l gefüllt.

Chemische Vorgänge: Der Hauptbestandteil des Gelees sind die *Pektine*, die im wesentlichen aus großmolekularen, polymerisierten Galakturonsäureestern bestehen. Die Pektine finden sich hauptsächlich in den unverholzten, jugendlichen Pflanzenteilen. Orangen enthalten 3,5 bis 5,5, Zitronen 2,5 bis 4, reife Äpfel 1,5 bis 2,5 % Pektin. Bei unreifen Äpfeln ist der Pektingehalt höher, deshalb sind diese zur Geleeherstellung besonders geeignet. Nach längerem Kochen verfestigen sich die Pektine zu einem Gelee. Diese Verfestigung (Gelierung) wird durch Säuren beschleunigt. Es ist deshalb zweckmäßig, während des Kochens eine Zitronenscheibe (enthält Citronensäure) dazuzugeben. Will man aus pektin- und säurearmen Kirschen, Pflaumen, Birnen usw. Gelees herstellen, so gibt man nach 10- bis 12minutigem Kochen so viel *Opekta* zu dem Saft, wie in den aufgedruckten Rezepten vorgeschrieben ist.
Hat man vorher die Flüssigkeit mit einer Zitronenscheibe angesäuert, so erhält man fast augenblicklich ein vorzügliches Gelee. *Opekta* (Opekta-G.m.b.H., Köln-Riehl) ist ein weitverbreiteter, aus Obstabfällen hergestellter Pektinextrakt mit 3 bis 6 % Pektin. *Gelfix* (Dr. Oetker) enthält Pektin, Weinsäure und Traubenzucker. Weise in Gelfix mit der Fehlingschen Lösung den Traubenzucker nach!

Versuch: Herstellung von Gelee aus Apfelsaft. Zu 0,7 l Apfelsaft oder Saft von Himbeeren rühren wir in einem Topf 1 Päckchen *Gelfix* gleichmäßig ein. Nach dem Kochen wird 0,8 kg Zucker zugegeben und nach erneutem Kochen (½ Minute) wird der Topf von der Kochstelle genommen.

Versuch: Rezept für zuckersparendes Gelee. Inhalt des Päckchens *Gelfix zwei + eins* (Oetker) mit 2 Löffel Zucker mischen und im Topf mit 1 kg Obstmasse verrühren. Unter ständigem Rühren zum Kochen bringen, dann 500 g Zucker hinzufügen und nach erneutem Kochen (1 Minute) in Gläser füllen. Für Diabetiker die angegebenen Zuckermengen durch Fruchtzucker ersetzen. Man kommt bei diesem *Gelfix* mit weniger Zucker aus, da es den Konservierungsstoff Sorbinsäure (0,75 g) enthält.

Gerbsäure

Die in Apotheken und Drogerien erhältliche Gerbsäure (= Tannin) ist ein lockeres, weißgraues, leichtes Pulver, das aus Galläpfeln gewonnen wird. Manche Eichgallen können zu über 75 % ihres Gewichts aus Gerbsäure bestehen, bei der Eichenrinde beträgt der Gerbstoffgehalt dagegen nur 13 bis 14, bei der Fichtenrinde 7,5 bis 14, bei der Erlenrinde 16 bis 20 %. Gerbsäure ist ein Benzolabkömmling von verwickeltem chemischen Aufbau. Beim Erhitzen auf 210 bis 215 °C zersetzt sie sich unter Bildung von Pyrogallol, Kohlendioxid u. a.

Versuche: Prüfe den Geschmack (Gerbsäure ist ungiftig!), die Wasserlöslichkeit und die Reaktion auf Lackmus! Erhitze Gerbsäure auf dem Porzellanscherben über der Flamme! Vermische etwas Gerbsäurelösung mit einigen Tropfen Eisenchloridlösung! Es entsteht eine blauschwarze bis blaugrüne Färbung – Tinte! (s. a. S. 242). Zerdrücke in einem Schälchen einige Eichgalläpfel (im September bis November zu sammeln!), gieße Wasser darüber und lege einen Eisennagel hinein! Nach einigen Tagen ist die Lösung schwarz geworden, da sich ein Teil des Eisens vom Nagel mit der Gerbsäure der Galläpfel zu *Eisengallustinte* verbunden hat. Da Weißweine 0,1 bis 0,4, Rotweine sogar 1 bis 2,5 g Gerbstoff in 1 l enthalten, soll der Wein in den Fässern nicht mit Nägeln oder anderen Eisengegenständen in Berührung kommen, sonst könnte die Farbe infolge „Tinten“bildung verdunkelt werden. Stahlklingen, mit denen man unreifes, gerbstoffreiches Obst geschnitten hat, werden dunkel, wenn man sie ungereinigt herumliegen läßt. In alten Bretterwänden ist das Holz in der Umgebung der Nägel dunkler, auch hier hat sich eine Art Tinte gebildet. Wird ein Fichten- oder Tannenbrett frisch abgehobelt, mit Glaspapier abgerieben und mit einer 2 %igen Lösung von gelbem Blutlaugensalz bestrichen (Wattebausch benützen), so entsteht nach 4 bis 6 Stunden Sonnenbestrahlung auf dem vorher getrockneten, mit einem fotographischen Negativfilm belegten Brett ein deutliches, graues Positiv. Hierbei wurde das Eisen des gelben Blutlaugensalzes durch das Sonnenlicht so gelockert, daß es an den lichtdurchlässigen Stellen des Negativs mit dem Gerbstoff des Holzes dunkle, tintenartige Verbindungen geben konnte. Aus ähnlichen Gründen werden Bretterwände oder Lederstücke, die viel der Sonne ausgesetzt sind, allmählich dunkler. Wenn der Arzt gegen Durchfälle bei Menschen und Haustieren Gerbsäure verordnet, dürfen nicht zugleich eisenhaltige Stoffe eingenommen werden, da sich sonst im Magen Tinte bilden würde.

Von einer in Metzgergeschäften erhältlichen *Sülze* bringen wir ein wenig Gallerte in ein Probierglas, erwärmen nach Wasserzusatz und geben etwas Gerbsäurelösung dazu. Es entsteht ein weißer Niederschlag; Gerbsäure wirkt eiweißfällend. Ähnliche unlösliche Niederschläge entstehen, wenn man Gerbsäure oder Galläpfelextrakt zu Hühnereiweiß, Blut oder Gelatinelösung gibt; letztere erhält man durch Umschütteln der käuflichen Speisegelatine in heißem Wasser. Beim Gerben werden die weichen Eiweißstoffe der tierischen Haut durch die Gerbsäure in festes, unverwesliches Leder verwandelt. Geben wir auf Ledergegenstände an einer unauffälligen Stelle einen Tropfen Eisenchloridlösung, so entsteht oft schwarze, unverlöschliche Tinte, da auch fertiges Leder vom Gerben her ziemlich viel Gerbsäure enthält. In einigen Gegenden des alten Rußland stellten die Bauern dadurch Tinte her, daß sie in einem Topf Lederabfälle, alte Schuhnägel und Wasser einige Tage stehen ließen.

In der Heilkunde wurde Gerbsäure als Gegengift bei Alkaloid-, Metallsalz- und Brechweinsteinvergiftungen für Menschen, Pferde, Rinder, Schafe, Hunde und Katzen verordnet. Da Kaffee und Tee ebenfalls Gerbsäure enthalten, kann der Vergiftete diese Getränke einnehmen, bis die Gerbsäure aus der Apotheke eingetroffen ist. Die heutige Medizin hat in solchen Fällen wirksamere Stoffe zur Verfügung. Zur Ledergerbung benötigte man in Deutschland früher gerbstoffhaltige Eichenrinde. Auch zur Tintenbereitung, zur Klärung von Bier und Wein und zum Beizen von Teer-Farbstoffen wird Gerbsäure verwendet.

Glasätzen

Nur ganz wenige Stoffe sind gegen Chemikalien aller Art so widerstandsfähig wie das Glas. Deshalb verwendet man in der chemischen Forschung Glasapparate und Glasflaschen in größtem Umfang. Der einzige Stoff, der Glas stark angreift, ist der Fluorwasserstoff HF (= Hydrogenfluorid), ein farbloses, stechend riechendes, giftiges Gas, das beim Zusammenbringen von gepulvertem Flußspat CaF_2 und konzentrierter Schwefelsäure H_2SO_4 entsteht (Gleichung: $CaF_2 + H_2SO_4 \rightarrow CaSO_4 + 2\ HF$). Wird der Fluorwasserstoff in Wasser gelöst, so entsteht *Flußsäure*, die Glas ebenfalls anätzt. Man muß sie deshalb in Polyethylenflaschen aufbewahren. Die Silicate des Glases werden unter dem Einfluß der Flußsäure in Fluoride verwandelt. Wie eine Glasätzung praktisch durchgeführt wird, soll der folgende **Versuch** zeigen:

Wir schmelzen in einem Becherglas etwa 10 g Bienenwachs, gießen das geschmolzene Wachs in eine Petrischale, bedecken mit einer Glasplatte, die vorher sorgfältig mit einem terpentinölgetränkten Lappen gereinigt wurde, drehen die bedeckte Schale so lange nach allen Seiten, bis ihre ganze Innenseite samt der Glasplatte mit einer dünnen Wachsschicht bedeckt ist und lassen das Wachs erstarren. Hierauf heben wir die Glasplatte ab und zeichnen auf ihre Wachsschicht mit einem Nagel ein Bild, eine Schrift u. dgl. Es ist darauf zu achten, daß der Nagel die Wachsschicht bis zur Glasplatte durchdringt, so daß nacher an der gezeichneten Stelle das Glas von der Flußsäure bzw. vom Fluorwasserstoff angegriffen werden kann. In eine Blei- oder Polyethylenschale geben wir einige g gepulvertes Calciumfluorid und einige g konzentrierte Schwefelsäure (Vorsicht!). Die Stoffe sind von Apotheken oder Chemikalienhandlungen zu beziehen. Die Schale bedecken wir sofort mit der Glasplatte, die

Wachsschicht mit der Zeichnung muß dabei nach innen sehen. Es entsteht nun in der Schale Fluorwasserstoff (Vorsicht! Gift, sehr gefährlich ätzend! Nicht einatmen, nicht berühren!), der die Glasplatte an den freigelegten Stellen anätzt. Nach einer halben Stunde wird die Glasplatte mit einer Pinzette angefaßt, mit warmem Wasser abgespült und vom Wachs befreit. Man sieht dann die eingeätzte Zeichnung. Fährt man mit dem Fingernagel darüber, so spürt man deutliche Eintiefungen. Soll eine ganze Glasfläche matt geätzt werden, so legt man sie nach gründlicher Reinigung ohne Wachsschicht auf die Schale, in der Fluorwasserstoff entwickelt wird. Nach etwa einer Stunde ist die Glasplatte matt geätzt. Steht Flußsäure in flüssigem Zustand zur Verfügung, so ritzt man die Zeichnung in die Wachsschicht am Boden der Glasschale, überpinselt sie alle 5 Minuten mit einem Borstenpinsel, um die Zersetzungsprodukte des Glases zu entfernen, gießt nach einer halben Stunde die Flußsäure weg, spült mit Leitungswasser ab und entfernt die Wachsschicht. In diesem Falle entstehen tiefe, blanke Rinnen in dem Glas, während bei der Einwirkung von Fluorwasserstoffgas oft nur eine Mattierung zu sehen ist, weil hier die Zersetzungsprodukte des Glases nicht entfernt werden.
Die Glaskolben der elektrischen Glühlampen werden mit Hilfe von Ammoniumhydrogenfluorid $NH_4F \cdot HF$ matt geätzt, um das Licht gleichmäßiger zu zerstreuen. Auf vielen Chemikerglasgeräten sieht man eingeätzte, matte, weißliche Firmenstempel, die ebenfalls mit Hilfe von Hydrogenfluoriden hergestellt wurden; man benützt z. B. Ammoniumhydrogenfluorid oder Kaliumhydrogenfluorid $KF \cdot HF$.
Flußsäure ruft auf Wunden und unter den Fingernägeln schmerzhafte, langwierige Geschwüre hervor, sie darf deshalb nicht berührt werden. Es ist notwendig, sich vor dem Arbeiten mit Flußsäure die Hände einzufetten, Gummihandschuhe und eine Schutzbrille zu tragen.

Glycerin

Das Glycerin ist eine mehr oder weniger wasserhaltige, klare, neutral reagierende, schwer bewegliche Flüssigkeit. Glycerin vermischt sich mit Wasser, Alkohol und Ether, nicht aber mit Benzol und anderen Fettlösungsmitteln. Es wird in großem Umfang bei der Fettspaltung, Seifen- und Stearinherstellung als Nebenprodukt erhalten und neuerdings auch in großtechnischem Maßstab synthetisiert. Bei der alkoholischen Gärung entstehen im Liter 4 bis 12 g Glycerin. Das Glycerin ist ein dreiwertiger Alkohol von der Formel $C_3H_5(OH)_3$. Infolge des süßlichen Geschmacks wird Glycerin auch als Ölsüß bezeichnet. Nach längerem, starkem Erhitzen verbrennt Glycerin schließlich mit bläulicher Flamme zu Wasser und Kohlendioxid.
Die mannigfache, praktische Verwendung des Glycerins geht aus den folgenden **Versuchen** hervor:

Wir geben in ein leichtes Gefäß einige cm^3 Glycerin, legen es auf die Waagschale und bringen die Waage genau ins Gleichgewicht. Schon innerhalb einer Stunde hat das Gewicht des Glycerins erheblich zugenommen (durch Gewichtsauflegung Zunahme bestimmen), da dieses aus der Luft Wasserdampf lebhaft an sich zieht. Man sagt: Glycerin ist *hygroskopisch*, d. h. feuchtigkeitsanziehend. Wenn also irgendwo Glycerin an offener Luft liegt, so verdunstet es nicht, sondern es wird im Gegenteil schwerer.

Aus diesem Grunde enthalten viele Hautcremes, Rasiercremes und Rasierseifen ca. 5 bis 15 % Glycerin. Es schützt die Haut vor dem Spröde- und Rissigwerden und verhindert bei den Rasierseifen ein rasches Austrocknen des Schaums. Brüchige Fingernägel bestreicht man mit einem Gemisch von 20 Teilen Glycerin, 60 Teilen Wasser und 6 Teilen Alaun. Von Wunden ist Glycerin fernzuhalten, da es aus diesen Feuchtigkeit herauszieht und dadurch brennende Schmerzen verursacht. Stoffe, die nicht austrocknen sollen, werden häufig mit Glycerin getränkt. Dies ist z. B. der Fall bei Stempelkissen, Hektographenmassen (durch Kochen von 2 g Gelatine, 2 g Glycerin und 8 cm^3 Wasser erhältlich, nach der Abkühlung entsteht weiche, elastische Masse), feinen Schmiermitteln, Tinten, Kopierstiften, Farbtuben usw. Feuchtbleibende Modelliermassen erhält man aus Bolus und 10- bis 12 %iger wässeriger Glycerinlösung unter Zusatz von Erdfarben. Festsitzende Hähne aus Glas oder Metall beträufelt man mit Glycerin; sie lösen sich dann nach einigen Stunden, da die „Kittmasse“ völlig durchfeuchtet wird. Da Glycerin nicht verdunstet und ein wenig klebt, kann man durch Vermischung von 10 g Glycerin mit 100 g Wasser eine ganz einfache *Brillantine* zur Festigung der Frisur herstellen.
Vermischt man gleiche Teile Glycerin und Wasser, so gefriert die Mischung erst bei −26 °C. Setzt man dem Kühlwasser der Autos und Maschinengewehre 25 % reines Glycerin zu, so wird das Einfrieren desselben verhindert. Wegen seines niederen Gefrierpunktes (−20 °C) wird Glycerin auch als Schmiermittel für Kältemaschinen und zur Füllung von Gasmeßuhren verwendet. Des weiteren spielt Glycerin als Heizbad bei Feldküchen, als Rückfederungsflüssigkeit bei Geschützen, bei der Herstellung von synthetischen Fetten und Wachsen, Glycerin-Bleioxidkitten, Textilhilfsmitteln, Glyptalharz, Zellglas und Acetylcellulosen eine Rolle. Auf einigen Gebieten läßt sich Glycerin durch Lösungen von Natriumlactat, Glykol und dergleichen ersetzen (Versuche s. S. 125).

Der größte Teil des Glycerins wird in Kriegs- und Friedenszeiten zur Herstellung von Nitroglycerin (= Glycerinnitrat) und Dynamit verwendet.

Haarfärben

Das *Blondieren* der Kopfhaare ist im Abschnitt „Wasserstoffperoxid“ beschrieben. Die Oxidationshaarfärbemittel der Friseure bestehen aus einer organischen *Oxidationsfarbe* (z. B. *p*-Toluylendiaminsulfat, *p*-Amidodiphenylamin, *p*-Diaminodiphenylaminosulfat, *p*-Aminophenol, 2,4-Diaminophenol-HCl, Methyl-*p*-Amidophenolsulfat, Amidophenolsulfonsäuren, *ortho*- und *meta*-Phenylendiamin, Amidonaphtholsulfosäuren, Naphthylendiamine u. dgl.) und einem (getrennt gelieferten) Oxidationsmittel (Ammoniumpersulfat, *Wasserstoffperoxid*, Harnstoffperoxid u. dgl.). Für Hellblond- bis Dunkelblondfärbung eignet sich z. B. eine Lösung aus 1 bis 10 g *p*-Toluylendiamin, 5 g Natriumsulfit (wirkt während der Aufbewahrung reduzierend und stabilisierend), 70 g destilliertem Wasser und 20 g 95 %igem Weingeist. Zur Schwarzfärbung kann man z. B. 6 g eines Gemischs aus 2 Teilen Aminodiphenyl-aminosulfosäure und 1 Teil Natriumcarbonat verwenden. Bei der Färbung wird das Haar zunächst entfettet, dann mit dem gelösten Oxidationsmittel durchfeuchtet; hierauf bringt man die gelöste Oxidationshaarfarbe auf das Haar.

Man unterscheidet leichte Tönungsshampoos und stärkere Tönungsmittel. Erstere sind gedacht für das Abdecken des Haares mit nur 30 % Grauanteil. Stärkere Tönungsmittel sollte man anwenden, wenn man bis zu 60 % ergrautes Haar hat. Die Stiftung Warentest (2/81) hat u. a. folgende Produkte mit „gut“ bewertet: *Bellady* (Wella, Darmstadt), *Christal* (Jünger u. Gebhardt, Köln), *Polycolor* (Henkel Kosmetik, Düsseldorf). Fachleute empfehlen, vor Anwendung einen Allergietest hinter dem Ohr vorzunehmen.

Haarsprays

Lösungen aus 1 bis 2 % Polyvinylpyrrolidon u. dgl., die aus Sprühdosen mit Treibmitteln auf das Haar versprüht werden und es dadurch mit einem hauchdünnen Film überziehen. Haarsprays mit Sonnenfilter (Greiter-Bregenz) sind in 3 verschiedenen Zusammensetzungen, für normales, trockenes und fettes Haar, erhältlich. Zusätze von Siliconöl machen das Haar geschmeidig. UV-„Filter“ schützen das Haar vor Ausbleichen oder Sprödewerden.

Haarwaschmittel (Shampoo)

Als Hauptbestandteil enthalten die modernen Haarwaschmittel synthetische Waschrohstoffe (*Detergenzien*) wie beispielsweise Natriumlaurylsulfonat, Ammoniumsalz des Laurylalkoholschwefelsäureesters oder dessen Triethanolaminsalz (Texapon-Dehydag), Natriumsalze gesättigter und ungesättigter pflanzlicher und tierischer Fettalkoholschwefelsäureester (*Sulfopon*, Dehydag), Fettsäurekondensationsprodukte (*Hostapon*, Hoechst, Lamepone), Alkylarylsulfonate (*Marlon FR* und *TF, Marlopon*), Alkylsulfonate (*Mersolfat, Witolat*), Alkylpolyglykolether, (*Hostapal, Marlipal, Marlophen, Sapogenat, Witolan*).
Der stark entfettenden Wirkung der Detergenzien begegnet man mit Rückfettungszusätzen, wie z. B. verschiedenen Fettsäureestern, Lanolinen und fetten Ölen. Die Schauma-Shampoos (Schwarzkopf, Hamburg) werden mit verschiedenen Zusätzen wie Protein, Roßkastanie, Kamille oder Ei-Lecithin versehen. *Timotei* (Elida-Gibbs, Hamburg) enthält Kräuterextrakte aus Salbei, Kamille und Melisse. Der pH-Wert beträgt 6. *Ellsurex* (Paste von Ellendorff, Biberach) ist ein Selendisulfid-Shampoo und wird gegen schuppende Hauterkrankungen angewendet. 1 g *Ellsurex*-Paste enthält 25 mg Selendisulfid, 3 mg Schwefel, 15 mg Allantoin, 1 mg Panthenol. Ein Ei-Ölshampoo kann z. B. enthalten: 20 g Eigelb, 50 g Texapon-Extrakt A, 5 g Alkohol, 2 g Parfüm, 0,3 g Nipagin und 22,7 g Wasser (dickflüssiges Präparat).

Versuche: Bringe eine kleine Probe von *Schauma* Schwarzkopf (gelbes dickflüssiges Produkt) am Magnesiastäbchen in die Flamme! Gelbe Flammenfärbung, Verkohlung und ein kleines Flämmchen zeigen organische Natriumverbindungen an. Prüfe die Reaktion mit Lackmus und mit Ammoniummolybdatlösung (Phosphatnachweis). Bringe 10 Tropfen *Schauma* in ein zur Hälfte mit Kalkwasser gefülltes Probierglas und schüttle kräftig um! Es entsteht ein starker Schaum; Schauma ist also unempfindlich gegen die Härte des Wassers. Gib ins gleiche Probierglas 2 bis 3 cm^3 konzentrierte

Salzsäure und schüttle kräftig! Der Schaum bleibt bestehen: *Schauma* ist also auch unempfindlich gegen Säuren.
Falls eine nasse Haarwäsche nicht durchführbar ist, wird z. B. das weiße, feinpulverige parfürmierte Schwarzkopf-Trocken-Shampoo (weise darin mit Iod Stärke nach!) auf das Haar gestäubt. Der Puder zieht dann fettige Teilchen und sonstige Verunreinigungen an sich. Man verreibt die Haare mit einem weichen Frottiertuch; zum Schluß wird das Shampoo wieder ausgekämmt und ausgebürstet.

Haarwasser

Die mit großer Reklame angepriesenen Haarwässer sollen den Glanz des Haares erhöhen, dem Haarausfall entgegenwirken, den Haarboden zweckmäßig ernähren, das Haarwachstum anregen, Schuppenbildung, Kopfjucken und Erkrankungen des Haarbodens soweit als möglich verhindern u. dgl. Es ist sehr wohl möglich, auf chemischem Wege das Haar zu verschönern, durch Zufuhr geeigneter Hormone, Vitamine, Nährstoffe usw. das Haarwachstum bis zu einem gewissen Grad anzuregen und den Zeitpunkt des Haarausfalls hinauszuschieben. Freilich dürfen auf die Haarwässer keine allzu großen Hoffnungen gesetzt werden, denn im Bereich des Haarkleids spielt die Vererbung eine sehr wichtige, oft geradezu unabänderliche Rolle. Das ist auch im Tierreich so; deshalb kann man z. B. bei Meerschweinchen, Ratten, Mäusen u. dgl. an deren Haarfarbe, Haarform und Haarlänge die Gültigkeit der Mendelschen Vererbungsregeln darlegen. Auch beim Menschen wird die Farbe, Dichte, Gestalt und bis zu einem gewissen Grad auch das Alter der Haare weitgehend vererbt. Freilich läßt die Vererbung in jedem Fall einen gewissen Spielraum, innerhalb dessen eine vernünftige Haarpflege sehr wohl Erfolg haben kann. Strenggenommen sind die meisten Haarwässer keine Wässer, sondern alkoholische oder alkoholreiche Lösungen von haarwuchsfördernden und duftenden Stoffen. Hält man z. B. auf dem Prozellanscherben einige cm^3 Seborin-Haarwasser *Alpecin* oder *Diplona-Haarextrakt* u. dgl. in die Flamme, so brennt die Flüssigkeit unter Hinterlassung eines unbrennbaren flüssigen Restes. Gibt man in ein trockenes Probierglas einige cm^3 *Trilysin, Diplona-Haarextrakt* u. dgl., so entstehen nach Wasserzusatz stark milchige Trübungen, weil sich die in Alkohol löslichen, in Wasser unlöslichen Stoffe ausscheiden. Der Alkoholgehalt der Haarwässer bedingt zum Teil den erheblichen Preis dieser Präparate. Alkohol steigert die Durchblutungsvorgänge, er desinfiziert und reinigt, er dringt leichter in das Haar ein als Wasser (das an fettigem Haar abläuft). Nachteilig ist vielfach seine stark entfettende Wirkung auf den Haarboden. Dieser Nachteil läßt sich durch Beimischung von 3 bis 5 % Oleylalkohol oder synthetischer Fettalkohole ausgleichen. Diese Stoffe hinterlassen auf der Haut keinen Fettrückstand. Zu den z. T. umstrittenen Bestandteilen der älteren Haarwässer (z. B. Schwefel, Teer, Chininsalze, Kräuterextrakte, Euresol usw.) gesellen sich in neuerer Zeit biologisch wirksame Mittel, wie z. B. Cholesterin, aufgeschlossenes Keratin, Aminosäuren, Epidermin, Placenta-Extrakte, Eieröle, Cantharidin, Lecithin, Weizenkeimöl, Prednisolon, Vitamin-F, Pantothensäure, Geschlechtshormone u. dgl. Der Vitamin-F-Ester ist in 70 %igem Alkohol löslich. Er wirkt bei trockener Schuppenbildung (Folgeerscheinung mangelhafter Talgdrüsentätigkeit) günstig. Löst man in 1 l 70 %igem alkoholischem Haarwasser 1 bis 2 mg Oestradiol (weibliches Geschlechtshormon $C_{18}H_{24}O_2$,

Bestandteil des Follikelhormons), so erhält man ein biologisch wirksames Präparat, das in vielen Fällen den Haarwuchs steigert und dem Haarausfall entgegenwirkt. In neuerer Zeit werden gegen die kosmetische Anwendung von Geschlechtshormonen Bedenken erhoben. Die Pantothensäure ist ein Bestandteil des Vitamin-B-Komplexes; sie verhindert bei Ratten den Haarausfall und die Graufärbung der Haare. Beim Menschen wirkt Pantothensäure (bzw. der Alkohol dieser Verbindung) ebenfalls günstig. Gegen das Ergrauen der Haare werden u. a. folgende Maßnahmen vorgeschlagen: Kupfer- und hefereiche Ernährung, Ultraviolettbestrahlung, Anwendung von Panteen, Inosit, Nicotinsäureamid, *p*-Aminobenzoesäure u. dgl. Bekannte Haarwässer sind z. B.:

Alpecin. (Alcina-Körperpflegemittel G.m.b.H., Bielefeld) ist ein desinfizierender, haarwuchsfördernder Haarspiritus, der die wirksamen Bestandteile des Steinkohlenteers, Schwefel und Salicylsäure neben anregendem Chinin, juckreizstillendem Menthol und antiseptischem Thymol in saurer Lösung enthält.

Diplona-Vitaminhaarwasser: Haartonikum mit körpereigenen Wirkstoffen (die der Körper bei normalem Haarwuchs selbst erzeugt) und Wirkstoffen aus embryonalen Pflanzenzellen (Vitamine der B-Gruppe, Provitamin A).

Birkin-Haarwasser (Dralles Birkenwasser) ist ein alkoholisches Kopfwasser, das Birkensaft und 26 andere Wirkstoffe enthält.

Schwarzkopf-Seborin hat den Wirkkomplex 2000 S mit kationenaktiven Substanzen, Nicotinsäureamid (Vitamin B) und Natriumpantothenat.

Vitaminhaarwasser Panteen (Hoffmann-La Roche A.G.) enthält Pantothensäure, ein B-Vitamin, das den Haarwuchs fördert und der Haarergrauung entgegenwirkt.

Wella for Men (Wella-AG, Darmstadt), flüssiges alkoholisches Haartonikum, enthält Antischuppenmittel und Bakteriostatikum.

Hautcremes

Die in Plastikdosen oder Tuben verkauften Hautcremes bilden meist *Öl-in-Wasser*-Emulsionen, seltener *Wasser-in-Öl*-Emulsionen oder -Suspensionen. Bei den Öl-in-Wasser-Emulsionen sind viele kleine Tröpfchen von Fett, Öl u. dgl. in Wasser verteilt; Öl ist hierbei die verteilte, disperse Phase, Wasser dagegen die geschlossene, äußere Phase (*Bild 29*). Bei Wasser-in-Öl-Emulsionen sind dagegen unzählige kleine Wassertröpfchen in einer zusammenhängenden Grundmasse aus Fett oder Öl verteilt; Wasser ist hier die disperse, Fett dagegen die geschlossene Phase. Milch ist z. B. eine Öl-in-Wasser-Emulsion, Butter dagegen eine Wasser-in-Fett-Emulsion.

Im Bereich der Hautpflegemittel für die Hand produziert die Beiersdorf AG, Hamburg, die *Atrix Handlotion*, eine Öl-in-Wasser-Emulsion, und *Nivea-Creme* (*Nivea Milk*), eine Wasser-in-Öl-Emulsion.

Versuche: Wir schütteln im Probierglas (mit Daumen verschließen) 1 cm^3 Olivenöl und 5 cm^3 Wasser ca. 20mal kräftig um. Es entsteht eine milchigweiße Trübung. Unter dem Mikroskop sieht man kleine Olivenöltröpfchen in Wasser herumschwimmen – es liegt hier eine ganz grobe Emulsion vor. Diese einfache Emulsion ist sehr unbeständig; schon nach 5 bis 10 Minuten hat sie sich entmischt, wobei sich an der Oberfläche gelbliches Olivenöl und darunter mehr oder weniger reines Wasser ansammelt. Um

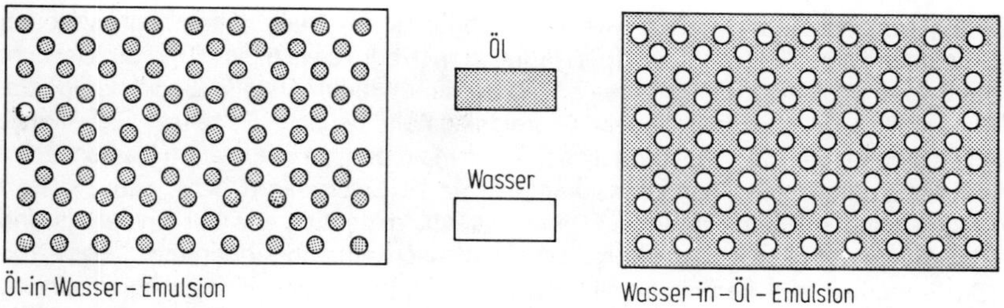

Bild 29 Emulsionen/Schema. Der Vorgang der Emulgierung spielt in der kosmetischen Chemie eine große Rolle

die Emulsionen beständiger zu machen, setzt man kleine Mengen von *Emulgatoren* hinzu. Die Wirkung eines einfachen Emulgators zeigt folgender Versuch: Wir schütteln im Probierglas 1 cm^3 Olivenöl mit etwa 5 cm^3 einer 2 %igen Seifenlösung (z. B. darstellbar durch Auflösen von 1 g fein zerschnittener Rasierseife in 50 cm^3 destilliertem, erwärmtem Wasser) etwa 20mal kräftig durch. Diesmal entsteht eine schneeweiße, dauerhafte Emulsion, die sich erst nach Tagen oder Wochen entmischt. Die Seife wirkt hier als Emulgator. Sie bildet um die einzelnen Fett-Tröpfchen sozusagen dünne „Schutzhäute", die sich gegenseitig abstoßen und ein rasches Verschmelzen der Tröpfchen verzögern oder verhindern.

Die Hautcremes enthalten in der Regel folgende Bestandteile:

1. Eine Salbengrundlage mit einem Wassergehalt von ca. 40 bis 70 %. Die nichtwässerigen Anteile der Salbengrundlage können z. B. bestehen aus Wollfettprodukten (Lanolin), Cholesterinestern, Polyoxyethylenprodukten (*Cremolan*), Stearin, Cetylalkohol, Walrat, Knochenöl, Vaseline, Paraffinöl, Bienenwachs, Pflanzenölen, Fettalkoholen, Gelatine, Milcheiweißprodukten (*Fissancreme*), Lanette, Alginaten, Siliconen (*Silicoderm*), Na-Carboxymethylcellulose u. dgl. Zumeist ist diesen Stoffen (oder Stoffgemischen) noch ein Emulgator beigemischt, wie z. B. Cholesterin, Lecithin, Seifen, Fettsäureamide, Fettalkoholsulfonate, Tragant, Pektine, Methylcellulose, Celluloseether, Eigelb, Casein, Polyoxyethylenderivate, Sorbitanester, Glykol- und Glycerinstearate (z. B. Diglykolstearat, Glykolmonostearat, Glycerinmonostearat), Triethanolaminstearat, Bentonit, Traubenzuckersirup u. dgl. Der Emulgator (bzw. das Emulgatorgemisch) dient zur Stabilisierung der Emulsionen, denn diese müssen oft eine mehrwöchige oder mehrmonatige Lagerzeit überdauern.

2. Spezielle Wirkstoffe. Die Salbengrundlage ist zumeist nur ein Hilfsmittel, um besondere Wirkstoffe (oder Wirkstoffgemische) in zweckmäßiger, bequemer Form auf die Hautoberfläche oder (durch die Hautporen) ins Hautinnere zu bringen. Viele Versuche haben gezeigt, daß man der Haut durch Einreiben von Hautcremes tatsächlich allerlei Nährstoffe, Vitamine, Hormone u. dgl. zuführen kann – so werden z. B. rachitische Kaninchen gesund, wenn man ihnen in Olivenöl gelöstes Vitamin D in die Haut einreibt. Hormone können mit Gesichtscremes in die tieferen Schichten der Haut eingerieben werden und dort erhöhte Zellteilungen auslösen. Örtliche „Fettreduktionen" (z. B. bei Doppelkinn) sind durch lokales Einmassieren von Spezialcremes (mit Entfettungsmittelzusatz) nach Prof. Dr. Schreus (Dtsche. Med. Wschr., 1957,

S. 83) schwerlich zu erhoffen. Der Wirkstoffgehalt der Hautcremes liegt zwischen Bruchteilen eines Prozents und (bei Nährstoffen u. dgl.) etwa 5 bis 10 % vom Gewicht der Creme. Als Wirkstoffe kommen z. B. in Betracht: Hautnährstoffe (Lecithin, Lipoide, Phosphatide, Milcheiweiß, Casein. Getreidekeimöle, tierische Fette und Öle – Mineralöle sind für die Haut „unverdaulich"), Vitamine (vor allem das gegen Hautschäden wirksame Vitamin F), Hormonpräparate wie z. B. *Epidermin* (Chem. Lab. Dr. Kurt Richter GmbH, Berlin-Friedenau), eine Extraktkombination aus der Epidermis und Placenta junger Warmblüter, kombiniert mit Geschlechtshormonen usw.; *Peröstron* (Stilbenderivat, evtl. kombiniert mit Vitamin A, F, E und T) und *Placentaliquid* (Chem. Lab. Dr. Kurt Richter) als Frischextrakt unter schonenden Bedingungen hergestellter Gesamtkomplex tierischer Placenten; *Azulen* (wirkt entzündungswidrig), Insektenabweisende Stoffe (s. „Insektenschutzcreme"), hygroskopische Stoffe (z. B. Glycerin, Sorbit u. dgl. hält die Creme und die Haut feucht), Ultraviolett-absorbierende Verbindungen (s. „Sonnenbrandcremes"), Bleichmittel (s. „Sommersprossencreme"), Pigmente (z. B. Titandioxid in Mattcremes), Farbstoffe (z. B. Eosin in rosafarbenen Cremes, Chlorophyll in grünlichen Cremes, braune Teerfarbstoffe in „hautbräunenden" Cremes), Dihydroxyaceton (bewirkt Hautbräunung ohne Sonnenbestrahlung), kleine Zusätze an Säuren (z. B. Milch-, Wein-, Zitronen-, Bor-, Zimt-, Glycerophosphorsäure, diese bewirken schwach saure Cremereaktionen und Erhaltung des nützlichen, bakterienhemmenden Säuremantels der Haut) u. v. a.

3. Konservierungsmittel. Viele Hautcremes bilden einen idealen Nährboden für Bakterien und Schimmelpilze aller Art. Um Zersetzungen durch diese Kleinlebewesen zu verhindern, setzt man den Cremes kleine Mengen (ca. 0,1 %) von Konservierungsmitteln zu, so beispielsweise Hydroxybenzoesäureester, Propionsäure und ihre Salze, Chlorophen, Sorbinsäureesther, 2-Phenoxy-ethanol u. dgl.

4. Duftstoffe. Um den Cremes einen angenehmen Geruch zu verleihen (und um nachteilige Eigengerüche gewisser Cremebestandteile zu überdecken), setzt man ihnen in den Fabriken etwa 0,5 % einer geeigneten Parfümölkomposition zu.

Im folgenden sollen einige Handelscremes und Spezial-Creme-Typen kurz gewürdigt werden.

Eukutol enthält u. a. Lipoide (wertvolle Fette), antirachitisches Vitamin, Cholesterin ($C_{27}H_{46}O$, komplizierter Alkohol). Bei Hautverletzungen wird die Heilung durch Einreiben von Eukutol-Creme beschleunigt. Bringt man antirachitisches Vitamin-D in Form einer Lebertransalbe auf Wunden, so tritt rasche Vernarbung und Heilung ein.

Chinosol-Arbeitsschutz-Creme (Riedel de Haën, Seelze) ist ein Hautschutz- und Hautpflegemittel gegen gewerbliche Hauterkrankungen. Es ist eine Öl-in-Wasser-Emulsion und schützt insbesondere gegen Lösungsmittel und gegen Stoffe, die Lösungsmittel, nicht emulgierte Öle usw. enthalten. Die Chinosol-Arbeitsschutz-Creme sollte *vor* der Arbeitsaufnahme und *nach* jedem Waschen eingerieben werden.

Kaloderma Creme (Schwarzkopf, Hamburg) ist eine Öl-in-Wasser-Emulsion zur Pflege der Haut. Sie enthält Fettsäureester, Fettalkohole und Feuchthaltemittel.

Die **Cleansing-Creams** (Reinigungscremes) werden zur abendlichen Hautreinigung auf die Haut gebracht, wo sie in der Hautwärme schmelzen. Sie binden die Staub-, Ruß-, Puderteilchen usw. an sich (Adhäsionswirkung), ohne in die Hautporen einzudringen. Nachher wischt man die Creme samt den anhaftenden Schmutzteilchen mit Zellstoffwatte wieder ab. Eine solche Cleansing-Cream wird z. B. hergestellt durch Zusammenschmelzen von 250 g Vaseline, 75 g Ceresin, 20 g Bienenwachs (erhöhtes Adhäsionsvermögen), 600 g Paraffinöl und 5 g Lanolin, wasserfrei. Zusätze von kleinen Mengen von Emulgatoren können die Reinigungswirkung verstärken. Zur Gesichtsreinigung werden in steigendem Umfang parfümierte Öl-in-Wasser-Emulsionen (Gesichtsmilch) verwendet.

Atrix-Creme (Beiersdorf, Hamburg). Handpflegemittel, Öl-in-Wasser-Emulsion aus Siliconöl, Glycerin, Fettalkoholen und Wachsestern.

Sommersprossencreme kann Natriumperborat als wirksamen Bestandteil enthalten. In diesem Fall darf der Creme weder Wasser noch Fett beigemischt sein, da sich sonst das Perborat vorzeitig zersetzen würde. Eine Sommersprossencreme wird z. B. aus folgenden Stoffen hergestellt: 15 % Natriumperborat, 15 % Citronensäure, 15 % Vaselinöl, 7 % Paraffin, 8 % wasserfreies Lanolin, 40 % Vaseline. Wird diese Creme auf der Haut verrieben, so zersetzt sich das Natriumperborat unter dem Einfluß der Hautfeuchtigkeit und zerstört die Unreinheiten durch Oxidation. Eine ähnliche, bei langfristiger Anwendung fast immer erfolgreiche bleichende Sommersprossencreme wird erhalten, wenn man 5 g Borsäure mit 35 g Natriumperborat vermischt, anschließend in das Gemisch 5 g reine Phosphorsäure einarbeitet und mit 58 g Vaseline gut verreibt. Neuerdings wird gegen Sommersprossen auch eine Lichtschutzsalbe empfohlen, die ein Kondensationsprodukt aus *p*-Aminobenzoesäure und Harnstoff enthält. Verschiedene Sommersprossen sind mit Protegin hergestellte Wasser-in-Öl-Emulsionen, die bis zu 15 % Peroxid (häufig Wasserstoffperoxid, zuweilen auch Zinkperoxid) mit Stabilisatoren enthalten, die eine vorzeitige Zersetzung der Peroxide verhindern. Ein Sommersprossenpuder entsteht z. B. durch Vermischen von 30 g Magnesiumperoxid (bleicht), 20 g Zinkoxid und 50 g Talk. **Celerit plus** (Deiglmayr, Oldenburg) Bleichcreme enthält Bleichkresse-Extrakt von Nasturtium officinalis, Ascorbinsäure und Lichtfiltersubstanz.

Cito-Kamillen-Creme (Dr. Scheller, Eislingen) enthält in einer Salbengrundlage u. a. Glycerin, das die Hautoberfläche glättet, und Kamille, die infolge des Azulengehaltes entzündungshemmend wirkt. Die Creme bietet wirkungsvollen Schutz für strapazierte Hände.

Kaloderma-Gelee (Schwarzkopf, Hamburg) ist eine farblose, feuchtbleibende, mit Glycerin und Honig zubereitete Masse zur Pflege rauher, geröteter und aufgesprungener Hände. Man kann ein ähnliches Produkt nach folgendem Rezept herstellen: 40 g Gelatine läßt man mit 100 g kaltem Wasser über Nacht quellen und gibt dann ca. 200 g Rosenwasser hinzu. Das ganze wird im Wasserbad erwärmt, bis sich die Gelatine zu einer homogenen Masse verflüssigt. Getrennt werden 50 g Honig in 350 g Wasser gelöst und mit 200 g Glycerin und 50 g Karion F (Sorbit von Merck, Darmstadt) erwärmt und in das Gelatinegel eingerührt. Zuletzt gibt man noch 25 g Alkohol, 2 g Nipagin (Hydroxybenzoesäureester, wirkt konservierend, verhindert Schimmel) und 3 g Parfümöl hinzu und rührt stündlich durch. Weitere Kaloderma-Präparate sind: *Kaloderma-Aktivcreme, Juno-Creme, Velvetcreme.*

Die **Satina-Creme** (Dosencreme der Firma Mack, Illertissen) enthält in einer Salbengrundlage Vitamin F (s. „Vitamine“), das in der Hautpflege Bedeutung erlangt hat.

Sevilan-Creme (Merz u. Co., Frankfurt): Fetthaltige Hautcreme mit Silicon, Lanolin, Eiweiß, Vitaminen.

Tashan-Multivitamin-Creme (Carl Hahn, Düsseldorf): Hautcreme mit dem Vitaminen A, B, D_2 und E.

Ellocar-Vitamin-Creme (Ellocar G.m.b.H., Düsseldorf) enthält Vitamin F in einer Salbengrundlage, die Ellocar-Hormon-Creme (Tubencreme der gleichen Firma) ist hormonhaltig. Die *Ello-Nähr-Creme* für die Nacht enthält Vitamin A, F und D_2.

Nivea-Creme (Beiersdorf, Hamburg) ist eine Wasser-in-Öl-Emulsion. Sie ist eine Fettcreme aus hochraffinierten Kohlenwasserstoffen und dem bekannten, hautverwandten Eucerit. Letzteres besteht aus cholesterinhaltigen Wollwachsalkoholen und wird aus Lanolin im Autoklaven durch Druckspaltung gewonnen. Eucerit ist durch ein besonders hohes Wasserbindungsvermögen ausgezeichnet.

Die **Cold Cremes** waren Mischungen von weißem Wachs, Walrat, Mandelöl, Rosenöl und Wasser. Das verdunstende Wasser wirkte kühlend, daher die englische Bezeichnung cold = kalt. Zu den Cold-Cremes gehörte z. B. die Cold-Creme *Mouson* und die *Marylan Cold Creme*. Nach den Vorschriften des Deutschen Arzneibuchs wird eine Cold-Creme folgendermaßen erhalten: Man schmilzt 7 Teile weißes Wachs und 8 Teile Walrat im Wasserbad, rührt 60 Teile Mandelöl hinein und rührt weiter bis zum Erkalten. Schließlich werden unter lebhaftem Rühren 25 Teile Wasser und zuletzt 2 Tropfen Rosenöl zugefügt. Heute sind Cold Cremes stabile Emulsionen ohne Kühlwirkung, die Wasser nur langsam abgeben.

Sonnenschutz- und Hautbräunungsmittel. Nach neueren Forschungen sind bei der Hautbräunung hauptsächlich die beiden folgenden unsichtbaren, ultravioletten Strahlen beteiligt: 1. UV-A mit 320 bis 400 nm (Nanometer) Wellenlänge (stärkste Wirkung bei etwa 340 nm) und 2. UV-B mit 285 bis 320 nm (Nanometer) Wellenlänge (Hauptwirkung bei 297 nm). Im gewöhnlichen Sonnenlicht wirken beide Strahlungen zusammen. Versuche mit Lichtschutzstoffen, die UV-A oder UV-B abschirmen und ausschalten, haben gezeigt, daß UV-B vor allem schmerzhafte Hautrötungen (Sonnenbrand) hervorruft, wobei die Hautrötung später unter Mitwirkung der pigmentbildenden Gewebszellen zu einer Neubildung von Melanin (dunkler, brauner, bei Negern schwarzer Hautfarbstoff) führt, der allerdings nicht sehr dauerhaft ist, sondern zu einer fahlbraunen Farbe verblaßt. UV-A bewirkt dagegen eine direkte, dauerhafte Melaninbildung ohne vorangehenden Sonnenbrand. Reibt man nun die Haut mit Cremes oder Ölen ein, die für UV-A hochdurchlässig, für UV-B dagegen nur wenig durchlässig sind, so wird eine schmerzfreie Hautbräunung ermöglicht. Als Sonnenschutzmittel dieser Art haben sich besonders β-Umbelliferonessigsäure, Salicylsäure, Derivate der 4-Aminobenzoesäure, Athranilsäure-, Zimtsäure- und Cumarinderivate, Oxychinolinsulfat, Isobutyl-*p*-Aminobenzoat, organische Ammoniumverbindungen, Naphtholsäure und deren Derivate, Chininsulfat, Ethylhexandiole, Phenylbenzimidazolsulfosäure und Äsculinderivate bewährt. Solche Präparate sind z. B. in *Zeozon-Sonnencreme* (Beiersdorf, Hamburg), auch in *Zeozon-Sonnenöl* und *Zeozon-Sonnenmilchspray* enthalten.

In der *Delial-Sonnencreme*, in *Delial-Sonnenmilch* und *Delial-Superschutz* (Drugofa, Köln) wirkt ein Phenylbenzimidazol-Derivat lichtschützend, es absorbiert die unter 325 nm liegenden sonnenbranderzeugenden Strahlen. Gegen Hautentzündungen ist außerdem Kamillenextrakt beigemischt. Das in Kamille enthaltene Azulen ist ein starkes Entzündungsmittel. Einfachere Lichtschutzmittel lassen sowohl das ganze Ultraviolett als auch das sichtbare Licht nur in begrenztem Umfang durchtreten. Diese Präparate enthalten z. B. in fettiger Cremegrundlage lichtundurchlässige Pulver wie Titandioxid, Zinkweiß, Zinkcarbonat u. dgl. Bei ihrer Anwendung ist zwar ein gewisser Schutz gegen Sonnbrand zu erwarten, doch wird die natürliche Hautbräunung

verzögert. Eine schnelle, schmerzlose Bräunung könnte man einfach durch braungefärbte oder bräunend wirkende Stoffe (Teerfarbstoffe, Manganverbindungen, Tannin, Polyphenole und dergleichen) erzielen, die man Hautcremes, Pudern oder Hautölen beimischt. Die modernen Sonnenschutzöle enthalten vielfach Pflanzenöle bzw. Paraffinöl, Nußextrakte bzw. braune Teerfarbstoffe und UV-B absorbierende Stoffe wie z. B. Heliopan, Melanigen, Protektol, Solprotex, Substanz 6633 usw. Ein solches Sonnenschutzöl könnte z. B. aus 600 g Erdnußöl, 350 g Paraffinöl und 50 g (UV-B absorbierendem Strahlenschutzmittel bestehen. Eine Sonnenschutzcreme kann z. B. fabrikmäßig folgendermaßen hergestellt werden: Man schmilzt 14 Teile Glycerinmonostearat (selbst emulgierend), 5 Teile Lanolin, 10 Teile Diethylsebacinat und 15 Teile Isopropylmyristinat bei 70 bis 75 °C zusammen und fügt unter Rühren 6 Teile β-Methylumbelliferon (absorbiert Ultraviolett) sowie 2 Teile Eisenoxidpigment (bräunt) hinzu. Zum Schluß rührt man eine Lösung von 6 Teilen Hexylenglykol in 42 Teile Wasser hinein. *Piz-Buin-Exclusiv-Creme* und *Piz-Buin-Exclusiv-Milch* enthalten Methoxyzimtsäureester, Novantisolsäuresalz und Phenylbenzophenoncarbonsäureester. Diese *Filter* werden sowohl in wäßriger als auch öliger Phase eingesetzt.
Die modernen Sonnenschutzmittel enthalten Filter, die sowohl den UV-B- als auch den UV-A-Bereich weitgehend abfiltern. „Von einem solchen Sonnenschutzmittel darf man erwarten, daß bei richtiger Anwendung Sonnenbrand, strahlungsbedingte, vorzeitige Hautalterung, Fotoreaktionen in Verbindung mit sensibilisierenden Stoffen und auch Hautkrebs vermieden werden können." (F. Greiter)
Hautbräunungsmittel (ohne Sonnenmilch) wie z. B. *Tamlo Jade Fix-Braun* u. v. a. enthalten als Wirkstoff zumeist Dihydroxyaceton $HOH_2C-CO-CH_2OH$ (in reinem Zustand farbloses, wasserlösliches Kristallpulver), das mit den freien Aminogruppen der Hauteiweißstoffe braune Verbindungen bildet, die übrigens nicht vor Sonnenbrand schützen.
Die kühle Haut bräunt schneller als die erhitzte; daher erfolgt z. B. an kühlen, sonnigen Frühlingstagen oder im Winde und bei Abkühlung durch Wasser oder Schweiß eine raschere Pigmentierung.

Insektenschutzcreme kann z. B. aus 5 Teilen Weizenstärke, 10 Teilen Wasser, 45 Teilen Glycerin, 30 Teilen Lanolin und 5 bis 10 Teilen Nelkenöl bestehen. In neuerer Zeit wurden zahlreiche natürliche oder synthetische Verbindungen entdeckt, die für den Menschen geruchfrei oder wohlriechend, für die Insekten aber unerträglich sind. Hierzu gehören z. B. Dimethylphthalat, Citronellöl, Campher, Nelkenöl, Birkenteeröl, Menthol, Thymol, Diethylglykolmonobutylester, Indalone, 4-Phenyl-1,3-dioxolan, Phenylglykol und Ether bzw. Ester, Benzylether, Chlorbenzosäure-dialkylamide (in Kik, Geigy), Phenylcyclohexanol, Isopropylcinnamat, Diethyltoluamid usw. Man mischt derartige Stoffe den Hautölen bzw. Hautcremes bei und hält so z. B. am sommerlichen Badestrand die lästigen Insekten fern. Eine Hautcreme, die zugleich gegen Sonnenbrand und Insekten schützt, kann z. B. aus 94,5 Teilen Fettcremegrundlage, 3 Teilen Sonnenschutzsubstanz, 0,5 Teilen Lorbeeröl, 0,5 Teilen Rosmarinöl und 1,5 Teilen Citronellöl hergestellt werden. Als Abschreckungsmittel gegen Mücken hat sich Diethyltoluamid (Bayer), Summenformel $C_{12}H_{17}NO$, besonders bewährt. Handelsprodukte sind *Autan-Spray*, *Autan-Stift* und *Autan-Lotion* mit 7stündiger Wirksamkeit (Drugofa, Köln).

Rasiercremes sind meist teilweise verseiftes Stearin. Sie können z. B. hergestellt werden aus 10 Teilen Stearin, 6 Teilen Glycerin (hält die Creme feucht und verhindert ein zu rasches Eintrocknen des Schaums), 4 Teilen Ammoniaklösung von der Dichte 0,97 (wirkt verseifend) und 8 Teilen Wasser. Manche Tuben-Rasiercremes sind weiche Kaliseifen, die mit Wasser und Glycerin verdünnt wurden. Der Fettsäuregehalt guter Rasiercremes beträgt 30 bis 45 %. Prüfe die Reaktion verschiedener Tubencremes! Was geschieht, wenn man zu einer Rasiercreme im Probierglas Salzsäure gibt und umschüttelt? Glas beiseite stellen und nach 5 Minuten beobachten! Die *Eukutol*-Rasiercreme enthält neben gewöhnlichen Seifenbestandteilen bestimmte Lipoide, welche haarerweichend und blutstillend wirken. Bekannte, auf dem Markt befindliche Rasiercrememarken sind z. B. *Dr. Dralle, Kaloderma, Markant, Mouson, Nivea, Palmolive, Satina, Sir, Smyx, Tabac, CITO.*

Mattcremes. Der Name *4711 Mattcreme* ist für die Firma 4711, Köln, gesetzlich geschützt. Die Mattierung dieser Tagescreme wird nicht etwa durch deckende puderartige Zusätze erreicht, sondern vielmehr durch die Art der Emulsion und die Anteile an mattierenden Wachsen. Sie ist eine gute Puderunterlage.

Vanishing Cream ist der englische Name für nichtfettende Stearatcremes. Hierzu gehört z. B. *Fruchts Rosencreme*.

Die von Lingner u. Fischer, Bühl, hergestellten **Fissan-Kinderöle** enthalten kolloidales, bei Bluttemperatur gewonnenes Milcheiweiß (Labilin), Kieselsäure-Hydrogel und die Vitamine A, D, E.

Placentubex (Merz u. Co., Frankfurt), eine Creme zur Straffung und Verjüngung der Haut, enthält Placenta-Extrakt (Gemisch aus Hormonen, Vitaminen, Fermenten, Eiweißkörpern usw.) in einer hautverträglichen, fettfreien, kolloidalen Salbengrundlage (aus Milchserum gewonnen). Placenta-Wirkstoffe enthalten auch *Hormocenta, Placentan, Placentormon* u. v. a.

Endocil, Night-care (Promonta, Hamburg) enthält 10 mg Ethisteron (Ethinyltestosteron) auf 38 g einer Öl-in-Wasser-Emulsion. Das Kosmetikum ist auf die Hautprobleme der Frau über 30 abgestimmt.

Heizöle

Die Heizöle sind brennbare Kohlenwasserstoffgemische, die bei der Aufbereitung von Roherdöl als Mischöl (Gemisch aus Rückstandöl und dünnflüssigem Öl) oder reines Destillat (sog. extraleichtes Heizöl) erhalten werden. Man benützt die Heizöle zur Heizung von Schiffen, Maschinen, Wohnräumen usw. Es handelt sich bei den Heizölen um *Schweröle* mit einer Dichte von 0,86 g/cm^3 bis 0,985 g/cm^3, dem Flammpunkt 95 bis 200 °C (Gefahrenklasse III) und einem Heizwert von 39 300 bis 42 800 kJ/kg (9900 bis 10 700 kcal/kg).

Für die Lagerung von Heizöl gelten die Bestimmungen der Verordnung von 1970, die u. a. folgendes vorsieht: „Auch die zur Lagerung von brennbaren Flüssigkeiten der Gruppe A, Gefahrenklasse III dienenden Räume müssen mit undurchlässigen Fußboden und Wänden versehen sein". Über Heizöl und Umweltschutz s. Hunziker, Chem. Rdsch. 1972, 301.

Da man mit gewöhnlichen Streichhölzern das Öl im Zimmerofen nur schwer in Brand setzen kann, werden Wachsanzünder (*O-la-la*, A. Gies, Fulda), Riesenstreichhölzer mit Wachsplättchen (*Fidibus*, Etol-Werk, Oppenau) und andere Ölofenanzünder (*Fauch-Anzünder*, Haus-Chemie, Ingelheim) verwendet.

Versuche: Man schüttet 2 cm^3 Heizöl in eine Porzellanschale und hält ein gewöhnliches Zündholz, dann einen *Fidibus*-Ölofenanzünder in das Öl. Nachweis von Schwefel im Heizöl und Verbrennungsrückstände s. S. 257.

Heizöl-Zusätze. Die Preise für Heizöl sind in den letzten Jahren rasch in die Höhe geklettert. Kein Wunder, daß die Besitzer von Ölheizungen nach allen Möglichkeiten ausschauen, das teure Öl sparsam zu verwenden. Heizölzusätze sollen die Verbrennung fördern und die Rußbildung verhindern und die Korrosion im Tank stoppen. Daß weniger Ruß im Kessel zu einer besseren Wärmeausnutzung führt, ist einleuchtend. Durch Gesetze ist genau geregelt, wieviel Ruß im Abgas sein darf. Der Schornsteinfeger bestimmt Rußgehalt und Abgasverluste. Aus seinen Messungen des CO_2-Gehalts, der Temperatur des Abgases und der Temperatur der Verbrennungsluft ermittelt er mit einer einfachen Formel den Abgasverlust.

Von der Abgastemperatur wird die Temperatur der Verbrennungsluft abgezogen, der Rest durch die Prozentzahl des CO_2 geteilt und schließlich das Ergebnis mit 0,59 multipliziert.

Formel: Abgasverluste $AV = 0{,}59 \cdot \frac{t_A - t_L}{CO_2}$

Wenn also $t_A = 260$ °C, $t_L = 20°$ und der CO_2-Anteil 10 % betragen dann gilt:

$$AV = 0{,}59 \cdot \frac{260-20}{10} = 14{,}16$$

Der Abgasverlust beträgt also rund 14 %, d. h. die Heizung hat einen Wirkungsgrad von 86 %. Bei Heizungsanlagen, die nach 1978 errichtet wurden, sind nicht mehr als 16 % Abgasverluste zulässig. Wer schlechtere Werte hat, sollte Heizölzusatz verwenden, aber auch die Einstellung der Anlage und Brenner überprüfen lassen. Die Stiftung Warentest hat im Heft 8/1979 folgende Heizöladditive, was die rußmindernde Wirkung anbelangt, mit sehr gut bewertet: *Heizölfit Z, elf Thermocyl, V 2* (SAT Chemie Noderstedt), *Impulsor, Houghto-Solf* (Houghton-Chemie, Hildesheim).

Honig

Der gewöhnliche, von Bienen aus Nektar hergestellte Blütenhonig ist eine durchscheinende, dickflüssige Masse von hell- bis dunkelgelber, grünlicher oder bräunlicher Farbe. Er besteht aus 70 bis 80 % Invertzucker (= Fruchtzucker und Traubenzucker), rund 20 % Wasser und Spuren von Eiweiß, gummiartigen Stoffen, Fermenten (Diastase, Katalase, Invertase), Geruchstoffen, Farbstoffen, Wachs, organischen Säuren (Honig hat pH-Werte zwischen 3,3 und 4,9), Blütenstaubkörnern u. dgl. Die Zusammensetzung schwankt nach dem Nektar der Blütenpflanzen, dem Honigtauanteil, der Witterung, der Bienenrasse usw. so stark, daß wahrscheinlich nicht zwei Bienenhonige miteinander übereinstimmen. Honige, die nicht aus Blüten stammen, sondern aus Honigtau (süße, häufig von verschiedenen Insektenarten herrührende Abscheidungen auf Pflanzenteilen) und Ausschwitzungen von Nadelhölzern bestehen, haben dunklere Farben, einen harzigen, würzigen Geschmack und Geruch. Sie erstarren schwerer, ihr Gehalt an Invertzucker beträgt oft nur 60 bis 70 % und weniger,

doch ist ihr Nährwert etwa der gleiche wie beim Blütenhonig, da meist ein höherer Dextringehalt (5 bis 30 %) vorliegt. Werden die Bienen mit Rohrzucker gefüttert, so kann der Honig über 10 % Rohrzucker enthalten. Blütenhonig enthält oft Blütenstaubkörner. Man findet sie am besten, wenn man 50 g Honig in 200 g Wasser löst, filtriert und den Rückstand mit dem Mikroskop untersucht. Aus der Gestalt der Blütenstaubkörner kann man oft die Herkunft des Honigs ermitteln.
Kunsthonig wird aus Rohrzuckerlösungen hergestellt, die man mit Hilfe von stark verdünnten Säuren in Invertzucker spaltet. Man löst z. B. 1 kg Rohrzucker (gestoßener Zucker oder Würfelzucker) in 2 l warmem Wasser, fügt unter Umrühren 1 g Milchsäure (in Apotheken erhältlich) dazu und dampft bis auf etwa 1,3 l ein. Nach der Abkühlung ist ein zäher, gelblicher Saft aus Kunsthonig entstanden, der mit Fehlingscher Lösung einen rotbraunen Niederschlag gibt (s. S. 182).

Kaffee und Coffein

Das **Coffein** $C_8H_{10}N_4O_2$ ist der wirksame Bestandteil des Bohnenkaffees (1 %), Tees (2 %), Mate- oder Paraguaytees (1 bis 1,5 %) und der Kolanuß (1,5 bis 3 %). Die käuflichen *Kola-Dallmanntabletten* enthalten neben Kolanuß, Zucker u. dgl. 30 mg Reincoffein, das sich nach folgendem Versuch leicht abtrennen läßt:

Versuch: Verreibe ein Stückchen einer *Kola-Dallmanntablette* zu Pulver, erwärme dieses in einem Probierglas etwa 2 Minuten lang mit einigen cm^3 Toluol (Vorsicht! Feuergefahr!), filtriere, lasse einen Tropfen des Filtrats auf einer Glasplatte verdunsten und beobachte die zurückbleibenden, weißen Nadeln (Coffein!) unter dem Mikroskop! Bringe eine etwa erbsengroße Menge von feinpulverisierten, gerösteten Kaffeebohnen auf ein Uhrgläschen I, decke ein Uhrgläschen II so darüber, daß das Ganze wie eine Linse aussieht, lege diese Linse in den Ring eines Stativs oder auf ein Drahtnetz, setze einige Tropfen kaltes Wasser auf die Außenseite von II und erwärme von unten mit einer 5 bis 10 cm entfernten Sparflamme oder Spiritusflamme 1 bis 2 Minuten lang. Das Coffein sublimiert bei 180 °C. Es schlägt sich auf der gekühlten Innenseite von II nieder und kann nachher unter dem Mikroskop oder mit der Lupe beobachtet werden (feine, lange, weiße Kristallnädelchen) (*Bild 30*). Auf die gleiche Weise kann man es auch in einer etwa erbensgroßen Probe von zermahlenem schwarzen Tee oder von Mate (in Lebensmittelgeschäften z. B. als *Esüdro Südamerikanischer Mate* käuflich) nachweisen.

Der mittlere Coffeingehalt der Kaffebohnen beträgt etwa 1 %. In einer Tasse Kaffee sind (bei Verwendung von 15 Kaffeebohnen) ungefähr 0,15 g Coffein enthalten. 1 bis 2 g Reincoffein wirken schon giftig, doch scheint die tödliche Dosis ziemlich hoch zu liegen. Pferde und Rinder werden durch 100 g Coffein getötet; dies entspricht etwa dem Coffeingehalt von 650 Tassen starkem Kaffee. Im allgemeinen wirkt der Kaffee lange nicht so nachteilig wie Alkohol und Nicotin. Beim Normalmenschen werden durch den Kaffee die höheren geistigen Leistungen angeregt, die Auffassungsfähigkeit verbessert sich, die Gedankenverbindungen laufen rascher ab, die Müdigkeit wird verscheucht. Bei größeren Coffeinmengen (0,5 bis 1 g) stellen sich Herzklopfen, Zittern, Augenflimmern und Delirien ein. Empfindliche Menschen werden schon durch 0,1 bis 0,2 g Coffein (die in 1 bis 2 Tassen Kaffee oder Tee enthalten sind) am

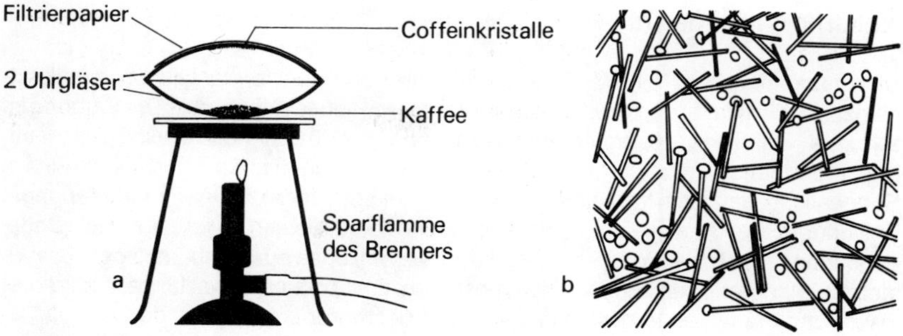

Bild 30 Sublimation von Coffein aus Tee oder Kaffee. a Versuch, b Coffeinkristalle, Ö Öltröpfchen

Einschlafen gehindert. Diese sollten deshalb abends auf solche Getränke verzichten. Bei Herz-, Gefäß-, Nieren- und Nervenkrankheiten ist von Coffein in jeder Form abzuraten.

Für den verhältnismäßig hohen Prozentsatz von Frauen und Männern, die gegen Coffein empfindlich sind, hat die Industrie coffeinfreie Kaffeesorten (z. B. *Kaffee Hag*) hergestellt. Das Coffein wird hier mit überkritischem CO_2 fast vollkommen herausgelöst. Das Getränk ist dann auch für empfindliche Personen völlig unschädlich.

Coca Cola, *Pepsi-Cola, Afri-Cola* und andere Limonaden enthalten u. a. Coffein und verscheuchen daher die Müdigkeit. Das seit Jahrzehnten in ungeheurem Umfang besonders in USA konsumierte *Coca Cola* wird nach geheimgehaltenen Rezepten hergestellt. Es ist alkoholfrei und wurde daher zur Zeit des amerikanischen Alkoholverbots besonders geschätzt. Seine wichtigsten Bestandteile sind: Extrakt von getrockneten Colanüssen (oder Reincoffein), Citronensäure, Phosphorsäure (verstärkt Coffeinwirkung), Zucker, ätherische Öle, Muskatnuß, Gambirextrakt, Farbstoff u. dgl. Ein Fläschchen (0,2 l) enthält ca. 15 mg Reincoffein; die gleiche Menge ist in ¼ Tasse Bohnenkaffee enthalten. Das Coca-Cola-Rezept wurde erstmals 1886 von dem Apotheker Pemberton in Atlanta/USA ausgearbeitet; in Deutschland wird es seit 1929 hergestellt. Geringe Coffeinmengen (meist 20 bis 50 mg) finden sich auch in unzähligen Schmerzlinderungstabletten neben anderen Bestandteilen, so z. B. in *Brasan, Cafaspin, Caffinal, Coffalon, Coffetylin, Thomapyrin* usw. *Cola-Spordro* (Dr. Carl Soldan GmbH, Nürnberg) sind Erfrischungsbonbons, mit Cola-Extrakt bereitet, Coffeingehalt 0,15 %; Cola-Schokolade enthält 0,2 % Coffein, das aus Kolanüssen, zum Teil auch aus Kaffee, stammt.

Um Röstkaffee leichter bekömmlich zu machen, werden bestimmte Stoffe (z. B. Zellwachse) entfernt und der Kaffee-Gerbsäurekomplex gespalten (nach K. Lendrich). Ein Produkt dieser Art ist der *Idee-Kaffee* der Firma J. J. Darboven.

Kaliumpermanganat

Übermangansaures Kali $KMnO_4$ erhält man in Form dunkler, länglicher, metallisch glänzender Kristalle; diese lösen sich in Wasser mit tiefvioletter Farbe. Die Färbung ist so stark, daß eine 20 cm hohe Lösung von 1:500000 noch rötlich erscheint. Kaliumpermanganatlösungen werden in braunen Flaschen aufbewahrt, da sie sich in Sonnenlicht allmählich zersetzen. In wässerigen Lösungen gibt Kaliumpermanganat (besonders bei Anwesenheit von Staub und Sonnenlicht) Sauerstoff ab. Dabei entstehen bräunliche Niederschläge, die im wesentlichen aus wasserhaltigem Braunstein (= Mangandioxid, $MnO_2 \cdot xH_2O$) bestehen. Gießt man eine Kaliumpermanganatlösung auf Papier, so färbt sich dieses allmählich braun.
Im 1. Weltkrieg wurde den Schimmeln eine 1 bis 2 %ige Kaliumpermanganatlösung auf die Haut gebürstet; diese nahm dabei eine blaugrüne, haltbare Tarnungsfarbe an. Holz kann durch ein- bis zweimaliges Bestreichen mit Kaliumpermanganatlösung (10 bis 100 g auf 1 l Wasser) braun „gebeizt" werden.
Kaliumpermanganatlösung wirkt desinfizierend, das heißt bakterientötend. Aus diesem Grunde wurde es als Gurgelmittel (Kristalle in Wasser so stark verdünnt, daß hellviolette Lösung entsteht) verwendet, obwohl es gegenüber dem Wasserstoffperoxid gewisse Nachteile hat. Es sei hier nur auf die (geringe) Giftigkeit, das Fehlen eines reinigenden Schaumes und die Fleckenbildung verwiesen. In seuchenverdächtigen Gebieten empfiehlt es sich, zur Desinfektion abends einen Kaliumpermanganatkristall ins Trinkwasser zu legen. Bei Schlangenbissen soll eine Einspritzung von 1 bis 5 %iger Kaliumpermanganatlösung in die Bißstelle günstig wirken; offenbar wird das Gift durch Oxidation zerstört. Bei Bienenstichen entfernt man zunächst den Stachel und reibt dann die Wunde mit Kaliumpermanganatlösung ein; auch hier wird das Gift durch Oxidation in unschädliche Stoffe verwandelt.

Versuche: Erhitze Kaliumpermanganat im Prüfglas nach *Bild 5*. Unter prasselndem Geräusch entwickelt sich ein Gas, das einen glimmenden Holzspan entflammt: Sauerstoff! Koche Zwiebelsaft mit der violetten Lösung; er wird geruchfrei, da der vom $KMnO_4$ abgegebene Sauerstoff auch Geruchsstoffe zerstört (s. S. 30).

Kaltdauerwellen

Die Dauerwellenverfahren haben den Zweck, dem Haar für mehrere Monate eine als schön empfundene Wellung zu verleihen. Man unterscheidet hierbei zwischen den in Schönheitssalons mit komplizierten Heizapparaturen ausgeführten *Heißwellverfahren* und dem auch im Hausgebrauch anwendbaren *Kaltwellverfahren*. Die Heißwellverfahren arbeiten mit Alkali in der Kochhitze oder mit Sulfiten (Natriumsulfit Na_2SO_3) bzw. mit Gemischen von Alkali und Sulfiten. Bei den Kaltwellverfahren erprobte man früher Alkalisulfide, Sulfhydrate, Ammoniumhydrogensulfit u. dgl. Etwa ab 1945 wurden diese Präparate weitgehend durch die in USA erstmals zur Dauerwellung benützte Thioglykolsäure $HS \cdot CH_2{-}COOH$ verdrängt; diese findet sich in Form ihres Ammoniumsalzes heute in den meisten Kaltdauerwellenpräparaten des Handels. Die Eignung der Thioglykolsäure für Kaltdauerwellen wurde erstmals 1934 von Goddard und Michaelis festgestellt. Die Kaltdauerwelle (als Beispiel wählen wir die von der

Bild 31 Keratinfäden des Haares. A_1, A_2, A_3 deuten die Aminosäuren an. Dazwischen liegen zwei Disulfid-Brücken, die untere ist durch Eintritt von zwei Wasserstoffatomen aufgelöst

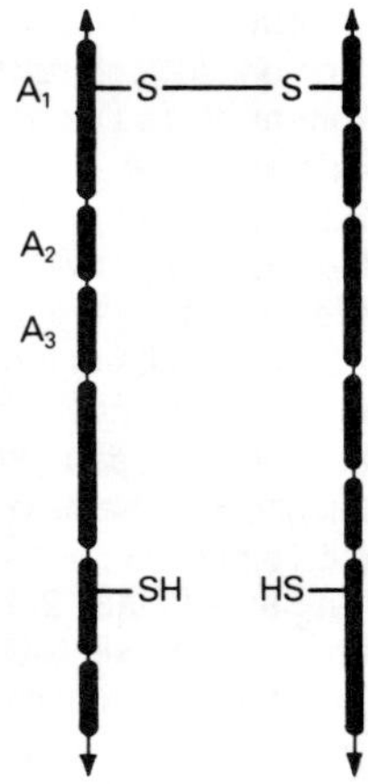

Straub-Chemie, Wertheim/Main, hergestellte *Straub-Kaltwelle* im Ölschutz) wird folgendermaßen erhalten: Die gewaschenen und getrockneten Haare werden mit dem Kamm in dünne, schmale Strähnen von der Breite des Wickels abgeteilt, dann von der Mitte der Haarsträhne beginnend nach der Spitze zu mit der Kaltwellösung durchfeuchtet, und zwar benützt man dazu einen mit der Lösung durchtränkten Schwamm oder Wattebausch. Dann kämmt man die Haarsträhnen gut durch und wickelt sie auf die Kunststoff- oder Holzwickel auf, die jeweils an beiden Seiten mit Gummi festgehalten werden. Hierauf befeuchtet man die Wickel innerhalb 3 bis 5 Minuten nochmals gründlich mit der Kaltwellflüssigkeit. Die Kopfhaut soll mit der Flüssigkeit möglichst wenig in Berührung kommen.
Nun bedeckt man sämtliche Wickel mit einem großen Stück Papier, Plastikfolie oder der Bademütze und bindet den Kopf mit einem trockenen, vorgewärmten Handtuch oder Wolltuch ab.
Nach durchschnittlich 30 Minuten nimmt man Tuch und Papier ab, spült das auf den Wickeln befindliche Haar etwa 8mal mit klarem, lauwarmem Wasser und tupft die Wickel mit einem Handtuch ab. Nebenher löst man das in besonderem Papiertäschchen beigegebene *Straub-Fixier-Salz* in ¼ l lauwarmem Wasser und durchtränkt mit dieser Lösung das Haar auf jedem einzelnen Wickel möglichst gründlich. Man läßt das Fixiermittel 5 Minuten einwirken, rollt dann das Haar vorsichtig ab und spült mit dem Rest der Fixierlösung die Haarspitzen nochmals durch. Die Fixierung ist für die Erzielung einer haltbaren Krause besonders wichtig. Nach weiteren 5 Minuten wird das Haar gründlich mit warmem Wasser, das auf 1 l ca. 3 Eßlöffel Essig enthält, nachgespült; dann legt man die Wellen in der gewünschten Weise an.
Diese Vorgänge sind chemisch-biologisch folgendermaßen zu erklären: Bekanntlich besteht das Haar im wesentlichen aus Keratin, einem komplizierten Eiweißstoff aus langgestreckten Polypeptid-Molekülketten, die unter sich durch zahlreiche Disulfidgruppen (–S–S–) des Cystins quer miteinander verbunden sind (*Bild 31*). Durch Behandlung mit Thioglykolsäure werden diese Querverbindungen beseitigt, es erfolgt eine Reduktion der (–S–S–)-Gruppen zu isolierten Sulfhydryl-(SH-)Gruppen. Infolgedessen verliert das Haar seine Elastizität, beim Wickeln gleiten die Polypeptid-Molekülketten jetzt aneinander vorbei, um die neue Lage (nämlich die vorgenommene Wellung) einzunehmen. Durch das Fixieren mit einem Oxidationsmittel werden nun die isolierten SH-Gruppen wieder in richtige Querverbindungen (–S–S–)-Gruppen zurückverwandelt. Das Haar erhält seine alte Elastizität wieder, wobei aber die gewünschte neue Wellenform bei vorschriftsmäßigem Verfahren 4 bis 6 Monate bestehen bleibt. Beim Heißwellenverfahren spielen sich im Prinzip ähnliche biologisch-chemische Vorgänge ab.

Versuche: Der *Straub-Kaltwelle-Entwickler* ist eine wässerige, milchig getrübte, ammoniakalisch riechende Flüssigkeit, die in braunen Glasflaschen in den Handel kommt. Weise Ammoniak nach! (Geruch! Rotes, feuchtes Lackmuspapier wird im Gasraum über der Flüssigkeit gebläut! Glasstab mit Tropfen von konzentrierter Salzsäure gibt im Gasraum weißen Rauch, s. S. 23 f.) Prüfe den pH-Wert mit dem Merckschen Universalindikatorpapier (s. „Wasserstoffionenkonzentration"); der pH-Wert beträgt etwa 10. Gewöhnlich enthalten die Kaltdauerwellflüssigkeiten 8 %ige wässerige Lösungen von Ammoniumthioglykolat. Zu diesem Hauptbestandteil kommen vielfach noch Nebenbestandteile wie Lecithine, Aminosäuren u. dgl. Die oben erwähnte Kaltdauerwellflüssigkeit gibt folgende für Thioglykolsäure bzw. Ammoniumthioglykolat charakteristische Reaktionen: 1. Sehr intensive Rot- bis Rotviolettfärbung mit kleinen Mengen von Eisensulfat- oder Eisenchloridlösung; die Farbe verschwindet bei Säurezusatz. 2. Fügt man zu Bleisalzlösungen Natronlauge, bis sich der anfänglich entstehende Niederschlag wieder aufgelöst hat, so tritt nach Zusatz der Kaltwellenlösung eventuell nach längerem Kochen ein dunkler Niederschlag von Bleisulfid ein. 3. Iodtinktur oder Iod-Iodkalilösung wird durch Kaltwellenlösung augenblicklich entfärbt; man könnte diese also auch zum Beseitigen von Iodflecken verwenden. 4. Eine violette schwefelsaure Kaliumpermanganatlösung wird durch Kaltwellenlösung entfärbt. 5. Bei Zusatz von Silbernitratlösung entsteht in der Kaltwellenlösung ein gelber Niederschlag.
Das in einem Papiertäschchen beigegebene *Straub-Kaltwellen-Fixiersalz* (weißes, wasserlösliches Pulver) entfärbt Kaliumpermanganatlösung unter reichlicher Sauerstoffentwicklung und enthält somit Wasserstoffperoxid (Oxidationsmittel) in fester Bindung. Es handelt sich zumeist um Harnstoffwasserstoffperoxidverbindungen mit 34 % H_2O_2, Formel $CO(NH_2)_2 \cdot H_2O_2$.

Kieselgur

Dieser auch als Diatomeenerde bezeichnete Stoff findet sich in großem Umfang in der Lüneburger Heide und in anderen Gegenden. Er ist ein sehr leichtes, mehlartiges, weißes bis graues Pulver, das etwa fünfmal soviel Wasser aufsaugen kann, als es selbst wiegt. Kieselgur besteht aus Milliarden von Kieselpanzern ausgestorbener Kleinlebewesen (1 cm^3 Kieselgur enthält ca. 20 Milliarden Schalenreste), die mannigfache Verzierungen, Rillen, Nischen usw. aufweisen, welche gewöhnlich mit Luft gefüllt sind und damit das geringe spezifische Gewicht und Wärmeleitungsvermögen bedingen. Die Kieselpanzer bestehen aus hartem, chemisch fast unangreifbarem Quarz SiO_2. **Verwendung:** Als Poliermittel, Zusatz zu Putzflüssigkeiten und groben Seifen (Härte!), Füllmittel für die Wände von Kassenschränken (schlechter Wärmeleiter!), Aufsaugungsmittel für Nitroglycerin bei der Herstellung der alten Gurdynamite (hohes Aufsaugungsvermögen), zur Trinkwasserfiltration usw. *Polierschiefer* ist Kieselgur mit 70 bis 90 % Quarzgehalt. Er wird zum Schleifen von Metall und Glas verwendet. Unter *Tripel* versteht man eine Eisenverbindungen und Ton enthaltende Kieselgursorte, die als Polier- und Putzmittel benutzt wird.

Kitte

Kitte sind weiche, allmählich erhärtende Massen, die Fugen, Ritzen, Vertiefungen usw. ausfüllen und zerbrochene Gegenstände wieder zusammenhalten. Alle Kitte (bzw. Klebstoffe) werden in weichem Zustand aufgetragen. Sie vereinigen die gekitteten Bruchstücke oft so fest, daß bei erneuter Beschädigung die Bruchflächen an ungekitteten Stellen entstehen. Die beim Kitten eintretenden chemischen Vorgänge sind vielfach unbekannt.

Ölkitte. Leinöl gibt mit vielen Oxiden und Carbonaten, wie z. B. mit gebranntem Kalk, Schlämmkreide, Magnesia, Bleiglätte, Mennige, Eisenoxiden usw., wasserunlösliche, allmählich erhärtende „Seifen", die als Kitte verwendet werden können. Der bekannte Glaserkitt wird folgendermaßen hergestellt: Wir verkneten ein wenig Leinöl mit so viel trockener Schlämmkreide, daß eine etwa butterweiche Masse entsteht. Dieser Kitt ist möglichst bald zu verarbeiten. Will man ihn aufbewahren, so muß er in Ölpapier eingewickelt in den Keller gelegt werden. Älterer, eingetrockneter Glaserkitt ist nach Durchknetung mit etwas Leinöl wieder verwendbar. Soll erhärteter Glaserkitt von einer Kittstelle entfernt werden, so gibt man starke Natronlauge dazu; diese verwandelt den Kitt in wasserlösliche „Seifen" (s. S. 227). Will man Glastafeln in Aquarien u. dgl. einkitten, so verwendet man einen Kitt, der durch Verkneten von Leinöl und fein gepulvertem Blei(II)-oxid PbO (= Bleiglätte) erhalten wurde. Zum Verdichten größerer Röhren usw. ist Mennigeölkitt geeignet. Man mischt so viel Mennige Pb_3O_4 zu Leinöl, bis eine butterweiche Masse entsteht. Wird statt Mennige Zinkoxid ZnO genommen, so entsteht ein Zinkkitt. Blei- und Zinkkitte sind in luftdicht schließenden Blechdosen jahrelang haltbar.

Bevor man die Ölkitte anwendet, sind die völlig staubfreien Kittflächen mit etwas Leinöl zu bestreichen. Der Kitt wird dünn aufgetragen. Danach preßt man die Kittflächen zusammen und entfernt den seitlich heraustretenden Kitt sofort. Dann bewahrt man den gekitteten Gegenstand (1 bis 2 Tage) bis zur Erhärtung vollständig erschütterungsfrei auf.

Wasserglaskitte. Herstellung: Verreibe in etwas käuflichem Wasserglas so viel Schlämmkreide, daß ein dicker Brei entsteht! Man kittet damit am besten Glas auf Glas. An der Luft erstarrt dieser Kitt zu einer steinharten Masse.

Glycerinbleioxidkitt. Diesen sehr wirksamen, wasser-, säure- und laugenbeständigen, für Holz, Glas, Stein, Metall, Porzellan usw. geeigneten Kitt erhält man durch Verrühren von 5 kg fein gepulvertem Blei(II)-oxid in ½ l konzentriertem, rohem Glycerin. Der so hergestellte Kitt erhärtet nach 15 bis 45 Minuten zu einer sehr festen Masse. Er haftet am besten, wenn die zu kittenden Flächen vorher mit reinem Glycerin bestrichen werden.

Universalkittpulver ist ein käufliches, weißes Mehl, das aus 4 Teilen gebranntem Gips und 1 Teil Gummiarabikum besteht. Beim Gebrauch rührt man das Pulver mit etwas Wasser oder einer kalt gesättigten Boraxlösung an und kittet mit dem Brei Glas, Stein, Horn, Prozellan usw. Der gebrannte Gips geht dabei unter Wasseraufnahme in gewöhnlichen festen Gips über.

Eisenkitte. Einen gegen Hitze und Wasser unempfindlichen Eisenkitt erhält man durch gründliche Vermischung von 20 g Lehm, 10 g Eisenpulver, 6 g Wasser und 4 g Essig.

Klebstoffe

Kunstharzklebstoffe. Bei der Herstellung dieser modernen Klebstoffgruppe werden Kunstharze (z. B. Phenol-Formaldehyd-Kondensationsprodukte, Harnstoff-Formaldehyd-Kondensationsprodukte, Melamin-Formaldehyd-Kondensationsprodukte, Polyvinylharze, Polyacrylatlösungen, Perbunan, Epoxidharze u. dgl.) in geeigneten Lösungsmitteln gelöst oder man polymerisiert die flüssigen Kunstharze zu Ende, wobei eine endgültige Erstarrung eintritt. Als typischen Vertreter eines hochwertigen Kunstharzklebstoffes behandeln wir zunächst den in jedem Papiergeschäft erhältlichen *UHU-Alleskleber* (Lingner und Fischer, Bühl/Baden). Dies ist eine wasserhelle, klare, zähflüssige, fadenziehende Lösung eines Polyvinylesters (nebst wirkungssteigernden Zusätzen) in schnellverdunstenden Lösungsmitteln (Essigsäuremethylester): *UHU-Alleskleber* klebt Papier, Pappe, Gewebe, Stoffe, Leder, Linoleum, Holz, Gips, Elfenbein, Preßstoffe, Glas, Porzellan, Steingut, Zement, Ton, Metalle (nicht aber Gummi). Man kann mit ihm so verschiedene Werkstoffe wie Eisen und Marmor, Leder und Holz, Holz und Glas, Leder und Metall, Holz und Textilwaren usw. dauerhaft und fleckenlos miteinander verbinden. Die Klebstelle ist lichtbeständig, wetter- und wasserfest, unempfindlich gegen verdünnte Säuren und Laugen, Öl und Benzin, sie hält Temperaturen bis 80 °C ohne weiteres aus, die Reaktion ist neutral. *UHU-Alleskleber* ist gut löslich im Löser für *UHU-Alleskleber*, ferner in Aceton, Essigester und Brennspiritus. Etwas schwieriger löst er sich in Trichlorethylen (*Fleck-Fips*); in Wasser, Benzin, Öl und verdünnten Säuren ist er ganz unlöslich. Bei kühler Lagerung hält sich *UHU-Alleskleber* in den verschlossenen Gefäßen unbegrenzt. Hält man eine Probe in die Flamme, so verbrennt zunächst das flüchtige Lösungsmittel (blaues Flämmchen), dann das Polyvinylharz (gelbe, rußende Flamme). Erwärmt man eine etwa haselnußgroße Menge des Allesklebers im Probierglas, so lassen sich an der Probierglasmündung die Lösungsmitteldämpfe entzünden.
UHU-Extra ist eine Variante des *UHU-Alleskiebers*. Durch Zusatz von Thioxotropiermitteln wurde dabei eine gelartige Konsistenz erzielt. Das lästige Fadenziehen ebenso wie das Nachlaufen aus der Tube wird vermieden. Zum *UHU-Sortiment* gehören noch *UHU-hart, UHU-plast, UHU-por, UHU-coll, UHU-kontakt, UHU-stic* und *UHU-Flinke Flasche*.
Epoxidharzkleber (Araldite, Ciba-Geigy). Dies sind Kondensationsprodukte aus Epichlorhydrin $H_2C\underset{O}{\underbrace{-}}CH \cdot CH_2Cl$ und Diphenylolpropan, mit denen man z. B. im Flugzeugbau, Karosserie- und Brückenbau Metall auf Metall so fest verkleben kann, daß Nieten und Schrauben weitgehend entbehrlich werden. *Stabilit* (Glas-Zement) von Henkel, Düsseldorf, ist ein Epoxypolyesterklebstoff für Glas und Metall. *UHU-plus* ist ein Zweikomponenten-Klebstoff.
Der bekannte **Kauritleim** der Badischen Anilin- und Soda-Fabrik, Ludwigshafen, ist ein synthetischer Leim aus zähflüssigen Harnstoff-Formaldehyd-Kondensationsprodukten der weichen A-Stufe, der durch Zusatz von Säuren oder Laugen gehärtet wird. Man verwendet ihn an Stelle tierischer Leime zu Verleimung von Holz (Sperrholz), Papier usw. Kunstharzleime auf Harnstoff-Formaldehyd-, Phenol- und Melaminharzbasis finden neuerdings umfangreiche Anwendung als Bindemittel bei der Herstellung von Hartfaserplatten (95 % Holzfasern, 5 % Bindemittel) und Spanplatten (94 bis

88 % Holzspäne, 6 bis 12 % Bindemittel). *Kauritleim* ist seit 1950 auf dem Markt. Das **Pressal** (Henkel, Düsseldorf) ist ein in Pulverform gelieferter Sperrholzleim aus Melamin-Formaldehyd-Kunstharz. Letzteres wird auch zum Knitterfestmachen von Textilien und zur Herstellung naßfester Papiere verwendet. Die schönen, farbigen Oberflächen der *Formica*- und *Ultrapas*-Platten sind Cellulosepapiere, die meist mit Melaminharzen durchtränkt und unter Druck und Hitze verpreßt werden.

Leim. Der Ausdruck Leim ist in der Klebstoffpraxis nicht scharf abgegrenzt. Man bezeichnet hier die aus Haut und Knochen gewonnenen glutinhaltigen Leime als Leim im engeren Sinn, daneben spricht man z. B. aber auch von Caseinleim, Pflanzeneiweißleimen (Weizenkleber), Dextrinleim, Stärkeleim, Celluloseesterleim, Kauritleim usw. Werden Knochen, Knorpel, Gräten, Bindegewebe, Hautstücke u. dgl. längere Zeit in heißem Wasser gekocht, so entsteht freies Glutin. Dies ist ein klebriger, in Wasser quellender Eiweißstoff, der im gewöhnlichen, tafelförmigen oder gekörnten Tischlerleim als wirksamer Bestandteil zu rund 50 % enthalten ist. Vor dem Gebrauch muß man die glasharten Tischlerleimtafeln mit der ein- bis zweifachen Wassermenge 3 bis 24 Stunden quellen lassen. Danach stellt man das Leimgefäß in einen größeren Wasserbehälter (Wasserbad) und erwärmt. Der Leim soll nicht über 60 °C erhitzt werden, da seine Klebekraft sonst langsam abnimmt. Gibt man zu verdünnten Leimlösungen bestimmte Säuren oder Salze (Essigsäure, Ameisensäure, Salzsäure, Perchlorsäure, Milchsäure, Zinkchlorid, Magnesiumchlorid, Calciumchlorid und dergleichen), so bleiben sie dauernd flüssig. Ein solcher Klebstoff (Kaltleim genannt, weil man ihn vor der Benützung nicht mehr zu erwärmen braucht) kann z. B. aus 100 cm^3 Wasser, 10 g tierischem Leim, 1 bis 3 cm^3 Formaldehydlösung (zur Fäulnisverhütung) und 5 cm^3 90 %iger Essigsäurelösung hergestellt werden. Solche verflüssigten Glutinleime kommen z. B. in der Textilindustrie, Kartonagenindustrie, im Buchbindergewerbe und in der Schuhindustrie zur Verwendung. Glutinleime aller Art werden bei Kalk- und Farbanstrichen, bei Klebearbeiten an Holz, Pappe, Papier, zur Verklebung von Klarglasfolien, zur Herstellung von Schmirgelpappen, Zündholzköpfen, Kartons, Hartpetroleum, Hartspiritus, Sprengstoffen, Raupenleim usw. verwendet.

Gelatine. Diese unterscheidet sich vom Leim nur durch den höheren Reinheitsgrad des Glutins. Man benötigt Gelatine in großem Umfang bei der Herstellung der lichtempfindlichen Schichtseite von Fotoplatten, Filmen und Fotopapieren.

Kautschukklebstoffe. Dies sind Lösungen von Abfällen aus Kautschuksorten in Benzin, Benzol, Tetrachlormethan usw. mit Härtern (*Desmodur R*), Alterungsschutzmitteln (z. B. Phenyl-β-Naphthylamin) u. dgl. Man verwendet sie in der Autoindustrie, Schuhindustrie, Papier- und Kartonagenindustrie, Textilindustrie (Gewebekleber für Planen und Wetterbekleidung), zur Beschichtung von Klebebändern, Heftpflastern usw., zum Kleben von beschädigten Fahrradschläuchen usw. Die Gummilösung *Viktoria* ist eine gelbliche, zähe, fadenziehende Flüssigkeit, die nach Benzin riecht, sehr leicht mit stark rußender Flamme verbrennt (Gummi) und nach Verdunsten des Lösungsmittels ein Kautschukhäutchen zurückläßt. *Greenit* (Lingner u. Fischer) ist ein Kunstkautschuk-Klebstoff, der schnellziehende Kontaktklebungen ermöglicht.

Kontaktklebstoffe. Diese müssen auf beide Oberflächen der zu verklebenden Teile aufgebracht werden. Nach dem Auftrag läßt man den Kontaktklebstoff so lange abdunsten, bis er genügend klebrig geworden ist und fügt die Fläche anschließend zusammen. Man erhält hierbei feste Verklebungen zwischen Glas, Keramika, Kunstharzen, Leder (Ankleben von Schuhsohlen auf Oberleder) usw. Rezept: Man mischt

36,4 Teile (immer Gewichtsteile) Toluol mit 36,4 Teile Ethylacetat, löst darin 9 Teile Chlorkautschuk und zuletzt 18,2 Teile Neoprene AC.

Gummiarabikum (Gummiarabisch). Dieser wasserlösliche, sehr klebrige Stoff wird von den angeritzten Rinden sudanesischer Akazien ausgeschieden. In reinem Zustand bildet er rundliche, undurchsichtige, spröde Brocken, die im wesentlichen aus kohlenhydratähnlichen Verbindungen bestehen.

Dextrin. Ungiftiges, weißes bis braungelbes Pulver, das mit kaltem oder warmem Wasser zu einem flüssig bleibenden Klebstoff angerührt wird. Dextrin entsteht, wenn man Kartoffel-, Mais- oder Weizenstärke 2 Stunden auf 150 bis 200 °C erhitzt oder mit verdünnten Säuren erwärmt. Beim Bügeln gestärkter Kragen und beim Brotbacken wird Stärke ebenfalls erhitzt; es entsteht auch in diesen Fällen ein Überzug von glänzendem Dextrin. Reines Dextrin soll keine Stärke mehr enthalten, Iodlösung wird von ihm nicht mehr blau, sondern rötlich gefärbt. Dextrin aus Maisstärke ist geruchfrei; dagegen riecht das aus Kartoffeln gewonnene Dextrin nach Gurken. Dextrin wird als Klebstoff für Etiketten, Briefmarken, ferner zur Herstellung von Kartonagen, Zigaretten, Papiersäcken u. dgl. verwendet. Es läuft neben synthetischen Leimen auf unzähligen Verpackungsmaschinen.

Kleister. Ein haltbarer Kleister entsteht, wenn man 16 g Weizenstärke mit 40 cm^3 Wasser verrührt, dieses Gemisch langsam in 160 cm^3 kochendes Wasser gießt und so lange erwärmt, bis das Ganze durchscheinend geworden ist. In diesem Kleister werden (zur Fäulnisverhütung) 2 g 30 bis 37 %ige Formaldehydlösung gründlich verrührt. In Drogerien, Farbgeschäften usw. sieht man häufig Pakete von *Sichelkleister* ausgestellt. Diese enthalten ein weißes, nach bestimmten Patenten hergestelltes Pulver, das sich mit Iodlösung blau färbt (Stärke, die gleiche Reaktion gibt Sichelleim) und in kaltem Wasser leicht löslich ist. Dieser Kleister wird besonders zum Tapezieren verwendet; eine genaue Gebrauchsanweisung ist jedem Paket aufgedruckt. Die Stärkekleister und Stärkeleime werden in der papierverarbeitenden Industrie, Textilindustrie, Kartonagenindustrie, bei Plakatierung und Etikettierung, in der Tüten- und Papiersackfabrikation in erheblichem Umfang verwendet. Die Wasserfestigkeit der Stärkeleime kann durch geringe Zusätze von synthetischen Kondensationsharzen gesteigert werden. *Pelikanol* (Günther Wagner, Hannover) ist eine weitverbreitete, in Dosen und Tuben verkaufte Klebepaste für Papier, Fotos und Pappen aller Art. Weise in einer Probe *Pelikanol* mit Iod Dextrin nach (s. oben). Das *Peligom* der gleichen Firma ermöglicht wasserfeste Verklebungen von Glas, Stoff, Holz usw. Weise in *Widder-Kleister* (F. A. Widder, Stuttgart) Stärke nach.

Kaltwasserlösliche Cellulosederivate. Neuerdings stellen verschiedene Firmen (Henkel, Kalle, Sichel) häufig gebrauchte Leime und Kleister auf der Basis von Methylcellulose, Celluloseglykolat und anderen Cellulosederivaten her. In diesen Produkten ist oft das Wort „Zell“ enthalten, das auf Cellulose hinweist, z. B. *Sichozell-Leim* (Sichelwerke), *Henkel-Zell-Leim, Henkel-Zell-Kleister, Glutolin-Leim* (methyliert) und *Glutolinkleister Kalle* (Methylcellulose) usw.

Man verwendet diese Produkte zum Tapezieren, als Textilhilfsmittel, Waschmittelzusatz usw. Um solche Cellulosederivate (z. B. Celluloseglykolat) nachzuweisen, bedeckt man in einer Prozellanschale eine Messerspitze von dem Leim mit einigen Tropfen 60 %iger Schwefelsäure und gibt nach etwa 1 Minute einen Tropfen Iodtinktur dazu. Bei Anwesenheit von Celluloseglykolat tritt dann eine Blaufärbung auf, die besonders deutlich unter dem Mikroskop oder nach Verrühren mit etwas Wasser zu beobachten ist. Gibt man zu einer kleinen Probe des festen Zellkleisters einige Tropfen Iodlösung (ohne Schwefelsäurezusatz), so entsteht keine Blaufärbung; hingegen färben sich die Stärkekleister mit Iod auch ohne Schwefelsäurezusatz blau. Etwas Watte, ein Stückchen Filtrierpapier und andere Celluloseprodukte geben nach Zusatz von einigen Tropfen 60 %iger Schwefelsäure und etwas Iodtinktur ebenfalls eine Blaufärbung. Der kaltwasserlösliche *Glutolinkleister* (Kalle/Hoechst, Wiesbaden-Biebrich) besteht aus Methylcellulose (Cellulose mit vielen eingeführten $O \cdot CH_3$-Gruppen). Er bildet eine feinfaserige weiße Masse, die mit Wasser einen zähen, gallertigen, zu Tapezierarbeiten geeigneten Kleister bildet. Das *Methylan* von Henkel, Düsseldorf (Kleister und Leim), ist eine kalk- und zementbeständige Methylcellulose zum Tapezieren, für Leimfarbenanstriche u. dgl.

Wasserglas-Klebestoffe. Diese bestehen aus Kali- bzw. Natronwasserglas mit geeigneten Zusätzen. Sie werden bei der Wellpappenanfertigung, Papierverarbeitung und im Malergewerbe verwendet.

Klebebänder (Klebstreifen)

Dies sind lange, meist auf Rollen aufgerollte Streifen aus Papier (Natronzellstoff), Zellglas, Textilgewebe, Polyvinylchlorid, die mit Spezialklebstoffen imprägniert sind und als Verschlußstreifen beim Verpacken, zum Verschließen von Blechbehältern, zum Kleben von Furnieren, als medizinisches Verbandmaterial, als Isoliermaterial in der Elektroinstallation u. dgl. Verwendung finden. Als Klebstoffe kommen Kautschukleime, Kunstharzleime, Hautleim-Dextrin-Gemische u. dgl. in Frage. Zur Beschichtung von Klebebändern eignet sich z. B. folgendes Präparat: Man walzt 11,0 Teile Naturkautschuk und 4,0 Teile Oppanol B zusammen, wobei man 0,1 Teil Phenyl-β-Naphthylamin (Alterungsschutzmittel PBN) hinzugibt. Das Walzfell wird zerkleinert und zusammen mit 8 Teilen Staybelite-Ester 10 in 27 Teilen Toluol und 50 Teilen Spezialbenzin 60/95 °C gelöst. Als Basis für das vielverwendete Klebeband *Tesafilm* (Beiersdorf, Hamburg) dienen Natur- und Synthesekautschuke sowie Polyacrylsäureester, Polyvinylalkoholester usw., immer in Verbindung mit verschiedenen Harzen.

Kochsalz

Das Kochsalz ist 97 bis 99 %iges Natriumchlorid NaCl. Daneben enthält es noch Spuren von Wasser, ferner etwas Kaliumchlorid KCl, Magnesiumchlorid $MgCl_2$, Calciumchlorid $CaCl_2$, Gips $CaSO_4$, Magnesiumsulfat $MgSO_4$, Natriumsulfat Na_2SO_4 und Spuren von anderen Stoffen. Alle diese Salze sind auch in den heutigen Meerwässern gelöst; sie werden bei der Siedesalzgewinnung nicht völlig entfernt. Ein 97,38 %iges Tafelsalz enthielt z. B. 0,6 % Gips, 0,16 % Magnesiumsulfat, 0,07 % Magnesiumchlorid und 1,7 % Wasser. Heute erreicht man höhere Reinheitsgrade. Zum Ausgleich werden natürliche Meeressalze auf den Markt gebracht; diese enthalten z. B. als Meersalz *Biomaris* (Biomaris GmbH, Bremen) 35,5 % Na^+, 1,35 % K^+, 0,46 % Ca^{2+}, 2,3 % Mg^{2+}, 53,18 % Cl^-, 5,97 % SO_4^{2-} und Spurenelemente. Ähnliche Zusammensetzung hat Meersalz *ROE-Diät* 7. Viehsalz ist unbesteuert; um es unappetitlich zu machen, fügt man dem Steinsalz etwas roten Ton zu.

Versuche: Weise in Kochsalz Natrium (s. S. 18), Sulfate (s. S. 25) und in Viehsalz außerdem Eisen nach (s. S. 21).
Der Bundesgesundheitsrat hat iodiertes Speisesalz zur besseren Iodversorgung empfohlen, weil dadurch die Kropfkrankheit weniger häufig auftritt. Bei Bluthochdruck, Arterienverkalkung und Fettsucht soll man auf kochsalzarme oder kochsalzfreie Diät umstellen. Diätsalz *Ambisal* (Merck) ist natriumarm, reich an natürlichen Kaliumsalzen.

Kölnisch Wasser (Eau de Cologne)

Dies ist eine Auflösung von leicht verdunstenden, wohlriechenden, ätherischen Ölen in Alkohol (Ethanol). Die teuren Sorten von Kölnisch Wasser enthalten etwa 85 %, die billigeren 70 % Alkohol. Kölnisch Wasser, das weniger als 70 % Alkohol enthält, muß als Wasch-Kölnisch Wasser kenntlich gemacht sein. Da Spiritus bei 80 °C siedet, erzeugt er auf der Haut auch bei gewöhnlicher Temperatur erfrischende Verdunstungskälte. Der für die Herstellung von Kölnisch Wasser benutzte Alkohol unterliegt einer geringeren Versteuerung als der Trinkbranntwein. Dieser Alkohol wird durch die ätherischen Öle, die zur Herstellung von Kölnisch Wasser dienen, praktisch genußunbrauchbar gemacht. In Ausnahmefällen geschieht dies durch eine Vergällung mit geruchsfreiem, aber sehr übelschmeckendem Phthalsäurediethylester. Die ätherischen Öle werden vom Fabrikanten meist fertig von großen Spezialfirmen bezogen. In dem hochwertigen Kölnisch Wasser finden sich neben anderen natürlichen und synthetischen Riechstoffen Neroliöl, Rosmarinöl, Bergamotteöle, Rosenöl und neuerdings auch Ketonmoschus und Scharlachsalbeiöl.
Das Kölnisch Wasser hieß zunächst „Eau admirable". Seit 1709 wird es von der Firma Farina gegenüber dem Jülich-Platz hergestellt. Heute wird Kölnisch Wasser in unzähligen Varianten auf den Markt gebracht. Es gibt sogar festes, geleeartiges Kölnisch Wasser, z. B. *Kölnisch Eis No. 4711* und *Kühlstift von Farina Gegenüber*. Kölnischwasserstifte erhält man nach folgendem Rezept: Man löst 1 Teil Natriumhydroxid in 30 Teile Sprit, verrührt in der warmen Lösung eine Lösung aus 6,5 Teilen Stearin in 30 Teilen warmem Alkohol, gibt 2 bis 5 % Kölnischwasseröl dazu und läßt erstarren; evtl. kann etwas Hexachlorophen zugesetzt werden. Kölnisch Wasser ist neben der Seife das meistgebrauchte Kosmetikum.

Versuch: Zur Herstellung von einfachem Kölnisch Wasser lösen wir 1 g Lavendelöl, 10 g Bergamotteöl, 0,8 g Rosmarinöl, 1,5 g Neroliöl, 10 g Citronenöl und 2 g Pomeranzenschalenöl in 1 l Spiritus und fügen nach Auflösung der ätherischen Öle nach 0,2 l kalkfreies Wasser hinzu.

Kosmetische Präparate

Chemische Produkte, die der Pflege der Haut (s. „Hautcreme, Lippenstifte"), der Zähne und der Mundhöhle (s. „Zahnpflegemittel"), der Haare und des Haarbodens (s. „Haarwaschmittel, Haarfarben, Haarwasser, Haarsprays, Haarentferner") und der Nägel dienen. Das Wort Kosmetik leitet sich ab von griechisch *kosmeo* = schmücken.

Die kosmetischen Präparate werden nur äußerlich angewendet. Im Gegensatz zu Dermatika (Arzneimitteln gegen bestimmte Hauterkrankungen) haben kosmetische Präparate folgende Aufgaben: Pflege und Reinigung des menschlichen Körpers sowie Schutz vor äußeren Einflüssen (allgemeine Kosmetik); Verschönerung des Äußeren (dekorative Kosmetik); Wiederherstellung des normalen Hautzustands durch Zufuhr geeigneter Wirkstoffe (Wirkstoffkosmetik) (*Tab. 4*).

Tab. 4: Wirkstoffe in kosmetischen Präparaten

Wirkstoffe	Extrakte aus Pflanzen, Drogen	Chemische Erzeugnisse	Vitamine Hormone
zur besseren Hautdurchblutung	Lavendel-, Pfefferminz-, Rosen-, Kamillen-, Koniferenöle, Kantharidenauszüge	Salicylsäure und ihre Ester, Kampfer, schwefelhaltige Öle	Vitamin B Vitamin E Östrogene Placenta-extrakte
zur Desinfektion, gegen Entzündung, gegen Juckreiz	Zitronensaft, Eukalyptusöl, Auszüge von Arnika, Kamille, Eichenrinde, Brunnenkresse	Schwefel und Schwefelverb. Salicylsäure, Borax, Resorcin, Azulene	Vitamin F Placenta-extrakte
zur Desodorierung	Auszüge von Tollkirsche, Salbei	Aluminium-, Zirkoniumsalze, Formaldehyd	
mit pigmentierender Wirkung	Walnußschalen-auszüge	Dihydroxyaceton, Alloxan; Lichtschutz: Titanoxid, Zinkoxid	
mit depigmentierender Wirkung	Zitronensaft, Gurkensaft	Salicylsäure, Resorcin, 4-Chlorresorcin	
mit adstringierender Wirkung	Hamameliswasser	Kaliumaluminium-sulfat, Tannin	

Beispiele kosmetischer Präparate:

Gesichtswasser zur Entfernung wasserlöslicher Verunreinigungen und zur Erfrischung. Rezept Keithler: Wasser 58,9 %, Ethanol 28,4 %, Propylenglykol 6,7 %, Zinkphenolsulfonat 1,1 %, Benzoesäure 2,1 %, Menthol 0,1 %, Parfüm 0,7 %. Rezept Janistyn: Wasser 61 %, Ethanol 34 %, Glycerin 2 %, Orangenblütenwasser 3 %.

Gurken-Gesichtswasser. Man benötigt: I. 2 g Citronensäure, 3 g Aluminiumlaktat, II. 300 cm^3 Gurkensaft (mit 25 % Alkoholgehalt), III 80 cm^3 Alkohol (95 %), 2 g Spezial-Parfüm-Komposition, 75 cm^3 destilliertes Wasser. Die Stoffe I werden in 550 cm^3 destilliertem Wasser aufgelöst. Dazu wird der Gurkensaft II gegeben. Lösung III wird getrennt angesetzt und zur Gurkensaftmischung unter Schütteln gegeben. Das Ganze wird dann klar filtriert. Dieses saure Gesichtswasser ist *nicht* zur Hautreinigung geeignet, da es *adstringierend* wirkt. Es zieht also die Hautporen zusammen und bewirkt das Gegenteil des reinigenden Gesichtswassers.

Gesichtsmasken. Als Grundlage für Gesichtsmasken sind u. a. Mineralöle, Mineralfette (flüssiges Paraffin, Vaselin, festes Paraffin), pflanzliche Öle (Lein-, Mohn-, und Olivenöl), Kunststoff und Zinkleim geeignet. Die Wirkstoffe in Gesichtspackungen und Masken sollen adstringieren (z. B. Gerbstoff, Gerbstoffdrogen oder Aluminiumverbindungen), anregen (z. B. Kampfer, kohlendioxid- oder sauerstoff-abgebende Substanzen, ätherische Öle wie Melissenöl und entsprechende Kräuterextrakte, Arnika) und beruhigen (z. B. Pflanzenschleime, Früchte, Mandelkleie). Zusätze von Glyzerin, Glykolen, Honig oder Sorbit sollen der Haut die Feuchtigkeit erhalten. Azulen wirkt entzündungshemmend. Aminosäuren, Vitamine, Placenta und Gelée Royale sind für ältere, welke Hauttypen geeignet. Als weitere Wirkstoffe sind Lecithin, Carotin und Eigelb in Gesichtsmasken enthalten (nach SÖFW 9/1977).

Gesichtsmaske für trockene Haut. Rezept nach Antoine de Nobel (Hobbythek 3). Man benötigt 10 bis 12 g geschlagene Sahne, 1 halbes Eigelb, 10 g Leinsamen (ganz fein gemahlen). Leinsamen bekommt man in Apotheken und Drogerien. Er muß zu unserem Zweck zu feinem Leinsamenmehl gemahlen werden; am besten mit einer Kaffeemühle mit rotierendem Messer. Das Leinsamenmehl läßt man in warmem Wasser kurz aufquellen. Dann rührt man das Eigelb und die Schlagsahne zusammen und vermischt beides anschließend zu einem Leinsamenbrei. Die Maske wird wie üblich aufgetragen. Nach 20 Minuten wird die Maske mit warmem Wasser abgespült und anschließend eine Tagescreme einmassiert. Vorteil dieses Rezepts: Alle Bestandteile werden immer frisch zusammengerührt. Außerdem werden keinerlei Konservierungsmittel gebraucht, die sonst wegen Lagerung in Industrieprodukten enthalten sind. Die Sahne und der Leinsamen führen der Haut die beiden wichtigsten Bestandteile Fett und Feuchtigkeit zu. Die Milchfett-Wasser-Mischung der Sahne sowie das Leinöl des Leinsamens werden von der Haut besonders leicht aufgenommen.

Gesichtsmaske für fette Haut. Man benötigt 1 halbes Eiweiß (zu Eischnee geschlagen), 10 g Kaolin oder Heilerde, 1 Messerspitze Schwefelpulver, 10 Tropfen Zitronensaft. Die angegebenen Zutaten werden zu einem Brei gut verrührt und als Maske aufgelegt. Das Eiweiß wirkt adstringierend, d. h. es zieht die Haut zusammen und verkleinert die Poren. Heilerde oder Kaolin ziehen das überschüssige Fett aus den Hautporen. Das Schwefelpulver wirkt desinfizierend. Der Zitronensaft beeinflußt den Säurefilm der Haut günstig.

Gesichtsmaske für normale Haut. Man benötigt 4 Eßlöffel Hafermehl aus dem Reformhaus (man kann auch Haferflocken in der Kaffeemühle zu feinem Mehl vermahlen) und 2 Eßlöffel frische Sahne. Die beiden Stoffe werden zu einem streichfähigen Brei verrührt. Dieser Brei wird wie üblich aufgetragen. Nach etwa 20 Minuten wird die Maske mit warmem Wasser abgespült. Die Maske wirkt erfrischend und reinigend. Sie ist auch für trockene Haut geeignet.

Lavendel-Toilettenwasser (Eau de Toilette). Man benötigt dazu 150 cm³ reinen Alkohol (90 %ig) und 1 Tütchen Lavendelblüten (getrocknet in Apotheken, Drogerien und auch in Kräuterläden zu haben). Man übergießt die Blüten mit dem Alkohol und füllt sie in ein verschließbares Glasgefäß. Ein altes Marmeladen-Schraubglas ist gut dazu geeignet. Nach 7 Wochen wird mit einem Kaffeefilter filtriert. Das Produkt ist schon fertig. Man kann aber auch noch 30 cm³ destilliertes Wasser zufügen. Der Alkohol hat bei diesem Rezept den Blüten die Duftstoffe entzogen. Lavendelblüten haben einen besonders frischen, nicht süßlichen Duft.
Kräuterlotion für normale Haut. Die Lotionen haben einen höheren Wassergehalt als das Eau de Toilette. Wir brauchen zur Herstellung 50 cm³ Alkohol (90 %igen), 20 cm³ destilliertes Wasser, 2 Eßlöffel Huflattich, 2 Eßlöffel Schafgarbe, 1 Eßlöffel Salbei. Auch hier werden getrocknete Kräuter und Flüssigkeiten in ein verschließbares Marmeladeglas eingefüllt. Nach 14 Tagen wird abfiltriert und zu der Flüssigkeit 20 g Hamameliswasser, 2 Eßlöffel Gurkensaft und 10 Tropfen Zitronensaft gegeben.
Kräuterlotion für fette Haut. Wir benötigen 65 cm³ 90 %igen Alkohol, 35 cm³ destilliertes Wasser, 2 Eßlöffel Ackerschachtelhalm, 3 Eßlöffel Huflattich, 1 Eßlöffel Salbei, 2 Eßlöffel gemahlene Birkenrinde. Wir gehen hier ebenso vor und füllen alles in ein verschließbares Gefäß. Nach 10 Tagen wird abfiltriert. Die hergestellten Lotionen reinigen, beleben und erfrischen die Haut. Auch hier gilt wie beim Kölnisch Wasser: Wer Probleme mit Alkohol auf der Haut hat, kann diese Lotionen nicht verwenden.

Kugelschreiber-Farbmassen

Die bekannten, seit 1946 auf dem Markt befindlichen Kugelschreiber enthalten als Füllung keine Tinten, sondern basische Fettfarbstoffe, die an Olein im Überschuß gebunden sind. Sie weisen mit den Metallstempelfarben und Öldruckfarben einige Verwandtschaft auf. Für Schwarz eignet sich Nigrosinbase 51 017, für Blau Viktoriablaubase B, für Violett Kristallviolettbase, für Rot Rhodaminbase B, für Grün Viktoriagrün oder ein Gemisch aus blauem Kupfer-Phthalocyanin und einem gelben Farbstoff. Die Farbstoffanteile betragen 10 bis 20 %. Als Lösungsmittel verwendet man Ricinusöl oder ähnlich wirkende synthetische Öle in Mengen von 40 bis 70 %. Von der Ölsäure nimmt man die gleiche oder doppelte Menge des Farbstoffs, also 20 bis 40 %. Eine blaue Kugelschreiber-Farbmasse kann z. B. 58 Teile Ölsäure und 42 Teile Viktoriablau BA enthalten. Zur Verdickung der Farbmasse eignen sich kleine Zusätze (etwa 5 %) von öllöslichen Harzen (z. B. Cumaronharz in Mineralöl) oder von Mineralölen, die mit Aluminiumstearat verdickt wurden. Gegen die Einwirkung von Wasser ist die Kugelschreiberschrift vielfach beständiger als Tintenschrift. Organische Lösungsmittel (Aceton, Ethylalkohol, Trichlorethylen, Chloroform u. dgl.) können die Farbstoffe der Kurgelschreiberschrift herauslösen. Ob sich die Kugelschreiberschriften auch über Jahrhunderte unverändert halten, wie dies bei den seit 2000 Jahren bekannten Eisengallustinten der Fall ist, läßt sich aus begreiflichen Gründen nicht sagen; daher werden z. B. langfristige Staatsverträge mit Eisengallustinte geschrieben.
Die Faserschreiber-Farbmassen (*Markana 34*, Günther Wagner) bestehen aus wässrigen Lösungen von basischen oder sauren Farbstoffen, denen noch Feuchthaltemittel, z. B. Glycerin, Netzmittel und Bindemittel beigegeben werden.

Kunststoffe (Kunstharze)

Das Gebiet der Kunststoffe ist besonders in den letzten 3 Jahrzehnten gewaltig angewachsen und auch heute in starker wissenschaftlicher und technischer Aufwärtsentwicklung begriffen. Schon im Jahre 1960 hatte die Erzeugung von Kunststoffen die aller Nichteisenmetalle überholt. Von morgens bis abends bedienen wir uns zahlloser Gebrauchsgüter und Einrichtungen, die aus Kunststoff bestehen. Diese Stoffe als schlechte Ersatzprodukte abzutun wäre ebenso leichtfertig, wie sie als universale Wunderstoffe zu preisen. Wir verstehen heute unter Kunststoffen ganz oder teilweise durch Synthese entstandene *makromolekulare organische Materialien*. In irgendeiner Phase ihrer Verarbeitung durchlaufen sie einen plastischen Zustand. Daher werden sie auch als plastische Masse (Plaste, Plastics) bezeichnet. Daneben ist der Begriff Kunstharze noch gebräuchlich. Vom Rohstoff her mit dem Kunststoffgebiet eng verwandt sind die Gebiete des synthetischen Kautschuks und der Chemiefasern, wie z. B. Nylon und Perlon. Sowohl der Faserzustand als auch der gummielastische Zustand sind besondere Zustandsvarianten gleichartig gebauter natürlicher oder synthetischer Stoffe.
Wegen ihres unterschiedlichen Verhaltens in der Wärme teilt man die Kunststoffe in Thermoplaste und Duroplaste ein. *Thermoplaste* sind solche, die innerhalb bestimmter Temperaturbereiche immer wieder formbar und bei Abkühlung fest werden. Sie werden bei dieser Formgebung nicht chemisch verändert und lassen sich besonders gut im Spritzgußverfahren verarbeiten. *Duroplaste* sind dagegen härtbare Kunststoffe, die bei normaler Temperatur vor ihrer Verarbeitung flüssig oder weich sind und während der Herstellung bei höherer Temperatur oder nach Zusatz bestimmter Katalysatoren hart werden. Bei ihrer nur einmal möglichen Formung werden sie chemisch so verwandelt, daß sie sich nicht mehr erweichen und umformen lassen, wenn sie einmal ausgehärtet sind.
Die Kunststoffchemie beschränkte sich zunächst auf eine chemische Umwandlung der Naturstoffe. So entstanden aus dem Holz der reine Zellstoff, aus diesem Actylcellulose, Vulkanfiber, Cellophan und Celluloid; ferner aus Casein Galalith usw. Später ging man dazu über, Kohle und Erdöl als Rohstoffe zu verwenden. Man stellte aus diesen kleine organische Moleküle her (Monomere wie Ethen, Ethin, Methanol usw.).

Diese Kleinmoleküle werden durch bestimmte Grundreaktionen zu Riesenmolekülen (Makromolekülen) zusammengefügt. Diese Grundreaktionen sind: **Polymerisaton, Polykondensation und Polyaddition.**
Bei der **Polymerisation** schließen sich einfache, chemisch gleichartige Moleküle zu Riesenmolekülen zusammen. Das entstehende Produkt hat die gleiche prozentuale Zusammensetzung wie die Ausgangsstoffe. Beispiele: Polyethylen, Polyvinylchlorid.
Unter **Polykondensation** versteht man einen chemischen Vorgang, bei dem zwei oder mehrere niedermolekulare Stoffe sich zu Riesenmolekülen unter Austritt von Wasser vereinigen. Der Umsatz kann durch Erwärmen beschleunigt und durch einen Katalysator gesteuert werden. Beipiel: Bakelit aus Resorcin und Formaldehyd.

Bei der **Polyaddition** entstehen aus chemisch verschiedenartigen, einfachen Molekülen große Moleküle ohne Abspaltung von Wasser oder anderen Verbindungen. Beispiel: Polyurethan-Schaumstoff.

1. Die vier Kunststoff-Gruppen

Wer sich auf dem Sektor Kunststoffe orientieren will, wird sich in dem Labyrinth der etwa 5000 Handelsnamen zunächst kaum zurechtfinden. Diese Namen dienen in erster Linie der Werbung, nur selten der Information des Verbrauchers über die chemischen Zusammenhänge und Eigenschaften des verarbeiteten Materials. Aber hinter der unübersehbaren Zahl wohlklingender Verkaufsnamen verbirgt sich ein leicht überschaubares Feld von vier Kunststoff-Gruppen mit nur 13 chemischen Vokabeln. Zwar gibt es daneben noch zahlreiche Sonderentwicklungen, die aber in erster Linie den Techniker interessieren. Wir unterscheiden (*s. Tab. 5*):

1. Kunststoffe aus Naturstoffen pflanzlicher oder animalischer Herkunft, seit 1870,
2. Duroplaste, synthetische Kunststoffe, seit 1909,
3. Thermoplaste, synthetische Kunststoffe, seit 1930,
4. Neueste Kunststoffe „nach Maß", seit 1940.

Tab. 5: Kunststoffe

Kunststoffname	Ausgangsstoffe	Eigenschaften	Verwendung
1. Kunststoffe aus Naturstoffen			
Celluloid	Nitrocellulose und Campher	leicht verformbar, brennt leicht	Brillen, Puppen, Bürobedarf, Filme
Celluloseester Cellidor	Cellulose	gute mechanische Festigkeit	Spritzgußformteile
Cellophan (Zellglas)	Zellstofflösung (Viscose)	glasklar, reißfest	Verpackungs- und Zigarettenfolien
Galalith	Casein der Milch, Formaldehyd	geruchlos, schwer brennbar, elastisch, zäh, hart	Kugelschreiber, Würfel Knöpfe, Griffe
2. Duroplaste – Synthetische, härtbare Kunststoffe			
Phenoplaste (Bakelit, Trolon, Pertinax)	Phenol und Formaldehyd	durch Pressen äußerst hart, wasserbeständig, temperaturunempfindlich über 100 °C	Formteile für Elektrotechnik, Edelkunstharz, Maschinenteile, Leimharze
Aminoplaste (Resopal, Pollopas, Ultrapas)	Harnstoff bzw. Melamin u. Formaldehyd	hellfarbig, lichtbeständig, geschmack- und geruchlos, unter hohem Druck gießbar, guter Isolator	Haushaltsgeräte, Dekorationsplatten, Leimharze (Kaurit), Küchenplatten, Isoliermittel (Iporka)

Tab. 5: Kunststoffe (Fortsetzung)

Kunststoffname	Ausgangsstoffe	Eigenschaften	Verwendung
3. Thermoplaste – Synthetische, thermoplastische Kunststoffe			
Polyethylen (Lupolen, Hostalen, Vestolen, Trolen) Polypropylen	Ethylen: 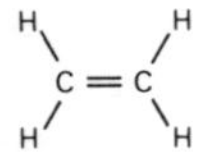 Propylen	fest, biegsam, korrosionsfest, leichtester Kunststoff, kältebeständig, Sorten verschiedener Biegsamkeit bzw. Härte und Wärmebeständigkeit	Isoliermaterial für Hochfrequenztechnik, Wasserleitungen, Verpackungen für Lebensmittel. Spritzgußmasse: Becher, Haushaltsgegenstände
Polyvinylchlorid (PVC) (Ekalit, Vestolit, Mipolam, Pegulan, Hostalit, Skai)	Acetylen und HCl, Ethylen und Chlor Vinylchlorid: 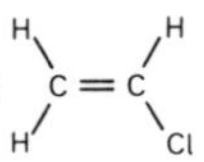	vielseitigster Kunststoff, starr, hornartig, aber mit Weichmacher beliebig leder- oder gummiartig einstellbar	Hart-PVC: Rohrleitungen, Weich-PVC: Dichtungen, Fußbodenbeläge, Bekleidungsfolien. PVC-Paste: Schutzhandschuhe
Polystyrol (Trolitul, Vestyron, Luran-Mischpolymerisat)	Ethylen und Benzol Styrol: 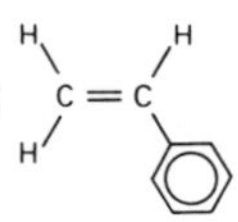	hart, glasklar, zum Spritzguß sehr geeignet, korrosionsfest, sprüde, knickempfindlich	Spritzgußmasse, Haushaltsgegenstände, Rohre, Becher, Schaumstoff (Styropor), Kühlraumisolierung Rettungsringe
Polymethacrylsäureester (Acrylglas, Plexiglas, Plexigum)	Acetylen und Blausäure, Acrylsäure: 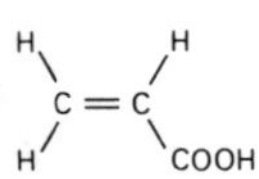	glasklar, durchsichtig, hart, alterungsbeständig	gewölbte Verglasungen, mediz. Geräte (Prothesen), Lichtbänder, Leuchten, Haushaltsgegenstände
4. Neueste Kunststoffe „nach Maß“			
Polyamide (Ultramid, Grilon, Durethan BK)	Phenol; Ammoniak	hornartig, zäh, elastisch, zum Spinnen feiner Fäden geeignet	Maschinenteile (geräuschlose Zahnräder ohne Schmierung), Drähte, Fasern (Perlon, Nylon)

Tab. 5: Kunststoffe (Fortsetzung)

Kunststoffname	Ausgangsstoffe	Eigenschaften	Verwendung
Polyurethane (Durethan U, Moltopren, Vulkollan, Isovoss-Schaum)	Polyalkohole und Diisocyanate durch Polyaddition verknüpft	wasser- u. benzinfest, mechanisch vielseitig einstellbar P.-Schaum isoliert sehr gut	Klebemittel für Glas, Metall und Keramik, Schaumstoff: Polsterungen, Isoliermaterial (Moltopren), elastisch. Material (Vulkollan)
ungesättigte Polyester (Vestopal, Palatal, Leguval, Gießharz S)	Polyester z. B. aus Alkohol u. Maleinsäure und Styrol	härten glasig aus, als Gießharz drucklos zu verarbeiten, große Festigkeit mit Glasfasereinlage	mit Glasfasern Wellplatten für Vordächer, Balkonbrüstungen, Sportboote, Segelflugzeuge
Silicone (Siliconöl Bayer, Siliconharze)	Sand und Kohle, dann Silicium und Methylchlorid	hitze- und kältefest ohne Zersetzung, zwischen −60 °C und + 300 °C wasserabstoßend, korrosionsbeständig	Siliconöl: Schmiermittel, Siliconkautschuk: nicht alternde Dichtungen

Versuch: Nachweis von C und H in Kunststoffen. Man bringt zerkleinerte Teile eines Kunststoffgegenstandes und 5 Messerspitzen Kupfer(II)-oxid in ein Reagenzglas (*Bild 32*, S. 160) und erhitzt. Die Bildung von Wasser und Kohlendioxid läßt darauf schließen, daß der Kunststoff Kohlenstoff und Wasserstoff enthält.

Versuche: Materialprüfung und Erkennen einiger Kunststoffe (*s. Tab. 6*, S. 161). Wir benötigen eine Cellophanhülle einer Zigarettenschachtel, einen Celluloid-Filmstreifen, ein Bakelitstück (Trinkbecher oder Stecker an Elektrokabel), einen Streifen Resopal, eine weiche, unzerbrechliche Flasche, in der Spülmittel enthalten war, einen Plastikbeutel oder Verpackungsfolie, ein Stück von einer Bodenplatte (Mipolam-Abfälle von einer Baufirma), ein altes Spielzeugauto aus Kunststoff, Schaumstoff Styropor (Verpackungsabfall), einen Reststreifen Plexiglas, Perlonschnur.
Festigkeitstest: Reibe die Stücke einzeln mit Sandpapier und probiere mit einem Messer. Bakelit ist sehr hart, Plexiglas läßt sich sehr leicht verkratzen. Das Material ist spröde und gibt einen hellen, metallenen Klang, wenn man es auf die Tischplatte wirft.
Elastizitätstest: Schneide von der Cellophanfolie und der wenig durchscheinenden Plastikfolie 1 cm breite Streifen! Versuche, daran zu ziehen! Mit dem zweiten Stoff

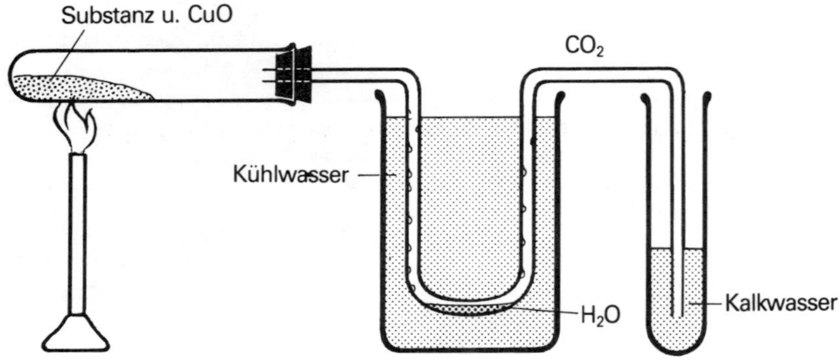

Bild 32 Nachweis von Kohlenstoff und Wasserstoff in organischen Verbindungen

gelingt dies, aber nicht mit dem ersten. Polyethylenfolien können oft bis zur zehnfachen Länge gestreckt werden. Untersuche, welche Proben leicht und welche schwer biegsam sind!
Brenntest: Schabe eine kleine Menge des Kunststoffs ab oder schneide davon ab und halte dies mit der Pinzette in die Streichholz-, Kerzen- und Bunsenflamme! Wenn die Probe selbst nicht brennt, hält man sie nicht länger als zehn Sekunden in die Flamme. Achte auf die Flammenfärbung und den Geruch des angebrannten Kunststoffs!
Hitzetest: Erwärme im Probierglas und prüfe mit Lackmuspapier an der Öffnung! Einige Stoffe werden plastisch, andere zersetzen sich sofort. Teile des Spielzeugautos schmelzen schon bei 80 bis 90 °C. Plexiglas zersetzt sich unter Knistern und verdampft. An kälteren Stellen setzt sich eine farblose Flüssigkeit ab: Methacrylsäuremethylester (giftig!). Dies ist der Baustein des Plexiglases, der Vorgang ist eine De-Polymerisation.

2. Phenoplaste, Aminoplaste

Mit der Erfindung L. H. Baekelands, die aus Phenol und Harnstoff entstandenen Harze bei Wärme und Druck zu pressen, begann die Entwicklung der klassischen Kondensationsharze. Phenoplaste zeichnen sich durch ihre große Härte und Festigkeit aus. Sie sind sehr gute elektrische Isolatoren und können mit Füllstoffen verarbeitet werden. Im Haushalt finden wir sie als Steckdosen, dunkle Telefone, dekorative Schichtplatten usw. Die Aminoplaste sind den Phenoplasten sehr ähnlich; anstelle des Phenols wird Harnstoff verwendet. Aus Harnstoffharzen werden auch sehr leichte, gut gegen Kälte, Wärme und Schall isolierende Schaumstoffe (Isoschaum) hergestellt. Handelsmarken: *Bakelit, Pollapas, Resopal, Ultrapas, Trolonit.*

Versuch: Bakelit durch Polykondensation. Man löst 1,5 g Resorcin in 2,5 cm^3 Wasser und gibt dann 40 %igen Formaldehyd dazu. Probierglas am Stativ befestigen! Es wird mit kleiner Flamme vorsichtig erwärmt. Nach einer Minute gibt man 3 Tropfen einer 15 %igen Natronlauge als Katalysator hinzu. Abzug! Der Inhalt des Prüfglases wird zu einer dunkelroten Masse, die rasch fest wird, so daß man das Glas umdrehen

Tab. 6: Versuchsergebnisse

1. Kunststoffe aus Naturstoffen	
Probe 1: Cellophanhülle Probe 2: Celluloidfilm	Geruch nach verbranntem Papier, Geruch nach Campher, brennt sehr heftig
2. Duroplaste – Synthetische, härtbare Kunststoffe	
Probe 3: Bakelit Probe 4: Resopal	Proben brennen kaum, schmoren, Geruch nach Formaldehyd und Phenol, Lackmus wird blau gefärbt Phenoplaste, Aminoplaste
3. Thermoplaste – Synthetische, thermoplastische Kunststoffe	
Probe 5: Flasche für Spülmittel Probe 6: Plastikfolie	brennen zunächst zögernd, mit kleiner, blauer Flamme. Das schmelzende Material tropft ab, brennt mit gelber Flamme weiter. Deutlicher Kerzengeruch (Paraffin) Polyethylen
Probe 7: Bodenplatte	brennt außerhalb der Flamme nicht, weiße stechende Dämpfe, Lackmus rot gefärbt (HCl) Polyvinylchlorid
Probe 8: Spielzeugauto Probe 9: Schaumstoff	brennt mit gelber, rußender Flamme, der Rauch riecht süßlich, blumig nach Hyazinthen Polystyrol
Probe 10: Plexiglas	brennt unter Knistern mit kaum rußender, gelber Flamme mit blauem Kern. Dämpfe riechen süßlich fruchtig (nach Estern). Beim Herabfallen auf den Tisch Klang wie bei Holz oder Horn (im Gegensatz zur Probe 8 u. 9) Acrylglas
4. Neueste Kunststoffe „nach Maß“	
Probe 11: Perlon	blaue Flamme, Geruch nach verbranntem Eiweiß oder Horn, Zersetzungsgase reagieren alkalisch Polyamid

kann. *Erklärung*: Formaldehyd und Resorcin vereinigen sich unter Abscheidung von Wasser zu einer Kunstharzvorstufe und dann zu vernetzten Makromolekülen. Anstelle von Resorcin kann auch Phenol verwendet werden; die Reaktion dauert dann allerdings etwas länger.

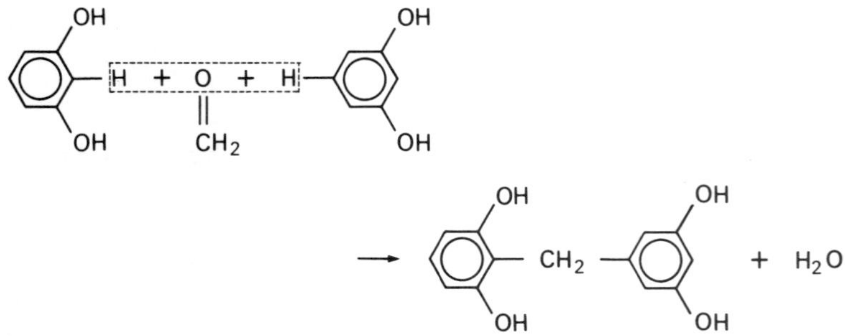

Resorcin + Formaldehyd + Resorcin → Kunststoffvorstufe + Wasser

Versuch: Synthese eines Aminoplasts. Man bringt 25 cm^3 Formaldehyd und 25 cm^3 Wasser in ein 250 cm^3 Becherglas und löst darin 12 g Harnstoff. Dann wird vorsichtig 0,5 cm^3 konzentrierte Schwefelsäure dazugegeben. Nach etwa einer Minute wird die wasserklare Lösung trübe und erstarrt zu einer weißen Masse. Erhitzt man die feste Masse später, so erweicht sie nicht wieder, sondern zersetzt sich (Duroplast). Die Kondensation verläuft etwa so:
$NH_2-CO-NH_2 + H-CHO \rightarrow | -NH-CO-NH-CH_2- | + H_2O$
Harnstoff + Formaldehyd → Aldehyd – Harnstoff – Kettenglied + Waser

3. Polyethylen (PE)

In den Schaufenstern von Haushaltsgeschäften sind seit Jahren immer häufiger zahlreiche Schüsseln, Eimer, Becher aus einem leichten, durchscheinenden, weißen oder farbigen Material zu sehen. Es handelt sich hier um den Kunststoff Polyethylen, der erstmals 1935 in britischen Laboratorien aus dem gasförmigen Ethylen $CH_2 = CH_2$ unter Anwendung von Hochdruck (1500 at) und Hitze (ca. 200 °C) dargestellt wurde. Der deutsche Chemiker Karl Ziegler erhielt um 1952 aus Ethylen ein besonders hochwertiges Polyethylen schon bei niederen Drucken und niederen Temperaturen (60 bis 70 °C) durch Anwendung von Spezialkatalysatoren. Heute wird dieses *Ziegler-* oder *Niederdruckpolyethylen* in der ganzen Welt in steigendem Umfang hergestellt. Die Eigenschaften des Polyethylens hängen vom Herstellungsverfahren und damit von der Molekülstruktur ab. Beim Niederdruckpolyethylen bekommt man lineare und wenig verzweigte Moleküle → gut kristallisierend → hart (*Hostalen*). Das Hochdruckpolyethylen liefert verzweigte Moleküle → schlecht kristallisierend → weich (*Lupolen*).
Die Formel heißt . . .$CH_2-CH_2-CH_2-CH_2$. . .; die molare Masse kann z. B. 24 000 betragen. Polyethylen erweicht bei etwa 115 °C; die Dichte ist 0,92 g/cm^3. Es ist geruch- und geschmackfrei, nicht schimmelnd, ungiftig. Polyethylen dient zur Herstellung von Röhren, Folien (schützt Lebensmittel vor Austrocknung), Säcken, Chemikaliengeräten, Haushaltswaren, Campingartikeln, zur Kabelisolierung, zur Abdichtung von Dämmen, Zisternen usw. Feine emulgierbare Polyethylen-Dispersionen werden Putzmitteln, Auto-, Möbel- und Schuhpflegemitteln zur Glanzverbesserung, leichteren Polierbarkeit, Erhöhung der Wasserflecken- und Abriebbeständigkeit beigemischt. Beim Erwärmen im Probierglas (Luftabschluß) schmilzt Polyethylen zu einer

farblosen Flüssigkeit; oberhalb 350 °C entstehen gasförmige, brennbare Zersetzungsprodukte.

4. Polystyrol (PS)

1930 wurde Polystyrol zum erstenmal von der BASF durch Polymerisation von Styrol dargestellt. Heute werden aus Polystyrol viele Massenartikel des täglichen Gebrauches wie Kämme, Kugelschreiber, Rasierapparate, Löffel, Becher, Tassen, Teile für die Elektroindustrie, Spielwaren usw. angefertigt. Das Polystyrol hat einen schönen Oberflächenglanz, trockenen Griff. Unverkennbar ist der blecherne Klang, wenn man Polystyrol-Gegenstände auf den Tisch wirft. Polystyrol kann glasklar, aber auch in allen Farben hergestellt werden. Als glasklarer Stoff wird es oft mit Acrylglas verwechselt.
Eigenschaften: Polystyrol ist sehr spröde, bricht also leicht. Es gibt jedoch auch schlagfeste Sorten (siehe Misch-Polymerisate). Es ist ein sehr guter Isolator. Bei ca. 70 °C erweicht es, daher sind Küchengeräte aus Polystyrol nicht kochfest. Polystyrol ist nicht gesundheitsschädlich, es eignet sich daher zum Aufbewahren von Lebensmitteln. Gegen Wasser und schwache Säuren und Laugen ist es beständig, jedoch nicht gegen Benzol, Aceton und Ether. Polystyrol wird in erster Linie im Spritzguß verarbeitet. Erweichtes und plastisch gewordenes Material wird dabei mit starkem Druck in eine Metallform gespritzt, in der es erstarrt.
Die BASF fand auch ein Verfahren, mit Hilfe von Treibmitteln aus Polystyrol einen Schaumstoff herzustellen. Durch Wärmeeinwirkung erhält man einen sehr stabilen, leichten und wärmeisolierenden Stoff mit einer Dichte von 0,02 bis 0,1 g/cm^3: das bekannte Styropor (BASF). Styropor ist ein Polystyrol, das in Form von Perlen geliefert wird, die beim Erwärmen auf 100 °C auf das 20 bis 50fache des ursprünglichen Volumens schäumen. Styropor dient als ausgezeichnetes Isoliermaterial, das in Kühlschränken, in Lagerhäusern, im Bauwesen zur Wärme- und Kälteisolierung Verwendung findet. Hochwertige und empfindliche Gegenstände, wie z. B. Kameras, werden in zunehmendem Umfang in Styropor verpackt.
Das Mischpolymerisat aus Styrol-Acrylnitril (SAN) kommt als Luran, Trolitul, AN und Vestoran in den Handel. Es ist besonders unempfindlich gegen mechanische Belastungen. Das Mischpolymerisat aus Styrol-Butadien (SB) ist unter den Bezeichnungen Polystyrol 421 und Trolitul ST bekannt. Das Mischpolymerisat aus Styrol-Acrylnitril-Butadien (ABS) ist unter den Namen *Novodur, Terluran* und *Tronal* im Handel. Der Kunststoff läßt sich spanabhebend bearbeiten, warm verformen und schweißen wie Hart-PVC, nur bei 190 bis 200 °C.

Versuche: Bringe Polystyrolstücke eines Joghurtbechers in ein Prüfglas mit Toluol. Der Kunststoff löst sich in kurzer Zeit auf. – Fülle in ein Prüfglas 4 cm^3 flüssiges Styrol und gib dazu 2 Spatelspitzen wasserfreies Eisen(III)-chlorid. Stelle das Prüfglas in eine mit Sand gefüllte Porzellanschale. Erwärme mit einer elektrischen Platte bis zu einer Temperatur von 180 °C. Das zähflüssige Reaktionsprodukt wird ausgegossen.

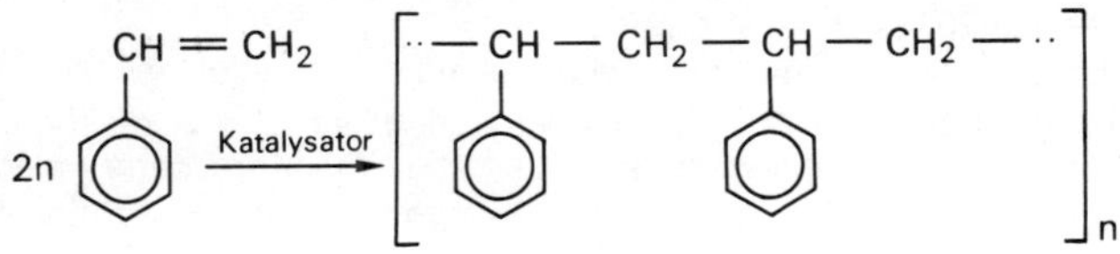

Die Styrolmoleküle lagern sich unter Aufhebung der Doppelbindung zu Makromolekülen zusammen (Polymerisation).

5. Acrylglas = Polymethylmethacrylat (PMMA)

Ausgangsstoffe sind Aceton und Blausäure. Acrylglas ist das Polymerisationsprodukt der Methacrylsäureester $CH_2{-}C(CH_3)COOR$, wobei R eine CH_3-Gruppe oder eine C_2H_5-Gruppe sein kann. Acrylglas wird vorwiegend in der Bauindustrie für Wellglasdächer und Deckenleuchten, ferner für Flugzeugkanzeln, Hinweisschilder, durchsichtige Modelle, Zeichengeräte usw. verwendet. *Eigenschaften:* glasklar, sehr lichtdurchlässig, kann aber in jeder Farbe hergestellt werden. Es ist bei weitem nicht so zerbrechlich wie Fensterglas; Dichte 1,2 g/cm^3. Acrylglas ist bis zu 70 °C beständig; es läßt sich warm bei 130 bis 160 °C verformen und ohne sichtbare Naht verkleben. Gegen Wasser und schwache Säuren und Laugen ist es unempfindlich. Acrylglas ist ein elektrischer Isolator, lädt sich selbst jedoch elektrostatisch auf. So zieht Acrylglas leicht Staubteilchen an und wird dadurch unansehnlich. Mit einem aufgetragenen Schutzmittel (Plexiklar) kann man dies verhindern. Handelsnamen: *Plexiglas, Perspex, Plexidur* (Mischpolimerisat), *Plexigum, Acronal, Lucite, Diakon.*

6. Ungesättigte Polyesterharze (UP)/Gießharze

Beim Aufbau von Polyesterharzen wird zunächst eine ungesättigte Dicarbonsäure z. B. Maleinsäure, Fumarsäure oder deren Anhydride, mit einem Dialkohol (Glykol) zu einem linearen Kondensat vom Typ eines ungesättigten Alkydharzes umgesetzt. Bezeichnet man den Rest eines Alkohols mit A, den Rest der Dicarbonsäure mit B, so ergibt sich die allgemeine Formel A–B–A–B–A–B. . . Die zähflüssigen Massen haben meist eine Molekülmasse von 3000. Versetzt man diese Harze mit Styrol oder anderen ungesättigten Lösungsmitteln, so bilden deren Moleküle, die wir mit C bezeichnen wollen, Querverbindungen zwischen den A–B–A–B . . .-Ketten. Es entstehen Verbindungen folgenden Typs:

$$\begin{array}{ccccccccccccccc}
\cdot\cdot A & - & B & - & A & - & B & - & A & - & B & - & A & - & B\cdot\cdot \\
 & & | & & & & & & & & | & & & & \\
 & & C & & & & & & & & C & & & & \\
 & & | & & & & & & & & | & & & & \\
\cdot\cdot A & - & B & - & A & - & B & - & A & - & B & - & A & - & B\cdot\cdot
\end{array}$$

Die durch C bewirkten Querverbindungen bilden sich bei der Härtung der Polyester (*Bild 33*). Der Verbraucher bekommt meist die Alkydharze mit Lösungsmitteln als viskose Flüssigkeit. Man mischt einen Katalysator (Härter) und oft noch einen Beschleuniger dazu und gießt das Ganze in eine entsprechende Hohlform. In wenigen Stunden bildet sich bei Zimmertemperatur ein harter Formkörper. Die Aushärtung erfolgt durch Polymerisation bei 6 bis 8 Volumen% Schrumpfung. Die Polyester zeigen besonders wertvolle Eigenschaften in Verbindung mit Glasfasern. Die Festigkeit wird um das 20 bis 30fache erhöht.

Anwendungsbeispiele: Reine Harze zum Einbetten von elektrischen Apparateteilen und biologischen Objekten. Glasfaserverstärkte Harze für Bootskörper, Fensterrahmen, Wellplatten, Segelflugzeuge, Lagertanks. Zur Karosserie eines Sportwagens braucht man 23 kg Styrol, 15 kg Maleinsäureanhydrid, 15 kg Phthalsäureanhy-

Bild 33 Schema eines Polyester-Makromoleküls. Aus einzelnen Ketten wird durch Styrol ein makromolekulares Netz. Beim „Aushärten" tritt die Vernetzung ein

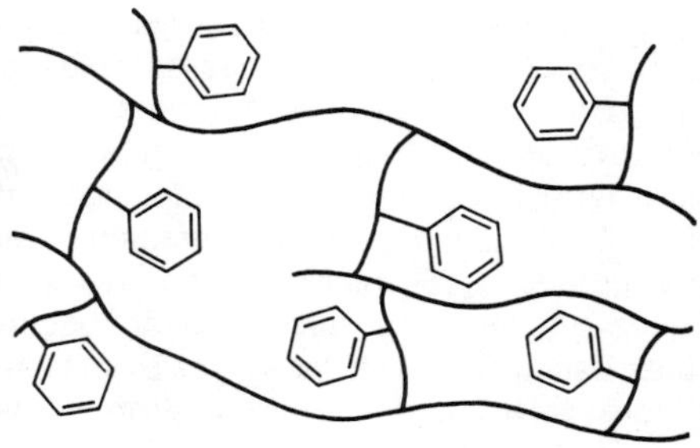

drid, 31 kg Glykol, 70 kg Glasfaser und 26 kg Calciumcarbonat. Handelsnamen: *Palatal, Leguval, Polyleit* u. a. Es gibt Kleinpackungen für Bastler und zu Hobbyarbeiten, zur Herstellung von Kunststoffgießlingen (Gustav Mangold, Böhmenkirch), Boote im Selbstbau (Voss-Chemie, Uetersen).
Da viele Katalysatoren der ungesättigten Polyesterharze auf die Schleimhäute ätzend wirken, muß man die Augen mit einer geeigneten Schutzbrille schützen. Wegen der Brennbarkeit der Lösungsmittel (Styrol) darf kein offenes Feuer in der Nähe des Arbeitsplatzes sein. Katalysator (Härter) und Beschleuniger nicht direkt zusammenbringen, da eine explosionsartige Reaktion stattfinden kann!

Versuch: *Einbetten in Gießharz (Polyesterharz).* Die Schönheit eines Seesterns, einer Muschel oder einer Silberdistel können wir erhalten, wenn wir diese Objekte in einem glasklaren Kunststoff einbetten. Wir benötigen zuerst eine Form, in die man gießt und in der das flüssige Harz bis zu seiner Erstarrung bleibt. Glasbecher, Petrischalen, leere Cremedosen, Seifenschalen oder Weichplastik eignen sich dazu gut. Nicht verwendbar sind Behälter aus Polystrol, da dieser Stoff sich in Berührung mit dem Gießharz auflöst. Glas- und Metallformen müssen vorher mit einem Trennwachs (Bohnerwachs) dünn eingerieben werden. Um den Harzbedarf zu ermitteln

Bild 34 Die wichtigsten Arbeitsgänge beim Einbetten in Gießharz. a Vermischen von Harz und Härter durch gründliches Umrühren. b Auf die erste Gußschicht wird das Objekt (Muschel) gelegt. c Die zweite Schicht wird aufgegossen

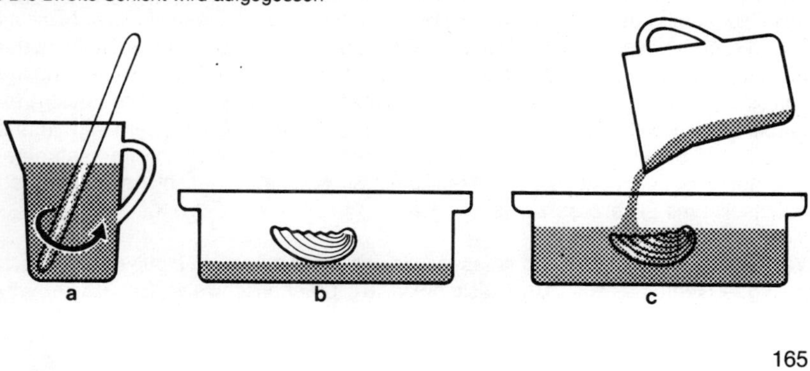

wird die Form zuerst mit Wasser gefüllt und dann die Menge mit dem Meßzylinder gemessen (z. B. 90 cm^3). Da das Harz die Dichte von 1,1 g/cm^3 besitzt, braucht man 100 g Harz. Nun mischen wir Harz und Härter für den *ersten* Guß. Nach den üblichen Vorschriften kommt auf 40 g Harz 1 g Härter (gleich 25 Tropfen). Beide Stoffe werden mit einem Holzspachtel gründlich durchgerührt und dann in die Form gegossen. Nach etwa 70 Minuten beginnt das Harz unter Wärmeentwicklung zu gelieren. Jetzt legt man das Objekt (Seestern, Muschel) in das Harz (*Bild 34*, S. 165). Wir mischen dann zum zweitenmal 60 g Harz und Härter und füllen die Form jetzt ganz. Beim Härten (über Nacht) schrumpft das Polyesterharz etwas ein. Dadurch können wir das fertige Produkt leicht aus einer Weichplastikform lösen. Metallformen müssen wir in heißes, dann in kaltes Wasser legen. Nach dieser Behandlung läßt sich der Block gut aus der Form herausnehmen. Zum Schluß wird mit Schmirgelpapier das Objekt geschliffen und poliert. Das Arbeiten mit Gießharz-Kunststoffen ist ein verhältnismäßig neues Hobby, daher gibt es hier noch manches zu entdecken.
Weitere experimentelle Hinweise zur Herstellung und Verarbeitung von Kunststoffen finden Sie in dem Buch Römpp/Raaf, Organische Chemie im Probierglas, Franckh-'sche Verlagshandlung, Stuttgart, 1982.

Leuchtmassen

Man unterscheidet hier folgende drei Hauptgruppen:
1. Lenardphosphore. Die während des Krieges bei der Verdunkelung so häufig getragenen Leuchtplaketten waren mit Leuchtmassen bestrichen, die im wesentlichen aus Sulfiden von Ca, Ba, Sr oder Zn bestanden, welchen Spuren von Bismut, Kupfer oder Mangan beigemischt waren. Ein Überzug von Zaponlack oder Dammarlack schützte die Leuchtfarben vor Feuchtigkeit, welche die Erdalkalisulfide bekanntlich leicht zersetzt. Diese Leuchtmassen werden u. a. verwendet bzw. empfohlen bei der Herstellung von Leuchtplaketten, zu Leuchtplatten, mit denen man Buchseiten ohne Kamera fotografieren kann, zu nachtleuchtenden Bildern, Skulpturen, Sternkarten, Insektenfanggeräten, Leuchtschminken, leuchtenden Kleidern, nachtleuchtenden Tennisbällen, Rettungsgeräten, Bojen, Schlüssellöchern, Schaltern, Uhrzeigern, Kompassen, Leuchtschirmen bei Röntgenbeobachtungen (hierzu heute besonders ZnS, Zn-Silicate bzw. Ca- oder Cd-Wolframate verwendet), Leuchtschirmen für Elektronenmikroskope usw; sie können nur nach vorhergehender Belichtung für begrenzte Zeit im Dunkeln nachleuchten. Weitere Leuchtstoffe dieser Art können z. B. aus Cadmiumborat, Cadmiumsilicat usw. bestehen. *Leuchtgelb Bayer* ist auf Zinksulfidbasis, *Leuchtblau Bayer* auf Calcium-Strontiumsulfidbasis aufgebaut. Die modernen Fluoreszenzlampen (Leuchtstoffröhren) enthalten auf der Innenseite eine insgesamt nur wenige g schwere Schicht von Lenardphosphoren, die beim Einschalten durch die im Ultraviolett gelegene 254 nm-Linie von Quecksilberdampf (durch elektrische Entladung bewirkt) zum Leuchten angeregt wird. In Fernsehröhren leuchten z. B. Leuchtstoffe aus Zinksulfid mit Silberzusatz blau, solche aus Zinkcadmiumsulfid mit Silberzusatz gelb.

Versuch: Eine einfache Leuchtmasse entsteht, wenn man ein feinpulveriges, gleichmäßiges Gemenge aus 20 g Calciumoxid, 6 g Stangenschwefel, 2 g Stärke, 0,5 g

Kaliumsulfat und 0,5 g Natriumsulfat mit 2 cm^3 einer Lösung aus 0,5 g Bismutnitrat in 100 cm^3 Brennspiritus (einige Tropfen konz. HCl zugeben) verrührt und das Ganze in einem mit Porzellanschale bedeckten Porzellantiegel 45 Minuten lang mit der nichtleuchtenden Bunsenbrennerflamme kräftig erhitzt.

2. Radioaktive Leuchtmassen. Dies sind Spezialgemische von phosphoreszierenden, gelblichgrünen Leuchtstoffen (meist Zinksulfide, in Sonderfällen auch Zink-Cadmiumsulfide), früher mit radioaktiven Substanzen wie Radium, Radiothorium, Mesothorium, neuerdings Trithium (reiner β-Strahler), Promethium-147. Die Dosis pro kg Zinksulfid variiert je nach Type zwischen 1 und 150 mg Radioelement, das in Bromid- oder Chloridform eingebracht wird. Man bringt die Masse z. B. auf die Zeiger und Zifferblätter von nachtleuchtenden Uhren, Kompassen u. dgl. Die auf das Kristallgitter von Zinksulfid ZnS aufprallenden β-Strahlen verursachen viele kleine Lichtblitze, die unter der Lupe oder bei mikroskopischer Beobachtung zu erkennen sind. Die Leuchtdauer beträgt (ohne vorherige Lichtzufuhr) über 10 Jahre.
Radioaktive Leuchtstoffe zur Anfertigung von Leuchtzifferblätter für Uhren sind genehmigungsfrei, wenn die Dosierleistung der nicht abgedeckten Strahlung in 10 cm Abstand von der Leuchtfarbe 0,1 mrem/h nicht überschreitet.
3. Fluoreszierende Präparate. Hier handelt es sich meist um organische Stoffe, die nicht selber leuchten, sondern das unsichtbare, kurzwellige Ultraviolett von Speziallampen in langwelligeres, sichtbares Licht verwandeln. Hierher gehört z. B. *Lumogen L Blau* (2,5-Dioxyterephthalsäurediethylester), *Lumogen L Brillantgelb* (Dioxynaphthaldazin) usw.
Lumogen L (BASF) ist ein rein organischer, gelblicher Farbstoff, der bei Bestrahlung mit unsichtbarem, ultraviolettem Licht hell aufleuchtet und wegen seiner Billigkeit und Beständigkeit zur Kennzeichnung von Stufen, Säulen, Verkehrskreuzungen usw. Verwendung findet. Die Bestrahlung erfolgt durch bedeckte Quecksilberdampflampen, die 10 bis 20 m entfernt sein können.

Limonaden

Der Name Limonade ist von Limone (Zitrone) hergeleitet. Bei den flüssigen Limonaden unterscheidet man zwischen natürlichen Limonaden und Brauselimonaden. Die natürlichen Limonaden sind Mischungen von Obstsäften mit Wasser (oft auch kohlensäurehaltigem Wasser) und Zucker. Zu ihrer Herstellung verwendet man entweder die frischen Früchte (Zitrone naturell und dergleichen) oder Obstsirupe bzw Obstdicksäfte. Eine **natürliche Zitronenlimonade** (*Zitrone naturell*) entsteht z. B. wenn in ¼ l Wasser, ein Eßlöffel Zucker und der Saft einer halben großen Zitrone aufgelöst werden. Zur Verbesserung des Geschmacks kann man eine ungeschälte Zitronenscheibe und einige Eisstückchen ins Glas geben. Eine natürliche Apfelsinenlimonade (*Orangeade*) erhält man aus dem Saft einer Orange, einem Eßlöffel Zucker und ¼ l Wasser.
Fabrikmäßig kann eine Brauselimonade nach folgendem Rezept hergestellt werden: Man verdünnt 5 kg Zuckerlösung, 25 bis 30 g Fruchtessenz, etwa 15 cm^3 Farbstofflösung, 50 bis 100 cm^3 Zitronen- oder Weinsäurelösung mit der 15fachen Wassermenge und preßt Kohlensäure unter 4 bis 5 bar Druck hinein. Die fertige Limonade soll

mindestens 7 % Zucker enthalten. Es sind nur natürliche Essenzen gestattet, die Früchten und Kräutern entstammen können. Unter Kennzeichnung sind erlaubt: Zusätze von Farbstoffen, Molke und Molkenerzeugnissen, Stärkezucker und Stärkesirup (über den Reinzuckergehalt von 7 % hinaus), Coffein, Phosphorsäure bis zu 0,7 g/kg (coffeinhaltige Erfrischungsgetränke).
Neben den flüssigen Limonaden sind auch **Brauselimonadewürfel** und **-pulver** im Handel. Diese enthalten Zucker oder Süßstoff, eine natürliche oder künstliche Fruchtessenz, eine organische Säure (Weinsäure, Zitronensäure) und Natron (Natriumhydrogencarbonat). Oft werden Natron und organische Säure getrennt in Kapseln oder Beuteln geliefert und erst beim Gebrauch vereinigt. Im Wasser entwickeln sie unter Aufschäumen Kohlensäure, da die gelösten organischen Säuren mit Natron reagieren.
Wirft man einen *Sadex-Brausewürfel* (Fritz Sattler oHG) in ¼ l Wasser, so entwickelt sich viel Kohlendioxid, das ein Streichholz zum Erlöschen bringt und beim Umgießen in ein Probierglas mit Kalkwasser nach dem Umschütteln eine weiße, in Salzsäure lösliche Trübung hervorruft (s. S. 26).

Löten

Beim Löten werden zwei Metallstücke mit Hilfe einer leicht schmelzbaren Zinnlegierung vereinigt. Das Lötzinn hat hier eine ähnliche Aufgabe wie der Leim oder Kleister beim Zusammenkleben von Papier, Holz usw. Zunächst wollen wir die chemische Zusammensetzung des stangenförmigen Lötzinns kennenlernen.

Versuch: Wir schneiden von dem Lötzinn einen dünnen Streifen ab und erwärmen ihn im Probierglas mit etwas Salpetersäure. Nach einiger Zeit entsteht eine milchige Trübung; unten sammeln sich grauweiße Massen an – Nachweis von Zinn! (s. S. 22). Wir filtrieren, neutralisieren das Filtrat mit Natronlauge und geben dann Kaliumdichromatlösung dazu. Ein schöner, gelber Niederschlag zeigt Blei an (s. S. 21).

Das gewöhnliche Lötzinn, auch *Weichlot* genannt, ist eine Legierung aus Zinn und Blei. Eine kleine Probe dieses Gemisches ist schon durch ein brennendes Streichholz zum Schmelzen zu bringen. Reines Blei schmilzt bei 327 °C, reines Zinn bei 232 °C; bleihaltiges Lötzinn schmilzt noch leichter. Wir sehen hier, daß Legierungen einen tieferen Schmelzpunkt haben als ihre Bestandteile.
In folgenden Versuchen wollen wir die Anfangsgründe des Lötens schrittweise erlernen:

Versuch: Schneide aus einer Konservenbüchse zwei etwa zentimeterbreite Blechstreifen heraus. Den einen Streifen bringen wir auf einen Dreifuß mit Eisenplatte, legen ein Stückchen Lötzinn darauf, erwärmen von unten und drücken das zweite Blech mit irgendeinem Metallgegenstand so lange auf das geschmolzene Zinn, bis es erstarrt ist – Flamme rechtzeitig löschen! Die beiden Blechstreifen sind fest aneinandergelötet.

Dieses einfache Verfahren empfiehlt sich nicht bei allen Blechsorten. Oft bildet sich (besonders beim Erhitzen) zwischen Metall und Lötzinn eine Oxidschicht, welche ein festes Aneinanderhaften verhindert. Dies zeigt der folgende **Versuch:**

Wir legen auf ein Zweipfennigstück etwas Zinn und erwärmen. Das Lötzinn breitet sich aus, ohne fest am Kupfer haften zu bleiben. Nach dem Erkalten kann man die Zinntropfen mühelos entfernen. Die feste Vereinigung von Kupfer und Lötzinn wurde in diesem Fall durch eine dünne Kupferoxidschicht verhindert. Nun streuen wir auf ein weiteres Zweipfennigstück ein wenig gepulvertes Ammoniumchlorid, legen etwas Lötzinn darauf und erwärmen. Das Zinn schmilzt, gleichzeitig steigt ein weißer Rauch von sublimierendem Ammoniumchlorid auf. Nach erfolgter Abkühlung bleibt das Lötzinn fest am Kupfer haften. Der Versuch kann auch mit Boraxpulver oder Zinkchloridlösung mit dem gleichen Erfolg wiederholt werden.
Ammoniumchlorid (= Salmiak), Borax, Kolophonium, Zinkchlorid u. dgl. lösen nachteilige Metalloxide auf, so daß sie beim Löten nicht weiter stören. Diesen Tatsachen muß Rechnung getragen werden; man geht deshalb folgendermaßen zu Werke:

Versuch: Wir wollen die übereinandergelegten Enden zweier Weißblech-, Kupfer- oder Messingblechstücke zusammenlöten. Zu diesem Zweck müssen die Enden zuerst durch Abschmirgeln von den anhaftenden Verunreinigungen, Unebenheiten usw. befreit werden. Die gereinigten Stellen darf man nicht mehr mit dem Finger oder mit öligen Geräten u. dgl. berühren. Über die zusammenzulötenden Stellen streichen wir mit dem Pinsel etwas Lötwasser. In der Zwischenzeit haben wir die Spitze des Lötkolbens elektrisch oder in der nichtleuchtenden Gasflamme einige Minuten lang kräftig erhitzt. (Der Lötkolben besteht lediglich aus einem hammerartigen Kupferstück, das an einem Metallstiel befestigt ist.) Die erhitzte Lötkolbenspitze streichen wir an einem Salmiakstein mehrfach ab. Dabei soll ein Rauch von sublimierendem Ammoniumchlorid entstehen, andernfalls ist der Kolben noch nicht genügend erhitzt. Nun drücken wir die heiße Kolbenspitze gegen das Lötzinn; dieses schmilzt an der berührten Stelle und bleibt an der Kolbenspitze haften. Mit der heißen, „verzinnten" Spitze fährt man nun an den Grenzflächen der übereinanderliegenden Blechenden mehrfach entlang. Dabei zischt das Lötwasser auf, das am Kolben haftende Zinn dringt in die Fugen ein und verbindet damit die beiden Blechstreifen. Es empfiehlt sich, die beiden Bleche an den Lötstellen mit einem Metallgegenstand so lange aufeinander zu pressen, bis das Lötzinn erstarrt ist. Sollte sich der Lötkolben während des Lötens stark abkühlen (so daß das Lötzinn nicht mehr recht „läuft"), so muß er von neuem erhitzt werden. Nach dem Erkalten müssen beide Blechstreifen fest aneinanderhaften.
Die chemischen Vorgänge beim oben beschriebenen Lötversuch sind kurz folgende: Der Lötkolben bildete beim Erhitzen eine Oxidschicht, welche das Anhaften des Lötzinns verhindern würde. Diese Oxidschicht haben wir mit Hilfe des Salmiaksteines beseitigt; Erklärung im vorigen Versuch mit den Zweipfennigstücken! Nachdem das heiße Lötzinn in die Fugen eingedrungen war, erhitzte sich das aufgepinselte Lötwasser. Es entstand durch Zersetzung etwas Salzsäure, die die inzwischen gebildete, sehr dünne Oxidschicht auf dem Blech und dem Lötzinn auflöste und damit ein festes Aneinanderhaften ermöglichte.
Nach dem Verfahren kann man Messing, Kupfer, Tombak, Weißblech usw. löten. Beim Löten von Eisen ist darauf zu achten, daß die Lötstellen gut verzinnt werden. Man überstreicht in diesem Fall die gereinigte Lötstelle mit Lötwasser und verreibt darauf mit dem heißen Kolben das Lötzinn so lange, bis es an dem Eisen gut haftet. Während des eigentlichen Lötens müssen die beiden Werkstücke kräftig zusammen-

gepreßt werden. Beim Löten von Zink (z.B. an Eimern, Wässerungskästen usw.) darf man den Lötkolben nicht längere Zeit auf die gleiche Stelle der Lötfuge drücken, da sonst das Zink schmelzen würde. Bei leicht schmelzenden Zinn- und Bleigeräten soll man das Lötzinn nur auftropfen lassen, weil der heiße Kolben die Metalle leicht zerschmelzen könnte.

Lötwasser ist käuflich, doch können wir es leicht nach folgender Vorschrift herstellen: Man gibt zu Zinkstückchen etwas rohe Salzsäure; dabei entsteht Zinkchlorid und Wasserstoff nach folgender Gleichung: $Zn + 2HCl \rightarrow ZnCl_2 + H_2$. Da Wasserstoff, mit Luft gemischt, explodiert, darf keine Flamme in der Nähe sein. Am besten stellt man das Gefäß vors Fenster. Es ist dafür Sorge zu tragen, daß Zink im Überschuß bleibt. Dann wird im Lauf einiger Tage alle Salzsäure in Zinkchlorid verwandelt; man filtriert und das Lötwasser ist fertig.

Ein Löten ohne Lötwasser, Ammoniumchlorid und Lötkolben wird durch den *Tinol-draht* oder die *Tinol*-Weichlötmasse (Küppers Metallwerk GmbH, Bonn) ermöglicht. Man drückt hier einfach den *Tinol*-Draht oder die Weichlötmasse auf die zu lötende, erhitzte Stelle und preßt dann den anzulötenden Teil auf die geschmolzene Lötmasse. Dieses abgekürzte Verfahren ist lediglich deshalb möglich, weil dem Draht und der Weichlötmasse etwas Ammoniumchlorid beigemengt ist, der beim Erwärmen die Oxidschichten wie in den oben beschriebenen Beispielen auflöst. Weise in der *Tinol*-Weichlötmasse Ammoniumchlorid nach (s. S. 23 u. 24). Anleitung: Zu etwas Weichlötmasse Natronlauge geben – Ammoniakgeruch! (Gleichung: $NH_4Cl + NaOH \rightarrow NaCl + NH_3 + H_2O$). Ein wenig *Tinol*-Weichlötmasse wird mit destilliertem Wasser geschüttelt, filtriert und das Filtrat mit etwas Salpetersäure und Silbernitrat vermischt; ein weißer Niederschlag zeigt chemisch gebundenes Chlor an. Warum gibt erhitztes Tinol einen weißen Rauch?

Das neue Wasserstoff-Lötgerät WL 80 (Kontron, Eching) ist ein Gasgenerator, der durch Elektrolyse von leitfähig gemachtem destilliertem Wasser Wasserstoff und Sauerstoff im günstigen Verhältnis aus dem 220 Volt-Netz erzeugt. Die maximale Flammentemperatur liegt bei 2600 °C. Mit diesem Gerät kann man Löten, Schmelzen und Schweißen. Das WL 80 wird vom Juwelier, Dentaltechniker, in der optischen und Halbleiterindustrie verwendet. Die Betriebskosten sind gering, die Anschaffungskosten allerdings hoch.

Mandelkleie

Kosmetisches Hautreinigungsmittel, das bei wiederholter Anwendung Hautunreinheiten beseitigt und zu jugendfrischem Teint verhilft. Diese Mandelkleie ist keine Kleie im botanischen Sinn, sondern das feine Mehl, das nach der kalten Pressung echter Mandeln (Prunus amygdalus, im Mittelmeergebiet kultiviert) aus den Preßrückständen gewonnen wird. Diese Mandelkleie wird mit Iriswurzelpulver, Borax, Parfüm und dergleichen kombiniert und in Täschchen, Dosen usw. in den Handel gebracht. Man verreibt in der hohlen Hand einen Teelöffel voll Mandelkleie mit Wasser zu einem Brei, verteilt diesen über Gesicht, Hals und Hände und frottiert 1 bis 2 Minuten lang. Dann wird der Brei abgespült und die Haut getrocknet.

Versuche: Koche eine erbsengroße Menge der graugelben *AOK-Mandelkleie* (AOK

Exterikultur GmbH, Bad Münster am Stein) mit etwa 5 cm^3 Wasser und füge nach der Abkühlung Iodlösung dazu! Eine tiefblaue Färbung zeigt Stärke an (s. S. 182). Beobachte eine kleine Probe dieser Mandelkleie unter dem Mikroskop bei etwa 100facher Vergrößerung! Man sieht viele kleine Stärkekörnchen und dazwischen unregelmäßig geformte Cellulosefetzen. Übergieße eine etwa bohnengroße Menge *AOK-Seesand-Mandelkleie* wiederholt unter jedesmaligem Umschütteln mit der mehrfachen Wassermenge, bis sich schließlich am Probierglasboden eine sandartige Masse rasch absetzt und das überstehende Wasser klar bleibt! Untersuche diesen Bodensatz unter dem Mikroskop bei etwa 100facher Vergrößerung! Man sieht feine, unregelmäßig geformte, farblos glasartige Sandstückchen, die eine kosmetisch günstige Massagewirkung haben. Die Sandkörnchen entstammen der Ostsee. Sie wurden durch die Wellenbewegung des Wassers so weit abgeschliffen, daß sie keine scharfen Kanten mehr haben. Schüttle eine Probe *AOK-Mandelkleie* mit Ether, filtriere und weise im Filtrat nach S. 182 Fett nach. Die Preßrückstände bei der Mandelölgewinnung enthalten immer noch etwa 10 % Mandelöl, das ebenfalls hautverschönernde Wirkungen hat und z. B. in Form von Mandelmilch zur Anwendung kommt. Kocht man im Probierglas eine kleine Menge Mandelkleie mit Salpetersäure, so beobachtet man eine Gelbfärbung, die auf Eiweißstoffe hinweist (s. S. 179). Süße Mandeln enthalten bis zu 25 % Eiweißstoffe.

Marmelade

Herstellung von Apfelmarmelade: 3 kg Äpfel werden in Schnitze zerkleinert, mit Schale und Kernhaus in wenig Wasser weichgekocht und durch ein Sieb gestrichen. In dem Brei verrührt man unter längerem Kochen portionsweise 1 kg Zucker. Die dickgekochte Marmelade wird in gutgereinigte Gläser gefüllt. Um Bakterien abzuhalten, legt man auf die Öffnung ein mit Alkohol getränktes Pergamentpapier und bindet anschließend ein durch heißes Wasser gezogenes Pergament- oder Zellophanpapier darüber. Sollten sich trotz dieser Vorsichtsmaßnahmen Schimmelpilze einstellen, so entfernt man den Schimmel und kocht die Marmelade nochmals gut durch. Der hohe Zuckerzusatz ist nötig, um Bakterien, Gärungserreger usw. abzuwehren (s. S. 183). Werden Früchte ohne Zuckerzusatz gekocht, so entsteht ein nicht lange haltbares Mus. Die käuflichen Marmeladen enthalten im Durchschnitt ca. 30 % Wasser, 65 % Kohlenhydrate, 1 % Fruchtsäuren und 0,8 % Mineralstoffe; durchschnittlicher Nährwert: 1150 kJ (= 274 kcal) in 100 g.

Metallätzung

Wir erwärmen 5 g Talg und 10 g Bienenwachs in einem Kolben bis zum Schmelzen – Umschütteln! Es entsteht eine gelbe Flüssigkeit, die bei Zimmertemperatur nach etwa 10 Minuten erstarrt und dann ein schmalzartiges Aussehen zeigt. Solange das Gemisch noch flüssig ist, gießen wir so viel davon in eine kleine Schale auf ein Stück Blech, bis dieses eben mit einer dünnen Schicht bedeckt ist. Nach etwa 10 Minuten ist das Talg-Bienenwachs-Gemisch fest geworden. Nun ritzen wir mit einer Nadel oder einem kleinen Nagel (durch das Gemisch hindurch) einen Namenszug, eine Zeichnung u. dgl. auf das Blech. Es ist genau darauf zu achten, daß das Blech an den betreffenden Stellen vom Talg-Wachs-Gemisch freigelegt wird, da sonst die Zeichnung mangelhaft ausfällt. Die herausgeritzten Wachsstückchen sind sorgfältig zu entfernen. Je dünner der Überzug, um so leichter ist diese Arbeit auszuführen. Nach Fertigstellung der Zeichnung gießt man eine verdünnte Salpetersäure darüber, die durch Mischen gleicher Raumteile Salpetersäure und Wasser erhalten wurde. Die Säure entwickelt giftige Dämpfe, daher stellt man die Schale vors Fenster. Nach 20 bis 30 Minuten wird die Säure abgegossen und die Talg-Wachsschicht entfernt. Man sieht dann die Zeichnung ins Metall eingeätzt. Die Säure hat an den freigelegten Stellen kleine Vertiefungen ins Metall geätzt, wie man sich durch Darüberreiben mit dem Fingernagel überzeugen kann. Nach diesem Verfahren kann man Kupfer, Messing, Zink, Blei, Eisen usw. anätzen. Bei Eisen und Stahl verwendet man an Stelle der Salpetersäure häufig auch eine 10 bis 20 %ige Salzsäure.

Erklärung: Bei Verwendung von Salpetersäure wird das Metall an den freigelegten Stellen in wasserlösliche Nitrate verwandelt; aus Kupfer bildet sich Kupfernitrat, aus Zink Zinknitrat, aus Blei Bleinitrat. Auf diese Weise werden in die Metalle an den gewünschten Stellen kleine Vertiefungen eingegraben. Beim Eisen oder Stahl entsteht bei Anwendung von Salzsäure lösliches Eisenchlorid nach der Gleichung: $Fe + 2HCl \rightarrow FeCl_2 + H_2$.

Neben der Salpetersäure werden in der Praxis noch viele andere Säuren und Säuremischungen von wechselnder Konzentration zur Metallätzung verwendet.

Milch (Kuhmilch)

Milch ist eines der wichtigsten und preiswertesten Nahrungsmittel. Sie enthält die meisten lebenswichtigen Nährstoffe in zweckmäßiger Kombination. Chemische Zusammensetzung frischer Kuhmilch: durchschnittlich 88 % Wasser, 3,5 bis 3,6 % Stickstoffverbindungen (davon ca. 2,8 % Casein, 0,7 % Albumin und Spuren von Globulin), 2,8 bis 3,5 % Fett, 4 bis 6 % Milchzucker, 0,6 bis 0,85 % Aschenbestandteile (meist Carbonate, Phosphate, Chloride und Sulfate von Kalium, Natrium und Calcium), kleine Mengen von Vitaminen, Fermenten usw. 1 l Milch enthält insgesamt etwa 2730 kJ (= 650 kcal).

Versuche: Beobachte einen mit Wasser verdünnten Milchtropfen unter dem Mikroskop bei 100facher (besser 300 bis 500facher) Vergrößerung. Man sieht unzählige winzige Fettkügelchen im Wasser herumschwimmen. Milch ist eine Emulsion von Milchfett in Wasser (*Bild 29, s. S. 135*). Gieße im Porbierglas zu etwa 5 cm^3 frischer Vollmilch die gleiche Menge Ether, schüttle längere Zeit kräftig um, warte einige Minuten, bis sich eine 1 bis 2 cm hohe klare Etherschicht oben angesammelt hat, pipettiere davon eine kleine Menge vorsichtig ab und lasse sie auf einer Glasplatte verdunsten. Es bleibt ein schmieriger Überzug von Fett zurück; Ether löst das Milchfett größtenteils aus der Milch heraus. Prüfe eine Probe Milch mit Fehlingscher Lösung nach S. 182 auf Milchzucker. Dieser reduziert Fehlingsche Lösung und ähnliche Lösungen wie Traubenzucker. Füge zu ca. 3 cm^3 Frischmilch im Probierglas etwa 1 cm^3 Salpetersäure (sofort Gerinnung) und erwärme einige Zeit. Es entstehen gelbe Flocken (Eiweißnachweis = Xanthoproteinreaktion) (s. „Nahrungsmittel“).

Das Milchcasein wird durch Säuren aller Art zum Gerinnen gebracht. Bei der gewöhnlichen Milchgerinnung ist die Milchsäure (aus Milchzucker entstanden) die Ursache der Gerinnung. Diese läßt sich aber auch durch viele andere Säuren (Essig, Zitronensaft, Salzsäure, Schwefelsäure usw.) in wenigen Sekunden erzielen, wie man in einfachen Probierglasversuchen zeigen kann. Auch die weißen, sauerschmeckenden, tablettenförmigen *Citretten* (Firma Joh. A. Benckiser, Ludwigshafen/Rh.), ermöglichen eine schnelle Umwandlung von Frischmilch in Sauermilch; man braucht nur eine *Citrette* in einem halben Probierglas voll Wasser zu lösen und langsam unter Umrühren in 100 cm^3 frische Milch zu gießen. Die *Citretten* bestehen aus reiner Citronensäure, und diese bewirkt, ähnlich wie Zitronensaft, eine rasche, feine Ausflockung des Milcheiweißes.
Joghurt ist eine mit besonderen Gärungserregern hergestellte Sauermilch. 1 l Milch mit einem 150 g-Becher Naturjoghurt mischen; Milch und Joghurt gut verrühren, wobei die Milch etwa 40 °C warm sein sollte. Zum Reifen (etwa 4 bis 5 Stunden) kommt der Joghurt in verschlossene Gläser und wird an den warmen Ofen oder auf die Heizung gestellt. Wer einen gut zu regulierenden Backofen besitzt, heizt diesen auf 40 °C auf. Um die Temperatur in den Griff zu bekommen, bedarf es einiger Geduld.

Mineralwasser, Tafelwasser, Heilwasser

Unter einem natürlichen Mineralwasser versteht man Quellwasser, das in 1 Liter mindestens 1000 mg gelöste Mineralien oder mindestens 250 mg freies gelöstes Kohlendioxid enthalten muß (Mineralwasser-Verordnung vom 1. 8. 1984).
Die natürlichen Quellwässer enthalten im Gegensatz zu chemisch reinem destilliertem Wasser eine Reihe von Salzen, die beim Durchgang durch die Erdschichten gelöst wurden. Da die chemische Zusammensetzung der Gesteinsschichten überall stark wechselt, ist es nicht verwunderlich, daß auch die Mineralwässer erhebliche Unterschiede aufweisen.

1. Man unterscheidet folgende Typen von Mineralwässern:

1.1. Chloridwässer: Natriumchlorid-Wässer, Calciumchlorid-Wässer, Magnesiumchlorid-Wässer

1.2. Sulfat-Wässer: Natriumsulfat-Wässer, Calciumsulfat-Wässer, Magnesiumsulfat-Wässer

1.3. Hydrogencarbonat-Wässer: Natriumhydrogencarbonat-Wässer, Calciumhydrogencarbonat-Wässer, Magnesiumhydrogencarbonat-Wässer

1.4. Außerdem sind u. a. folgende *Kombinationen* möglich: eisenhaltiges Natriumhydrogencarbonat-Wasser, iodhaltige Sulfatsole

1.5. *Sprudel* sind Säuerlinge, die mehr als 1000 mg CO_2/l enthalten.

2. Quellwässer und Tafelwässer

Die Mineralwasser-Verordnung stellt den Mineralwässern einschließlich der Sprudel noch die Quellwässer und die Tafelwässer an die Seite. Quellwässer sind aus natürlichen oder künstlich erschlossenen Quellen gewonnene Wässer, die außer einem eventuellen CO_2-Zusatz keinerlei Veränderung erfahren haben. Tafelwässer sind aus Trinkwasser und natürlichem Mineralwasser oder Quellwasser oder einem

STILLES MINERALWASSER

Calcium-Sulfat-Hydrogencarbonatwasser
enteisent und **mit wenig Quellenkohlensäure** versetzt

Analyse durch Oberregierungs-Chemierat Egon Faulhaber von der Chemischen Landesuntersuchungsanstalt Sigmaringen

In einem kg Wasser sind enthalten:

Kationen

Calcium (Ca^{++})	349,900 mg
Magnesium (Mg^{++})	34,700 mg
Natrium (Na^{+})	114,700 mg
Kalium (K^{+})	17,000 mg
Eisen (Fe^{++})	0,180 mg
Mangan (Mn^{++})	0,170 mg

Durch den geringen Kohlensäuregehalt besonders bekömmlich

Anionen

Sulfate (SO_4^{--})	805,000 mg
Chloride (Cl^{-})	104,100 mg
Bikarbonate (HCO_3^{-})	357,000 mg
Phosphate (HPC_4^{--})	0,044 mg
Nitrate (NO_3^{-})	11,500 mg
Nitrite (NO_2^{-})	0,018 mg
Ionensumme	1794,500 mg
Kieselsäure (H_2SiO_3)	7,500 mg
Gelöste Feststoffe	1802,000 mg
freies Kohlendioxid (CO_2)	68,000 mg
freier Sauerstoff (O_2)	3,000 mg
gelöste Stoffe insgesamt:	1873,000 mg

Bild 35 Stilles Mineralwasser. Beispiel für ein Etikett mit Angabe der Kationen und Anionen

Gemisch aus diesen und aus Salzen hergestellte Erzeugnisse. Früher bezeichnete man kohlensäurehaltige Getränke oft als Sodawasser, weil man sie aus $NaHCO_3$ (fälschlicherweise „Soda" genannt) und Weinsäure herstellte. Der Pro-Kopf-Verbrauch an Mineralwässern einschließlich der Heilwässer stieg in der BRD beständig an: 1960 8,5 l, 1980 39,6 l, 1988 ca. 88 l.

3. Heilwässer

Im Rahmen der Balneologie (Bäderkunde) versteht man unter einem Heilwasser ein Quellwasser, das aufgrund seiner chemischen Zusammensetzung und seiner physikalischen Eigenschaften oder seiner medizinischen Erfahrung geeignet ist, Heilzwecken zu dienen. Abgefüllte Heilwässer bedürfen einer Zulassung durch das Bundesgesundheitsamt und unterliegen dem Arzneimittelgesetz. Wasser mit besonders wirksamen Bestandteilen:

3.1. Eisenhaltige Wässer: mindestens 20 mg/l Eisen
3.2. Iodhaltige Wässer: mindestens 1 mg/l Iodid
3.3. Schwefelhaltige Wässer: mindestens 1 mg/l Sulfidschwefel
3.4. Kohlensäure-Wässer: mindestens 1 g/l reines gelöstes Kohlendioxid
3.5. Fluoridhaltige Wässer: mindestens 1 mg/l Fluorid

Heilwässer können sich als heilend, lindernd und verhütend gegen viele Stoffwechsel-, Nerven-, Haut- und Blutkrankheiten erweisen. Täglich und in größeren Mengen sollten sie nicht ohne ärztlichen Rat getrunken werden.

4. Die genaue *chemische Untersuchung* eines Mineralwassers ist eine sehr mühsame Arbeit, die wir mit unseren einfachen Hilfsmitteln nicht durchführen können. Wir beschränken uns lediglich darauf, in einem Mineralwasser mit Kalkwasser auf Kohlensäure (s. S. 26), mit Bariumchlorid auf Sulfate (s. S. 25), mit Silbernitrat auf chemisch gebundenes Chlor (s. S. 23) zu prüfen. Auf einer sauberen Glasplatte werden einige Tropfen Mineralwasser eingedampft; die zurückbleibende Kruste braust bei Salzsäurezusatz meist auf (Carbonate!). Hält man am Magnesiastäbchen eine Spur der Salzkruste in die Flamme, so ist oft Gelbfärbung zu beobachten – Natrium!

5. Die *Mineralien-Gehalte* sind sehr unterschiedlich. Die MTVO unterscheidet zwischen Wässern mit hohem (mehr als 1,5 g pro Liter), mäßigem (0,5 bis 1,5 g pro Liter), geringem (0,05 bis 0,5 g pro Liter) und sehr geringem (weniger als 0,05 g pro Liter) Gehalt an Mineralien. Wir greifen einige häufige Mineralien alphabetisch heraus.

- *Calcium* (Ca^{2+}) ist vor allem für Knochen- und Zahnbildung wichtig. Mineralwässer können die Calciumversorgung durch andere Lebensmittel ergänzen.
- *Eisen* (Fe^{2+}) ist für die Ernährung wichtig. Bekannte Eisenquellen sind Pyrmont (Waldeck), Schwalbach, Rippoldsau. Vielen Wässern wird aus geschmacklichen Gründen Eisen entzogen.
- *Fluorid* (F^-) verleiht den Knochen und Zähnen größere Festigkeit. Zum Fluoridproblem s. S. 288.
- *Hydrogencarbonat* (HCO_3^-) ist umgewandeltes Kohlendioxid; es verbessert den Geschmack der Mineralwässer und wirkt appetitfördernd.
- *Kalium* (K^+) hat Bedeutung für den Stoffwechsel der Zellen. Wir nehmen den täglichen Bedarf durch die Nahrung auf. Die Mineralwässer liefern wenig Kalium.
- *Magnesium* (Mg^{2+}) ist ein wichtiges Mineral, das vorbeugend gegen Herzinfarkt wirkt und beim Stoffwechsel sowie für den Aufbau von Sehnen und Knochen eine große Rolle spielt. Nach Meinung der Ernährungsfachleute ist ein Teil der Bevölkerung mit Magnesium unterversorgt. Abhilfe durch Mineralwässer mit mehr als 50 mg Magnesium pro Liter.
- *Natrium* (Na^+) und *Chlorid* (Cl^-) sind Bestandteile des Kochsalzes und werden für den Bluthochdruck verantwortlich gemacht (s. S. 152).
- *Sulfat* (SO_4^{2-}). Einige Quellen (Mergentheim) enthalten Magnesiumsulfat (3 % Bittersalz) mit günstiger Wirkung bei Verstopfung und Fettsucht.
- *Schwefelwässer* (H_2S). Diese enthalten freien Schwefelwasserstoff (Geruch nach faulen Eiern). Schwefelquellen finden sich bei Wiessee, Bad Boll (Württ.), Aachen. Diese Wässer bringen wir als Beispiel eines Heilwassers. Sie werden bei Gicht, Gelenkrheumatismus, Rachenkatarrhen, Hautkrankheiten und Metallvergiftungen gerühmt.

6. *Problemstoffe* in Mineralwässern werden vielfach von chemischen Untersuchungsämtern und von Chemikern der „Stiftung Warentest" untersucht. Von den 25 geprüften Mineralwässern wurden von letzterer nur höchstens 10 mg Nitrat pro Liter und höchstens 0,02 mg Nitrit pro Liter gefunden. „Wir stuften die Gehalte als sehr gering ein" (test-Heft 11/89). „Was Umweltschadstoffe anbelangt, können wir für alle untersuchten 25 Wässer ein erfreuliches Resümee ziehen. Keine Beanstandungen gab es auch bei mikrobiologisch-bakteriellen Prüfungen."

7. Neben den Mineralwässern finden sich im Handel auch natürliche oder künstliche *Mineralsalz*-Gemische, die vor dem Gebrauch mit viel Wasser verdünnt werden müssen. Man erhält diese Salze entweder durch vorsichtiges Eindampfen der Naturwässer (wobei gelegentlich ungünstige chemische Umsetzungen eintreten)

oder durch Vermischen käuflicher Salze. So wird z. B. ein **künstliches Karlsbader Salz** verkauft, das aus einer Mischung von 44 g trockenem Glaubersalz Na_2SO_4 (= Natriumsulfat), 2 g Kaliumsulfat K_2SO_4, 18 g Kochsalz und 36 g Natriumhydrogencarbonat $NaHCO_3$ (= Natron) besteht. 6 g dieser Mischung geben in 1 l aufgelöst ein dem Karlsbader Wasser ähnliches Mineralwasser. Der 72 °C heiße *Karlsbader Sprudel* liefert täglich etwa 3 Millionen l Wasser mit rund 19 000 kg Festbestandteilen. Ein Teil des Wassers wird in Karlsbad eingedampft; die salzigen Rückstände werden in 5 g Täschchen als echtes, natürliches *Karlsbader Sprudelsalz* verkauft und auch nach Deutschland ausgeführt. Bei Fettsucht, Verstopfung, Magenübersäuerung und dergleichen löst man den weißen, feinpulverigen Inhalt von 1 bis 2 Täschchen in 500 cm^3 40 bis 50 °C warmem Wasser und trinkt diese Lösung nüchtern z. B. 1 Stunde vor dem Frühstück. Der *Karlsbader Mühlbrunn* enthält je 1 l folgende Ionensorten, in mg angegeben: Kalium 56, Natrium 1690, Calcium 130, Magnesium 45, Eisen 1,2, Chlor 601, Sulfat (SO_4^{2-}) 1641, Hydrogencarbonat (HCO_3^-) 2157, Sonstiges 98,9 dazu kommen 718 mg Kohlendioxid. Die *Mergentheimer Karlsquelle* und die 1931 entdeckte *Heinrichsquelle* in Nürtingen (Württemberg) haben ähnliche Zusammensetzungen und Wirkungsweisen. *Emser Kesselbrunnen* erhält man durch Auflösen von 8 g Kochsalz, 25 g Natron, 0,5 g Kaliumsulfat, 3 g feingepulvertem Kalk und 2,1 g entwässertem Magnesiumsulfat in 10 l Wasser. Bekannt, billig und vielbenützt sind *Sandows* künstliche Mineralsalze (Dr. Ernst Sandow, Pharm. Fabr., Hamburg), die auf Grund genauer Analysen der natürlichen Mineralquellen (z. B. Emser Quellen usw.) aus reinen Verbindungen zusammengesetzt werden. In verschiedenen Fällen werden bei Trinkkuren im Badeort bessere Heilerfolge beobachtet als beim häuslichen Genuß von natürlichen oder künstlichen Mineralwässern. Dies hat seinen Hauptgrund wohl in der gesünderen Lebensweise, in der Befreiung von Berufslasten, im veränderten Klima usw. Hin und wieder dürften aber auch die natürlichen Quellwässer Vorzüge aufweisen, welche sich beim Transport und beim längeren Lagern verlieren und welche bei der Herstellung künstlicher Mineralwässer nicht ohne weiteres berücksichtigt werden können. Es sei hier nur an Iodquellen, Lithiumquellen, radioaktive Quellen u. dgl. erinnert.
Viele natürliche Mineralquellen enthalten beträchtliche Mengen Kohlendioxid gelöst. In manchen fabrikmäßig hergestellten Getränken werden sie nachträglich hineingepreßt, um einen erfrischenden, säuerlichen Geschmack hervorzurufen. Da die meisten Bakterien sehr säureempfindlich sind, werden sie von der Kohlensäure in den Mineralwasserflaschen innerhalb weniger Wochen abgetötet. Deshalb empfiehlt Baedeker in seinen Reiseführern durch fremde Länder mit Recht, in zweifelhaften Fällen lieber kohlensäurehaltiges Mineralwasser, als Fluß- oder Brunnenwasser zu trinken.

Mondamin

Mondamin ist eine sehr feine, ölfreie, aus Maismehl gewonnene, reine Stärke, die bevorzugt in der Säuglingsnahrung, Diätetik und Krankenkost sowie zum Sämigmachen von Suppen, Soßen, Kakao, Gemüse und Obst, zur Bereitung von Puddings, Flammeris, Aufläufen und zum Backen von Kuchen, Torten und Kleingebäck verwendet wird. 100 g Mondamin enthalten 85 g Kohlenhydrate, 1,2 g Eiweiß und etwa 13 g

Wasser. Erwärme eine Messerspitze Mondamin im Probierglas (Wasser zusetzen!) und prüfe nach dem Erkalten mit Iodlösung! Ein blauschwarzer Niederschlag zeigt Stärke an.

Münzen

Die alten 5 DM-Münzen enthalten 62,5 % Silber und 37,5 % Kupfer. Die jetzt im Umlauf befindlichen Münzen der Bundesrepublik haben folgende Zusammensetzung: Die neuen 5 DM-, 2 DM-, 1 DM- und 50 Pf-Münzen bestehen aus 75 % Kupfer und 25 % Nickel. Die 10 Pf- und 5 Pf-Stücke haben einen billigen Eisenkern, der beidseitig mit Tombak plattiert ist. Tombak ist eine Legierung mit viel Kupfer (82 bis 92 %) und wenig Zink (8 bis 18 %). Bei den 1 Pf-Münzen und neueren 2 Pf-Münzen befindet sich über dem Eisenkern eine dünne Kupferschicht. Ältere 2 Pf-Münzen bestehen aus 95 % Kupfer, 4 % Zinn und 1 % Zink. Prüfe 2 Pf-Münzen mit dem Magnet.

Nahrungsmittel (Lebensmittel)

Die Begriffe Nahrungsmittel und Lebensmittel werden oft in der Literatur gleichsinnig verwendet. Dagegen versteht W. Kollath unter Lebensmittel nur die Nahrung, die im unveränderten Zustand von Menschen verzehrt wird.
Der erwachsene „Normalmensch" wiegt etwa 70 kg. Er besteht am Anfang seines Lebens aus einer einzigen Zelle, die ungefähr 0,000 000 4 g wiegt. In etwa zwei Jahrzehnten entstehen daraus Zellen vom rund zwanzigmilliardenfachen Gewicht. Aber auch der erwachsene Mensch bleibt sich keineswegs gleich. Er stößt Tag für Tag abgenutzte Bestandteile aus und ersetzt sie mit Hilfe der aufgenommenen Nahrung. So erneuert sich der Mensch stofflich in etwa 4 bis 7 Jahren vollkommen – seine Muskeln, seine Knochen, seine Nerven, sein Blut, alles ist nach dieser Zeit wieder aus neuem Material aufgebaut. Auf diese Weise kann der Mensch im Laufe eines langen Lebens über zwanzigmal „wiedergeboren" werden. Aber damit noch nicht genug! In 70 Jahren ißt und trinkt der Mensch ungefähr 1400mal sein eigenes Gewicht; das gibt zusammen einen kleinen Güterzug voll Nahrungsmittel. Der weitaus größte Teil der aufgenommenen Stoffe dient der Energiegewinnung; er wird zu Kohlendioxid und Wasser verbrannt. Die dabei freiwerdende Wärme ermöglicht die Aufrechterhaltung des Lebensgetriebes.

Versuche: Erhitze kleine Mengen beliebiger Nahrungsmittel (z. B. Fleisch, Brot, Butter, Käse, Hülsenfrüchte, Zucker) auf einem Porzellanscherben über der Flamme! Die Nahrungsmittel werden bald schwarz (Kohlenstoff); in vielen Fällen sieht man auch ein kleines Flämmchen. Weise nach *Bild 32* in Zucker und Stärke Kohlenstoff und Wasserstoff nach!

Diese und andere Versuche zeigen, daß alle Nahrungsmittel Kohlenstoff enthalten, der bei der Verbrennung Wärme liefert. Daneben enthalten die meisten Lebensmittel noch chemisch gebundenen Wasserstoff, Sauerstoff, Schwefel, Phosphor usw. Unter diesen Bestandteilen ist der Wasserstoff für die Energiegewinnung ebenfalls von

Bedeutung; er wird im Körper unter Wärmeentwicklung zu Wasser oxidiert. Im Körper des Erwachsenen entsteht auf diese Weise täglich etwa 0,5 l neues synthetisches Wasser. Die Verbrennung der Nahrungsmittel und der Heizmaterialien kann in sehr verschiedenem Tempo vor sich gehen. Mischen wir z. B. Kohlepulver mit Kalisalpeter, so ist die Verbrennung unter Umständen schon im Bruchteil einer Sekunde beendigt. Im menschlichen Körper verbrennen die Nahrungsmittel bereits bei 37 °C. Die Verbrennung geht hier sehr langsam vonstatten, aber die aus 1 g Nahrungsmittel entstehende Wärmemenge ist ebenso groß, wie wenn derselbe Stoff bei mehreren hundert °C an der Luft unter Feuererscheinungen verbrennt.
Wärmemengen werden nach *Joule*, früher nach *Kalorien* gemessen. Eine Kilokalorie (kcal) ist der Wärmebetrag, den man 1 kg Wasser zuführen muß, damit dieses von 14,5 auf 15,5 °C erwärmt wird. Nach dem 1. Januar 1978 ist als Einheit der Energie und damit auch der Wärmemenge das Joule (J) gültig: 1 J = 0,238 cal, 1 kcal = 4,19 kJ. Es gibt gute und schlechte Brennstoffe – es gibt auch hoch- und geringwertige Nahrungsmittel. 1 g Kohle gibt bei vollständiger Verbrennung 33,5 kJ, dieselbe Menge Petroleum 46, Benzin 46, Holz 15, Fett 38 (9 kcal), Eiweiß 25,0 (im menschlichen Körper aber nur 17), Kohlenhydrate (Zucker, Stärke) etwa 17 kJ (4 kcal), Man sieht: unter den menschlichen Nahrungsmitteln ist das Fett der beste „Heizstoff"; es liefert über doppelt soviel Wärme wie Zucker.
Der Joulebedarf (Kalorienbedarf) des Menschen ist von verschiedenen Umständen abhängig. Die wichtigsten sind:

1. **Das Lebensalter.** Im Alter von 2 bis 4 Jahren braucht der Mensch etwa 50 %, bei 5 bis 7 Jahren 60 %, bei 8 bis 11 Jahren 70 %, bei 11 bis 14 Jahren 80 % und bei 14 bis 18 Jahren 95 % vom Joulebedarf des Erwachsenen.

2. **Das Körpergewicht.** Unter gleichaltrigen Erwachsenen richtet sich der Joulebedarf im allgemeinen nach dem Körpergewicht.

3. **Die Beschäftigung.** Diese beeinflußt den Joulebedarf außerordentlich stark. So braucht ein 70 kg schwerer Mann bei völliger Bettruhe täglich 6 700 kJ (für 1 kg Gewicht in der Stunde 4 kJ), beim Holzfällen dagegen rund 22 500 kJ. Bei 70 kg Körpergewicht und achtstündiger Arbeitszeit braucht ein Büroarbeiter in 24 Stunden durchschnittlich 10 000, ein Schneider 11 000, ein Mechaniker 13 000, ein Schreiner 13 500, ein Schuhmacher 14 000, ein Holzfäller 22 500 kJ. Der 70 kg schwere, ruhende Mensch benötigt in der Stunde etwa 280 kJ, bei geistiger Arbeit 300, beim Schreiben 360, Zeichnen (stehend) 480, Singen 320 bis 480, Klavierspielen 600, Holzsägen 2 000, Gehen 1 200, Lauf (in schnellstem Tempo) 4 000, Skilaufen (Ebene) 2 000 bis 4 000, Schwimmen 2 000 bis 3 000, Rudern 2 000, Ringen 4 000 kJ. Selbstverständlich brauchen Geübte zur gleichen Leistung weniger Joule (Kalorien) als Ungeübte.

4. **Die Konstitution.** Es gibt bekanntlich Menschen und Haustiere, die auch bei magerer Kost und lebhafter Bewegung leicht Fett ansetzen, während andere selbst bei reichlicher Ernährung und Ruhe mager bleiben. Im ersten Fall arbeiten die bei der Verbrennung beteiligten Enzyme träge, deshalb wird nicht die ganze Nahrung verbrannt, sondern zum Teil in Fett verwandelt und aufgespeichert. Nun wollen wir uns den Küchenzettel für einen mittelkräftigen Mann bei mäßiger Arbeit zusammenstellen. Es sollen in 24 Stunden insgesamt 11 600 kJ = 2 900 kcal benötigt werden.

Diese sind nach *Tab. 7* in rund 700 g Würfelzucker oder etwa 400 g Speck enthalten. Von einem einzigen Nahrungsmittel wird aber niemand seinen ganzen Joulebedarf decken können, denn der Körper braucht ein gewisses Mindestmaß an Eiweißen, Fetten und Kohlenhydraten. Man muß also eine vernünftige Mischung von verschiedenen Lebensmitteln zusammenstellen. Wir wählen aus gesundheitlichen und volkswirtschaftlichen Gründen ein Drittel der Joule aus dem Tierreich (Fleisch, aber auch Milch, Butter und Käse, Eier) und zwei Drittel aus dem Pflanzenreich. Die Tagesnahrung soll bei mittlerer Tätigkeit 90 g Eiweiß, 50 g Fett und 500 g Kohlenhydrate (Zucker, Stärke) enthalten. Stelle auf Grund dieser Angaben an Hand der Tab. 7 einen billigen, nahrhaften und schmackhaften Küchenzettel zusammen! Beachte dabei auch den Vitaminbedarf (s. a. S. 260).
Wie wäre ein kräftiger Mann bei schwerer Arbeit (Tagesbedarf 15 000 kJ) zu ernähren, wenn er 120 g Eiweiß, 120 g Fett und 600 g Kohlenhydrate benötigt? Welchen Nahrungsbedarf hat eine alte, ruhende Frau, die täglich nur 60 g Eiweiß, 30 g Fett und 200 g Kohlenhydrate mit insgesamt 5 200 kJ braucht?
Berechne bei den heutigen Lebensmittelpreisen an Hand der Nahrungsmitteltabelle, was das im Brot, Milch, Fleisch, Fisch, Zucker, Honig usw. enthaltene Joule kostet. Man darf bei solchen Aufstellungen freilich nicht nur die Joulezahl berücksichtigen. Die biologische Wertigkeit der Eiweißstoffe, die Vitamine, Mineralsalze, Spurenelemente, der Wohlgeschmack usw. sind von noch größerer Bedeutung.
Noch einige Bemerkungen zu den einzelnen Nährstoffklassen!
Die Eiweiße findet man in einigermaßen reinem Zustand im Weißen des Hühnereis. Viel Eiweiß enthält auch die geronnene Milch, ferner Käse, mageres Fleisch und die Hülsenfrüchte (*s. Tab. 7*). Will man ein Lebensmittel auf Eiweiß untersuchen, so verfährt man folgendermaßen:

Versuche: Der zu prüfende Stoff (z. B. etwas Hühnereiweiß, Fleisch, Wurst, Käse, Brot, Mehl, Milch, zerschnittene Hülsenfrüchte) wird im Probierglas mit einigen cm^3 Salpetersäure übergossen und erhitzt. Bei Anwesenheit von Eiweiß färbt sich der zu untersuchende Stoff nach einiger Zeit gelb. Das Eiweiß der menschlichen Haut gibt mit Salpetersäure die gleiche Färbung. Dieser Nachweis ist, abgesehen von einigen Ausnahmen, für die meisten Eiweißstoffe anwendbar. In chemischer Hinsicht sind die Eiweiße sehr verwickelt gebaute Stoffe, die Kohlenstoff, Wasserstoff, Sauerstoff, Stickstoff, Schwefel und oft auch Phosphor enthalten.

In der modernen Praxis werden zur *Schnellbestimmung* besondere *Farbstäbchen* für Eiweiß verwendet. Wir stellen ein solches Teststäbchen für Eiweiß (von Merck oder Boehringer, Mannheim, in jeder Apotheke erhältlich) in eine verdünnte Eiweißlösung. Wir bemerken eine Blaufärbung. In dem Spezialpapier des Teststäbchens befindet sich als Indikator Tetrabromphenolblau. Außerdem enthält es einen Puffer, der einen gleichmäßigen pH-Wert garantiert, was für den Ablauf der Reaktion erforderlich ist. Das Tetrabromphenolblau spricht am stärksten auf Albumine an. Weitere Nachweise und Untersuchungen zum Thema Eiweißstoffe finden sich im Buch Römpp/Raaf, Organische Chemie im Probierglas, Franckh'sche Verlagshandlung, 1982.
Die Fette (und Öle) sind Verbindungen aus Fettsäuren und Glycerin. Sie bestehen aus Kohlenstoff, Wasserstoff und Sauerstoff. Infolge ihres hohen Kohlenstoffgehalts verbrennen sie mit rußender Flamme. Neben den einfachen Fetten gibt es noch *Edelfette* (Lecithine, Lipoide, Phosphatide). Diese enthalten außer den vorher

Tab. 7: Nahrungsmittel[1]

100 g Handelsware enthalten	Eiweiß g	Fette g	Kohlenhydrate g	Joule kJ	Kaloriengehalt kcal
Rindfleisch, mager, ohne Knochen . . .	20,6	3,5	0,6	502	120
Rinfleisch, fett	18,9	24,5	0,3	1286	307
Schweinefleisch, mager	20,1	6,3	0,4	599	143
Schweinefleisch, fett	15	35	0,3	1634	390
Knochenmark	3,2	90	0	3561	850
Leber	20	3,7	3,3	544	130
Schinken, geräuchert, gesalzen, gekocht	25	35	0	1801	430
Speck, geräuchert	9	73	0	2991	714
Corned beef	24	12	1,5	900	215
Zervelat-, Block- oder Hartwurst	24	46	0	2199	525
Knackwurst	20	27	0	1399	334
Schinkenwurst	13	34	2,5	1604	383
Leberwurst	13	25	12	1407	336
Hering, frisch (47 %)[2]	7,2	3,6	0	263	63
Kabeljau (46 %)	7,3	0,1	0	129	31
Lebertran	0	96	0	3729	890
Kuhmilch	3,4	3,6	4,8	280	67
Butter	0,7	83,7	0,8	3289	785
Margarine	0,5	84,6	0,4	3314	791
Emmentaler, hart	27,4	32,3	2,5	1772	423
Edamer, hart	27,7	28	3,5	1596	381
1 Hühnerei (ca. 50 g Gewicht)	5,6	5,3	0,3	310	74
Sonnenblumenöl	0	99,5	0	3875	925
Olivenöl	0	99,5	0	3875	925
Kochreis	8	0,5	78	1491	356
Gerste, Graupen	12	2,7	74	1588	379
Weizengrieß	9,4	0,2	76	1478	352
Hafergrütze	13,4	6	67	1613	385
Weißbrot (Semmel)	6,8	0,5	58	1131	270
Roggenbrot	5,5	0,5	47	921	220
Vollkornbrot (Graham, Schrotbrot)	8	1	51	1051	251
Makkaroni, Nudeln, Suppeneinlagen . .	13	0,7	75	1550	370
Würfelzucker	0	0	99,8	1717	410
Bienenhonig	0,4	0	81	1399	334
Erbsen (gelb)	23,4	2	53	1428	341
Bohnen	23,7	2,0	56	1449	346
Erdnüsse (76 %)	21	34	11	1885	450
Haselnüsse (50 %)	8,7	31,3	3,6	1424	340
Walnüsse (40 %)	6,7	23,5	5,2	1131	270
Kartoffeln, gekocht (90 %)	1,8	0,2	18,6	360	86

Tab. 7: Nahrungsmittel (Fortsetzung)

100 g Handelsware enthalten	Eiweiß g	Fruchtsäuren g	Kohlenhydrate g	Joule kJ	Kaloriengehalt kcal
Apfel, ganze Frucht (93,7 %)	0,4	0,64	13	243	58
Kirschen, süß (94,5 %)	0,8	0,64	15	333	68
Pflaumen (94,2 %)	0,8	0,9	15,7	297	71
Zwetschgen, frisch	0,7	0,7	14	263	63
Zwetschgen, gedörrt	1,9	2	51,4	936	230
Apfelsine, Orange (71 %)	0,6	0,96	9,0	180	43
Bananen (68 %)	0,9	0,26	15,5	284	68
Zitronen (64,3 %)	0,4	3,46	5,4	96	23
Erdbeeren (Brestlinge)	1,3	1,84	7,8	168	45
Johannisbeeren (rot)	1,3	2,35	7,5	192	46
Heidelbeeren	0,8	0,85	12	243	56
Stachelbeeren	0,9	1,9	8,5	196	47
Trauben	0,7	0,77	17,7	331	79
Gurke, geschält	0,6	0,2	0,9	29	7
Tomate, ganze Frucht	0,9	1,7	3,4	138	33
Puderkakao, normal, wenig entölt	22	26	31	1948	465
Speiseschokolade, süß	4,5	29	63	2296	548
Milchschokolade, süß	9,0	34,5	53	2409	575
100 g genießbare Anteile enthalten		Fette			
Kohlrabi (146 g)[3]	2,5	0,2	6	150	36
Sellerie (160 g)	1,4	0,3	8,8	188	45
Gelbe Rübe (210 g)	1,1	0,2	8,2	167	40
Zuckerrübe	1,3	0,2	16,2	305	73
Rettich (160 g)	1,9	0,1	8,4	180	43
Zwiebel (162 g)	1,3	0,1	9,4	188	45
Spargel (150 g) ungeschält	2,0	0,1	2,4	79	19
Rhabarber (130 g)	0,7	0,1	3,0	67	16
Spinat (127 g)	2,3	0,3	1,8	83	20
Endiviensalat	1,8	0,1	2,6	79	19
Kopfsalat	1,4	0,3	1,9	67	16
Blumenkohl (162 g)	2,5	0,3	4,6	134	32
Weißkraut (130 g)	1,5	0,2	4,2	104	25
Wirsing	2,7	0,5	5,0	150	36
Schnittbohnen, grün, Hülsen (104 g)	2,6	0,2	6,3	159	33
Champignon, frisch	4,9	0,2	3,6	138	33
Pfifferling, frisch	2,6	0,4	3,8	125	30

[1] Sämtliche Zahlen können nach der Qualität der Ware um 10 bis 20 % schwanken.
[2] Bedeutet: in 100 g Hering sind nur 47 g genießbare Anteile.
[3] Bedeutet: Man muß 146 g Marktware kaufen, um 100 g genießbare Anteile zu erhalten.

genannten Grundstoffen noch Stickstoff und Phosphor. Sie spielen trotz ihrer geringen Mengenverhältnisse eine lebenswichtige Rolle.

Fettnachweis: Bringe eine Messerspitze der fein zerkleinerten Untersuchungssubstanz (z. B. Mohnsamen, Sonnenblumenkerne, Erdnüsse, Haselnußkerne, Käse, Schokolade) in ein Probierglas und füge einige cm^3 Benzin dazu! Um Feuergefahr und zu rasche Verdunstung auszuschließen, stecken wir in die Mündung ein kleineres, mit Kühlwasser gefülltes Probierglas. Nach etwa dreiminütigem Erhitzen gießt man das Benzin tropfenweise auf Papier (verschiedene Papiersorten ausprobieren!) Das Benzin verdunstet rasch und hinterläßt, falls Fett vorhanden war, einen durchscheinenden Fettfleck – Papier gegen Lichtquelle halten!

Die Kohlenhydrate bestehen aus Kohlenstoff, Wasserstoff und Sauerstoff. Die für die menschliche Ernährung wichtigsten Kohlenhydrate sind: Traubenzucker $C_6H_{12}O_6$ (= Glucose), Rohrzucker $C_{12}H_{22}O_{11}$ und Stärke $(C_6H_{10}O_5)x$. Der Traubenzucker verursacht den süßen Geschmack der Trauben, Äpfel, Kirschen, Pflaumen, Feigen und der meisten andern süßen Früchte. Das käufliche *Dextropur* ist reiner Traubenzucker, *Dextro-Energen* besteht aus Traubenzucker mit Zusatz von Fruchtsäuren. Den Rohrzucker genießen wir als Würfelzucker zum Frühstück; er wird heute hauptsächlich aus der Zuckerrübe und dem Zuckerrohr gewonnen. Die Stärke ist der Hauptbestandteil der Getreidekörner und Kartoffeln.

1. Nachweis von Traubenzucker mit der Fehlingschen Lösung: Man löst in der Flasche I 35 g blaues Kupfersulfat ($CuSO_4 \cdot 5\,H_2O$) in 500 cm^3 destilliertem Wasser und in der Flasche II in ebenfalls 500 cm^3 destilliertem Wasser 150 g Seignettesalz und 50 g festes Ätznatron auf. Vor einem Traubenzuckernachweis gießt man in ein Probierglas je 1 cm^3 der beiden Stammlösungen zusammen. Man zerkleinert etwas von dem zu untersuchenden Stoff, gibt eine Messerspitze davon in ein Probierglas und kocht nach Zusatz von 2 cm^3 der tiefblauen Fehlingschen Lösung. Ein nach kurzer Zeit auftretender gelbroter Niederschlag von Kupfer(I)-oxid Cu_2O zeigt die Anwesenheit von Traubenzucker an.
Bei zahlreichen Reihenuntersuchungen zum speziellen Nachweis von Traubenzucker haben sich die *Clinistix*-Teststäbchen (Merck) bewährt. Damit können wir auch in einfacher Weise zuckerhaltige Lösungen, Fruchtsäfte usw. untersuchen. Tauche in eine Traubenzucker- und eine Fruchtzuckerlösung je ein *Clinistix*-Teststäbchen. Violettfärbung tritt nur bei Anwesenheit von Traubenzucker auf. In der Reaktionszone enthalten die Teststäbchen Enzyme und den Farbstoff *o*-Tolidin, der beim Zusammentreffen mit Traubenzucker sich violett färbt. Diese Teststäbchen führt jede Apotheke. Für den Rohrzucker gibt es kein einfaches Nachweismittel.

2. Stärkenachweis. Wir bringen mit einem Glasstab einige Tropfen Iod-Iodkalilösung (oder Iodtinktur) auf ein Stück Brot oder eine aufgeschnittene Kartoffel. Allmählich färbt sich die benetzte Stelle dunkelblau bis schwarz. Es ist *Iodstärke*, eine in verdünntem Zustand blaue, bei stärkerer Konzentration schwarze Verbindung aus Iod und Stärke entstanden. Diese Reaktion ist sehr empfindlich. Prüfe in ähnlicher Weise zerschnittene Kastanien, Weizen- und Reiskörner, Mehl, Makkaroni, Suppennudeln, Haferflocken u. dgl. auf Stärke. Wenn Stärke längere Zeit lagerte oder irgendwie verändert wurde, fällt die Iodprobe oft unschön aus; es können bräunliche, rötliche, violette und andere unvorschriftsmäßige Färbungen entstehen. Wenn wir die Stärke in irgendeiner unbekannten Substanz nachweisen sollen, verfahren wir zweckmäßigerweise folgendermaßen: Man gibt im Probierglas zu einer etwa erbsengroßen Menge der Untersuchungssubstanz 5 bis 10 cm^3 Wasser, erhitzt etwa 1 Minute lang zum Kochen, läßt wieder auf Zimmertemperatur abkühlen und gibt dann etwa 1 bis 2 cm^3 der käuflichen Iodtinktur dazu, die wir vorher mit der etwa 5fachen Menge Brennspiritus verdünnt haben (die unverdünnte Iodtinktur ist zu dunkel und läßt die Färbung nicht so deutlich erkennen). Wenn unsere Untersuchungssubstanz Stärke enthalten hat, entsteht nach dem Iodzusatz eine tiefblaue bis blauschwarze Färbung von Iodstärke.

Ernährungsproblem 1990. Trotz des Trends zu Vollwertkost, zu gesünderen Bio- und Ökoprodukten mit möglichst wenig Zusätzen und trotz günstigeren Lebensmittelangebots – ernährungsbedingte Krankheiten sind in der BRD zu einem Problem für die Bevölkerung geworden. Die Deutsche Gesellschaft für Ernährung faßt es in einem Satz zusammen: „Man ißt wider besseres Wissen zuviel Kalorien, zuviel Fett, zuviel Eiweiß, zuviel Zucker und zuviel Salz."

Nahrungsmittelkonservierung

Die schlimmsten Feinde unserer Nahrungsmittel sind die beinahe allgegenwärtigen Bakterien und Schimmelpilze (Sporen), die oft schon nach wenigen Tagen Gärung, Schimmel, Fäulnis und Verwesung hervorrufen. Die Erfahrung hat gezeigt, daß es möglich ist, die Lebensmittel durch Erhitzung, Abkühlung, Austrocknung, Abschließung oder Zusatz bestimmter Chemikalien gegen Bakterienangriffe widerstandsfähig zu machen. Man bezeichnet solche Schutzmaßnahmen als Nahrungsmittelkonservierung. Diese ist für unsere Ernährung von höchster Wichtigkeit. Sie ermöglicht die Aufspeicherung von Vorräten über den Winter und gibt uns die Möglichkeit, Lebensmittel aus den fernsten Ländern einzuführen. Wer Konservierungsmittel ablehnt, darf auch nicht Erdbeeren an Weihnachten und Süßmost im Frühjahr erwarten! Als Konservierungsmittel der Zukunft können energiereiche Strahlen betrachtet werden.

1. Die Anwendung von Chemikalien. Wie im Abschnitt „Desinfektion" näher ausgeführt wird, vermögen manche Stoffe die Bakterien abzutöten oder auch ihr Wachstum einzuschränken. Viele dieser Chemikalien sind auch für den Menschen schwere Gifte (z. B. Sublimat $HgCl_2$), andere werden ohne größere Schädigung ertragen. Zu der letztgenannten, zur Nahrungsmittelkonservierung geeigneten Stoffgruppe gehören u. a. die Essigsäure, Ameisensäure, Milchsäure, Benzoesäure, Natriumbenzoat, *p*-Hydroxybenzoesäureethylester, *p*-Hydroxybenzoesäurepropylester und deren Na-Verbindungen, Hexamethylentetramin, Natriumhydrogensulfit, Calciumhydrogensulfit, Schweflige Säure, Calciumacetat, Kaliumpropionat, 8-Hydroxychinolin-Kaliumhydrogensulfat, Silber-Ionen oder kolloidales Silber, Sorbinsäure u. dgl. Nach der Konservierungsstoff-Verordnung vom 19. Dezember 1959 sind im Gebiet der Bundesrepublik folgende Stoffe zur Lebensmittelkonservierung[1] zugelassen:

[1] Konservierungsstoffe, Farbstoffe u. a. werden durch E-Nummern in Lebensmitteln gekennzeichnet

Kennziffer 1, Sorbinsäure (E 200), (Sorbinsäure und ihre Na-, K-, und Ca-Verbindungen). Sorbinsäure kommt in der Natur vornehmlich in der Eberesche (*Sorbus anucuparis*) vor und in unseren weiteren Sorbusarten Mehlbeerbaum (*Sorbus aria*) und Elsbeerbaum (*Sorbus torminalis*) vor. (*Bild 36 b, c, d*).
Kennziffer 2, Benzoesäure (E 210), (Benzoesäure und ihre Na-Verbindungen).
Kennziffer 3, PHB-Ester (*p*-Hydroxybenzoesäureethylester, E 214), (*p*-Hydroxybenzoesäurepropylester, E 216 und deren Na-Verbindungen).
Kennziffer 4, Ameisensäure (E 236) (darf nur noch befristete Zeit benutzt werden).
Die ersten drei Konservierungsgruppen findet man öfters auf den Speisekarten in den Gaststätten aufgeführt. Sie sind auch bei Dauergebrauch unschädlich. Essigkonserven, die 2 bis 3 % Essigsäure enthalten, sind vor Fäulnis geschützt, da die Fäulnisbakterien in saurer Umgebung nicht leben können. Aus dem gleichen Grund werden Essig (E 260), Milchsäure (E 270), Weinsäure, Gerbsäure usw. von Bakterien nicht angegriffen. In Heringsbüchsen wirkt ein Zusatz von Salz und Essig konservierend.
Zur Konservierung von Orangen wird in den USA seit 1938 Diphenyl $C_6H_5-C_6H_5$ (farblose Kristallblättchen, E 230) verwendet. Nach dem Waschen und Abreiben der Früchte bleiben ca. 40 bis 200 mg Diphenyl im kg Orangenschalen und etwa 1 mg im kg Orangensaft. Ein schlüssiger Beweis für die Giftigkeit dieser geringen Diphenylmengen wurde bisher nicht erbracht. Unter über zweitausend geprüften Chemikalien eignet sich das Diphenyl zur Orangenkonservierung am besten.
Zur Konservierung von Viehfutter bringt die Badische Anilin- und Sodafabrik (BASF) unter dem Warenzeichen *Amasil* ein streufähiges Silierhilfsmittel auf den Markt. Amasil enthält als Wirkstoffe verschiedene Salze organischer Säuren (z. B. Ameisensäure und Propionsäure), die von den Tieren im Stoffwechsel verwertet werden. Der Aufwand beträgt je nach Silierbarkeit des Futters 2 bis 6 kg/t Grünfutter. Nach guter Verteilung, die am besten mit einem Dosiergerät (Anbaugerät zum Häcksler) möglich ist, werden durch *Amasil* die erwünschten Milchsäurebakterien in ihrer Entwicklung einseitig begünstigt und die Fäulnisbildner unterdrückt.
Unter dem Warenzeichen *Luprosil* vertreibt die BASF AG reine Propionsäure (99,9 %) als Konservierungsmittel für Feuchtgetreide. Nur zur Verfütterung vorgesehenes Feuchtgetreide darf mit *Luprosil* konserviert werden.

Versuche: Wir bringen in die Reagenzgläser I bis V je 5 cm^3 frischen Apfelsaft. Glas I wird offen beiseite gestellt; beim Glas II wird der Inhalt längere Zeit gekocht und dann mit einem Wattebausch verschlossen, den wir zur Desinfektion durch eine Flamme gezogen haben. Glas III spülen wir unmittelbar vor dem Einfüllen des Mostes mit Schwefliger Säure aus. Zum Glas IV geben wir 0,1 cm^3 Natriumbenzoat oder das in Drogerien erhältliche Nipakombin o. dgl., ins Glas V kommen zu dem Apfelsaft noch ca. 5 Tropfen Ameisensäure. Man läßt die Gläser bei 20 bis 30 °C stehen und prüft nach 1 bis 3 Tagen die eingetretenen Veränderungen. Im Glas I ist dann eine Geruchsveränderung, Gärung und Gasentwicklung zu beobachten, während die übrigen Probierglasinhalte infolge der Konservierungsmaßnahmen ziemlich unverändert blieben.

Versuch: Nachweis von Schwefel als Konservierungsstoff. Sultaninen werden oft noch geschwefelt. Zum Nachweis stellen wir uns ein blaues Reagenzpapier her: Wir tauchen einen Filterpapierstreifen in Stärkelösung, nach dem Trocknen färben wir mit

Iod-Kaliumiodidlösung blau. Einige zerkleinerte Trockenfrüchte werden mit 50 cm^3 Wasser in einen Kolben gebracht, der mit einem Kork verschlossen ist. Das Reagenzpapier ist an den Korken geklemmt (*Bild 36 a*), man erwärmt gelinde. Ergebnis: Bei Gegenwart von Schwefeldioxid SO_2 wird das Papier mehr oder weniger gebleicht.

2. Austrocknung. Da die Bakterien zu etwa 85 % aus Wasser bestehen und nur gelöste Nahrung aufnehmen, können sie in trockener Umgebung nicht gedeihen. Man kann also die Fäulnis durch Austrocknung der Nahrungsmittel verhindern. Beispiele: Schon seit alten Zeiten schneiden viele wilde Völker das Fleisch in Streifen, um es an der Sonne trocknen zu lassen. Pflaumen, Zwetschgen, Trauben (Korinthen), Äpfel, Birnen (in Scheiben zerschnitten) werden auf luftige Hürden gebracht und in warmer Luft ausgetrocknet. Eine vollständige Austrocknung der Nahrungsmittel ist überflüssig, da im allgemeinen das Bakterienwachstum schon bei weniger als 40 % Wassergehalt aufhört. Nur der sehr anspruchslose, ungefährliche, nicht zu den Bakterien gehörige Köpfchenschimmel vermag z. B. noch auf ausgetrocknetem Brot von 15 bis 20 % Wassergehalt zu wuchern.

Bild 36 Nahrungsmittelkonservierung. a Nachweis von Schwefel in Früchten. b Eberesche (*Sorbus aucuparia*) enthält Sorbinsäure. c Blatt des Elsbeerbaumes (*Sorbus torminalis*). d Blatt der Mehlbeere (*Sorbus aria*)

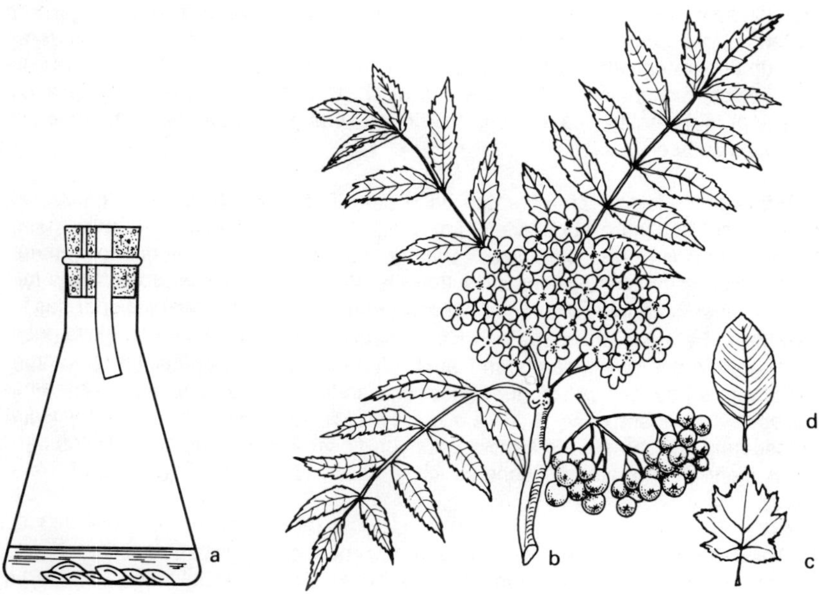

Will man das Nahrungsmittel nicht selbst austrocknen, so kann man auch die Bakterien durch Zusatz von viel Salz oder Zucker „trockenlegen“ und damit unschädlich machen. Zur Erklärung dieses Vorganges sei daran erinnert, daß an regnerischen Tagen die abgefallenen Kirschen oder Zwetschgen quellen und aufspringen, während die in starken Zuckerlösungen eingemachten Früchte oft schrumpfen und runzlig werden. Im ersten Fall saugen die in den Früchten gelösten Stoffe (hauptsächlich Zucker) das Regenwasser ins Innere; im zweiten Beispiel zieht die konzentrierte Zuckerlösung des Einmachglases Wasser aus der Kirsche heraus. Ähnliches ist zu beobachten, wenn wir in eine rohe Kartoffel eine Vertiefung graben und diese mit Salz füllen. Nach einigen Stunden hat sich die Grube mit Wasser gefüllt, das aus der Kartoffel herausgezogen wurde. Enthält irgendein Nahrungsmittel mehr Zucker, Salze oder andere gelöste Stoffe als die Bakterienleiber, so werden die letzteren auch in flüssiger Umgebung „ausgetrocknet“. Sie müssen verdursten wie ein Mensch, der nur salziges Meerwasser zu trinken bekommt. Beim Pökeln wird das Fleisch mit Kochsalz, Salpeter u. ä. eingesalzen. Das Salz zieht Wasser, Mineralstoffe, lösliche Eiweißkörper u. dgl. an sich und bildet eine *Lake*. In den äußeren, vom Salz ausgetrockneten Teilen können sich keine Bakterien entwickeln, im Innern pflegt gesundes Fleisch stets von vornherein bakterienfrei zu sein. Süßweine und Liköre gären infolge ihres hohen Zucker- und Alkoholgehalts nicht mehr: Liköre erleiden an offener Luft auch keine Essiggärung. Im Most unterbleibt die Gärung bei einem Zuckergehalt von 30 bis 32 %, bei 60 % Zucker hört auch jedes Bakterienleben auf. Honig kann sich nicht zersetzen, wenn er aus über 80 % Zucker besteht, dagegen gärt verdünntes Honigwasser sehr leicht (Metbereitung der alten Germanen!). Zu Marmeladen und Gelees gibt man über 50 % Zucker, um sie vor Fäulnis und Gärung zu schützen. Legt man ganze Früchte in eine Mischung von 2,5 bis 3 kg Zucker und 1 l Wasser, so werden sie konserviert und können zu jeder Jahreszeit zum Belegen von Torten u. dgl. Verwendung finden. Entzieht man frischer Milch in besonderen Vakuumapparaten ¾ bis ⅘ ihres Wassergehalts, so entsteht nach Zuckerzusatz die dickflüssige, nichtfaulende, kondensierte Milch. Das deutsche Lebensmittelgesetz untersagt (§ 4), Antibiotica an Schlachttiere zu verabfolgen, um die Haltbarkeit des Fleisches zu beeinflussen.

3. Räuchern. Fleischwaren werden nach dem Einsalzen (Wasserentziehung) oft noch durch Räuchern konserviert. Im Rauch von Buchen- und Eichenholz sind Phenole, Kresole, Essigsäure, Ameisensäure, Formaldehyd und andere bakterientötende Stoffe enthalten, die langsam in Fleisch, Wurst usw. eindringen. Die Rauchwaren sollen so hoch im Kamin aufgehängt werden, daß sie sich höchstens auf 40 °C erwärmen. Bei höherer Temperatur würde nämlich das Fleischeiweiß oberflächlich gerinnen und die konservierenden Rauchstoffe nicht eindringen lassen. Zum Räuchern von Lebensmitteln soll nur reines, einwandfreies Holz verwendet werden; in diesem Fall besteht nach H. Druckrey (Medizinische Welt, 1981, S. 677) keine Krebsgefahr. Nach neueren Untersuchungen findet sich im Fichten- und Tannenrauch mehr Phenol als im Buchenrauch (L. Toth, Mitteilungen der DFG, 1/1983, S. 29).

4. Abkühlung. Durch Kälte werden Lebensvorgänge aller Art stark eingeschränkt (Winterlandschaft, Polargegenden, Hochgebirge). Auch die Bakterien vermehren sich bei tiefen Temperaturen nicht mehr. Eine Abtötung dieser Schädlinge ist auch durch grimmige Kälte kaum zu erzielen, gibt es doch Bakterien, die einen mehrstündigen Aufenthalt in flüssigem Wasserstoff (−253 °C) aushalten! Da aber schon bei geringen Kältegraden eine wesentliche Vermehrung der Bakterien nicht mehr erfolgt, kann Kälte zur Konservierung von Fleisch, Eiern, Milch usw. angewendet werden. In fast jedem Haushalt findet man einen Kühlschrank. In neuerer Zeit wird die Gefrierkonservierungstechnik immer mehr vervollkommnet. Wichtig ist hierbei, die Speisen sehr rasch möglichst tief abzukühlen. Unter diesen Bedingungen werden die Zellen der Lebensmittel am wenigsten geschädigt, da sich in ihnen im Gegensatz zur langsamen Abkühlung nur winzige Eiskriställchen bilden, die nur geringe Gewebezerstörungen verursachen. Obst und Gemüse behalten bei rascher Abkühlung auf −20 bis −40 °C Nährwert und Genußwert fast unverändert bei. Frische Semmeln sind nach einjähriger Lagerung bei −18 °C noch frischwertig. Häufig werden eßfertig gekochte bzw. gebratene Speisen eingefroren und bei −18 bis −21 °C bis zum Verbrauch gelagert.

5. Erhitzung. Zum Genuß bestimmte Flüssigkeiten (z. B. Milch) können durch *Pasteurisieren* (Erhitzung auf weniger als 100 °C) einigermaßen keimfrei gemacht werden. Manche Sporen überstehen zwar auch diese Temperaturen, doch ist dies für die Praxis nicht allzu bedenklich. Bei halbstündiger (Dauer-)Erhitzung auf 60 bis 63 °C werden beispielsweise die Maul- und Klauenseucheerreger, die Typhus- und Kolibazillen, zum Teil auch die Tuberkuloseerreger abgetötet.

Versuche: Bringe in Probiergläser je etwas rote Wurst und so viel Wasser, daß das Wurststück damit bedeckt ist! Verschließe die Mündungen mit passenden Wattepfropfen! Das erste Probierglas stellen wir beiseite; nach einigen Tagen riecht die Wurst nach Fäulnis. Gibt man in das zweite Probierglas viel Kochsalz, so unterbleibt die Fäulnis. Das gleiche ist der Fall, wenn zu der Wurst eine Messerspitze Benzoesäure gegeben wird oder wenn man das mit Wattebausch verschlossene Probierglas samt Inhalt längere Zeit erhitzt. Statt der Wurststücke kann man auch andere Lebensmittel verwenden. Brot trocknet an offener Luft leicht ein und wird dann von Bakterien nicht angegriffen; taucht man es aber in Wasser und legt es hernach in eine bedeckte Schale, so zersetzt es sich bald.

Natron

Natron, auch Natriumhydrogencarbonat, Natriumbicarbonat oder doppelkohlensaures Natron $NaHCO_3$ genannt, ist ein billiges, weißes Pulver, das die Flamme gelb färbt (Na-Nachweis, s. S. 18) und beim Erhitzen Kohlendioxid abspaltet (Gleichung): $2\ NaHCO_3 \rightarrow Na_2CO_3 + H_2O + CO_2$). Auch bei Säurezusatz entsteht unter Aufbrausen Kohlendioxid, wie folgender Versuch zeigt: Bringe in das Becherglas von *Bild 9, s. S. 30* etwas Natron, gieße eine verdünnte Säure darüber und weise nachher im Zylinder mit Kerze und Kalkwasser Kohlendioxid nach (s. S. 26). Beim Zusammenbringen von Natron und Salzsäure spielt sich folgende Reaktion ab: $NaHCO_3 + HCl \rightarrow NaCl + H_2O + CO_2$. Auch die andern Säuren geben mit Natron Kohlensäure bzw. Kohlendioxid.

Verwendungen: Wir füllen ein Probierglas zur Hälfte mit Speiseessig und geben unter Umschütteln so lange Natron dazu, bis sich kein Gas mehr entwickelt. Die Lösung schmeckt dann nicht mehr sauer; Natron neutralisiert Säuren. Beim Einmachen von sauren Früchten kann man mit Natron den Säuregeschmack beseitigen und damit Zucker sparen. Nach neueren Anschauungen erscheint diese Säureneutralisierung bedenklich, da Laien meist nicht die richtigen Natronmengen anwenden und das Vitamin C in saurer Lösung am beständigsten ist. Die Wirkung von Säurespritzern läßt sich durch Aufstreuen von Natron beseitigen oder abschwächen. Werfen wir etwas Natron in Wein oder Bier, so schäumt es auf. Natron wird hier und da verbotenerweise abgestandenem Bier zugesetzt, um diesem ein frisches, schäumendes Aussehen zu verleihen. Mischungen von Natron und festen Säuren bzw. Salzen werden in Backpulvern, Badetabletten, Vitamin-C-Brausetabletten (*Taxofit*, Anasco, Wiesbaden; *Cebion-Brausetabletten*, Merck, Darmstadt) und Limonadenwürfeln verwendet.

Neutralisation

Wir geben in einen Erlenmeyerkolben einige cm^3 Salzsäure und verdünnen diese mit der zehnfachen Menge Wasser – Umschütteln! In dieser Flüssigkeit werden einige Tropfen Lackmustinktur verrührt, es entsteht dann eine hellrote Färbung. In diese Lösung gießt man aus einem zweiten Gefäß in kleinen Portionen verdünnte Natronlauge. Bei jeder Laugenzugabe färbt sich die Einschlagstelle blau. Nach dem Umschütteln verschwindet die Färbung anfangs wieder. Wir gießen so lange Lauge dazu, bis die Flüssigkeit gerade blau wird. Diese blaue Lösung können wir trinken; sie schmeckt nach Salzwasser. Lassen wir ein wenig von der Lösung auf einer Glasplatte eintrocknen, so sehen wir unter dem Mikroskop kleine, würfelförmige Kristalle, die ebenfalls auf Kochsalz hindeuten. In der Tat hat sich beim Zusammenbringen der Salzsäure und der Natronlauge Kochsalz gebildet (Gleichung: $NaOH + HCl \rightarrow NaCl + H_2O$). Während die Lauge vorher die Haut anätzte (ausprobieren!) und die Salzsäure schon in geringen Mengen auf der Zunge stark sauer schmeckte, in größerer Konzentration sogar ein starkes Gift darstellte, ist die richtige Mischung aus der Lauge und der Säure ein höchst harmloser, nichtätzender, ungiftiger, *neutraler* Stoff – nämlich Kochsalz. Man sagt: Salzsäure wird durch Natronlauge neutralisiert. Man könnte den Satz mit demselben Recht umdrehen und sagen: Natronlauge wird durch Salzsäure neutralisiert. Der Zusatz von Lackmus zeigte uns das richtige Mischungsverhältnis zwischen Lauge und Säure an. Hätten wir das Lackmus weggelassen, so wäre wahrscheinlich noch etwas Säure oder Lauge im Überschuß geblieben, mithin keine völlige Neutralisation erreicht worden.
Worin besteht nun das Wesen der Neutralisierung? Warum geben zwei gefährliche Flüssigkeiten wie Salzsäure und Natronlauge beim Zusammengießen nicht ein doppeltes Gift, sondern einen harmlosen Stoff? Dies hat folgenden Grund: Alle Säuren bilden, in Wasser gelöst, elektrisch geladene, sauer schmeckende Wasserstoff-Ionen (genauer H_3O^+-Ionen). Ionen sind elektrisch geladene Atome oder Atomgruppen. Alle Säuren, Laugen und Salze bilden bei ihrer Auflösung in Wasser frei bewegliche Ionen. Alle Laugen (wasserlösliche Metallhydroxide) enthalten ätzende, in größeren Mengen giftige Hydroxid-Ionen (OH^--Ionen). Beim Zusammengießen von bestimmten Säuren- und Laugenmengen vereinigen sich nun gerade alle

H-Ionen (H_3O^+-Ionen) mit allen OH^--Ionen zu neutral reagierendem, unschädlichem Wasser (Gleichung: $H_3O^+ + OH^- \rightarrow 2\,H_2O$). Lackmus oder Indikatorpapier zeigt an, wann das richtige Mischungsverhältnis erreicht ist; es wird durch Wasserstoff-Ionen rot, durch Hydroxid-Ionen dagegen blau gefärbt.
Statt der Salzsäure kann man natürlich auch Schwefelsäure, Salpetersäure oder Phosphorsäure mit Natronlauge neutralisieren – oder es lassen sich statt der Natronlauge Kalilauge, Kalkwasser oder Ammoniak-Lösung verwenden. Auch organische Säuren kann man neutralisieren. Dies ist z. B. der Fall, wenn der Landwirt saure Böden mit Ätzkalk $Ca(OH)_2$ düngt. Ja, es ist sogar möglich, Säuren mit Oxiden oder Carbonaten zu neutralisieren, wie folgende Beispiele zeigen: Löse eine Messerspitze Soda in Wasser, dem einige Tropfen Lackmuslösung beigemischt wurden, und gieße so lange verdünnte Salzsäure dazu, bis sich das vorher blaue Lackmus in der ganzen Flüssigkeit eben rot färbt. Auch hier wird die Salzsäure neutralisiert (Gleichung: $Na_2CO_3 + 2\,HCl \rightarrow 2\,NaCl + H_2O + CO_2$). Es entsteht Kochsalz und ein aufschäumendes Gas: Kohlendioxid. Auch Schwefelsäure kann mit Soda neutralisiert werden. Bei innerlichen Säurevergiftungen verordnet der Arzt Magnesiumoxid (= Magnesia MgO), da dieser Stoff die Säuren neutralisiert (Gleichung: $MgO + 2\,HCl \rightarrow MgCl_2 + H_2O$), ohne die Schleimhäute anzuätzen oder störendes Kohlendioxid zu entwickeln, wie es bei Laugen bzw. Soda der Fall wäre. Eine Säure kann auch durch ein reines Metall neutralisiert werden; so entsteht z. B. aus Salzsäure und Magnesium Magnesiumchlorid und Wasserstoffgas (Gleichung: $Mg + 2\,HCl \rightarrow MgCl_2 + H_2$). Es ist auch möglich, Laugen durch die Oxide von Nichtmetallen zu neutralisieren. Dies ist z. B. der Fall, wenn der Calciumhydroxid $Ca(OH)_2$ enthaltende Mörtel unter dem Einfluß der Luftkohlensäure CO_2 in festen Kalk $CaCO_3$ verwandelt wird (Gleichung: $Ca(OH)_2 + CO_2 \rightarrow CaCO_3 + H_2O$). Neutralisationsvorgänge aller Art spielen in der Chemie des täglichen Lebens eine außerordentlich wichtige Rolle.

Nicotin

Nicotin $C_{10}H_{14}N_2$ ist der wirksame Bestandteil des Rauch-, Schnupf- und Kautabaks. Der Name ist auf den französischen Gesandten Nicot zurückzuführen, der im Jahre 1560 Samen der Tabakpflanze von Portugal nach Paris sandte. In konzentriertem Zustand ist Nicotin eine bräunliche, übelriechende, wasserlösliche Flüssigkeit; reinstes Nicotin ist farblos. Annähernd reines Nicotin wurde in landwirtschaftlichen Betrieben zur Schädlingsbekämpfung verwendet.
Das Nicotin kommt in der Tabakpflanze (Gattung *Nicotiana*) vor. Es wird in den Wurzeln gebildet und steigt mit dem Säftestrom in die Blätter. Wahrscheinlich stellt es ein unverwertbares Endprodukt des Stoffwechsels der Tabakpflanze dar. Die grünen Tabakblätter enthalten 1,5 bis 3 % Nicotin, daneben gibt es aber auch nahezu nicotinfreie Tabakrassen. Man bezeichnet in Deutschland seit 1939 Zigarren mit einem Nicotingehalt unter 0,2 % und Zigaretten mit bis zu 0,1 % Nicotin als *nicotinfrei*, solche mit dem halben normalen Nicotingehalt als *nicotinarm*. Die *schweren* Importzigarren enthalten häufig einen geringeren Nicotingehalt als gewöhnliche, leichte Zigarren. Schlecht *ziehende* Rauchwaren lassen größere Nicotinmengen in den Körper wandern als andere. Die hellen Tabaksorten sind vielfach nicotinärmer als die dunklen. Bei sehr trockenen Zigarren, Zigaretten und Pfeifentabaken übersteigt die

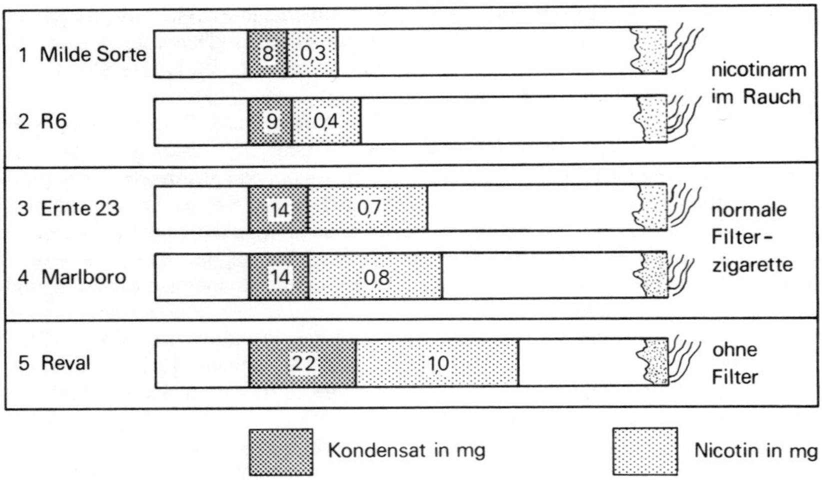

Bild 37 Kondensat und Nicotin bei Zigaretten

Temperatur der Glutzone das *Normalmaß* von rund 500 bis 700 °C. Die Verbrennung ist dann zu lebhaft, und es kommt zuviel Nicotin in den Körper. Ab 1. 7. 74 wird eine nicotinarme Zigarette auf den Markt gebracht. Seit 1976 wird der Nicotingehalt auf der Zigarettenpackung angegeben, z. B. bei der Marke Milde Sorte 0,3 mg, bei R6 0,4 mg (*Bild 37*).

Da bereits $\frac{1}{15}$ g reines Nicotin auf den Menschen tödlich wirkt, sollte man annehmen, daß der Raucher den Genuß einer Zigarre oder einiger Zigaretten nicht überleben würde. So schlimm ist es aber nicht bestellt, denn beim Rauchen wird nur ein kleiner Teil des Nicotins in den Körper aufgenommen. Ein großer Teil des Nicotins verbrennt schon in der Glimmzone. Ein weiterer Teil verflüchtigt sich in der Glimmzone nach außen, ohne in den Mund zu kommen. Von dem Nicotin, das mit dem Rauch durch die Zigarre wandert, bleibt ein Teil unterwegs hängen und wird mit dem Stummel weggeworfen. Ein Teil des eingeatmeten Nicotins wird wieder ausgeatmet. Zigarrenstumpen sind mit Nicotin angereichert, daher wird der angehende Raucher mit ihnen besonders betrübende Erfahrungen machen. Das Rauchen durch die Lunge (*Lungenzüge*) ist sehr schädlich; hier gelangt etwa 6 bis 8mal soviel Nicotin in den Körper wie beim *Mundrauchen*. Je langsamer man raucht, um so weniger Nicotin wird aufgenommen. So gehen z. B. beim gewöhnlichen Raucher rund 30 % und bei sehr langsamem Rauchen nur 2 bis 6 % des Nicotins in den Rauch über. Die erfahrenen Orientalen rauchen aus diesem Grunde möglichst langsam.

Am meisten Nicotin nimmt der Raucher gewöhnlich beim Zigarettenrauchen auf; dann folgen Zigarren. Am harmlosesten ist das Pfeifenrauchen. Besonders bei den langen Tabakpfeifen wird ein großer Teil des Nicotins im Pfeifenrohr niedergeschlagen. Das Rauchen mit türkischen Wasserpfeifen (*Nargileh*) ist ebenfalls weniger schädlich, da hier viel Nicotin in dem Wassergefäß zurückbleibt. Will man beim Rauchen möglichst wenig Nicotin einziehen, so empfiehlt es sich, in die Zigarettenröhre oder ins

Pfeifenrohr etwas Watte zu stopfen. Die Watte hält etwas Nicotin und Teer zurück, sie färbt sich infolgedessen nach einigem Rauchen gelb und muß dann erneuert werden. Bringt man in die Pfeifenröhre aktive Kohle, wie sie in Gasmasken verwendet wird, so hält diese das ganze Nicotin zurück. Sauberer und bequemer ist die Anwendung von *Kieselsäuregel*, das in Form kleiner, glasartig durchsichtiger Steinchen in die Zigarrenspitzen oder Pfeifenröhren eingeführt wird. 1 g dieses Stoffes hat eine innere Oberfläche von mehreren hundert Quadratmetern, an der das Nicotin unter allmählicher Braunfärbung festgehalten wird. Die schneeweiße, in Zigarrenspitzen, Pfeifenröhren usw. eingesetzte *Denicotea-Patrone* saugt sich während des Rauchens mit Nikotin, Teer und anderen Giftstoffen voll, so daß diese nicht in den Körper gelangen. Die *Dr.-Perl-junior-Filterpatrone* (Vauen-Ver. Pfeifenfabrik, Nürnberg) enthält Aktivkohle, welche schädliche Tabakrauchbestandteile zurückhält. Beim Zigarettenrauchen hat der Zigarettentabak im Durchschnitt eine Temperatur von 600 bis 800 °C, das Zigarettenpapier dagegen ca. 900 °C. Beim Rauchen entstehen besonders aus dem Zigarettenpapier teerartige Zersetzungsprodukte, die Spuren von krebserregenden Substanzen (Benzpyren u. dgl.) enthalten und beim Inhalieren (*Lungenzüge*) in die Lunge gelangen. Um eventuelle Schädigungen zu vermeiden, konsumieren die Raucher in steigendem Maß Filterzigaretten (zumeist Filter aus Celluloseacetat, die den Teer z. T. zurückhalten).

Schon lange ist bekannt, daß Aktivrauchen die Gesundheit beeinträchtigt. Welche Komponente des Tabakrauchs im einzelnen die in unterschiedlicher Stärke beobachteten Effekte hervorrufen kann, ist in vielen Fällen noch offen. Für die bei Rauchern statistisch erhöhte Anfälligkeit gegen Arteriosklerose, Koronarerkrankungen und Herzinfarkt läßt sich ein Zusammenhang mit dem Tabakverbrauch ebenso herstellen wie für die Neigung zu Magen- und Darmerkrankungen, wobei beide Wirkungen dem Nicotin und z. T. auch dem Kohlenoxid (Kohlenmonoxid) zugeschrieben werden. Auch die Reduktion des Körpergewichts von Neugeborenen und die Zunahme der Zahl von Frühgeburten wird auf Nicotinzufuhr während der Schwangerschaft zurückgeführt. Das häufige Auftreten von Erkrankungen des Rachenraums und insbesondere von Bronchitiden (Raucherhusten) wird mit den Phenol-, Säuren-, Aldehyd- und Ketonanteilen in Verbindung gebracht. Acrolein und Blausäure hemmen das Flimmerepithel der Atmungsorgane.

Vor einigen Jahren wurde ein Schadstoffindex für Zigaretten definiert, der sich aus Werten für Kondensat, Nicotin, CO und NO_X zusammensetzen soll, doch fehlte die wissenschaftliche Basis. Seit dem sog. Terry-Report (Smoking and Health, Public. 1103 Washington Education Welfare 1988) und anderen Berichten kann als gesichert gelten, daß der Zigarettenverbrauch zu signifikant erhöhtem Auftreten von Lungenkrebs führt. Auch im Bereich von Kehlkopf, Mundhöhle und Speiseröhre bilden sich weit häufiger Tumoren als bei Nichtrauchern. Als Krebserreger kommen in erster Linie Benzpyren und Dibenzanthracen in Frage. Einen aktuellen Überblick über Krebserreger im Tabakrauch geben Hoffmann und Wynder IARC Scientia Publ. 74 (1986) S. 145.

Kommen größere Nicotinmengen in den Körper, so tritt der Tod ein. So verspeiste z. B. während des Krieges ein Soldat 25 g Zigarettentabak; er starb nach 12 Stunden. Ein Raucher starb, nachdem er ohne Nahrungsaufnahme in 24 Stunden 40 Zigaretten und 24 große Zigarren geraucht hatte. Pferde und Rinder gehen ein, wenn sie 300 bis 500 g Tabakblätter gefressen haben, deshalb muß man in Tabakgegenden darauf

achten, daß die Haustiere keine Tabakblätter zu fressen bekommen. Nicht selten kommt es vor, daß Haustiere, die zur Bekämpfung von Hautkrankheiten (Räude) mit Tabaklauge (Tabakbeize) gewaschen werden, schwer erkranken oder verenden, weil das gelöste Nicotin durch die Poren der Haut in den Körper einwandert. Wegen der hohen Giftigkeit des Nicotins sollten bei den Haustieren höchstens Waschungen mit 5 %igen Nicotinlösungen angewendet werden.
Für Gewohnheitsraucher oder solche, die es nicht mehr sein möchten, dürften folgende kleine Versuche von Interesse sein.

Versuche: Um die gelben Nicotinflecke von den Händen zu entfernen, wäscht man sie zunächst gründlich mit Seife und betupft sie dann mit einer Mischung, die aus gleichen Raumteilen 3 %igem Wasserstoffperoxid und 10 %iger Ammoniaklösung hergestellt wurde. Befeuchten mit 10 %iger Kalilauge (Vorsicht! Ätzt!) und gleichzeitiges Reiben mit feinem Bimssteinpulver (oder *Ata*) hat ähnliche Wirkung. Auch gründliche Behandlung mit *Abrador-Seife* führt meist zum Ziel. Bei diesen Verfahren wird die oberste gelbe Hautschicht beseitigt. Oft lassen sich Nicotinflecke auch mit einer feuchten Zitronenscheibe wegreiben. Man kann das Nicotin auch mit einer 3 %igen Kaliumpermanganatlösung zersetzen und den ausgeschiedenen Braunstein mit Natriumhydrogensulfit und etwas Säure entfernen.
Wer sich das Rauchen abgewöhnen möchte, kann eine Lösung des beim Fotografen erhältlichen Fixiernatrons (oder einer Kupfersulfatlösung) in die Spitzen von Zigarren und Zigaretten einspritzen und trocknen lassen. Beim Rauchen entsteht hierbei ein sehr unangenehmer Geschmack, der den Nicotingenuß verleidet. Die käuflichen Raucher-Entwöhnungsmittel enthalten vielfach Silbernitrat, Anästhesin, Tannin, Vitamine der B-Gruppe und Wasserstoffperoxid. Verschiedentlich wird auch Lobelin in kleinen Mengen empfohlen. Oft ist eine seelische Beeinflussung (Ablenkung, Hypnose, Suggestion) von Erfolg begleitet.

Nitrit

Das Natriumnitrit $NaNO_2$ wurde bekannt durch die zahlreichen mißbräuchlichen Anwendungen im Fleischereigewerbe, die etwa ab Januar 1958 durch die Presse in die Öffentlichkeit kamen. Ein behördlich genehmigtes, gesundheitlich unbedenkliches Nitritpärparat liegt im *Nitritpökelsalz* vor. Dieses ist nach dem Nitritgesetz in der Fassung vom 24. 2. 1982 ein ausschließlich aus Speisesalz und Natriumnitrit bestehendes, gleichmäßiges Gemisch, das höchstens 0,6 und mindestens 0,5 % Natriumnitrit enthält. Mit Nitritpökelsalz werden u. a. die folgenden Fleischwaren behandelt: Rohschinken, Lachsschinken, Kochschinken, Kasseler Rippchen, Eisbein, Rohwürste wie Salami, Cervelat, Mettwurst, Teewurst, Brühwurst aller Art, Leberkäs, Leber- und Blutwürste, größere Fleischstücke usw. Das Kochsalz wirkt hierbei fäulnisverhütend und konservierend; der kleine Nitritzusatz hat zur Folge, daß das Fleisch auch beim Kochen und bei längerer Aufbewahrung die rote Farbe beibehält und nicht unansehnlich grau oder braun wird. Überhöhte Nitritgehalte in Wurst- und Fleischwaren werden von den Lebensmitteluntersuchungsämtern beanstandet. Eine kolorimetrische Bestimmung von 0,05 bis 2 mg/l NO_2^- kann mittels Sulfanilsäure und 1-Naphtylamin, nach Griess-Ilosvay, erfolgen. Macherey-Nagel liefert die benötigten Reagenzlösungen.

Nur 1 Tropfen (one drop only)

Dies ist eine konzentrierte, aromatisch riechende Flüssigkeit, die Menthol, Pfefferminzöl, Benzoetinktur, 4-Hydroxybenzoesäuremethylester, Methyl- und Phenylsalicylat sowie Aromastoffe in wässerig-alkoholischer Lösung enthält. Zur Mundspülung verwendet man einen Tropfen der Lösung auf ein Glas warmes Wasser. Zweimaliger täglicher Gebrauch wirkt vorbeugend und heilend bei Gingivitiden, Stomatitiden, Paradentitiden, Zahnungsbeschwerden bei Kindern, Schlupfwinkel-Infektionen, entzündlichen Erscheinungen der Parodontose, Zahnfleischanämie, Wurzelkanalinfektionen usw. Auch bei kleineren Hautverletzungen verhindert diese Flüssigkeit durch Betupfen Infektionen und Entzündungen.

Ovulationshemmer (Pille)

Das wohl wichtigste Mittel zur Geburtenregelung sind die Ovulationshemmer, meist einfach *Pille* genannt. Die meisten Präparate enthalten eine Kombination der Hormone Östrogen und Gestagen. Bei einem regelmäßigen 28tägigen Zyklus muß die Pille spätestens am 5. Tag nach der Menstruation eingenommen werden. Wenn mit der Einnahme später begonnen wird, kann die bereits eingeleitete Eireifung u. U. nicht mehr verhindert werden. Unter der Wirkung von Östrogen und Gestagen entwickelt sich die Gebärmutterschleimhaut ähnlich wie unter normalen Bedingungen. Nach dem 24. Tag wird die Einnahme der Pille unterbrochen; 4 Tage später wird dann die Schleimhaut wieder abgestoßen (Entzugsblutung). Dadurch wird der Zyklus nachgeahmt. Der Effekt der Pille besteht darin, die Ovulation, d. h. die Ausstoßung des Eis aus dem reifen Follikel des Eierstocks zu verhindern. Dies ist aber nur dann gewährleistet, wenn man die Pille regelmäßig einnimmt.

Durch die Hormonpräparate wird die Frau in einen der Schwangerschaft ähnlichen Zustand versetzt. Deshalb treten manchmal Beschwerden auf, wie sie bei schwangeren Frauen festzustellen sind (Brustschmerzen, Übelkeit, Gewichtszunahme). Nach einiger Zeit gehen die unangenehmen Nebenwirkungen jedoch meist wieder zurück. Hinsichtlich der Langzeitwirkungen kommt eine umfangreiche Studie des Königlich-Britischen College für Allgemeinmedizin (1974) zu folgendem Schluß: „Zweifellos ist die Einnahme oraler Verhütungsmittel mit Nebenwirkungen verbunden, doch ist die Gefahr ernster Schädigungen gering."

Man unterscheidet zwei Haupttypen von Ovulationshemmern: *Sequenzpräparate* und *Kombinationspräparate*. Während die letzteren sowohl Gestagene und Östrogene in sich vereinigen und laufend während 20 bis 22 Tage eingenommen werden, enthalten bei den Sequenzpräparaten die Pillen der ersten Phase (14 bis 16 Tage) nur Östrogene und die der darauffolgenden Phase (5 bis 7 Tage) das Gemisch der Hormone. Darüber hinaus gibt es noch die Minipille, die die tägliche Einnahme einer sehr geringen Menge des Gestagens verlangt, sowie die Dreimonatsspritze, die nur aus Gestagen besteht.

Da die o. g. Stoffe den Hormonhaushalt einer Frau erheblich verändern, sollte die Anwendung der Ovulationshemmer nur unter ärztlicher Kontrolle erfolgen. Aus der großen Zahl von Präparaten wählt der Arzt das für die betreffende Frau geeignete Präparat aufgrund von Leitsymptomen aus (Prof. Lauritzen, Med. Welt. H. 11/1975).

Oxidation und Reduktion

Eine Oxidation findet statt, wenn zu einem Element oder zu einer chemischen Verbindung Sauerstoff hinzutritt, bei der Reduktion wird dagegen aus einer Verbindung Sauerstoff weggenommen. Des weiteren bezeichnet man auch mit Oxidation jeden Vorgang, bei dem vom einem Teilchen (Atom, Ion) Elektronen abgegeben werden. Diese von einem Teilchen abgegebenen Elektronen werden von einem anderen Teilchen aufgenommen. Elektronenaufnahme – Reduktion. Wenn Eisen an feuchter Luft liegt, so oxidiert es langsam, fast unmerklich. Blasen wir dagegen Eisenpulver in eine Gasflamme, so entsteht ein Funkenregen von rasch verbrennendem Eisen. Zucker wird im menschlichen Körper langsam oxidiert. Halten wir dagegen ein Würfelzuckerstück einige Zeit in eine Flamme, so verbrennt es wesentlich schneller. Sauerstoffreiche Chemikalien, welche ihren Sauerstoff leicht an andere Stoffe abgeben, werden als Oxidationsmittel bezeichnet. Wenn Sauerstoff in einen anderen Stoff eingeführt wird, führt dies meist zu einer grundlegenden Änderung im Aussehen, in der chemischen Beschaffenheit, in der Färbung und im Geruch der oxidierten Substanz. Die Oxidationen spielen deshalb beim Bleichen, Entfärben, Verbrennen, bei der Desinfektion, Geruchszerstörung usw. eine wichtige Rolle. Reduktionsvorgänge sind vor allem bei der Metallgewinnung von Bedeutung.

Versuch: Erhitze im Prüfglas ein Gemisch von Bleioxid und Holzkohle. Nach einiger Zeit bekommt man flüssiges Blei, während gasförmiges Kohlendioxid entweicht. Das Bleioxid wurde reduziert, der Kohlenstoff oxidiert. Weil bei diesem Vorgang Reduktion und Oxidation miteinander gekoppelt auftreten, spricht man von einem **Redoxvorgang**. Redoxvorgang = Elektronenverschiebung.

Penicillin

Der Name ist von *Penicillium notatum*, einem Schimmelpilz, hergeleitet, aus dem man dieses Heilmittel gewinnt. Insgesamt können 29 Penicillium- und 12 andere Pilzarten diesen Stoff synthetisieren. Das am häufigsten verwendete Penicillin G Natrium hat die Bruttoformel $C_{16}H_{17}O_4N_2S$ Na. Penicillium G bildet in reinem Zustand farblose, bittere Kristalle. Obwohl die Synthese von Penicillin im Laboratorium möglich ist, zieht man die Gewinnung aus Pilzkulturen aus wirtschaftlichen Gründen vor. Unter den ca. 4000 Antibiotica ist Penicillin das wichtigste und am wenigsten giftige Produkt. Es wirkt gegen Staphylokokken, Streptokokken, Gonokokken, Spirochäten usw. Die Heilkraft des Penicillins dürfte etwas nachlassen, da inzwischen neue resistente Bakterienmutationen aufgetreten sind. Allerdings nimmt die Antibiotica-Empfindlichkeit der Bakterien wesentlich langsamer ab, als man früher befürchtete (nach H. Hackl, Med. Welt 1963, S. 1472); deshalb ist Penicillin auch heute noch wirksam.

Pottasche (Kaliumcarbonat)

Weiße, körnige Masse, die an der Luft Wasser anzieht. Formel: K_2CO_3. Nachweis des Kaliums und der CO_3^{2-}-Gruppe nach S. 19 und 26. Verwendung: Fotographie,

Backpulver, zur Herstellung von Ätzkali, in der Bleicherei, Färberei u. dgl. Früher sammelten die Hausfrauen die Holzasche in großen Töpfen (Pötte) und gaben Wasser dazu, das die Pottasche auflöste. Die alkalisch reagierende Flüssigkeit wurde zum Waschen benutzt. Stelle aus Zigarrenasche nach obigem Verfahren Pottasche her.

Propan, Flüssiggas, Erdgas

Das Propan ist ein Kohlenwasserstoff von der Formel $CH_3-CH_2-CH_3$. Es ist ein farbloses, geruchfreies, ungiftiges Gas, das bei $-190\,°C$ erstarrt und bei $-45\,°C$ siedet. Es fällt gegenwärtig in großen Mengen bei der Erdölraffination und beim Cracken an. Bei Anwesenheit von Sauerstoff verbrennt es zu Kohlendioxid und Wasserdampf. Dabei entsteht viel Wärme. 1 kg Propan gibt 46930 kJ ab, das entspricht etwa dem Heizwert von 3,14 m^3 Leuchtgas. 1 m^3 Propan wiegt bei 0 °C und 1013 mbar Druck rund 1,8 kg; 1 l des verflüssigten Propans dagegen 0,511 kg. Propan ist feuergefährlicher als Benzin. Gemische aus Luft und 2,1 bis 9,5 % Propan sind explosiv. Das Propan läßt sich schon durch verhältnismäßig niedere Drucke verflüssigen und in Stahlflaschen pressen.
Zusammensetzung von Flaschengas: Zumeist ca. 80 % Propan, Rest hauptsächlich Butan C_4H_{10}, etwas Ethan, Ethylen, Propylen, Butylen u. dgl. Alle diese Kohlenwasserstoffe haben ähnliche Heizkraft.
Vor einigen Jahren wurden große Vorkommen von Erdgas (*Naturgas*) in Deutschland und Holland entdeckt. Man schätzt die Vorräte in Holland auf 2010 Milliarden m^3, die in der Bundesrepublik auf 290 Milliarden m^3. Im Jahre 1984 wurden bereits 13,6 Milliarden m^3 in der BRD gefördert. Zusammensetzung: 81,8 % CH_4, 3,37 % andere Kohlenwasserstoffe, 14 % N_2, 0,77 % CO_2, 0,06 % He. Das Erdgas ist ungiftig (ohne Kohlenmonoxid) und hat einen fast doppelt so hohen Heizwert wie das Kokereigas (35200 kJ/m^3 gegenüber 19280 %kJ/m^3). Erdgas benötigt bei der Verbrennung die doppelte Luftmenge, deshalb sind entsprechende Umstellungen an den Gasgeräten, erforderlich. Der Zündbereich und damit auch der Explosionsbereich ist bei Erdgas nur halb so groß wie bei Kokereigas. Bei Erdgas besteht daher geringere Explosionsgefahr. Dem geruchlosen Erdgas wird Tetrahydrothiophen als Geruchsstoff zugesetzt. Dadurch kann man leicht feststellen, wo Gas unbemerkt ausströmt.

Was tun bei Gasgeruch?

- Alle Flammen löschen; Fenster und Türen öffnen.
- Die Absperreinrichtungen am Gaszähler oder die Hauptabsperreinrichtungen im Keller schließen.
- Räume, in denen sich Gasgeruch bemerkbar macht, nicht mit offenem Licht betreten. Streichholz, Feuerzeug, Taschenlampe nicht anzünden. Nicht rauchen.
- Elektrische Schalter und Klingel nicht betätigen. Störungen oder Schäden an Gasanlagen nicht selber beseitigen.

Rasiersteine

Rasiersteine sind rechteckige, eisartig aussehende Stücke von geschmolzenem Alaun mit geringen Beimengungen von Glycerin, Wasser, Menthol u. ä. Betupft man verletzte Hautstellen einige Zeit mit dem Rasierstein, so hört das Bluten auf, da Alaun Bluteiweiß zum Gerinnen bringt.

Versuch: Löse ein Stück Rasierstein in heißem Wasser auf und lasse das Wasser langsam verdunsten – Kristallbildung! Bringe eine Spur Rasierstein in die Flamme und beobachte durch das Cobaltglas! Karminrote Färbung zeigt Kalium an. Mit einem Papierstreifen weist man nach S. 21 Aluminium nach. In etwas aufgelöstem Rasierstein wird nach S. 25 f. mit Bariumchlorid die SO_4^{2-}-Gruppe festgestellt. Alaun, der Hauptbestandteil des Rasiersteins, hat die Formel $KAl(SO_4)_2 \cdot 12\ H_2O$. Daß Alaun auch Eiweiß zum Gerinnen bringt, zeigt folgendes Experiment: Wir schlagen ein frisches Hühnerei auf und lassen das gallertartige Eiweiß in ein Gefäß fließen. Bei Zusatz einer Alaunlösung (Umschütteln!) gerinnt es zu einer weißen Masse zusammen. Wird der Rasierstein gegen kleine Wunden gedrückt, so gerinnt das Eiweiß des Blutes ebenfalls und erzeugt damit einen wirksamen Wundverschluß.

Reinigungsmittel

Reinigungs- oder Putzmittel (s. a. „Reinigungsverfahren" und „Fleckenreinigung") werden in Drogerien, Kaufhäusern usw. in steigendem Umfang für die verschiedensten Zwecke verkauft. Man unterscheidet dabei:

1. **Reinigungsmittel in Pulverform**. Zur Reinigung von Metallen verwendet man häufig Pulver aus Schlämmkreide, Eisenoxid, Kieselgur u. dgl. Für Messing empfiehlt sich z. B. folgende Mischung: 2 Teile Kieselgur, 1 Teil Weinsäure, 1 Teil Schlämmkreide und 1 Teil Eisenoxid (Pariserrot). Beim Putzen von Fensterscheiben leistet eine Mischung von 2 Teilen Schlämmkreide, 2 Teilen weißem Ton und einem Teil Kieselgur gute Dienste. Zum Reinigen von Gegenständen aus Metall, Glas, Marmor, Holz, Stein und Porzellan kann man auch *Ata*, *Vim* oder ähnliche Putzpulver verwenden. Viele moderne Scheuerpulver sind aus feingemahlenem Sand, etwas schaumbildender, waschaktiver Substanz (Alkylarylsulfonat) und Phosphat zusammengesetzt.
Das Universalreinigungsmittel **Imi** enthält organische, schaumbildende Substanz, Soda, Wasserglas und Trinatriumphosphat Na_3PO_4. Trinatriumphosphat wirkt durch Abspaltung von verdünnter Natronlauge emulgierend auf fettige und ölige Verunreinigungen ($Na_3PO_4 + H_2O \rightarrow Na_2HPO_4 + NaOH$). Daher wurde das teure Phosphat im 2. Weltkrieg öfters durch billigere und häufigere alkalische Stoffe (z. B. durch ein Gemisch aus 90 Teilen wasserfreier Soda, 9 Teilen Metasilicat und 1 Teil Ätznatron) ersetzt. Heute finden neben Trinatriumphosphat noch zahlreiche weitere Phosphate (Metaphosphate, Diphosphate, Polyphosphate, Komplexphosphate usw.) in Reinigungsmitteln und Waschmitteln Verwendung. Sie wirken wasserenthärtend, eisenbindend, netzend und emulgierend.
Weise in Imi Natrium (s. S. 8), Phosphate (s. S. 26 f) und Carbonate (s. S. 26) nach. Beim

Phosphatnachweis ist zu beachten, daß Imi reichlich Soda enthält, das die Salpetersäure des Ammoniummolybdats rasch neutralisiert (Aufschäumen), daher wenig Imi und viel Ammoniummolybdat verwenden. Imi reagiert stark alkalisch. Die Schaumbildung und Verkohlung einer kleinen Imi-Probe (Verbrennungsgeruch) lassen auf organische Substanz (Seife, synthetische Waschrohstoffe?) schließen. Die Wirkungsweise dieser Reinigungsmittel lernen wir in folgenden **Versuchen** kennen:

In zwei Probiergläser bringen wir je eine Messerspitze Imi-Pulver. Dann füllen wir das erste mit destilliertem, das zweite dagegen mit gewöhnlichem Leitungswasser, schütteln um und erhitzen beide. Im ersten Probierglas löst sich das Pulver beim Erwärmen klar auf, im zweiten entstehen dagegen viele weiße Flöckchen, die allmählich nach unten sinken. Die Flocken bestehen aus unlöslichem Calciumphosphat, das sich aus dem Natriumphosphat des Imi und dem gelösten Kalk bzw. Gips des Wassers bildet. Gießt man den klaren Inhalt von Probierglas I in hartes Leitungswasser, so entsteht ebenfalls eine Trübung aus Calciumphosphaten.
Geben wir zum zweiten Probierglas etwas Seifenwasser, so bildet sich nach dem Umschütteln viel rascher Schaum als beim gewöhnlichen, nicht mit Imi behandelten Leitungswasser. Erklärung: Imi hat den im Wasser gelösten Kalk und Gips niedergeschlagen; diese konnten sich deshalb nicht mehr mit der Seife zu nicht schäumender, nicht reinigender Kalkseife verbinden, wie es sonst der Fall ist (s. a. S. 281).
Wir verunreinigen zwei Probiergläser mit Fett bzw. Öl. Das erste wird mit Leitungswasser, das zweite mit Leitungswasser, dem man eine Messerspitze Imi beigemischt hat, erhitzt. Nach dem Ausgießen des Wassers hängt an den Wänden des ersten Glases noch viel Fett; das zweite ist fettfrei. Erklärung: Das im Imi enthaltene Natriumphosphat emulgiert Fett, das heißt, es verwandelt dieses in kleine, leicht zu entfernende Tröpfchen.
Wir füllen 2 Probiergläser je 5 cm hoch mit destilliertem Wasser, geben in jedes noch 1 bis 2 Tropfen Olivenöl o. dgl., fügen zum Probierglas II außerdem noch etwa 1 cm^3 einer konzentrierten, wässerigen Imi-Lösung und schütteln beide Probiergläser etwa 20mal kräftig um. Einige Minuten später betrachten wir die beiden Probiergläser gegen das Licht. Man erkennt dann, daß der Inhalt von II viel dichter und undurchsichtiger aussieht. Hier wurde ein erheblicher Teil des Öls durch die emulgierenden Stoffe des Imi in eine stabile, leicht abspülbare Emulsion verwandelt. Bringt man einen Tropfen dieser Emulsion auf einer Glasplatte unter das Mikroskop, so sieht man bei etwa 100facher Vergrößerung viele kleine, ziemlich beständige Ölkügelchen, während die Öltröpfchen von Reagenzglas I schnell zusammenfließen und nach oben steigen. Stelle ähnliche Versuche mit dem Universal-Abwasch-, Wasch- und Reinigungsmittel **REI** an. Die zum Abwaschen, Spülen und Reinigen verwendbaren Reinigungsmittel Imi und REI sind wasserlöslich, dagegen enthalten die nunmehr zu besprechenden Reinigungspulver im engeren Sinne unlösliche, scheuernde Bestandteile.

Vim bleichaktiv (Lever Sunlicht GmbH, Hamburg) reagiert alkalisch. Die Schaumbildung beim Umschütteln mit Wasser weist auf waschaktive synthetische Stoffe hin. Der unlösliche Bodensatz bildet unter dem Mikroskop glasartige Körnchen von verschiedener Gestalt. Offenbar handelt es sich hier um sehr fein gemahlenen, scheuernd wirkenden Quarz. Die weiße Trübung, die beim Umschütteln mit Wasser entsteht und zum Teil durch Filter geht, könnte auf *Neuburger Kreide* (feiner, kalkreicher Ton, der öfters als Putzmittel verwendet wird) hinweisen. Vim wird ähnlich wie Ata und andere Scheuerpulver in Küche und Haus zum Reinigen und Polieren von Töpfen, Pfannen, Messern, Geschirr, Herdplatten usw. verwendet. Man stäubt etwas Vim auf einen feuchten Lappen und verreibt diesen auf dem zu reinigenden Gegenstand; am Schluß wird mit Wasser abgespült. Vim bleicht und desinfiziert. Rotes Lackmuspapier wird zunächst gebläut, später langsam entfärbt. Kaliumpermanganatlösung im Probierglas wird rasch von etwas Vim gebleicht. Weise in Vim Carbonat und Phosphat nach.

Ajax (schäumendes Putzmittel mit Halogen-Bleiche) (Colgate-Palmolive, Hamburg) ist ein weißes, chlorartig riechendes Pulver zum Reinigen von Badewannen, Spülbekken u. dgl. Bringe in ein Probierglas eine etwa erbsengroße Menge Ajax-Pulver, fülle zur Hälfte mit Wasser und schüttle um! Starke Schaumentwicklung auch bei Anwendung von viel hartem Wasser oder Säurezusatz (waschaktive Stoffe). Rotes Lackmuspapier wird gebläut. Die milchige Trübung setzt sich allmählich am Boden des Probierglases ab. Eine Spur des Bodensatzes läßt unter dem Mikroskop viele feine Quarzkörnchen (Scheuersand) erkennen.

Ata extra fein (Henkel, Düsseldorf) ist ein Scheuerpulver, das ähnlich wie Vim verwendet wird. Mit Wasser umgeschüttelt tritt Schaumentwicklung auf (Zusatz von waschaktiven Substanzen). Bei Säurezusatz wird etwas Kohlendioxid frei (Soda). Die alkalische Reaktion weist ebenfalls auf Soda hin. Schüttelt man Ata mit viel Wasser um, so lösen sich die wasserlöslichen Bestandteile auf, und am Boden sammelt sich das unlösliche Scheuerpulver an, das unter dem Mikroskop bei etwa 100facher Vergrößerung ähnlich wie der unlösliche Vim-Rückstand aussieht.

Jumbo (Thomson-Siegel, Köln), das selbsttätige Herdputzmittel, ist ein grauweißes, in Streudosen gehandeltes Pulver; sodafrei (mit Salzsäure keine Gasentwicklung), frei von Schaumstoffen (beim Umschütteln mit Wasser keine Schaumentwicklung), salmiakfrei (mit konzentrierter Natronlauge keine Ammoniakentwicklung). Reaktion deutlich sauer (organische Säure oder saures Salz?). Filtriere eine Aufschwemmung von Jumbo und füge zum klaren Filtrat Kalkwasser (weißer Niederschlag). Untersuche den gröberen, grauen Bodensatz einer Jumbo-Aufschwemmung unter dem Mikroskop bei ca. 100facher Vergrößerung (viele unregelmäßige Quarzkörnchen). Jumbo besteht wohl im wesentlichen aus einem gröberen Sandpulver, aus feinem, weißem, schmutzadsorbierendem Ton und einer rostauflösenden organischen Säure.

dor-Pulver (Henkel) ist ein hellgrün gefärbtes, leichtlösliches, neutrales Kugelpulver aus Phosphaten und einer Kombination verschiedener synthetischer, waschaktiver Substanzen. Man reinigt damit nach der *Abwischmethode* (verschmutzte Fläche mit Lappen abwischen, der in dor-Lauge getaucht und dann gut ausgewrungen wurde, kein Nachwischen oder Trockenreiben) alle Gegenstände, die eine feuchte Behandlung vertragen, so z. B. Glas, Kacheln, Porzellan, Stein, Kunststoffe usw.

Andy „mit Salmiak“ (Lever Sunlicht, Hamburg) ist ein neues Haushaltsreinigungsmittel aus Salmiak (Ammoniak-Lösung), Detergentien, Polyphosphaten, Soda und Borax. Das wasserlösliche Pulver wird in das Aufwischwasser gegeben; Nachwischen und Trockenreiben entfallen. Ammoniumnachweis nach S. 23.

Ein Reinigungsmittel zum Geschirrspülen könnte man sich durch Vermischen von 60 Teilen Bimssteinmehl, 30 Teilen Seifenpulver und 10 Teilen Trinatriumphosphat Na_3PO_4 oder Natriummetaphosphat leicht selbst herstellen.

2. Putzflüssigkeiten und -cremes. Die Putzflüssigkeiten werden meist zur Reinigung von Metallen, Kunststoffen, Holz und Glas verwendet. Man schüttelt die Flüssigkeit um (damit sich der unlösliche Bodensatz von Kaolin, feinem Quarzmehl u. dgl. verteilt), bringt ein wenig von der Putzflüssigkeit auf einen trockenen Lappen, reibt den Gegenstand gründlich ab und poliert dann.

Versuche: Halte einen feuchten roten Lackmuspapierstreifen über die Mündung einer **Sidolflasche** (Bläuung, Ammoniakgeruch). Viele Putzflüssigkeiten enthalten Ammoniak, denn in alkalischer Lösung werden die Metalle am wenigsten angegriffen. Das Ammoniak verdunstet nach der Benützung der Putzflüssigkeit. Erhitze eine Probe Sidol auf dem Porzellanscherben. Nach Verdampfung der Flüssigkeit entsteht längere Zeit ein weißer Rauch, ähnlich wie bei der Salmiakvergasung; eine wesentliche Verkohlung des Rückstandes ist nicht festzustellen, also nur wenig organische Substanz. Schüttelt man im Probierglas ca. 5 cm^3 Sidol mit der gleichen Menge Wasser, so entsteht etwas Schaum (Seife, synthetische Waschrohstoffe?). Die stark milchige Trübung wird von sehr feinem, mild scheuerndem, nicht schrammendem, schmutzadsorbierendem Ton hervorgerufen, der zum Teil als Kolloid vorliegt und daher durch das Filtrierpapier wandert. Organische Lösungsmittel sind nicht in größerem Umfang festzustellen; Sidol ist nicht feuergefährlich und nicht entflammbar. Bei Salzsäurezusatz beobachtet man keine Gasentwicklung, also keine Soda, keine Schlämmkreide. Bei rund 100facher Vergrößerung sieht man unter dem Mikroskop noch keine Sand- oder Quarzkörnchen. (Hersteller: Thompson-Siegel, Köln)
Sidol spezial ist eine schwach saure Metallpolitur. Sie eignet sich für die Pflege von verchromten Flächen sowie von CERAN-Glaskeramik. Das Produkt enthält nichtionische Tenside, Spezialbenzin, eine schwache organische Säure; pH-Wert 2,8.

Die Reinigungs- und Poliercreme **Centralin** (Centralin-Ges., Mettmann) ist eine grauweiße Tubencreme zur Pflege von Silber, Glas, Gold, Chrom, Nickel, Messing, Kupfer, Aluminium u. dgl. Geruch: ammoniakalisch. Rotes Lackmuspapier wird im Gasraum über Centralin gebläut, ein Salzsäuretropfen am Glasstab gibt weißen Ammoniumchloridrauch (Ammoniakreaktion, s. S. 23). Beim Umschütteln einer Centralinprobe mit destilliertem Wasser entsteht kaum Schaum – also keine wesentlichen Mengen von Seife oder waschaktiven Stoffen. Bei Säurezusatz keine CO_2-Entwicklung, also Soda, Natron, Schlämmkreide u. a. Carbonate abwesend. Beim Umschütteln mit Wasser entsteht eine stark milchige Trübung, die z. T. durchs Filter geht (Neuburger Kreide?), z. T. zu Boden sinkt (Scheuerpulver?).
Der Allesreiniger **Meister Proper** (Procter und Gamble) enthält Wirkstoffe, die den Schmutz von abwaschbaren Flächen lösen (anionische und nichtionische Tenside und Phosphate), sowie u. a. Ammoniak, Duftstoffe und Farbstoffe. Bringe in ein Probierglas 2 cm^3 des Reinigungsmittels und dazu hartes Wasser.
Der Haushaltsreiniger **Der General** (Henkel) ist für alle abwaschbaren Flächen und Gegenstände aus Glas, Holz, Kunststoff, Stein, Keramik und Emaille geeignet. Prüfe mit dem Universalindikator den pH-Wert. Bringe zu etwas Wachs oder Öl im Probierglas etwas von diesem Putzmittel. Es entsteht eine Emulsion. Das Putzmittel enthält Tenside mit hohem Emulgiervermögen und Bio-Alkohol, der als Lösungsmittel für Öle und Harze dient.
Dor flüssig (Henkel) ist neutral eingestellt. Dadurch werden Gegenstände und Hände geschont.

3. Putzwatte. Diese erhält man z. B., wenn man Watte mit Ölsäure und Eisenoxid (Pariserrot) durchtränkt und nach dem Trocknen wieder auflockert. In ähnlicher Weise erhält man auch Putztücher (Wollstoff verwenden!). Zum Reinigen von Aluminiumgeräten, Linoleumböden, empfindlichen Holzböden usw. kann man auch die feinfädige Stahlwolle verwenden, die durch gute Scheuerwirkung ausgezeichnet ist. Die zylindrischen *Abrazo-Flips* (Abrazo-Aluminium-Reiniger GmbH., Köln) bestehen aus feiner, dichter Stahlwolle mit einem Seifenüberzug. Schüttelt man eine kleine Menge davon im Probierglas mit Wasser, so entsteht Seifenschaum; Reaktion schwach alkalisch; beim Umschütteln mit hartem Wasser milchige Trübung und verzögerte Schaumbildung.

Reinigungsverfahren

Die Reinigung (s. a. „Fleckenreinigung") von Tuch, Glas, Holz, Metall, Stein usw. kann erfolgen:

1. Auf mechanischem Wege durch Reiben, Schleifen, Bürsten, Feilen, Schaben, Polieren usw.
2. Auf chemischem Wege durch Anwendung chemischer Reinigungsmittel.
3. Durch eine Vereinigung von mechanischen und chemischen Verfahren.

An dieser Stelle wollen wir uns vor allem mit den chemischen Reinigungsmethoden beschäftigen.

Die **Reinigung von Textilien** ist im Abschnitt „Wasch- und Bleichmittel" näher ausgeführt.

Reinigung von Glas

Fette und Öle werden mit Benzin, Trichlorethylen (*Fips*) oder Trichlorethan herausgelöst. Das Verfahren ist unter Umständen mehrfach zu wiederholen. Oft führt auch längeres Umschütteln mit *Imi*-Lösung, warmem Seifenwasser oder Auskochen mit Natronlauge (Vorsicht! Schutzbrille! Gefäß vom Gesicht abkehren!) bzw. Sodawasser zum Ziel.

Verkohlende, zäh am Glas haftende **Überreste** entstehen oft, wenn wir z. B. die trockene Destillation von Holz- oder Kohlestückchen im Probierglas vorführen. In diesem Fall gibt man etwas Natriumnitrat (= Salpeter) ins Glas und erhitzt vorsichtig. Das Probierglas muß natürlich mit dem Probierglashalter angefaßt oder noch besser in ein Stativ gespannt werden. Die Probierglasmündung ist vom Gesicht abzukehren. Bald fängt das Natriumnitrat (= Salpeter) zu schmelzen an, und die anhaftende Kohle wird unter kleinen Explosionserscheinungen weggebrannt. Durch geschicktes Drehen und Neigen des Glases kann man so den ganzen Kohleüberzug beseitigen. Nach dem Erkalten muß die übrigbleibende weiße Salzkruste noch mit Wasser herausgelöst werden. *Erklärung*: Kaliumnitrat ist ein starkes Oxidationsmittel, das heißt, es gibt viel chemisch gebundenen Sauerstoff ab, der die Kohle – geradeso wie im Schwarzpulver – fast augenblicklich zu Kohlendioxid verbrennt.

Kalkwasser, Kalkmilch, Natronlauge und **Kalilauge** hinterlassen oft weiße Krusten. Diese können mit verdünnten Säuren (z. B. Essig, Salzsäure) leicht entfernt werden. Zwischen Natronlauge und Salzsäure spielt sich dabei folgende Reaktion ab: NaOH

+ HCl → NaCl + H_2O. Ist die Lauge unter dem Einfluß des Luftkohlendioxids bereits in Soda übergegangen, so ist die Gleichung folgendermaßen zu schreiben: Na_2CO_2 + 2 HCl → 2 NaCl + H_2O + CO_2.
Kesselstein ist ein Gemenge von Kalk, Gips, Magnesiumcarbonat, Silicat, Eisenoxid usw. Er entsteht, wenn in einem Gefäß längere Zeit Leitungswasser verdunstet oder verdampft. Kesselstein ist mit verdünnter Salzsäure leicht zu entfernen. *Erklärung*: Kesselstein besteht hauptsächlich aus Kalk; dieser wird von Salzsäure aufgelöst nach der Gleichung: $CaCO_3$ + 2 HCl → $CaCl_2$ + H_2O + CO_2.
Berlinerblau entsteht beim chemischen Nachweis des Eisens. Gießt man die Farbe nach einiger Zeit weg, so haftet an den Glaswänden oft noch etwas Berlinerblau, das sich mit Wasser und verdünnten Säuren kaum entfernen läßt. Hier hilft Natronlauge fast augenblicklich. *Erklärung*: Berlinerblau ist ziemlich säurebeständig; es wird aber durch Laugen leicht zu Eisenhydroxid usw. zersetzt.
Kaliumpermanganat hinterläßt in den Glasgefäßen oft einen schwer zu beseitigenden Überzug von Braunstein. Dies beobachtet man fast regelmäßig bei der Sauerstoffdarstellung aus Kaliumpermanganat und Wasserstoffperoxid, bei längerem Aufbewahren von Kaliumpermanganatlösungen oder bei der Chlorgewinnung aus Kaliumpermanganat und Salzsäure. Der Braunsteinüberzug ist spielend zu entfernen, wenn man etwas Salzsäure und Natriumhydrogensulfit auf die verunreinigten Stellen bringt. Statt reinem Natriumhydrogensulfit kann man auch das vom Fotographieren her bekannte Fixiersalz nehmen. Erklärung: s. S. 111.
Beim **Phosphatnachweis mit Ammoniummolybdat** bleibt am Probierglas oft ein gelber Überzug haften. Dieser ist durch verdünnte Natronlauge leicht zu entfernen.
Überzüge von **Kupfer(I)-oxid** Cu_2O entstehen, wenn Traubenzucker mit der Fehlingschen Lösung nachgewiesen wird. In diesem Fall hilft etwas verdünnte Salzsäure. *Erklärung*: Das unlösliche Kupfer(I)-oxid wird durch die Salzsäure in lösliches Kupferchlorid verwandelt.
An der Glaswand haftende Überreste von nichtfettiger, organischer Substanz, wie **Stärkekleister, Teig, Milch, Eiweiß** usw., zersetzen sich allmählich, wenn man in das Gefäß konzentrierte Schwefelsäure einfüllt (Vorsicht! Zerfrißt Kleider und Haut!) und einige Stunden stehenläßt. Reste organischer Stoffe lassen sich auch mit den im Haushalt verwendeten Spülmitteln entfernen. Zur Beseitigung von hartnäckigen Verschmutzungen wird das Reinigungsmittel *EXTRAN* (Merck) empfohlen. Man legt die verschmutzten Gläser einige Tage in eine 1 %ige Lösung.
Zur **Reinigung von Fenstern** wird ein Fensterputzpulver empfohlen, das aus 4 Teilen Schlämmkreide, 2 Teilen Kieselgur und 2 Teilen weißem Ton besteht. Die Kieselgur wirkt dabei infolge ihrer Härte stark abscheuernd, die anderen Bestandteile binden die Schmutzteile an sich. Die flüssigen Fensterreinigungsmittel sind meist verdünnte Lösungen von waschaktiven Substanzen (Alkylsulfate oder Alkylarylsulfonate) in verdünntem Alkohol oder Isopropylalkohol.

Reinigen von Metallen
Viele Metalle können rein mechanisch durch scheuernde Pulver (wie Sand, Schmirgel), Scheuerrohre, Stahlwolle, Bälle aus Kupfer- und Zinkspänen, Baumwolltücher mit eingeflochtenen Kupferfäden usw., gereinigt werden. In anderen Fällen empfehlen sich chemische Verfahren, von denen im folgenden einige aufgeführt werden sollen:

Reinigung von Gold. Chemisch reines Gold verändert sich nicht; es kann höchstens im Laufe der Zeit oberflächlich beschmutzt werden. Da aber das reine Gold zu weich wäre, um zu Schmucksachen und Gebrauchsgegenständen aller Art verwendet werden zu können, legiert man es mit kleinen Mengen Silber und Kupfer. Da die letztgenannten Metalle mit Schwefelwasserstoff (Hydrogensulfid), Schwefel und manchen festen oder gelösten Schwefelverbindungen allmählich dunkle Verbindungen von Silbersulfid Ag_2S bzw. Kupfersulfid CuS eingehen, können auch Goldlegierungen im Laufe der Zeit unter dem Einfluß von Chemikalien, menschlichem Schweiß, Badezusätzen, Puder usw. mehr oder weniger stark nachdunkeln. Goldene Ringe, Armbänder usw. sollen aus diesem Grunde beim Waschen, Hantieren mit Speisen, Arzneimitteln usw. stets abgelegt werden. Matt gewordene Goldwaren sind folgendermaßen zu reinigen: Man verrührt 240 g Natron $NaHCO_3$, 100 g Chlorkalk und 60 g Kochsalz in 1 l Regen- oder destilliertem Wasser. In dieser erwärmten Mischung werden alle Goldgeräte so lange aufgehängt, bis sie völlig blank sind. Danach spült man sie mehrfach mit Wasser ab.

Silber. Silber ist besonders vor Schwefel und Schwefelverbindungen zu schützen, da es sich mit denselben zu dunklem Silbersulfid Ag_2S verbindet. Werden Silbergeschirre mit Eierspeisen, Fisch u. ä. zusammengebracht, so „laufen sie an", das heißt, es entsteht ein unschöner, gelblicher bis brauner Überzug von Silbersulfid. Versilberte oder silberne Bestecke sollen auch nicht mit weißer Wolle in Berührung kommen, da diese meist mit Schwefelverbindungen gebleicht wurde. Zur Reinigung von Silberwaren eignen sich Ammoniak-Lösung, Zigarrenasche, heiße, konzentrierte Boraxlösungen, 20%ige Fixiernatronlösung, etwa 7%ige wässerige Thioharnstofflösung, 10%ige Schwefelsäure, Silberputzseifen, *Delu-Silber-Reinigungspulver* und *Delu-Silberputztücher* (Hans Becker, Bad Honnef).

Zinn. Alte Zinnsachen kocht man in Sodawasser und scheurt sie dann mit Schachtelhalmen (= Zinnkraut = Scheuerkraut = Equisetum arvense), die vorher in Sodawasser eingeweicht wurden. Das Zinnkraut enthält im Innern ein feines Gerüst von harter Kieselsäure, welche die vom Sodawasser aufgeweichten Verunreinigungen des Zinns wegreibt. Man kann die Zinngeräte auch mit feinem, weißem Sand abreiben, der mit etwas Essig angefeuchtet wurde. Zum Schluß müssen die betreffenden Stellen mit einem trockenen Lappen poliert werden.

Messing und Kupfer. Dunkler Kupferrost kann mit Essig oder verdünnter Salz- bzw. Schwefelsäure leicht weggerieben werden – Lappen mit Säure tränken! Mit dunkel gewordenem Pfennigstück ausprobieren! Nachher sind auch die kleinsten Säurereste peinlichst genau zu entfernen, da sonst das Kupfer schnell wieder zu rosten anfängt. *Erklärung*: Kupferrost (= Kupferoxid) verwandelt sich bei Säurezusatz in wasserlösliche und deshalb leicht abreibbare Salze. Beim Reinigen mit Salzsäure bildet sich z. B. Kupferchlorid nach der Gleichung: $CuO + 2\,HCl \rightarrow CuCl_2 + H_2O$. Einfache Reinigung von Messing, Kupfer und Bronze mit Ammoniak-Lösung (10%ig). Diese Lösung wandelt Oxide, Sulfide usw. in lösliche Ammoniumverbindungen um.

Eisen und Stahl. Rostflecke auf Eisengegenständen entfernt man durch Abreiben mit feinem Schmirgel und etwas Öl unter Anwendung eines Flaschenkorks; bequemer sind die käuflichen Putzpulver und Putzflüssigkeiten.

Aluminium. Ein gutes Putzmittel ist die sehr billige, für diesen Zweck besonders hergestellte Stahlwolle (z. B. *Abrazo*). Weiterhin können angewendet werden: Bürsten mit Bronzedrahtbürsten, Scheuern mit Bimssteinpulver, Seife, Schlämmkreide

usw. Behandlung mit verdünnter Boraxlösung, der wenig Ammoniak-Lösung beigemischt wurde (s. S. 45).
Verchromte Gegenstände. Meist genügt Seife und Wasser. Geeignet ist auch ein Gemisch aus 4 Teilen Chromoxid und 1 Teil Kieselgur.
Reinigen von Marmor. Tintenflecke werden mit Kleesalz beseitigt (s. S. 109). Gegen Fette und Öle verwendet man Magnesiumoxid und Benzin (s. S. 106 f.). Andere Verunreinigungen können mit Petroleum, Terpentinöl, Sodawasser, Bimsstein, Wasserstoffperoxid, verdünnter Ammoniak-Lösung und Chlorkalk behandelt werden. Auf Alabasterfiguren bringt man z. B. eine 1 cm dicke Paste aus MgO (oder weißem Ton) und Trichlorethan, zuletzt wird die Figur mit 3 %igem Wasserstoffperoxid eingepinselt. Keine Säure verwenden!
Reinigen von Linoleum. Gründliches Bürsten mit lauwarmer Seifenbrühe, hierauf sorgfältiges Trocknen und Einwachsen. Da Linoleum zum Teil aus verfestigtem Leinöl besteht, dürfen zur Reinigung keine öllösenden Stoffe (Soda, sodahaltige Seife, Natronlauge u. dgl.) verwendet werden.
Reinigen von Leder. Lederhandschuhe werden mit einem Brei, bestehend aus 35 g Chlorkalklösung, 45 g geschabter Seife, 3 g Ammoniak-Lösung und 60 g Wasser behandelt. In diesem Fall wirkt besonders der Chlorkalk schmutzzerstörend; Seife und Ammoniak-Lösung bringen anhaftendes Fett in Lösung.

Rost und Rostschutz

Eisen, Magnesium, Aluminium, Zink und andere Metalle überziehen sich an der Luft oder im Wasser ziemlich rasch mit dünnen Oxidhäutchen. Bei Magnesium, Aluminium und Zink ist die Oxidschicht undurchlässig; sie schützt daher die tieferen Metallschichten vor weiterem Zerfall. Das Eisen bildet dagegen lockere, luftdurchlässige, wasserhaltige Oxide; deshalb wird es unter Sauerstoff- und Feuchtigkeitsaufnahme allmählich zu unbrauchbaren, graugelben Massen, dem Eisenrost, zerfressen. Die Zusammensetzung des Eisenrostes ist starken Schwankungen unterworfen; sie entspricht der allgemeinen Formel $x \cdot FeO$, $y \cdot Fe_2O_3$, $z \cdot H_2O$.
Die beim Rosten eintretende Gewichtszunahme ist sehr beträchtlich; 100 kg Eisen geben nach vollständigem Durchrosten über 300 kg Rost. Der Rost ist einer der schlimmsten Feinde der menschlichen Technik; er zerstört in der ganzen Welt Jahr für Jahr Milliardenwerte.

Über die Eigenart des Rostvorgangs können uns folgende **Versuche** Aufschluß geben:
Halte eine ausgebrauchte Rasierklinge (Stahl) mit der Zange in die nichtleuchtende Gasflamme! Der Stahl überzieht sich rasch mit einem sehr dünnen Oxidhäutchen, das an den Rändern zunächst gelb, dann rot und schließlich blau wird (Regenbogenfarben!). Das blaue Oxidhäutchen besteht aus Eisenhammerschlag, Fe_3O_4. Dieselbe Verbindung bildet sich, wenn glühende Eisenteilchen bei ihrem Weg durch die Luft verbrennen (Funkensprühen!). Die durch Erhitzung hervorgerufene Oxidschicht unterscheidet sich vorteilhaft vom gewöhnlichen Eisenrost. Sie ist für die Luft schwer durchlässig und schützt daher das Eisen bis zu einem gewissen Grad vor dem Zerfall. Das gewöhnliche Rosten vollzieht sich wesentlich anders als die obige Hitzeoxidation.

Es findet schon bei gewöhnlicher Temperatur statt und ergibt keine blauschwarze, zusammenhängende Oxidhaut, sondern ein gelbliches, abblätterndes Gemisch aus wasserhaltigen Eisenoxiden und Eisenhydroxid. Wie alle chemischen Vorgänge wird auch das Rosten durch Temperatursteigerung beschleunigt; so verläuft der Rostprozeß in den heißen, feuchten Tropen auffallend schnell, während in kalter, trockener Luft das Eisen beinahe unversehrt bleibt.

Versuch: Wir schieben in 3 Prüfgläser feuchte Stahlwolle, trockene Stahlwolle und geölte Stahlwolle und stellen diese Gläser umgekehrt in ein Becherglas wie auf *Bild 38* dargestellt. Im Lauf einiger Stunden rostet die Stahlwolle im linken Glas, das Wasser steigt. Bei der trockenen Stahlwolle tritt das Rosten erst nach einigen Tagen auf. Beim Rosten wird Luftsauerstoff verbraucht.

Wichtig sind folgende **Rostschutzmaßnahmen:**
1. Feuchte Eisen- und Stahlgeräte sind so rasch wie möglich zu trocknen und möglichst trocken aufzubewahren. Das gilt besonders auch für Stahlmesser, die mit sauren Speisen (sauren Äpfeln, Zitronen, Essigspeisen usw.) in Berührung kamen.
2. Eisen- und Stahlgegenstände, die längere Zeit aufbewahrt werden sollen, umwikkelt man mit einem magnesiumoxidhaltigen Rostschutzpapier, da Magnesia das Kohlendioxid der Luft an sich bindet (Gleichung: $MgO + CO_2 \rightarrow$) und damit eine der Rostbedingungen wegfällt. Gleichzeitig zieht Magnesiumoxid die im Papier eingeschlossene Luftfeuchtigkeit an sich und hält so den Stahl trocken. Eine laugenhafte, säureneutralisierende Umgebung erhöht das Lebensalter des Eisens; deshalb bleibt z. B. Eisen in alkalischem Eisenbeton fast unverändert. Aus dem gleichen Grund wird auch empfohlen, die Acker- und Gartengeräte vor dem Aufbewahren beim Eintritt des Winters kurz in Kalkmilch (alkalische Reaktion) zu tauchen. Werkzeuge, Präzisions- und chirurgische Instrumente, Maschinen, Waffen u. dgl. werden vor längerem Transport oder Lagerung in Kunstharzlösungen oder -schmelzen getaucht (oder mit diesen bespritzt). Es entsteht dann eine luftabsperrende, rostschützende Haut, die man später im Bedarfsfall in großen Fetzen abziehen kann.
3. Auf angerosteten Stahlklingen verreibt man ein Gemisch von feinstem Schmirgel und einigen Tropfen Öl mit Hilfe eines Flaschenkorks, bevor der Rost weiter um sich greift.
4. Werden Messer und andere Geräte längere Zeit nicht benützt, so sind sie mit etwas Vaseline einzureiben. Der dünne Überzug hält die Luft ab. Aus dem gleichen Grund sind auch die Schreibfedern eingefettet.
5. Man verwendet möglichst Geräte aus nichtrostenden Stahlsorten, die auch nach Berührung mit Säuren nicht rosten und nur mit heißem Wasser gereinigt zu werden brauchen.
6. Bedenke und berücksichtige, daß die Technik die Möglichkeit bietet, durch luftabsperrende Überzüge das Eisen weitgehend vor Rost zu schützen! Hierher gehören beispielsweise die **Phosphatierung** (Bondern, Parkesieren). Hier wird aus (evtl. erhitzten) Phosphatierungsbädern (enthaltene Zinkphosphate u. dgl.) auf Eisen und Stahl ohne Zuhilfenahme von elektrischem Strom eine zähhaftende, schützende, nicht leitende, dauerhafte Deckschicht aus Zinkphosphat $Zn_3(PO_4)_2$ niedergeschlagen.

Verzinkung. Das Eisen wird hier in geschmolzenes Zink getaucht; dabei bildet sich ein festhaftender, beständiger Überzug. Gegen Säuren ist dieser Überzug empfind-

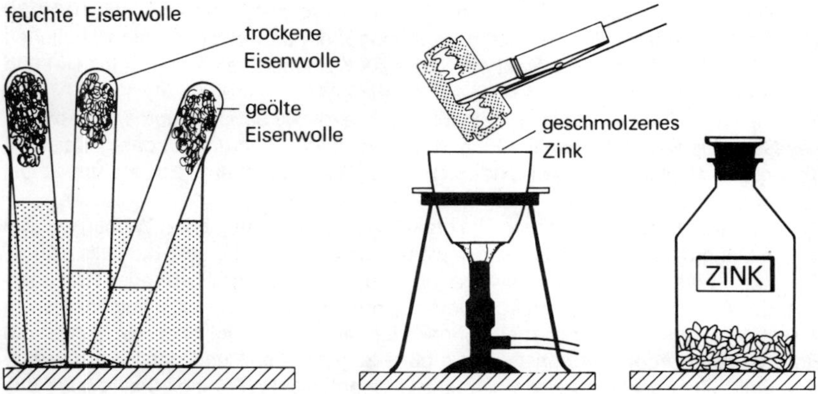

Bild 38 Rostversuche. Feuchte Eisenwolle rostet schnell. Man kann Eisen vor Rost schützen, wenn man es – wie hier die Rasierklinge – mit Zink überzieht (nach W. Jansen)

lich; bekanntlich wird Zink von Salzsäure usw. leicht angegriffen. Kleinere Stahlteile erhalten oft auch in galvanischen Verzinkereien dünne Zinküberzüge.

Versuch: Wir bringen eine ausgeglühte Rasierklinge in einen Porzellantiegel mit geschmolzenem Zink. Die Rasierklinge erhält einen dünnen Zinküberzug (*Bild 38*).

Verzinnen. Das Eisenblech erhält hier einen dünnen Überzug von Zinn; so entsteht das bei Konservenbüchsen u. dgl. verwendete Weißblech. Zur Herstellung desselben scheuern wir ein Eisenblech mit Salzsäure ab (Beseitigung der Oxidschicht) und tauchen es hernach in schmelzendes Zinn. Heute werden aus Gründen der Zinnersparnis vielfach dünne galvanische Zinnüberzüge hergestellt. Verzinntes Eisenblech heißt Weißblech; es findet in der Konservenindustrie eine sehr umfangreiche Verwendung. Die Verzinnung schützt auch gegen verdünnte Säuren. Ist der Zinnüberzug an einer Stelle zerstört, so rostet das freiliegende Eisen aus elektrochemischen Gründen noch schneller als in ungeschütztem Zustand.

Vernickeln. Nickel wird in galvanischen Bädern auf Eisen bzw. Zwischenschichten niedergeschlagen. Es bildet poliert glänzende Überzüge (Fahrradlenkstangen), die gegen Luft und Wasser widerstandsfähig sind.

Verchromung. Feinere Eisenwaren werden auf galvanischem Wege mit einem Überzug von hartem, sprödem, erst bei über 500 °C oxidierendem Chrom versehen.

VPI (Vapor Phase Inhibitor). Dies ist ein flüchtiges Rostschutzmittel aus dem Nitrit des Dicyclohexylamins, das dem Verpackungsmaterial für Eisenwaren einverleibt werden kann. VPI verursacht wahrscheinlich eine Passivierung des Eisens, so daß weiteres Rosten unterbleibt.

Kathodischer Rostschutz. Bei der Berührung von Eisen und Stahl mit Wasser oder feuchtem Erdreich entstehen unzählige, korrosionsverursachende Lokalelemente. Der kathodische Rostschutz ist ein Verfahren, bei dem man im Erdreich befindliche oder von Wasser umgebende Bauteile aus Eisen und Stahl mit Magnesiumanoden leitend verbindet. Letztere werden ganz langsam aufgezehrt und sind nach 10 bis 20 Jahren zu ersetzten. Von der Magnesiumanode, die den Pluspol einer natürlichen elektrolytischen Zelle bildet, fließt ein Strom zur Kathode (Eisen- und Stahlteile) und verhindert deren Korrosion.

Emaillierung. Emaille ist ein von Zinndioxid, Titandioxid usw. getrübtes, leichtflüssiges Glas aus Borax, Feldspat, Quarz, Soda, Flußspat, Ton u. dgl., das gußeiserne Kessel und dergleichen gegen Oxidation schützt. Bei plötzlichem Temperaturwechsel springt Emaille leicht ab.

Rostschutzanstriche. Diese sind im praktischen Leben von größter Wichtigkeit. Bei einem Gang durch die Straßen sehen wir nur selten blankes Eisen. Fast alle Zäune, Geländer, Eisentore, Masten usw. tragen einen schützenden Farb- oder Lacküberzug. Es fällt nicht allzu schwer, irgendein eisernes Gerät mit einem Schutzanstrich zu versehen: Zuerst muß der anzustreichende Gegenstand gründlich gereinigt und vom Rost befreit werden, da sonst der Farbüberzug nicht hält und der Rost darunter weiterfrißt. Zur Lockerung eingerosteter Schrauben dient z. B. eine Lösung aus 55 % Phosphorsäure, 5 % Chromsäure, 1 % Hydrochinon, 1 % Salzsäure und 38 % Wasser. Dünne Rostschichten lassen sich mit einem Lappen abreiben, der in Leinöl, Terpentinöl oder Petroleum getaucht wird. Größere, tiefgreifende Roststellen werden mit Petroleum getränkt und anschließend mit einem alten Messer oder einer Stahldrahtbürste entfernt, oder man löst den Rost in *Sparbeizen* auf. Dies sind Säuren mit Zusätzen von organischen Stoffen, die einen Säureangriff auf das Metall verhindern. Bei ortsfesten Gegenständen kann man auch Entrostungspasten (z. B. aus 1 kg Walkerde, 2,5 kg Salzsäure 33 %ig und 0,2 kg Kupferchlorid) auf die zu entrostenden Stellen auftragen und nach einiger Zeit abschaben oder abspritzen. Ein salbenförmiger Entroster ist z. B. das *Glattin* (Hohmann u. Co., Chem. Fabr., Schillingsfürst/Mfr). Sobald das Eisen trocken ist, trägt man mit dem Pinsel den *Grundanstrich* aus roter Mennige Pb_3O_4 auf, die mit Leinöl oder einem Ersatzstoff angerührt wurde. Natürlich darf der Grundanstrich niemals sauer reagierende Bestandteile enthalten, da sonst das Rosten beschleunigt würde.

Die meisten Eisenrostschutzfarben bestehen aus Bleioxiden, Eisenoxiden, Graphit, Zinkweiß, säurefreien Teerprodukten, Bleicyanamid, Eisenglimmer, Aluminiumpulver u. dgl.

Der Anstrich aus Mennige trocknet auffallend rasch, weil sich das Blei zum Teil mit dem Leinöl zu festen Bleiseifen verbindet. Durch diesen Anstrich wird das Eisen vor den schädigenden Einflüssen der Luft geschützt. Auf den *Grundanstrich* folgen noch zwei oder drei weitere Anstriche in weniger auffälligen Öl- oder Lackfarben. An Stelle der Mennige und anderer Ölfarben kann man das blank gereinigte Eisen auch mit Zaponlack (in Drogerien erhältlich) bestreichen. Es entsteht dann nach dem Verdunsten des Lösungsmittels (Butylacetat, Aceton oder Ether) ein dünnes, rostverhütendes Cellulosenitrathäutchen. Industrieanlagen, Bergwerksausrüstungen, Werften, Schiffe usw. werden vielfach durch Chlorkautschukanstriche gegen Rost geschützt. In neuerer Zeit sind zahlreiche Anstrichmittel auf Kunstharzbasis auf den Markt gekommen, die vielfach rostschützende Wirkung haben; es sei hier nur an Polyvinylchloride, Polyvinylacetate, Polyester, Siliconalkyde, Isocyanat-, Polyacrylat-, Epoxy-, Allyl-, Harnstoff-, Polyamid- und Alkydharze, Melaminharze, Cumaronharze u. dgl. erinnert.

Der Rostschutzset für **Auto** und Haus z. B. der Firma Fabelon, Krumbach, enthält

Stahlwolle, Entrosterflüssigkeit und Chromatgrund. Eine einfache Entrostung für das Auto bietet die Rostumwandler-Paste *Ferro-Bet* (Kurt Vogelsang, Hassmersheim), erhältlich in Geschäften für Autozubehör. Zum Unterbodenschutz der Kraftfahrzeuge liefert die Voss-Chemie, Uetersen, einen kompletten Arbeitssatz *K6.* Mit einem Pinsel wird das gummielastische Beschichtungsmaterial auf Polyurethanbasis aufgetragen. Der Unterbodenschutz Teroson GmbH, Heidelberg, hat sich für das Auto sehr bewährt. Er besteht aus Bitumen, Wachs, Weichmacher und Farbpigment. Über Rost am Auto s. a. test-Heft 1/1983.

Saatbeizmittel

An vielen Getreidekörnern haften mikroskopisch kleine Pilzsporen, die beim Keimen der Saat auswachsen, die Pflanzen von Jugend an aussaugen und den Ernteertrag stark herabsetzen. Fast jede Pflanzenart hat unter solchen Pilzschmarotzern zu leiden. So wird der Weizen häufig vom Steinbrand und Flugbrand, der Roggen vom Schneeschimmel (Fusarium), die Gerste von der Streifenkrankheit und der Hafer vom Haferflugbrand befallen. Die getreideschädigenden Kleinpilze haben früher jährlich Millionenwerte vernichtet. Diese Verluste können durch das Beizen des Saatgutes weitgehend vermieden werden. Die Getreidebeizmittel wirken hauptsächlich gegen Weizensteinbrand, Schneeschimmel, Streifenkrankheit und Haferflugbrand. Beim Beizen bringt man das Saatgut vor dem Aussäen mit Giften (Beizmitteln) zusammen, welche die an den Körnern haftenden Pilzsporen abtöten, ohne das Getreide zu schädigen. Gewöhnlich beizt man nach einer der folgenden drei Methoden: *Benetzungsverfahren, Kurznaßbeizverfahren* und *Trockenbeizverfahren.*

Beizmittel. Die wirksamsten Beizmittel sind die auch für Menschen und Tiere sehr giftigen Quecksilberpräparate. Sie sind seit 1983 nicht mehr zugelassen. Die wichtigsten in den Raiffeisen-Verkaufsstellen erhältlichen Beizmittel sind *Baytan* (Bayer) und *Arbosan* (BASF/Geigy). Da sich beim Trockenbeizverfahren viel Staub bildet, zieht der Landwirt immer mehr das Naßbeizverfahren vor.

Saccharin und andere Süßstoffe

Neben Zuckern sind zahlreiche andere süß schmeckende Substanzen bekannt, von denen allerdings nur wenige die diätetische Eignung als Süßmittel besitzen. Die Süßstoffe *Dulcin, Glucin* und *Ultrasüß* scheiden wegen möglicher toxischer Wirkungen für den allgemeinen Gebrauch aus.

1. Saccharin ist das aus Steinkohlenteer gewonnene *o*-Sulfobenzoesäureimid (s. nebenstehende Formel) bzw. dessen Natriumverbindung.

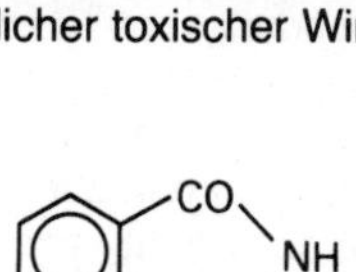

Es schmeckt in etwa 500mal geringerer Konzentration ebenso süß wie Rohrzucker und kommt als Pulver oder als kleine Tabletten in den Handel. Saccharin löst sich in 335 Teilen kaltem und 28 Teilen heißem Wasser auf. In Ether ist Reinsaccharin im Gegensatz zu Zucker ziemlich leicht löslich. Zuckerkranke, die möglichst wenig Zucker genießen sollen, benützen Saccharin zum Süßen. Es ist ohne Nährwert.

Saccharin

Versuche: Erhitze Saccharin auf dem Porzellanscherben! Es verkohlt – Kohlenstoffverbindung! Löse in einem mit Leitungswasser gefüllten Probierglas 1½ Stück Würfelzucker und in einem zweiten in der gleichen Flüssigkeitsmenge eine Tablette Saccharin auf! Der Mensch empfindet beide Lösungen als gleich süß, dagegen lehnen Hunde, Fliegen und andere Tiere die Saccharinlösung ab. Prüfe die Reaktion von pulverförmigem Saccharin mit Lackmus (saure Reaktion)! Die Saccharintabletten reagieren nahezu neutral. Am heißen Magnesiastäbchen geben sie eine gelbe Flammenfärbung (Natrium). Die Saccharintabletten enthalten neben Saccharin-Natrium auch Natron, das eine schnelle Auflösung ermöglicht. Gib einige Saccharintabletten in ca. 90 °C warmes Wasser (1 bis 2 cm^3 genügen) und leite das entweichende Gas in etwas Kalkwasser (Trübung durch Kohlendioxid, das aus erhitztem Natron frei wurde)! Warum werden Süßstofftabletten in der Flamme stark aufgebläht?
Nachweis von Stickstoff und Schwefel. Die Saccharinformel zeigt, daß der Stoff auch die Elemente Stickstoff und Schwefel enthält. Man erhitzt im schwerschmelzbaren Prüfglas einige Plätzchen Kaliumhydroxid mit einigen Saccharintabletten, bis die Schmelze schäumt. Vorsicht, Schutzbrille! Die Blaufärbung eines in das Probierglas gehaltenen Lackmusstreifens zeigt Ammoniak NH_3 und damit Stickstoff an. Die abgekühlte Schmelze wird in destilliertem Wasser gelöst und filtriert. Zu dem Filtrat gibt man etwas konzentrierte Salzsäure und erwärmt. Der Geruch nach Schwefeldioxid SO_2 weist auf Schwefel hin.

2. Natrium-Cyclohexylsulfamat – kurz Natriumcyclamat genannt – ist das Natriumsalz der Cyclohexansulfaminsäure $C_6H_{11}NSO_3H$. Es wird als süßende Substanz anstatt Zucker seit etwa 15 Jahren in größerem Umfang verwendet. Die Süßwirkung ist ähnlich wie bei Saccharin auf den Sechsring und das freie an N gebundene H zurückzuführen. Es ist ein weißes, leicht in Wasser lösliches Pulver, koch- und backfest. Tierversuche haben ergeben, daß eine chemische Wirkung von Cyclamat auf den Organismus nicht stattfindet. Mit der 3. Verordnung zur Änderung der Verordnung über diätetische Lebensmittel (1. Januar 1966) wurde die Verwendung des Cyclamats in der Bundesrepublik als diätetisches Lebensmittel bestätigt. Dennoch wurde im Oktober 1969 der Verkauf von Cyclamat-Süßstoffen gestoppt, weil amerikanische Wissenschaftlicher feststellten, daß Cyclamate in Überdosis bei Mäusen Schäden verursacht haben. Inzwischen ist das Cyclamatverbot wieder aufgehoben worden. Die Weltgesundheitsorganisation (WHO) hält eine tägliche Einnahme von 80 handelsüblichen cyclamathaltigen Süßstofftabletten für unschädlich. Dies geht weit über den Normalverbrauch – 10 Tabletten am Tag – hinaus. Die Verwendung von Cyclamat soll in erster Linie durch ärztliche Empfehlung auf Diabetiker und auf Patienten mit krankhaftem Übergewicht beschränkt bleiben. Die Packungen erhalten einen Aufdruck, wieviel Tabletten des Süßstoffs pro Tag eingenommen werden dürfen.
Natriumcyclamat kann zum Süßen verwendet werden, wenn Diabetes mellitus bzw. eine andere Zuckerintoleranz den Genuß von Zucker verbietet oder wenn man sich mit weniger Kalorien ernähren will. Als besonders vorteilhaft gilt die Anwendung von Natriumcyclamat zur Schlankheitsdiät. Sechs kleine Stückchen am Tag, die geschmacklich 30 g Zucker äquivalent sind, können die tägliche Energieaufnahme um 120 Kalorien vermindern; das entspricht einem ganzen Fastentag im Monat. Handelsprodukte: *Assugrin* (Doerenkamp, Hamburg); *Ilgonetten* und *Ilgon* (flüssig)

(Togal-Werk, München), *Süsetten* in der Schachtel und *Süsette* in der Streudose (Kauvit Süßwaren); *Natreen* (Drugofa, Köln) und Natrium-Cyclamat und Saccharin-Na.

3. Der Zuckeraustauschstoff **Sorbit** ist neben 0,1 % Saccharin im *LIHN-Diabetikerzucker* enthalten. Sorbit ist ein sechswertiger Alkohol der Hexitgruppe $C_6H_{14}O_6$, geruchfrei, ungiftig, von süßem Geschmack. Er findet sich besonders häufig (ca 10 %) in den Früchten des Vogelbeerbaums *(Sorbus aucuparia)*. *LIHN-Fruchtschmelzkonfitüre* hat geringeren Kaloriengehalt. Zur Süßung wird auch hier Sorbit und 3 % Fruchtzucker verwendet. *Sionon* (Drugofa, Köln) besteht zu 99,89 % aus Sorbit.

4. Neue Süßstoffe. In Großbritannien wurden drei neue Süßstoffe zugelassen (Nachr. Chemie und Technik, 1983, S. 987): *Aspertame, Acesulfam* und *Thaumatin*. Bei *Aspertame* handelt es sich um ein Dipeptidester, der aus den Aminosäuren Asparaginsäure und Phenylalanin als Methylester zusammengesetzt ist. *Acesulfam*, ein Produkt der Hoechst-Forschung, ist ein sechsgliedriger Heterocyclus, das Kaliumsalz des 6-Methyl-1, 2, 3-oxathiazin-4 (3H)-on-2, 2-dioxids, das im Geschmack dem Saccharin überlegen sein soll. Bei *Thaumatin* (Tate u. Lyle PLC) handelt es sich um ein Molekül, das aus einer Sequenz von 207 Aminosäuren besteht. Es kommt in der Frucht des tropischen Baumes *Thaumatococcus daniellii* in Westafrika vor.

Salicylsäure

Die Salicylsäure ist ein weißes, lockeres, geruchloses Pulver, das in allen Drogerien und Apotheken käuflich ist. Sie ist in kaltem Wasser schlecht, in heißem gut löslich. Je 1 g Salicylsäure löst sich in 460 g Wasser von Zimmertemperatur, hingegen schon in 15 g siedendem Wasser. Bei der Abkühlung einer heißgesättigten Lösung scheiden sich schöne Kristallnadeln aus. Salicylsäurelösungen haben einen süßlichsauren, kratzenden Geschmack; sie färben blauen Lackmus rot.

Nachweis: Man löst die auf Salicylsäure zu untersuchende Substanz in Wasser auf und gibt einige Tropfen gelbbraune Lösung von Eisen(III)-chlorid $FeCl_3$ dazu. Bei Anwesenheit von Salicylsäure färbt sich die Lösung dann schön blauviolett. Dieser Nachweis ist sehr empfindlich. Er gelingt noch, wenn die Salicylsäure mit der 400 000fachen Menge Wasser verdünnt ist. Bei Anwesenheit von starken Säuren (Salzsäure, Salpetersäure, Schwefelsäure u. a.) oder Laugen gelingt der Nachweis erst, nachdem vorsichtig neutralisiert worden ist. Hält man etwas Salicylsäure auf einem Porzellanscherben in die mäßig warme Flamme, so verflüchtigt sie sich großenteils. Bei raschem, kräftigem Erhitzen verbrennt sie unter starker Rußbildung.

Chemischer Aufbau: Salicylsäure leitet sich von Benzol her, dem bekanntlich die Formel C_6H_6 zukommt. Ersetzt man eines der H-Atome durch die OH-Gruppe und ein benachbartes durch die COOH-Gruppe, so entsteht Salicylsäure von der Formel $C_6H_4(OH)\ COOH$.

Verwendung: Salicylsäure spielt als Ausgangspunkt vieler Arzneimittel (z. B. *Aspirin*) und Farbstoffe in der organischen Chemie eine hervorragende Rolle. Außerdem wird sie häufig zu Desinfektionszwecken gebraucht. Im Haushalt hat man Salicylsäure früher oft als Einmachhilfe verwendet. 1956 wurde die Verwendung von Salicylsäure zur Lebensmittelkonservierung von einem Sachverständigen-Gremium abgelehnt. Besser geeignet ist Sorbinsäure und die *p*-Hydroxybenzoesäureester. Salicylsäure erweicht unerwünschte Verhärtungen und Verdickungen der Haut. Sie findet sich deshalb fast in allen Pflastern und Pasten, die gegen Hühneraugen angepriesen werden (z. B. *Kukirol*).

Versuche: Brich die weiße Kappe einer *W-Tropfenampulle* (Prof. Dr. Much A.G., Bad Soden/Taunus) ab, und lasse einige Tropfen des rotgefärbten, ätherisch riechenden, brennbaren Inhalts in ein Probierglas mit einigen cm^3 Eisen(III)-chlorid fließen. Man faßt hierbei die Ampulle an der Mitte; infolge einer leichten Erwärmung (Luftausdehnung in der Ampulle) tritt dann die Flüssigkeit tropfenweise aus. Sofort oder beim Umschütteln färbt sich der Probierglasinhalt rotviolett (Salicylsäurereaktion). Die rote Flüssigkeit ist mit Wasser kaum mischbar. Einige Tropfen davon hinterlassen auf der Glasplatte eine gelbe, schmierige Masse, die später in ein abziehbares, brennbares Häutchen übergeht. Die W-Tropfen bilden flüssige Pflaster mit Tiefenwirkung. Sie enthalten in je 100 g organischem Lösungsmittel 12 g Salicylsäure, 7 g Milchsäure 3,5 g *p*-Aminobenzoesäureethylester und Collodium (gibt das Häutchen).
Das *Elastocorn* (Beiersdorf A.G., Hamburg) ist eine Hühneraugen-Pflasterbinde mit Salicylsäurekern. Koche ein *Hühneraugen-Lebewohl-Pflaster* (Lebewohl-Fabrik Carl F.W. Becker KG., Freiburg) etwa 2 Minuten lang unter Umschütteln in ca. 5 cm^3 Wasser (Probierglas). Gibt man nach der Abkühlung einige Tropfen gelbbraune Eisenchloridlösung dazu, so entsteht eine starke rotviolette Färbung, die auf Salicylsäure hinweist. Die *Rote Tinktur* (Gross & Lampe, Bietigheim) ist eine organische, ätherisch riechende, mit Eosin gefärbte Lösung, die nach dem Umschütteln mit der mehrfachen Wassermenge die Salicylsäurereaktion (rotviolette Färbung mit Eisenchloridlösung) gibt. Gießt man einige Tropfen davon auf eine Glasplatte, so verbleibt nach Verdunstung des Lösungsmittels ein rotes Häutchen; das gleiche ist der Fall, wenn man die Tinktur auf Hühneraugen streicht. Die *Eidechse-Fußschälkur* (Carl Hamel & Co., Frankfurt) ist eine weiße, in flachen Blechdosen erhältliche Hühneraugensalbe, in der man Salicylsäure folgendermaßen nachweist: Man kocht eine etwa erbsengroße Menge der Salbe im Probierglas mit 5 cm^3 Wasser etwa 2 Minuten lang (hierbei wandert ein Teil der Salicylsäure aus der Salbengrundlage ins Wasser hinüber) und fügt nach der Abkühlung einige Tropfen Eisenchloridlösung hinzu – stark rotviolette Färbung, die oft erst nach weiterem Verdünnen mit Wasser deutlich erkennbar wird. Von der *Efasit-Hühneraugen-Tinktur* (Togal-Werke, München) gießt man 1 cm^3 in ein Probierglas und schüttelt mit der dreifachen Wassermenge kräftig um. Man sieht dann im Wasser blaßgelbe Flocken schweben. Gibt man zu diesem Gemisch 5 Tropfen Eisenchlorid-Lösung, so stellt sich die rotviolette Färbung ein – Salicylsäure.
Das Hühneraugenmittel *Collomack* (H. Mack, Illertissen) enthält in einer Kollodiumlösung 18 % Salicylsäure und 2 % Oxypolyethoxydodecan. Zum Abschluß dieser Versuche schneiden wir von dem berühmten hellgrünen *Kukirol*-Pflaster (Kukirol-Fabrik Kurt Krisp K.G., Weinheim) einen 5 mm breiten Streifen ab, kochen diesen im Probierglas etwa 20 Minuten lang in 5 bis 10 cm^3 destilliertem Wasser, lassen abkühlen und geben dann einige Tropfen Eisenchloridlösung dazu. Eine rotviolette Färbung zeigt auch hier Salicylsäure an. Auf die gleiche Weise kann man auch in *Dr. Scholls Zino-Pads gegen Hornhaut* (Scholl-Werke G.m.b.H., Frankfurt) Salicylsäure feststellen, und zwar verwendet man dazu die kleineren, rosafarbenen, kreisrunden Spezialpflaster, nicht die weißen Schutzpflaster.

Weitere Versuche über Salicylsäure und andere Stoffe sind im Buch Römpp/Raaf,

Organische Chemie im Probierglas, Franckh'sche Verlagshandlung, 1982, beschrieben.

Schädlingsbekämpfung (Pflanzenschutzmittel)

Fast alle Kultur- und Wildpflanzen dienen zahlreichen pflanzlichen und tierischen Schädlingen zur Nahrung, und der Mensch erntet schließlich nur, was jene von ihrer Mahlzeit übriglassen. Rund 10 bis 30 % der Weltagrarproduktion werden jährlich durch Insekten, Nagetiere, Kleinpilze, Bakterien, Viren u. dgl. vernichtet. Die von Insekten in den USA (Land- und Forstwirtschaft, Viehzucht, Bauindustrie, Haushalten) angerichteten Schäden erreichten 1987 ca. 21 Milliarden Dollar. Nach Schätzungen von 1988 vernichteten in der Bundesrepublik Deutschland über 53 Arten von Vorratsschädlingen Materialien im Gesamtwert von etwa einer Milliarde DM. Ratten fressen und verschmutzen jährlich Nahrungsgüter im Wert von ca. 27 Millionen DM. Heute gelingt es immer mehr, diese gewaltigen Verluste durch Anwendung chemischer Schädlingsbekämpfungsmittel herabzumindern.
Es darf aber nicht verschwiegen werden, daß durch falsche und übertriebene Schädlingsbekämpfung dem Menschen ernste Gefahren drohen. Als Beispiel seien die Gesundheitsschäden durch Arsen angeführt. Im Jahre 1942 wurden arsenhaltige Spritzmittel im deutschen Weinbau verboten, nachdem man erkannt hatte, daß die Arsenrückstände im Haustrunk der Winzer bei manchen älteren Personen nach einer Latenzzeit von 18 Jahren Leberkrebs erzeugten, was man vorher nicht wußte.
Die amerikanische Biologin Dr. Rachel Carson hat mit ihrem Buch „Silent Spring" (Der stumme Frühling) Anlaß zu einem alamierenden Bericht amerikanischer Wissenschaftler über die Wirkung der Schädlingsbekämpfung gegeben.
Das jahrelang benützte *DDT*, Abkürzung für Dichlor-Diphenyl-Trichlorethan $(Cl-C_6H_4)_2CH-CCl_3$ im Pflanzenschutz hat ausgedient. Viele Millionen Menschen sind durch das *DDT* vor dem Seuchentod, etwa durch Malaria, gerettet worden. Aber man hat allzu sorglos das Gift auch dort verwendet, wo es harmlosere Ausweichmöglichkeiten gegeben hätte. Im Dezember 1969 hat die Bundesregierung das *DDT* als Pflanzenschutzmittel verboten, nachdem die USA vorausgegengen waren. Untersuchungen der letzten Jahre haben ergeben, daß das *DDT* im Pflanzen- und Tierkörper angereichert wird und in der Nahrungskette auch zum Menschen gelangt. Man fand auch bei Einzellern und Kleinfischen der Gewässer das *DDT* in fetthaltigem Gewebe. Im März 1969 wurden 13 000 kg Forellen im Michigan-See gefangen, die so große *DDT*-Mengen enthielten, daß die amerikanische Aufsichtsbehörde den Verkauf des ganzen Fanges verbieten mußte. Nach Arbeiten des jap. Biologen Fumio Matsumara von der Universität Wisconsin (USA) hemmt *DDT* die Nerventätigkeit. Inzwischen zeigen sich in den USA schon positive Folgen des *DDT*-Verbotes. Ch. R. Robins hat 1980 nachgewiesen, daß dort viele Singvogelarten wieder um 5 bis 15 % zugenommen haben.
Die wichtigsten Pflanzenschädlinge gehören zu den **Kleinpilzen** und **Insekten**. Die Kleinpilze durchsetzen die Pflanzen mit einem feinen Fadengeflecht, das die Säfte aussaugt. Äußerlich sieht man an den pilzkranken Pflanzen allerlei Blattflecke, Fäulniserscheinungen, schimmelige Überzüge usw. Besonders gefährlich sind der falsche und echte Mehltau der Reben und der Erreger der Kartoffelfäule; doch

kommen auch auf unseren Obstbäumen und Sträuchern viele schwere Pilzkrankheiten vor.
Bei den schädlichen Insekten unterscheidet man Blattfresser, Wurzelnager und Saftverzehrer. Zu den **Blattfressern** gehört der Erdfloh (durchlöchert junge Kohl- und Rettichpflanzen), der Frostspanner (verursacht nach Blattausbruch Fraßschäden an Knospen und Blättern der Obstbäume), der Apfelblütenstecher (Rüsselkäfer-Weibchen legt in 50 bis 100 Blüten je ein Ei; die Blüten werden braun und sterben ab), der Apfelwickler (Schmetterling, legt an etwa 50 Blüten je ein Ei; daraus schlüpfen Raupen, die sich in die Frucht eingraben und das Obst „wurmig" machen) u. v. a. **Wurzelnager** sind Engerlinge, Maulwurfsgrillen (diese fressen meist Insektenlarven, aber ihr Pflanzenfraß- und Wühlschaden ist oft größer als ihr Nutzen), Drahtwürmer (Larven des Schnellkäfers, die z. B. Salatwurzeln abfressen), Kohlgallenrüßler (Larve erzeugt Gallen in Kohlstengeln), Kohlfliegen (Larven fressen Wurzeln und Stengel von Kohl und Rettich) usw. Die **Saftverzehrer** stechen mit ihrem Rüssel in die Pflanze hinein und saugen den Saft heraus. Hierher gehören die Blattläuse (kleine, haufenweise auftretende, oft von Ameisen begleitete Tierchen), Blutläuse (diese leben auf Obstbäumen, scheiden weiße, wachsartige „Wolle" aus, geben beim Zerdrücken rote Flecke), Schildläuse (schild- oder kahnförmige Tierchen auf Obstbäumen, Beeren- und Ziersträuchern) usw.
Gegen diese Schädlinge hat die chemische Industrie eine große Zahl von wirksamen Pflanzenschutzmitteln hergestellt. Ein „Allheilmittel" gegen alle tierischen und pflanzlichen Feinde gibt es nicht. Obgleich man sich bemüht, durch Mischung verschiedener Stoffe eine möglichst vielseitige Wirkung zu erzielen. Nach der Wirkungsweise unterscheidet man zwischen pilztötenden *(fungiziden)* und insektentötenden *(insektiziden)* Stoffen; die letzeren zerfallen in **Fraßgifte** (= Magengifte), **Berührungsgifte** (= Hautgifte = Kontaktgifte) und **Atemgifte**. Die Fraßgifte gelangen mit der Nahrung in die Darm- und Blutbahn, wo sie tödlich wirken; hierher gehören z. B. Fluorverbindungen, *Rotenon, Malathion* usw. Die Berührungsgifte zerstören die Haut und dringen von dort ins Innere. Zu den Berührungsgiften rechnet man *E 605, Pyrethrum, Carbolineum* u. dgl. Die Atemgifte gelangen als Gas in die Luftwege (Tracheen der Insekten). Manche Öle wirken durch Verstopfen der Atemöffnungen erstickend. Zu den Atemgiften rechnet man z. B. *Chlorpikrin, Ethylenoxid, Blausäure* usw. In regenreichen Gegenden empfiehlt es sich für die kleineren und mittleren Betriebe, die in Wasser aufgeschwemmten Wirkstoffe mit käuflichen Apparaten auf die Kulturpflanzen zu spritzen.
Gegenwärtig werden von mehreren Betrieben Dutzende von Schädlingsbekämpfungsmitteln hergestellt, die uns in Gartengeschäften, Drogerien, Blumenläden usw. unter den mannigfachsten Phantasienamen in bunter Fülle entgegentreten. Es ist für den Laien trotz der äußerlichen Mannigfaltigkeit jedoch gar nicht so schwer, zu einer Übersicht zu kommen. Denn im Grunde finden sich unter den verschiedenartigsten Bezeichnungen immer wieder die gleichen Stoffe, nämlich Schwefel und Schwefelverbindungen, Kupferverbindungen, Pyrethrum, Thuricide, Derriswurzel, organische Phosphorverbindungen usw. Wenn wir die Wir-

Bild 39 Zeichen der Biologischen Bundesanstalt für die Prüfung und Zulassung eines Schädlingsbekämpfungsmittels (nach Max Heimann, Pflanzenschutz)

kung dieser Pflanzenbehandlungsmittel kennen, werden wir auch ein neues Erzeugnis einigermaßen richtig einschätzen.

1. Was ist beim Einsatz von Pflanzenschutzmitteln zu beachten?
(nach R. Bühl, Pflanzenschutzdienst Baden-Würtemberg, S. 29).

1.1 Zugelassene Mittel. Auf der Packung eines jeden Pflanzenschutzmittels müssen in der Bundesrepublik Deutschland die Zulassungsnummer und das Zulassungszeichen der Biologischen Bundesanstalt für Land- und Forstwirtschaft angegeben sein (*Bild 39*). Denn jedes Mittel wird vor der Zulassung sorgfältigst auf seine Wirkungen geprüft. Die gleiche Sorgfalt ist beim Einsatz des Mittels nötig.

1.2 Allgemeine Hinweise.

- Pflanzenschutzmittel nur einsetzten, wenn sich stärkerer Befall durch Schadorganismen mit anderen Verfahren nicht verhindern läßt.
- Nach Möglichkeit nur Pflanzenschutzmittel mit geringer Giftigkeit und kurzen Wartezeiten einsetzen.
- Bevor man ein Mittel anwendet, ist die Gebrauchsanweisung sorgfältig zu lesen.
- Abmessen und Abwiegen der Mittel sowie Ansetzen der Spitzbrühe darf nicht in Wohnräumen erfolgen. Konzentration peinlich genau einhalten!
- Beim Anwenden der Mittel möglichst Schutzkleidung tragen und nicht rauchen, trinken oder essen. Nach Arbeitsende sorgfältig Hände und Gesicht reinigen.
- Nicht bei Wind behandeln, da Spritzmittelabtrift Nachbarkulturen gefährdet und dort unzulässige Rückstände verursacht.
- Leere Packungen vernichten. Nicht zu viel Spritzbrühe anrühren.
- Mittel sind getrennt von Lebensmitteln unter Verschluß aufzubewahren und dürfen nicht in andere Gefäße abgefüllt werden. Für Kinder unzugänglich aufbewahren.

1.3 Schutz der Bienen

- Bienengefährliche Pflanzenschutzmittel nicht in blühenden Pflanzenbeständen einsetzen, auch nicht bei blühenden Unterkulturen und blühenden Unkräutern.
- Abtrift auf blühende Nachbarbestände vermeiden.
- Aufdruck „bienengefährlich" auf der Packung beachten.
- Bienenungefährliche Mittel – in höherer Konzentration als zugelassen ausgebracht – gelten als bienengefährlich.

1.4 Wartezeiten

- Unter Wartezeit versteht man den Zeitraum in Tagen von der letzten Anwendung des Pflanzenschutzmittels bis zur Ernte.
- Wartezeiten zwischen letzter Behandlung und Ernte einhalten.

2. Insektizide = gegen Schadinsekten

Brennessel gegen Blattläuse. Gegen Blattlausbefall kann man Brennesselbrühe selber herstellen und verspritzen. Rezept nach E. Gugenhahn (Kosmos 9/82): Aus 1 kg grüner Brennesselmasse und 10 l Wasser wird eine Brühe angesetzt. Das Ganze läßt man etwa 2 Wochen gären, wobei sich allerdings ein unangenehmer Geruch entwickelt. Tägliches Umrühren ist wichtig. Die erzielte Jauche wird dann im Verhältnis 1 : 10 mit Wasser vermischt und auf die Pflanzen verspritzt.

Schmierseifenlösung gegen Blattläuse. Man löst 150 bis 300 g Schmierseife in 10 l heißem Wasser auf. Bei starkem Lausbefall gibt man noch 0,5 l Brennspiritus dazu sowie je 1 Eßlöffel Kalk und Kochsalz (nach M. Heimann).

Anstelle von DDT und anderen chlorierten Kohlenwasserstoffen wie *Aldrin, Chlordan, Dieldrin, Endrin* und *Heptachlor*, die als Pflanzenschutzmittel nicht mehr zugelassen sind, treten heute Thuricide, organische Phosphorsäureester, Pyrethrumpräparate, Carbamate, z. B. *Unden* usw.

Thuricide. Dies ist das erste biologisch wirkende Insektizid auf der Basis von *Bacillus thuringiensis*, das von der Biologischen Bundesanstalt zugelassen wurde: *Bactospeine 6000*. Bei diesem Präparat handelt es sich um eine wäßrige Zubereitung mit rund 30 Milliarden lebender Sporen pro g Produkt. Es ist ein spezifisch wirkendes Fraßgift, das gegen zahreiche Schmetterlingsraupen im Obst- und Gemüsebau eingesetzt werden kann. Es hinterläßt keine für den Menschen schädlichen Rückstände auf den Ernteprodukten. Wie die chemischen Insektizide wird das Pulver mit Wasser verdünnt angewendet.

Organische Phosphorsäureester. E 605, Parathion, ist in reinem Zustand eine knoblauchartig riechende Verbindung; Formel: $SP(OC_2H_5)_2{-}O{-}C_6H_4NO_2$ = Diethylnitrophenylthiophosphat. E 605 ist in Wasser nur wenig (1 :20 000), in Aceton, Alkohol, Ketonen, Benzol, Xylol u. dgl. leicht löslich; Dichte: 1,2655; Siedepunkt: (bei 1 mm Quecksilbersäule) 160 °C. Es wurde während des 2. Weltkrieges in I.-G.-Laboratorien entwickelt und ist heute eines der wichtigsten synthetischen Schädlingsbekämpfungsmittel. E 605 ist 5 bis 25mal wirksamer als DDT und umfaßt einen größeren Schädlingskreis. Nachteilig ist die hohe Giftigkeit (Giftabteilung I) und der widerwärtige Geruch. E 605 (Bayer, Leverkusen) wird mit Wasser verdünnt in 0,015 bis 0,035 %igen Lösungen im Obst-, Garten- und Gemüsebau gegen Apfelblütenstecher, Obstmaden, Frostspanner, Ringelspinner, Schwammspinner, Knospenwickler, Blattläuse, Blutläuse, Rote Spinne, Heu- und Sauerwurm, Kohlschädlinge, Zwiebelfliegen, Ameisen, Drahtwürmer usw. verspritzt.

Obst-, Gemüse- und Futterpflanzen können erst ungefähr eine Woche nach der E-605-Behandlung verwertet werden. Für die Pflanzen selbst ist E 605 unschädlich. Mit E 605 wurden in der ganzen Welt eine lange Reihe von hochwirksamen organischen Phosphorsäureestern hergestellt, so z. B. *Basudin* (Ciba/Geigy), *Diazinon* (Spieß), *Dipterex* (Bayer), *Dimecron* (Ciba/Geigy), *Lebaycid* (Bayer), *Metasystox* (Bayer) usw. *Malathion* (Celamerck) ist ein Präparat, dessen Wirkstoff ein Additionsprodukt von Dimethyl-dithiophosphorsäure an Maleinsäurediethylester ist. Der Spritzbelag auf Pflanzen ist schon nach einer Woche zu 80 % zu ungiftigen Verbindungen abgebaut; gegen Meerschweinchen 70mal weniger giftig als E 605. Weitere zugelassene organische Phosphorsäureester sind *Nexion stark* (Celamerck) gegen Blattläuse, *Nexion-Öl* und *Oleo-Ekamet* (Sandoz, Basel) gegen Schildläuse, *Dimethoatmittel* (Bayer) gegen Spinnmilben im Gemüsebau.

2.1 Systemische Insektizide.

Dies sind synthetische Insektengifte, die man z. B. als 0,1 %ige Lösung verspritzt, worauf sie von den Pflanzen durch die Blätter und Wurzeln aufgenommen werden und in den Pflanzen etwa 3 bis 4 Wochen verbleiben, ohne diesen zu schaden. Fressende und saugende Insekten, die sich auf solchen Pflanzen aufhalten, werden durch das Gift getötet, während bei Menschen bisher durch Rückstände kein Krankheitsfall bekannt wurde.

Die systemischen Insektizide wurden von Gerhard Schrader in den Bayer-Werken entwickelt. Sie kommen im Ackerbau, Obst- und Gartenbau (ausgenommen Gemüsebau) zur Anwendung. Beispiele:

Metasystox (i) (Bayer), Formel: $(CH_3O)_2P(O)-S-CH_2-CH_2-S-C_2H_5$ = Demeton-*o*-methyl. Es wirkt in 0,1 %iger Verdünnung gegen saugende Schädlinge (Blattläuse, Blutläuse, Spinnmilben). Für Menschen ist dieses Präparat weniger giftig als das früher von Bayer hergestellte *Systox. Metasystox R* (= Demeton-*o*-methylsulfoxid) wird ähnlich verwendet. Die letzte Spritzung soll nicht später als 4 Wochen vor der Ernte erfolgen.

2.2 Carbamate gewannen in den letzten 20 Jahren als Ersatz für die chlorierten Kohlenwasserstoffe immer mehr an Bedeutung. Zahlreiche Carbamate wirken systemisch, d. h. sie werden in den Leitungsbahnen der Pflanze transportiert. Dadurch können auch schwer erreichbare Schädlinge am Sproß und an den Wurzeln bekämpft werden. Carbamate sind Ester und Salze der Carbaminsäure, die die Gruppe $H_2N-CO-O$ enthalten.

2.3 Pyrethrumpräparate. Die Blüten des dalmatischen Korbblütlers Pyrethrum enthalten 0,2 bis 0,3 % Pyrethrine. Das sind komplizierte organische Verbindungen, welche merkwürdigerweise für die Insekten außerordentlich giftig, für Menschen und Haustiere dagegen unschädlich sind. Schon seit 1898 sind fertige Pyrethrum-Seifenlösungen im Handel, die vor dem Gebrauch mit der angegebenen Menge Wasser verdünnt werden. Daneben gibt es Pyrethrumpräparate in Emulsionen, Pulvern, Sprühdosen usw. Sie sind für Insekten tödliche Nervengifte, die hauptsächlich durch die Atemöffnungen aufgenommen werden. 1 Teil Pyrethrin in 80 000 Teilen Wasser aufgelöst wirkt auf Schaben noch tödlich. Die Verwendung von Pyrethrumpräparaten ist neuerdings wieder im Ansteigen begriffen, da man deren Wirkung durch Zusatz von *Synergisten* (z. B. Piperonylbutoxid, Sesamölbestandteile, Octachloridpropylether = S 421 der BASF) erheblich steigern konnte. In den USA und in Europa werden seit 1950 auch einzelne Pyrethrum-Bestandteile (Allethrin, Cinerin) synthetisiert.

Gegen Schild- und Blattläuse, aber auch Stall- und Stubenfliegen, Schaben u. dgl. wendet man beispielsweise folgende Pyrethrum-Präparate (z. B. verstärkt mit Piperonylbutoxid) an: *Chrysanthol-Nebeldose* (Spieß), *Parexan* (Hoechst) und *Spruzit* (Neudorff, Emmenthal).

Sprühmittel mit Pyrethrum u. a. sind *Parexan Neu Pflanzenspray* (Hoechst) bei Zier- und Zimmerpflanzen und *Spruzit.* Als Vernebelungsmittel gegen Getreide- und Speicherschädlinge nimmt man mit Dichlorphos verstärkte P-Präparate, z. B. *Detmolfum* (Frowein). Das synthetische Pyrethroid *Decis* (Hoechst) wird gegen Apfelwickler eingesetzt.

2.4 Obstbaumcarbolineum. Bei der Destillation von Stein- und Braunkohle gewinnt man Teeröle, die infolge ihres Carbolsäure- und Kresolgehaltes schon seit langem zum Holzanstrich (gegen Fäulnis) verwendet werden. Vermischt man diese wasserunlöslichen Teeröle mit Seifenlösungen, Soda oder Laugen, so lassen sie sich mit Wasser emulgieren, das heißt in Form feinster Tröpfchen gleichmäßig verteilen. Eine starke Verdünnung mit Wasser ist unbedingt nötig, weil die reinen Teeröle lebende Pflanzen schädigen würden.

Das käufliche *Obstbaumcarbolineum* besteht aus „wasserlöslichen" (richtiger „emulgierbaren") Teerölen. Es wird im Herbst und Winter mit der 12 bis 25fachen Menge Wasser verdünnt auf die Bäume gespritzt. Obstbaumcarbolineum wirkt gegen die überwinternde Brut der Blattläuse, Blutläuse, Schildläuse, Apfelblattsauger, Kirschblütenmotte, Frostspanner, Gespinst- und Sackträgermotte, ferner gegen Moos- und

Flechtenwuchs, Baumkrebs und Pilzschädlinge. Es hat aber wegen der unangenehmen Anwendung heute nur noch geringe Bedeutung.

3. Fungizide

Dies sind Präparate, mit denen man pilzbedingte Pflanzenkrankheiten, wie z. B. Mehltau, Peronospora, Schorf, Kartoffelkrautfäule u. v. a. bekämpft. Wichtige Fungizide sind z. B.

3.1 Schwefel und Schwefelverbindungen. Der Schwefel ist ein gutes Vorbeugungs- und Bekämpfungsmittel für den echten Mehltau der Reben (Oidium). Er wirkt auch gegen Rosenmehltau, Apfelmehltau, Hopfenmehltau und Spinnmilben.

Erhitzt man 850 g gepulverten, gebrannten Kalk, der mit 1450 g Schwefelblumen vermischt und in 10 l Wasser aufgerührt wurde, 45 Minuten lang in einem eisernen oder emaillierten Kessel, so entsteht die Calciumpolysulfid enthaltene Schwefelkalkbrühe (CaS_5 u. a.) Vermischt man 3 bis 5 l dieser Brühe mit 100 l Wasser, so erhält man ein Mittel gegen Stachelbeertau, Braunfleckenkrankheit der Tomate, Schorf der Äpfel und Birnen, Schildläuse, Milben u. a. Zur Verbesserung der Wirkung verwendet man heute vielfach äußerst feinen, kolloidalen Schwefel in Verbindung mit Netz- und Haftmitteln.

Käufliche Schwefelpräparate sind *Borchers Netzschwefel, Hinsberg Netzschwefel.* Eine Probe davon verbrennt auf dem Porzellanscherben mit blauer Flamme unter Entwicklung von stechend riechendem Schwefeldioxidgas.

3.2 Kupferverbindungen. Auf den Blättern der Weinrebe sehen wir häufig blaugrüne Flecke. Diese rühren von der *Kupferkalkbrühe* (auch *Bordeauxbrühe* genannt) her, die von den Weingärtnern gegen den falschen Mehltau (Personospora) verwendet wird. Man löst 1 kg blaue Kupfersulfatkristalle in einem Holzgefäß in 50 l Wasser und gießt diese unter Umrühren in einen zweiten Behälter mit der gleichen Menge Wasser, in dem ½ kg frisch gebrannter, reiner Kalk verrührt wurde. Die so entstehende 1 %ige, blaue Kupferkalkbrühe muß möglichst bald verspritzt werden, da sie sich sonst absetzt und an Wirkungskraft verliert. Der Kalkzusatz ist nötig, weil sonst das sauer reagierende Kupfersulfat (mit Lackmus prüfen!) die Blätter angreifen würde. Auch könnte es infolge seiner Wasserlöslichkeit vom Regen leicht fortgespült werden. Wird 1 kg Kupfersulfat in 50 l Wasser gelöst und mit 50 l Wasser vermischt, in dem 1,2 kg Kristallsoda gelöst sind, so entsteht die *Burgunderbrühe (Kupfersodabrühe).* Hier wird das Kupfersulfat mit Hilfe von Soda neutralisiert und in unlösliches Carbonat verwandelt (Gleichung: $CuSO_4 + Na_2CO_3 \rightarrow CuCO_3 + Na_2SO_4$). Mit Kupferverbindungen bekämpft man folgende Pilzkrankheiten: Blattfallkrankheit der Reben (falscher Mehltau), Krautfäule der Kartoffeln, Schorf der Äpfel, Birnen und Kirschen, Schrotschußkrankheit des Steinobstes, Blattfallkrankheit der Stachel- und Johannisbeeren, falscher Mehltau der Gemüse- und Zierpflanzen, Schüttekrankheit der Kiefer, Blattfleckenkrankheit der Rüben usw.

Käufliche Kupferpräparate. Um die mühsame Selbstherstellung der Kupferkalkbrühe entbehrlich zu machen, bringen die meisten Pflanzenschutzmittelfirmen gebrauchsfertige kupferhaltige Präparate auf den Markt, die man im Bedarfsfall einfach in der vorgeschriebenen Wassermenge auflöst und verspritzt. Solche Präparate sind beispielsweise *Cupravit = OB 21* (Bayer, Leverkusen) und *BASF-Kupferkalk* (BASF, Ludwigshafen).

Diese Präparate enthalten in der Regel Kupferoxichlorid, Formel $[3Cu(OH)_2 \cdot CuCl_2] \cdot$

4 H_2O. In *Cupravit, blau* (Bayer) und *Ku 55, blau* (Merck) ist aktiviertes Kupferhydroxid enthalten. Das Kupfer läßt sich leicht nachweisen, wenn man im Probierglas eine etwa weizenkorngroße Probe mit 1 bis 2 cm^3 Salzsäure erwärmt und nach der Auflösung 2 cm^3 Kaliumhexacyanoferrat(II)-lösung dazu gibt (s. S. 19).
Zu den *klassischen* Fungiziden gesellen sich in den letzten Jahren eine Reihe von synthetischen Präparaten. Beispielsweise *Zineb* (= Zinkethylen-bis-dithiocarbamat, enthalten in *Albran-Spritzpulver*). Alle diese Mittel sind bienenunschädlich: *Ziram* (= Zinkdimethyldithiocarbamat), *Maneb* (= Manganethylen-bis-dithiocarbamat). Wichtige Carbamate als Fungizide sind auch *Euparen* (Bayer) und *Metiram* (BASF).
Captan ist Chlormethylthiophthalimid (in Orthocid von Merck, Bayer, Propfe, Schering). Oft werden diese synthetischen, organischen Fungizide auch mit Schwefel- bzw. Kupferpräparaten oder auch mit Insektiziden kombiniert.

4. Herbizide = gegen unerwünschte Kräuter

4.1 Unkrautvertilgung. Man unterscheidet hier zwischen a) totaler und b) selektiver (auswählender) Pflanzenbekämpfung. Bei Anwendung totaler Pflanzenbekämpfungsmittel wird jeglicher Pflanzenwuchs (auch Nutzpflanzen) ausgerottet. Hierher gehören vor allem die Natriumchloratpräparate, ferner Trichloracetat (*NaTa* von Hoechst), *Aminotriazol* (Bayer), Triazine wie z. B. *Simazin* = 2-Chlor-4,6 bis (ethylamino)-1,3,5-Triazin (Spieß, Schering). Unkraut auf Wegen und Eisenbahnanlagen wird durch eine 2 %ige Natriumchloratlösung $NaClO_3$ beseitigt; 1,5 l reicht für 1 m^2 Fläche.
a) Käufliche Natriumchloratpräparate zur Unkrautbekämpfung sind: *Unkraut-Ex* (Stolte & Charlier, Hamburg) u. a.

Versuche: Weise in *Unkraut-Ex* und anderen Präparaten Chlorat nach (s. S. 24). *Unkraut-Ex* enthält rund 84 % Natriumchlorat und 16 % Soda. Erhitze eine etwa erbsengroße Menge *Unkraut-Ex* im Probierglas. Es entweicht zunächst Kristallwasser aus Soda (setzt die Feuergefährlichkeit des Präparates herab. Die Präparate sind in der Regel weiße, wasserlösliche Pulver, die wegen ihrer Feuergefährlichkeit in Blechdosen in den Handel kommen), dann erfolgt eine Sauerstoffentwicklung aus Natriumchlorat – ein ins Probierglas eingetauchter glimmender Span wird entflammt. Wir erhitzen im Porzellantiegel eine etwa bohnengroße Menge *Unkraut-Ex* zum Schmelzen (Vorsicht! Feuersichere Unterlage) und werfen dann mit Hilfe einer langen Zange kleine Stückchen Holz (z. B. 1/10 von einem Streichholz) in den Tiegel. Vorsicht, Schutzbrille! Der heiße Inhalt kann herausspritzen! Die eingeworfenen Gegenstände verbrennen sehr schnell unter hellen Feuererscheinungen.

b) Bei der wichtigeren selektiven **Unkrautbekämpfung durch Herbizide** wendet man Chemikalien an, die nur die Unkräuter, nicht aber die auf dem gleichen Boden wachsenden Kulturpflanzen zum Absterben bringen. Im Kleingarten ist die Anwendung von Herbiziden überflüssig. Junge Hederich- und Ackerpflänzchen mit 2 bis 4 Blättern bekämpfte man früher auf den Feldern beispielsweise mit einer 20 bis 25 %igen Eisensulfatlösung. Eine Düngung mit 150 bis 200 kg Kalkstickstoff (Süddeutsche Kalkstickstoffwerke, Knapsack, Lonza) je Hektar wirkt gegen Unkräuter in Getreide und auf Wiesen und Weiden.
Das weitaus wichtigste selektive, d. h. ausgewählte Unkrautbekämpfungsmittel ist die 2,4-Dichlorphenoxyessigsäure (bzw. deren Natriumsalz), $C_6H_3Cl_2-O-CH_2-COOH$,

ein synthetischer Wuchsstoff, der abgekürzt auch 2,4D heißt und in Deutschland unter den Handelsnamen *U 46* (BASF, Ludwigshafen), *Hedonal* (Bayer), *Utox 2,4-D* in den Handel kommt.

U 46 ist ein weißgraues Pulver. Es wird durch Genossenschaften und Handel in 1 kg-Blechdosen geliefert. Man versprüht im Frühjahr zur Zeit des stärksten Wachstums (wenn das Getreide 10 bis 30 cm hoch ist und die Blattunkräuter ihre Blattrosette entwickeln) eine Lösung von 0,75 bis 2 kg *U 46* in 800 l Wasser auf das Hektar trockenes Ackerland. Es werden dann nach einiger Zeit Hederich, Ackerwinde, Distel, Ackersenf, Ackerhahnenfuß, Wicke usw. in ihrem Wachstum krankhaft gesteigert (2,4-D ist ein stark wirkender synthetischer Wuchsstoff), so daß sie vor der Samenbildung an Auszehrung zugrunde gehen. Die Getreidearten und ihre wildwachsenden Verwandten (Gräser, Windhalm, Ackerfuchsschwanz, Quecke) widerstehen den obengenannten Konzentrationen, dagegen darf man *U 46* nicht auf Kartoffeln, Rüben, Schmetterlingsblütler, Reben, Obstplantagen und dergleichen bringen. 2,4 D wird in den USA schon seit vielen Jahren in großem Umfang verwendet. Die Steigerung der amerikanischen Ernteerträge seit 1947 hat darin ihre Hauptursache. Im Jahre 1950 wurden in USA 6000 Tonnen, 1981 dagegen über 36 000 Tonnen 2,4 D hergestellt. Vielfach wird auch das etwas milder wirkende, chemisch verwandte *MCPA* (= Methyl-Chlor-Phenoxy-Acetat) angewendet (1 kg/ha Getreide); Handelspräparate dieser Art sind z. B. *Hedonal-M-Pulver* (Bayer), *M 52* (Pulv. Schering), *AAherba-M-Pulver* (Wiersum), *U 46/M-Fluid* (BASF). Nicht selten kombiniert man auch mehrere synthetische Wuchsstoffe. So enthält z. B. das *Bi-Hedonal* von Bayer und das *Dikofag-Kombi* von Hoechst 2,4 D und MCPA-Salze.

5. Anhang

5.1 Holzschutzmittel. Bauholz wird zum Schutz gegen schädliche Kleinpilze (Hausschwamm) oder Insekten häufig mit Holzschutzmitteln bestrichen oder durchtränkt. Als solche kommen in Betracht: Carbolineum, Teerölanstriche, chlorierte Naphthaline (Xylamon) und Phenole, Dinitrokresole, Natriumarsenit, Silico-Fluoride, Fluorverbindungen, Zinkchlorid, Chromsalze oder Kombinationen aus diesen Stoffen. Holzschutzmittel für Innenräume dürfen kein giftiges Pentachlorphenol PCP, C_6Cl_5OH, enthalten. *Xylamatt* (Bayer) für innen, *Xyladecor* (Bayer) für außen. Es verhindert Fäulnis und dient als dekorative Farblasur. Zur Herabsetzung der Entflammbarkeit von Holz werden eine Reihe von Präparaten hergestellt; viele enthalten anorganische Phosphate (Diammoniumphosphat $(NH_4)_2HPO_4$), so z. B. *Bajutox-Feuerschutz, Bekarit-F, Corbal-F, Osmol F1, Pyromors, Wolmanit I;* andere bilden eine dicke, feuerhemmende Schaumschicht (z. B. *Albert-Schaumschutz, Flammschutz Albert DS, Corbal F Schaumschutz* von Avenarius, *Pyromors Dämmschutz* von Desowag, *Wolmanit-Antiflamm* von Ahig). Durch zweckmäßige Anwendung von Holzschutzmitteln kann man die Lebensdauer von Bauholz um das Mehrfache erhöhen. Dies ist bei dem weltweiten Holzmangel von besonderer Bedeutung.

5.2 Raupenleime. Diese bestehen aus Mischungen von Terpentinöl, Wachs, Leinöl u. dgl., die auf 20 cm breite Pergamentstreifen gestrichen werden. Die *Leimringe* bindet man im September in Brusthöhe um die Obstbäume. Der Leim soll von September bis Ende März klebrig bleiben. An dem Leim bleiben die schädlichen Raupen des Schwammspinners, Ringelspinners u. a. hängen. Vor allem aber verwehren die Leimringe den flügellosen Weibchen des Frostspanners den Weg vom

Boden zur Baumkrone. Neuerdings wird auch vorgeschlagen, die Rinde mit Kontaktgiften (z. B. Hexachlorcyclohexan und dergleichen) einzustäuben.

5.3 Wespenbekämpfung. Gegen Wespen verwendet man Carbamate, wie *Propoxur* (Blattanex, Bayer) und *Dichlorvos = DDVP* (Mafu-Produkte, Vapona).

5.4 Fliegenbekämpfung. Kombinationspräparate gegen Fliegen enthalten z. B. Pyrethrum und Piperonylbutoxid *(Chrysanthol-Nebeldose)* oder Lindan, Pyrethrum (*Flycid-Zerstäuber, Glutox-Zerstäuber*). Sprüh- und Vernebelungsmittel sind z. B. *Flit* (Dichlorvos mit Piperonylbutoxidzusatz), *Multicod-Ultra, Paral-Automat, Plagin. Baytex* (Phosphorsäureester von 3-Methyl-4-methylmercapto-3-methylphenol) und *Exodin-Fliegentod* (Schering, enthält Diazon) sind Sprühmittel, die auch gegen resistente Fliegen wirken. Die *Globol fliegenfrei Regulierbox* enthält DDVP, $Cl_2C{=}CH{-}O{-}PO(OCH_3)_2$ (Dichlorvos), wirkt automatisch und geruchlos vier Monate in Räumen von 10 bis 40 cm^3 gegen lästige Insekten. Der *Geo Fliegenfänger* (Globol, Neuburg/Donau) ist umweltfreundlich und unbedenklich, daher überall anwendbar. *Globol Pyrethrum* (Globol, Neuburg/Donau) ist ein Insektenspray mit Sofortwirkung, das unbedenklich für Mensch und Haustier eingesetzt werden kann. *Geo Elektro insektenfrei* (Globol, Neuburg/Donau) wirkt als sicherer, moderner Schutz aus der Steckdose gegen Fliegen und Mücken. Die Originalpackung enthält das Elektrogerät und 20 Wirkstoffplättchen. Der Wirkstroff Allethrin ist ein synthetisches Insektizid, das mit dem Pyrethrin (s. S. 215) chemisch eng verwandt und für Menschen ungiftig ist.

5.5 Ameisenvertilgung. Durch Gewürznelken im Küchenschrank sollen Ameisen abgehalten werden. Käufliche Ameisenmittel enthalten z. B. Lindan *(Ameisenmittel Schering, Hinsberg-Ameisentod, Hora-Ameisentod).* In Gemüsegärten kann man die Ameisennester abends durch Übergießen mit viel heißem Wasser vernichten. Bei Hausameisen hat sich die *Ameisen-Köderdose* (Dr. Freyberg, Weinheim) bewährt.

5.6 Bekämpfung von Wollschädlingen. Wollschädlinge sind Insekten, deren Larven in der Lage sind, die Doppelschwefelbrücken der Proteinmoleküle des Keratins zu spalten und damit Wolle, Federn und Haare zu verdauen. Es handelt sich dabei um einige Vertreter der echten Motten *(Tineidae)*, z. B. Kleidermotten, Pelzmotten und der Speck-Käfer *(Dermestidae)*, z. B. Teppich- und Pelzkäfer.

Abwehrmaßnahmen: Bei den diversen Naßprozessen, die in der Textilfabrikation vorgenommen werden (Färbe-, Chromierungsbad, Wollwäsche, Bleiche) kann die Wolle mit Wollschutzmitteln ausgerüstet werden und ist dann auf Dauer vor dem Fraß der Keratinverdauer geschützt.

Heute werden folgende Präparate in der Textilfabrikation eingesetzt: *Eulan U33, Eulan WA neu* (Chlorierte Sulfonamidderivate von Diphenylether), *Eulan SP* (Pyrethroid). Diese Präparate werden von der Bayer AG hergestellt.

Ciba-Geigy bringt das Wollschutzmittel *Mitin* (Harnstoffderivat) auf den Markt. Nachträglich können fertige Wollwaren in der chemischen Reinigung mit *Eulan BLS* (Bayer AG) ausgerüstet werden. Da nicht alle Wolltextilien diese schützende Ausrüstung haben, kann man sich im Haushalt mit Insektiziden helfen, die in der Gasphase gegen die Schädlinge wirken. Dabei muß diese Maßnahme in geschlossenen Räume geschehen, damit die Konzentration des Wirkstoffes nicht abfällt. Man verwendet dabei hin und wieder noch *Mottenkugeln* aus Paradichlorbenzol. In neuerer Zeit ist man mehr auf *Lindanpapierstreifen* (HCH, Celamerck) und *Mafu-Strip* (Dichlorvos, Bayer) übergegangen. Diese direkte Bekämpfung der Wollschädlinge bedeutet jedoch lediglich Lagerschutz und bei hochwertigen Textilien ist eine Schutzausrüstung vorzuziehen.

Globol mottenfrei (Globol-Werk, Neuburg/Donau) enthält auch DDVP = Dichlorvos.

Versuche: Lege etwas *Globol* auf die Waage und bringe sie ins Gleichgewicht! Schon nach einigen Stunden ist das *Globol* leichter geworden, da es sich rasch verflüchtigt. Prüfe Brennbarkeit von Naphthalin und *Globol*! Bringt man etwas *Globol* auf einem Kupferblechstreifen in die nichtleuchtende Flamme, so färbt sich diese grün, weil sich das Chlor des *Globols* mit dem Kupfer zu leichtflüchtigem, flammenfärbendem Kupferchlorid verbindet.

5.7 Läusebekämpfung. Gegen Läuse und Nissen wird *Goldgeist forte* (Gerlach, Lübbecke) eingesetzt. Es ist eine Flüssigkeit zum Einreiben der betroffenen Körperstellen. Zusammensetzung: 100 g Netzmittellösung enthalten 0,3 Pyrethrumextrakt mit *n*-Hexan, 0,7 g Piperonylbutoxid, 0,9 g Chlorocressol. Nicht in die Augen oder auf Schleimhäute bringen!

5.8 Schneckenbekämpfung. Gegen Nacktschnecken, insbesondere Ackerschnekken in Gärten usw., werden folgende Metaldehydpräparate ausgestreut oder in Häufchen aufgelegt: *Agrimort* (Terrasan-Gesellschaft), *Antischneck* (Neudorff), *Cela-Schneckenkorn, Schneckokorn* (Hinsberg), *Schnex-Schneckentod* (Obermann). Auch mit Weizenbier gefüllte Schalen, die man ebenerdig in den Boden bringt, sind gut wirksam gegen Schnecken.

5.9 Abschreckungsmittel. Gegen Wildverbiß und Hasenfraß bestreicht man die besonders gefährdeten Triebspitzen und Stämme mit übelriechenden und widrig schmeckenden Stoffen, wie Baumteer, Steinkohlenteer, Petroleum, Lehm, Kalkbrei u. dgl. Nach Türke (1952) soll Steinkohlenteer gegen Reh-, Rot-, Damm- und Schwarzwild keine Abwehrwirkung besitzen und die Kiefern- und Fichtentriebspitzen schädigen. Arbin (Strähler) ist ein langanhaltend wirkendes Wildverwitterungsmittel für flächenmäßigen Schutz. *Arikal-O* (Strähler) schützt im Winter die Stämme junger Obstbäume vor Hasen und Mäusen. Der Wirkstoff des Mittels ist geschmacksvergällend und reizt die Schleimhäute.

5.10 Mäuse- und Rattenbekämpfung. Auf den Feldern und in Speicherräumen können die Mäuse großen Schaden anrichten. Ein einziges Mäusepaar bringt im Jahr ca. 360 mittelbare und unmittelbare Nachkommen hervor, die insgesamt ungefähr 18 Zentner Getreide vernichten. Zur Bekämpfung von Ratten und Mäusen in den Häusern kommen (außer Katzen und Fallen) folgende Mittel in Betracht: *Vergrämungsstoffe* wie z. B. die in den USA entwickelten *Rodent Repellents*. Dies sind Stoffe, mit denen man z. B. Kartons und Kisten von Lebensmittel- und Futtermittelpackungen imprägniert, um Rattenfraß zu verhindern. Die Ratten und Mäuse werden von den *Rodent Repellents* nicht getötet, sondern nur vom Fräß abgehalten. Hierher gehören Stoffe wie Actidion, Trinitrobenzolderivate, Thiuramdisulfide u. dgl. Zur chemischen Bekämpfung (Vernichtung) von Nagetieren wurden von der Biologischen Bundesanstalt für Land- und Forstwirtschaft u. a. folgende Handelspräparate amtlich geprüft und zugelassen:

Cumarinderivate. Diese sehr wirksamen Mittel heben bei Nagern die Blutgerinnungsfähigkeit auf und schädigen die Arterienwände, so daß tödliche, innerliche Verblutungen auftreten. Hierher gehören z. B. *Actosin* (Schering), enthält 3(α-Phenyl-β-acetyl-ethyl)-4-Hydroxycumarin; von dieser Verbindung wirken 7,5 mg auf das kg Ratte innerhalb von 5 Tagen tödlich. *Tomorin* (Thompson) enthält als Wirkstoff 3-(α-p-

Chlorphenyl-β-acetyl-ethyl)-4-oxycumarin. Ähnliche blutgerinnungshemmende Cumarinderivate enthalten auch *Alferex* (Cela, Ingelheim).

Meerzwiebelpräparate. Die Meerzwiebel enthält das rattenspezifisch wirkende Scillirosid, Formel $C_{32}H_{44}O_{12}$ und daneben noch Scillarene, die für Ratten verhältnismäßig wenig giftig sind, aber für den Menschen und die höheren Tiere als Herzgift wirken. Es wird von der Biologischen Bundesanstalt nur *ein* Meerzwiebelpräparat, das *Scillirosan* (Heldmann) anerkannt. Für Ratten sind 1 bis 2 g Meerzwiebel tödlich.

Alpha-Naphthylthioharnstoff (abgekürzt ANTU) bildet in reinem Zustand farblose, bittere, giftige, wasserunlösliche Prismen, die für die Ratten offenbar geschmackfrei sind und in Ködern leicht genommen werden. Für die Haustiere ist ANTU nur wenig giftig; beim Menschen sind noch keine tödlichen ANTU-Vergiftungen beobachtet worden. Die LD 50 (Dosis, die 50 % der Versuchstiere tötet) beträgt bei der Wanderratte 0,7 mg ANTU pro 100 g Rattengewicht, bei der Hausratte dagegen 20 bis 30 mg. ANTU wird hauptsächlich gegen Wanderratten, in beschränktem Umfang auch gegen Wühlmäuse und Hausmäuse eingesetzt.

Zinkphosphid Zn_3P_2 bildet in reinem Zustand dunkelgraue, wasserunlösliche Würfel (Dichte ca. 5, Schmelzpunkt über 420 °C). Es ist das wichtigste Feldmausgift. Meist werden Weizenkörner mit einer Zinkphosphidkruste überzogen und mit Legeflinten u. dgl. in die Feldmauslöcher gebracht. Das Zinkphosphid ist auch für Menschen, größere Haustiere und Geflügel ziemlich giftig. Zugelassene Zinkphosphidpräparate sind: *Rumetan* (Hoechst AG) und *Giftweizen* (Neudorff, Emmertal).

Wühlmaus-(Schermaus)Bekämpfung. Die Wühlmaus verursacht an den Wurzeln von Nutz- und Zierpflanzen erhebliche Schäden. Ihre Gänge sind etwas größer als die der Feldmaus. Eine Bekämpfung wird am besten mit der Falle durchgeführt. Auch *Quiritox Fertigköder* (Neudorff) oder *Arrex-Patronen* (Celamerck) sind wirksam. Außerdem hat man mit Auspuffgasen von Benzinmotoren, die in die Röhre geleitet werden, gute Erfolge erzielt.

6. Neue Wege der Schädlingsbekämpfung (*Bild 40*).

Es ist dringend notwendig, die biologischen, die „mit der Natur" praktizierten, selektiven Bekämpfungsverfahren großzügig zu fördern. Dazu gehört die Zucht natürlicher Feinde von Schädlingen, die Züchtung schädlingsharter Nutzpflanzen, standortgerechter Anbau und ein sinnvoller Fruchtwechsel.

- Texanische Landbauexperten haben eine kleine, schneller wachsende Baumwollpflanze gezüchtet. Sie kommt schon früh in der Saison zur Reife, bevor der Baumwollkapselkäfer sich in großer Zahl vermehrt, in die jungen Baumwollfasern eindringt und sie zerstört. Die Pflanze wächst sozusagen dem Käfer davon. Weitere Möglichkeiten der biologischen Schädlingsbekämpfung bietet die *Synthese von Insektenhormonen*, bei deren Anwendung z. B. die Verpuppung unterbleibt. Bereits 1972 wurden Moskitos mit dieser Methode von der WHO erfolgreich bekämpft (Muhr, Chem. Rdsch. 25 (1972), 11).

- Vor einiger Zeit konnten im Kampf gegen schädliche Insekten durch die Verwendung von *Sexuallockstoffen* bemerkenswerte Erfolge erzielt werden. Bei dieser Methode werden die Männchen einzelner Arten durch sexuale Locksubstanzen in Fanggläser gelockt, so daß sie für die Fortpflanzung ausfallen. Die Substanzen sind in außerordentlich geringer Konzentration wirksam. Ein Weibchen einer amerikani-

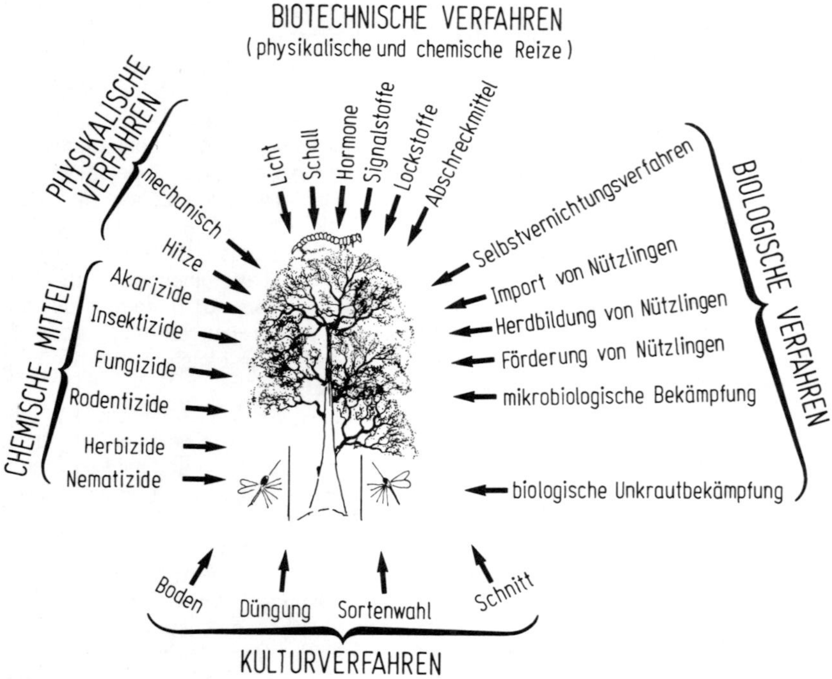

Bild 40 Mittel und Methoden zur Bekämpfung von Pflanzenschädlingen (nach Franz/Krieg)

schen Blattwespenart lockte nach Jacobson und Beroza aus einem Käfig heraus über 11 000 Männchen an. Das Lockmittel wird im Umkreis von 5 bis 16 km von den Männchen wahrgenommen. Durch die Anwendung der neuen Methode konnte das Vordringen des Schwammspinners in den USA gestoppt und die Fruchtfliege in Florida erfolgreich bekämpft werden.

- Ein weiterer Weg der Insektenbekämpfung mit *sterilen Männchen* wurde in Texas eingeschlagen. Dort konnte man die Screw-worm-Fliege ausrotten, die 1962 noch 50 000 Rinder tötete (New Scientist 1966, S. 736).
- Obst- und Beerensträucher werden häufig durch San-José-Schildläuse stark geschädigt. Diese Schildlaus wird von einer *Schlupfwespe* befallen, die nur diese Art zur Eiablage benutzt. In Südwestdeutschland hat man gute Erfolge in der Bekämpfung der Schildläuse erzielt, indem man diese Schlupfwespenart einbürgerte. Zunächst wurden im Labor auf Kürbissen angesetzte Schildläuse mit Schlupfwespen infiziert, dann wurden diese Kürbisse in Obstplantagen ausgelegt (Schneider/Volker, Biologie 1981).
  Die Firma Neudorff, Emmerthal, hat in letzter Zeit ein größeres Sortiment von Stoffen zur Schädlingsbekämpfung herausgebracht, deren Anwendung weniger Schwierigkeiten bereitet.

Das Konzept des integrierten Pflanzenschutzes

Leider gibt es bei den vielfältigen natürlichen Bedingungen kein absolutes Patentrezept als Alternative des Pflanzenschutzes. Das hat dazu geführt, daß nach sinnvollen Kombinationen gesucht wird. Dies bedeutet nach Cramer, „daß Fragestellungen biologischer oder chemischer Pflanzenschutz in ihrer Polarisierung als verfehlt gelten können". Das Konzept des integrierten Pflanzenschutzes strebt an, daß durch gegenseitige Abstimmung ackerbaulicher, biologischer, biotechnischer und agrochemischer Maßnahmen ein System der Schadensverhütung (und der Schadensabwehr) geschaffen wird, das die Vielfalt der Faktoren integriert. In diesem Konzept wird es auch möglich sein, solche neuen biologischen Methoden, die – isoliert verfolgt – nur schwer Eingang in die Praxis finden werden, frühzeitig in den Gesamtrahmen des Pflanzenschutzes aufzunehmen.

Mit der Methode des „integrierten Pflanzenschutzes" wird man (nach Dr. Steiner, Stuttgart) mit geringeren Mengen Spritzmitteln auskommen, wenn man sich mehr auf die natürlichen Feinde der Schädlinge bezieht. Nach einem genauen System werden die Spritzungen erst dann eingesetzt, wenn die Schädlinge eine bestimmte „Schadensschwelle" überschritten haben. Dadurch konnte man bei Apfelanlagen 20 % der üblichen Spritzmittel einsparen. Entsprechend geringer sind die Rückstände im Obst.

Im Bereich des chemischen Pflanzenschutzes ist damit zu rechnen, daß mit vertiefender Einsicht über die Zusammenhänge zwischen chemischer Konstitution und biologischer Aktivität noch gezieltere Synthesen vorgenommen werden können, als dies bislang der Fall ist.

Schlankheitsmittel

Bei starker Fettleibigkeit und um die „schlanke Linie" zu erhalten kann man folgende Maßnahmen ergreifen:

1. Einschränkung des Verzehrs von Fett und Kohlenhydraten. Die tägliche Energiemenge soll bei Abmagerungskuren etwa 3600 kJ (900 kcal) betragen, wobei der Eiweißanteil nicht unter 80 g sinken soll. Es ist zu beachten, daß bei der eingeschränkten Nahrungsaufnahme während der Hungerkuren eine Mangelversorgung an Vitaminen und Mineralsalzen eintreten kann. Diese läßt sich z. B. durch Verabreichung von Multivitaminpräparaten beheben.
2. Körperliche Arbeit oder/und sportliche Tätigkeit.
3. Neuerdings werden auch Präparate empfohlen, die das Hungergefühl dämpfen. Von diesen *Appetitzüglern* seien genannt: *Mirapront N* (Mack) und *Regenon* (Temmler). Letzteres enthält 2-Diethylaminopropiophenon, verursacht heitere Beschwingtheit und Appetitminderung. Ärztliche Überwachung ist dringend erforderlich.
4. Einschränkung des Verbrauchs von Kochsalz, da es im Körper Wasser bindet.
5. Zur Erleichterung einer Hungerkur werden auch Präparate hergestellt, die nur einen geringen Nährwert haben und den Magen füllen sollen. Hierher gehören z. B. Verbindungen wie Celluloseglycolat, Methylcellulose und Alginsäure. Das *Komma* (Much AG., Bad Soden) ist ein Präparat aus Algensubstanz, Calciumverbindungen, Spurenelementen. Die Wirkung der *Schlank-Aktiv-Tabletten* (Santron GmbH, Gangelt) beruht auf dem Gehalt an Quellstoffen (Alginate, Poysaccharide).

6. Schlankheitsmittel (Kombinationspräparate): *Schlank-Dragees Neda* (Neda-Werk, München) mit Aloe, Hefe, Blasentang (Fucus vesiculosus) usw. *Schlankes H* (Golden-Pharma, Hamburg). Mit einem Tagesdragée nimmt man 20 mg Ephedrin-HCl ($C_{10}H_{15}NO \cdot HCl$), 50 mg Coffein, 80 mg Coffeincitrat, 10 mg Algenmehl und A-, B- und C-Vitamine zu sich. *Schlankheitsdragées Minus* (Doerenkamp Handelsgesellschaft, Hamburg) wirken auch abführend durch Aloe, Rhabarber, Wacholderöl, Blasentang usw. *Schlank-Schlank* (Pharmawerk Schmieden bei Stuttgart), Entfettungsmittel mit Diacetyldihydroxyphenylisatin, Blasentang und Milchzucker, *F. d. H.* – Schlankheitsdrinks enthalten Eiweißstoffe, Vitamine und ungesättigte Fettsäuren. Empfohlen wird täglich ein Glas *F. d. H.* anstelle einer kalorienreichen Mahlzeit. *Iriosan* (Nattermann, Köln) ist ein kalorienarmes Schlankheitsdiätetikum, das schnell zu einer Gewichtsabnahme ohne Mangelerscheinungen führt. Kohlenhydrate, Eiweiß und lebenswichtige Vitamine und Mineralsalze erhalten den geregelten Ablauf wichtiger Stoffwechselfunktionen. 100 g *Triosan-Diät-Suppe* enthalten 26 g Eiweiß, 7,2 g Fett, 43,3 g Kohlenhydrate, 7,7 g Weizenkleie, 7,5 g Apfelpektin angereichert mit Vitaminen, Eisen und Calcium. 100 g entsprechen 1548 kJ (364 kcal).
7. *Vollweizen-Gel nach Dr. Kousa.* Der griechische Arzt Dr. Argyris Kousa hat das Verdienst, eine uralte Diät, die bereits von den altägyptischen Priestern angewandt wurde, in die moderne Diätetik eingeführt zu haben. Die Behandlung von Störungen des Magen-Darm-Kanals geschieht mit einer Diät aus *Vollweizen-Gel*, einer kolloidalen Form, die durch ein neuartiges Aufbauverfahren aus vollreifem und besonders geeignetem Weizen gewonnen wird. Der für den Erfolg ausschlaggebende Bestandteil der Kousa-Diät ist das Vollweizen-Gel, eine kolloidale Lösung von Eiweiß, Kohlenhydraten und Hemicellulosen. Schädliche Schlackenstoffe des Körpers werden abgebaut und ausgeschieden. Damit ist eine Entwässerung des Körpers verbunden.

Im Dezember 1988 erklärte die Arzneimittelkommission der deutschen Ärzteschaft, daß sich das Übergewicht nur mit **Ernährungsumstellung** wirksam bekämpfen läßt.

Schuhcreme

Mit steigenden Schuhpreisen setzt sich beim Verbraucher immer mehr die Bereitschaft durch, etwas für das teuer erstandene Schuhwerk zu tun. Wer seine Schuhe regelmäßig pflegt, hat länger Freude an ihnen. Es geht dabei nicht nur um Farbe und Glanz, sondern auch darum, die Geschmeidigkeit des Leders zu erhalten. Der wesentliche Bestandteil einer jeden Schuhcreme ist Wachs (z. B. Carnaubawachs, Bienenwachs, Montanwachs, synthetische Wachse und Paraffin), das mit Hilfe verschiedenartiger Lösungsmittel in einen salbenartigen Zustand übergeführt wird. Streicht man etwas Schuhcreme in dünner Schicht auf Leder, so verdunstet das Lösungsmittel nach kurzer Zeit; bürstet man darüber, so gibt das Wachs einen schönen Glanz und stößt gleichzeitig Wasser ab.

Versuch: Lasse einige Tropfen Wasser über den frisch geglänzten Schuh fließen: Das Wasser haftet nicht auf dem Leder. Tauche ein Schwertlilienblatt ins Wasser: Es wird durch einen Wachsüberzug vor Benetzung geschützt.

Wird das Wachs mit seinen Zusätzen in Terpentinöl oder Terpentinölersatzprodukten gelöst, so entsteht eine wasserfreie, hochwertige Schuhcreme, die der Fachmann als *Ölware* bezeichnet. Verseift man das Wachs zum Teil mit einer wässrigen Pottaschelösung, so daß sich das restliche Wachs in Wasser emulgiert, so spricht man von *verseifter Ware*. Enthält eine Schuhcreme sowohl Ölware als auch verseifte Ware, so liegt eine *gemischte* oder *Mischware* vor. Je nach dem Anteil der Verdünnungsmittel (Terpentinöl, Terpentinölersatz, Lackbenzin, Wasser) festpastöse, sahnige oder flüssige (viel Verdünnungsmittel) Schuhcreme. Grundsätzlich haben wir es also mit den gleichen Herstellungsverfahren wie bei den Bohnermassen zu tun.

Ölware. Wir geben in ein Becherglas 5 g Carnaubawachs (stammt von den Blättern der südamerikanischen Carnaubapalme) und 5 g Paraffin, erwärmen über einer kleinen Flamme langsam, bis alles geschmolzen ist, löschen das Feuer und fügen 30 g Terpentinöl zu der geschmolzenen Masse. Umschütteln! Nach etwa einer Stunde ist die Flüssigkeit zu einer salbenartigen, gelblichen Masse erstarrt. Wir haben damit eine *hochprima Terpentinölcreme* erhalten, die sofort verwendet werden kann. Den Schuhcremes des Handels fügt man in der Regel noch irgendeinen passenden organischen Farbstoff zu. Das teure Carnaubawachs wird gegenwärtig zum Teil durch Rohmantanwachs oder durch künstliche, aus einheimischen Rohstoffen hergestellte Wachse ersetzt. Terpentinöl und Terpentinölersatz haben lediglich die Aufgabe, das Wachs in eine bequem aufzustreichende Form zu bringen. Nach dem Anstrich verdunstet es schnell, wie folgender Versuch zeigt: Ein Tropfen Terpentinöl wird auf ein Papier gegossen. Das frei aufgehängte, zunächst durchscheinende Papierstück ist nach ungefähr 10 Minuten vollständig ölfrei; der starke Gruch läßt auf rasche Verdunstung schließen. Der Geruch der Schuhcreme wird duch das Verdünnungsmittel (Terpentinöl, Terpentinölersatz) und nicht durch die Wachse bestimmt. Der unangenehme Geruch wird überdeckt durch kleine Mengen von Fichtennadelöl, Tannenzapfenöl, Lavendelspiköl u. dgl. Eine weiße Terpentinölcreme kann z. B. aus 15 g Paraffinschuppen, 5 g Carnaubawachs, 6 g gebleichtem Montanwachs und 74 g Terpentinöl hergestellt werden.

Verseifte Ware. Wir schmelzen 38 g Bienenwachs in 40 cm^3 Wasser in einem Erlenmeyerkolben und fügen nach dem Schmelzen 50 cm^3 Wasser hinzu, in dem 3 g Pottasche aufgelöst wurden. Nachdem man unter Umschütteln bzw. Umrühren und gelegentlichem Wasserzusatz etwa eine Stunde lang zum Sieden erhitzt hat, läßt man abkühlen. Verseifte Schuhcreme enthält 70 bis 75 % Wasser; sie ist deshalb billiger und weniger feuergefährlich als die Ölware. Da Wasser langsam verdunstet, stellt sich das Glanz nicht so schnell ein wie bei terpentinhaltigen Erzeugnissen. Bei größerer Kälte hält sich die verseifte Ware weniger gut; auch verwischt sich der Cremefilm leichter und das Leder wird bei Dauergebrauch allmählich hart und brüchig. Die Ölware ist für das Schuhwerk vorteilhafter als die verseifte Ware, da bei ihr die wasserabstoßenden Wachse tief ins Leder eindringen können. Seifenwasser ist imstande, das Wachs fein zu verteilen (zu emulgieren); man kann deshalb auch bestimmte Wachsgemische mit heißem Seifenwasser zusammenbringen und erstarren lassen. Eine solche Schuhcreme entsteht z. B. wenn man 18 g Bienenwachs im Becherglas schmilzt, dann mit 40 g Terpentinöl vorsichtig vermischt (Vorsicht! Feuergefahr!), danach eine heiße Seifenlösung (2 g Seife in 40 ml Wasser gelöst) zugibt und das Ganze bis zum Erkalten umrührt.

Die gemischten Schuhcremes sind im wesentlichen verseifte Ware, deren Verdünnungsmittel aus Wasser und mindestens 20 % Lösungsöl (Terpentinölersatz u. dgl.) besteht. Dadurch wird gegenüber den verseiften Cremes die Qualität verbessert und der Preis erhöht.
Eine schwarze gemischte Schuhcreme kann z. B. aus 6,5 g Rohmontanwachs, 4 g Carnaubawachs, 3 g Japanwachs, 2,5 g Bienenwachs, 2 g Paraffin, 0,5 g Harz, 0,75 g Kernseife, 0,5 g Pottasche, 1 g wasserlöslichem Nigrosin, ca. 50 g Wasser, 2,5 g Fettschwarz und 27 g Terpentinöl hergestellt werden.
Was die *Verpackung* anbelangt, so findet man auf dem Markt Dosen, Tuben und Selbstglanzmittel in Flaschen. Bei der Dosenware handelt es sich um sehr feste Wachspaste, der Ölware. Die Tubenware enthält weniger Wachs als die Ölware; die pflegenden Substanzen sind mit Wasser vermischt. Mit Tubenware können normale Schuhe gepflegt werden.
Selbstglanzmittel bestehen aus einer milchigen Flüssigkeit, Wachsemulgat in Wasser. Durch bestimmte Wachse und Bindemittel wird erreicht, daß die Schuhe ohne Probleme glänzen. Dieses Pflegemittel ist mit einem Schwamm auch sehr bequem anzuwenden; man sollte es jedoch nur von Zeit zu Zeit benützen, da sonst ein schmieriger Film auf dem Schuh zurückbleibt. Die Stiftung Warentest hat u. a. folgende Mittel gut bewertet: *Erdal Schuhglanz* (Mainz), *Nigrin* (Burnus, Darmstadt), *Eri Selbstglanz, Pilo fix* (Thompson-Siegel).

Schwangerschaftstest

Alle modernen Schwangerschaftstests sind nichts anderes als verschiedene Methoden, um das HCG-Hormon (Choriogonadotropin) nachzuweisen. Alle können also frühestens 9 Tage nach Ausbleiben der Regel positiv sein. Es gibt zwei verschiedene Test-Methoden: die biologischen und die immunologisch-chemischen. Bei der biologischen Methode spritzt man Versuchstieren eine kleine Menge Urin der Frau unter die Haut. Reagieren die Tiere auf diese Injektion, so ist die Frau mit größter Wahrscheinlichkeit schwanger.
Die biologischen Methoden werden immer mehr von den neueren immunologisch-chemischen Methoden verdrängt. Dabei werden keine Versuchstiere mehr benötigt, sondern bestimmte chemische Lösungen. Diese Lösungen sind – je nach Test – unterschiedlich, aber die Arbeitsweise ist dieselbe: Der Morgen-Urin der Frau wird mit ein paar Tropfen der Prüflösung vermischt. Ist die Frau schwanger, verändert sich das Gemisch.
Der *Prediktor*-Schwangerschaftstest ist die Weiterentwicklung einer jahrelang in Kliniken bewährten Methode, die zu Hause schnell und sicher durchgeführt werden kann. Der Test ist erst nach dem 9. Tag nach Ausbleiben der Regel anzuwenden. Eine Packung enthält alles was gebraucht wird: Einen durchsichtigen Behälter mit Bodenspiegel zum Ablesen des Ergebnisses, ein Röhrchen mit Testsubstanz, eine kleine Tube und eine Pipette.
Arbeitsweise: 1. Drei Tropfen Morgenurin mit der Pipette in Röhrchen füllen. 2. Dazu Flüssigkeit aus der Tube drücken und gut schütteln. 3. Röhrchen in Behälter zurückstellen und auf einer ebenen Fläche zwei Stunden, ohne zu berühren, stehenlassen. 4. Testergebnis ablesen, d. h. mit den beigegebenen Abbildungen

vergleichen. Der Test gilt als problemlos und sicher, wenn die einfache Gebrauchsanweisung eingehalten wird. Nach Prof. G. Döring soll die Zuverlässigkeit des Tests bei 95 % liegen (Hersteller Chefaro N. V., Oss, Holland).
Vertrieb: Deutsche Chefaro, Lünen, und Dr. Carl Hahn, Düsseldorf. Weitere Schwangerschaftstests, *Evatest* (Hestia, Nauheim), *Sekurat-test* (Beiersdorf, Hamburg), *F + S-test* (Schwarzhaupt). Alle diese Tests sind in der Apotheke erhältlich. Man kann aber auch den Apotheker den Labortest *Pregnosticon* ausführen lassen. Das Ergebis erhält man nach einer Stunde.

Seifen

Seifen entstehen, wenn Fette und Öle längere Zeit mit Natron- oder Kalilauge gekocht werden. Je nach Art der verwendeten Fette, Laugen oder Zusätze erhält man Hunderte von verschiedenen Seifensorten, die als Gesichtsseifen oder als Bestandteil von Putzflüssigkeiten, Metallputzseifen, Seifenpulvern, Zahnpasten, Zahnpulvern, Kopfwaschmitteln, Fleckpasten, Fleckstiften, Fleckseifen usw. von großer Bedeutung sind.
Auf Grund der verschiedenen Festigkeit und Zusammensetzung unterscheidet man harte (Kern-)Seifen (Natronseifen) und weiche Schmierseifen (Kaliseifen). Zu den Kernseifen bzw. Natronseifen gehören die allgemein bekannten festen Seifenstücke; man erhält sie durch Verkochen von Fett und Natronlauge (bzw. aus Fettsäuren und Soda) und nachheriges Aussalzen der Seife. Der Gehalt an Gesamtfettsäure soll mindestens 60 % betragen. Die Schmierseifen sind braune oder gelbliche, weiche Massen; sie werden aus Fett und Kalilauge (bzw. Fettsäuren und Pottasche) hergestellt.

1. Kaliseifen oder Schmierseifen. Man kocht billige Fette, wie Leinöl, Rüböl, Sojaöl, Olein, ungehärteten Fischtran, Baumwollsaatöl, Knochenfett u. dgl. mit der vorgeschriebenen Menge Kalilauge und etwas Pottasche so lange, bis sich das ganze Fett in nichtfettende Seife verwandelt hat. Herstellungsvorschrift:
Man erwärmt 43 Teile Leinöl und 58 Teile 20 %ige Kalilauge in einer Porzellanschale auf etwa 70 °C, gibt 5 Teile Weingeist dazu und erwärmt bis zur völligen Verseifung. Man erhält schließlich eine gelblichbraune, weiche Masse, die sich in zwei Teilen Wasser klar auflösen soll.

2. Natronseifen oder Hartseifen. Die Herstellung dieser sehr wichtigen Seifen ist schwieriger als die der Schmierseifen. Im Laboratorium kann man Hartseife folgendermaßen erhalten:
Wir lösen 3 g festes, reines Ätznatron in 10 cm^3 destilliertem Wasser auf. Gleichzeitig erwärmt man in einer Porzellanschale 10 g Palmin und verdünnt dieses (Vorsicht! Spritzt!) mit 6 cm^3 destilliertem Wasser. Man läßt das Palmin sieden und gibt allmählich unter fortgesetztem Umrühren mit einem Holzspan die Natronlauge dazu. Wenn die Mischung unter dauerndem Umrühren 15 bis 20 Minuten gekocht hat, ist die Seifenbildung in der Regel beendet. Man gießt dann den Seifenleim in eine Streichholzschachtel, wo er nach einiger Zeit erstarrt. Wir nehmen ein Probestückchen heraus und waschen damit die Hände. Sollte sich die Seife dabei fettig anfühlen und

wenig Schaum entstehen, so ist die Verseifung noch nicht beendet. Wir geben dann die Masse von neuem in die Porzellanschale, erwärmen und fügen unter fortgesetztem Umrühren in kleinen Mengen immer wieder etwas Natronlauge zu.
Im Haushalt kann man aus Fettabfällen nach folgender Vorschrift Seife herstellen: Man löst 1 kg Ätznatron (fest) in 4 l Wasser, gibt dazu 3 kg Fettabfälle, kocht eine Stunde lang, fügt danach 3 weitere l Wasser hinzu, in denen drei Handvoll Kochsalz gelöst wurden und kocht nochmals eine Stunde. Ist die Seife nach dem Erkalten noch nicht rein, so wird sie weitere zwei Stunden gekocht und nach Erstarrung zerschnitten.

Bei der Herstellung von Kernseifen verbindet sich das Natrium der Lauge mit der Fettsäure der Fette oder Öle zu Seife; gleichzeitig entsteht ein Nebenprodukt: Glycerin. Der Vorgang läßt sich bei der Verwendung fester Fette etwa durch folgende Gleichung ausdrücken: $(C_{17}H_{35}COO)_3C_3H_5 + 3\ NaOH \rightarrow C_3H_5(OH)_3 + 3\ C_{17}H_{35}COONa$, oder in Worten: Fett + Lauge → Glycerin + Seife.

Versuche: Welche Flammenfärbung geben Kernseife und Schmierseife? (Cobaltglas, s. S. 19). Sind Seifen brennbar? Warum? Welche Verbrennungsprodukte werden entstehen? Verändert Seifenwasser die Farbe des Lackmuspapiers? Löse etwas fein zerschnittene Kernseife in heißem Wasser und filtriere! Gibt man zum Filtrat etwas Salzsäure, so entsteht eine dicke weiße Trübung von Fettsäure nach der Gleichung: $C_{17}H_{35}COONa + HCl \rightarrow C_{17}H_{35}COOH + NaCl$. Nach einiger Zeit sammelt sich die leichte Fettsäure auf der Flüssigkeitsoberfläche an. Da Fettsäure nicht reinigt, kann man mit Seife nur in alkalischer oder annähernd neutraler, nicht aber in saurer Lösung waschen. Kocht man eine abgewogene Seifenmenge vorsichtig mit reinem Alkohol (Wasserbad), so löst sich die Seife und die Füllstoffe (Soda, Wasserglas usw.) bleiben zurück.

Die reinigende Wirkung der Seife ist aus folgenden Versuchen zu ersehen:
Versuch 1. Wir gießen in zwei Probiergläser je etwa 1 cm^3 Öl, schütteln um und lassen sie 10 Minuten stehen. Dann versuchen wir, das eine Glas durch lebhaftes Umschütteln mit Leitungswasser, das andere dagegen mit Seifenwasser zu reinigen. Das Seifenwasser wird beim Umschütteln milchig weiß von vielen feinen Öltröpfchen, die unter dem Mikroskop deutlich erkennbar sind. Seife zerteilt (*emulgiert*) Fette in viele kleine, leicht entfernbare Tröpfchen. Nach mehrmaligem Durchschütteln und Ausspülen mit warmem Seifenwasser ist die Probierglaswand nicht mehr fettig, während das Leitungswasser beim anderen Probierglas fast unwirksam bleibt.
Versuch 2. Auch auf feste Verunreinigungen wirkt Seife günstig ein. Berußen wir z. B. ein Stück Leinwand, so werden die Kohleteilchen durch Seife viel rascher und leichter entfernt als mit gewöhnlichem Wasser. Schütteln wir ein wenig Ruß in einem Probierglas mit Leitungswasser und zum Vergleich eine zweite Probe mit Seifenwasser so wird die Seifenlösung gleichmäßig schwarz, während sich beim Leitungswasser die Rußteilchen bald wieder ausscheiden. Seife zieht also feste, kleine Stoffteilchen stärker an sich als gewöhnliches Wasser. Nach neueren Forschungen spielen beim Waschvorgang auch elektrische Vorgänge eine Rolle; die gleichnamige, negative Ladung zwischen Textilfaser und Schmutzteilchen wird durch Bildung negativ geladener Hydroxyl-Ionen (aus dem alkalisch reagierenden Waschmittel) so weit verstärkt, daß eine Abstoßung stattfindet.

Seifen mit besonderen Zusätzen: Die heutigen Seifen enthalten außer den fettsauren Na-Salzen kleine Mengen qualitätsverbessernder Zusätze, wie z. B. Tylose (verschönert das Aussehen, mildert die Alkaliwirkung auf die Haut), Lanolin, Rohagit, Permulgin, Fettalkohole, Silicate, Wasserenthärtungsmittel (Calgon, Trilon u. dgl.), Farbstoffe, Duftstoffe, Bleichmittel (z. B. Blankit, optische Aufheller), Wasserglas, Soda, Natriummetasilicat usw. Abgesehen von diesen allgemein verbreiteten Zusätzen gibt es noch eine Reihe von *Spezialzusätzen*, die im folgenden kurz behandelt werden.

Schwimmende Badeseifen. Bei diesen wird in die halberstarrte Seifenmasse Luft eingerührt; infolgedessen schwimmt das fertige Seifenstück auf dem Wasser.

Transparentseifen. Hier werden gewöhnliche Seifen in etwa der gleichen Menge Spiritus aufgelöst. Nach einigen Wochen erstarrt das Ganze zu einer durchscheinenden Masse. Oft verwendet man statt Spiritus Glycerin; dann entstehen echte Glycerinseifen.

Seifen mit Fettlösungsmitteln. Von verschiedenen Firmen werden Seifen auf den Markt gebracht, welche mehr oder weniger große Zusätze von Trichlorethylen, Terpentinöl, Benzin, Hexalin, Xylol, Methylhexalin, Tetralin und anderen Fettlösungsmitteln enthalten.

ABRADOR – Spezial-Seife – besteht aus feiner Toiletteseife mit kosmetischen Zusätzen, wie Lanolin, Lecithin, Glycerin u. a. Als Besonderheit enthält Abrador Magma-Substanz. Abrador wäscht die Hände *rillensauber*, d. h., es reinigt die feinsten Rillen und Furchen der Haut. Tinten-, Farb-, Fett-, Harz-, Ruß-, Teer- und Nicotinflecke werden durch die Mineralsubstanz der Abrador-Seife rasch abgescheuert. Schabe etwas Abrador-Seife in ein Probierglas und fülle mit destilliertem Wasser auf! Nach dem Umschütteln kräftige Schaumbildung; am Boden sammelt sich die unlösliche Magma-Substanz.

Medizinische Seifen. Diesen sind bakterientötende Stoffe (Desinfektionsmittel), wie Thymol, *p*-Chlor-*m*-kresol, Iod, Teer, Salicylsäure, Formaldehyd u. ä., beigemischt, die z. B. bei Ärzten eine gründliche Desinfektion der Hände und Geräte ermöglichen. Auch andere Seifen mit Zusätzen gegen Hautschäden (z. B. Schwefelseifen, Teerseifen, Schwefel-Campher-Perubalsamseifen, Ichthyolseifen, Natriumperoxidseifen u. dgl.) rechnet man zur Gruppe der medizinischen Seifen.

Schwefelseife (Beiersdorf, Hamburg) enthält 10 % Sulfur praecipitatum. Die Arztseife der gleichen Firma basiert auf einer normalen Grundseife und enthält als Zusatz ca. 1,5 % TCC (Trichlorcarbanilid), das stark bakterizid wirkt ($C_6H_3Cl_2{-}NH{-}CO{-}NH{-}C_6H_4Cl$).

Neuerdings werden bakterizide Seifen in großem Umfang auch für nichtmedizinische Zwecke eingesetzt, so z. B. gegen schweißzersetzende, üble Gerüche erzeugende Bakterien. Solche Seifen erhalten etwa 1 bis 2 % bakterientötende, für den Menschen in den angewandten (äußerlichen) Konzentrationen ziemlich ungefährliche Zusatzstoffe. *Lifeboy-Seife* (Sunlicht) ist eine parfümierte Toilettenseife mit antibakteriellem Wirkstoff.

Rasierseifen bestehen meist aus unvollständig verseiftem Stearin. Eine Rasierseife, ähnlich *Colgate*, entsteht z. B. durch Vermischung von 1000 g geschmolzenem Stearin (= Stearinsäure und Palmitinsäure) mit einem etwa 95 °C heißen Gemisch von 445 g 28 %iger Kalilauge, 88 g 32 %iger Natronlauge und 55 g Glycerin. Das Ganze wird gut umgerührt und leicht erwärmt, bis die zähe Seife durchsichtiger und flüssiger geworden ist. Bei der Verseifung von Stearin findet folgende Reaktion statt:

$C_{17}H_{35}COOH + KOH \rightarrow C_{17}H_{35}COOK + H_2O$. Nach neueren Untersuchungen im Institut der Imhausen-Forschung wird durch Rasierseifen und Rasiercremes das Barthaar weder physikalisch noch chemisch verändert. Wahrscheinlich wird das Rasieren lediglich durch die Bildung eines netzenden, gallertartigen, hochviskosen Schaums erleichtert. Bekannte, z. Z. auf dem Markt befindliche Rasierseifenmarken sind z. B. *Kaloderma, Cito, Nivea, Palmolive, Sir, Speik.* Eine nichtschäumende Rasiercreme, die ohne Rasierpinsel und ohne Wasseranwendung auf die zu rasierenden Hautstellen aufgetragen wird, erhält man z. B. folgendermaßen: 90 g Stearin Ia, 10 g Cetylalkohol, rein, 10 g Lanolin, wasserfrei, und 40 g Paraffinöl werden in emailliertem Eisenbehälter (Wasserbad) zusammengeschmolzen, auf 75 bis 80 °C erhitzt. In diese ca. 75 °C heiße Schmelze rührt man in dünnem Strahl eine 80 °C heiße Lösung aus 250 g destilliertem Wasser, 50 g Glycerin, 6 g Triethanolamin und 1 g Borax und rührt weiter, bis die sich bildende Creme fast erkaltet ist. Eine Rasiercreme zum Rasieren ohne Pinsel ist z. B. die Marke *Eurasit.* Seit einiger Zeit werden auch Rasiercremes in Sprühdosen auf den Markt gebracht.
Synthetische Waschmittel in Stückform. Seife läßt sich gut in Stücke formen; die synthetischen, waschaktiven Stoffe zerfließen in Berührung mit Wasser. Es ist in neuerer Zeit gelungen, auch *Syndets* (= waschaktive, härteunempfindliche Verbindungen) in beständige Stücke zu formen (z. B. Marke *Zest, Vel* (Colgate), *Praecutan, PID* (Therachemie, Düsseldorf)). Solche können z. B. aus 60 bis 70 % waschaktiver Substanz und 30 bis 40 % Syndetträger oder aus 30 bis 65 % Seife, 25 bis 50 % waschaktiver Substanz und 10 bis 15 % Syndetträger bestehen. Als Syndetträger kommen z. B. Erdalkalisalze von Fettsäuren, Paraffin, Wollfett, Stearinsäure, Polyethylenglykol u. dgl. in Betracht. Diese Stoffe ermöglichen die Bildung fester, nicht verfließender Syndetstücke. Solche „Seifen" sind auch im sauren pH-Bereich anwendbar; sie bilden keinen Kalkrand in hartem Wasser.
Sebamed compact (Sebamatchemie, Bad Salzig) ist eine seifenfreie „Seife", die von Ärzten bei Akne, Hautreizungen und Hautallergien empfohlen wird. In der ärztlichen Praxis dient *Sebamed compact* der Reinigung und dem Schutz der Hände. Diese biologisch wirksame Hautwaschpflege besteht aus Aufbaustoffen wie Aminosäuren, Cholesterin, Lecithin, Glyceriden und Vitaminen. Der pH-Wert der *Sebamed*-Präparate ist auf den pH-Wert 5,5 der gesunden Haut abgestimmt (S. S. 284).

Skiwachse

Sie dienen zur pfleglichen Behandlung der Laufflächen von Skiern. Die Zusammensetzung richtet sich nach Anwendung, Beschaffenheit des Schnees und des Skigeländes. Man unterscheidet *Grundwachse*, die heiß in die Bretter eingebügelt werden, *Gleitwachse*, zum Glätten der Lauffläche und *Steigwachse* für vereisten oder nassen Schnee. Skiwachse sind Gemische unterschiedlicher Zusammensetzung aus Harzen, Wachsen, Fetten und Ölen, die zusammengeschmolzen werden, z. B. Montanwachs, Paraffin, Wollfett, Kolophonium, Carnaubawachs, Leinölfirnis, Mineralöl, Holzteer, Talk, Polyethylenwachs.
Ein flüssiges Skiwachs entsteht, wenn man z. B. eine heiße Schmelze aus 4 Teilen Carnaubawachs und 12 Teilen Montanwachs mit 84 Teilen heißem Leinöl unter Umrühren verdünnt. Ein Gleitwachs läßt sich nach dem Schwedischen Patent aus

60 Teilen Pflanzenwachs, 10 Teilen Bienenwachs und 10 Teilen Holzteer herstellen. Nach dem Österreichischen Patent 175957 erhält man ein hochwirksames Skiwachs aus wachsartigem Polyethylen, kolloidalem Graphit und feinem Metallpulver, besonders Aluminiumpulver.

Soda

Die in den Apotheken erhältliche Soda besteht häufig aus eisartigen Kristallen, die an ihren Ecken und Kanten in ein weißes Pulver zerfallen sind. Die reine Kristallsoda enthält rund 63 % chemisch gebundenes Wasser, das am Aufbau der eisartigen, durchscheinenden Kristalle mitwirkt *(Kristallwasser)*. Wenn die Kristalle an der trockenen Luft aufbewahrt werden, so verlieren sie einen Teil des Kristallwassers und zerfallen allmählich zu einem weißen Pulver. Bei gleichem Ladenpreis ist es für den Käufer natürlich von Vorteil, die wasserärmeren, halbzerfallenen *(verwitterten)* Kristalle zu erwerben. Durch Erhitzen läßt sich kristallwasserfreie, reine Soda gewinnen; diese hat die Formel Na_2CO_3, während den Sodakristallen die Formel $Na_2CO_3 \cdot 10H_2O$ zukommt.

Versuche: Prüfe die Wasserlöslichkeit von Soda! Tauche rotes Lackmuspapier in die Lösung! Halte eine Spur Soda in die Flamme. Gelbfärbung – Natrium! Gieße im Becherglas etwas Salzsäure über einige Sodabrocken und prüfe nach S. 26 auf Kohlendioxid! Erhitze einige Sodakristalle im trockenen Probierglas! Das Kristallwasser schlägt sich oben nieder.
Verwendung: Soda wird in der Papier-, Glas- und Seifenfabrikation, ferner bei der Herstellung von Ultramarin, bei der Wasserenthärtung, Zeugdruckerei, Bleicherei, Leim- und Harzfabrikation, in Emaillierwerken und Gerbereien, in der Metallurgie, bei vielen Reinigungsverfahren u. dgl. in großem Umfang benötigt.

Sodbrennen

Der menschliche Magen sondert einen Verdauungssaft ab, der normalerweise 0,4 bis 0,5 % Salzsäure enthält. Diese hat die Aufgabe, den Verdauungsvorgang zu unterstützen und schädliche Bakterien abzutöten, die mit den Speisen in den Magen gelangen. Enthält der Magensaft zuviel Salzsäure (oder viel Michsäure, die beim übermäßigen Genuß zuckerhaltiger Speisen durch abnorme Gärungen im Magen entstehen kann), so stellt sich häufig ein brennendes Gefühl im Rachen und in der Speiseröhre ein, das als Sodbrennen bezeichnet wird. Freilich ist das Sodbrennen nicht in jedem Fall auf Übersäuerung des Magensaftes zurückzuführen, es wurde auch schon bei normalem Säuregehalt, ja in seltenen Fällen sogar bei Mangel an Magensäure beobachtet. Bei all den zahlreichen Fällen, in denen Sodbrennen durch Säureüberschuß bewirkt wird, kann man folgende Gegenmaßnahmen treffen:
1. Viel Wasser trinken. Dadurch wird der Magensaft samt der Magensäure verdünnt und das Brennen läßt nach.
2. Natron einnehmen. Das Natron, auch Natriumhydrogencarbonat oder Natriumbicarbonat genannt, ist in Drogerien als Pulver (z. B. Kaisers Natron) oder in Tablettenform *(Bullrichsalz)* erhältlich. Werden täglich mehrmals eine Messerspitze Natron

oder eine Bullrichsalztablette eingenommen, so verschwindet das Sodbrennen allmählich. Im Magen spielt sich dabei der gleiche Vorgang ab, wie wenn wir im Probierglas Salzsäure und Natron zusammenbringen; es entsteht unter Aufschäumen Kohlendioxid, während die Salzsäure schließlich vernichtet wird: Gleichung: $NaHCO_3 + HCl \rightarrow NaCl + H_2O + CO_2$. Statt Natron könnte man auch Soda einnehmen (Gleichung: $Na_2CO_3 + 2HCl \rightarrow NaCl + H_2O + CO_2$); doch ist diese wegen des laugenhaften Geschmacks nicht beliebt.

Versuche: Untersuche eine Bullrichsalztablette nach den unter „Natron" angegebenen Versuchen! Stelle fest, ob etwas Salzsäure, in die ein Überschuß von Natron gebracht wurde, mit Lackmus noch stark sauer reagiert! Prüfe das *Roha-Salz* (Magenstärkungssalz mit Kräuterpulvern zur Verhütung von Sodbrennen usw.) auf Carbonate (s. S. 26), Phospate (s. S. 26), Sulfate (s. S. 25) und Natrium (gelbe Flammenfärbung)! *Roha-Salz* enthält neben organischen Würzstoffen Natron, Kalk, Magnesiumsulfat, Bolus, Calciumphosphat und Magnesiumcarbonat. Die *Biserierte Magnesia* besteht aus Magnesiumcarbonat, Natron, Bismutsubcarbonat und Pfefferminzöl. Schüttle eine Messerspitze *Biserierte Magnesia* (weißes Pulver oder Tabletten, C. F. Asche & Co., Hamburg) im Probierglas mit ca. 10 cm^3 Wasser. Das Pulver löst sich nur zum Teil. Bei Zusatz von Salzsäure beobachtet man unter heftiger Gasentwicklung (weise Kohlendioxid nach!) völlige Auflösung; die Salzsäure löst das Magnesiumcarbonat. Halte ein Probierglas I mit einer Messerspitze *Biserierter Magnesia* waagrecht in die Flamme (nicht schütteln) und ein zweites Probierglas II mit einigen cm^3 Kalkwasser unter einem rechten Winkel an die Mündung von I! Beim Erhitzen von I wird Kohlendioxid entwickelt, das schwerer ist als Luft und infolgedessen ins Probierglas II absinkt, wo es etwa nach 1 Minute (II umschütteln) eine weiße Trübung hervorruft. Die Flamme wird durch *Biserierte Magnesia* deutlich gelb gefärbt; Nachweis von Natrium (s. S. 18). Viele neue Mittel gegen Sodbrennen enthalten Natrium-Aluminiumsilicate, Magnesiumsilicate (z. B. Acinormal, Acisorban, Gelusil, Neutralon, Ultin), kolloidales Aluminiumhydroxid (z. B. Solugastril, Gastro-Setaderm, Palliacol) u. dgl. Diese Stoffe binden überschüssige Magensäure ohne später eine erhöhte Magensäureabscheidung zu bewirken.

3. Kalkpulver einnehmen. In englischen Apotheken wird Kreide, die aus Kalk besteht, als Mittel gegen Sodbrennen verkauft. Gießen wir etwas Salzsäure auf einen Kalkstein oder auf Eierschalen, so beobachtet man lebhaftes Aufschäumen (Kohlendioxid). Die Salzsäure wird dabei allmählich unschädlich gemacht oder *neutralisiert*. Die Neutralisierung der Salzsäure mit Kalk spielt sich im Probierglasversuch und im menschlichen Magen nach der folgenden Gleichung ab: $CaCO_3 + 2\,HCl \rightarrow CaCl_2 + H_2O + CO_2$. In diesem wie im vorigen Beispiel entsteht Kohlendioxid CO_2, das unter Umständen leichtes Magendrücken und Aufstoßen verursachen kann.

4. Magnesia einnehmen. Einige Messerspitzen Magnesia pro Tag sind ebenfalls ein Mittel gegen Sodbrennen. Geben wir im Probierglas etwas Magnesia (= gebrannte Magnesia, MgO) zu Salzsäure, so wird diese ebenfalls neutralisiert nach der Gleichung: $MgO + 2\,HCl \rightarrow MgCl_2 + H_2O$. Im Magen spielt sich nach dem Einnehmen von Magnesia der gleiche Vorgang ab. Auch Magnesiumcarbonat wird in vielen säureneutralisierenden Magenpulvern angewendet. Magnesiumcarbonat enthalten (neben anderen Wirkstoffen) z. B. die Handelspräparate *Bifosod, Biserierte Magnesia, Digestillen, Dinatolin, Gastrocarbon, Nulacin, Magenquick, Rennie*.

Spiegel

Bei den Spiegeln unterscheidet man zwischen Metallspiegeln und Glasspiegeln. Einfache, kreisrunde oder viereckige, glänzende Metallbleche können für wenige Pfennige erstanden und auch bei gefährlichen Berufs- und Sportausübungen ohne Splittergefahr getragen werden. Die meisten Spiegel bestehen aus Glasscheiben verschiedener Größe und Form, die auf der Rückseite in der Regel mit einer dünnen Schicht von Silber belegt sind. Durch diese Schicht wird das Licht zurückgeworfen, so daß man sich im Glas spiegeln kann. Die Herstellung von Amalgamspiegeln (in diesem Fall verwendet man Legierungen aus Quecksilber und Zinn) ist schon seit dem 15. Jahrhundert bekannt, während die Silberspiegel erst im Jahr 1843 von Drayton eingeführt wurden. Heute stellt man in erster Linie Silberspiegel (d. h. Glasspiegel mit versilberter Rückwand) her, weil diese während der Herstellung keine Vergiftungen hervorrufen, wie es bei den Quecksilberdämpfen der Amalgamspiegel der Fall ist, weil sie im Zimmer keine giftigen Dämpfe abgeben und daher länger halten und weil sie das Licht fast doppelt so stark zurückspiegeln als die Amalgamspiegel und infolgedessen durch höheren Glanz ausgezeichnet sind. Die auf dem Glas niedergeschlagene Silberschicht ist nur etwa 0,0001 bis 0,00015 mm dick. Sie wird durch einen Speziallack geschützt, den man in den Fabriken mit feinen Fehhaarpinseln, Spritzpistolen oder Lackiermaschinen aufträgt.

Herstellung eines Silberspiegels. Wir reinigen einige Glasplatten mit *Vim, Ata* oder dgl., spülen mit viel Leitungswasser ab (Platten immer am Rand anfassen!), gießen destilliertes Wasser über die Platten und lehnen sie an ein Buch o. ä. Die Platten müssen blitzblank und absolut sauber sein, sonst hält der Überzug nachher nicht richtig. Auch soll man sie sofort nach der Reinigung versilbern. Zu diesem Zweck bringt man sie in eine Mischung der folgenden zwei Flüssigkeiten: a) 4 g Silbernitrat werden in der eben notwendigen Menge Ammoniak-Lösung gelöst, dazu gibt man 1 g Ammoniumsulfat und 350 g destilliertes Wasser; b) 1,2 g reiner Traubenzucker werden in 350 g destilliertem Wasser gelöst und 3 g festes, reines Kaliumhydroxid KOH dazugegeben – umrühren bis zur Auflösung! Die Glasplatte wird einseitig mit der Mischung beider Flüssigkeiten in Berührung gebracht. Gleichzeitig bekommen auch die Glasgefäße, welche die Mischung enthalten, einen schönen, silbrigen Glanz, da auch hier Silber abgeschieden wird. Es gibt mehrere Dutzend verschiedener Rezepte für die Herstellung von Silberspiegeln. Bei all diesen Versilberungsvorgängen reduziert Traubenzucker, Milchzucker und dergleichen eine ammoniakalische Silbernitratlösung zu reinem Silber. Der Silberüberzug läßt sich an den unerwünschten Stellen mit Hilfe von Salpetersäure leicht entfernen. Probiere in Probierglasversuchen, ob man Silberspiegel auch aus Silbernitratlösung und Natriumdithionitlösung (z. B. *Brauns Entfärber, Blankit, Burmol* usw.) bzw. Vitamin-C-Lösung (*Cebion*-Lösung, *Cantan*-Lösung) erhalten kann.

Sprühdosen (englisch Aerosol Bombs)

Es handelt sich um zylindrische, meist 200 bis 500 cm^3 fassende Behälter aus Schwarzblech, Weißblech, rostfreiem Stahl, Glas (oft mit Polyvinylchloridüberzug gegen Glassplittergefahr versehen), Aluminium, Kunststoffen u. dgl., die einen

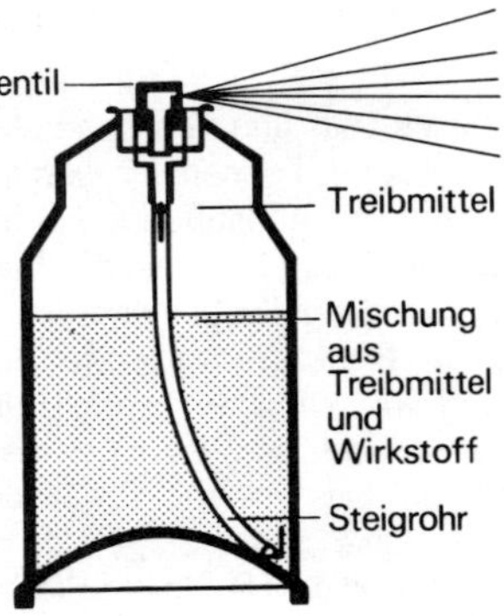

Bild 41 Querschnitt durch eine Sprühdose

Wirkstoff und ein Treibmittel enthalten (*Bild 41*). Als **Wirkstoff** kommen u. a. in Betracht: Insektenbekämpfungsmittel oder Geruchszerstörer, Haarpflegemittel (z. B. Wellaflex-Frisiermittel), Autoreinigungsmittel, Lacke, Parfüme, Polituren, Sonnenbrandverhütungsmittel, Schmiermittel, Feuerlöschmittel, chemische Reagenzien, Hautcremes (z. B. Hautcreme *Mouson* in Aerosoldosen), Rasiercremes, künstlicher Schnee für Weihnachtsbäume (z. B. *Weihnachtsschnee* der Sprühtechnik GmbH. Rheinfelden), Arzeneimittel (z. B. als Nasen-Spray, zur Kälteanästhesie; örtlich gegen Verbrennungen, Mykosen, Ekzeme, Wunden und dergleichen), Antischaumstoffe, Sirupe, Schlagsahne usw.

Die **Treibmittel** sind zusammengepreßte Gase oder leichtsiedende Flüssigkeiten. Sie sollen ungiftig, unbrennbar, nicht explosiv und geruchsfrei sein. Die Wirkstoffe sind in den Treibmitteln (oft mit Hilfe von Zusätzen, Lösungsvermittlern u. dgl.) gelöst oder aufgeschwemmt; sie werden – solange man oben auf den Knopf drückt – durch das Treibmittel in einem kegelförmigen „Strahl“ fein zerteilt herausgespritzt.

Das wichtigste Treibmittel war *Frigen 12A* CCl_2F_2 (Dichlordifluormethan), ein farbloses, ungiftiges Gas, das bei −29,8 °C siedet. Wie in früheren Ausgaben dieses Buches schon berichtet wurde, schädigen die fluorhaltigen Treibgase die Ozonschicht in der Stratosphäre. In der Antarktis hat die Ozonschicht bislang alles Leben vor dem Bombardement der UV-Strahlung bewahrt. Seit einigen Jahren klafft hier ein tiefes Loch in der Schutzhülle der Erde, das sog. Ozonloch. Die Strahlung der Sonne spaltet aus den Fluor-Chlor-Kohlenwasserstoff-(FCKW-)Molekülen Chloratome ab, die dann das Ozon abbauen. In den Vereinigten Staaten wurde ein generelles Verbot von FCKW gefordert, aber die EG-Länder konnten sich nicht dazu entschließen. So fordern Prof. Crutzen, Mainz, und viele Wissenschaftler dringend umweltfreundliche Treibmittel: Stickstoff, Kohlendioxid usw. oder einfache Pumpvorrichtungen für Sprays (ausführlicher Bericht von Ch. Schaefer in „bild der Wissenschaft“ Heft 2/1988).

Die durch Sprühdosen ermöglichte Feinheit der Zerstäubung oder Vernebelung schwankt in weiten Grenzen. Bei den Insektenvertilgungsmitteln, Duftstoffen, Raumluft-Desodorantien und -Desinfektionsmitteln enthalten die gefüllten Sprühdosen mindestens 80 Gewichts% an Treibmitteln und höchstens 20 Gewichts% an Wirkstoffen. Hier entstehen beim Versprühen feine, längere Zeit als Aerosole in der Luft schwebende Teilchen von etwa 0,1 bis 25 μm Durchmesser. Bei den Lacken, Firnissen, Haarsprays, Hautbehandlungsprodukten usw. enthalten die Sprühdosen 40 bis 70 % Treibmittel und 30 bis 60 % (immer Gewichts%) an Wirkstoffen. Die Teilchen sind in diesem Fall absichtlich größer gewählt, um die Bildung eines gleichmäßigen Films zu ermöglichen. Bei den Haartonika, Fleckenentfernern, Polier-, Reinigungs- und Schmiermitteln genügt ein Treibmittelanteil von 10 bis 30 %. Auf den

Wirkstoff entfallen hier somit 70 bis 90 Gewichts%. Neben diesen 3 Hauptgruppen gibt es noch mancherlei Zwischenstufen und Sonderfälle.
Die Sprühdosen haben folgende *Vorteile:* 1. Verbesserte, handliche Anwendungsform (Druck auf den Knopf genügt!), 2. unveränderte und verbesserte Wirkungsweise (ermöglicht durch die feine Verteilung des Wirkstoffs), 3. zeitsparende Anwendungsart, 4. stets gleichmäßige, daher wirtschaftliche Verteilung der Wirkstoffe ohne direkten Kontakt mit denselben.

Süßmost

Dieser besteht aus naturreinem, unvergorenem Saft von Äpfel, Birnen, Trauben oder Beeren aller Art. Nach einer behördlich anerkannten Definition sind Obstsüßmoste zum unmittelbaren Genuß bestimmte, praktisch alkoholfreie Getränke, die durch Pressen von unvergorenem, frischem Obst mit oder ohne Filtration durch Kellerbehandlung, Pasteurisierung, Entkeimung oder Einlagerung unter Kohlensäuredruck gewonnen werden. Traubensüßmost und Kernobstsüßmost dürfen keine fremden Zusätze enthalten, während bei Beeren- und Kirschsüßmost begrenzte Zusätze an Wasser und Zucker erlaubt sind. Die chemische Zusammensetzung der Süßmoste schwankt sehr; der Invertzuckergehalt (Gemisch aus Traubenzucker und Fruchtzukker) liegt zwischen 3,4 und 11,7 % (Traubensüßmost 15 bis 20 %), der Rohrzuckergehalt bei 0,1 bis 5,4 %, der Gehalt an organischen Säuren bei 0,2 bis 3,3 %, an Stickstoffsubstanz bei 0,1 bis 0,8 %, an Gerbstoff bei 0,08 bis 0,2 %, an Mineralstoffen bei 0,2 bis 0,6 %. In je 100 g frisch ausgepreßtem Apfelsaft finden sich ca. 7, in Traubensaft 4 und in Zitronensaft etwa 50 mg Vitamin C. 1 l guter Süßmost hat den Nährwert von etwa 2000 Kilojoule. Bei den Äpfeln und Birnen wird der Saft mit Obstpressen herausgepreßt und verdünnt oder unverdünnt in Flaschen gefüllt. Trauben und weiche Beeren kann man im Haushalt in ein sauberes Leinentuch geben und dieses über einer Schüssel kräftig auswinden. Diese Säfte enthalten viel Traubenzucker (Nachweis s. S. 182), der von den allgegenwärtigen Hefezellen früher oder später zu Alkohol und Kohlensäure vergärt wird. Um die Gärung zu verhindern, werden die Hefezellen nach einem der folgenden Verfahren abgetötet bzw. in der Entwicklung gehemmt:

1. Pasteurisieren. Man stellt die mit Saft gefüllten, lose verkorkten Flaschen in einen Kochtopf auf Untersätze, gibt Wasser in den Topf und erhitzt 20 Minuten lang, wobei ein Thermometer, das in eine Flasche bis zum Boden hineingesteckt wird, während dieser ganzen Zeit 75 °C anzeigen soll. Bei dieser Hitze sterben die Hefezellen ab, während die Vitamine und aromatischen Stoffe erhalten bleiben. Neuerdings kommt in Großbetrieben auch die Hochkurzerhitzung (160 °C, 3 Sekunden) zur Anwendung.

2. Konzentrieren. In Fabriken kann man die Fruchtsäfte im Vakuum auf ⅙ bis ⅐ ihres ursprünglichen Volumens eindampfen, wobei ein Dicksaft mit 60 bis 65 % Zucker entsteht, in dem Gärungserreger *verdursten* (s. „Nahrungsmittelkonservierung", S. 183 f.). Beim Gebrauch wird der Dicksaft mit viel Wasser verdünnt.

3. Filtration. Die Hefezellen werden hier mechanisch durch engporige Celluloseplatten *(Seitz-Filter)* vom Süßmost sorgfältig getrennt, so daß dieser nicht mehr gären kann.

4. Kaltlagerung. Süßmost hält sich bei −2 °C längere Zeit unverändert; bei Abkühlung auf −6 bis −10 °C erstarrt das Wasser des Süßmosts großenteils zu Eiskriställ-

chen; zwischen diesen sammelt sich eine sehr konzentrierte, nicht gärende Zuckerlösung. Die Aromastoffe bleiben bei der Kälteanwendung besser erhalten als beim Erhitzen.
5. Kohlensäuredruckverfahren. Hier wird der geklärte und mit Filtrationsenzymen behandelte oder durch Kurzzeiterhitzung keimarm gemachte Süßmost in luftfreie Stahltanks gepumpt und mit viel Kohlendioxid (Trockeneis oder Flaschengas) versetzt, die Hefezellen monatelang in der Entwicklung hemmt.

Synthesefasern (Synthetics)

Diese Fasern werden synthetisch aus Kohle, Teer- oder Erdölprodukten aufgebaut und bestehen aus Substanzen, die in der Natur nicht vorkommen. Bei der Produktion der *„vollsynthetischen"* Fasern haben sich die Chemiker von der Natur unabhängig gemacht. Ein Verfahren führt vom Steinkohlenteer über Phenol und Benzol zu Nylon und Perlon, ein anderer Weg geht über Calciumcarbid zu den Acryl- und Vinylfasern. In neuerer Zeit werden aber auch Erdöl und Erdgase als Rohstoffe bei Acryl- und Polyesterfasern verwandt. Nur solche Fasern, deren Ausgangsstoffe durch chemische Reaktionen entstehen, werden zu Recht als Synthesefasern bezeichnet. Einige Fasern stellt man dadurch her, daß man die Polymerisate in geschmolzenem Zustand durch Düsen preßt, worauf die Fäden erstarren (*Bild 42*). Andere Fasern werden aus Lösungen in organischen Lösungsmitteln nach dem Trocken- oder Naßspinnverfahren gewonnen.
Durch die zahlreichen Handelsnamen der Synthesefasern darf man sich nicht verwirren lassen. Es sind nämlich nur *drei* Grundtypen, die bei Bekleidungstextilien eine Rolle spielen: die *Polyamid-*, die *Acryl-* und die *Polyesterfasern*.

1. Polyamide

1.1 Perlon. Diese weltbekannte, vielverwendete Synthesefaser wurde erstmals am 29. Januar 1938 von dem 1897 in Stuttgart geborenen IG-Chemiker Prof. Dr. Paul Schlack im IG-Laboratorium Berlin-Lichtenberg durch Polymerisation von Caprolactam dargestellt.
Durch diese Erfindung werden heute jährlich Perlongewebe (z. B. für Strümpfe, Blusen, Wäsche, Damenkleider, Reifencord, Möbelbezüge usw.) im Gesamtwert von über einer Milliarde DM in allen Industrieländern der Erde erzeugt.
Caprolactam bildet schneeweiße Kristalle, die bei etwa 70 °C schmelzen, es hat die Formel $CO-CH_2-CH_2-CH_2-CH_2-CH_2-NH$. In den Perlonfabriken wird Caprolactam verflüssigt und z. B. unter Hitze, Luftabschluß und Druck polymerisiert, wobei sich Hunderte von Caprolactammolekülen zu langgestreckten Polyamidmolekülen zusammenlagern, denen folgende Formel zukommt $...OC-CH_2-CH_2-CH_2-CH_2-CH_2-NH-OC-CH_2-CH_2-CH_2-CH_2-CH_2-NH-OC-CH_2-CH_2-...$ Dieses Polyamid wird nach verschiedenen Vorbehandlungen bei 260 bis 270 °C zu einer zähflüssigen, wasserklaren Flüssigkeit geschmolzen und bei ca. 250 °C durch haarfeine Löcher einer Stahlplatte gepreßt, wobei es an der freien Luft in mehrere Meter hohen Spinnschächten zu feinen Fäden (Perlon genannt) erstarrt. Die Fäden verstreckt man auf das 4- bis 5fache ihrer ursprünglichen Länge, wobei sich die Reißfestigkeit erhöht.

Versuche: Ziehe einen Streifen Perlongewebe mit aller Kraft in die Länge! Perlon ist sehr reißfest, zäh und elastisch. Vergrabe in feuchtem Humusboden nebeneinander Stücke von Perlon-, Baumwoll- und Wollgewebe! Nach einem halben Jahr ist Perlon noch unverändert, während die anderen Gewebstücke verrottet sind. Bringe ein ca. 3 bis 5 cm^2 großes Perlongewebe ins Probierglas und übergieße es mit konzentrierter Salzsäure (oder Schwefelsäure)! Nach einigem Warten und Umschütteln (Vorsicht! Säure nicht mit der Haut in Berührung bringen) hat sich das Gewebe zu einer weißen „Milch" aufgelöst. Perlon wird von über 10 %igen Mineralsäuren angegriffen. Gegen Essigsäure, Milchsäure und Laugen ist es weniger empfindlich. Auch verträgt es (wie man in Probierglasversuchen zeigen kann) Benzin, Benzol, Aceton, Alkohol und Ether. Fülle ein Probierglas etwa zu ⅓ mit Wasser, lasse ein Perlongewebsstück darin eintauchen und erhitze zum Sieden! Das Perlon bleibt unverändert, es ist kochfest. Perlon erweicht erst bei 170 bis 180 °C; es schmilzt bei 215 °C. Phenol, Kresol, Resorcin, Lysol, Trichlorethylen, Chloralhydrat und Benzylalkohol greifen (besonders in höheren Konzentrationen und bei höheren Temperaturen) das Perlon an, wie man in Probierglasversuchen zeigen kann. Diese kleinen „Achillesfersen" können der Verwendung von Perlon keinen Abbruch tun. Halte ein Stück Perlongewebe mit der Zange in die Flamme! Das Perlon brennt; beim Herausnehmen aus der Flamme brennt es weiter und schmilzt gleichzeitig, wobei dunkle brennende Tropfen herabfallen. Bringe ein 3 bis 5 cm^2 großes Stück Perlongewebe in ein trockenes, sorgfältig gereinigtes Probierglas, lege ein feuchtes, rotes Stück Lackmuspapier auf die Probierglasmündung und erwärme! Das Perlon schmilzt zu einer dunklen Masse zusammen, es zersetzt sich, und die aufsteigenden Gase (Ammoniak) bläuen den Lackmuspapierstreifen. Hält man einen vorher in Salzsäure getauchten Glasstab in das Probierglas, so entstehen weiße Nebel von Ammoniumchlorid nach der Gleichung $NH_3 + HCl \rightarrow NH_4Cl$.

1.2 Nylon ist ein Kondensationsprodukt aus Adipinsäure und Hexamethylendiamin. Chemische Konstitution: $[..-HN-(CH_2)_6-NH-CO-(CH_2)_4-CO-..]_n$. Führe die oben angegebenen Perlon-Versuche auch mit Nylon durch.

2. Polyacrylnitrile

Hierher gehören **Dralon** (Bayer), **Dolan** (Südd. Chemiefaser), **Redon** (Phrix-Werke). Rohstoffe sind pulverförmige Kunstharze, die aus Acetylen und Cyanwasserstoff über Acrylnitril entstehen. Polyacrylnitril wird durch Dimethylformamid gelöst. Entdeckung 1930 durch Herbert Rein (BASF). Chemischer Aufbau:

```
(. . –CH₂– CH–CH₂– CH– . .)n
            |            |
           CN           CN
```

Die Faser ist besonders beständig gegen Witterungseinflüsse, gegen Laugen, Säuren und Bakterien. In Mischung mit Wolle werden die Spinnfasern für Herrenanzüge und Kleiderstoffe verwendet.

Versuch: Polymerisation von Acrylnitril. Beim Experimentieren mit dem Acrylnitril ist wegen der hohen Giftigkeit des Produkts Vorsicht geboten. Unter dem Abzug arbeiten! Man gibt in ein Probierglas 0,5 cm^3 Acrylnitril, dann 7 cm^3 Wasser sowie 1 Tropfen 10 %ige Schwefelsäure und mischt. Schließlich fügt man je ein Kristall Kaliumdisulfat und Kaliumperoxodisulfat zu, schüttelt und erwärmt schwach. Nach

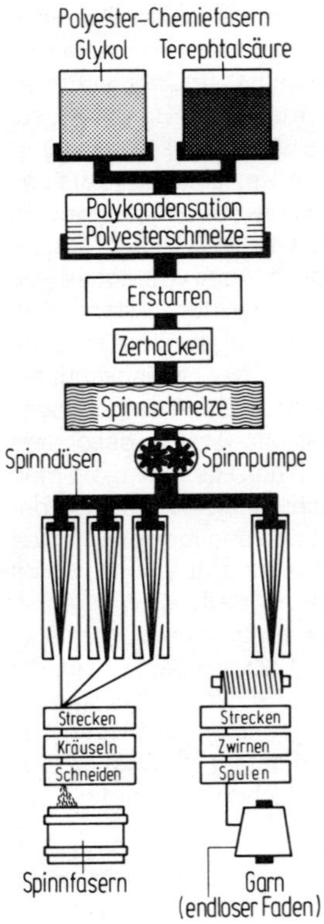

Bild 42 Herstellungsprozess der Synthesefasern am Beispiel Polyester

einiger Zeit wird der Inhalt des Probierglases fest. Es entsteht Polyacrylnitril nach folgender Gleichung:

$$n\,CH_2 = CH{-}CN \xrightarrow{\text{Katalysator}} (..\,{-}CH_2{-}\underset{\displaystyle CN}{\underset{|}{CH}}{-}\,..)_n$$

Versuch: Herstellung von Fäden. In einem Probierglas löst man 0,4 g Polyacrylnitril in 5 cm^3 Dimethylformamid. Diese 8 %ige Spinnlösung wird mit einer Injektionsspritze aufgenommen und in ein wassergefülltes Becherglas gedrückt. Die Lösung erstarrt beim Verlassen der Kanüle zu einem hellen Faden.

3. Polyester

Bekannte Polyesterfasern sind **Trevira** (Hoechst) und **Diolen** (Vereinigte Glanzstoff-Fabriken AG). Die chemische Verbindung aus einem Alkohol und einer Säure heißt Ester. Durch Polykondensation (s. S. 156) wird der niedermolekulare Ester in einen aus Makromolekülen bestehenden Polyester umgewandelt (*Bild 42*). Wie das Polyamid zeichnet sich auch der Polyester durch besondere Festigkeit aus. Er findet Verwendung für Wellplatten, Behälter, Motorboote, Bauplatten, Türfüllungen usw. Den englischen Chemikern John Rex Whinfield und James Tennant Dickson gelang es 1941, aus Terephthalsäure und Ethylenglykol einen Polyester zu synthetisieren, der sich sehr gut verspinnen ließ. Eigenschaften: Fäden seidig, Fasern wollig, sehr reiß- und knickfest, form- und temperaturbeständig. Verwendung: Wäsche- und Kleiderstoffe, Gardinen, Regenbekleidung, Strickwaren usw.

Taschenbatterien, Akkumulatoren und Leuchtstäbe

In vielen Bereichen des täglichen Lebens werden Spannungsquellen benutzt, die vom Stromnetz unabhängig sind. Sie werden zum Betrieb von Taschenlampen, Uhren, Spielzeug und in vielen elektrischen Kleingeräten benötigt. Die elektrische Energie wird aus der Energie gewonnen, die bei chemischen Vorgängen frei wird.

Knopfbatterie – Quecksilber/Zink/Element. Für besonders kleine Geräte wie automatische Kameras, Elektrouhren, Blitzleuchten und Hörgeräte findet die Knopfbatterie häufig Verwendung. Dies ist eine Quecksilberoxid-Batterie, deren Behälter aus Stahl gefertigt ist. Den Minuspol bildet, wie im Leclanché-Element eine Zinkelektrode. (*Bild 43a*). Der Pluspol besteht aus Graphit und Quecksilberoxid als Depolarisa-

tor. Als Elektrolyt enthält die Zelle Kaliumhydroxidlösung, die in Kunststoffgewebe aufgesaugt ist. Sie liefert eine Spannung von 1,35 V.
Folgende Reaktionen laufen ab:
Minuspol: $Zn \rightarrow Zn^{2+} + 2e$
Pulspol: $HgO + 2e + H_2O \rightarrow Hg + 2\,OH^-$
Gesamtreaktion der Zelle: $Zn(s) + HgO(s) + H_2O(l) \rightarrow Zn(OH)_2(s) + Hg(l)$
Wenn man das Altern des Zinkhydroxid zu ZnO und H_2O berücksichtigt, haben wir eine einfache Redox-Reaktion: $Zn(s) + HgO(s) \rightarrow ZnO(s) + Hg(l)$
Neben der geringen Größe besitzt die Quecksilberoxidbatterie den wichtigen Vorteil, daß sie während der Betriebszeit eine fast gleichbleibende Spannung zeigt.

Unsere Taschenbatterien sind Trockenbatterien. Ihre Füllung ist – im Gegensatz zu den mit Flüsssigkeiten gefüllten Batterien, Akkumulatoren usw. – eine weiche, halbfeste Masse, bei der die Gefahr des Verschüttens nicht besteht. Taschenbatterien müssen in jeder beliebigen Lage ein hinreichend starkes Licht liefern. Heute sind bei uns hauptsächlich zwei Sorten von Taschenbatterien im Handel: die einen enthalten unter anderem Ammoniumchlorid NH_4Cl (Salmiak; z. B. Marke *Daimon, Sport-Sonderklasse; Bild 44a*), die andern an Stelle des Ammoniumchlorids Magnesiumchlorid $MgCl_2$. Letztere werden auch als *Salmiakfreie Taschenbatterien* bezeichnet; hierher gehört die Marke *Petrix*.

Versuche: Beim Auseinandernehmen einer Flachbatterie finden wir im Innern drei walzenförmige Körper, von denen jeder eine Hülse aus Zinkblech besitzt. Dieses Blech bildet den negativen Pol der Batterie. Es ist bei alten, verbrauchten Batterien stark zerfressen, kann aber nach der Reinigung noch zu vielen chemischen Versuchen benützt werden. Durch die Mitte jeder Walze geht ein Kohlestab; dieser bildet den positiven Pol der Batterie. Zwischen Zinkblech und Kohlestab ist eine schwarze Masse, die im wesentlichen aus Ammoniumchlorid, Graphit oder Ruß und Braunstein

Bild 43 a Aufbau einer Knopfbatterie. b Leuchtstab, eine chemische Lampe

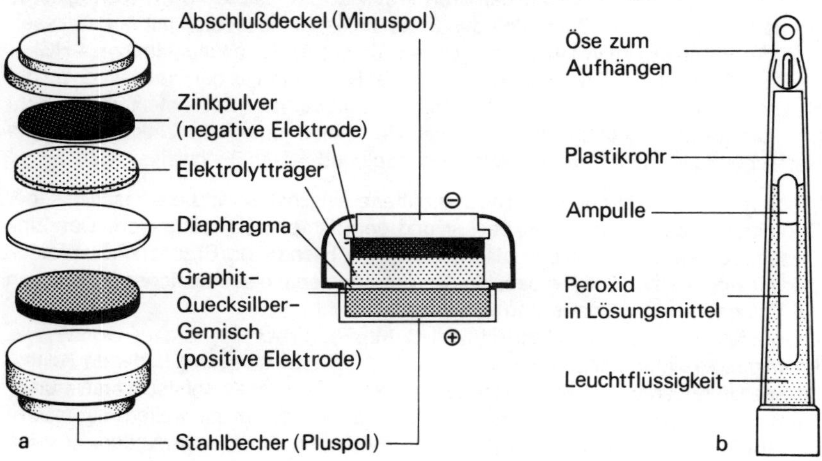

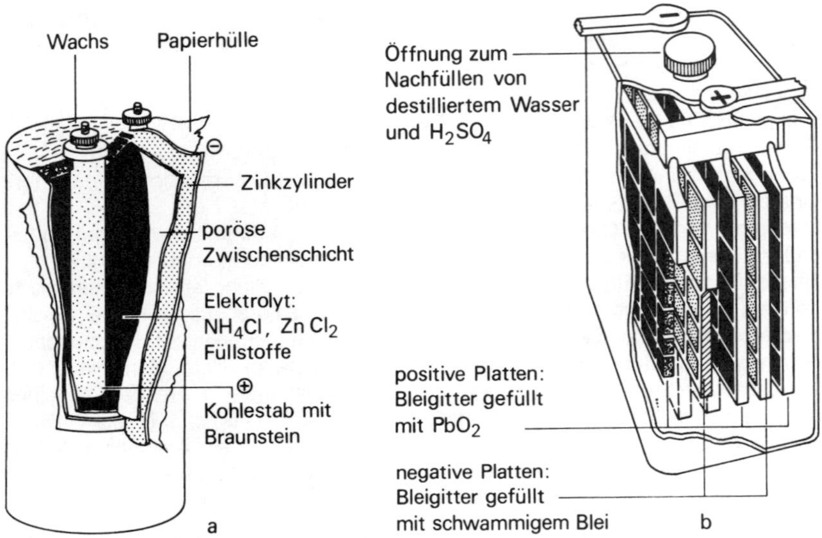

Bild 44 a Trockenbatterie nach Leclanché. b Zelle eines Bleiakkumulators

besteht. Eine Messerspitze von der dunklen Masse wird im trockenen Porzellanschälchen mit wenig Natronlauge übergossen; das entweichende Gas ist Ammoniak (s. S. 23).
Kocht man ein wenig von dem schwarzen Brei der Batterie mit destilliertem Wasser, so läßt sich nach dem Filtrieren im Filtrat chemisch gebundenes Chlor mit Silbernitrat nachweisen (s. S. 23). Das Chlor stammt vom Ammoniumchlorid NH_4Cl. Kocht man eine Messerspitze von dem dunklen Brei mit einigen cm^3 Salzsäure im Probierglas, so entsteht Chlorgas. Der Sauerstoff des Braunsteins verbindet sich mit dem Wasserstoff der Salzsäure zu Wasser; dadurch wird Chlor frei. Gleichung: $MnO_2 + 4\,HCl \rightarrow MnCl_2 + 2\,H_2O + Cl_2$. Erkennung des Chlors s. S. 23. Ein Teil der Probe wird von der Salzsäure nicht gelöst; dies ist schwarzer Graphit, der dem Braunstein beigemischt wird, um dessen Leitfähigkeit zu erhöhen. Unmittelbar unter dem Zinkblech ist eine weißliche Masse, in der man Zinkverbindungen und Stärke nachweisen kann.

Wenn man das Licht bei einer Taschenbatterie einschaltet, wird ein geschlossener Stromkreis zwischen dem Zinkbecher und dem Graphitstab hergestellt. Das Zink zersetzt das Ammoniumchlorid zu $[Zn(NH_3)_2]Cl_2 + H_2$, das vom Braunstein zu Wasser oxidiert wird. Es entsteht hierbei eine ziemlich konstante elektromotorische Kraft von 1,5 Volt nach der summarischen Gleichung:
$Zn + 2\,MnO_2 + 2NH_4Cl \rightleftarrows [Zn(NH_3)_2]Cl_2 + Mn_2O_3 + H_2O$.
Am Minuspol bilden sich Zink-Ionen ($Zn \rightarrow Zn^{++} + 2e$). Am positiv geladenen Pol und dessen Umgebung nehmen die Wasserstoff-Ionen Elektronen auf und bilden atomaren und molekularen gasförmigen Wasserstoff. Dieser hemmt die weitere Stromlieferung durch Bildung einer Isolatorschicht und durch Spannungsminderung. Man

bezeichnet diese Erscheinung als *Polarisation*. Die Abscheidung von Wasserstoff (und damit auch die Polarisation) wird verhindert oder eingeschränkt durch geeignete Braunsteinsorten (MnO_2). Diese geben Mn_2O_3 nach der Gleichung $2\,MnO_2 + 2H^+ + 2e \rightarrow Mn_2O_3 + H_2O$. Man bezeichnet den Braunstein als *Depolarisator*. Die oben genannte Theorie von der Entstehung des elektrischen Stroms in Taschenbatterien ist nicht ganz sicher, da das errechnete Potential am Pluspol nicht mit dem gemessenen Wert übereinstimmt. Durch sorgfältige Trennung der beiden Elektroden, Ausschaltung von Kriechströmen, Auswahl reiner Zinksorten und bestimmter Spezialsorten von Mangandioxid usw. ist es gelungen, die Selbstentladung während der Ruhezeit weitgehend auszuschalten. Die Reaktionen laufen beim Einschalten und Stromverbrauch ab, sie kommen beim Abschalten praktisch zum Stillstand.

Im allgemeinen beträgt die Spannung einer *Walze* 1,5 bis 1,7 Volt; das gibt bei drei hintereinandergeschalteten *Walzen* 4,5 bis 5 Volt. Die Batterien erschöpfen sich, bevor alle Materialien aufgebraucht sind.

Ausgebrannte Batterien sind wertlos. Es ist trotz vieler Bemühungen nicht gelungen, sie wieder verwendungsfähig zu machen.

Akkumulatoren (Sammler) sind elektrochemische Stromquellen, die nach Stromentnahme wieder aufgeladen werden können. Dabei sind die Elektrodenvorgänge reversibel durch die von außen bedingte umgekehrte Flußrichtung der Elektronen. Der verbreitetste Akkumulatorentyp ist der Bleiakku, der u. a. für Autobatterien verwendet wird. Er besteht aus einem Kunststoffgehäuse, das als Elektrolyt Schwefelsäure von 1,28 g/cm³ Dichte (37 Gewichts% H_2SO_4) enthält. Die Elektroden besitzen eine große Oberfläche und liegen nahe beieinander, damit der Innenwiderstand möglichst klein ist. Es läuft folgende umkehrbare Gesamtreaktion ab:

$$PbO_2 + Pb + 2\,H_2SO_4 \underset{\text{Aufladung}}{\overset{\text{Entladung}}{\rightleftharpoons}} 2\,PbSO_4 + 2H_2O$$

Bei der Entladung ist die Bleidioxid-Elektrode der positive Pol (Anode), die aus Bleischwamm bestehende Elektrode der negative Pol (Kathode). Wenn entladen wird, wandelt sich an der Kathode vierwertiges Blei in zweiwertiges um, während an der Anode Blei in zweiwertige Blei-Ionen übergeht. Im entladenen Zustand sind beide Elektrodenplatten mit Bleisulfat bedeckt (*Bild 44b*)

Der Nickel-Eisen-Akkumulator und der Silber-Zink-Sammler enthalten als Elektrolyte Kalilauge. Metall-Luft-Akkumulatoren, die in Entwicklung sind, sollen die siebenfache Energiemenge im Vergleich zu Blei-Akku produzieren (bei demselben Gewicht!). Da diese Energiequelle umweltfreundlich ist, will man sie vor allem zum Antrieb von Automobilen einsetzen. Einige **Hinweise** zum Blei-Akku sollten Sie beachten:

- Lassen Sie regelmäßig den Säurestand ihres Akkus überprüfen. An heißen Tagen kann das Nachfüllen von destilliertem Wasser schon nach 1000 km nötig sein.
- Säubern Sie Polklemmen und Batteriepole. Der Schmutz fördert die Selbstentladung. Bei oxidierten oder losen Kabelschuhen kann nicht der volle Startstrom fließen. Reinigen Sie mit klarem Wasser und einer harten Bürste (keine Drahtbürste!). Danach Pole und Kabelschuhe trockenreiben und mit Säureschutzfett bestreichen.
- Schalten Sie beim Starten – vor allem im Winter – alle anderen Stromverbraucher wie Scheinwerfer, Heizgebläse und Radio aus.

Der Leuchtstab, eine chemische Lampe. Der *Cyalume*-Leuchtstab ist ein röhrenförmiges Gerät aus Polyethylen (15 cm lang, 1,4 cm dick), bequem in der Tasche zu tragen. Das Rohr ist mit einer gelben Flüssigkeit gefüllt und enthält außerdem eine Ampulle mit einer farblosen Flüssigkeit. Soll die Lampe *gezündet* werden, braucht man nur den Leuchtstab gelinde zu verbiegen. Dabei zerbricht die Ampulle, und die 2 Flüssigkeiten vermischen sich. Die Lampe strahlt dann 3 Stunden lang ein gelbgrünes Licht aus. Die Leuchterscheinung klingt langsam ab, um nach 10 Stunden zu verlöschen. Der Leuchtstab wertet das US-Patent 35/6987 aus. Die Stoffe, die hier reagieren, sind Oxalsäureester, Peroxide und Katalysatoren. Die chemische Lampe liefert kaltes Licht und kann überall angewendet werden, wo die Gegenwart feuergefährlicher Stoffe jede konventionelle Lichtquelle ausschließt. Da die Leuchte auch unter Wasser brennt und auf dem Wasser schwimmt, ist ihr Anwendungsgebiet vielseitig (*Bild 43b*, S. 239).

Tinten

Die schon seit Jahrhunderten bekannte und auch heute noch am meisten benützte Schreibtinte ist die schwarze bis blauschwarze Eisengallustinte. Man erhält sie z. B. durch Auflösen von 23,4 g Tannin, 7,7 g kristallisierter Gallussäure, 30 g grüner Eisensulfatkristalle, 10 g Gummiarabikum, 7 g roher Salzsäure und 1 g Phenol in 1 l Wasser. Da diese Tinte noch nicht dunkel genug aus der Feder fließt, sondern erst im Laufe einiger Tage unter Sauerstoffaufnahme schwarz wird, muß sie noch mit einem Anilinfarbstoff (z. B. Anilinblau) so gefärbt werden, daß sie sofort eine dunkle Schrift gibt.

Versuche: Löse im Probierglas eine Messerspitze Tannin und gib einige cm^3 einer Eisensalzlösung dazu! Schwarzfärbung – Tinte! Näheres über die Reaktion zwischen Gerbstoff und Eisen s. S. 128. Beschreibe ein Papier mit gewöhnlicher Tinte und halte es bald nach dem Trocknen unter die Wasserleitung! Die Farbe zerfließt und es bleiben nur blasse, dünne Schriftzüge zurück. Überspült man dagegen eine mehrere Wochen alte Tintenschrift mit Wasser, so verändert sie sich nicht mehr wesentlich. Erklärung: Innerhalb einer Woche hat sich das zweiwertige Eisen unter Aufnahme von Luftsauerstoff in dreiwertige, schwarze, gerbsaure Verbindungen verwandelt, die wie ein waschechter Farbstoff auf der Papierfaser festgebeizt wurden. Die Schrift ist dann – im Gegensatz zu den *Alizarin-* oder *Blauholztinten* – sehr licht- und luftbeständig. Deshalb sollen wichtige Urkunden stets mit einer Eisengallustinte geschrieben werden. Das Eisen einer Eisengallustinte kann folgendermaßen nachgewiesen werden: Wir geben in ein Probierglas eine Messerspitze Chlorkalk, einige Tropfen Tinte sowie einige cm^3 reiner, eisenfreier Salzsäure (vorher mit gelbem Blutlaugensalz prüfen!) und erhitzen so lange, bis das Ganze eine grüngelbe Farbe angenommen hat. Gibt man dann gelbe Blutlaugensalzlösung dazu, so entsteht ein Niederschlag von Berlinerblau, wenn eine Eisengallustinte vorlag (s. S. 21). Hin und wieder werden Tinten auch mit Berlinerblau angefärbt. In solchen Fällen könnte das nachgewiesene Eisen auch von diesem stammen. Verblaßte Eisengallustintenschriften kann man folgendermaßen auffrischen: Man streicht mit einem feuchten Schwamm über das Papier und legt dieses dann längere Zeit in einem geschlossenen

Behälter über ein Schälchen, das eine Ammoniumsulfidlösung enthält. Der vergasende Schwefelwasserstoff und Ammoniumhydrogensulfid geben dann mit der Eisengallustintenschrift schwarzes Eisensulfid.

Neben den Eisengallustinten werden noch mancherlei andere Tinten für sehr verschiedenartige Zwecke verwendet. Es seien genannt:

Blaue Füllfederhaltertinte. Diese muß möglichst dünnflüssig sein. Sie darf auch keine festen, die Füllfedern verstopfende Bestandteile enthalten. Aus diesem Grund läßt man die für Füllfederhalter verwendeten Eisengallustinten mindestens 5 Wochen lagern, damit sich alle festen Teilchen absetzen können. Eine blau aus der Feder fließende Füllfederhaltertinte erhält man z. B. durch Auflösen von 1,8 g Tannin, 0,6 g Gallussäure, 1,8 g kristallisiertem Eisenvitriol, 0,6 g Salzsäure (20 %ig), 0,6 g Gummiarabikumlösung (1 : 1), 0,1 g Phenol und 0,4 g Tintenblau in 1 l Wasser. Statt der Eisengallustinte kann man auch Anilinfarbstofftinten für Füllfederhalter benützen.

Rote Tinte. Diese erhält man durch Auflösen von 10 g festem, käuflichem Eosinpulver und 30 g Zucker in 1 l Wasser. Um Schimmel zu verhindern, setzt man zweckmäßigerweise noch 1 g Phenol zu. Das Eosin ist ein sehr stark färbender Anilinfarbstoff.

Glastinten. Um eine weiße, auf Glas haltbare Tinte herzustellen, verreibt man 10 g Schwerspatpulver (oder Bariumsulfatpulver, das aus Bariumchloridlösung und Schwefelsäure gewonnen wurde – filtrieren, s. S. 60) mit 40 g Natronwasserglas zu einem feinen Brei. Nach dem Trocknen bildet die *Wasserglastintenschrift* auf einer Glasplatte nur sehr schwer zu entfernende, erhabene Linien, wobei die ins farblose Wasserglas eingebackenen Schwerspatteilchen die Schrift weiß färben. Eine entsprechende schwarze Glastinte erhält man durch Vermischen von ungefähr gleichen Gewichtsmengen flüssiger chinesischer Tusche (oder fein gepulverter Holzkohle bzw. Kienruß) und Natronwasserglas.

Tuschen. Die in kleinen Kölbchen käuflichen, schwarzen oder farbigen, flüssigen Tuschen werden zum Zeichnen und zu Zierschriften verwendet. Die ersten Tuschen wurden von den Chinesen um 2700 bis 2600 v. Chr. hergestellt. Diese benützten wässerige Aufschlämmungen von Ruß, Mennige, Zinnober, Sepia, Purpur, feinem Silber- und Goldpulver u. dgl., denen noch Eiweiß oder Pflanzengummilösungen beigemischt wurden, um ein rasches Absetzen der aufgeschlämmten Teilchen zu verhindern. Heute verwendet man an Stelle des Rußes oft Anilinfarbstoffe. Man stellt die Tuschen durch Vermischen einer *Grundlösung* mit der farbhaltigen Flüssigkeit her. Die Grundlösung entsteht durch Auflösung von 1,9 Teilen Gummiarabikum, 0,05 Teilen kristallwasserfreier *(calcinierter)* Soda und 0,50 Teilen Glycerin in 2,55 Teilen destilliertem Wasser. Eine schwarze Tusche bildet sich, wenn man zur Grundlösung 4,15 Teile Wasser und 0,04 Teilen 40 %ige Formaldehydlösung gibt (dieser verhütet Schimmel und ähnliche Zersetzungen) und darin 0,8 Teile Flammenruß oder Lampenruß gut verrührt. Weiße Tusche erhält man durch Mischung von 5 Teilen Grundlösung mit 3,76 Teilen Wasser, 1,2 Teilen Zinkweiß (= Zinkoxid ZnO; dieses gibt die weiße Farbe) und 0,04 Teilen 40 %igem Formaldehyd. Blaue Tusche wird genauso hergestellt; nur nimmt man statt Zinkweiß Ultramarinblau. Bei den Tuschen mit Anilinfarbstoffen wird die Grundlösung aus 3,5 Teilen Wasser, 1,25 Teilen Schellack (blond, orange oder gebleicht) und 0,25 Teilen kristallisiertem Borax durch Erwärmen auf dem Wasserbad hergestellt. Um rote Tusche zu erhalten, vermischt man 5 Teile dieser Grundlösung mit 4,86 Teilen Wasser, in dem durch

Kochen 0,1 Teil Eosin und 0,04 Teile 40 %ige Formaldehydlösung gelöst wurden. Blaue Tusche wird auf dieselbe Art hergestellt; nur nimmt man statt Eosin die gleiche Menge Methylenblau; bei schwarzer Tusche ist statt Eosin 0,1 Teil Kunstseidenschwarz zu verwenden; sonst verfährt man wie bei roter Tusche.

Treibstoffe (Motorkraftstoffe)

Treibstoffe sind brennbare Stoffe, die sich zum Betrieb von Verbrennungskraftmaschinen (für Autos, Traktoren, Flugzeuge, Motorschiffe usw.) eignen. Die wichtigsten Treibstoffe sind flüssige Gemische aus gesättigten, kettenförmigen (aliphatischen) Kohlenwasserstoffen (Alkane, allgem. Formel C_nH_{2n+2}), ungesättigten, kettenförmigen Kohlenwasserstoffen (Alkene von der allgemeinen Formel C_nH_{2n}, Abkömmlinge von Ethylen, C_2H_4) und ringförmigen Kohlenwasserstoffen, bei denen man zwischen Naphthenen (gesättigte Naphthene = Cycloparaffine, allgemeine Formel C_nH_{2n}, z. B. C_6H_{12} = Cyclohexan; ungesättigte Naphthene = Cycloolefine, allgemeine Formel C_nH_{2n-2}) und Aromaten (Benzol und Benzolderivate) unterscheidet. *Tab. 8* zeigt die ungefähre Zusammensetzung einiger Auto- und Flugzeugbenzine.

Tab. 8: Beispiele für die Zusammensetzung von Auto- und Flugbenzinen nach Kohlenwasserstoffgruppen

Kraftstoff	Alkane %	Alkene %	Naphth. %	Aromaten %
Autobenzine:				
Handelsbenzin aus deutschem Erdöl	63	2	30	5
Erstbenzin aus deutschem Erdöl	73	0	25	2
Benzin russischer Herkunft	48	1	45	6
Krackbenzin amerikanischer Herkunft	58	16	26	0
Flugbenzine:				
Borneo-Benzin	37	~ 1	33	~29
Venezuela-Benzin	27	~ 0,5	72	~ 0,5

Die Autobenzine, Dieselkraftstoffe und Motorbenzole sind also keine einfachen Substanzen, sondern komplizierte Gemische aus verschiedenen ähnlichen Kohlenwasserstoffen, die man nur schwer in ihre Einzelbestandteile zerlegen kann. Man kann jedoch mit Hilfe der Gaschromatographie in den Treibstoffgemischen die einzelnen Bestandteile gut nachweisen (*Bild 45*). Die Treibstoffe haben keine bestimmten Siedepunkte (wie z. B. Reinbenzol, Reinpentan u. dgl.), sondern verschwommene, unbestimmte Siedeintervalle bzw. Siedegrenzen. So gibt es z. B. Benzine, die zwischen 70 und 160 °C sieden. Bei der niederen Temperatur sieden die leichter flüchtigen Anteile. Nach deren Verflüchtigung geraten bei allmählicher Temperatursteigerung auch die schwerer flüchtigen Verbindungen ins Sieden. Die Benzine und Dieselkraftstoffe bestehen hauptsächlich aus Paraffinkohlenwasserstoffen (Alkanen), und zwar sind die Paraffinkohlenwasserstoffe mit 1 bis 4 C-Atomen

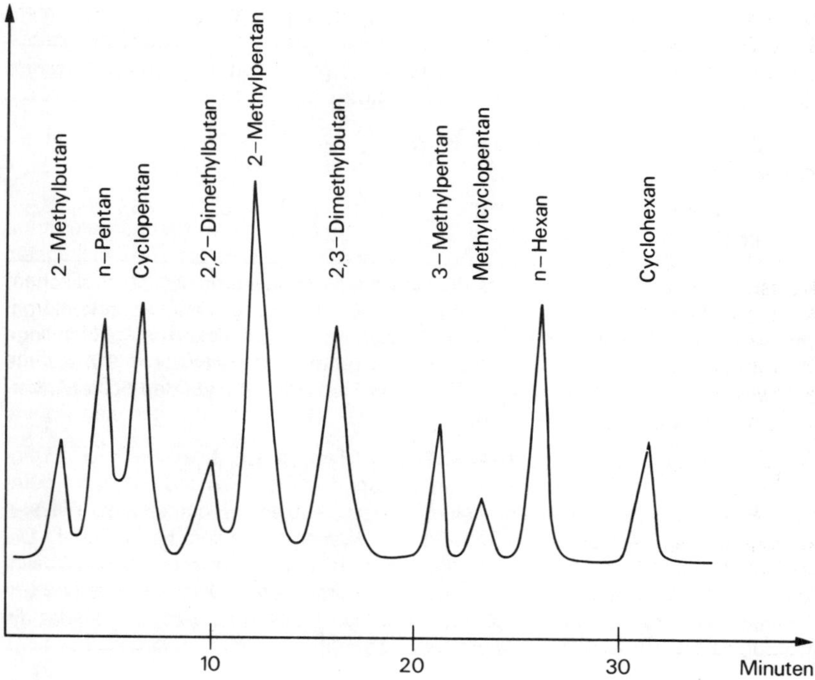

Bild 45 Gaschromatogramm. Analyse eines Benzingemisches (C_5, C_6) mit Hilfe der Gaschromatographie

(CH_4, C_2H_6, C_3H_8, C_4H_{10}) hauptsächlich im Erdgas, diejenigen mit etwa 5 bis 12 C-Atomen (C_5H_{12}, C_6H_{14}, C_7H_{16}, C_8H_{18}, C_9H_{20}, $C_{10}H_{22}$, $C_{11}H_{24}$, $C_{12}H_{26}$) im Benzin, diejenigen mit 13 bis 20 C-Atomen ($C_{13}H_{28}$ usw.) vorwiegend in Dieselkraftstoffen und die Paraffinkohlenwasserstoffe mit 21 bis 38 C-Atomen im Schmieröl enthalten. Neben den obengenannten Bestandteilen finden sich in den Kraftstoffgemischen vielfach noch Ethylalkohol, Methanol (in Rennkraftstoffen), Ether, Ketone usw. Zur Erhöhung der Klopffestigkeit setzt man z. B. Tetraethylblei zu; s. Versuche. Über 99 % der Welt-Treibstofferzeugung entstammt dem Erdöl und Erdgas; die Treibstoffgewinnung aus Kohle (durch das *Bergin-Verfahren* = Hochdruckhydrierung und die *Fischer-Tropsch-Synthese*) ist seit dem 2. Weltkrieg stark zurückgegangen. Sie wird aber in Zukunft mit der fortschreitenden Erschöpfung der Öllager steigende Bedeutung erlangen. Die Welterdölförderung erreichte im Jahre 1983 insgesamt 2,755 Milliarden t. Davon entfielen auf Nordamerika 553 Millionen t (20 %), auf die Ostblockstaaten 732 Millionen t (27 %), auf die OPEC-Länder 956 Millionen t (35 %), auf Westeuropa 148,3 Millionen t (5 %), der Rest beträgt 365 Millionen t (13 %) (nach Shell-Info). Die Erdölkrise des Jahres 1973 hat gezeigt, daß neue Forschungen zum Energie- und Treibstoffproblem dringend notwendig sind.

Tab. 9: Mineralölverbrauch und Eigenförderung in der Bundesrepublik

Jahr	1950	1961	1966	1970	1973	1980	1983
Mineralölverbrauch Millionen t	4,4	35,5	75,6	128,5	142,9	129,6	101
Eigenförderung Millionen t	1,1	5,2	7,9	7,5	6,6	5,7	7,5

Seit 1956 stehen die Heizöle im westdeutschen Mineralölverbrauch (*Tab. 9*) an erster Stelle. Die Vergaserkraftstoffe werden zu fast 98 % im Kraftverkehr verbraucht. Vom westdeutschen Dieselkraftstoffverbrauch des Jahres 1983 entfielen ca. 73 % auf den Straßenverkehr (davon ⅚ auf den Gütertransport mit Lastkraftwagen), 9 % auf die Landwirtschaft, 10 % auf Binnenschiffahrt und Fischerei, 4 % auf den Schienenverkehr und 4 % auf ortsfeste Motoren.

Versuche. Bestimmung der Viskosität von Dieselöl, Erdöl usw.: Diese Eigenschaft der Mineralöle ist wichtig für den Transport in Pipelines und für die Verpumpung. Fülle ein Gefäß, das einen Auslauf besitzt, bis zu einer Eichmarke mit Wasser. Wenn man den Auslauf freigibt, fließt das Wasser in einen Meßzylinder. Die Auslaufzeit für 100 cm³ Wasser, angegeben in Sekunden, entspricht der Viskosität von 1° Engler. Nach der Eichung wird das zu untersuchende Öl in das Gefäß gefüllt. Bestimme die Temperatur des Öls und öffne den Auslauf! Es wird jetzt wieder die Auslaufzeit von 100 cm³ Öl, in Sekunden, bestimmt.

$$\frac{\text{Auslaufzeit der Ölmenge}}{\text{Auslaufzeit der Wassermenge}} = \text{Viskosität des Öles in Englergraden}$$

Erwärme das Öl jeweils um 10 °C und führe den o. a. Versuch wieder durch! Es zeigt sich, daß das Öl bei verschiedenen Temperaturen eine unterschiedliche Viskosität besitzt. Stelle die Versuchsergebnisse graphisch dar! Verwende verschiedene Ölsorten! In der Mineralölindustrie wird heute die Viskosität meist in der SI-Einheit Pascalsekunde (Pa·s) angegeben.

Flammpunkt- und Brennpunktbestimmung: Flammpunkt = Temperatur, bei der über dem flüssigen Kraftstoff entzündliche Dämpfe vorhanden sind. Durch diese Bestimmung kann man Rückschlüsse ziehen auf den Anteil an leichtflüchtigen Bestandteilen der Erdöle und Kraftstoffe. Je niedriger der Flammpunkt, um so größer der Benzin- und Leichtölgehalt. Aufgrund ihres Flammpunktes werden Öle in verschiedene Gefahrenklassen eingestuft. Man füllt eine Blechdose etwa zur Hälfte mit Sand. In den Sand bettet man einen kleinen Porzellantiegel, an dem man eine Eichmarke anbringt. Fülle dann den Tiegel bis zu dieser Eichmarke mit dem zu untersuchenden Öl (etwa 3 bis 4 cm³)! In das Öl taucht man ein Thermometer so weit ein, daß es 2 bis 3 mm über dem Boden des Tiegels steht. Erhitze das *Sandbad* mit einem elektrischen Kocher oder einer elektrischen Pilzhaube! Je °C Temperaturanstieg schwenkt man eine Zündflamme über den Tiegel. Als Zündflamme kann man die Sparflamme des Bunsenbrenners oder zur Not Streichhölzer nehmen.

Brennpunktbestimmung: Nach der Flammpunktbestimmung wird das Öl weiter erhitzt. Mit steigender Temperatur entstehen größere Gasmengen. Bei weiterem Erhitzen entzündet sich schließlich die Flüssigkeit: Brennpunkt. Man versteht unter dem Brennpunkt die Temperatur, bei der die Oberfläche des Öles nach dem Entzünden des Gases weiterbrennt. Er liegt etwa 30 bis 50 °C höher als der Flammpunkt. Um Unfälle zu vermeiden, ist darauf zu achten, daß man nur mit kleinen Mengen arbeitet, sowie eine Metallscheibe zum Abdecken der Blechbüchse und einige feuchte Lappen bereithält.

Verbrennung von Benzin: Bringe im Serienversuch 3,4 bzw 5 Tropfen Autobenzin in einen trockenen Glaszylinder von etwa 400 cm^3 Inhalt, verschließe mit einer Glasplatte, schüttle bzw. drehe den Zylinder, damit sich die Benzindämpfe gründlich mit Luft vermischen! Stelle dann den Zylinder aufrecht auf den Tisch, hebe die Glasplatte weg und senke rasch einen brennenden Holzspan hinein! Man hört einen mehr oder weniger deutlichen Knall. Die Wand beschlägt sich mit etwas Wasser, und man kann im Zylinder durch Umschütteln mit einigen cm^3 Kalkwasser Kohlendioxid nachweisen (s. S. 26). Benzin ist bekanntlich ein Gemisch von verschiedenen Kohlenwasserstof-

Bild 46 a Normale und b klopfende Verbrennung des Kraftstoffes im Zylinder des Motors. Z Zündkerze. Wenn das Benzin-Luft-Gemisch bereits bei der Kompression vorzeitig entzündet wird, klopft der Motor. Wertmaßstab für die Klopffestigkeit eines Kraftstoffes ist seine Oktanzahl. Sie wird mit einem Prüfmotor ermittelt und ergibt sich durch Vergleich mit der Klopffestigkeit eines Isooktan-Heptan-Gemisches. Isooktan ist ein sehr klopffester Stoff, dessen Klopffestigkeit mit der Zahl 100 bezeichnet wird. Ein Kraftstoff mit der Oktanzahl 60 weist dieselbe Klopffestigkeit auf wie ein Gemisch von 60 % Isooktan und 40 % Heptan. Die Klopffestigkeit eines Kraftstoffes hängt von seiner Zusammensetzung ab. Superkraftstoffe haben Oktanzahlen zwischen 96 und 100

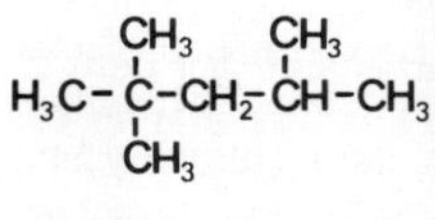

Isooctan (C_8H_{18})

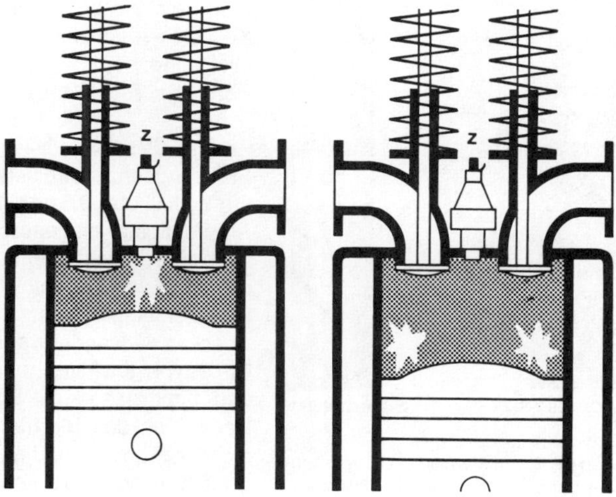

a b

fen; es verbrennt z. B. nach der Gleichung $2\,C_8H_{18} + 25\,O_2 \rightarrow 16\,CO_2 + 18\,H_2O$. Die hierbei freiwerdende Verbrennungswärme bewirkt eine sehr rasche Ausdehnung der Gase (Kohlendioxid, Wasserdampf) in den Zylindern der Motoren, so daß die Kolben rasch vorangetrieben werden und das Fahrzeug in Bewegung kommt. *Bild 46* zeigt die normale und klopfende Verbrennung im Zylinder des Motors.

Nachweis von Blei im Benzin. Das sehr aktuelle Experiment wurde mehrfach von Achim Bühler erprobt und ist bei Einhaltung folgender Sicherheitsmaßnahmen ungefährlich. Die Rückflußdestillation und das Eindampfen der Gemische müssen im Abzug vorgenommen werden, da niedersiedende Anteile des Kraftstoffes, metallorganische Verbindungen, Alkylhalogenid und Wasserstoff entweichen können. In einen 50 cm^3 Rundkolben gibt man 10 cm^3 Superbenzin, 2,5 cm^3 konzentrierte Salzsäure sowie Siedesteinchen und führt mit dem Gemisch während 12,5 Minuten eine Rückflußdestillation durch. Als Heizquelle dient eine elektrische Pilzhaube. Nach dem Abkühlen wird das Gemisch in einen Scheidetrichter übertragen. Durch Zugabe von 4 cm^3 Wasser läßt sich eine deutliche Trennung der anorganischen und organischen Phase erzielen. Man zieht die wässerige Schicht ab und dampft sie auf dem Heizrührer zur Trockne ein. Der Rückstand wird in 5 cm^3 verdünnter Essigsäure aufgenommen. Qualitativer Bleinachweis: Es werden 2 Reagenzgläser vorbereitet. In das erste gibt man 3 cm^3 der Probe, in das zweite 3 cm^3 verdünnte Bleinitratlösung. Schließlich wird jedes der 2 Muster mit 2 Tropfen Natriumsulfidreagenz (10 %ige) versehen. Es entstehen schwarze Niederschläge von Bleisulfid PbS. Gleichung: $2\,H^+(aq) + Na_2S(aq) + PbCl_2(aq) \rightarrow PbS\downarrow + 2\,Na^+(aq) + 2\,HCl(aq)$ nach Prof. Bühler, Reutlingen (Praxis Chemie 8/83).

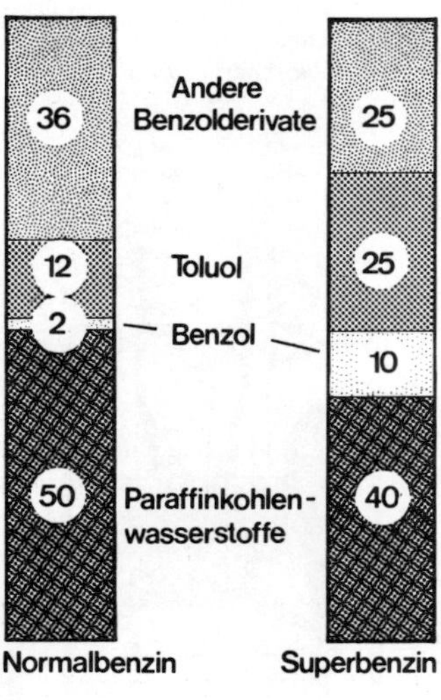

Bild 47 Normalbenzin und Superbenzin unterscheiden sich in Oktanzahl, Zusammensetzung und Preis

Erklärung: Beim oben beschriebenen Nachweisverfahren werden bleiorganische Verbindungen [Tetraethylblei, $Pb(C_2H_5)_4$) in ionogenes Blei(II)-chlorid überführt. Dies geschieht durch Kochen mit konzentrierter Salzsäure nach der Gleichung:

$Pb(C_2H_5)_4 + 6HCl(aq) \rightarrow PbCl_2(aq) + 4C_2H_5Cl + 3H_2\uparrow$

Es wird als schwerlösliches Bleisulfid gefällt.

Fahrzeugbenzin wird heute noch in vielen Teilen der Welt 0,1 bis 0,5 g/l giftiges Tetraethylblei als Antiklopfmittel beigemischt. Bleibt das Benzin beim oben beschriebenen Versuch völlig klar, so ist es frei von Tetraethylblei. Benzin mit Tetraethylblei ist giftig. Es soll nicht zu Reinigungszwecken verwendet werden.

Um es von gewöhnlichem Benzin zu unterscheiden, färbt man es mit Spuren von Farbstoffen. Damit sich das Blei (aus dem Tetraethylblei) nicht in Form von Bleioxid im Motor niederschlägt, mischt man noch etwas Ethylendibromid bei. Nach neuen amerikanischen Untersu-

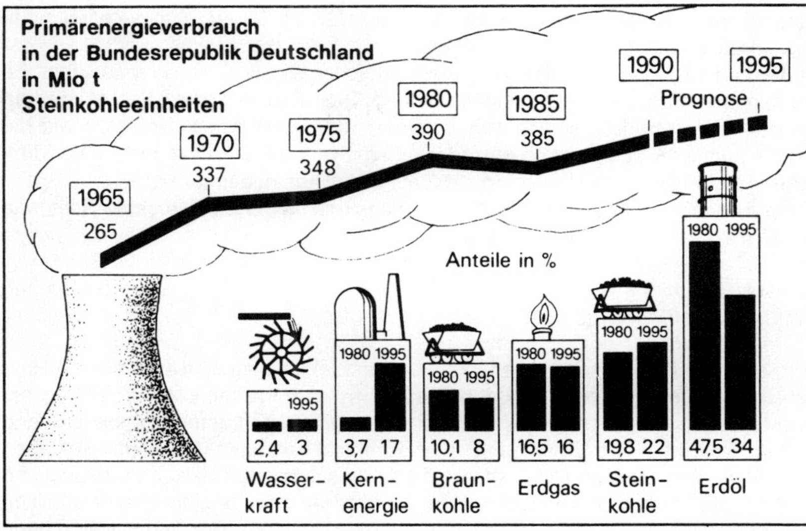

Bild 48 Unsere Energiezukunft nach Angaben des Ministeriums für Wirtschaft. Eine Steinkohleneinheit entspricht 29 300 KJ (= 7000 Kcal) d. h., dem mittleren Energieinhalt von 1 kg Steinkohle

chungen entweicht das Blei mit den Auspuffgasen in Form folgender Verbindungen: PbClBr und $2NH_4Cl \cdot PbClBr$ sowie $NH_4Cl \cdot 2PbClBr$. Diese Bleiverbindungen bilden Staubteilchen (Durchmesser 0,01 μm und darüber), die mit Regen niedergeschlagen werden. Bei der gegenwärtigen rapiden Motorisierung sind Schäden zu befürchten, weshalb man auf Blei verzichten und die Auspuffgase in Sondergeräten unschädlich machen muß. Nach dem Bleigesetz muß der Bleigehalt seit 1. Januar 1976 auf 0,15 g/l Blei herabgesetzt werden. (s. S. 259).

Sehr gefährlich ist auch das **Kohlenmonoxid** CO in den Auspuffgasen. Dieses giftige Gas wird im Feierabendverkehr der Großstadt in einer Konzentration gebildet, die die Gefahrengrenze überschreitet. Es wurde in einigen Großstadtstraßen 70, 100 und 130 cm^3 Kohlenmonoxid pro 1 m^3 Luft gemessen. Der MAK-Wert beträgt 50 cm^3 Kohlenmonoxid auf 1 m^3 Luft (s. S. 259)

In unseren Gaswerken und Kokereien fällt auch Benzol an, das mit Benzin gemischt unter verschiedenen Namen als Autobetriebsstoffe im Handel ist. Superbenzin enthält mehr Benzol als Normalbenzin *(Bild 47)*. Spiritus hat einen geringeren Brennwert als Benzin; es ist daher in reinem Zustand als Treibstoff nicht gut geeignet. Mischt man aber z. B. dem Benzin 10 % völlig wasserfreien Spiritus (Ethylalkohol = Ethanol) bei, so entsteht ein hochwertiger Treibstoff. Alkohol reinigt den Vergaser, schützt vor Korrosion und verbrennt fast klopffrei wie Benzol.

Versuch. Nachweis von Ethylalkohol in Vergaserkraftstoffen, z. B. Aral: In ein Prüfglas geben wir 3 cm^3 Benzin, in ein zweites 3 cm^3 Ethylalkohol und in das dritte 3 cm^3 ethanolhaltigen Vergaserkraftstoff. Dann tauchen wir einen Kopierstift in die Flüssigkeiten. Der Farbstoff des Kopierstiftes (meist Methylviolett) löst sich zwar in

Ethanol, nicht aber in Benzin. Dieses bleibt daher farblos. Ethanol und der ethanolhaltige Vergaserkraftstoff färben sich violett.
Außer den flüssigen Treibstoffen ist auch Speichergas als Treibmittel geeignet. Es werden hier Wasserstoff, Leuchtgas, Methan, Propan oder Erdgas in Gasflaschen gepreßt und allmählich in den Motor geleitet wo sie ebenso explodieren wie die Benzindämpfe. Erdgas ist also Heizgas und Treibstoff. 7300 Fahrzeuge der kalifornischen Regierung wurden im Jahre 1983 mit Erdgas betrieben (s. S. 195).
In der Energiebilanz der BRD spielt das Erdgas und das Erdöl eine große Rolle, wie aus *Bild 48* zu erkennen ist.

Trockenrasier-Tonics

Dies sind alkoholische Lösungen, die vor dem elektrischen Rasieren auf die Haut gebracht werden. Sie sollen die Barthaare härten und aufrichten, schnell eintrocknen, eine Quellung des Haarkeratins vermeiden, adstringierend und entzündungswidrig wirken. Sie dürfen das Metall des Scherkopfs nicht angreifen und weder verkleben noch verharzen. Rezepte: 1. Man löst in einer Mischung aus 40 % Ethylalkohol und 54 % destilliertem Wasser 5 % Karion F (Sorbex oder andere handelsübliche Sorbitlösungen), 0,5 % Zinksulfat und 0,5 % Parfüm. 2. Man löst in einer Mischung aus 34,3 % Ethylalkohol, 59 % Wasser, 6 % Glycerin und 0,5 % Parfümöl (Fougère LL 6346). Kleine Campher- oder Mentholzusätze können infolge *Kältewirkung* eine Gänsehaut hervorrufen und auf Grund ihrer *haarsträubenden* Wirkung die elektrische Rasur erleichtern.

Umwelt und Chemie

Umweltschutz ist heute in aller Munde. Seine Verbesserung gehört inzwischen als fester Bestandteil zu den Programmen der Regierung und aller Parteien. Auch die zunächst hektische Diskussion darüber, wer Umweltbelastungen verursacht, hat sich versachlicht: Wir sind alle daran beteiligt – die Verbraucher, die Autofahrer, die Benutzer von Kohle- und Ölfeuerungen, die Hersteller von Industrie- oder Konsumgütern, die Erzeuger von elektrischer Energie. Zunehmend setzt sich deshalb die Erkenntnis durch, die Erhaltung der natürlichen Umwelt und Umweltschutz als Gemeinschaftsaufgabe zu begreifen.
In praktisch allen Fragen des Umweltschutzes bestehen Querverbindungen zur Chemie. Die Kenntnis stofflicher Zusammenhänge ist eine wesentliche Voraussetzung für das Verständnis und die Lösung von Umweltproblemen. Eine wichtige Rolle spielen dabei die Methoden zum Nachweis und zur Beseitigung von Schadstoffen sowie Untersuchungen ihrer Auswirkungen auf die Umwelt. Alarmierende Berichte über Waldsterben, sauren Regen, Vergiftungen von Wasser und Boden haben die Öffentlichkeit aufhorchen lassen. In diesem Kapitel sollen anhand ausgewählter physikalisch-chemischer Versuche einige Probleme der Umweltgefährdung aufgegriffen werden.

1. Untersuchung von Wasser und Abwasser

Chemische Analysen von Wasserproben der verschiedensten Art, vom Trinkwasser bis zu Abwässern, werden in zahlreichen Laboratorien durchgeführt. Das endlich erwachende Umweltbewußtsein hat sich in vielen Verordnungen und Gesetzen niedergeschlagen, die eine Kontrolle des Wassers an vielen Stellen erfordern. Zur eindeutigen Bestimmung des Reinheits- bzw. Verschmutzungsgrades eines Gewässers sind zahlreiche Einzel-Untersuchungen notwendig.

1.1 Qualitative Wasseruntersuchungen wie Sulfatgehalt und Eisengehalt sind bereits auf S. 25 und 21, die Bestimmung der Härte und des Säuregehaltes des Wassers auf S. 277 und 285 beschrieben.

1.2 Der Nitratgehalt des Wassers. In geringen Mengen sind Nitrate fast in jedem Wasser vorhanden. Man findet im allgemeinen 5 bis 10 mg/l. Geologisch bedingt kann der Nitratgehalt bis zu 20 mg/l betragen. Die neue EG-Richtlinie, die als nationales Recht – auch von der Bundesrepublik – übernommen wird, sieht als höchstzulässige Nitratkonzentration im Trinkwasser nun 50 mg/l vor. Gesundheitsschädigung kann vor allem bei Kleinkindern durch Nitrate auftreten.
Wir brauchen: 10 mg Diphenylamin, die in 10 cm^3 25 %iger Schwefelsäure gelöst werden; dann gibt man 9 cm^3 konzentrierte Schwefelsäure hinzu.

Versuch: Wir füllen in einen Zylinder 100 cm^3 einer Wasserprobe und unterschichten sie mit Diphenylamin-Schwefelsäure. Dazu lassen wir das Reagenz aus einer Pipette vorsichtig an der Wandung des schräg gehaltenen Zylinders herunterlaufen (*Bild 49a*). Wenn Nitrate vorhanden sind, färbt sich die Berührungsfläche der beiden Flüssigkeiten blau.

Bild 49 Wasseruntersuchung. a Nitratnachweis durch einen blauen Ring mit Diphenylamin. b Nachweis von Schmutzstoffen mit dem Permanganattest nach P. Walder, Zürich.

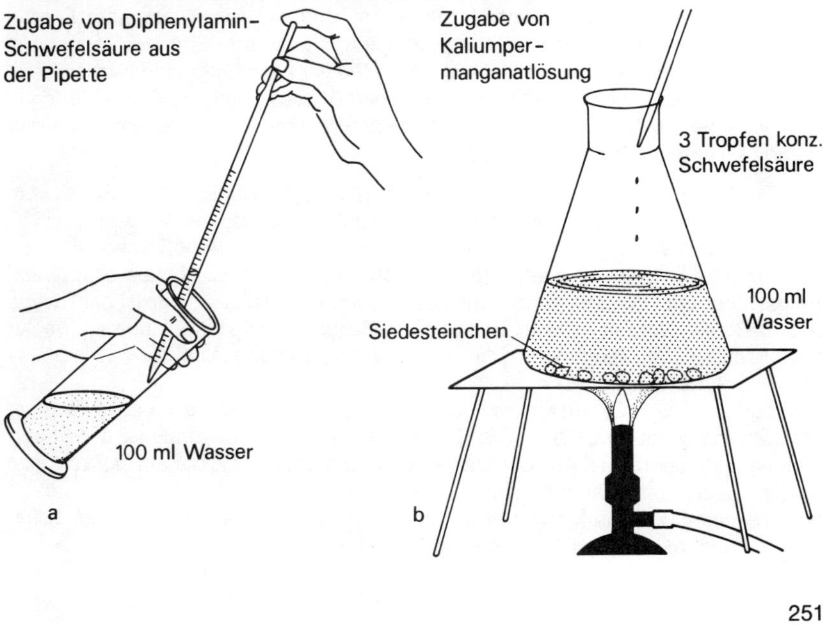

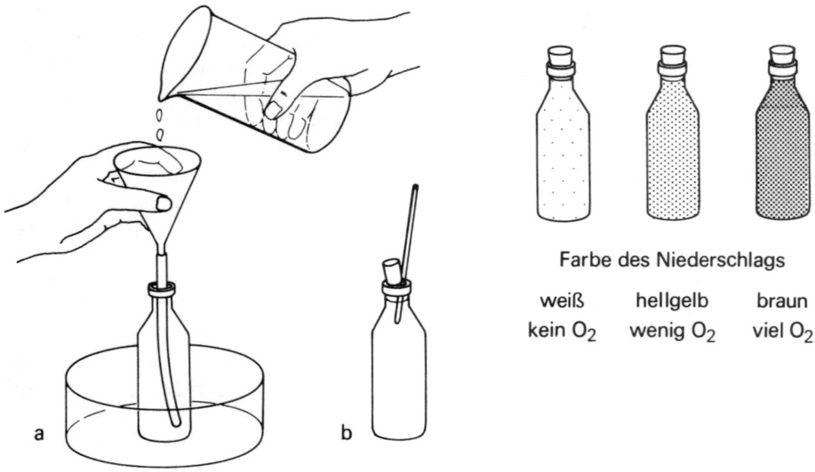

Bild 50 Sauerstoffgehalt des Wassers (nach Winkler)

1.3 Schmutzstoffe im Wasser (nach P. Walder). Wir brauchen: 3 g Kaliumpermanganat, die in 1 l destill. Wasser gelöst werden, konzentrierte Schwefelsäure.

Versuch: In 3 Erlenmeyerkolben werden je 100 cm^3 Leitungswasser, Bachwasser und Abwasser abgemessen. Wir säuern die Proben mit 3 Tropfen Schwefelsäure (Vorsicht!) an und fügen Siedesteinchen hinzu. Diese verhindern das Spritzen beim Sieden. Nun wird der Kolbeninhalt aufgekocht, und wir lassen aus einer Bürette langsam die rote Permanganatlösung zutropfen, bis die rote Farbe nicht mehr im kochenden Gemisch verschwindet (*Bild 49b*). Die verbrauchte Menge wird notiert.
Erläuterung: Endgültige Rotfärbung nach einigen Tropfen: sauberes Wasser. Endgültige Rotfärbung auf 0,5 cm^3: mäßig verunreinigtes Wasser. Endgültige Rotfärbung auf mehr als 1 cm^3: stark verunreinigtes Wasser.

1.4 Der Sauerstoffgehalt des Wassers. Bei reinem Wasser hängt der Gehalt vom atmosphärischen Druck und von der Temperatur ab. So beträgt bei 1013 mb und 5 °C die Sauerstoffsättigung 12,4 mg/l, jedoch bei 25 °C 8,1 mg/l. In natürlichen Gewässern wirken sich auf den Sauerstoffgehalt noch Verschmutzung, Abbauprozesse und Fotosynthese der Wasserpflanzen aus. Das Verfahren nach L. W. Winkler geht davon aus, daß beim Versetzen einer Mangan(II)-sulfatlösung mit Natronlauge ein weißer Niederschlag von Mangan(II)-hydroxid entsteht (Gleichung: $MnSO_4 + 2NaOH \rightarrow Mn(OH_2) + Na_2SO_4$).
In Gegenwart von Sauerstoff wird das Mangan(II)-hydroxid zu braun gefärbtem Manganoxidhydrat $MnO(OH)_2$. Die Bildung des Manganoxidhydrats ist der Sauerstoffmenge proportional. Aus der Stärke der Braunfärbung sind daher Rückschlüsse auf den Sauerstoffgehalt möglich.
Wir brauchen: 30 %ige Mangan(II)-sulfatlösung, 32 %ige Natronlauge, Enghalsflasche 100 cm^3 mit Stopfen, Normalschliff (NS 14,5/23).

Versuch: Wir füllen die Wasserprobe in eine Enghalsflasche von 100 cm³ Inhalt. Dazu benützt man noch einen Trichter mit Gummischlauch und Überlaufschale nach *Bild 50*. Die Wasserprobe wird luftblasenfrei so in den Trichter gegossen, daß die Flasche mehrfach durchströmt wird. Anschließend geben wir mit einer Meßpipette je 1 cm³ 30 %ige Mangan(II)-sulfatlösung und 32 %ige Natronlauge dazu, verschließen die Flasche mit dem Stopfen und schütteln um. Der Niederschlag färbt sich mehr oder weniger braun je nach dem Sauerstoffgehalt des Wassers. Bleibt der Niederschlag weiß, so ist kein oder nur sehr wenig Sauerstoff vorhanden. Ist der Niederschlag hellgelb, so ist wenig Sauerstoff, ist er braun gefärbt, so ist viel Sauerstoff im Wasser.

1.5 Chloridgehalt und Leitwert einer Wasserprobe. Die Chloride im Wasser kann man qualitativ sehr einfach nach S. 23 nachweisen. Wenn man den ganzen Salzgehalt des Wassers untersuchen will, wird meist die Leitfähigkeit des Wassers gemessen. Wir können dies mit einer sehr vereinfachten Versuchsanordnung machen. Wir brauchen: Stormversorgungsgerät (6 bis 8 V ~), Strommesser und Leitfähigkeitsprüfer, der aus 2 Kohleelektroden mit Gummistopfen besteht.

Versuch (nach Jansen): Wir messen mit der Versuchsanordnung nach *Bild 51a* die Stromstärke einer Standard-Lösung, die 0,584 g KCl/l Wasser enthält (bei konstanter Spannung und Temperatur). Dann wird die Stromstärke gemessen, die man bekommt, wenn man die Lösung auf das doppelte Volumen verdünnt.
Ergebnis nach Jansen: Bei 200 cm³ Volumen 430 mA; bei 400 cm³ 245 mA Stromstärke.
Man hat nun folgendes festgelegt: Eine Lösung von 0,584 g KCl/l Wasser hat bei 20 °C den Leitwert 1000 (l/MΩ·cm). Verdünnt man diese Lösung auf das doppelte Volumen, so beträgt der Leitwert nur noch 500 (l/MΩ·cm).
Wir wollen nun bei den Wasserproben 1 und 2 die Stromstärke messen und daraus den Leitwert bestimmen. Ergebnis:

Probe	Stromstärke	Leitwert 1/MΩ · cm
0,584 g KCl/l	430 mA	1000
destilliertes Wasser	0 mA	0
Probe 1	160 mA	–
Probe 2	310 mA	–

Die Leitwerte kann man am besten an einer Graphik ablesen (*Bild 51b*). Auf dem Millimeterpapier sind die Punkte (0/0) und (430/1000) als Wertepaare Stromstärke/Leitwert eingetragen. Wenn man die beiden Punkte durch eine Gerade verbindet, so kann man zu jeder gemessenen Stromstärke einen Leitwert ablesen. Beispiel: Probe 2. Stromstärke 310 mA, Leitwert 705 (l/MΩ·cm). Man muß hier auf einen großen Salzgehalt schließen. Unbelastete Gewässer haben einen Leitwert zwischen 200 und 300 (l/MΩ·cm).

1.6 Das Phosphatproblem in Gewässern
Die Abwässer enthalten große Mengen gelöster Phosphate. Die üblichen, normalen Kläranlagen können die Phosphate nicht beseitigen. Die erhöhte Zufuhr von Phos-

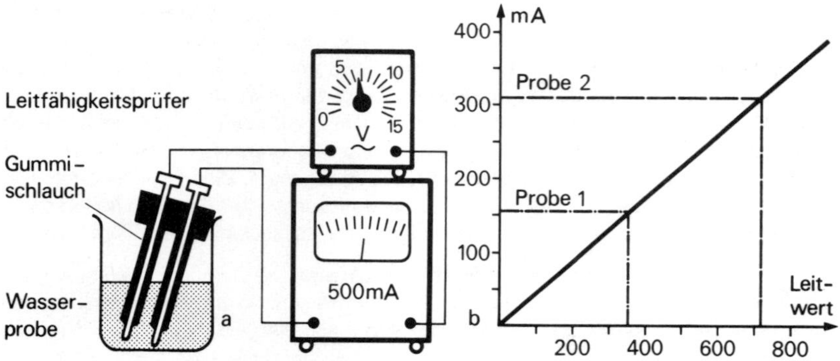

Bild 51 Versuch a Leitwert einer Wasserprobe, b graphische Auswertung

phaten führt vor allem in stehenden Gewässern zu einem übermäßigen Algenwachstum. Der natürliche Gehalt des Wassers an Sauerstoff reicht nicht aus, die großen Mengen abgestorbenen Algenplanktons abzubauen. Es kommt zu Faulschlammbildung. Das Gewässer *eutrophiert*, es geht an Überdüngung zugrunde. Wie kann man dem Problem beikommen? Einmal durch sparsame Anwendung der Waschmittel mit Phosphaten, zum anderen durch Beseitigung der Phosphate bei chemischen Vorgängen.

Versuch: Wir versetzen im Becherglas 50 cm³ Phosphatlösung mit 1 cm³ Eisenchloridlösung $FeCl_3$ und erhitzen bis zum Sieden. Es entsteht ein brauner, schwerlöslicher Niederschlag von $FePO_4$ in kleinen Klumpen.
Das Ausfällen der Phosphate wird bereits in einigen Kläranlagen durchgeführt. Allerdings wird das Abwasser nicht aufgekocht, damit der Eisenphosphatniederschlag entsteht. Durch den Belebtschlamm in dem Belüfungsbecken bekommt man auch ohne Erhitzen den Niederschlag. Die Phosphatfällung in den Kläranlagen hilft mit, die *Eutrophierung* unserer Gewässer zu vermeiden.

1.7 Schnellanalyse der Gewässer. Wichtige Daten zum Trinkwasser, Frischwasser und zur Gewässerverschmutzung lassen sich außerhalb der Laboratorien mit einfachen Geräten und fertigen Reagenzlösungen von Laien ermitteln. Hierzu gehört die Bestimmung von Ammoniak, Nitrat und Phosphat, die Messung des Sauerstoffgehaltes, des Säuregrades (pH-Wert) und der Wasserhärte. Die verwendeten Verfahren *Aquamerck* (Merck, Darmstadt) und *Visocolor* (Macherey & Nagel, Düren) beruhen auf Farbvergleichen. Zu einer abgemessenen Wasserprobe wird eine ebenfalls festgelegte Tropfenzahl einer Reagenzlösung aus einer Flasche hinzugefügt. Durch die chemische Umsetzung mit dem zu bestimmenden Wasserinhaltsstoff tritt eine mehr oder weniger starke Verfärbung auf, die direkt von der Konzentration des zu bestimmenden Stoffes abhängig ist. Auf einer Farbskala kann man dann, je nach Stärke der Färbung, die Konzentration des chemischen Stoffes ablesen. Es werden allerdings nur Konzentrationsbereiche ermittelt. Zur Einordnung in eine der 3 Güteklassen der Gewässer genügt diese Erfassung vollauf (*Tab. 10*).

Tab. 10: Gewässergüteklassen

Maximalwerte für	Güteklasse I	II	III
pH-Wert	6,8–8,5	6–8,5	5,5–9
Sauerstoff mg/1	min. 6	5	3
Sauerstoffsättigung	76 %	50 %	30 %
Gesamthärte °dH	20	30	40
Nitrat mg/1	13	30	–
Ammonium mg/1	1	3	größer 4

Güteklasse I: unbelastet bis sehr gering belastet
Güteklasse II: mäßig belastet
Güteklasse III: stark verunreinigt

Bei Visocolor-Kit Nitrit bilden die Reagenzien mit Nitrit einen blauroten Farbstoff, dessen Konzentration der vorliegenden Nitritmenge proportional ist. Der Meßbereich bei diesem Gerät geht von 0,05; 0,1; 0,25; 0,6 bis 2,0 mg/l NO_2^-.

Visocolor-Kit Ammonium. Reaktionsgrundlage ist die Umsetzung von Ammonium-Ionen mit *Neßlers Reagenz* (Kaliumquecksilberiodid) zu einer gelben Verbindung. Der Meßbereich geht von 0,2; 0,5, 1,0; 2,0; 10 mg/l NH_4^+. Ammonium-Ionen sind vorwiegend in häuslichen, oft auch in gewerblichen Abwässern enthalten. Im Oberflächenwasser deutet die Anwesenheit von Ammonium-Ionen auf die Zersetzung biologischer Substanzen hin. Die Überwachung der Ammoniumwerte ist daher für die Wasserversorgung von größter Bedeutung. Weitere Verfahren sind bei Schwedt, G. und Heil, G./Heering, K.G. beschrieben (s. Literatur).

Geräte zur Schnellanalyse: *Visocolor-Einzelkids* für Nitrit, Ammonium, Sauerstoff, Chromat, Eisen usw. *Visocolor/Analysenkoffer* für mehrere Wasseruntersuchungen (Macherey & Nagel, Düren). *Kompaktlabor Aquamerck* für Wasseruntersuchungen; *Wasserlabor Aquamerck* für Aquaristik und Teichwirtschaft. Je zirka 50 bis 100 Bestimmungen von Gesamthärte, Carbonathärte, Ammoniak, Nitrit, Nitrat, pH-Wert (Merck, Darmstadt). Die Geräte sind bei G. Mangold, Böhmenkirch, zu beziehen. Wenn man noch genauere Analysenergebnisse bekommen will, ist das *Nanocolor-System* von Macherey & Nagel zu empfehlen. Anstelle der visuell-kalorimetrischen Auswertung der Analysenprobe tritt die fotometrische Messung.

1.8 Wie kann man ölverschmutztes Wasser reinigen?

Versuch: Wir geben zu 1 l Wasser 1 cm^3 Heizöl, rühren um und filtrieren zur Hälfte. Wir setzen dem Wasser-Heizöl-Gemisch etwas Holzkohlenpulver zu und filtrieren wieder. Ein großer Teil des Öls lagert sich jetzt an die Holzkohle an. Man nennt diesen Vorgang *Adsorption*. Die Feuerwehr hat bei Ölalarm an Flüssen und Seen besondere chemische Bindemittel zur Verfügung.

2. Luftverschmutzung und Luftuntersuchung

Der Mensch benötigt täglich mindestens 6 m^3 Luft und macht dazu etwa 20 000 Atemzüge. Es ist daher durchaus möglich, daß sich Schadstoffe auch bei geringeren

Konzentrationen in den Atmungsorganen anreichern können. Die haupsächlichen Luftverschmutzer sind der Verkehr (Anteil 60 %), die Kraftwerke (13 %), die Industrie (11 %) und die Haushaltsheizung (6 %) (nach Linder/Knodel). Über Herkunft und Wirkung der wichtigsten *Immissionen* – Aufnahme von Schadstoffen aus der Luft – gibt *Bild 52* Auskunft.

2.1 Messung des Schwefeldioxidgehaltes. Schwefeldioxid ist einer der gefährlichsten Bestandteile verpesteter Luft. Etwa 3,6 bis 4 Millionen Tonnen dieses Gases werden jährlich auf dem Gebiet der BRD ausgeworfen. Der größte Teil stammt aus der Verbrennung von Kohle und Heizöl.

Durch Oxidation von S zu SO_2 und SO_3 entsteht mit dem Wasserdampf der Luft Schweflige Säure und Schwefelsäure, die den sauren Regen bildet. Wenn der Anteil an SO_2 und NxOy in den Abgasen nicht drastisch verringert wird, drohen unseren Wäldern verheerende Schäden.

Zu Einzelmessungen von SO_2 benützt man häufig das Gasspürgerät nach Dräger. Damit lassen sich noch Konzentrationen von 0,1 ppm nachweisen. Die Anwendung des Gerätes und Abbildung sind auf S. 31 beschrieben. Das unbenützte Teströhrchen zur Messung von Schwefeldioxid besitzt eine blaue Anzeigeschicht. Während des Durchströmens der zu prüfenden Luft färbt sich diese Anzeigeschicht weiß. Reaktion:

$$SO_2 + I_2 + 2\,H_2O \xrightarrow{\text{Stärke}} H_2SO_4 + 2\,HI$$

Bild 52 Schadstoffe in der Luft. Emission und Immission in der Bundesrepublik Deutschland (nach Linder, Biologie)

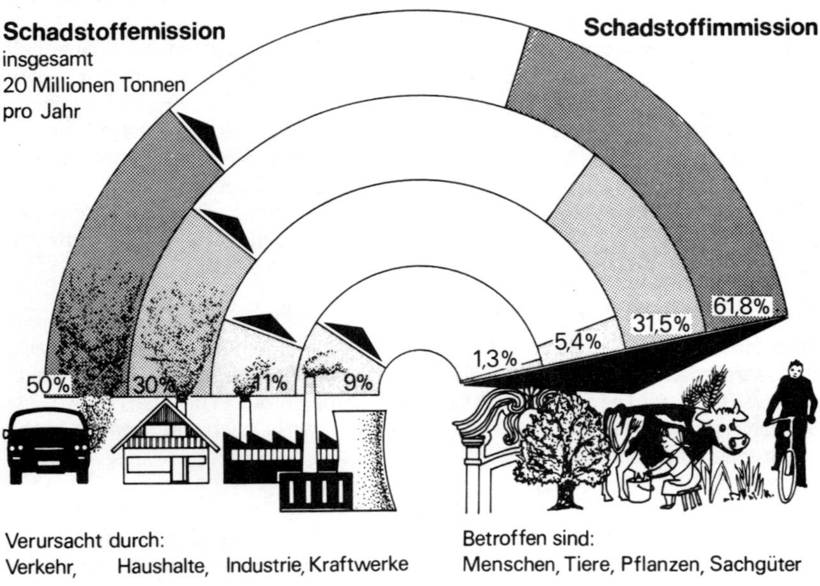

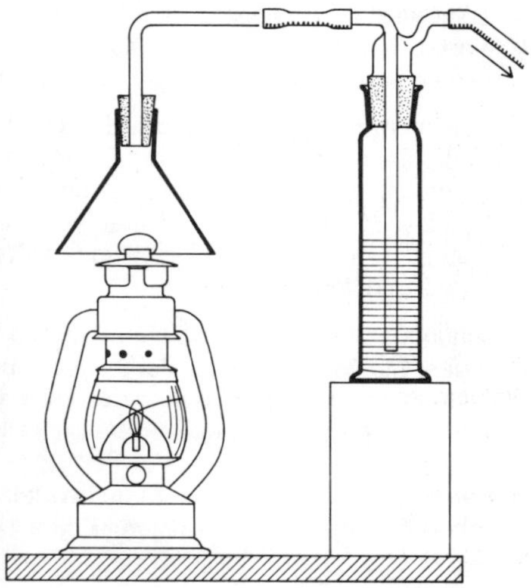

Bild 53 Nachweis des Schwefels im Heizöl

2.2 Das Schwefeldioxid vom Dieselöl.
Versuch: Wir bauen eine Apparatur nach *Bild 53* auf. In einer Petroleumlampe verbrennen wir etwas Dieselöl (es genügt auch der Brennersatz einer ähnlichen Lampe). Die Verbrennungsgase saugen wir mit einer Wasserstrahlpumpe durch eine Waschflasche, die etwas Fuchsin in starker Verdünnung enthält. Nach einigen Minuten wird die Lösung entfärbt. Der Farbstoff Fuchsin wurde durch das Schwefeldioxid im Dieselöl zerstört.

2.3 Schwefel in schwerem Heizöl (Heparprobe). Wir brauchen: Magnesiastäbchen, Silberblech (0,5 x 0,5 cm), Probensubstanz, z. B. Heizöl S von Mobil Oil, Natriumcarbonat.

Versuch: Man erhitzt ein Magnesiastäbchen und stellt mit Natriumcarbonat eine kleine Schmelzperle her. An die erkaltete Perle bringen wir wenig Probensubstanz; dann in der Oxidationsflamme abbrennen und Rückstand in der leuchtenden Flammenspitze reduzierend schmelzen. Diesen Vorgang wiederholen wir zweimal. Auf das blanke Silberblech geben wir einige Tropfen destilliertes Wasser und legen die erkaltete Perle darauf. Nach 3 Minuten zeigt das Silberblech Schwarzfärbung. Erklärung: Der im Öl enthaltene Schwefel wurde zu Sulfid reduziert; dieses reagiert mit Silber zu schwarzem Silbersulfid (Gleichung: $2Ag + S^{2-} + HOH + \frac{1}{2}O_2 \rightarrow Ag_2S + 2OH^-$).

2.4 Untersuchung der Rückstände aus einer Ölheizungsanlage. Wir brauchen: 3 Reagenzgläser, 1 Filter, Probensubstanz (*Ruß* aus einem Heizkessel), Universalindikator, Bariumchloridlösung.

Versuch: Wir geben 3 Spatel Probensubstanz in das Reagenzglas 1, versetzen mit 4 cm^3 destilliertem Wasser und filtrieren die Lösung in Glas 2 und 3 ab. Zum Reagenzglas 2 geben wir etwas Universalindikator und bekommen Rotfärbung. In das Glas 3 gießen wir einige Tropfen Bariumchlorid. Wir bemerken eine weiße Trübung durch Bariumsulfat (nach H. Schimkat). *Erklärung:* Die Rückstände enthalten offensichtlich Schwefelsäure. Bei den Rückständen aus der Heizungsanlage handelt es sich nicht um „normalen Ruß".
In der Bundesrepublik Deutschland dürfen Dieselkraftstoffe und leichtes Heizöl einen Schwefelgehalt von bis zu 0,3 Gewichts% aufweisen, schweres Heizöl sogar 2,8 %. Da sich im Rauchgas als weiteres Verbrennungsprodukt Wasserdampf befindet,

entsteht noch in der Feuerungsanlage verdünnte Schwefelsäure. Bis 1990 will das Rheinisch-Westfälische Elektrizitätswerk (RWE) die Abgase seiner Kohlekraftwerke so vermindern, daß 75 % weniger Schwefel ausgestoßen wird.

2.5 Luftvergiftung durch Auspuffgase. Mit dem Gasspürgerät lassen sich auch ohne Vorkenntnisse CO, N-Oxide, SO_2 in den Autoabgasen nachweisen. Das Teströhrchen für Kohlenmonoxid hat eine weiße Anzeigeschicht, die als wirksames Reagenz Iodpentoxid I_2O_5 und rauchende Schwefelsäure $H_2S_2O_7$ enthält. Es tritt während der Reaktionszeit eine blaugrüne Zone auf, deren Länge von der Stärke der CO-Konzentration abhängt.

Gleichung: $5\ CO + I_2O_5 \xrightarrow{H_2S_2O_7} I_2 + 5\ CO_2$

Garagen, Straßentunnel oder Parkhäuser sind besonders CO-gefährdete Räume.

2.6 Chemie hilft bei der Lösung von Umweltproblemen! Die chemische Industrie arbeitet mit wachsender Intensität am Umweltschutz für weite Bereiche des täglichen Lebens.

- **Rauchgase und Mineralöl entschwefeln!** Der Schwefel kann heute mit chemischen Verfahren aus dem Mineralöl herausgeholt werden. Der Gehalt der Luft muß

Bild 54 Rauchgasentschwefelung. Man benötigt vier Waschflaschen. In die erste Flasche mit Natriumhydrogensulfitlösung wird mit einer Gummiballpumpe Luft geleitet. Die Luft reißt das entstehende SO_2 in die Flasche 2 mit. Dort befindet sich ein neutraler, grüner pH-Indikator, der durch das SO_2 rot wird: $SO_2 + H_2O \rightarrow H_2SO_3$.
Das SO_2, das sich in Flasche 2 noch nicht gelöst hat, reagiert in der Flasche 3 mit Kalkmilch, so daß der pH-Indikator in Flasche 4 grün bleibt und so einen neutralen Wert zeigt. Vereinfachte Reaktionen:
$Ca(OH)_2 + SO_2 + H_2O \rightarrow CaSO_3 + 2\ H_2O$
$2\ CaCO_3 + O_2 + H_2O \rightarrow 2\ CaSO_4 \cdot 2\ H_2O$ (Gips)

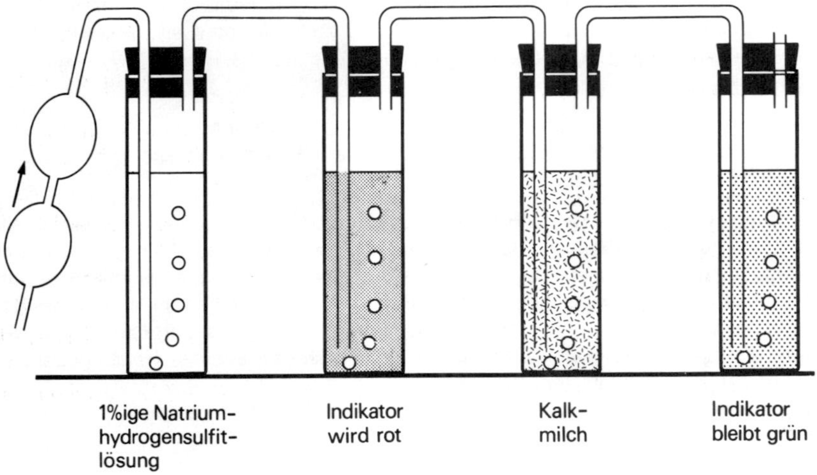

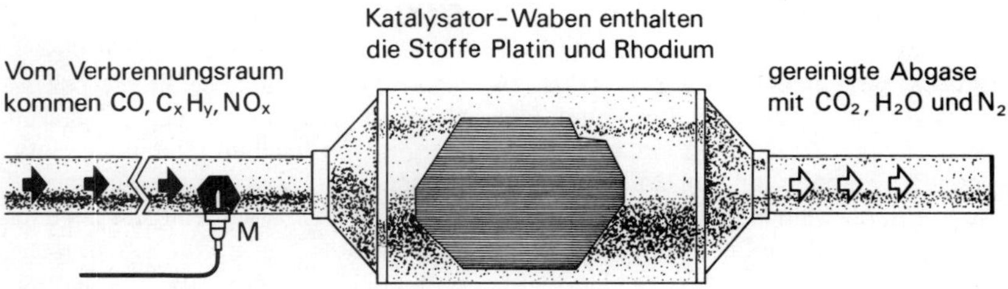

Bild 55 Abgaskatalysator für das Auto. Beim Durchströmen des Katalysators wird der größte Teil der Schadstoffe in harmlose Bestandteile umgewandelt. M Meßsonde, die für einen gleichbleibend hohen Sauerstoffanteil sorgt.

noch mehr verringert werden. Es gibt zwar Gesetze zur Schadstoffbeseitigung, aber diese sind noch nicht ausreichend. In einigen Städten, z. B. in Wilhelmshafen, gibt es schon Kraftwerke mit moderner Rauchgasentschwefelung (*Bild 54*). Seit 1977 sind die chemischen Grundlagen und technischen Anlagen dazu erprobt. Allerdings müssen nach Schätzungen bis zu 3 Milliarden DM zur Umrüstung aller Kraftwerke aufgewendet werden.

- **Abgaskatalysatoren in Autos einbauen!** Seit einigen Jahren schon haben Chemiker und Techniker Geräte gebaut und Verfahren entwickelt, um die gefährlichen Auspuffgase Kohlenstoffmonoxid, Stickstoffoxide und Kohlenwasserstoffe zu beseitigen (*Bild 55*). Abgaskatalysatoren – Waben aus Keramik – enthalten die Katalysator-Substanzen Platin und andere feinverteilte Edelmetalle. Beim Durchströmen des Katalysators wird der allergrößte Teil der Auspuffschadstoffe in harmlose Bestandteile umgewandelt:
  Kohlenstoffmonoxid CO und Kohlenwasserstoffe C_xH_y in Kohlenstoffdioxid CO_2 und Wasser H_2O, Stickstoffoxide NO_x in Stickstoff N_2.
  Der Einbau von solchen Abgaskatalysatoren in die Autos kann zur Entgiftung der Luft auch bei uns – wie z. B. schon heute in den USA – beitragen.
- **Benzin ohne Blei!** Der Zusatzstoff zum Benzin, Bleitetraethyl, vergiftet die Umgebung der Straßen. Über die Pflanzenwelt gelangt das Gift auch in die menschliche Nahrung. Man hat festgestellt, daß in der Gegend von Hannover 500 g Bleiverbindungen pro Hektar abgeschieden werden (Nachweis von Blei s. S. 248).
- **Neuer Treibstoffzusatz!** Vor einigen Jahren entdeckten Chemiker eine neue Verbindung, das MTBE, als Treibstoffzusatz. Er ersetzt die bisher verwendeten giftigen Bleiverbindungen als Antiklopfmittel.
- **Neue Ölbindemittel!** Bei Tankerunfällen kommen jetzt neue Ölbindemittel zum Einsatz. Heizöltanks aus Kunststoff oder mit Kunststoff-Innenhaut verhindern das Versickern von Öl in das Grundwasser.
- **Strom sparen!** Jede Kilowattstunde, die nicht verbraucht wird, erspart unserer Luft nach Berechnungen von W. Broda 6,7 g Schwefeldioxid. Energiesparen heißt Umweltbedingungen verbessern!

Vitamine

Ernährt man Versuchstiere (z. B. Ratten, Meerschweinchen, Tauben) längere Zeit mit chemisch reinen Eiweißstoffen, Fetten, Kohlenhydraten und Mineralsalzen, so stellen sich schwere Krankheiten ein, die bei Verfütterung von frischen Gemüsen, Hefe, Tomaten, Zitronen, jungem Gras u. dgl. rasch wieder heilen. Man schließt daraus, daß die letztgenannten Nahrungsmittel kleine Mengen gewisser Stoffe enthalten, die für den normalen Ablauf der Lebensvorgänge unerläßlich sind. Man bezeichnet diese Substanzen nach einem Vorschlag von C. Funk (1913) als Vitamine. Hunderttausende von Untersuchungen haben übereinstimmend gezeigt, daß es mindestens 15 bis 20 Vitamine gibt, deren Fehlen jeweils verschiedene Krankheitsbilder hervorruft. Man bezeichnet die Vitamine entweder nach den Buchstaben des Alphabets als Vitamin A, B, C, D usw. oder nach den von ihnen geheilten Krankheiten als Antirachitikum, Antipellagrafaktor, Antisterilitätsvitamin, Antiperniziosafaktor, Antiskorbutikum u. dgl. bzw. nach ihrer chemischen Konstitution als Ascorbinsäure, Lactoflavin, Pantothensäure, Nicotinsäureamid, Tocopherol usw. Die Vitamine sind in den täglich aufgenommenen Nahrungsmitteln nur in Spuren, oft nur in Bruchteilen von Milligrammen, enthalten. Der Vitaminbedarf des menschlichen Körpers ist so gering, daß bei gemischter Vollwertkost die in Gemüsen, Früchten usw. enthaltenen Vitamine im allgemeinen ausreichen. Da der menschliche Körper die Vitamine fortwährend zersetzt und ausscheidet, müssen ihm immer wieder durch die Nahrungsmittel (Obst, Gemüse, Tomaten, Butter usw.) Vitamine zugeführt werden, weil sonst allmählich wie bei den obigen Versuchstieren Vitaminmangelkrankheiten (=*Avitaminosen*) auftreten könnten. Bis 1983 sind beim Menschen über 72 verschiedene Vitaminmangelkrankheiten festgestellt worden. Zur sicheren Verhütung von Vitaminmangelschäden und zur Heilung von Avitaminosen werden von der Industrie Dutzende von einfachen oder kombinierten, frei erhältlichen Vitaminpräparaten hergestellt. Man kann heute die meisten Vitamine in Fabriken zentnerweise synthetisieren. Durch Verabreichung von vitaminreicher Nahrung bzw. von Vitaminpräparaten konnten zahlreiche, früher sehr gefürchtete und verbreitete Krankheiten (Skorbut, Beri-Beri, Rachitis, Pellagra usw.) zum Verschwinden gebracht werden.

Vitamin A (Epithelschutzvitamin, Retinolpalmitat) ist chemisch ein hochkomplizierter Alkohol. Er bildet in reinem Zustand ein hellgelbes Öl, das sich in Alkohol und Ether löst. Das Vitamin A (bzw. seine Vorstufe Carotin) findet sich in Lebertran, Leber, Karotten, Spinat, Kopfsalat, Eigelb, Butter, Milch usw. Der Erwachsene braucht täglich 1 bis 2 mg Vitamin A. Bei mangelhafter Versorgung mit diesem Vitamin entstehen krankhafte Hornhautveränderungen (kann zu Erblindung führen), nichterbliche Nachtblindheit, abnorme Hauttrockenheit, Wachstumshemmungen, erhöhte Anfälligkeit gegen Infektionskrankheiten usw. Nach neueren Forschungen wirkt Vitamin A auch bei Blutarmut, Altersschwerhörigkeit und Warzen günstig. Handelspräparate mit Vitamin A: *Arovit* (Roche), *A-Vicotrat* (Heyl), *Vogan* (Merck, Bayer) usw.

Vitamin-B-Komplex. Hierher gehören etwa 10 verschiedene Vitamine, so z. B. Vitamin B_1 (Aneurin, Thiamin, antineuritisches Vitamin), farblose, wasserlösliche Kristalle, hitzeempfindlich. Je 100 g Hefe enthalten 4, Weizen 0,48, Weizen-Auszugsmehl nur 0,06 mg Vitamin B_1. Beim Fehlen von Vitamin B_1 treten Appetitlosigkeit, Störungen im Kohlenhydratstoffwechsel, Beri-Beri, Polyneuritis u. dgl. auf. Der tägliche Mindestbedarf wird mit 0,6 mg angegeben. Reichliche Versorgung mit

Vitamin B_1 steigert manche Präzisionsleistungen wie Lösung von Rechenaufgaben, Speerwurf, Schreibmaschinenschreiben, Auswendiglernen usw. Gegen Ermüdung am Steuer werden Präparate mit Vitamin B_1 und Traubenzucker empfohlen. Handelspräparate mit Vitamin B_1: *Betabion* (Merck), *Betaxin, Benerva* usw.

Vitamin B_2 (Riboflavin, Wachstumsvitamin) bildet in reinem Zustand wasserlösliche Kristallnadeln. Je 100 g Schweineleber enthalten 2,5 bis 3,7, Ochsenleber 1 bis 2,5, Tomaten 0,2 bis 0,24, Milch 0,175 bis 0,26 mg Vitamin B_2. Der Tagesbedarf beträgt 1,5 bis 2 mg, er wird durch die üblichen Nahrungsmittel gedeckt. Vitamin B_2-Mangel führt zu Wachstumsstillstand, da dieses Vitamin beim Aufbau wichtiger Fermente benötigt wird. Handelspräparate: *Beflavin* (Roche), *Lactoflavin* (Bayer).

Folsäure ist ein orangefarbenes, kristallines, wasserunlösliches Pulver; die Formel enthält *p*-Aminobenzoesäure in Bindung mit Glutaminsäure und einem Pteridinderivat. Folsäure kommt in grünen Pflanzenblättern (besonders Spinatblättern) vor. Sie schützt gegen Sprue, bösartige Blutarmut usw. Hohe Tagesgaben von Folsäure (50 mg) wirken gegen bösartige Blutarmut ebenso günstig wie Leberpräparate. Handelspräparate: *Folsan* (Kali-Chemie), *Folbal* (Geigy), *Cytofol* (Lappe), *Folinor* (Nordmarkwerke, Hamburg).

Pantothensäure *(Antigrauer Haarfaktor)* ist eine wasserlösliche, stabile Verbindung, die bei Ratten schon in Tagesgaben von 0,015 mg graue Haarfärbungen zum Verschwinden bringt. Die Pantothensäure wird neuerdings in der Kosmetik gegen das Ergrauen der Haare angewendet (s. „Panteen"). Das als 5 %ige Salbe und Lösung gelieferte *Bepanthen* (Roche) enthält den Alkohol der Pantothensäure.

Vitamin B_6 (Adermin, Antidermatitisvitamin) bildet weiße, wasserlösliche Kristallnadeln. Es ist z. B. in Reiskleie, Melonen, Hefen und Leber enthalten. Der Tagesbedarf des Erwachsenen wird auf 4 bis 6 mg geschätzt. Mangelnde Vitamin B_6-Zufuhr verursacht nervöse Störungen und Blutarmut. Handelspräparate: *Benadon* (Roche), *Hexobion* (Merck), *B_6-Vicotrat* (Heyl).

Pellagra-Schutzstoff (pp-Faktor), Nicotinsäureamid, farblose Kristalle: je 100 g Ochsenleber enthalten 10 bis 25, Schweineleber 12, Schweinefleisch 3 bis 5, Weizenvollmehl 5 mg Pellagra-Schutzstoff (Tagesbedarf 13 bis 16 mg). Mais ist frei von Pellagra-Schutzstoff; er enthält vielmehr ein Antipellagra-Vitamin. Deshalb trat früher in maisreichen Ländern (Spanien, Italien, Rumänien und Ägypten) die Pellagra auf, die sich in Rötungen, Abschuppungen und Vernarbungen unbedeckter Hautstellen, Störungen im peripheren und zentralen Nervensystem usw. äußerte. Durch Zufuhr von Pellagra-Schutzstoff kann diese Krankheit schlagartig geheilt werden. Handelspräparate: *Benicot* (Roche), *Nicobion* (Merck), *Niozym* (Zyma-Blaes), *Nicotinsäureamid Bayer, Niadon* (Riedel-de Haën).

Vitamin B_{12} (Cyanocobalamin) ist der in der Leber enthaltene Wirkstoff gegen bösartige Blutarmut (Perniciosa). 1 kg Frischleber enthält nur etwa 0,2 mg Vitamin B_{12}. Dieses bildet rote Kristalle, die neben Kohlenstoff, Wasserstoff und Sauerstoff noch Phosphor, Stickstoff und 45 % Cobalt enthalten. Prof. Dorothy Crowfoot-Hodgkin (Nobelpreis 1964) gelang die vollständige Aufklärung der Struktur des Vitamins B_{12}. Bruttoformel: $C_{63}H_{90}CoN_{14}P$; Molekülmasse 1357,44. Nach Annual Rev. of Bioch. wirkt Vitamin B_{12} als Coenzym. Es katalysiert mit spezifischen Enzymen best. Stoffwechselreaktionen. Man kennt 10 Enzymsysteme, die nur in Gegenwart des Coenzyms B_{12} funktionieren: Umwandlung in der Glutaminsäure und des Glycerins; Synthese der Nucleinsäuren (und damit am Aufbau der Zellkernsubstanz beteiligt) usw. Nach neuer Auffassung wirkt Vitamin B_{12} als Matrizenmolekül für Hämoglobin. Die Synthese gelang 1972 A. Eschenmoser (Zürich) und R. Woodward (USA). Handelspräparate: B_{12} *Siegfried, Docivit* (Robisch GmbH., München), *Neuro 60* (Voigt), *Neurotrat* (Nordmark), *Cytobio*n (Merck), Vitamin *Trioneuron B* (Badische Arzneimittel). Die folgenden B-Komplex-Präparate enthalten alle oder die meisten B-Vitamine: *B-Komplex-Vicotrat* (Heyl), *Hildicon* (Trommsdorf), *BVK „Roche“, Polybion* (Merck) und *Neurobion* (Cascan), *Polyvital* (Bayer), *Vitamin B-Komplex* (Hameln).

Vitamin C (Antiskorbutisches Vitamin, l-Ascorbinsäure) ist ein farbloses, wasserlösliches, stark reduzierend wirkendes Kristallpulver, das beim Kochen und längerem Luftzutritt geschädigt wird. Versetzt man eine Lösung aus 3 Tabletten *Cebion* mit Silbernitratlösung, so wird diese in kurzer Zeit zu schwarzem, fein verteiltem Silber reduziert. Ein Tropfen Vitamin C-Lösung färbt ein frisches, unbenütztes Kopierpapier nach längerer Zeit dunkel – Reduktionswirkung. Sehr feines Eisenpulver reagiert mit Vitamin C unter Bildung von farblosem Eisenascorbinat (Blutbildungsmittel); unter Luftzutritt färbt es sich blauviolett. Prüfe, ob auch frischer Zitronensaft oder der Saft schwarzer Johannisbeeren eine Silbernitratlösung im Dunkeln zu Silber reduzieren kann! Je 100 g Hagebutten enthalten 250 bis 1400, Zitronensaft 30 bis 80, Erdbeeren 70 bis 90, Tomaten 10 bis 100, Kopfsalat 20 bis 60, Himbeeren 20 bis 37, Äpfel 8 bis 22, Petersilie 100 bis 300, Blumenkohl 50 bis 90 (gekocht 10), Sauerkraut 12 bis 40 (gekocht 10), Sanddornbeerensaft 360 bis 900, Haustierleber 20 bis 30, Johannisbeersaft, schwarz 90 bis 360, Johannisbeersaft, rot 20 bis 65, Apfelsine, Fruchtfleisch 16 bis 100, Spinat 20 bis 80, Kartoffel (Herbst) 11 bis 36, Kuhmilch 1 bis 2 mg Vitamin C; der Tagesbedarf wird auf 30 bis 150 mg geschätzt. Bei mangelhafter Vitamin C-Versorgung lockern sich die Zähne, es treten Schwellungen und Blutungen im Zahnfleisch und unter der Körperhaut auf; die Knochen werden brüchig und verursachen Schmerzen. Der Skorbut der Seefahrer ist auf Vitamin C- und B-Mangel zurückzuführen; die Frühjahrsmüdigkeit hat wahrscheinlich ähnliche Ursachen. Große, wiederholte Vitamin C-Dosen (täglich 1 bis 2 g) können zur Vorbeugung und Abkürzung von Erkältungskrankheiten dienen. Überdosierung (bis 20 g!) ist beim Vitamin C offenbar unschädlich. Bei Müdigkeit am Steuer können 0,5 bis 1 g Vitamin C schon nach 30 Minuten eine 3 bis 4-stündige Ermunterung hervorrufen. Handelspräparate: *Cebion*, (Merck), *Cedoxon* (La Roche), *Ce-Fortin* (Togal), *Taxofit* (Anasco), *Vicelat* (Bayer-Leverkusen) u. a., als Tabletten, Brausetabletten und Tropfen erhältlich.

Höhere Dosen an Vitamin C sind vielfach zur Beschleunigung der Wundheilung, zur günstigen Beeinflussung von Rheuma, Polyarthritis und Tuberkulose sowie der Konzentrationsfähigkeit empfohlen worden. Die Konstitution von Vitamin C wurde 1933 gleichzeitig von Haworth, Karrer und Micheel geklärt. Im gleichen Jahr konnten sowohl Haworth als auch Reichstein Vitamin C synthetisieren. Heute werden weltweit jährlich (1989) 40 000 t Vitamin C produziert.

D-Vitamine (antirachitische Vitamine). Man unterscheidet hier zwischen untereinander sehr ähnlichen Vitaminen D_2, D_3 und D_4. Es handelt sich hier jedesmal um komplizierte Sterine. Reines Vitamin D_2 bildet farblose Nadeln, die bei 115 bis 117 °C schmelzen. Sie sind unlöslich in Wasser, dagegen leicht löslich in Fetten, Ölen und organischen Lösungsmitteln. Vitamine D sind in Lebertran, Eigelb, Butter, Leber, Milch usw. enthalten. Je 100 g Medizinal-Lebertran enthalten mindestens 8500,

Schweinsleber 40 bis 180, Milch, frisch, 0 bis 10, Butter 10 bis 100, Käse 50 bis 200, Eidotter 150 bis 500, Hering 300 bis 1700, Forellen 500 bis 4000, Pilze 20 bis 80, Margarine 100 Internationale Einheiten Vitamin D. Die Vitamine D bewirken die Einlagerung der im Blut kreisenden Calcium-Phosphat-Bestandteile in die Knochen. Bei mangelnder Vitamin D-Versorgung werden die Knochen weich und nachgiebig (Rachitis, Knochenerweichung, Englische Krankheit). Die Haut der Menschen und Tiere enthält 7-Dehydrocholesterin (Vorstufe von Vitamin D_3), das bei Sonnenbestrahlung oder ultravioletter künstlicher Höhensonne in Vitamin D_3 übergeht; daher war die Rachitis besonders in nebeligen, nördlichen Ländern (England, Englische Krankheit) verbreitet. In den Tropen ist sie unbekannt. Eine Tagesdosis von 0,002 bis 0,02 mg Vitamin D schützt vor Rachitis. Zu ihrer Heilung ist eine mehrfache Dosis nötig. Bei übermäßig starker Vitamin D-Zufuhr können Krankheitserscheinungen in Form von Verkalkungen der Nieren, Lungen und Arterien auftreten. Bei der Rachitisverhütung spielen die Vitamin D-Präparate des Handels eine wichtige Rolle. Hier wären zu nennen: *D-Tracetten* (Albert-Roussel), *Oldevit* (D_2), *Vigantol* (D_3) (Merck), *Vigorsan* (D_2). Die Vitamine D und A beschleunigen auch die Wundheilung; deshalb enthalten neuere Wundsalben vielfach Lebertran oder andere Vitamin A- und D-Träger, dazu kommen noch Harnstoff, Desinfektionsmittel, Penicillin u. dgl. Kombinationspräparat: *Vitamin C-Calcium Orangengetränk* (Hermes).

Vitamin E (Fertilitätsvitamin, Antisterilitätsvitamin, Tocopherol) ist in reinem Zustand ein schwach gelbliches Öl, das in Weizenkeimlingsölen vorkommt. Ratten, die eine Vitamin E freie Nahrung erhalten, bringen nur tote Junge zur Welt. Weiter beobachtet man Schädigung der Muskelelemente. Da Vitamin E in vielen Nahrungsmitteln vorkommt, konnte man beim Menschen noch keine gesicherte E-Avitaminose feststellen. Vitamin E wirkt günstig bei Altersbeschwerden, Herz- und Kreislaufstörungen, Arteriosklerose, Verletzungen, Rheumatismus usw. Die Erfolge der australischen Schwimmer bei der Olympiade in Melbourne 1956 werden zum Teil auf reichliche Vitamin E-Verabreichung zurückgeführt. Vitamin E ist besonders für die Veterinärmedizin wichtig. Handelspräparate: *E-Mulsin, Ephynal, Evion* und viele Kombinationspräparate.

Vitamin F Heute nicht mehr gebräuchliche Bezeichnung für die essentiellen Fettsäuren, insbesondere für die Linolsäure, Linolensäure und Arachidonsäure, die vom Organismus nicht in genügender Menge synthetisiert werden. Der Minimalbedarf des Menschen wird mit 1 bis 2 % der Joule (Kalorien)-Zufuhr angegeben.

Vitamin H (Biotin, Hautschutzvitamin, antiseborrhoisches Vitamin) bildet lange, farblose, wasserlösliche Nadeln, die bei 232 °C schmelzen, kommt in Eidotter, Milch, Hefe, Leber, Nieren, Hirn, Reiskleie, Sojabohnen usw. in winzigen Mengen vor (2,5 dz Trockeneigelb ergaben 1,1 mg Vitamin H). Beim Fehlen von Vitamin H beobachtet man bei Menschen und Ratten eine Art Seborrhoe (Schmerfluß). Die Ausscheidung der Talgdrüsen nimmt zu, die Haut wird trocken, und es kommt unter gleichzeitiger Schuppen- und Krustenbildung zu starkem Haarausfall. Handelspräparat: *Murnil* (Bayer) gegen nichtparasitäre Haut- und Haarkrankheiten von Hunden, Füchsen, Nerz u. dgl.

K-Vitamine (antihämorrhagische Vitamine). 7 Vitamine, welche die Blutgerinnung begünstigen (K ist der Anfangsbuchstabe von Koagulation = Gerinnung) und deshalb z. B. bei Operationen Verwendung finden. Vitamine K kommen in grünen Blättern, faulendem Fischmehl, Roßkastanien u. dgl. vor; zum Teil sind es auch synthetische

Präparate. Vitamin K_1, ist 2-Methyl-3-phytyl-1,4-naphthochinon; Vitamin K_2 2-Methyl-3-difarnesyl-1,4-naphthochinon; Vitamin K_5 4-Amino-2methyl-1-naphthol; Vitamin K_7 4-Amino-3-methyl-1-naphthol. Handelspräparate: *Konakion* (Roche), *Styptobion* (Merck).

Rutin (Citrin, Permeabilitätsvitamin, Vitamin-P), gelbes Pulver, kann z. B. aus Buchweizen gewonnen werden. Vermindert die Zerbrechlichkeit und Durchlässigkeit der kleinen Blutgefäße sowie die Zerreißungsgefahr der Arterien bei überhöhtem Blutdruck.

Langfristige Rutingaben (20 bis 60 mg täglich) beseitigen vielfach kapillare Gefäßschwäche bei überhöhtem Blutdruck, Netzhautblutungen, Schlagfluß u. dgl. Ähnlich wie Rutin wirkt auch das verwandte Hesperidin. Handelspräparate: *Rutinion* (Rhein-Pharma), *Birutan* (Merck), *Hespidon* (Robisch, München).

Präparate, die mehrere Vitamine enthalten: *Combionta* (Merck) mit 11 Vitaminen und 11 lebenswichtigen Bio-Elementen; *Multibionta* (Merck) mit Vitamin A, B_1, B_2, B_6, B_{12}, C, D_3, E u. a., *Supradyn* (La Roche) mit 10 Vitaminen, 4 Mineralien und 3 wichtigen Spurenelementen (Cu, Co, Mo) als Brausetabletten oder Kapseln; *Protovita* (La Roche) mit 12 Vitaminen; *Completovit* (Dieckmann) enthält neben Vitaminen Stoffe, die einen fruchtigen, frischen Geschmack geben.

Antivitamine. Vor einiger Zeit sind Stoffe entdeckt worden, die die Vitamin-Synthese oder den Vitamin-Stoffwechsel stören. Man bezeichnet sie als Antivitamine. Sie haben ganz ähnliche Struktur wie das entsprechende Vitamin und werden im Körper ebenso wie das Vitamin als Coferment an das Apoferment (Eiweiß) gebunden, wobei ein „nichtfunktionierendes“ Enzym entsteht. Antivitamine sind nicht eigentlich giftig; sie nehmen den normalen Vitaminen ihre Wirkungsstätte und wirken dadurch schädlich. Gegen Ascorbinsäure (Vitamin C) wirkt Glucoascorbinsäure, gegen Lactoflavin (Vitamin B_2) wirken Isolactoflavin und Lumaflavin.

Wasch- und Waschhilfsmittel

Das Waschen gehört zu den alltäglichen Verrichtungen, über die man sich im allgemeinen nicht allzu viele Gedanken macht. Es sollte aber nicht vergessen werden, daß Sauberkeit eine wesentliche Voraussetzung für eine moderne Hygiene ist und daß durch gesteigerte Sauberkeit u. a. früher sehr verbreitete Seuchen verschwunden sind.

1. Waschmittel-Inhaltsstoffe

1.1 Tenside. Für alle wasserlöslichen, grenzflächenaktiven Stoffe, die man auch als waschaktive Stoffe (WAS), Netz- und Emulgiermittel bezeichnet, hat Götte die Bezeichnung *Tenside* vorgeschlagen. Dieser Begriff hat sich schnell eingeführt. Schon die alten Ägypter haben Seife als erstes Tensid erkannt. Jahrhundertelang hat sich die Seife als Waschmittel gehalten. Bei der industriellen Verwendung und auch bei der Verwendung zum Waschen von Wäsche im Haushalt machten sich jedoch drei Nachteile der Seife bemerkbar: ihre Empfindlichkeit gegen die Calcium-Ionen des Wassers, mit denen sie unlösliche Kalkseife bildet, ihre Unbeständigkeit gegen Säure und ihre alkalischen Reaktionen, die z. B. für Wollgewebe schädlich ist.

So setzte vor 60 Jahren eine Entwicklung ein, die zu wichtigen Gruppen von *synthetischen Tensiden* führte. Man kann Tensid als eine Verbindung definieren, deren Teilchen Zwitterwesen sind. Die Teilchen sind kettenförmig und unsymmetrisch und bestehen aus einem längeren, *hydrophoben* (=wasserabweisenden) und einem kurzen *hydrophilen* (wasserfreundlichen) Teil. Die Verbindung muß außerdem in wäßrigen Lösungen grenzflächenaktiv sein. Betrachten wir dies am Beispiel der Seife:

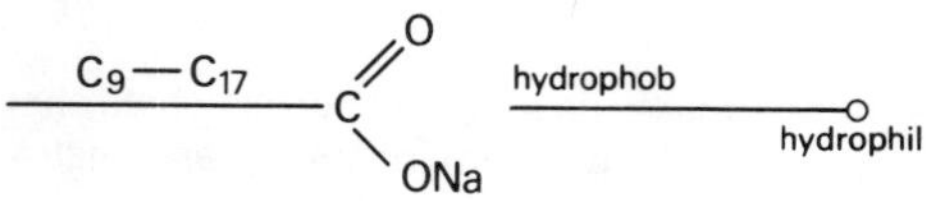

Der hydrophobe Teil besteht im allgemeinen aus einer Kohlenwasserstoffkette; als wasserfreundlicher Teil dient in der Seife die $-COONa$-Gruppe, in den synthetischen Waschmitteln die Gruppen wie $-OSO_3Na$, $-SO_3Na$. Die entsprechenden Stoffe bezeichnet man als Fettalkoholsulfate = Alkylsulfate ($R-O-SO_3Na$), Alkansulfonate ($R-SO_3Na$), Fettsäurekondensationsprodukte *(Hostapon)* und Alkylbenzolsulfonate.

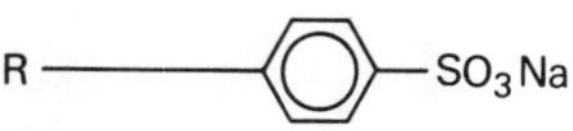

Letztere müssen aufgrund des Detergentiengesetzes seit Oktober 1964 biologisch abbaubar sein. Alkylbenzolsulfonate mit geradkettigem Alkylrest erfüllen diese Forderung (*Marlone*, Hüls, R = C_{12} bis C_{14}).
Beispiel für ein Aniontensid und seine Synthese. Das älteste Feinwaschmittel *Fewa* (Henkel) enthielt insbesondere Natriumlaurylsulfat ($C_{11}H_{13}CH_2OSO_3Na$). Man bekommt diesen Stoff, wenn man den entsprechenden Fettalkohol mit konzentrierter Schwefelsäure behandelt (Gleichung: $C_{11}H_{23}CH_2OH + H_2SO_4 \rightarrow C_{11}H_{23}CH_2OSO_3H + H_2O$) und das H der SO_3H-Gruppe durch Na ersetzt. *Fewa* war, chemisch gesprochen, ein neutralisierter Fettalkoholschwefelsäureester, ein Fettalkoholsulfat von der Formel $RO \cdot SO_3Na$, wobei R einen Alkoholrest bezeichnen soll. Heute enthält *Fewa* neben Fettalkoholsulfat noch Alkylbenzolsulfonat, anionische Tenside sowie Kolloidstoffe und Elektrolyte.

Versuche: Darstellung eines Natriumalkylsulfats. Bringe in ein Prüfglas eine kleine Menge von einem langkettigen Alkohol ($C_{12}H_{25}OH$), in ein zweites Prüfglas ½ ml konzentrierte Schwefelsäure, in ein drittes 3 cm^3 10 %ige Natronlauge und erwärme die 3 Prüfgläser in heißem Wasser! Wenn der feste Alkohol (Alkanol) geschmolzen ist, gibt man vorsichtig 3 Tropfen der erwärmten Säure hinzu, schüttelt und läßt das Reaktionsgemisch noch 10 Minuten im Wasserbad. Dann wird neutralisiert durch 10 %ige NaOH, die man tropfenweise zugibt. Indikator Phenolphthalein. Bei schwacher Rosafärbung spülen wir alles in ein großes Prüfglas, dann fügt man Wasser dazu und schüttelt. Die hohe Schaumschicht ist ein Zeichen für entstandenes Natriumalkylsulfat.

Neben den oben genannten Verbindungen auf Anionbasis können auch Tenside hergestellt werden, deren Wirksamkeit auf *Kationen* oder auf *neutrale* Stoffe zurückzuführen ist *(Kationtenside, Niotenside)*. In den Waschmitteln sind aber die anionaktiven Tenside weitaus am wichtigsten. Nichtionogene Waschrohstoffe sind Fettalkohol-polyglykolether, $R-O\ (CH_2{\cdot}CH_2O)_nH$ und Alkylphenol-polyglykolether (s. Formel), (*Marlipal* und *Marlophen*, Hüls) und Fettsäurealkylolamide, $R-CO-NH-CH_2-CH_2OH$ (*Marlam*, Hüls).

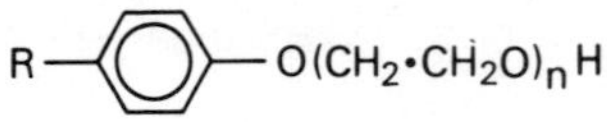

Bild 56 zeigt die Molekülmodelle der verschiedenen Tenside, die noch anschaulicher als die Formeln oben sind. Tenside bilden die wichtigste Gruppe aller Waschmittel-Inhaltsstoffe. Sie sind in allen Waschmittel-Typen enthalten.

1.2 Gerüststoffe (Builder). Weitere wichtige Bestandteile moderner Waschmittel sind die Gerüststoffe, die im Amerikanischen als *Builder* bezeichnet werden. Neben vielen Aufgaben müssen sie vor allem die Wasserhärte eliminieren. Bis zu 45 % beträgt der Anteil an Wasserenthärtern. Besonders wichtig ist das Pentanatrium-triphosphat. Es bildet mit den Calcium- und Magnesium-Ionen des harten Wassers lösliche Komplexe nach folgender Gleichung:

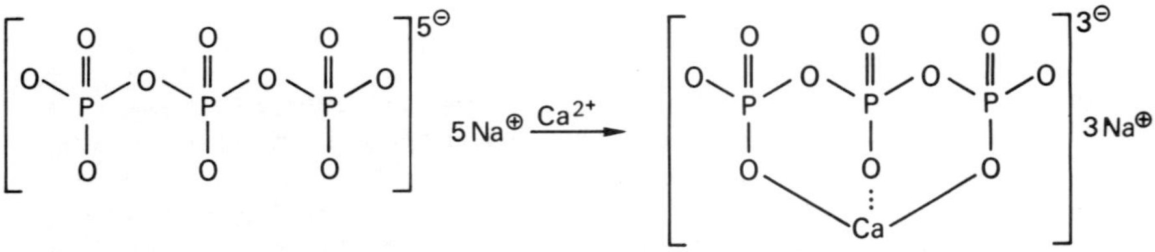

Bei richtiger Dosierung werden Kalkkrusten auf der Wäsche sowie Beläge auf Waschmaschinenteilen verhindert (Nachweis Phosphate s. S. 26 f.). In der Öffentlichkeit haben die Phosphate seit einiger Zeit Aufmerksamkeit erregt, weil sie in

Bild 56 Modelle von Seifenanionen. a Seifen, b Streichholzmodell, c Alkanolsulfat (Fettalkoholsulfat), d Alkylbenzolsulfonat

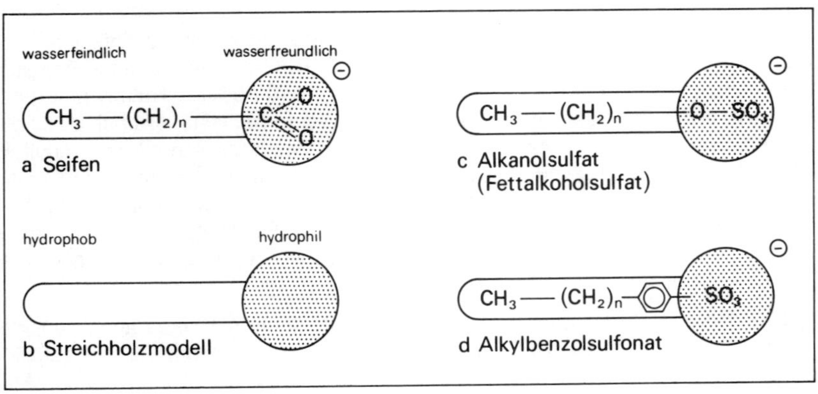

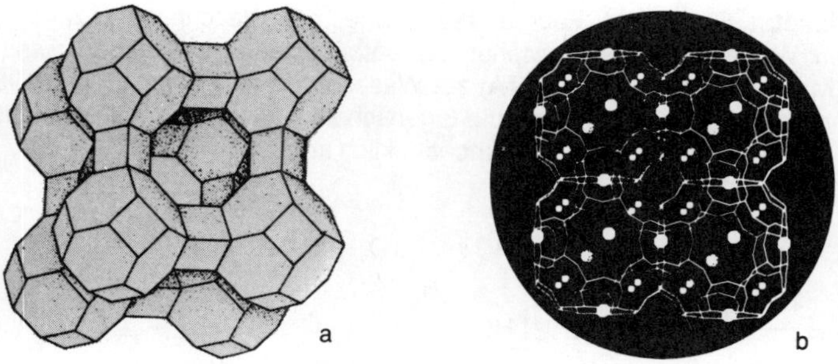

Bild 57 a Räumliches Modell von SASIL. Es handelt sich um ein Natrium-aluminium-silikat vom Zeolith-A-Typ. Das Gitter des Zeoliths umschließt Hohlräume und Kanäle, in denen sich ein- und zweiwertige Kationen bewegen können. SASIL ersetzt in Waschpulvern, z. B. Persil (Henkel), einen Teil der Phosphate. b Struktur eines Zeolithen als Computergrafik, die auch einen fast räumlichen Eindruck vermittelt (nach J. E. Thomas, Ang. Ch. 9/1984)

stehenden und langsam fließenden Gewässern zu verstärktem Algenwachstum *(Eutrophierung)* beitragen können (s. S. 254). Man suchte und sucht daher intensiv nach Phosphatersatzstoffen für Waschmittel, die deren Vorteile besitzen, aber keine Gewässereutrophierung verursachen. Als besonders brauchbare Phosphataustauschstoffe erwiesen sich Natrium-Aluminium-Silicate und Nitrilotriacetat (NTA).
Sasil (*Bild 57*) ist der Handelsname für Natrium-Aluminium-Silicat (Zeolith 4A), das heute in einigen Waschpulvern die Phosphate ersetzt. Die Natrium-Aluminium-Silicate bestehen aus wasserunlöslichen Makromolekülen und wirken als Ionenaustauscher. Die Calcium-Ionen des Wassers dringen in die Poren der Silicate ein, ersetzen dort die Natrium-Ionen und werden so der Waschlauge entzogen. Ca^{2+}-Bindung durch Ionenaustausch (Zeolith 4A):

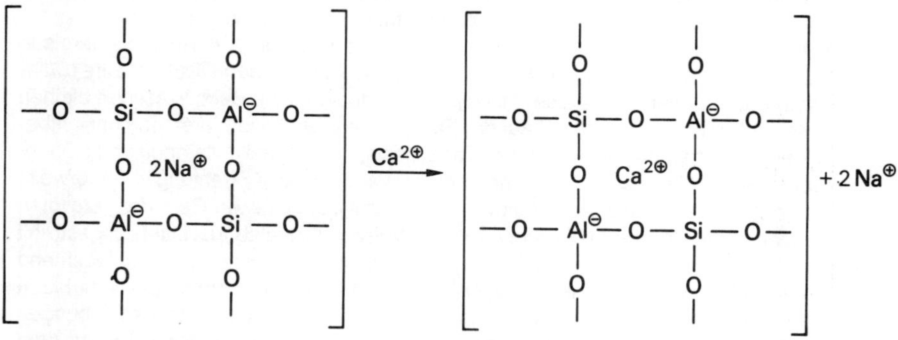

Silicate sind biologisch unbedenklich. (Schon vor 5 Jahren wurde in der 24. Auflage dieses Buches berichtet, daß Großversuche in Stuttgart mit Sasil erfolgreich verlaufen sind.)

Nitrilotriacetat. Seit dem 1. Februar 1984 gibt es das Waschmittel *Dixan* (Henkel) ohne den Wasserenthärter Phosphat. Es enthält stattdessen neben *Sasil* noch geringe Mengen Nitrilotriacetat (NTA) zur Wasserenthärtung. Nach test 6/1984 hat dieses phosphatfreie Waschmittel gute Eigenschaften. Allerdings soll Nitrilotriacetat für die Trinkwassergewinnung nicht unbedenklich sein.

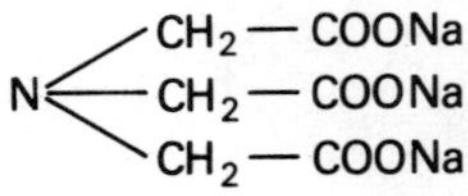

NTA

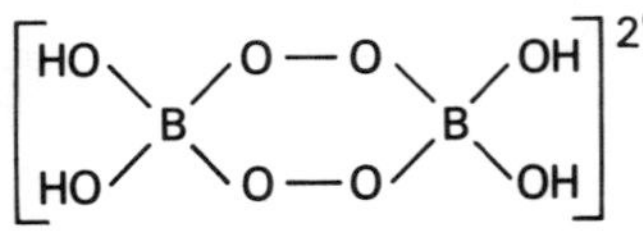

Peroxoborat

1.3 Bleichmittel. Farbstoff-Flecke lassen sich durch Tenside allein kaum entfernen. Deshalb enthalten viele Waschmittel bis zu etwa 25 % Oxidationsmittel, die meist in kristallinem Zustand als Natriumperoxoborat vorliegen. Bei Temperaturen oberhalb 50 °C spaltet es Sauerstoff ab und bleicht die Wäsche. Einige Waschmittel enthalten Aktivatoren, so daß der Sauerstoff schon unterhalb von 50 °C in ausreichendem Maße abgegeben wird. Ein wichtiger Bleichaktivator ist das Tetraacetyl-ethylendiamin (TAED).

1.4 Hilfsstoffe. Während Tenside, Builder und Bleichmittel mengenmäßig die Hauptbestandteile moderner Waschmittel darstellen, werden die Hilfsstoffe entsprechend ihrer jeweiligen spezifischen Wirkung nur in geringen Mengen zugesetzt. Dennoch sind sie aus den heutigen Waschmittelrezepten nicht mehr wegzudenken.

Enzyme. Eigelb, Kakao- und Blutflecken werden beim normalen Waschgang kaum entfernt. Deshalb enthalten viele *bioaktive* Waschmittel Enzyme. Sie sind nur bei Temperaturen bis 60 °C wirksam, da sie bei höherer Temperatur zerstört werden (Versuche s. S. 273).

Schaumregulatoren. Waschmittel für Trommelwaschmaschinen dürfen nicht zu stark schäumen. Der Schaum behindert die mechanische Bewegung der Wäsche. Durch Überschäumen kann ein Teil der waschaktiven Substanz verloren gehen. Deshalb enthalten Waschmittel in geringem Maße Seifen. Sie bilden mit den Calcium-Ionen des Wassers Kalkseifen, die für gebremsten Schaum sorgen.

Aufheller erhöhen den Weißgrad der Wäsche. Es sind komplizierte, meist farblose organische Verbindungen, wie z. B. Derivate der Diaminostilben-Disulfonsäure (*Blankophore* von Bayer, Leverkusen: *Ultraphor, Tinopale* usw.). Beim Waschen bleiben diese Stoffe wie Farbstoffe gut auf der Faser haften. Sie absorbieren den unsichtbaren, ultravioletten Strahlenanteil des Tageslichts, von Tageslichtlampen und Höhensonnenlampen (etwa 300 bis 400 nm) und verwandeln diese Strahlung in längerwelliges, sichtbares, blaues Licht, das zusammen mit dem blassen Gelb der vergilbten Wäsche gerade Weiß gibt. Es wird auf diese Weise mehr sichtbares Licht ausgestrahlt als eingestrahlt, daher erscheint die Wäsche ungewöhnlich hell und leuchtend *(Suwaweiß, das strahlendste Weiß meines Lebens)*. Bei bestimmten pastellfarbigen Textilien kann die Anwendung von Aufhellern zu unerwünschten Farbverschiebungen führen. Deshalb sind für diese Textilien auch aufhellerfreie Waschmittel auf dem Markt.

Zu den Hilfsstoffen zählen noch **Duftstoffe, Vergrauungsinhibitoren** und **Korrosionsinhibitoren.**

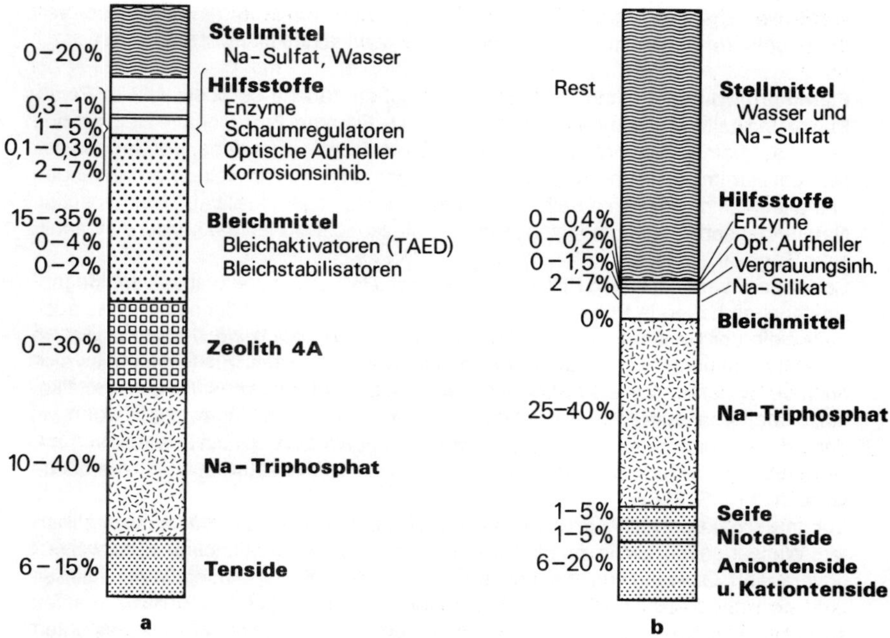

Bild 58 Zusammensetzung von Waschmitteln. a Rahmenrezeptur von Universalwaschmitteln. Zu den Hilfsstoffen gehören noch Vergrauungsinhibitoren (0,2 bis 2 %), Duftstoffe und Farbstoffe (nach A. Löhr und G. Jakobi in Ullmanns, Band 24, S. 110). b Rahmenrezeptur von Spezialwaschmitteln (Fein- und Buntwaschmittel) (nach A. Löhr und G. Jakobi in Ullmanns, Band 24, S. 110)

2. Waschmittel für den Haushalt

Die bei uns auf dem Markt befindlichen Waschmittel werden nach anwendungstechnischen Gesichtspunkten in folgende Gruppen eingeteilt:

2.1 Universalwaschmittel
2.2 Spezialwaschmittel
2.3 Waschhilfsmittel
2.4 Nachbehandlungsmittel

2.1 Universalwaschmittel sind für alle Waschverfahren und Waschtemperaturen geeignet. Sie wurden früher hauptsächlich für die Kochwäsche bis 95 °C verwendet. Infolge besonders leistungsfähiger Tensid-Kombinationen und Enzymen konnten die waschtechnischen Eigenschaften der Universalwaschmittel jetzt auch im Temperaturbereich von 30 bis 60 °C deutlich verbessert werden. Man fragt sich: Muß die weiße Wäsche unbedingt bei 95 °C mit Vor- und Hauptwaschgang behandelt werden? Für die Energiebilanz ist es nicht gleichgültig wie heiß die 18 Millionen Waschmaschinen der Bundesrepublik eingeschaltet werden! Wenn man bei 60 °C wäscht, spart man Energie. Nach test 4/1983 beträgt die Energieersparnis etwa 40 bis 50 %.

Einige Markenerzeugnisse: *Persil, Fakt, Dixan* (Henkel, Düsseldorf); *Dash, Ariel* (Procter u. Gamble, Schwalbach/Taunus); *Sunil, Omo, Super Luzil* (Lever Sunlicht, Hamburg); *Dalli, Almat* (Dalli, Stolberg); *Burmat* (Burnus, Darmstadt).

Durch die folgenden einfachen Untersuchungen bekommen wir einen Eindruck von der ungefähren Zusammensetzung der Universalwaschmittel (*Bild 58*).

Flammenfärbung. Erhitze ein Magnesiastäbchen, tauche es noch heiß in *Persil*-Pulver und halte es sodann in die nichtleuchtende Flamme! Eine lebhafte Gelbfärbung deutet auf Natrium hin. Freilich läßt sich nicht feststellen, von welcher Verbindung das Natrium stammt, da in den Waschmitteln eine ganze Reihe von Natriumverbindungen enthalten sein können: Seife, Natriumperborat, Natriumsilicat, Natriumsulfat, Natriumphosphat, Natriumpolyphosphate, Fettalkoholsulfonat und ähnliche synthetische Tenside.

Seifennachweis. In vielen Fällen (z. B. *Burmat, Dalli, Ariel*) verkohlt das am Magnesiastäbchen haftende Pulver; man sieht dann oft ein kleines Flämmchen, das auch außerhalb der Gasflamme kurze Zeit weiterbrennt und brenzlige Dämpfe abgibt. In diesem Fall könnte man in dem Waschmittel Seife vermuten. Freilich kann es sich auch um andere organische Produkte handeln, z. B. Alkylbenzolsulfonate, Fettalkoholsulfate, Alkansulfonate. Die Anwesenheit von Seife ist nachgewiesen, wenn bei der mit destilliertem Wasser hergestellten Waschpulverlösung nach Zusatz von 1 cm^3 verdünnter Salzsäure eine weiße flockige Masse von Fettsäure auf der Oberfläche schwimmt (s. S. 228).

Lackmusreaktion (pH-Wert). Ein sauberes Probierglas wird zur Hälfte mit destilliertem Wasser gefüllt. Ein in die Flüssigkeit gelegtes Stück rotes Lackmuspapier bleibt unverändert. Gibt man nun aber etwas Waschpulver (z. B. *Persil* oder *Omo*) hinein, so färbt sich das Papier nach dem Umschütteln blau, d. h. das Waschmittel reagiert alkalisch. Moderne Waschmittel haben je nach Verwendungszweck einen unterschiedlichen pH-Wert. Waschmittel für Wolle reagieren praktisch neutral.

Nachweis von Aniontensiden. Mit der Methylenblaumethode kann man im Waschpulver Aniontenside (Alkylbenzolsulfonat oder Seife) nachweisen. Man unterschichtet dazu die zu prüfende wässerige Lösung des Waschpulvers mit Chloroform, gibt eine Lösung von Methylenblau-Hydrochlorid in Wasser zu und schüttelt durch. Wenn ein Aniontensid vorliegt, so färbt sich das Chloroform blau. Das Methylenblau-Kation wird dabei gegen das Na-Kation des Tensids ausgetauscht. Es bildet sich dabei ein blauer Farbstoff, der in Wasser unlöslich, aber in Chloroform löslich ist.

Nachweis von Kationtensiden mit Bromphenolblau. Man spült das Gewebe mit einem Weichspüler, beispielsweise *Kuschelweich*, und legt es dann in eine 0,04 %ige alkoholisch-wässrige Bromphenolblaulösung. Nach 10 Minuten wird die Probe gründlich mit Leitungswasser gespült, bis der überschüssige Farbstoff entfernt ist. Anschließend wird hängend getrocknet. Die auf das Gewebe aufgezogenen Kationtenside können mit der Blaufärbung durch Bromphenolblau nachgewiesen werden.

Nichtionische Tenside (Niotenside). Als Nachweisreagenz für nichtionische Tenside verwendet man eine Lösung von Ammoniumrhodanid und Cobaltnitrat in Wasser. Dazu benützt man eine stark verdünnte Lösung des Tensids. Sind nichtionische Verbindungen vorhanden, entsteht ein himmelblauer Niederschlag, der sich auch im Überschuß nicht löst. Liegt nur ein Polyglykol vor, so erhält man eine rosa Lösung.

Phosphatnachweis. *Persil* und andere Waschmittel enthalten Komplexphosphate, deren Nachweis nicht immer so glatt gelingt wie der Nachweis gewöhnlicher Phosphate. Es empfiehlt sich, eine *Persil*probe von 0,1 g 2 Minuten in einem Gemisch aus 5 cm^3 Wasser und 5 cm^3 konzentrierter Salpetersäure zu kochen und nach der Abkühlung auf 50 °C 5 cm^3 Ammoniummolybdatlösung zuzugeben. Bei Anwesenheit von Hexameta- oder Metaphosphat fällt dann ein gelber Niederschlag aus – diese Phosphate werden beim Kochen mit Salpetersäure in gewöhnliche Orthophosphate verwandelt. Man verwendet in den Waschmitteln hauptsächlich folgendes Phosphat: Pentanatrium-triphosphat $Na_5P_3O_{10}$. Wir lösen eine etwa erbsengroße Menge *Persil*- oder *Ariel*pulver soweit als möglich in einem halben Probierglas voll destilliertem Wasser und gießen dann langsam, protionsweise einige cm^3 einer roten Lösung von Eisen(III)-thiocyanat (erhalten durch Zusammengießen verdünnter Lösungen von Eisen(III)-chlorid und Kaliumthiocyanat) dazu. Die rote Lösung wird anfangs glatt entfärbt. Bei weiteren Thiocyanatzugaben bleibt eine Gelbfärbung zurück. Der Versuch zeigt, daß *Persil* und *Ariel* das Eisen-Ion zu farblosen Komplexen bindet. Geringe Eisenspuren, die gewöhnlich im Leitungswasser enthalten sind und die Wäsche vergilben, werden so unschädlich gemacht.

Hinweis auf Sasil. (Henkel). Wir lösen eine Messerspitze *Persil* in 10 cm^3 destilliertem Wasser im Reagenzglas und filtrieren nach 10 Minuten ab. Die nicht gelöste Substanz, der Rückstand ist *Sasil*, ein Natrium-Aluminium-Silicat, das als Wasserenthärter eingesetzt ist.

Nachweis von Silicat. Wir benötigen dazu einen Platin- oder Bleitiegel mit Deckel, in dem sich ein Loch befindet. Eine Spatelspitze des *Sasil*-Rückstandes wird mit einem Viertel seines Gewichtes an Calciumfluorid gemischt und mit etwa 0,5 cm^3 konzentrierte Schwefelsäure zu einem dünnen Brei vermischt. Dann setzt man auf den Tiegel einen mit einem Loch versehenen Bleideckel und erwärmt auf dem Wasserbad. Dicht über das Loch hält man einen Glasstab, an dem ein Wassertropfen hängt. Wenn Silicat vorhanden ist, trübt sich nach kurzer Zeit die Oberfläche des Wassertropfens. Am besten ist dies zu sehen, wenn man vorher den Glasstab mit schwarzem Lack überzogen hat. Kein Experiment für Anfänger! Schutzbrille!

Der **Nachweis von Nitrilotriacetat** in *Dixan* ist mit einfachen Mitteln leider nicht durchführbar.

Nachweis von Bleichmitteln. Wir füllen ein Probierglas zur Hälfte mit destilliertem Wasser und lösen darin eine Messerspitze *Persil* auf. Nicht erwärmen, nur umschütteln! Zur Lösung gibt man so lange verdünnte Schwefelsäure, bis das Aufschäumen aufhört. Dann gießt man zu dieser Flüssigkeit eine dunkelviolette, sehr verdünnte Kaliumpermanganatlösung (2 kleine Kristalle auf 100 cm^3 Wasser genügen), der man vorher einige cm^3 verdünnte Schwefelsäure zugemischt hat. Wenn in dem Waschmittel Bleichstoffe enthalten sind, so wird die dunkelviolette Kaliumpermanganatlösung nach einigem Schütteln und Warten vollkommen entfärbt. Erklärung: *Persil* enthält als bleichenden Stoff Natriumperborat $NaBO_2 \cdot H_2O_2 \cdot 3H_2O$ bzw. Natriumperoxoborat. In wässriger Lösung spaltet dieses beim Erwärmen Wasserstoffperoxid H_2O_2 ab. Das H_2O_2 zerfällt allmählich in Wasser und Sauerstoff (Gleichung $H_2O_2 \rightarrow H_2O + O$). Der Sauerstoff ist im Augenblick seines Freiwerdens außerordentlich wirksam; beim Waschen tötet er Bakterien (Desinfektion), zerstört die Schmutzstoffe und beseitigt Gerüche. Das Kaliumpermanganat wird durch das Wasserstoffperoxid unter Sauerstoffentwicklung zu farblosen Verbindungen reduziert. Dies sieht man auch, wenn man zu der schwefelsäurehaltigen Kaliumpermanganatlösung etwas Wasserstoffperoxid gießt. Gleichung: $2\,KMnO_4 + 5\,H_2O_2 + 3H_2SO_4 \rightarrow K_2SO_4 + 2MnSO_4 + 5O_2 + 8H_2O$.

Peroxid- (Natriumperborat-, Natriumpercarbonat-) **Nachweis nach Kling:** Man rührt 0,2 g des trockenen Waschpulvers mit 5 cm^3 Wasser an, mischt 15 %ige Schwefelsäure bis zur sauren Reaktion dazu, gießt noch 3 cm^3 2 %ige Kaliumdichromatlösung ins Gefäß und schüttelt dann mit 5 cm^3 Ether aus. Wenn die Etherschicht sich blau färbt durch Bildung von Chromperoxid CrO_5, waren Perverbindungen anwesend. – Die Bleichwirkungen vieler amerikanischer Waschmittel beruht auf Chlor, genauer auf Natriumhypochlorit NaOCl.

Nachweis des Bors. Wir verrühren in einer kleinen Porzellanschale einen Teelöffel Borax mit wenig konzentrierter Schwefelsäure zu einem Teig und setzen dem Teig etwas Methanol zu. Das Methanol brennt beim Entzünden mit einer grüngesäumten Flamme. Wir wiederholen diesen Versuch, nehmen aber an Stelle von Borax *Sunil, Persil* oder *Omo*. Methanol brennt auch bei der Verwendung von diesen Waschpulvern mit einer grüngesäumten Flamme. Erklärung: Borsäure bildet mit Methanol flüchtigen Borsäuremethylester, der mit grüngesäumter Flamme brennt. Gleichung: $H_3BO_3 + 3CH_3OH \rightarrow B(OCH_3)_3 + 3H_2O$.

Nachweis der optischen Aufheller. Man kann die optischen Aufheller nachweisen, wenn man eine UV-Lampe besitzt. Bestrahlt man eine Waschpulver-Probe im Dunkeln mit einer solchen Lampe, so leuchtet die Probe hell auf. Auch gewaschene Wäschestücke, z. B. Herrenhemden, leuchten beim Bestrahlen mit einer UV-Lampe in einem bläulichen Weiß.

Vergrauungsinhibitoren. Von einem Waschmittel erwartet man, daß es beim Waschen den Schmutz von der Textilfaser ablöst. Der abgelöste Schmutz soll nicht wieder auf die Faser aufziehen. Dies wird durch besondere Vergrauungsinhibitoren erreicht. Solche sind Carboxymethycellulosen (Celluloseglykolat). Um diesen Stoff nachzuweisen, bedeckt man in einer Porzellanschale eine kleine Waschpulverprobe mit 1 Tropfen Schwefelsäure und gibt 1 Tropfen 0,1 N Iodlösung dazu. Eine auftretende blaue Farbe weist auf Celluloseprodukte hin.

2.2 Spezialwaschmittel. Bei bestimmten Textilarten, z. B. solchen aus Wolle oder Synthesefasern, bei empfindlichen Färbungen werden Spezialwaschmittel empfohlen. Man unterscheidet zwischen:

- Fein- und Buntwaschmitteln,
- Wollwaschmitteln,
- Gardinenwaschmitteln,
- Handwaschmitteln.

Von den vielen Markenartikeln nennen wir nur einige:
Fewa, Perwoll (Henkel), *Sanso, Rei* (Procter und Gamble), *Korall* (Lever Sunlicht), *Dalli*-Feinwäsche, *Evidur* (Dalli, Stolberg), *Burti, Cardi* (Burnus). Fein- oder Buntwaschmittel sind im allgemeinen frei von Natriumperborat und optischen Aufhellern. Ein häufig hergestelltes Feinwaschmittel, das wir auch zu den Spezialwaschmitteln rechnen dürfen, hat folgende Zusammensetzung: 5 bis 15 % Aniontenside, 1 bis 5 % Niotenside, 20 bis 40 % Polyphosphate, 2 % Celluloseglykolat, 2 % Wasser, Rest Natriumsulfat (*Bild 58b*).

Versuche mit Spezialwaschmitteln. Erhitze etwas *Fewa*pulver auf dem Porzellanscherben! Das Pulver verbrennt unter Rußabscheidung (organische Substanz!). Fülle ein Probierglas etwa zu drei Vierteln mit Leitungswasser und löse darin eine Messerspitze *Fewa* auf! Nach einigem Umschütteln und Erwärmen löst sich das

Pulver auch in kalkhaltigem Wasser (ja sogar in Kalkwasser oder einer 4 %igen Calciumchloridlösung) völlig klar auf! Die Lösung gibt beim Umschütteln sofort starken Schaum. Gibt man zur Lösung etwas Säure, so bleibt die Schaumbildung unverändert. Man sieht auch keine weiße, unlösliche Fettsäure über der Flüssigkeit schwimmen, wie es bei Seifenwasser der Fall wäre. Bei Seifenlösung entsteht außerdem in hartem Wasser unlösliche, schmierige Kalkseife (s. S. 277). Hierdurch wird die Waschwirkung stark vermindert, außerdem hört die reinigende Wirkung bei Säurezusatz auf. Fewamat hat gegenüber der Seife nicht nur den Vorteil der neutralen Reaktion, sondern auch der Kalk- und Säureunempfindlichkeit. *Fewa* wird daher mit besonderem Erfolg zum Waschen empfindlicher Gewebe (Seide, Wolle, Nylon, Mischgewebe) verwendet.

REI: Seifen- und alkalifreies Feinwaschmittel, weißes, wasserlösliches Pulver in gelben Packungen. (Procter u. Gamble, Schwalbach/Taunus).

Versuche: Löse eine etwa erbsengroße Menge *REI* in 5 bis 10 cm^3 destilliertem Wasser! Beim Erwärmen klare Auflösung. Reaktion mit Lackmus neutral. Bleichmittelnachweis negativ. Bei Säurezusatz keine wesentliche Änderung, also sodafrei. Reaktion mit Ammoniummolybdat (Phosphatnachweis) unsicher. Die klare *REI*-Lösung gibt beim Eingießen in die gleiche Menge hartes Leitungswasser, Kalkwasser oder Gipswasser keine oder nur unwesentliche Trübungen und schäumt beim Umschütteln sofort stark, also frei von Seife. Nach dem Ausglühen einer kleinen Probe kann im Rückstand die SO_4^{2-}-Gruppe nachgewiesen werden. *REI* ist eine Kombination verschiedener synthetischer, organischer Waschrohstoffe (z. B. von Fettalkoholsulfonaten, dodecylbenzolsaurem Natrium, Alkylbenzolpolyglykolether, Fettsäurekondensationsprodukten usw.); außerdem enthält es Hexametaphosphat. Für die Reise ist *REI in der Tube* (weiße, mit Wasser stark schäumende Paste) besonders geeignet.

Burti: In diesem Feinwaschmittel (Burnus GmbH, Darmstadt) sind Enzyme enthalten. Die Möglichkeit, zäh haftende Schmutzarten wie Eiweiß und Stärke durch enzymatischen Abbau löslich zu machen, geht auf eine Idee von Dr. Otto Röhm, Gründer der Burnus GmbH, zurück. Das damalige Einweichmittel *Burnus* enthielt aus der Pankreasdrüse von Schlachttieren gewonnene Enzyme. Seit Mitte der 60er Jahre setzte sich eine größere Verwendung von Bakterien-Enzymen in Waschmitteln durch.

Versuche mit Enzymen: Wir zerkleinern 3 Blatt (5 g) Speisegelatine (Eiweiß), übergießen diese mit 95 ml dest. Wasser und erwärmen auf 40 °C, bis „Lösung“ eintritt.

Gelatine-Verdauungsversuch zum Nachweis der Enzym-Wirkung. Man füllt in 2 Reagenzgläser je 10 cm^3 einer warmen Gelatinelösung und läßt durch Abkühlung in eiskaltem Wasser erstarren. Dann gibt man zu dem einen Glas A 0,2 g = 1 Messerspitze enzymhaltiges Waschmittel, z. B. *Burti* oder andere, zu dem anderen Glas B 0,2 g = eine Messerspitze Soda oder enzymfreies Waschmittel. Sodann erwärmt man in 40 °C warmem Wasserbad, bis die Gelatinelösungen wieder flüssig sind, schüttelt um und läßt stehen. Nach ca. 10 Minuten kühlt man beide Gläser erneut in eiskaltem Wasser ab. *Ergebnis:* Der Inhalt des Reagenzglases mit Enzymzusatz erstarrt nicht mehr, wogegen der des anderen Glases wie vorher erstarrt (Verdeutlichen durch Umstülpen des Reagenzglases).

Ablösen der Beschichtung von einem fotografischen Film. Man schneidet von einem belichteten Film (schwarz) 2 Stücke von ca. 4 bis 5 cm Länge ab und gibt sie in

je eine Schraubdeckelflasche (250 cm^3). Dann übergießt man beide Filme mit je ca. 100 cm^3 Wasser von 40 °C. Zu der einen Flasche A gibt man 0,4 g = 2 Messerspitzen enzymhaltiges Waschmittel, zu der anderen Flasche B 0,4 g = 2 Messerspitzen enzymfreies Waschmittel. Flaschen verschlossen mehrmals gut umschütteln. *Ergebnis:* Nach etwa 10 Minuten löst sich in der einen Flasche der Filmbelag allmählich ab und färbt die Lösung schwarz (Enzymwirkung). Der Inhalt der anderen Flasche bleibt auch nach Stunden unverändert.
Verreibe etwas festen Eidotter (enthält Eiweiß und Fett) auf einem Tuch und lege dieses in ein Probierglas A mit *Burti* lösung. Nach einigen Stunden ist das Tuch „von selbst" sauber geworden; das Wasser wird dagegen von aufgelöstem bzw. emulgiertem Eiweiß und Fett stark getrübt. Legen wir zur Kontrolle ein zweites, in gleicher Weise verunreinigtes Tuch im Probierglas B mit gewöhnlichem Wasser, so sammeln sich im Lauf von mehreren Stunden nur einige abgefallene Dotterstückchen am Boden an; das Wasser bleibt klar, und der Fleck verschwindet höchstens teilweise.

2.3 Waschhilfsmittel (zum Einweichen, Vorwaschen und zur Fleckvorbehandlung). In Haushalt und Gewerbe können Verschmutzungen auftreten, die mit einem Universalwaschmittel schwer entfernt werden können. Aus diesem Grund hat die chemische Industrie verschiedene Produkte zur Verbesserung des Waschvorgangs entwickelt.
Saptil (Henkel) kann als Waschaktivum bezeichnet werden. Durch sein gutes Fettlösevermögen beseitigt es hartnäckige Schmutzstoffe aus jeder Wäsche, besonders aus nicht kochfesten Teilen (Nylon, Perlon, Mischfasern). Das Produkt ist neutral eingestellt, aufhellerfrei und leicht parfümiert.
Henko (Henkel) ist ein Einweich- und Enthärtungsmittel; damit wird die Wäsche vorbehandelt in Bottichwaschmaschinen oder im Waschkessel. Es enthält neben Soda (Versuche s. o.) und Wasserglas auch synthetische, waschaktive Substanzen mit besonders hoher Netzwirkung. Nach längerem Einweichen in warmer *Henko*-Lauge erfolgt eine beträchtliche Vorreinigung der Wäsche.

Sodanachweis: In ein Schälchen gießen wir verdünnte Salz- oder Schwefelsäure über einige cm^3 *Henko*. Da viele Einweichmittel Soda enthalten, findet in der Regel ein Aufschäumen statt. Das entweichende Gas ist Kohlendioxid; es entsteht nach der Gleichung: $Na_2CO_3 + 2HCl \rightarrow 2\ NaCl + H_2O + CO_2$. Ein darübergehaltenes Streichholz erlischt, Kalkwasser wird getrübt (s. S. 26). Mit dem Siegeszug der synthetischen Waschmittel ist die Anwendung von Soda in diesem Bereich erheblich zurückgegangen.

Sil (Henkel), ein Bleich- und Spülmittel für die Wäsche, schäumt etwas und verkohlt in der Flamme. Kaliumpermanganat wird nach Zusatz von verdünnter Schwefelsäure entfärbt: Perverbindung! *Sil* dürfte aus organischen Perverbindungen, Waschalkalien, optischen Aufhellern sowie Bleichstabilisatoren bestehen. Diese verhindern eine zu schnelle Sauerstoffabspaltung in heißer Lösung. Anwendungsbereich: als Zusatz beim Wäschespülen, Entfernung von Flecken (Wein, Obst, Fruchtsaft) und zur Aufhellung vergilbter Wäsche.
2.4 Nachbehandlungsmittel. Nach der Schmutzentfernung im Waschprozeß werden die Textilien oft einer Nachbehandlung unterzogen. Durch die Beanspruchung in

der Waschmaschine fühlt sich das Gewebe oft hart an. Die Weichspüler geben solchen Textilien einen weichen Griff. Weichspülmittel wie *Silan, Fasa* (Henkel), *Lenor* (Procter und Gamble), *Dalli Weichspüler* (Dalliwerke) und *Kuschelweich* (Lever Sunlicht) enthalten als wesentliche Wirksubstanzen kationische Tenside auf der Basis quartärer Ammoniumverbindungen. Meist werden die Wäscheweichspülmittel dem letzten Spülbad zugesetzt. Sie verleihen den Textilien auch eine antistatische Ausrüstung. Die Synthesefasern kleben und knistern nicht mehr.
Wird anstelle eines weichen Materials mehr Steife und Fülle gewünscht, so benützt man Wäschesteifen. Eine Nachbehandlung kann mit dem *Burnus Wäschestärke-spray* (Burnus GmbH) und dem Produkt *Perla* (Böhme, Düsseldorf) erfolgen. Das letztere kann als Appretierungsmittel für alle waschbaren Textilien, auch für Wolle, angewandt werden. Es besteht aus einem weitgehend abgebauten Stärkeprodukt.

Versuch: Wir weisen in *Perla* und Wäschestärkespray nach S. 182 mit Iodtinktur Stärke nach.

3. Waschvorgang

Nachdem wir die verschiedenen Inhaltsstoffe der Waschmittel und die Waschmittel-Typen kennengelernt haben, wollen wir als Zusammenfassung den Waschvorgang betrachten. Wasser allein genügt normalerweise nicht, um Schmutz zu entfernen. Man benötigt Seife oder ein anderes Waschmittel. Reines Wasser dringt nur schwer in die Poren der Textilien ein. Die Wasseroberfläche verhält sich wie eine dünne gespannte Haut, da Wasser eine große Oberflächenspannung hat. Hinzu kommt, daß fetthaltige Verschmutzungen Wasser abstoßen. Der Schmutz wird nicht benetzt.
Die Wirkung des Waschmittels beruht auf dem besonderen Bau des kleinsten Teilchens (Seifenanion, Tensidanion). Wie die Formel zeigt, besteht dieses aus zwei ganz verschiedenen Enden mit verschiedenen Eigenschaften. Das *Streichholzmodell (Bild 56, S. 266)* läßt auch die zwei Abschnitte erkennen: Einmal den *Kopf* und den langen Kohlenwasserstoff-Rest. Der erste ist wasserfreundlich (*hydrophil*), da er von Wassermolekülen angezogen wird. Der Kohlenwasserstoff-Rest hat ähnliche Eigenschaften wie Fettmoleküle. Er ist im Wasser unlöslich. Wir sprechen von einem wasserfeindlichen (*hydrophoben*) Abschnitt. An der Wasseroberfläche ordnen sich die Tenside so an, daß der hydrophile Teil dem Wasser zugewandt ist und der hydrophobe Teil aus der Flüssigkeitsoberfläche herausragt. Dadurch wird die Oberflächenspannung vermindert, und die Tensidlösung kann in die Poren des Gewebes eindringen.
Wie sich die Tensidteilchen beim Waschen verhalten, geht aus *Bild 59* hervor. Die

Bild 59 Waschvorgang

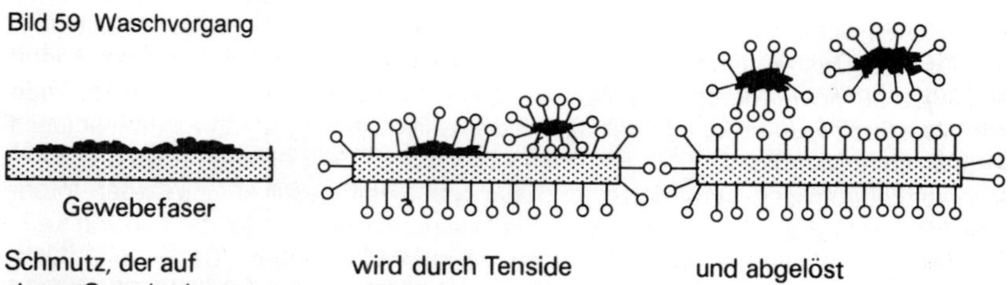

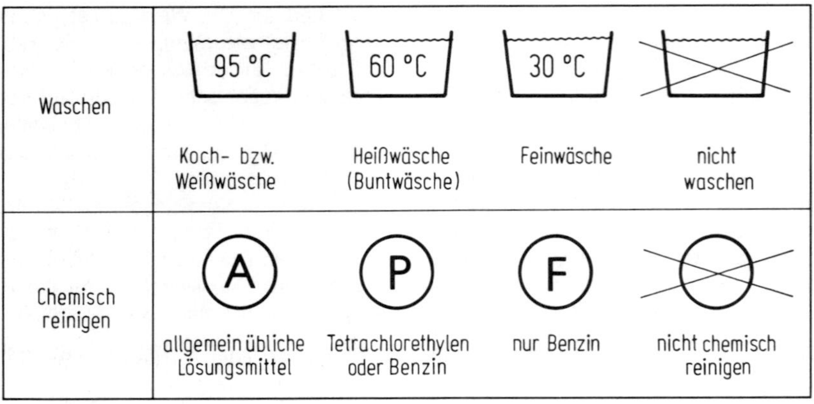

Bild 60 Pflegekennzeichen für Wäsche- und Kleidungsstücke

Oberfläche der Faser ist mit fettigem Schmutz bedeckt. An diesen lagern sich die wasserfeindlichen Enden der Teilchen an. Der Schmutz wird dann regelrecht von den Tensidteilchen umhüllt und in der Waschlösung verteilt. An der Grenzfläche zwischen Wasser und Fett bilden die Tensidteilchen gleichsam ein *Bindeglied* zwischen den Wassermolekülen und den wasserfeindlichen Fettmolekülen.
Die Teilchen umgeben den Schmutz von allen Seiten und zerteilen oder dispergieren ihn. Durch die Bewegung des Wassers beim Waschen wird der Schmutz aus dem Gewebe herausgespült. (In der Waschlauge sind die Schmutzteilchen von einer Hülle von negativ geladenen Tensidteilchen umgeben und können deshalb nicht erneut zusammentreten. Es entsteht eine Emulsion, bei der die Schmutzteilchen zunächst in der Schwebe gehalten werden.)
Pflegekennzeichen in Wäsche- und Kleidungsstücken geben Auskunft, was beim Waschen beachtet werden muß (*Bild 60*).

Wasser (Aqua purificata)

Chemisch reines Wasser ist aus Wasserstoff und Sauerstoff zusammengesetzt; es hat die chemische Formel H_2O. Das europäische Arzneibuch EU AB kennt nicht mehr das Kapitel „Destilliertes Wasser“. Es verwendet den international gültigen Begriff des *Aqua purificata* (gereinigtes Wasser). Die Destillation stellt die älteste Methode zur Wasserreinigung dar, ist aber gegen die Vollentsalzung durch Ionenaustausch wesentlich aufwendiger.
Man spricht vom demineralisierten und auch noch vom destillierten Wasser. In der Natur ist das Wasser fast nie rein. Es enthält vielmehr wechselnde Mengen von Kalk, Gips, Magnesiumverbindungen, Kochsalz, Eisenverbindungen, Sauerstoff, Stickstoff, Kohlensäure, organische Verbindungen usw. aufgelöst. Dazu kommen vielfach

noch größere Verunreinigungen, wie Schlammteilchen, Bakterien u. a. Am reinsten ist noch Regen- und Schneewasser, aber auch dieses enthält Luft gelöst.

1. Leitungswasser

Welche Stoffe darin gelöst sind, zeigen folgende Versuche:

Versuche: Bringe auf eine Glasplatte etwas Leitungswasser und daneben ungefähr die gleiche Menge destilliertes Wasser. Nach vorsichtigem Erwärmen verdunstet das destillierte Wasser ohne Rückstand, während beim anderen eine weiße Kalkkruste übrig bleibt, die mit einem Salzsäuretropfen deutlich aufschäumt. Fülle ein Probierglas mit Leitungswasser, gib etwas Salzsäure sowie Bariumchloridlösung dazu und erwärme. Eine weiße Trübung zeigt die SO_4^{2-}-Gruppe(Gips!) an (s. S. 25). Mit Silbernitratlösung und etwas Salpetersäure gibt Leitungswasser allmählich eine milchige Trübung; Nachweis von chemisch gebundenem Cl (Kochsalz) (s. S. 23).

Die für die Praxis wichtigsten, im Leitungswasser gelösten Stoffe sind: Calciumhydrogencarbonat $CaH_2(CO_3)_2$, auch $CaCO_3 \cdot H_2CO_3$ oder $Ca(HCO_3)_2$ geschrieben, Magnesiumhydrogencarbonat $MgH_2(CO_3)_2$ und Gips $CaSO_4$. 1 l Wasser kann bis zu 0,9 g Calciumhydrogencarbonat, 2 g Magnesiumhydrogencarbonat und 2,5 g Gips auflösen. Der einfache Kalk $CaCO_3$ ist in Wasser etwa 70mal weniger löslich als der doppeltkohlensaure Kalk. Der Gesamtgehalt an Calciumhydrogencarbonat, Magnesiumhydrogencarbonat und Gips wird auch als *Härte des Wassers* bezeichnet. Diese richtet sich nach dem Gesteinsgrund, den das Wasser durchfließt. In Kalkgebieten ist die Härte höher als in Granit- oder Sandsteingebieten. Auch im Lauf des Jahres kann die Härte sich ändern. Sie erreicht nach längerer Trockenheit im Hochsommer höhere Werte (das Wasser fließt dann oft ganz trüb aus der Leitung), während sie im regnerischen Frühjahr und Herbst abnimmt.

2. Härtebereiche

Eine schnelle Bestimmung der Wasserhärte ermöglicht die *Durognost-Packung* (Phywe, Göttingen). Man füllt hier ein Probierglas bis zur geritzten Marke mit dem zu prüfenden Wasser, färbt dieses durch den beigegebenen Indikator rot und zählt so lange *Durognost-Tabletten* ins Probierglas, bis die Farbe nach Grün umschlägt. Die Zahl der hierbei verbrauchten Tabletten gibt direkt die Zahl der Härtegrade an. Genauigkeit ca. ½ Härtegrad.
Seit 1979 wird die Wasserhärte nicht mehr in deutschen Härtegraden (°d), sondern in der internationalen Einheit Millimol Calcium- und Magnesium-Ionen je Liter (mmol/l) gemessen.
Tab. 11 gibt eine Übersicht über die vier Härtebereiche.

3. Entkalkungsverfahren

Wird hartes Wasser zur Kesselspeisung verwendet, so schlägt sich allmählich an den Wänden eine harte Kalkkruste nieder, die dem Metall schadet. Dieser *Kesselstein* ist ein schlechter Wärmeleiter. Springt er an einer Stelle ab, so kommt das weniger heiße Kesselwasser in Berührung mit der stark erhitzten Kesselwand. Es verdampft dort sehr rasch und ruft nicht selten gefährliche Kesselexplosionen hervor. Man benützt deshalb zur Kesselspeisung mit Vorliebe weiches Wasser und scheut in größeren Betrieben auch nicht die Ausgaben für besondere Wasserenthärtungsanlagen. Im

Tab. 11: Härtebereiche des Wassers

Härte-bereich	Wasser-härte		Beispiele
1	weich	entspricht bis 1,3 mmol/l Gesamthärte (bisher bis 7 °d)	Freiburg i. Br.
2	mittel	entspricht 1,3 bis 2,5 mmol/l Gesamthärte (bisher 7 bis 14 °d)	Bodensee
3	hart	entspricht 2,5 bis 3,8 mmol/l Gesamthärte (bisher 14 bis 21 °d)	München
4	sehr hart	entspricht über 3,8 mmol/l Gesamthärte (bisher über 21 °d)	Würzburg

Handel sind eine Reihe von meist soda- und phosphathaltigen Kesselsteinmitteln erhältlich, die entweder das Wasser zum Teil enthärten, bevor es in den Kessel kommt, oder im Kessel den Kalk und Gips des Wassers als weiche Masse niederschlagen, so daß sich an den Wänden kein harter, schwer ablösbarer Kesselstein

Bild 61 Entsalzung von Wasser durch Kationenaustauscher und Anionenaustauscher (nach Pauling verändert)

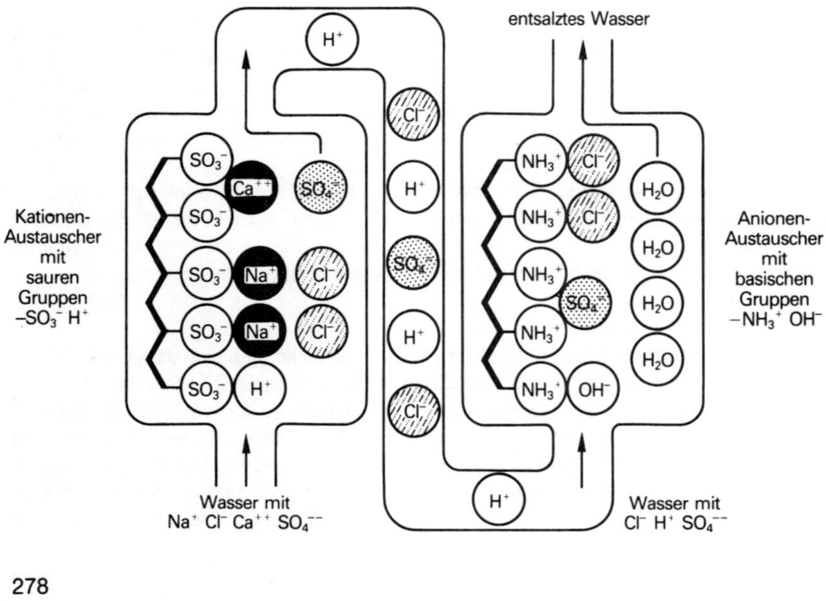

bildet. Ein sehr bewährtes Wasserenthärtungsmittel ist Trinatriumphosphat Na_3PO_4, das z. B. unter der Bezeichnung *Albert-Tri* (Biebrich) verwendet wird. Natriumphosphat verwandelt den gelösten Kalk und Gips in unlösliches Calciumphosphat. Das Salz *Calgon* (Benkiser, Ludwigshafen) hat sich bei der Entkalkung bewährt. Es ist eine Mischung aus mittel- bis hochmolekularen Polyphosphaten. Es gibt mit den wasserlöslichen Calcium- und Magnesiumsalzen des harten Wassers lösliche Komplexsalze, welche die angenehme Eigenschaft haben, mit Seife keine unlöslichen Kalkseifen mehr zu bilden. Deshalb schäumt hartes Leitungswasser, dem etwas *Calgon* beigemischt wurde, nach Zusatz von Seifenlösung sofort kräftig auf. *Calgon* bringt auch bereits ausgeschiedene Kalkseife wieder in Lösung und emulgiert Fette oder Öle aller Art ohne Anwendung von Seife. Eine blutrote Lösung von Eisenrhodanid (entsteht beim Zusammengießen verdünnter Lösungen von Eisen(III)-chlorid und Kaliumrhodanid) wird durch *Calgon*lösung entfärbt, da letztere mit dem Eisen Komplexverbindungen eingeht. Häufig wird die Wasserenthärtung auch mit Hilfe von Permutit ausgeführt.

In neuerer Zeit werden in steigendem Umfang Kunstharzionenaustauscher (*Lewatite* und *Wofatite* in Deutschland, *Amberlite, Dowex* u. dgl. in USA) zur Wasserenthärtung verwendet. Eine vollständige Entsalzung des Wassers ist durch aufeinanderfolgende Anwendung von Kationen- und Anionenaustauschern möglich (*Bild 61*). Ionenaustauscher sind Kunstharze aus einem riesigen organischen Netzwerk mit zahlreichen sauren ($-SO_3^- H^+$) und basischen ($-NH_3^+ OH^-$) Gruppen. Die chemischen Vorgänge können folgendermaßen formuliert werden:

$$\left.\begin{array}{l} R-SO_3H + Na^+ \rightleftharpoons R-SO_3Na + H^+ \\ R-NH_3OH + Cl^- \rightleftharpoons R-NH_3Cl + OH^- \end{array}\right\} H_2O$$

Der Austausch ist umkehrbar; erschöpfte Kationenaustauscher können mit Säure (H^+), Anionenaustauscher mit Lauge (OH^-) regeneriert werden (unterer Pfeil ←). Oft wird die Entsalzung des Wassers mit *Mischbettaustauschern* in einem einzigen Arbeitsgang durchgeführt. Ein weiteres Verfahren zur Gewinnung reinen, d. h. weitgehend entsalzten Wassers ist die *Umkehrosmose*. Geräte dazu liefert E. Aläuser, Ransbach-Baumbach. Die großtechnische Wasserenthärtung ist zu einem umfangreichen Wissenschaftszweig mit einer riesigen Spezialliteratur angewachsen.
Im Haushalt und in der Technik ist das harte Wasser nicht geschätzt. Kaffee und Tee büßen viel von ihrem Wohlgeschmack ein. Kocht man Hülsenfrüchte (Erbsen) mit hartem Wasser, so werden die Pektinstoffe in den Mittellamellen der Zellwände unter dem Einfluß des Kalks wasserunlöslich, und die Erbsen bleiben trotz längerem Kochen hart.

4. Was kann man im Haushalt gegen Kalk und Kalkablagerungen tun?

Bei Temperaturen bis zu etwa 60 °C kommt es kaum zu Kalkablagerungen.

- Bei zentraler Warmwasserbereitung im Haus ist es – nicht nur aus wirtschaftlichen Gründen – sinnvoll, nicht über 60 °C zu gehen. Auch Heißwasserboiler und Durchlauferhitzer kann man mit niedrigen Temperaturen betreiben.
- Bereits verkalkte Geräte läßt man mechanisch oder chemisch durch einen Installateur entkalken.

- Zugesetzte Löcher an Duschköpfen und verkalkte Kaffeemaschinen kann man mit käuflichem Entkalker selbst entkalken.
- Bei Waschmaschinen braucht man im durchschnittlichen Härtebereich und bei exakter Dosierung des Waschmittels (auf der Waschmittelpackung angegeben) Verkalkungen kaum zu befürchten. Geschirrspülmaschinen sind serienmäßig mit Ionenaustauschern ausgestattet.
- Beim Kauf eines Ionenaustauschers oder Dosiergerätes ist es sinnvoll, sich zuvor bei Wasserwerken und Installateuren zu erkundigen, ob überhaupt mit Verkalkungen zu rechnen ist. Die Installation darf nur ein Fachmann vornehmen. Dosiergeräte müssen das DVGW-Prüfzeichen tragen, das z. B. für die exakte Dosierung gilt.

Der **Brita-Wasserfilter** (Brita, Taunusstein) ist ein kleines Aufbereitungsgerät für Haushaltswasser. Es bewirkt durch die Entfernung der Carbonathärte eine Verminderung des Gesamtsalzgehaltes (Teilentsalzung). Damit werden bei Wässern, die zur Ausfällung von Kalk neigen, die nachteiligen Wirkungen beseitigt. (Eine Zunahme des oftmals als unerwünscht angesehenen Gehalts an Na-Ionen im Wasser findet durch das Filtern nicht statt, weil der Austauscher in der H-Ionenform vorliegt.) Ferner werden Chlorverbindungen und organische Geschmacksstoffe entfernt. Die echten Aromastoffe bei Speisen und Getränken kommen wieder voll zur Geltung. Wie wird das im Einzelnen erreicht? Die Filtermasse besteht aus einem speziellen *Lewatit*-Ionenaustauscher auf Kunstharzbasis (Bayer AG.) und einem lebensmittelrechtlich zugelassenen Anti-Bakterienwirkstoff. Beim *Brita-Filter* wird ein schwach saurer Kationenaustauscher in Lebensmittelqualität eingesetzt, der die Carbonathärte in Kohlendioxid überführt, das beim Kochen entweicht.
Reaktionsgleichung:

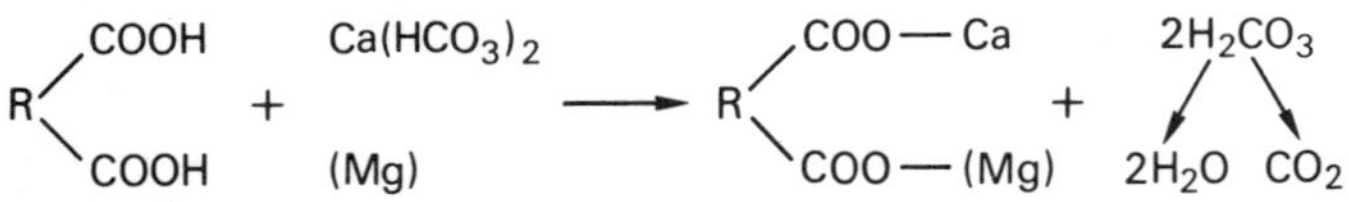

Zum Entkalken von Kaffeemaschinen nach ca. 40 mal Filtern ist der Schnellentkalker (G. Mangold, Böhmenkirch) mit Sulfaminsäure (Amidoschwefelsäure) H_2N-SO_2-OH zu empfehlen. Es sind feste Kristalle, die fast ungiftig sind.

5. Wasser und Waschen

Im Haushalt macht sich die Härte des Wassers hauptsächlich beim Waschen unangenehm bemerkbar, wie aus den folgenden Versuchen zu ersehen ist.

Versuche: Wir lösen in 100 cm^3 destilliertem Wasser (bzw. Regen- oder Schneewasser) 0,5 g fein zerteilte *Palmolivseife* auf; schütteln um, erwärmen! Darauf füllen wir ein Probierglas 6 cm hoch mit destilliertem Wasser und lassen dazu aus einer Bürette oder aus einem möglichst engen Meßzylinder 0,2 bis 0,3 cm^3 von unserer Seifenlösung fließen. Nun schließen wir das Probierglas mit dem Daumen und schütteln zehnmal kräftig um. Man sieht dann eine etwa 1 cm Schaumschicht über der Flüssigkeit.
Füllen wir ein zweites Probierglas 6 cm hoch mit gewöhnlichem Leitungswasser, so sieht man selbst nach Zugabe von 2 oder 3 cm^3 Seifenwasser und jedesmaligem zehnfachem Schütteln noch keinen Schaum, sondern nur eine milchigweiße Trübung

innerhalb der Flüssigkeit. Erst bei Zusatz von 5 bis 6 cm^3 Seifenwasser tritt nach zehn Schüttelbewegungen schließlich eine etwa 1 cm Schaumschicht auf. Da nur der Seifenschaum, nicht aber die milchige Trübung Reinigungswirkung besitzt, ist leicht einzusehen, daß beim Waschen mit hartem Wasser viel Seife vergeudet wird. Es verbinden sich in diesem Fall die ersten Seifenanteile mit dem Kalk und Gips zu unlöslicher, milchigweißer, nichtschäumender, nichtreinigender Kalkseife – und erst wenn aller Kalk und Gips in Kalkseife verwandelt ist, kann sich bei weiterem Seifenzusatz Schaum bilden.

Der nachteilige Einfluß des Kalks zeigt sich nicht nur beim Waschen von Geweben, sondern z. B. auch beim Waschen der Hände. Regenwasser gibt in jedem Fall schneller reinigenden Schaum als Leitungswasser. Wer sich in kalkreichen Gegenden wäscht, braucht sicherlich mehr Seife als in kalkarmen Granit- oder Buntsandsteingegenden. Bei gleicher Reinlichkeit der Bewohner dürften also die Seifenhandlungen in den letztgenannten Gegenden schlechtere Geschäfte machen. In den Vereinigten Staaten verbrauchte die Bevölkerung eines Gebietes mit hartem Wasser jährlich auf den Kopf 25 kg, in einem *Weichwassergebiet* dagegen nur 15 kg Seife. Aufs Ganze gesehen verursacht die Härte des Wassers einen gewaltigen Mehrverbrauch an Reinigungsmitteln. In jedem m^3 hartem Waschwasser gehen je nach dem Härtegrad 1 bis 5 kg Seife nutzlos verloren. Der von der Wasserhärte verursachte Seifenverlust wurde vor dem Siegeszug der härteunempfindlichen, synthetischen Waschmittel für ganz Deutschland im Jahr auf über 100 Millionen DM geschätzt. Dazu kommt noch, daß die Kalkseife weiße Stoffe allmählich unansehnlich macht. So beträgt z. B. die „Weiße" der Gewebe nach fünfzigmaligem Waschen in weichem, kalkfreiem Wasser noch 99 %, in hartem Wasser dagegen nur noch 60 %. Angesichts dieser Nachteile ist es begreiflich, daß man schon seit langem versuchte, dem zum Waschen verwendeten harten Leitungswasser die Härte ganz oder wenigstens teilweise zu entziehen. In welcher Art dies geschehen kann, mögen die folgenden Versuche zeigen.

Versuche: Wir füllen ein Probierglas 6 cm hoch mit Leitungswasser und kochen. Je nach der Härte des Wassers sieht man nach dem Abkühlen eine leichte Trübung; oft entsteht an der Oberfläche ein helles Häutchen. Statt der 6 cm^3 Seife vom vorigen Versuch brauchen wir jetzt nur noch 3 bis 4 cm^3, um nach 10 Schüttelbewegungen den gleichen Schaum hervorzurufen. *Erklärung:* Durch das Kochen wird ein Teil des löslichen Calciumhydrogencarbonats $CaH_2(CO_3)_2$ und des Magnesiumhydrogencarbonats $MgH_2(CO_3)_2$ unter Abgabe von Wasser und Kohlensäure in unlöslichen Kalk (bzw. Magnesiumcarbonat) verwandelt. Die unlöslichen Stoffe verbinden sich nicht mehr mit Seife. In ähnlichen Versuchen können wir nun die enthärtende, seifensparende Wirkung von *Henko* (s. Bleichsoda, Borax, Soda, *Calgon*, Pottasche, *Imi* usw.) feststellen. Um vergleichen zu können, ist nur zu beachten, daß wir gleich große Probiergläser wie im ersten Beispiel 6 cm hoch mit hartem Wasser füllen, dann gleiche, etwa erbsengroße Mengen Soda, Borax, *Calgon*, Pottasche oder *Imi* darin unter Umschütteln auflösen und zum Schluß so lange die Seifenlösung zufließen lassen, bis nach zehn Schüttelbewegungen eine etwa 1 cm hohe Schaumschicht entsteht. In jedem Fall brauchen wir zu diesem Schaum mehr Seifenlösung als beim destillierten und weniger als beim unbehandelten, harten Wasser.
Wie groß ist der Seifenverbrauch, wenn das harte Wasser zuerst gekocht und dann

mit Soda enthärtet wird? Wie groß ist der jeweilige Seifenverbrauch bei 1 %igen Lösungen von Calciumchlorid, Kalkwasser, Magnesiumchlorid, Eisensulfat usw.? (Jedesmal das Probierglas 6 cm hoch füllen und ermitteln, wieviel cm^3 Seifenlösung bis zur Bildung einer 1 cm hohen Schaumschicht benötigt werden.) Im Haushalt wird gelegentlich empfohlen, in das zu enthärtende Wasser ein Säckchen mit Eierschalen oder Marmorstückchen zu hängen. Dabei soll sich der Kalk und Gips des Wassers auf den Eierschalen niederschlagen. Prüfe nach der oben beschriebenen Methode, ob der Seifenverbrauch bei dem so behandelten Wasser geringer ist! Vergleiche Preis und Wirkung der verschiedenen Wasserenthärtungsmittel in einer Tabelle!

6. Desinfektion des Wassers

Neben der Enthärtung spielt auch die Desinfektion des Wassers eine wichtige Rolle. Im allgemeinen ist das Quell- und Grundwasser beim Weg durchs Gestein filtriert worden, so daß es meist annähernd bakterienfrei ist. Steht frisches Quellwasser nicht zur Verfügung, so muß häufig eine Filtration durch Sand, Kohle oder Kieselgur vorgenommen werden. Mit dem *Filtron-Gerät* (Fichtel und Sachs) soll man verdächtiges Trinkwasser auf Reisen keimfrei machen können. Die Stiftung Warentest rät in ihrem Heft 4/1979 vom Kauf ab. Die bakterientötende Wirkung des Chlors wird in Schwimmbädern ausgenützt. Man fand, daß schon 0,5 mg Chlor genügen, um in 1 l

Bild 62 Filopur-Gerät zur Entkeimung des Trinkwassers

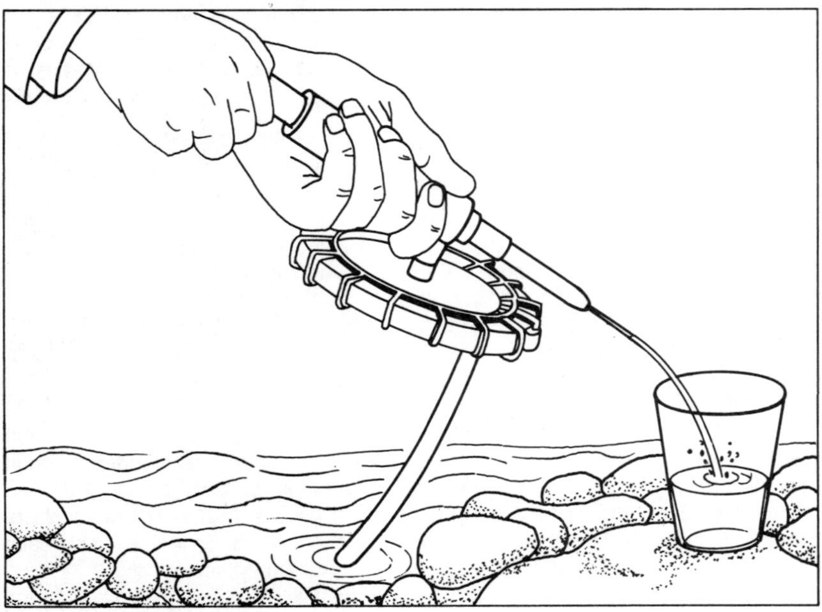

Wasser innerhalb von 10 Minuten Millionen von Bakterien zu vernichten. Der geringe Chlorzusatz schadet dem Menschen nicht, da Chlor bald in Salzsäure übergeht und diese mit dem Kalk des Wassers harmlose Salze bildet. Auch bakterienverdächtiges Trinkwasser wird vielfach mit Chlor desinfiziert. Den Chlorgeschmack kann man mit Aktivkohle oder *Dechlorit* (Börner und Co. GmbH, Düsseldorf) beseitigen. Außerdem eignet sich auch Ozon zur Trinkwasserdesinfektion.
Mit dem *Filopur-Verfahren* wird das Wasser gefiltert und verbessert. Das Gerät verringert in hohem Maße schädliche Bakterien und andere Mikroorganismen sowie organische und anorganische Substanzen. Partikel und Flocken, wie z. B. Rost, bis zu einer „Größe" unter 0,001 mm, werden von dem *Filopur-Gerät* zurückgehalten. Mit dem *Filopur-Touristgerät* läßt sich See- und Flußwasser trinkbar machen (*Bild 62*). Das Gerät besteht aus folgenden Teilen: Filtereinsatz, Stützring, Vakuum-Handpumpe mit Auslaufspitze, Schlauch mit Vorfilter und Tragesack. Mit *Filopur* kann man das Wasser nicht entsalzen und nicht enthärten (Filopur GmbH, Stuttgart).
Die Verschmutzung des See- und Flußwassers hat in den letzten 30 Jahren beträchtlich zugenommen. Der Bau neuer Kläranlagen ist dringend erforderlicher. Die Reinhaltung der Gewässer ist zu einer der wichtigsten Aufgaben des Umweltschutzes geworden. Die Methoden dazu liefert die Chemie. Allerdings sind hohe finanzielle Aufwendungen zur Reinhaltung der Gewässer notwendig. Man schätzt, daß für die Jahre zwischen 1978 und 1990 ein Betrag von 16 Milliarden ausgegeben werden muß, um 90 % der Abwasser zu reinigen.

Wasserglas

Das in Drogerien und anderen Geschäften erhältliche Wasserglas ist eine wasserhelle, geruchlose, ölige Flüssigkeit. Erhitzt man eine abgewogene Probe davon in einer Porzellanschale, so verdampft viel Wasser (etwa 65 %), und es bleibt eine weiße Kruste zurück, die aus Natriumsilicat Na_2SiO_3 mit wechselnden Mengen von Siliciumdioxid-Hydraten besteht und die Flamme lebhaft gelb färbt (Natrium!). Die käufliche Wasserglaslösung reagiert alkalisch. Bleibt sie längere Zeit an der Luft stehen, so erstarrt sie allmählich zu einer glasigen Masse, weil die Kohlensäure der Luft Kieselsäure abscheidet und gleichzeitig Wasser verdunstet. Deshalb muß Wasserglas möglichst luftdicht abgeschlossen werden, solange man es aufbewahrt. Bei Zusatz von Salzsäure entsteht eine Abscheidung von Kieselsäure.
Verwendung: Im Haushalt zum Einmachen von Eiern, in der Malerei zu Wasserglasanstrichen und feuerhemmenden Holzüberzügen, in der Seifensiederei als Waschmittelzusatz, bei der Herstellung von Wasserglaskitten, zur Zubereitung von Glastinten, in der Industrie zur Erzeugung von Emailmassen, in der Bautechnik zur Herstellung wasserdichter Grundmauern usw.

Wasserstoffionenkonzentration (pH-Wert-Bestimmung)

Wenn wir einen Streifen blaues Lackmuspapier in saure Milch, Essig, Salzsäure, Eisensulfatlösung usw. tauchen, färbt er sich rot. Umgekehrt wird ein roter Lackmuspapierstreifen beim Eintauchen in Sodalösung, Ammoniak-Lösung, Kalkwasser oder

Natronlauge blau gefärbt. Saure Milch, Essig und Salzsäure rufen beim Lackmusfarbstoff jedesmal die gleiche Rotfärbung hervor, obwohl wir wissen, daß z. B. Salzsäure außerordentlich viel saurer und darum auch aggressiver ist als z. B. saure Milch oder Essig. Die sauren Eigenschaften (saurer Geschmack, Auflösung von Magnesium und anderen Metallen, zerstörende Wirkung auf lebendes Gewebe usw.) der Säuren und der sauren Salze werden bewirkt durch Wasserstoff-Ionen (H^+-Ionen). Diese H^+-Ionen haben sich an je ein Wassermolekül angelagert und bilden H_3O^+-Ionen, die ihrerseits von weiteren Wassermolekülen umhüllt sind. Man müßte eigentlich H_3O^+-Ionenkonzentration sagen. Allerdings wird im allgemeinen Sprachgebrauch der Techniker von H^+-Ionenkonzentration gesprochen. Sehr genaue Messungen zeigen, daß auch reines Wasser H_3O^+-Ionen und OH^--Ionen enthält: $H_2O + H_2O \rightarrow H_3O^+ + OH^-$.
Messungen ergaben, daß 1 l reines Wasser 1/10 000 000 g = 10^{-7} g Wasserstoff-Ionen enthält. Da auch die gleiche Menge Hydroxid-Ionen (OH^--Ionen) vorhanden ist, reagiert reines Wasser neutral. Nur Vereinfachung gibt man anstelle der Zahl 10^{-7} den pH-Wert als negativen Logarithmus der Wasserstoffionenkonzentration an. Wasser mit einem pH-Wert 7 ist neutral, unter 7 sauer und über 7 alkalisch. Auch Laugen enthalten neben vielen OH^--Ionen noch wenige H^+-Ionen, weniger als neutrale Flüssigkeiten. Die Zahl der H^+-Ionen ist um so geringer, je konzentrierter die Lauge ist; man kann daher auch die Laugen ganz einfach durch ihre H^+-Ionenzahl kennzeichnen. Nun finden viele chemische, biologische und technische Vorgänge nur bei ganz bestimmten Wasserstoffionenkonzentrationen statt. Es sei hier an die Eiweißverdauung, Färberei, Wäscherei, Konservierungsverfahren usw. erinnert. Hier handelt es sich meist um mittlere Konzentrationsbereiche, nicht etwa um 50 %ige Salzsäure oder um 40 %ige Natronlauge. Um diese mittleren Wasserstoffionenkonzentrationen leicht abstufen und messen zu können, haben verschiedene Firmen (Merck, Bayer, Riedel-de Haën usw.) **Universalindikatorpapiere** herausgebracht. Der *Mercksche Universalindikator* besteht z. B. aus kleinen Heftchen mit je 100 orangegelben Papierstreifen. Man bezeichnet die Messung der Wasserstoffionenkonzentration auch als pH-Messung; p ist der Anfangsbuchstabe für Potenzzahl, H ist das Zeichen für Wasserstoff. Die pH-Skala umfaßt im allgemeinen die Werte 0 bis 14 mit dazwischenliegenden Dezimalzahlen. In *Tab. 12* sind die pH-Werte einiger Flüssigkeiten und Nahrungsmittel angegeben.
Mit dem gewöhnlichen Merckschen Universalindikator kann man die pH-Werte 1 bis

Bild 63 pH-Skala und Farbtafel

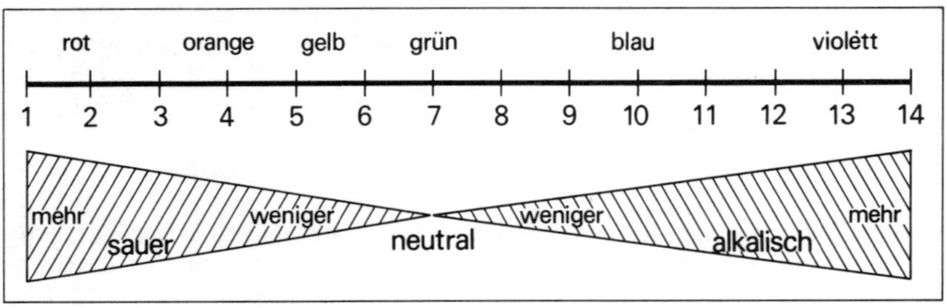

Tab. 12: pH-Werte einiger Flüssigkeiten und Nahrungsmittel

Stoff	pH	Stoff	pH
0,1 mol/l Salzsäure (0,365 %)	1,0	reines Wasser	7,0
Magensaft	0,9–1	Blutflüssigkeit	7,36
0,01 mol/l Salzsäure (0,036 %)	2,0	Darmsaft	8,3
Zitronensaft	2,3	Meerwasser	8,3
1 mol/l Essigsäure (6 %)	2,4	0,1 mol/l Na_2CO_3-Lösung	8,4
Speiseessig	3,1	Seifenlösung	10–11
Silofutter	3–4	Gesättigtes Kalkwasser	12,3
Saure Milch	4,4	0,1 mol/l Natronlauge (0,4 %)	13,0
Speichel	6,7	1 mol/l Natronlauge (4 %)	14,0

14 bestimmen. Wir verfahren bei einer solchen Messung folgendermaßen. Man taucht einen der orangegelben Streifen einige Sekunden in die zu prüfende Flüssigkeit, wartet nach dem Herausnehmen 15 bis 30 Sekunden und vergleicht dann die Färbung dieses Papiers mit der beigegebenen Farbtafel (*Bild 63*). Wenn man z. B. einen Streifen in gestandene Milch taucht, nimmt er eine Färbung an, die zwischen den pH-Farbtäfelchen 4 und 5 liegt; tatsächlich hat saure Milch den pH-Wert 4,4.
Prüfe die pH-Werte von Ammoniak-Lösung 1 %iger Kupfervitriollösung, Seifenwasser, Wein, Zitronensaft, Sodalösung, Süßmost, Mineralwasser, Essig, Boden (*Bild 64*), *Fewa*-Lösung und dergleichen mit dem Universalindikator! Gib zu verdünnter Natronlauge so lange Salzsäure, bis der pH-Wert 1 erreicht ist und beobachte die Farbumschläge an einem hineingelegten Universalindikatorpapier – öfters umschütteln! Tauche einen Universalindikatorstreifen in *Sidol* und lege ihn zur Beobachtung beiseite; er ist zunächst ganz dunkel (alkalisch), aber nach etwa 10 Minuten hat er infolge Ammoniakverdunstung wieder eine gelbe Farbe angenommen.
Von besonderer Genauigkeit sind pH-Messungen, die auf der elektrometrischen Messung mit der Wasserstoffelektrode, Chinhydronelektrode und Glaselektrode beruhen. Geräte liefern Phywe, Göttingen, Deutsche Methrom, Bernhausen, Robert Kind, Lichtenfels.

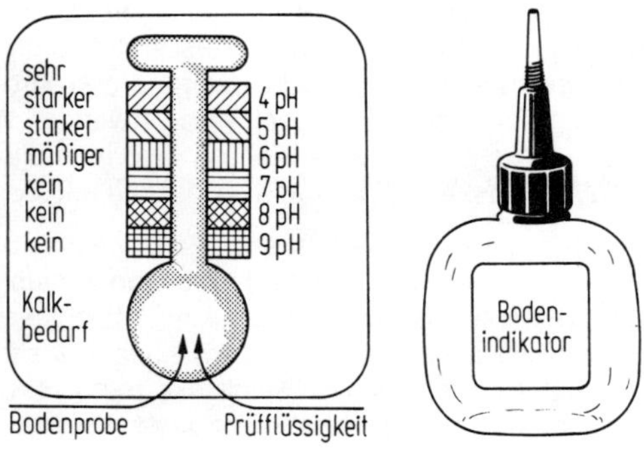

Bild 64 pH-Meter zur einfachen Bestimmung der Bodenreaktion. Zu einer kleinen Bodenprobe wird die Prüfflüssigkeit gegeben. Sie nimmt eine bestimmte Farbe an. An der Farbskala des Porzellan-pH-Meters wird der Säuregrad des Bodens abgelesen

Zusammenfassung: Die pH-Zahl 7 entspricht der neutralen Reaktion; kleinere Zahlen besagen, daß die Lösung sauer reagiert, höhere Zahlen, wie z. B. 9, bedeuten alkalische Reaktion.

Wasserstoffperoxid

Das chemisch reine Wasserstoffperoxid H_2O_2 ist eine ganz schwach blau gefärbte, sehr zähe Flüssigkeit, die nur mit großer Mühe dargestellt werden kann. In sämtlichen Drogerien und Apotheken wird für Haushaltszwecke in der Regel eine Lösung verkauft, welche auf 100 Teile Wasser etwa 3 Teile Wasserstoffperoxid H_2O_2 enthält. In den folgenden Ausführungen beziehen wir uns immer auf diese verdünnte Lösung, die als Wasserstoffperoxid oder auch als Wasserstoffsuperoxid bezeichnet wird. Sie ist eine wasserklare, geruchlose, bitter schmeckende, schwach sauer reagierende, unbrennbare Flüssigkeit, die sich in ihrem Aussehen von Wasser nicht unterscheidet. Bei längerem Herumstehen zerfällt das Wasserstoffperoxid langsam in Wasser und Sauerstoff nach der Gleichung: $2H_2O_2 \rightarrow 2H_2O + O_2$. Der Zerfall geht bei Anwesenheit von Laugen rascher, bei Gegenwart von Säuren langsamer vonstatten als in neutralen Lösungen. Wasserstoffperoxid kann sich bei langem Aufbewahren vollständig zersetzen. Durch feingepulverte Stoffe (Braunsteinpulver, Metallpulver, Kohlepulver) wird der Zerfall stark beschleunigt. Vgl. folgenden **Versuch**!

In ein Becherglas gießen wir über eine Messerspitze Braunsteinpulver einige cm^3 Wasserstoffperoxid und bringen einen glimmenden Holzspan über die Gasblasen. Ein helles Aufleuchten zeigt Sauerstoff an.

Setzt man dem Wasserstoffperoxid kleine Mengen von *Stabilisatoren* (z. B. Phosphorsäure, Harnstoff, Barbitursäure, Benzoesäure, Salicylsäure, Nipakombin u. dgl.) zu, so wird der Zerfall stark verlangsamt. Ein gut stabilisiertes Wasserstoffperoxid verliert heute im Jahr bei normaler Aufbewahrung (Dunkelheit, 20 bis 25 °C) nur etwa 1 % seines Gehalts. Die geruchszerstörende bzw. desinfizierende Wirkung zeigt folgender **Versuch**:

In zwei Probiergläser gibt man je ein Stückchen rote Wurst; das erste wird mit Leitungswasser, das zweite mit Wasserstoffperoxid etwa bis zur Mitte aufgefüllt. Nach einigen Tagen riecht das erste Glas stark nach Fäulnis, das zweite nicht. Gießt man zum ersten Glas ebenfalls Wasserstoffperoxid, so verschwindet der üble Geruch nach dem Umschütteln allmählich – Wasserstoffperoxid zerstört üble Gerüche – es wirkt *desodorierend*, d. h. geruchzerstörend und wird aus diesem Grund auch bei der Heilung übelriechender Geschwüre verwendet. Wenn Kinder auf den Boden fallen und sich Schürfwunden zuziehen, kann man diese oft verschmutzten Wunden mit 3 %igen Wasserstoffperoxid auswaschen und desinfizieren.

Wasserstoffperoxid zerstört auch Farbstoffe, es bleicht. Aus diesem Grund sieht die Wurst im zweiten Probierglas des vorigen Versuchs nach einiger Zeit ganz weiß aus. Kochen wir einige Blaukrautblätter im Probierglas mit Wasserstoffperoxid, so werden sie schließlich entfärbt. Da Rotwein einen sehr ähnlichen Farbstoff wie das Blaukraut enthält, kann man auch Rotweinflecke, ferner Heidelbeerflecke usw. mit Wasserstoffperoxid entfernen. In *Farina-Zahnpaste, Kolynos-Zahnpaste* und manchen anderen

Zahnputzmitteln wird während der Anwendung Wasserstoffperoxid bzw. Sauerstoff frei. Daß Wasserstoffperoxid auch in vielen Bleichmitteln wichtige Dienste leistet, ist auf S. 271 näher ausgeführt. Es wird u. a. zum Bleichen von Horn, Schafwolle, Baumwolle, Leinen, Jute, Stroh, Holz, Papier, Ölen, Fetten, Wachsen, Seifen, Seide, Schwämmen, Elfenbein, Federn usw. verwendet. Kocht man abgeschnittene, dunkle Haare in Sodalösung (damit wird das Fett beseitigt) und legt sie dann in eine 10 %ige Wasserstoffperoxidlösung, so hellen sie sich auf. Dunkles Kopfhaar wird rotblond, wenn man es mit einer Mischung von 100 g Wasser, 15 g 10 %ige Wasserstoffperoxidlösung, 4 Tropfen 25 %ige Ammoniak-Lösung durchfeuchtet und nach 10 bis 20 Minuten mit reinem Wasser und zum Schluß mit Essigwasser nachspült. Der Ammoniakzusatz ist nötig, weil das Wasserstoffperoxid bei Anwesenheit von Basen rascher in Wasser und Sauerstoff zerfällt und aus diesem Grund auch schneller bleicht als gewöhnlich. Häufige Anwendung von Wasserstoffperoxid ist nachteilig; das Haar wird dadurch brüchig. Wasserstoffperoxid wird auch als Fixiermittel bei Kaltdauerwellen verwandt. Im 2. Weltkrieg wurde 85 %iges Wasserstoffperoxid zur Oxidation von Alkohol in Raketen eingesetzt.
Nachweis von Wasserstoffperoxid: Gibt man im Probierglas zu einigen cm^3 Kaliumdichromatlösung und etwas verdünnter Schwefelsäure Wasserstoffperoxid, so entsteht eine tiefblaue, bald in Grün umschlagende Farbe. Weise auf Grund dieser Reaktionen in *Kukident Schnellreiniger* Wasserstoffperoxid nach!

Wiederverwertung (Recycling)

Rückführung von wiederverwendbaren Abfallstoffen in die Produktion. Recycling soll zum einen knappe Rohstoffe ersetzen, zum anderen Energie einsparen helfen und die Abfallmenge verringern.

1. Recycling von Metallen. Nach einer Schätzung aus dem Jahre 1979 können die Metallvorkommen der Erde den steigenden Verbrauch nur noch Jahrzehnte decken, wenn sie allein die Grundlage der Metallgewinnung darstellen. Deshalb ist es ein wichtiges Problem der chemischen Technologie, den Kreislauf Rohstoff → Produkt → verbrauchtes Produkt → wiedergewonnener Rohstoff zu schließen. Wie beim Stahl spielt auch bei anderen Metallen der Einsatz von Schrott und Abfallmaterial eine erhebliche Rolle (Tab. 13). Beim Aluminium werden dabei sehr große Energiemengen

Tab. 13: Bedeutung des Recyclings für die Gewinnung von Nichteisenmetallen in der Bundesrepublik Deutschland

Metall	Produktion 1000 t	Schrottanteil %
Al	940	30
Cu	424	40
Pb	383	53
Zn	424	32

Quelle: Umweltbundesamt

eingespart. Flugstäube können ebenso wie Erze reduziert werden. Grundsätzlich sind die so erzeugten Metalle in Zusammensetzung und Eigenschaften den aus Erzen erzeugten Metallen gleichwertig.
Dem Recycling liegt eines der am längsten bekannten chemischen Gesetze zugrunde: das Gesetz von der Erhaltung der Masse.
2. Recycling von Nichtmetallen. In der BRD entstammen dem Recycling 28 % Glas, 45 % Papier, 45 % Reifen. Zentrale Probleme des Recyclings waren in der 2. Hälfte der 80er Jahre das große Angebot an Altstoffen, deren Preise deshalb fallen, und die sinkenden Preise für neue Rohstoffe. Kunststoffe bilden etwa 7 % des Abfalls. Ihre stoffliche Verwertung ist noch immer sehr schwierig, da sie aus unterschiedlichsten chemischen Stoffen bestehen, die die Verbraucher nicht unterscheiden und somit nicht sortieren können. Zudem können sie vielfach nicht sauber an die Industrie zurückgegeben werden. Verstärkt erforscht wird das Recycling von Kunststoffen. Bei entsprechendem Aufwand führt dies nach Steiner zu neuzuverwendenden Rohstoffen, den Monomeren, oder zur Weiterverwendung in branchenfremden Wirtschaftszweigen. Eine besondere Art von Recycling ist die Spaltung der Kunststoffe beim Pyrolyse-Verfahren. Bei hohen Temperaturen werden chemische Bindungen gespalten und wertvolle Rohstoffe (Gas, Öl, Ruß) wiedergewonnen. Spezielle Sicherungsvorkehrungen sind natürlich bei der Wiederaufarbeitung von Kernbrennstoffen aus dem Betrieb von Reaktoren notwendig.

Folgende Hinweise sollten Sie beachten:
- Nutzen Sie die aufgestellten Container für Glas und Papier
- Kaufen Sie, wenn irgend möglich, nur Recyclingpapier
- Verwenden Sie Kunststoff-Folien und Plastikbeutel im Haushalt mehr als einmal
- Werfen Sie Batterien nicht in den Hausmüll. Erkundigen Sie sich, wohin damit.

Zahnpflegemittel

Zur Reinigung und Verschönerung der Zähne werden heute hauptsächlich Zahnpasten und Zahnpulver verwendet. Beide enthalten in der Regel ein Gemisch aus den folgenden Bestandteilen:
1. Ein feines, kornfreies Polier- und Schleifmittel (z. B. feinpulverisierter Kalk, gefällter Kalk , Schlämmkreide, Magnesiumcarbonat, Tricalciumphosphat, Dicalciumphosphat, Silicagel), welches die Zähne abscheuern und eventuell schädliche Säuren neutralisieren soll. Die letztgenannte Aufgabe ist sehr schwierig, da in die Ritzen der Zähne oft Bakterien eindringen, welche die hängenbleibenden Speisereste (hauptsächlich Zucker und Stärke) in Milchsäure verwandeln, die besonders das Zahnbein angreift.
2. Wasser, Sorbex, Karion, flüssig (enthält Sorbit), Glycerin oder ein anderes Glycerinaustauschmittel; diese Stoffe bilden zusammen mit den unter 1., 3. und 4. aufgezählten Bestandteilen eine beständige, nicht austrocknende Paste.
3. Stabilisierungsmittel. Diese machen die Paste beständig; sie binden das Wasser. Hierher gehören z. B. Tylose, Lanettewachs, Rohagit, Alginate, Pektine, Gummiarabikum, 0,1 bis 0,5 %ige Tragantlösung usw.
4. Gleitmittel (Ricinusöl, Paraffinöl u. dgl.) Diese geben der Paste größere Geschmeidigkeit, so daß sie sich leichter aus der Tube herauspressen läßt.

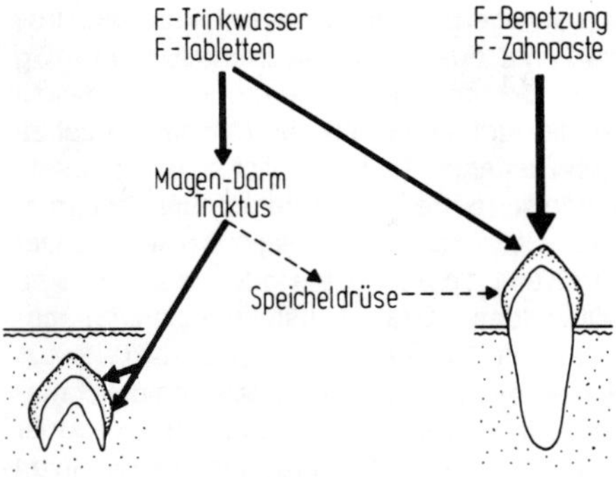

Bild 65 Wege der Fluor-Anreicherung des äußeren Schmelzens vor und nach dem Durchbruch des Zahnes bei Zufuhr von fluoridiertem Trinkwasser, Fluor-Tabletten oder bei Verwendung von Fluor-Benetzungen und Fluor-Zahnpasten (nach Mühlemann)

5. Stoffe, welche die Reinigungswirkung erhöhen, wie z. B. Seifen, oder 0,5 bis 2 % Fettalkoholsulfonate, Hostapon, Texapon, Natrium-Sulforicinoleate u. dgl.
6. Antiseptische Zusätze, wie z. B. Kamillenextrakt, Myrrhenextrakt, Salicylsäure (0,5 %), Salol (0,5 %), Chinosol (1 %), Chlorthymol (0,1 %), Thymol (0,5 %), Borsäure, Nipagin und dergleichen. Diese sollen die Mundhöhle vorübergehend desinfizieren und die Zahncreme während der Lagerung vor Zersetzung schützen.
7. Geruch- und geschmacksverbessernde Stoffe, zumeist Pfefferminzöl oder auch Menthol, Fenchelöl, Eucalyptusöl, Nelkenöl usw., zur Geschmacksverbesserung Zucker bzw. Saccharin.
8. Eventuell Farbstoffe zur Rotfärbung (Karmin, Eosin, Amaranth u. dgl.)
9. Besondere Zusätze, wie z. B. Iod (in Iod-Kaliklora), bleichende Stoffe (Natriumperborat), künstliche oder natürliche Mineralsalze, Vitamine (C-, D- und F-Vitamin), zusammenziehend wirkende Stoffe (Gerbstoffe, Aluminiumverbindungen), Remineralisationssalze (z. B. Calciumgluconat), Enzyminhibitoren (Antienzyme, wie z. B. Na-N-Lauroyl-Sarcosinat, 1,3–Dicyclohexylethyl–5–amino–5–methylpyrimidin). Diese sollen säurebildende und dadurch zahnbeinschädigende Enzyme von Mundbakterien für 12 bis 24 Stunden hemmen.
10. Fluorverbindungen. Es ist heute nach WHO gesichert, daß eine Zufuhr von Fluoriden einen wirksamen Schutz vor Karies (Zahnfäule) darstellt. Die Wege der Fluoranreicherung stellt *Bild 65* dar. Die Fluoridierung des Trinkwassers hat sich am zweckmäßigsten erwiesen; sie wird in mehr als 30 Ländern durchgeführt. Eine tägliche Reinigung mit einer Fluorzahnpaste führt zu einer allmählich erfolgenden Kompensation des Fluordefizits und zur Karieshemmung (Prof. Dr. Dr. P. Riethe). Weniger durchsichtig ist die Wirkung des Fluorids. Vor allem wird durch die F-Verbindungen im Trinkwasser der gewöhnliche, nur wenig kariesresistente Hydroxylapatit des Zahnschmelzes in den säurebeständigen härteren Fluorapatit umgewandelt. Gleichung: $Ca_5(PO_4)_3OH + F^- \rightarrow Ca_5(PO_4)_3F + OH^-$.
Von einigen Fachleuten werden jedoch Bedenken gegen eine generelle Fluoridierung des Trinkwassers erhoben (J. Schormüller, Lebensmittelchemie, S. 744). Der Fluorgehalt einer Zahnpasta kann spektroskopisch nach L. Daines und K.W. Morse mit Zirkonfarblack bestimmt werden (Journal of Chemical Education, 10/1980, S. 680).

Die Industrie liefert eine große Zahl von hochwertigen Zahnpasten; daher dürfte sich deren Selbstherstellung im kleinen nicht lohnen. Verhältnismäßig einfach sind die

Zahnpulver herzustellen; wer Freude an chemischen Versuchen hat, kann sich aus 450 g Schlämmkreide, 75 g Magnesiumcarbonat, 50 g Veilchenwurzelpulver und 10 g Pfefferminzöl nach folgender Vorschrift ein Zahnpulver fabrizieren: Man vermischt das Pfefferminzöl mit wenig Schlämmkreide, fügt allmählich die Veilchenwurzel zu und hernach in kleinen Dosen die übrigen Bestandteile. Der Veilchenwurzelzusatz soll durch seinen Gerbstoffgehalt das Zahnfleisch härten und kräftigen. Die Schlämmkreide wirkt reinigend und neutralisierend, wie schon oben ausgeführt wurde. Der Zusatz von Magnesiumcarbonat soll das Pulver auflockern. Eine haltbare Zahncreme kann nach folgender Vorschrift hergestellt werden: 20 Gewichtsteile reines, geruch- und geschmackloses Seifenpulver werden mit 70 Teilen Wasser und 70 Teilen Glycerin verrührt und darauf mit so viel Schlämmkreide verknetet, daß eine gleichmäßige Paste entsteht. Eine Zahnpaste vom Typ *Solvolith* erhält man z. B. aus 42 % gefällter Kreide, 1 % Tragant, 5 % Karlsbader Salz, 25 % Glycerin, 1 % Pfefferminzöl und 26 % Wasser.

Versuche: Im folgenden führen wir eine Anzahl der bekanntesten, heute erhältlichen Zahnreinigungsmittel in alphabetischer Reihenfolge auf und geben kurze Anleitungen zu einfachen Untersuchungen. Die große Mehrzahl aller Zahnputzmittel kommt in Aluminiumtuben mit Kunststoffverschluß auf den Markt und enthält als Grundbestandteil Carbonate (Schlämmkreide, gefälltes feines Calciumcarbonat, Magnesiumcarbonat u. dgl.). Sie brausen daher bei Salzsäurezusatz stark auf – Kohlendioxidentwicklung –; das Kohlendioxid ist an der Kalkwassertrübung leicht erkennbar (s. S. 26). Wird ein etwa zentimeterlanges Stück Zahnpaste im Probierglas mit 5 bis 10 cm^3 destilliertem Wasser kräftig umgeschüttelt, so bildet sich meist starker Schaum; dieser ist auf einen Zusatz von Seife oder synthetischen Schaum- und Netzstoffen (Fettalkoholsulfonat u. dgl.) zurückzuführen, welcher reinigende Wirkung ausübt. Die meisten Zahnpasten riechen angenehm pfefferminzartig, weil ihnen kleine Mengen des erfrischend riechenden Pfefferminzöls oder anderer ätherischer Öle beigemischt sind. In der Regel enthalten die Zahncremes noch andere wasserbindende, organische Stoffe, welche bewirken, daß das Kalkpulver mit dem Wasser eine cremeartige, gleichmäßige Masse bildet, die sich beim Lagern nicht entmischt.

Solche Feuchtigkeitsbindemittel sind z. B. Pektine, Tragant, Lanettewachs, Methylcellulosen, Alginate usw. Man kann die Wirksamkeit dieser Feuchtigkeitsbindemittel vergleichend studieren, wenn man je ein zentimeterlanges Stück verschiedener Zahncremes in ca. 2 cm Abstand auf ein Filtrierpapier legt und zur Verhütung der Wasserverdunstung eine große Petrischale oder den Deckel eines Einmachglases darüberdeckt. Nach 30 bis 60 Minuten hält man das Filtrierpapier gegen das Licht; man sieht dann um die Zahncremes ein kleineres oder größeres durchsichtiges Feld, in das auf Grund der Kapillarkräfte Wasser von der Zahncreme eingewandert ist. Je kleiner dieser durchsichtige Bezirk, um so besser sind die Feuchtigkeitsbindemittel der Zahncreme – um so höher ist auch deren Lagerbeständigkeit.

Neben den oben erwähnten allgemeinen Bestandteilen finden sich in vielen Zahnputzmitteln noch spezielle Bestandteile, die uns in der folgenden Aufstellung besonders interessieren.

Adlan-Rose (Kaliklora-Werke Queisser & Cie., Hamburg), mit Carmin gefärbte Zahnpasta, die das Zahnfleisch für etwa 10 Stunden schön rot färbt. Der Farbstoff löst sich in Alkohol; er färbt sich bei Laugenzusatz tief violett, beim Kochen mit Salpetersäure entsteht Gelbfärbung.

Bild 66 Versuch: Hemmung des Bakterienwachstums durch Zahnpasta. In einer Petrischale P befindet sich ein steriler Agar-Nährboden. Mit einem abgeflammten Glasstab wird eine Aufschwemmung des Zahnbelags verteilt. In nächster Nähe des Zahnpastastreifens Z wird das Wachstum von Bakterienkolonien B gebremst

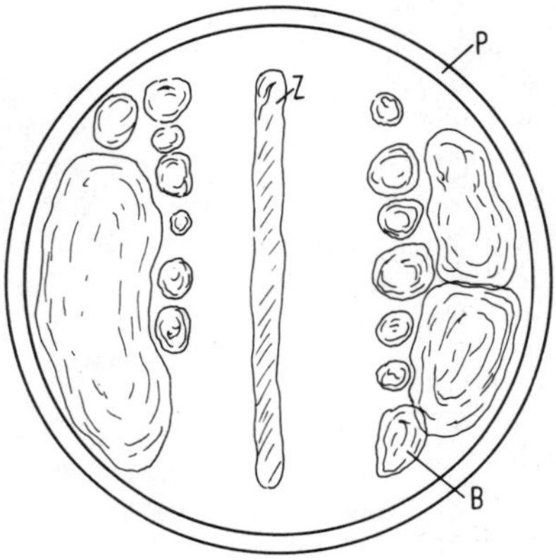

Aronal-Vitamin-Zahnpasta (Wybert GmbH., Lörrach, Baden) enthält außer den üblichen Bestandteilen noch Fluorverbindungen (gegen Karies), Sulforicinoleat (gegen Zahnstein), Vitamin A und D (gegen Zahnfleischentzündung).

Versuch. Nachweis von Vitamin A: Verreibe ein 1 cm langes Stück Zahnpasta auf einem Uhrglas und gib eine gesättigte Lösung von Antimon(III)-chlorid $SbCl_3$ in Chloroform tropfenweise dazu. Es tritt eine Blaufärbung durch Vitamin A auf, die nach 1 bis 2 Minuten verschwindet.

Blendax-fluor-super (Blendax-Werke, Mainz) enthält außer den üblichen Bestandteilen noch Alkalimonofluorphosphat. Weise in einer Blendaxprobe Carbonat nach. Geruchprobe! Prüfe auf Chlorat (s. S. 24).

Cebion-Paste (Merck, Darmstadt). Zahnpasta mit 3 % Vitamin C zur Zahnfleischmassage gegen Zahnfleischblutungen. Schüttle ein etwa zentimeterlanges Stück der Cebionpaste im Probierglas mit 5 %iger Silbernitratlösung! Es tritt sofort eine Schwärzung von ausgeschiedenem Silber ein (nach einiger Zeit entsteht auf der Probierglaswand ein Silberspiegel), denn das Vitamin C wirkt sogar in saurer Lösung stark reduzierend auf Silbernitrat.

Chlorodont anticaries (Leo-Werke GmbH, Frankfurt/M.) enthält als Putzkörper sehr feines, gefälltes Calciumcarbonat ($CaCO_3$, Kreide), 1 % Aromaöle (überwiegend Pfefferminzöl, Menthol) und Fluorverbindungen.

Chlorodont medical (Leo-Werke). Hauptwirkstoff ist Aloxicoll (Aluminiumchlorhydroxid). Dieses wirkt adstringierend und zahnfleischstraffend. Weitere Bestandteile: Kamillenextrakt, Tonerdehydrat und Calciumpyrophosphat als Putzkörper und Natriumlaurylsulfat als Schaumkörper. Untersuche auf Phosphat und Carbonat.

Dontomed-Alkohol-Sauerstoff-Zahncreme (Dr. Scheller DuroDont, Eislingen/Fils). Peroxidhaltige Alkohol-Zahncreme. Nachweis des Aktiv-Sauerstoffs mittels schwachsaurer KI-Stärke-Lösung. Nachweis des hohen Alkoholgehaltes: Zahncreme brennt nach Anzünden mit fast farbloser Flamme.

Duro-Alkohol-Zahncreme (Dr. Scheller DuroDont, Eislingen/Fils) enthält reinen Alkohol neben milden Putzkörpern und ätherischen Ölen (starker Pfefferminzgeschmack).

DuroDont-Zahncreme (Dr. Scheller DuroDont, Eislingen/Fils) mit biologischem Wirkstoff gegen Parodontose und Karies aus Pflanzenextrakten, Bromchlorophen gegen Mundgeruch. Wirksamer Carbonat-Phosphat-Putzkörper zur Erzielung sauberer Zähne. Carbonat-Nachweis: schäumende CO_2-Entbindung bei Zugabe von Säuren. Phosphat-Nachweis: mit Ammoniummolybdat (s. S. 26).
Elmex mit Amin-Fluor (Wybert GmbH, Lörrach). Zahnpaste mit einem Gehalt an Aminfluoriden (Hexadecylaminhydrofluorid und ein langkettig substituiertes Propylendiamin-Dihydrofluorid). Die Aminfluoride weisen gegenüber den gebräuchlichen anorganischen Fluoriden (NaF, SnF_2, Natriummonofluorphosphat) einen höheren Fluoridierungseffekt auf. Ausgeprägte karieshemmende Wirkung (nach Prof. Marthaler, Zürich).
Friscodent (4711). Weise in dieser Zahncreme Carbonate und Pfefferminzöl nach. Biologisch wirksame vollaromatisierte Zahncreme mit guter Reinigungskraft.
Stark-Iod-Kaliklora (Queisser & Co., Hamburg) enthält neben den üblichen Bestandteilen (Carbonat, Schaumstoffe, Aromastoffe) 0,75 % Iod in Form von *n*-Methylhexamethylentetrammoniumiodid. In der zahnärztlichen Praxis wird diese Paste den Patienten zur Unterstützung der Behandlung von Parodontopathien und hypersensiblem Dentin empfohlen. Die kleinen Iodmengen können mit unseren einfachen Hilfsmitteln nicht nachgewiesen werden. *Stark-Iod-Kaliklora* ist frei von Kaliumchlorat; dagegen entfärbt es kleine Mengen von stark verdünnter, schwefelsaurer Kaliumpermanganatlösung.
Kukident (Kurt Krisp, Weinheim) ist als Schnellreinigungspulver (auch in Tablettenform) für Zahnprothesen erhältlich. Weise das Phosphat entsprechend S. 26 und den nascierenden Sauerstoff, der sich in Lösung entwickelt, mit schwachsaurer KI-Stärke-Lösung nach!
Lacalut spezial (Anasco, Wiesbaden). Weißes Mundpulver, enthält Calciumcarbonat, Schaumstoffe, Aromastoffe und Aluminiumlactat (weise darin Al nach S. 21 nach!). Letzteres geht bei der Anwendung in adstringierend wirkendes Aluminiumhydroxid über, welches das Eiweiß oberflächlich etwas härtet, so daß es von Bakterien weniger befallen werden kann. Auch als Zahnpaste im Handel.
Ondrony (One Drop only, GmbH., Berlin) ist schleifmittelfrei und enthält den Wirkstoff Kamille Azulen, der entzündungshemmend wirkt.
Pepsodent (Elida-Gibbs, Hamburg) enthält neben den üblichen Bestandteilen (Pfefferminzöl, Carboximethylcellulose, Natriumlaurylsulfat, Titandioxid) noch Monofluorphosphat und als Putzkörper Urlium, ein Aluminiumoxidhydrat.
Selgin (Beiersdorf, Hamburg), osmotisch wirkende Zahnpasta, entzieht infolge hypertonischem Meersalz- und Mineralsalzgehalt dem Zahnfleisch überschüssige Feuchtigkeit und strafft dadurch das Gewebe.
Signal extra (Elida-Gibbs, Hamburg). Außer den üblichen Zahncremebestandteilen (Reinigungs- und Schaumbildungsmittel usw.) finden sich noch unlösliche Metaphosphate als Putzkörper. Eine Fluorkomponente dient als Antikarieswirkstoff. Über Zahnschmelzhärtung und Kariesreduzierung berichten Klinkel u. Stolte in D. D. Zahnärzteblatt 9/69. Bromchlorophen und Mundwasserwirkstoffe bekämpfen Bakterienbefall der Mundhöhle und Mundgeruch (*Bild 66*).
Colgate fluor S enthält außer den üblichen Bestandteilen noch Lauroylsarcosid (starkes Netzmittel) und Fluorverbindungen.
Weleda Pflanzen-Zahncreme (Weleda AG Schwäb. Gmünd). Geleeartige, nach

Pfefferminzöl riechende, neutrale Creme; gibt mit Salzsäure kein Kohlendioxid, also carbonatfrei; in Wasser ziemlich klar löslich, starke Schaumbildung.

Zanmed (Dr. Scheller DuroDont, Eislingen) ist eine Spezial-Zahncreme, die sich bei überempfindlichen Zähnen und Zahnfleischbluten bewährt. Sie wirkt durch Osmose und Remineralisierung. Der Gehalt eines rezeptfreien Lokal-Anästhetikums beseitigt ersten Berührungsschmerz bei mechanischer, chemischer oder thermischer Reizempfindlichkeit. Versiegelung der freiliegenden Zahnhälse durch Niederschlag von dem zahnschmelzähnlichen Hydroxylapatit aus dem Putzkörper. Beseitigung von Zahnfleischentzündungen mittels anorganischer Salzkombination, die durch osmotischen Sog den entzündlichen Wasserstau abbaut und das Zahnfleisch strafft.

Angabe der Inhaltsstoffe. Als erstes großes Unternehmen im Bereich der Körperpflege gibt Blendax ab 1. 1. 1990 die Inhaltsstoffe seiner Zahncremes (auch Deo- und Haarsprays) auf der Packung an. Da es keine einheitlichen Regelungen über die Kennzeichnung in der BRD und Europa gibt, werden alle Substanzen in englischer Sprache aufgeführt. Die Firma gehört zur US-Unternehmensgruppe Procter und Gamble.

Mundwasser. Rezept zur Selbstherstellung: In 50 cm^3 reinem Alkohol (96 %ig) werden 1,5 cm^3 Myrrhetinktur und 0,5 cm^3 Pfefferminzöl gelöst, dazu gießt man 50 cm^3 destilliertes Wasser. Bei der Anwendung gibt man 2 Teelöffel dieser milchigen Flüssigkeit auf ein Glas Wasser.

Rezept nach St. Faber: Man löst 2 Körnchen Menthol in 30 cm^3 96 %igem Alkohol, gibt 10 Tropfen Eukalyptustinktur und 70 cm^3 destilliertes Wasser dazu. Anschließend alles gut durchschütteln.

Praktische Hinweise: Die Zähne sollen womöglich nach jeder Mahlzeit, vor allem aber nachts vor der Bettruhe gereinigt werden, da über die Nacht die im Mund befindlichen Bakterien besonders starke Gärungen verursachen und infolge Säurebildung der Zahnsubstanz schaden können. Die Reinigung geschieht am besten mit einer kleinen Zahnbürste sowie mit Zahnpulver oder Zahnpaste. Man reibt die oberen Zähne von oben nach unten, die unteren von unten nach oben. Dabei sollen nicht nur die Außenflächen, sondern auch die Kau- und Innenflächen gründlich gereinigt werden. Nach dem Genuß von zuckerreichen Torten, Kuchen usw. ist es zweckmäßig, ein Stück derbes Schwarzbrot zu kauen, da hierdurch die feinen, klebrigen, in allen Ritzen hängenbleibenden Kuchenteilchen wenigstens zum Teil wieder abgescheuert werden. Man muß etwas gegen den zu häufigen Zuckergenuß unternehmen, sonst wäre die o. a. Fluoridierung von Trinkwasser usw. sinnlos (Prof. Riethe).

Eine amerikanische Firma bringt Tabletten zur Zahnreinigung, die eine Zahnbürste entbehrlich machen, in den Handel. Die Tabletten entwickeln nach 30 Sekunden einen Schaum, der reinigt und angenehm schmeckt.

Zitronat

Mit Zitronat bezeichnet man die in Lebensmittelgeschäften erhältlichen, dicken, dunkelgrünen, zarten und aromatischen Fruchtschalen der großfruchtigen Zitrone (kürbisartige Zedratfrucht), die in Korsika, Sardinien und Sizilien der Fruchtschalen wegen angebaut wird. Um die Schalen haltbar zu machen, werden sie mit geschmolzenem Zuckersirup behandelt. Zitronat enthält rund 80 % Kohlenhydrate und 20 %

Wasser; Eiweiß und Fette fehlen. Zitronat wird hauptsächlich als Gewürz zum Backen verwendet. *Orangeat* besteht aus den dicken, bittersauren Schalen der Pomeranzen (bittere Orangen). Diese werden in dicken Zuckerlösungen gekocht und dann an warmer Luft getrocknet.

Zündhölzer

Im Jahr 1948 erfand der Frankfurter Chemiker Böttger die Sicherheitszündhölzer, wie wir sie heute kennen. Sie sind nur an den Reibflächen der Zündholzschachteln zu entflammen. Diese enthalten im wesentlichen roten Phosphor, einen Klebstoff (Dextrin, Tragant) und ein feines hartes Pulver (Glaspulver, Bimssteinpulver, Kieselgur oder Schmirgelpulver), das beim Darüberfahren des Streichholzes die Reibungswärme möglichst steigern soll. Der rote, ungiftige Phosphor der Reibfläche läßt sich entzünden; er verbrennt mit einem kleinen gelblichen Flämmchen unter weißer Rauchentwicklung (Phosphorpentoxid). Der Kopf des Streichholzes besteht aus einer eingetrockneten Zündmasse, die neben färbenden Zusätzen und Bindemitteln als wesentliche Bestandteile einen brennbaren Körper (Antimonsulfid) und eine sauerstoffabgebende Verbindung (Chlorate, Nitrate, Bichromate u. a. Oxidationsmittel) enthält. An gewöhnlichen Flächen läßt sich dieses Streichholz nur schwer entzünden: Streicht man es aber über die Reibfläche der Streichholzschachtel, so wird der Phosphor losgerissen (daher sehen abgenützte Reibflächen hell aus). Dieser entzündet sich durch die entstehende Reibungswärme mit dem Chlorat der Streichholzkuppe, wodurch schließlich die ganze Zündmasse Feuer fängt. Unter der Streichholzkuppe ist eine Paraffinschicht, welche die Entflammung des Holzes erleichtert. Das übrige Holz ist mit etwas Natriumphosphat oder Ammoniumphosphat durchtränkt, um ein Nachglimmen des abgebrannten, weggeworfenen Streichholzes zu verhindern. Die Streichholzflamme ist im Augenblick des Aufflammens 1350 bis 1930 °C heiß; diese große Hitze wird durch das Chlorat (enthält konzentrierten Sauerstoff in chemischer Bindung) bewirkt; sie ermöglicht eine rasche, sichere Entzündung des Holzes.

Versuche: Koche 5 Streichhölzer, bei denen die Köpfchen abgebrochen wurden, im Prüfglas mit einigen cm^3 Ammoniummolybdatlösung! Ein gelber Niederschlag zeigt Phosphat an. Die Hölzer sind mit Natriumphosphat oder Ammoniumphosphat imprägniert.

Nachweis des Phosphors: Löse die Reibfläche einer Zündholzschachtel von der Unterlage ab und schneide sie in kleine Streifen, die in ein trockenes Prüfglas geworfen werden! Das Glas wird mit Watte gut verschlossen. Erhitze nun das untere Ende des Prüfglases mit kleiner Flamme! Der rote Phosphor hat sich beim Erwärmen in den weißen umgewandelt. Dieser verdampft und schlägt sich am Prüfglas oder Stopfen nieder. Die Menge ist kaum sichtbar. Wenn man den Raum verdunkelt und den Stopfen etwas öffnet, leuchtet die Watte in matt-grünlichem Schimmer durch die Berührung mit dem Luftsauerstoff. Vorsicht, weißer Phosphor ist giftig!

Heute werden anstelle von Zündhölzern in steigendem Umfang Feuerzeuge benutzt. Das Benzinfeuerzeug enthält als wesentlichen Bestandteil ein Zündmetall (Zündstein), das z. B. aus einer Legierung von 45 bis 50 % Cerium, 39 bis 46 % Lanthan, 2 bis 4 % Yttererden, 7 % Eisen und aus geringen Mengen anderer Metalle bestehen kann. Beim Zündvorgang wird ein Stahlrädchen an einem solchen Zündstein gerieben, wobei dieser zerstäubt und die abgeschleuderten feinen Kriställchen unter Funkenbildung oxidieren. Es entstehen sehr heiße Funken, die die vom benachbarten Docht aufsteigenden Benzin- oder Alkoholdämpfe entzünden. Zur Füllung von Taschenfeuerzeugen bringt die Firma Esso in weißroten Blechdosen ein gereinigtes, besonders leicht flüchtiges, nicht verbleites Spezialbenzin (Feuerzeug-Benzin) auf den Markt. Gieße einige Tropfen dieses Benzins in eine Porzellanschale und halte ein brennendes Streichholz (Vorsicht!) in einigen Zentimetern Abstand darüber! Die rasch aufsteigenden Dämpfe entzünden sich nach kurzer Zeit.

In den letzten Jahren haben sich Gasfeuerzeuge, die mit Flüssiggas als Brennstoff betrieben werden, mehr und mehr durchgesetzt. Das Gas ist in Form verschieden großer Gaspatronen erhältlich.

Literaturverzeichnis

Das folgende Verzeichnis nennt die Quellen, die bei der Abfassung dieses Buches herangezogen wurden sowie Literatur, die zum Weiterstudium empfohlen wird.

Arendt, R./Dörmer, L.: Technik der Experimentalchemie. Anleitung zur Ausführung chemischer Experimente. Neu bearb. v. Düll, O./Grebel, D., Quelle & Meyer, Heidelberg, 1980

Belitz, H-D./Grosch, W.: Lehrbuch der Lebensmittelchemie. Springer Verlag, Berlin, 1982

Beyer, H./Walter, W.: Lehrbuch der Organischen Chemie. Hirzel-Verlag, Stuttgart, 1989

Biltz, H.: Experimentelle Einführung in die Anorganische Chemie. Neu hrsg. v. Klemm, W./Fischer W., Walter de Gruyter, Berlin, 1982

Buddecke, E.: Grundriß der Biochemie. Walter de Gruyter, Berlin, 1982

Christen, Hans R.: Chemie. Moritz Diesterweg/Sauerländer, Aarau-Frankfurt/M., 1987

Dane, E./Wille, F.: Kleines chemisches Praktikum. Verlag Chemie, Weinheim, 1982

Engelhardt, W.: Umweltschutz. Bayerischer Schulbuch-Verlag, München, 1980

Faber, St.: Das Rezeptbuch für Naturkosmetik. Heyne Praktischer Ratgeber. Heyne Verlag, München, 1980

Finck, A.: Dünger und Düngung. Grundlagen, Anleitung zur Düngung der Kulturpflanzen. Verlag Chemie, Weinheim, 1979

Franz, J. M./Krieg, A.: Biologische Schädlingsbekämpfung, Paul Parey, Berlin, 1981

Götz, R./Raaf, H.: Physik/Chemie. Gesamtband. Lern- und Arbeitsbuch für die Sekundarstufe 1. Verlag Herder, Freiburg, 1984

Greiter, F.: Sonne und Gesundheit. Gustav Fischer Verlag, Stuttgart, 1984

Heil, G./Heering, K.H.: Chemische Versuche mit Viscolor und Nanocolor. Fa. Macherey – Nagel, Düren, 1984

Heimann, M.: Naturgemäßer Pflanzenschutz im Nutzgarten. Franckh'sche Verlagshandlung, Stuttgart, 1984

Hofmann, H./Jander, G.: Qualitative Analyse. Walter de Gruyter, Berlin, 1972

Hollemann, A. F./Wiberg, E.: Lehrbuch der Anorganischen Chemie. Walter de Gruyter, Berlin, 1988

Jander, G./Blasius, E.: Einführung in das anorganisch-chemische Praktikum, Hirzel-Verlag, Stuttgart, 1984

Jausen, W. (Hrsg.): Chemie in unserer Welt, 2 Bände, Metzlersche Verlagsbuchhandlung, Stuttgart, 1982

Kappeler, H./Koch, H.: Chemische Experimente zur Organischen Chemie und zum Umweltschutz. Hrsg. von Koch, H., Sauerländer, Aarau-Frankfurt, 1981

Karlson, P.: Kurzes Lehrbuch der Biochemie. Thieme, Stuttgart, 1984

Kiechle, H.: Einführung in die Analysenmethoden. Hrsg. v. Fischer-Blunk, L. Verlag M. Diesterweg, Frankfurt, 1982

Laux, H./Laux, H. E.: Schön und gesund durch heilende Kräuter. Franckh'sche Verlagshandlung, Stuttgart, 1984

Leithe, W.: Umweltschutz aus der Sicht der Chemie. Wissenschaftliche Verlagsgesellschaft, Stuttgart, 1975

Linder, H.: Biologie. Lehrbuch für die Oberstufe. Hrsg. v. Knodel. H./Bayrhuber, H., Metzlersche Verlagsbuchhandlung, Stuttgart, 1983

Löhr, A. u. a.: Waschmittel, in Ullmanns Encyklopädie der technischen Chemie, Band 24. Verlag Chemie, Weinheim 1983

Meyendorf, G. / Radau, M. / Raaf, H.: Laborgeräte und Chemikalien. Aulis/Deubner, Köln, 1975

Möller, H./Schoeneberg, H.: Chemie in der modernen Friseurpraxis. Verlag Handwerk und Technik, Hamburg, 1980

Moll, W. L.: Taschenbuch für den Umweltschutz. Band 1: Chemische und technologische Informationen. Reinhardt GmbH & Co., Ernst, Verlag, 1982

Neumüller, O. A.: Römpps Chemie-Lexikon. 6 Bände. Franckh'sche Verlagshandlung, Stuttgart, 1979 ff.

Pauling, L.: Grundlagen der Chemie. Übers. u. bearb. v. Helfferich, F. Verlag Chemie, Weinheim, 1973

Pauling, L./Hayward, R.: Die Architektur der Moleküle. Übers. u. bearb. v. Raaf, H., Neckar-Verlag, Villingen, 1969

Pütz, J.: Das Hobbythek-Buch 3. Verlagsgesellschaft Schulfernsehen, Köln, 1982

Puhoný, K.: Das Buch vom natürlichen Konservieren. Franckh'sche Verlagshandlung, Stuttgart, 1984

Raaf, H.: Chemie ganz einfach. Franckh'sche Verlagshandlung, Stuttgart, 1984

Raaf, H. (Hrsg.): Energie Stoff Leben-Chemie. Verlag Herder, Freiburg, 1980

Raaf, H./Radau, M.: Chemisches Grundpraktikum. 2 Bände (Band 1: Anorganische Chemie. Band 2: Organische Chemie). Aulis/Deubner, Köln, 1988

Raaf, H./Sowada, H.: Physik macht Spaß. Verlag Herder, Freiburg, 1990

Risch, K./Seitz, H.: Organische Chemie. Schülerband. Schroedel, Hannover, 1981

Römpp, H./Raaf, H.: Chemische Experimente, die gelingen. Franckh'sche Verlagshandlung, Stuttgart, 1987

Römpp, H./Raaf, H.: Organische Chemie im Probierglas. Franckh'sche Verlagshandlung, Stuttgart, 1982

Schwedt, G./Schnepel, F.M: Analytisch-chemisches Umweltpraktikum, Thieme, Stuttgart, 1981

Schwenke, W.: Zwischen Gift und Hunger. Schädlingsbekämpfung gestern, heute und morgen. Springer Verlag, Berlin, 1968

Umwelt und Chemie von A–Z. Ein Wörterbuch. Verlag Herder, Freiburg, 1989

Ziolkowsky, B. (Hrsg.): Hobby- und Haus-Chemie. Hobby-und Heimchemie, Reinigung, Hygiene, Kosmetik, Tier- und Pflanzenchemie. Verlag für chemische Industrie, Augsburg, 1982

Sachregister

A

Abbeizen 34
Abgaskatalysator 259
Ablaugen 34
ABRADOR 229
Abschreckungsmittel 220
Acetate 63
Acetatseide 63
Acetylcelluloselacke 98
Acetylen 62
Acetylsalicylsäure 49
Acht×vier (8×4)-Stifte 70
Acrylnitril 237
Adlan-Rose 290
Äthanol, Ethanol 9, 35
Agfachrom-Speed-Verfahren 122
Agfacolor-Fibel 122
Agfacolor-Verfahren 121
Agfa-Negativ-Positiv-Verfahren 122
Ajax 198
Akkumulatoren 238
– Hinweise 241
Alcotest-Gerät 37
Alferex 220
Alginate 223
Alkane, Alkene 244
Alka-Seltzer 36, 49
Alkohol 35
Alkoholbestimmung im Blut 38
Alkoholgehalt 35
Alkoholische Getränke 39
Alkoholmißbrauch 35
Alkohol und Verkehr 37
Alpecin 134
Alsol 88
Alufolie 44
Aluminium 44
Aluminiumgeschirr, Reinigen von 45
Aluminiumnachweis 21, 44
Amasil 184
Ameisen-Köderdose 219
Ameisensäure (E 236) 184
Ameisenvertilgung 219
Aminoplaste 157, 160 f.
Ammoniakgas 31, 46, 72
Ammoniak-Lösung 12, 45 f.
Ammoniaknachweis 23
Ammoniak-Stickstoff 73
Ammoniumhydroxid 12, 45
Ammoniummolybdat 12, 27
Ammoniumsulfat 74
Ammoniumverbindungen 23
Ammonsulfatsalpeter 75
Am-Sup-Ka 80
Analysen, qualitative 10
– , quantitative 10
Analytik, Fortschritte 29
Andy „mit Salmiak“ 198
Aneurin 260
Anionenaustauscher 278
Anstreicherarbeiten 46
Antabus 36
Antibiotica 194
Antischneck 220
Antivitamine 264
ANTU 221
Apfelmarmelade 171
Apomorphin 36
Apragon 49
Apyron 49
Aquamerck 29, 255
Aquarellfarben 100
Aquavit 42
Aral-Fahrzeugpolitur 50
Araldite 148
Arcanol 49
Arbeitsverfahren, chemische 14
Ariel 269
Aromaten 244
Aronal-Vitamin-Zahnpasta 291
Arrak 42
Asche, Untersuchung 71
Ascorbinsäure 262
Asphalt 97
Aspirin® 36, 49
Aspirinplus C 49
Assugrin 208
Ata 196

Ata extra fein 198
Atemgifte 212
Atrix 137
Aufheller, optische 268
Auspuffgase, Luftvergiftung 258
Autan 139
Autobenzine 244 ff.
Autolackreiniger 50
Autopflegemittel 49 f.
Autopolituren 50
A-Vicotrat 260
Azulen 136

B
Backin 51
Backpulver 50 f.
BAC-Stifte 70
badedas 53
Badesalz 53
Badeseifen, schwimmende 229
Badezusätze 52 ff.
Bakelit 157, 161
Bakterien 54 f.
Baktol 66
Baktonium 66
Barytgelb 93
Barytweiß 89 f.
Bariumchloridlösung ‚12
Bariumsulfat 89
Beerenflecke 108
Beflavin 261
Beilsteinsche Probe 24
Beizenfarbstoffe 102
Benadon 261
Benerve 261
Benicot 261
Benzoesäure (E 210) 184
Bepanthen 261
Bergin-Verfahren 245
Berlinerblau 93
Berührungsgifte 212
Beseitigung von Chemikalien 33
Bestimmungen, halbquantitativ 28
Betabion 261
Bezugsquellen 14
Bier 41
Bierhefen 41
Bindemittel 95 ff.
Biotin 263
Birutan 264
Biserierte Magnesia 232
Bittersalz 175
Bitumlacke 99
Blankit 110
Blattfresser 212
Blattläuse 213
Blei 248, 259
Bleiacetat 12
Bleiakku 228 ff.
Bleichmittel 266, 268
Bleichsoda 55
Bleikitt 147
Bleinachweis 21, 248
Bleistifte 56
Bleiweiß 90
Blendax-fluor-super 291
Blutalkohol 37
Blutflecke 109
Blutlaugensalz, gelbes 12
Birkin-Haarwasser 134
Boden, pH-Messung 285
Bohnermassen 56 ff.
Bohnermassen, verseifte 57
Boonekamp 42
Borax 58
Borchers Netzschwefel 216
Bor-Dünger 81
Bornachweis 272
Bradosol 66
Brandbekämpfung 58 f.
Brandklassen 59
Branntwein 41
Brauns Entfärber 110
Brauns Rostentfärber 110
Braunsteinflecke 110
Brauselimonade 167 f.
– pulver, -würfel 168
Brennspiritus 38
Brennpunktbestimmung 246
Brillengläser, fototrope 124 f.
Brita-Wasserfilter 280
Brockmanns Futterkalk 126
Bullrichsalz 231
Bunsenbrenner 11

Burmat 269
Burmol 110
Burnus 272
Burti 272
Butan 11
BVK „Roche“ 262

C
Cadmium 29
Cafaspin 49
Calcipot 127
Calciumcarbid 62
Calciumchlorid 19
Calciumcyanamid 76
Calcium Kneipp Dragees 127
Calciumnachweis 20
Calciumnitrat 19
Calciumsulfhydrat 84
Calgon 279, 281
Camping-Labor-Gasbrenner 11, 13
Caprolactam 236
Captan 217
Carbamate 215
Carbid 62
Carbolineum 215
Carbonatnachweis 26
Casein 96
Caseinleim 149
Cebion 262
Cebion-Brausetabletten 188
Cebion-Paste 291
Cedoxon 262
Cellophan 156f.
Celluloid 156f.
Cellulose 63
Celluloseesterleim 149
Celluloseglykolat 223, 272
Ceran-Schutzplatte 11
Champagner 43
Chemiefasern 63
Chemikalien 11, 14
Chemikalien-Beseitigung 33
Chemie-Kupferseide 63
Chinaspin 49
Chinosol 67
Chlor 23, 30
Chloramin 66
Chloratnachweis 24
Chloridgehalt 253
Chloridwässer 173
Chlorina 67
Chlorkalk 65
Chlorkautschuklacke 99
Chlornachweis 23
Chlorodont 291
Chlorwasserstoff 30
Chromgelb 92
Chromgrün 94
Chromierfarbstoffe 102
Chromocker 92
Chromoxidgrün 94
Chromoxidhydratgrün 94
Cibracronfarbstoffe 103
Citocolfarben 101
Cito-Kamillen-Creme 137
citratlöslich 78
Citretten 173
Citrin 263
Cleansing-Creams 136
Cobaltblau 93
Cobaltchlorid 12
Cobaltglas 10
Coca-Cola 143
Cocktail 42
Coffein 142f.
Coffetylin 49
Cola-Schockolade 143
Cola-Spordo 143
Cold Cremes 138
Colormatic-Gläser 124
Combionta 264
Complesal Hoechst Rotkorn 80
Completovit 264
Contradol 49
Crescal 80
Cumarinderivate 220
Cupravit 216
Curaçao 42
Cyalume-Leuchtstab 242
Cyclokautschuk 99

D
Daimon 239
Dalli 269

Danziger Goldwasser 42
Dash 269
DDT 24, 211 ff.
Dederon 63
Delial-Sonnencreme, -milch 138
Denicotea 191
Depilatorien 84 f.
Desinfektion 65 ff.
Desinfektionsmittel 65
Desoderierung 69 f., 153
Destillieren 15
Dextrin 96, 150
Dextropur 182
Diabetikerzucker 209
Diätsalz *Ambisal* 152
Diapositive 117
Diastase 41
Diatomeenerde 146
Dibromol 67
2,4-Dichlorphenoxy-Essigsäure 217
Dichlorvos 219
Dieselkraftstoffe 244 f.
Dihydroxyaceton 136, 139
Diolen 63, 238
Diphenyl (E 230) 184
Diplona-Haarextrakt 133
Dipterex 214
Direktfarbstoffe 102
Dispersionsfarbstoffe 103
Dixan 269
Dolan 63, 237
Dolviran 49
Dontomed-Sauerstoff-Alkohol-Zahncreme 291
Dor 198 f.
Dracholin 57
Dräger 31
Dralon 63, 237
Dual 58
Düngemittel 70 ff.
– Versuche 70 ff.
Düngung 81 ff.
– von Baumlöchern 81
– von Schmetterlingsblütlern 82
– von Topfblumen 81
– von Wäldern 82
Dulgon-Schaumbad 53
Durethan BK 158
Duro-Alkohol-Zahncreme 291
Durodont-Zahncreme 292
Durognost-Tabletten 277
Duroplaste 156 ff.

E

E 605 214
Eau de Cologne 152
Efasit-Fußbad 53
Eier 83 f.
Eierlegepulver 83
Ei-Konservierung 83
Eindampfen 14
Einzeldünger 72
Eisenchlorid 12
Eisengallustinte 128
Eisenhaltige Wässer 174
Eisenkitt 147
Eisennachweis 21
Eisenoxidfarben 91
Eisenoxidrot 91
Eisenoxidschwarz 91
Eisensulfat 12
Eisenverbindungen 91
Eisenvitriol 12
Eiweiß 179 ff.
Eiweißnachweis 179
Ellsurex 132
Ellocar-Vitamin-Creme 138
Elmex mit Amin-Fluor 292
Eloxalverfahren 44
Emaillierung 206
Emission 256
Emsal 57
Emser Kesselbrunnen 176
Endocil 140
Englischrot 91
Enpeka 80
Enthaarungsmittel 84 f.
Entkalkungsverfahren 277 f.
Entsalzung durch Ionenaustausch 278
Entwickeln 117 f.
Entwicklerflecke 111
Entwicklungsfarbstoffe 102
Enzyme 266

Epoxidharzkleber 148
Epoxidharz-Lacke 99
Erdal Schuhglanz 226
Erdgas 195
Erdöl 249
Erdölkrise 245
Erhitzen 14
Erlenmeyerkolben 11
Ernährung 177 ff.
Esbit-Brennstoff 11
Essig 85 f.
Essigkonserven 88
Essigsäure 87
Essigsaure Tonerde 88
Essitol 88
Ethanol 9, 35
Ethylen 244
Ethylenglykol 125
Eukutol 136
Eulan 219
Eutrophierung 267
Evatest 227
Evion 263

F
Fakt 269
Farben 88 ff.
Farbkuppler 122
Farbmittel 89 ff.
Farbfotografie 121
Farbstifte 100
Farbstoffe 89 ff.
– , basische 102
– , saure 102
– , substantive 102
Farbstoff-Flecke 109
Faserschreiber 155
Fehlingsche-Lösung 182
Ferrum-Ex 110
Ferstisal 80
Fette 179 ff.
Fettflecke 105
Fettnachweis 182
Fewa 272
Filterzigaretten 191
Filtration 235
Filopur-Gerät 282 f.
Filtrieren 15
Fingerabdrücke 103
Fischer-Tropsch-Synthese 245
Fissancreme 135
Fixierbad 115
Fixieren 115, 119
Flammenfärbung 14, 18
Flammenschutzmittel 61
Flammpunktbestimmung 246
Fleck-Fips 107
Fleckenpaste *K2R* 107
Fleckenpaste, Herstellung 106
Fleckenreinigung 105
Fleischextrakte 112
Fliegenbekämpfung 219
Floranid 77
Flüssiggas 195
Flugbenzine 244
Fluorescein 54
Fluorproblem 289
Flußsäure 129
Folinor 261
Folsäure 261
Folsan 261
Formaldehyd 66, 113 f.
Fotografie 114 ff.
Fotokopie 123
Franzbranntwein 38
Fraßgifte 212
Frigen 234
Friscodent (4711) 292
Frostschutzmittel 125
Füllfederhaltertinte 243
Fungizide 216
Fußbodenpflegemittel 56 f.
Futterkalke 126

G
Galalith 157
Garantol 84
Gasanalyse, quantitative 32
Gaschromatogramm 245
Gasentwicklung 15
Gasfeuerzeug 295
Gasflasche 32
Gasgeruch 195
Gasspürgeräte 31 f.

Gastro-Setaderm 232
Gasuntersuchungen 29 ff.
Gelatine 149
Geleeherstellung 127
Gelfix 127
Gelonida 49
Gelusil 232
Genantin 125
General 199
Gerbsäure 128 f.
Gerüststoffe 266 f.
Geschmacksprobe 17
Gesetz des Minimums 72
Gesichtsmaske 154
Gesichtswasser 153 f.
Gevisol 67
Gießharz 159, 164
Giftige Stoffe, Kennzeichnung 15 f.
Gipswasser 12
Glasätzen 129 f.
Glastinten 243
Globol fliegenfrei 219
Globol mottenfrei 219
Glutaminsäure 112
Glutinleime 149
Glutolin (Methylcellulose) 96
Glutolinkleister Kalle 150
Glutox-Zerstäuber 219
Glühwein 42
Glycerin 130 f.
Glycerinbleioxidkitt 147
Glykol 125
Glysantin 125
Graphit 56, 95
Grilon 158
Grog 42
Grünerde 94
Grunddünger 72
Gruppenreagenzien 20
Guignetgrün 94
Gummiarabikum 150

H
Haarentferner 84 f.
Haarfärber 131
Haarsprays 132
Haarwaschmittel 132 f.
Haarwasser 133 f.
Haber-Bosch-Verfahren 72
Härtebereiche 277 f.
Hakaphos 80
Halonlöscher 59
Hamameliswasser 153
Harnstoff 75
Harzbindemittel 97
Hascherpur 110
Hautbräunungsmittel 139
Hautcremes 134 ff.
Havisol 67
Hedonal 218
Hefezellen 39
Heftalin 98
Heilwasser 173, 174
– Zusätze 141
Heizöl 140 f.
Henkels-Bleichsoda 55
Henkel-Zell-Leim 150
Henko 56
Herbizide 217
Hexachlorcyclohexan 24
Hexobion 261
Hinsberg-Netzschwefel 216
Hirschhornsalz 50
Holzschutzmittel 218
Honig 141
Hora-Ameisentod 219
Hortal 81
Hospisept 67
Hostalen 158
Hostalit 158
Hühneraugenmittel 210
Hydrogencarbonat-Wässer 173
Hydrogenchlorid 30
Hydrogensulfid 31
Hydrokultur 82
Hyperphos 79

I
Ichthyolseifen 229
Imi 197 f.
Immission 256
Incidin 67
Insektenhormone 221
Insektenstiche 46

Insektizide 214 ff.
–, systemische 214 f.
Iodflecke 111
Iodlösung 12, 67
Iodtinktur 67
Ionenaustauscher 267
Isooktan 247

J

Jade Fix-Braun 139
Joghurt 173
Joule 36, 178
Joulebedarf 178

K

Kaffee 142 f.
Kainit 77
Kaiserborax 58
Kalidünger 77 f.
Kalidüngesalz 77
Kalimagnesia 77
Kaliseife 227
Kalium 19
Kaliumcarbonat 194
Kaliumdichromat 12
Kaliumdisulfit 40
Kaliumferrocyanid 12
Kaliumhexacyanoferrat(II) 12
Kaliumnachweis 20
Kaliumpermanganat 12, 144
Kaliumpermanganatflecke 111
Kaliumrhodanid 12
Kaliumthiocyanat 12
Kalkammonsalpeter 75
Kalkanstriche 46
Kalkflecke 108
Kalk, gelöschter 96
Kalkpräparate 127
Kalksalpeter 19, 74
Kalkspatpulver 90
Kalkstickstoff 76
Kalkwasser 12
Kaloderma 230
Kaloderma-Gelee 137
Kalorienbedarf des Menschen 178
Kaltdauerwellen 144 f.
Kaltleim 149
Kaltwasserfarben 100
Kamillenöl 153
Karlsbader Salz 176
Kasseler Braun 92
Katalysator 259
Kationenaustauscher 278
Kationtenside 265
Kauritleim 149
Kautschukklebstoffe 149
Kernseife, Herstellung 228
Kesselstein 201, 278
Kieselgur 146
Kieselsäure-Füllstoffe 90
Kirschenflecke 108
Kitte 147
Klebebänder 151
Klebstoffe 148 ff.
Kleinbildfilm 115
Kleinpilze 211
Kleister 150
Knochen, Versuche 126
Knochenabfälle (als Düngemittel) 79
Knopfbatterie 238
Kochsalz 151 f.
Kölnisch Eis 152
Kölnisch Wasser 152
Körperfarben 89
Kognak 43
Kohlendioxid 30
Kohlendioxidlöscher 59
Kohlenhydrat 182
Kohlenmonoxid 249
Kohlensäuredruckverfahren 236
Kohlensäuregas 30
Kohlenstoffdioxid 30, 259
Kohlenstoffmonoxid 259
Kohlenwasserstoffe 32, 195, 244 f.
Kola-Dallmanntabletten 142
Konakion 263
Kondensat 190
Kontaktgifte 212
Kontaktklebstoffe 149
Kopfdüngung 72
Korall 272
Kornbranntwein 43
Kosmetische Präparate 152 ff.
Kristallform 17
Kronos-Titanweiß 90

Kühlstift 152
Küpenfarbstoffe 101
Kugelschreiber-Farbmassen 155
Kuhmilch 172 f.
Kukident 292
Kunstharze 156 ff.
Kunstharzionenaustauscher 279
Kunstharzlacke 98
Kunsthonig 142
Kunststoffe 156 ff.
Kunstoff-Gruppen 157 ff.
Kupferkalkbrühe 216
Kupfernachweis 22

L
Laboratoriumsgeräte 10 f., 14
Lacalut 292
Lacke 88 ff.
Lackmus 18
Landwirtschaft, extensive 82
Läusebekämpfung 220
Lanitalfaser 63
Laudamonium 67
Lavendelöle 153
Lebensmittel 177 ff.
Leimfarbenanstriche 48
Leinöl 97
Leitungswasser 277
Lenardphosphore 166
Leuchtmassen, radioaktive 167
Leuchtstäbe 238
Liköre 43
Limonaden 167 f.
Lithopone 90
Löten 168 f.
Luftreinigung 69
Luftuntersuchung 255 ff.
Luftverschmutzung 255 ff.
Luprosil 184
Lysoform 67
Lysolin 68

M
Mäusebekämpfung 220
Magenquick 232
Maggi's Würze 112
Magnesiastäbchen 10
Magnesiumnachweis 23
Mairol 80
Mandelkleie 170 f.
Maneb 217
Manusept 68
Marmelade 171
Mattcreme 140
MBV-Verfahren 44
Medizinische Seife 229
Mehrnährstoffdünger 79 f.
Meister Proper 199
Mennige 91, 206
Mergentheimer Karlsquelle 176
Metallabfälle 287
Metallätzung 171 f.
Metalle, umweltbelastende 287
Metasystox 214
Methanal 113 f.
Methanol 245
Milch 172 f.
Mineralfutter 126
Mineralölverbrauch 246
Mineralstoffe 70
Mineralwasser 173 ff.
Minimax 59
Mirapront N 223
Mondamin 176
Motorbenzol 244
Motorkraftstoffe 244 ff.
Mottenschutz 219
Münzen 177
Mundwasser 293

N
Nährstoffklassen 178
Nachbehandlungsmittel 274
Nachweis anorganischer Stoffe 17 f.
– organischer Stoffe 17 ff.
Nahrungsmittel 177 ff.
Nahrungsmittelkonservierung 183 ff.
Nahrungsmittel-Tabellen 180 f.
Nanocolor 29, 255
Naphthalin 69
Natrium 18
Natriumalkylsulfat 265
Natriumchlorat 217
Natriumcyclamat 208

Natrium-Cyclohexylsulfamat 208
Natriumglutamat 112
Natriumnachweis 18, 20
Natriumnitrit 192
Natron 51, 187 f.
Natronlauge 12
Natronsalpeter 74
Natronseifen 227 f.
Negativprozeß 118
Neutralisation 188 f.
Nicobion 261
Nicotin 189 ff.
Nigrin 226
Nitrat 175
Nitratnachweis 25
Nitriloacetat 266
Nitrit 29, 192
Nitritpökelsalz 192
Nitrocelluloselacke 98
Nitroglycerin 131
Nitrophoska 79
Nitrosamine 29
Nivea-Creme 134
Normalbenzin 248
Novo-Troxin 60
Nur 1 Tropfen 193
Nylon 63, 237

O

Ocker 92
Oechsle 40
Oktanzahl 247
Ölfarbenflecke 108
Ölfarben- und Lackanstriche 48
Ölflecke 105
Ölheizung, Rückstände 257
Ölige Bindemittel 97
Öl-in-Wasser-Emulsion 134 f.
Ölkitte 147
Ölverschmutzung 255
Opekta 127
Orlon 63
Ovulationshemmer 193
Oxidation 194
Ozon, Ozonloch 234

P

Palatal 165
Panflavin 66
Parathion 214
Parexan 215
Pasteurisieren 187
Pektin 127
Penicillin 194
Perla 275
Perl-junior-Filterpatrone 191
Perlon 63
Persil 269
Perwoll 272
Pfitzers Pflanzendünger 81
Pflanzenleime 96
Pflanzenschutz 211 ff.
– integrierter 223
Pflegekennzeichen 276
pH-Skala 284
pH-Wert 283 ff.
PHB-Ester (E 214) 184
Phosphatnachweis 26
Phosphatproblem 253
Phosphordünger 78
Phthalocyanin 95
Pigmente 89 f.
Pilca 84
Pille 193
Pinopon-Schaumbad 53
Piz-Buin-Exclusiv-Creme 139
Placentubex 140
Plexidur 164
Plexiglas 158, 161, 164
Plexigum 158, 164
Polaroid Sofort-Dias 121
Polaroid-Verfahren 120
Politurflüssigkeiten 99
Polyacrylnitril 63, 237
Polyaddition 156
Polyamide 63, 236
Polyester 63, 159, 164, 238
Polyethylen 158 ff.
Polykondensation 156
Polymerisation 156
Polymethylmethacrylat 164
Polystyrol 158, 161, 163
Pottasche 194
Preußischblau 93
Primärenergieverbrauch 249

Propan 195
Protein 63
Protovita 264
Pulverlöscher 60
Punsch 43
Putzwatte 200
Pyrethrumpräparate 215

Q
Quecksilber/Zink/Element 238
Quellen, alkalische 173
Quellwässer 173

R
Räuchern 186
Rapidosept 68
Rasiercreme 139
Rasierseife 229
Rasiersteine 196
Rattenbekämpfung 220
Rauchen 190
Raucher-Entwöhnungsmittel 192
Rauchgasentschwefelung 258
Raupenleime 218
Reagenzien 11 f.
Recycling siehe Wiederverwertung
Redon 237
Reduktion 194
Reduzierventil für Gasflaschen 33
REI 197, 272
Reinigungsmittel 196 ff.
Reinigungsverfahren 200 ff.
Reinigung von Leder 203
– von Marmor 203
– von Metallen 201 f.
Rhenaniaphosphat 78
Rheumagutt-Bad 54
Riboflavin 261
Rost 203 ff.
Rostflecke 109
Rostschutzanstriche 206
Rostschutzmaßnahmen 203 ff.
Rum 43
Rumetan 221
Rustica 80
Rutin 264

S
Saatbeizmittel 207
Saccharin 207 f.
Säuerlinge 173
Säureflecke 108
Saftverzehrer 212
Sagrotan 68
Salicylsäure 49, 209 f.
Salmiakgeist 45
Salpetersäure 11
Saltrat-Fußbad 53
Salzsäure 11
Salzsäuregas 30
SASIL 267
Satina-Creme 137
Sauerstoff 30
Sauerstoffbad Bastian 53
Sauerstoffbad Silvapin 53
Schädlingsbekämpfung 211
Schaumlöscher 61
Schaumregulatoren 268
Schaumwein 43
Schlankheitsmittel 223 f.
Schlank-Schlank 224
Schlupfwespe 222
Schmutzstoffe, Nachweis 251
Schneckenbekämpfung 220
Schneckenkorn 220
Schnellanalyse 254
Schnellanalyse, Geräte 255
Schuhcreme 224 ff.
Schwangerschaftstest 226
Schwefel 216
– in Früchten 185
Schwefeldioxid 30, 256 f.,
Schwefeldioxid, Messung 256
Schwefelhaltige Wässer 174
Schwefelsäure 11, 25
Schwefelsaures Ammoniak 74
Schwefelseife 229
Schwefelwasserstoffgas 31
Sebamed compact 230
Seifen 227 ff.
Selbstglanzemulsionen 57
Selgin 292
Sepso-Tinktur 68
Sexuallockstoffe 221

Sherry 43
Sidol 199
Signal extra 292
Silbernachweis 22
Silbermann Gartendünger 81
Silbernitrat 12, 22, 118
Silberspiegel 233
Silicatnachweis 27
Siliconlacke 99
Siliconpräparate 47
Siliconöl 48
Simazin 217
Simplicolfarben 101
Sionon 209
Skiwachs 58, 230
Soda 231
Sodbrennen 231 f.
Sofortanalyse 29
Solugastril 232
Sommersprossencreme 137
Sonnenschutzcreme 138 f.
Sorbit 209
Sorbinsäure (E 200) 128, 184
Spalt-Tabletten 35
Speiseessig 86
Spektrol 107
Spezialwaschmittel 269, 272
Spiegel 233
Sprudel 173
Sprühdosen 233 f.
Stärkenachweis 182
Stark-lod-Kaliklora 292
Steinhäger 43
Steinkohle 249
Steinkohleeinheiten 249
Spritlacke 98
Stickstoffdünger 72 ff.
Stickstoffmagnesia 75
Süßmost 235 f.
Süßstoffe 207 ff.
Sulfatnachweis 25
Sulfat-Wässer 173
Sunil 269
Superbenzin 248
Super Luzil 269
Superphosphat 78
Supradyn 264
Synthesefasern (Synthetics) 236 ff.

T

Tafelwasser 173, 174
Tannin 128
Taschenbatterien 238
Taxofit 188
Tego 68
Temperafarben 100
Tenside 50, 264 ff.
Tenside, Modelle 266
Terra di Siena 92
Tetraethylblei 248
Thermoplaste 156, 158, 161
Thomapyrin 49
Thomasmehl 78
Thuricide 214
Tinte 242 f.
Tintenkiller 65
Titanweiß 90
Togal 49
Traubenzucker 182
Traubenzuckernachweis 182
Treibmittel 234
Treibstoffe 244 ff.
Trevira 63, 238
Trichlorethan 24
Triosan 224

U

Uhu-Klebemittel 148
Ultramarin 93 f.
Umbramatic-Gläser 124
Umkehrosmose 279
Umweltgefährdung 250
Umweltschutz 250, 283
Umwelt und Chemie 250 ff.
Universalindikatorpapiere 284
Universalwaschmittel 269
Unkraut-Ex 217
Untersuchungssubstanz 16

V

Veet 84
Vergrößern 117
Verdünnungsmittel 99
Verzinkung 204

Vigantol 263
Vim 197
Viskosefaser 63
Viskosität 246
Visocolor 29, 254 f.
Visocolor-Kit 255
Vitamine 260
Vitamin A 260
Vitamin B_1 260
Vitamin B_2 261
Vitamin B_6 261
Vitamin B_{12} 261
Vitamin-B-Komplex 260
Vitamin C 262
Vitamin C-Calcium-Trunk 127
Vitamin D 262
Vitamin E 263
Vitamin F 263
Vitamin H 263
Vitamin K 263
Volldünger 72
Vollweizen-Gel 224

W
Wachsanzünder 140
Walddüngung 82
Waldsterben 82
Waschhilfsmittel 264 ff.
Waschkonservierer 50
Waschmittel 264 ff.
Waschmittel, synthetische 265
Waschvorgang 275
Wasser 276 ff.
Wasser, Desinfektion 282
Wasseranalyse 29, 254 f.
Wasserglas 96, 283
Wasserglasanstriche 47, 96
Wasser-in-Öl-Emulsion 134 f.
Wasserlöscher 59
Wasser, Nitratgehalt 251
Wasser, Sauerstoffgehalt 252
Wasser, Untersuchung 251 f.
Wasserstoff 31
Wasserstoff-Lötgerät 170
Wasserstoffionenkonzentration 283 ff.
Wasserstoffperoxid 286 f.
Wein 39
Weinbereitung 39 f.
Weinbrand 43
Weinklassifizierung 40
Wella for Men 134
Wermutwein 43
Wespenbekämpfung 218 f.
Whisky 43
Wiederverwertung (Recycling) 287
Wildverbiß 220
Wirkstoffe in Hautcreme 135
Wodka 43
Wollschädlinge 219
Woloderma 54

X
Xerografie 123 f.
Xylamatt 218

Z
Zahnpflegemittel 288
Zanmed 293
Zaponlacke 98
Zeozon 138
Zephirol 68
Zineb 217
Zinknachweis 20, 22
Zinkweiß 90
Zinkphosphid 221
Zinnober 91
Zitronat 293
Zündhölzer 294